普通高等教育“十一五”国家级规划教材

面 向 21 世 纪 课 程 教 材
Textbook Series for 21st Century

普通高等教育“十四五”规划教材
普通高等学校动物医学类专业系列教材

动物疾病诊断学

第 3 版

高 健 主编
王俊东 主审

中国农业大学出版社
· 北京 ·

第2版编审人员

主　编　韩　博（中国农业大学）

副主编　李勤凡（西北农林科技大学）

夏兆飞（中国农业大学）

曲伟杰（云南农业大学）

张海彬（南京农业大学）

参　编　（以姓氏笔画为序）

王　志（内蒙古农业大学）

王　凯（佛山科技大学）

田文儒（青岛农业大学）

刘国艳（上海交通大学）

刘建柱（山东农业大学）

贺建忠（塔里木大学）

贺绣媛（河南农业大学）

主　审　史　言（东北农业大学）

金久善（中国农业大学）

崔治国（内蒙古农业大学）

第1版编审人员

主　编　韩　博（中国农业大学）

副主编　张海彬（南京农业大学）
　　　　夏兆飞（中国农业大学）
　　　　梁礼成（中国农业大学）

参　编　高得仪（中国农业大学）
　　　　田文儒（莱阳农学院）
　　　　王　凯（佛山科技大学）
　　　　崔治国（内蒙古农业大学）
　　　　莫　内（内蒙古农业大学）
　　　　李勤凡（西北农林科技大学）
　　　　刘国艳（上海交通大学）
　　　　贺绣媛（河南农业大学）

主　审　史　言（东北农业大学）
　　　　金久善（中国农业大学）

第3版前言

党的二十大报告指出："中国式现代化是人与自然和谐共生的现代化""推动绿色发展，促进人与自然和谐共生""推进健康中国建设"。守护动物的健康，就是守卫人类的健康。通过对动物疾病诊断学的学习，学生可以更好地理解人类命运共同体和"one world，one health"的理念，掌握"大国三农""乡村振兴战略和农业农村现代化"元素。

目前，我国的高等教育正在经历前所未有的变革。高等教育由精英教育向大众教育转变；临床兽医学则由培养"专家"的专业教育模式向培养"宽口径、厚基础、重能力、求创新、高素质"的人才培养模式转变。为迎合这一变革，《动物疾病诊断学》(第3版)在涵盖前版教材兽医临床诊断基本内容的基础上，进一步突出血液检验、血液生化检验、放射学检查、超声波诊断、内镜检查等新型实验室检查、影像学检查在动物疾病诊断方面的重要性和实用性。

与上一版相比，本版教材在内容结构上进行了一定程度的精简及调整，由上一版教材的二十四章缩减至二十章，第一章至第三章内容为常见临床症状、临床基本检查法和常用治疗技术；第四章至第八章内容为系统性检查；第九章至第十三章内容为实验室检查；第十四章至第十七章内容为影像学及器械检查；第十八章至第二十章内容为建立诊断及其方法和诊断要点。

此外，在征求上一版教材主编韩博教授的意见后，为更好地服务于行业人才发展需要，本版教材编者团队增加了工作于教学一线，具备丰富的动物疾病诊断学教学及临床实践经验，且掌握新型教学方法的中青年教师。具体编写分工如下：中国农业大学高健编写绪论和第一章、第二章；河北农业大学刘明超编写第三章；山东农业大学刘永夏编写第四章；云南农业大学曲伟杰编写第五章；西北农林科技大学王建国编写第六章；河北工程大学石玉祥编写第七章；南京农业大学刘云欢编写第八章；中国农业大学徐闯及黑龙江八一农垦大学孙旭东、白云龙共同编写第九章；吉林大学李心慰编写第十章、第十一章；中国农业大学王帅玉编写第十二章；中国农业大学刘钢编写第十三章；北京农业职业学院王志编写第十四章；华中农业大学邱昌伟编写第十五章；中国农业大学李靖编写第十六章、第十七章；塔里木大学贺建忠编写第十八章至第二十章。山西农业大学王俊东主审本教材并提出诸多宝贵意见。

本教材文字简洁、层次清晰、图文并茂、易读易懂，可作为高等院校动物医学专业的本科和研究生的教学用书，供60～120学时教学使用；此外，本教材也可作为临床兽医人员的参考用书。由于本教材涉及的领域较广泛，近年来各学科发展迅速，在资料搜集和整理过程中难免出现遗漏，请各院校师生和基层兽医工作者批评指正。

编　者
2023年1月

第2版前言

“动物疾病诊断学”具有较强的实践性、理论性和系统性，是动物医学专业的临床主干课程，是动物临床医学的基础课和桥梁课。

第1版《动物疾病诊断学》于2005年由中国农业大学出版社出版发行。6年来，本教材在我国兽医临床诊断学领域的教学、科研和生产实践中发挥了积极的作用。随着我国畜牧业的迅猛发展、畜禽产业结构的变化，伴侣动物、经济动物、珍稀动物的养殖和竞技马术运动规模发展的不断扩大，现代兽医临床诊断学的内涵在广度和深度上发生了巨大的变化。根据国内外本学科技术的发展、现代动物医学教育不断改革和新形势下教材建设的需要，教材内容和形式必须及时更新并逐步提高质量，从而更好地为教学、科研和生产服务。

第2版《动物疾病诊断学》的编写目标是贯彻辩证唯物主义和素质教育的思想，体现教材的科学性、系统性和实用性。以我国目前有代表性的动物常见疾病和危害严重的地方性疾病的诊断方法、鉴别诊断方法，附典型图片和必要表格，反映国内外本学科的最新研究成果，兼顾我国近期动物医学教学改革和科研的需要。基于兽医临床的新要求，在编写过程中我们力求做到与时俱进，使教材在内容与手段上能反映当代动物疾病诊断的发展水平。经征求有关院校教师的意见和充分研讨，在保留原教材名称和基本编排格式的前提下，对前版教材进行了适当的删改或更新。本教材可供60～120学时教学使用。

本教材的编委会成员具有较丰富的动物疾病诊断学教学与实践工作经验。在编写过程中尽量发挥参编人员的科研与教学特长，兼顾我国各地区的特点。为了提高教材编写质量，特邀请具有动物疾病诊断教学与实践经验丰富的教授进行了认真细致的审校。

由于本学科涉及的领域较广泛，近年来各学科发展迅速，在资料搜集整理过程中难免遗漏，缺点在所难免，请各院校师生和基层兽医工作者批评指正。

编　者

2011年1月

第1版前言

《动物疾病诊断学》是面向21世纪的课程教材，是动物医学专业本科、专科生的必修课，也是由基础课过渡到临床课之间的桥梁，目的是让学生学习动物疾病临床诊断的基本方法和理论知识，掌握临床操作、实验室检验和建立临床诊断的思维和工作方法。"动物疾病诊断学"在兽医临床课程设置中占有重要地位。本教材与其他现有的教材相比，更多地引入交叉学科的新成果，如应用现代诊断仪器分析和诊断疾病，内容有所改动，学生或专业技术人员通过学习，以提高应用交叉学科成熟理论的水平。

本教材内容包括：问诊的方法、内容和常见的临床症状；基本检查、一般检查、临床检查的程序、临床常用诊断技术和各系统的检查（心血管、消化、呼吸、泌尿生殖和神经系统）；实验室检验，包括血液、粪便、尿液、血液生化检验和血液气体分析；器械检查，包括X线、B超、心电图和内镜检查；建立诊断的方法和原则。最后附参考文献。

《动物疾病诊断学》编写工作是在总结历年来的教学特点和原教材使用中存在问题的基础上提出的，在编写本教材的过程中，我们广泛吸取各兄弟院校在教学改革中的经验和意见，坚持从实际出发，紧紧围绕科学技术的发展，提出本教材编写的特点：

- 突出了全自动生化分析仪、血细胞计数仪、血液离子仪、尿液分析仪、X线检查、B超检查、心电图检查和内镜检查等一些现代影像诊断手段与分析方法。
- 调整过去以牛（羊）、马为主的教材内容，改变为以牛（羊）、猪、禽类为主的教材内容，适当保留部分马属动物的内容，重点增加伴侣动物教材内容。
- 坚持按动物的系统器官进行编写。
- 尝试做到图文并茂。

目前我国动物医学专业四年、五年学制并存，为此，本教材内容仍以五年学制为准，四年学制的学校使用时可根据需要加以选择和取舍。本教材内容较多、涉及知识面较广，特别是一些现代诊断技术和检验方法尚需进一步临床实践。本教材编委会主要由南京农业大学、西北农林科技大学、上海交通大学、河南农业大学、内蒙古农业大学、佛山科技大学、莱阳农学院和中国农业大学等高等院校长期从事"动物疾病诊断学"教学和科研的教师共同组成。

本教材编写过程中，唐兆新教授（华南农业大学）、王建华教授（西北农林科技大学）提供了许多宝贵的意见，在此致以深深的谢意。研究生钟代彬、吴培福、曲伟杰、王梅也协助做了大量的工作，在此一并致谢。在本教材编写过程中，尽管我们参考了多种国内外资料，但疏漏在所难免，我们期望得到反馈信息，望同行们不吝赐教，提出宝贵意见。

编　者

2004年10月

目　　录

绪　论 …………………………………………………………… 1

第一章　常见临床症状 ……………………………………………… 4

第一节　发热 …………………………………………………… 4
第二节　皮肤黏膜出血 …………………………………………… 8
第三节　水肿 …………………………………………………… 9
第四节　鼻液 …………………………………………………… 10
第五节　咳嗽 …………………………………………………… 12
第六节　发绀 …………………………………………………… 13
第七节　呼吸困难 ……………………………………………… 15
第八节　异嗜癖 ………………………………………………… 17
第九节　呕吐 …………………………………………………… 18
第十节　便秘 …………………………………………………… 20
第十一节　脱水 ………………………………………………… 22
第十二节　腹痛 ………………………………………………… 24
第十三节　腹泻 ………………………………………………… 29
第十四节　便血 ………………………………………………… 32
第十五节　黄疸 ………………………………………………… 33
第十六节　贫血 ………………………………………………… 37
第十七节　腹水和胸腔积液 ……………………………………… 38
第十八节　跛行 ………………………………………………… 40
第十九节　瘫痪 ………………………………………………… 42
第二十节　红尿 ………………………………………………… 44
第二十一节　尿频与少尿 ………………………………………… 45
第二十二节　多尿多饮 …………………………………………… 46
第二十三节　抽搐与惊厥 ………………………………………… 47

第二章　临床基本检查方法和一般检查内容 ……………………… 49

第一节　问诊 …………………………………………………… 49
第二节　视诊 …………………………………………………… 56
第三节　触诊 …………………………………………………… 56
第四节　叩诊 …………………………………………………… 57

第五节 听诊 …… 58
第六节 嗅诊 …… 58
第七节 一般检查 …… 59

第三章 临床常用治疗技术 …… 67

第一节 投药法 …… 67
第二节 注射法 …… 71
第三节 穿刺法 …… 78
第四节 膀胱冲洗和导尿法 …… 83
第五节 灌肠法 …… 84

第四章 心血管系统的临床检查 …… 86

第一节 心脏的检查 …… 86
第二节 血管的检查 …… 94
第三节 心血管系统的主要综合症候群及诊断要点 …… 96

第五章 呼吸系统的临床检查 …… 98

第一节 呼吸运动的观察 …… 98
第二节 呼出气体、鼻液和咳嗽的检查 …… 102
第三节 上呼吸道检查 …… 105
第四节 胸部和肺部的检查 …… 110
第五节 胸腔穿刺检查 …… 124

第六章 消化系统的临床检查 …… 126

第一节 采食和饮水的检查 …… 126
第二节 口腔、咽和食管的检查 …… 130
第三节 马属动物及反刍动物腹部和胃肠检查 …… 136
第四节 猪胃肠检查 …… 141
第五节 犬、猫胃肠检查 …… 141
第六节 直肠检查 …… 143
第七节 排粪动作及粪便检查 …… 145
第八节 肝脏和脾脏的检查 …… 146

第七章 泌尿、生殖系统的临床检查 …… 149

第一节 排尿动作观察和尿液的感官检查 …… 149
第二节 泌尿器官的一般临床检查 …… 153
第三节 泌尿器官疾病的特殊检查 …… 155
第四节 生殖系统的临床检查 …… 156

第八章 神经系统的临床检查 …… 159
第一节 精神状态的检查 …… 159
第二节 头颅和脊柱的检查 …… 161
第三节 运动机能的检查 …… 162
第四节 感觉机能的检查 …… 167
第五节 反射机能的检查 …… 169
第六节 自主神经机能的检查 …… 171
第九章 血液检验 …… 173
第一节 血液样品的处理 …… 173
第二节 红细胞检验 …… 178
第三节 白细胞检验 …… 200
第四节 血小板 …… 210
第五节 家禽的血液检验 …… 220
第十章 血液生化检验 …… 224
第一节 血浆蛋白质测定 …… 224
第二节 胆红素和胆汁酸的测定 …… 226
第三节 碳水化合物和脂肪代谢物的测定 …… 228
第四节 含氮物质测定 …… 232
第五节 临床酶学 …… 235
第六节 矿物质的测定 …… 239
第七节 电解质的测定 …… 242
第八节 血浆总二氧化碳 …… 244
第十一章 血液气体分析和酸碱平衡 …… 246
第一节 血液气体分析项目 …… 246
第二节 血液气体分析的临床应用 …… 248
第十二章 尿液检验与粪便检验 …… 251
第一节 尿液检验 …… 251
第二节 粪便检验 …… 262
第十三章 奶牛乳汁检验与乳腺炎诊断 …… 268
第一节 体细胞计数 …… 268
第二节 病原菌诊断 …… 269

第十四章　放射学检查 …… 272
第一节　放射学基础 …… 272
第二节　放射学检查 …… 281
第三节　放射学读片 …… 284
第四节　骨骼与关节常见疾病的 X 线诊断 …… 286
第五节　胸部放射学检查 …… 305
第六节　腹部放射学检查 …… 318
第七节　泌尿生殖系统疾病的 X 线诊断 …… 327
第八节　计算机断层扫描 …… 335
第十五章　超声波诊断 …… 337
第一节　超声波诊断的概述 …… 337
第二节　超声图像分析 …… 345
第三节　头部疾病的超声检查 …… 347
第四节　心脏疾病的超声检查 …… 352
第五节　肝脏疾病的超声检查 …… 363
第六节　胆囊疾病的超声检查 …… 368
第七节　脾脏疾病的超声检查 …… 370
第八节　肾脏疾病的超声检查 …… 372
第九节　膀胱疾病的超声检查 …… 375
第十节　动物妊娠早期的超声检查 …… 377
第十六章　心电图检查 …… 382
第一节　心电图基本知识 …… 382
第二节　常见的心电图异常 …… 399
第十七章　内镜检查 …… 404
第一节　基本原理 …… 404
第二节　上消化道内镜检查 …… 405
第三节　下消化道内镜检查 …… 408
第十八章　建立诊断 …… 411
第一节　症状及预后的概念和分类 …… 411
第二节　建立诊断的步骤 …… 413
第三节　临床思维方法 …… 414
第十九章　临床诊断的种类和内容 …… 418

第二十章　各器官、系统疾病的主要综合征及其诊断要点 …… 120

第一节　循环器官、系统疾病综合征 …… 120
第二节　呼吸器官、系统疾病综合征及其诊断要点 …… 123
第三节　消化系统疾病的综合征及其诊断要点 …… 126
第四节　泌尿、生殖系统疾病的综合征 …… 130
第五节　神经系统疾病的综合征 …… 131
第六节　血液及造血系统疾病的综合征 …… 132
第七节　肌肉骨骼系统疾病 …… 134
第八节　皮肤疾病 …… 136
第九节　营养缺乏与代谢紊乱性疾病 …… 137
第十节　中毒性疾病 …… 140

参考文献 …… 142

绪 论

动物医学工作者们的主要任务，就是防治家畜、家禽、宠物、陆地和河海野生动物疾病，保障畜牧业和水产业生产的发展，保护野生动物和宠物，和人医一起防治人畜共患疾病，避免造成对人类的危害。要防治动物疾病，首先要认识动物疾病，建立正确的诊断。动物疾病诊断学就是讲解如何对动物疾病进行识别和诊断的。

1. 动物疾病诊断学的概念

动物疾病诊断学（diagnostics of animal diseases）是研究检查或检验患病动物方法和识别动物疾病的科学，即运用动物医学基本理论、知识和技能，对动物疾病进行识别的一门学科。它是为动物医学学生学完动物医学各门基础学科，包括动物解剖学、组织胚胎学、生理学、生物化学、微生物学、药理学、病理生理学和病理解剖学等课程，过渡到学习动物临床医学各学科而设立的一门重要必修课，是学习动物临床各学科的基础，也可以说是一座连接动物基础医学与动物临床医学的桥梁。

动物疾病诊断学主要是为动物临床医学各学科，包括动物内科学、外科学、产科学、传染病学和寄生虫病学等，提供诊断动物疾病的常见方法和基本理论。动物临床医学各学科虽然有一些特殊的诊断方法和理论，但大量的、各科通用的诊断方法，以及诊断动物疾病的原则，主要由动物疾病诊断学讲授。因此，动物疾病诊断学的基本方法和理论，是任何动物临床工作者都必须学习和掌握的知识和基本功。

从广义上讲，动物疾病诊断学的内容应包括所有诊断动物疾病的方法和理论，其大体上可分为 3 个方面内容：①发病动物的既往病史；②发病动物的现病表现和其他各种诊断方法；③发病动物死亡后的诊断。现在动物疾病诊断学的主要内容是前两项的基本通用诊断和理论，发病动物死亡后的诊断，在西方发达国家很重视，我国当前还重视不够。究其原因，主要有两个方面：一是动物主人不愿意在动物死亡后进行尸体解剖等再诊断；二是我国多数动物医学工作者尚未认识到，动物死亡后进行再诊断对动物疾病的确诊和为今后提供经验或教训的重要性。不过我们也应深信，随着人们科学知识的积累，科学意识的增强，动物死后再诊断工作必将大力开展起来。

2. 动物疾病诊断学的基本内容

（1）病史的采集（history taking）　即问诊，是通过动物医生和患病动物主人或饲养者进行提问和回答了解动物过去和现在疾病发生和发展过程。不少动物疾病经过详细的病史采集，再配合系统的全身检查，常可得到初步诊断。

（2）临床检查（clinical examination）　是动物医生用自己的感官或传统的辅助器具（听诊器、体温表等）对患病动物进行的系统的观察和检查，也就是用基本的检查方法（视诊、触诊、叩诊、听诊、嗅诊）来揭示机体正常或异常征象。进行动物临床检查时应尽量使动物保持安静，以便获得准确结果，尽早得到明确的诊断目的。

(3)实验室检验(laboratory examination)　是通过物理、化学和生物学等实验方法，对患病动物的血液、体液、分泌物、排泄物、细胞取样和活组织样本等进行检验，从而得到病因和病原学、病理形态或器官组织功能状态的资料，再结合病史和临床症状进行全面分析的诊断方法。如果实验室检验结果与临床表现不相符，应再结合临床症状慎重考虑或进行必要的再检查。实验室检验出现偶尔阳性或数次阴性结果，都不能作为肯定或否定临床诊断的依据。

(4)辅助检查(specific examination)　临床上用的X线、心电图、超声波、内镜等检查，以及常用的各种诊断操作技术，都称为辅助检查。辅助检查在动物临床上诊断疾病时，也常常能发挥重要作用。

3. 动物疾病诊断学的学习方法

动物疾病诊断学的重要教学任务是使学生学会如何接触患病动物主人，如何通过问诊确切而客观地了解动物的病情，如何正确地运用视诊、触诊、叩诊、听诊、嗅诊等基本诊断方法来发现和搜集患病动物的临床症状，进而了解这些临床表现的病理生理学基础，以阐明哪些表现为正常生理现象，哪些属于异常病态征象。联系这些异常征象的病理生理学基础，通过反复推敲和分析思考，便可得到诊断动物疾病的某些线索，从而得知可能发生的疾病。如视诊时发现患病动物黏膜或皮肤黄染，可能会考虑动物是否由胆管疾病引起的胆汁淤积所致，或由肝病造成的肝性黄疸，或由溶血性疾病引起的溶血性黄疸。再如叩诊时发现马两侧胸部均为清音，此系正常马肺部叩诊音，若患病马右侧下胸部叩诊浊音时，须考虑是否存在肺实变、胸腔积液或胸膜增厚的病理改变。又如，某动物肺部听诊有湿性啰音，则可能局部肺泡或支气管内有渗出液滞留，其病理基础多由支气管肺炎或肺水肿存在。总而言之，在问诊和临床检查过程中所发现的每个征象，大多存在着正常生理功能表现或异常病理性改变的可能性，在考虑这些临床表现和综合分析过程中，必然会考虑到正常和异常的区别，以及异常临床表现之间的初步鉴别诊断，然后才可能做出判断。

需要强调指出，动物疾病诊断学课程中所涉及的诊断，与动物临床医学各学科对疾病的诊断有着一定的区别。因此，不宜再增加有关动物临床各学科的诊断内容，动物医学专业三年级的学生的实验室检验诊断教学重点应以使学生掌握实验室检验项目选择为原则，通过对实验室检验结果的分析，指导动物疾病的诊断。

随着医学科学的不断发展，人和动物临床上各种高新技术检查方法日新月异，层出不穷。但是临床检查的基本方法，如视诊时，检查者视觉所能感觉到的直观改变，以及听诊时所听到的杂音、啰音等，很难从高新技术检查中如实地反映出来。而且，目前应用高精尖检查技术诊断疾病，虽然能解决不少问题，但仍很难完全取代问诊、一般检查和实验室常规检验，更不能取代临床诊断的思维。对于动物医学学生来说，学习动物疾病诊断学是为学习临床医学各课程诊断动物疾病奠定基础，所以更应强调熟练准确地掌握临床检查诊断，以及常用的一般实验室检验的基本功，才是不容忽视和十分必要的。

从一个动物医学学生到一个临床诊断时能提出初步诊断的动物临床医生，是需要经历许多动物临床实践才能逐渐实现的。学习动物疾病诊断学只是涉及动物临床医学各课程学习的开始，或者仅为步入学习动物临床各学科的起点。学生必须明确知道，动物临床医学是实践性极强的科学，不可能通过一次学习即可掌握和在临床上应用，而是需要经过较长时间的反复实践和不断训练的，即从学习动物疾病诊断学开始，在动物临床上须自始至终、不断地反复和巩固。

4. 动物疾病诊断学学习的基本要求

(1)能够掌握问诊技巧和基本内容。

(2)能按规范化操作进行全面重点、有系统、有程序的临床检查。

(3)熟悉血液、生化、尿液和粪便等常规项目实验室检验的操作技术、检验目的和临床意义。

(4)掌握X线、超声波、心电图和内镜的操作程序,熟悉正常情况及异常时的诊断意义。

(5)能将问诊和临床检查等获得的资料进行系统的整理,写出格式正确、文字通顺、表达清晰、字体规范和符合要求的完整动物病例。

(6)能够根据动物病史、临床检查、实验室检验和辅助检查所获得的资料,进行综合分析,做出初步诊断。

5. 动物疾病诊断学的发展

我国动物疾病诊断学的发展,历史悠久。我国劳动人民早在一万年前,就开始认识和治疗疾病。随着火器、石器和骨器的应用,就产生了温热疗法和针灸术。《列仙传》中,马师皇用针灸治疗兽病。考古出土的砭石,具有切割脓疡和针刺两种功能。从出土的《夏小正》《周礼》和《礼记·月令》来看,夏朝已经出现了阉割术。西周至春秋时期,已经出现专门从事畜牧兽医的专职人员。战国至秦汉时期,随着中医药的发展,兽医诊疗得到了进一步的发展。《齐民要术》中载有家畜26种疾病的48种疗法,如掏结术、削蹄法和阉割术等。唐朝的兽医著作繁多,其中最著名的是《司牧安骥集》,这部著作被称为古今中外第一部兽医教科书,其影响力是世界性的。此外,还出版发行了《新修本草》《论马宝珠》《医马论》和《牛医方》等。宋朝在兽医医疗机构上有了新的发展,先后设立了病马监、药密库等。在兽医著作方面有《安骥集》《明堂灸马经》《相马病经》《疗驼经》和《师旷禽经》等。元代卞宝著有《痊骥通玄论》,对一些脏腑病理及一些常见多发病的诊疗进行了总结性论述。明清时期,《马书》中对治疗马肠道粪结手术和阉割手术有详细的论述。在《元亨疗马集》《抱犊集》《活兽慈舟》和《猪经大全》中,动物疾病诊断理论和技术得到进一步充实和完善,其中,《活兽慈舟》全书共收集各种病症达240余种,使用方剂、单方700余个;《猪经大全》对50种猪病提出了治疗方法,并附有手绘图谱。

1904年,北洋马医学堂在河北保定正式成立,从此开启了西方兽医教育。1946年,国立兽医学院成立。中兽医教育和西方兽医教育相互融合发展,逐渐形成适合我国国情和畜牧业发展需求的以大动物为研究重点的兽医疾病诊断理论体系。改革开放以来,随着机械化的发展和信息化时代的到来,该学科的研究对象由大动物扩充到小动物,由传统的家畜扩展到宠物和经济动物。现代新技术的发展,新的仪器设备的不断更新换代,给动物疾病诊断学的发展带来质的飞跃。

动物疾病诊断学作为动物医学专业的一门重要的专业基础课,不仅是兽医临床的入门课程,同时又起从基础课向专业课过渡的桥梁作用。通过学习,学生将熟悉动物疾病诊断过程中所遇到的实际问题,以及该问题背后的科学解释,增强学生的问题意识,聚焦实践中遇到的新问题,不断提出真正解决问题的新理念、新思路、新办法。

第一章　常见临床症状

重点提示：学习了解动物疾病发生时，常见的几种临床症状的发生病因、发生机制、一般临床症状和伴随症状等，为动物疾病诊断和鉴别诊断打下基础。

患病动物的临床症状（clinical signs）只是指体征变化，这些体征改变包括发热、黄疸、呼吸困难、咳嗽、腹泻、呕吐、黏膜出血、肺啰音、心杂音、肝脾肿大等；还有些动物生命现象发生了质量变化（减少或增多），如肥胖、消瘦、多尿、少尿等，需通过执业兽医师客观评定才能确定的。

动物症状学是临床兽医研究患病动物症状的识别、发生机制、临床表现特点及其在诊断中作用的科学，是临床兽医向动物主人进行动物疾病调查的第一步，是问诊的主要内容，是诊断、鉴别诊断的重要线索和主要依据，也是反映动物病情的重要指标之一。动物疾病的临床症状很多，同一种动物疾病会有不同的临床症状，不同的动物疾病又会有某些相同的临床症状。因此，在诊断动物疾病时，必须要结合所有临床资料进行综合分析，切忌单凭某一个或某几个临床症状而做出错误的诊断。

本章主要阐述动物临床上较为常见的症状。

第一节　发　热

各种动物的体温受体温调节中枢调控，并通过神经和体液因素使产热和散热过程呈动态平衡，从而使体温保持在各种动物相对恒定的范围内。当动物机体在致热原的作用下，或各种原因引起体温调节中枢的功能障碍时，体温升高超出正常范围，称为发热（fever）。

一、动物正常体温与生理变化

恒温健康动物通常能够保持在较恒定的正常变化范围内。常见恒温健康动物的体温见表 1-1 所列。

影响动物体温的内在因素，有品种、性别、年龄、营养和生产性能等。一般来说，幼年动物体温稍高于成年动物。另外，动物兴奋、运动或使役、采食和咀嚼后，均可使体温暂时性升高。

影响动物体温的外在因素，有时间、季节、气候和地区等，一般动物体温上午较下午稍低，夏季比冬季稍高，潮湿高温地区的比寒冷多风地区的稍高。

表 1-1　常见恒温健康动物的体温　℃

动物种类	体温范围	动物种类	体温范围
马、驴	37.5～38.5	犬	37.5～39.0
骡	38.0～39.0	猫	38.5～39.5
乳牛、黄牛	37.5～39.5	禽类	40.0～42.0
水牛	36.5～38.5	兔	38.0～39.5
羊	38.0～40.0	鹿	38.0～39.0
猪	38.0～39.5	骆驼	36.0～38.5

二、病因和发热分类

引起发热的病因很多，临床上可分为感染性与非感染性两类，以前者为多见。

1. 感染性发热

各种动物病原体，如病毒、细菌、支原体、衣原体、立克次氏体、钩端螺旋体、真菌和寄生虫等引起的感染。

2. 非感染性发热

主要有以下几种病因。

(1)无菌性坏死物质的吸收　①机械性、物理或化学性损害，如动物大手术后组织损伤、内出血、大血肿、大面积烧伤等；②因血管栓塞或血栓形成引起的动物心肌、肺、脾等内脏梗死或肢体坏死；③组织坏死与细胞破坏，如动物的癌症、白血病、淋巴瘤、溶血反应等。

(2)抗原-抗体反应　如动物风湿病、血清病、药物热、结缔组织病等。

(3)内分泌代谢障碍　如动物的甲状腺功能亢进、重度脱水等。

(4)皮肤散热减少　如由慢性心力衰竭而引起的发热，一般为低热。

(5)体温调节中枢功能失常　①物理性：如中暑、日射病等；②化学性：如重度镇静药中毒；③机械性：如动物的脑出血、脑震荡等。上述原因可直接损害动物体温调节中枢，致使其功能失常而引起动物发热，高热无汗是这类发热的特点。

(6)自主神经功能紊乱　由于动物自主神经功能紊乱，影响正常的体温调节过程，使产热大于散热，体温升高，多为低热，常伴有自主神经功能紊乱所致的其他表现，属功能性发热的范畴。

三、临床表现

1. 动物发热的等级

按动物发热的高低可分为 4 个等级。

(1)低热　比正常体温升高 0.5～1 ℃，见于感冒等局限性炎症。

(2)中等热　比正常体温升高 1～2 ℃，见于小叶性肺炎、支气管炎、胃肠炎等。

(3)高热　比正常体温升高 2～3 ℃，见于猪瘟、猪肺疫、牛肺疫、大叶性肺炎与腹膜炎等。

(4)超高热　比正常体温升高 3 ℃以上，见于猪丹毒、炭疽、脓毒败血症等。

2. 发热的临床经过及特点

发热的临床经过一般分为以下 3 个阶段。

(1)体温上升期　动物精神沉郁、无力、结膜稍白、怕冷或寒战。结膜稍白是因动物体温调节中枢发出的冲动，经交感神经而引起皮肤血管收缩，浅层血流减少所致，有时伴有皮肤温度下降。

(2)高热期　是指体温上升达高峰之后，保持一定时间，持续时间的长短可因病因不同而有差异。如猫泛白细胞减少病可持续数小时，动物大叶性肺炎、流行性感冒可持续数天。此期动物体温已达到或略高于上移的体温调定点水平，体温调节中枢不再发出寒战冲动，故寒战消失；皮肤血管由收缩转为舒张，有灼热感，白色被毛动物的皮肤可见发红；呼吸加快变深；开始出汗(犬、猫和禽类不出汗)，并逐渐增多。以上过程使产热与散热过程在较高水平上保持相对平衡。

(3)体温下降期　由于病因的消除，致热原的作用逐渐减弱或消失，体温中枢的体温调定点逐渐降到正常水平，产热相对减少，散热大于产热，使体温降至正常水平。此期表现为有的动物出汗(犬、猫和禽类不出汗)，皮肤潮湿。

四、热型和临床意义

1. 稽留热

动物体温较恒定地维持在高水平，达数天或数周，其 24 h 内体温波动范围不超过 1 ℃(图 1-1)，常见于大叶性肺炎、急性马传染性贫血、牛肺疫、猪瘟、猪丹毒、流行性感冒等。

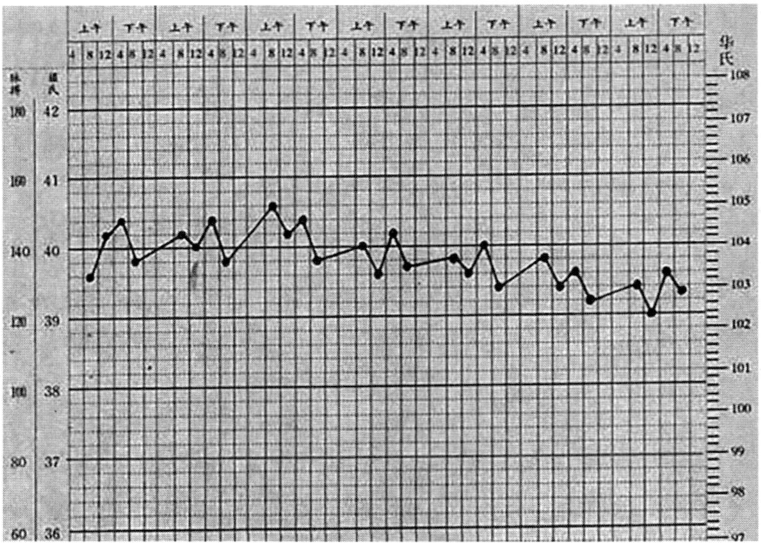

图 1-1　稽留热

2. 弛张热

弛张热又称败血症热型。动物体温升高后波动幅度大，在 24 h 内波动范围超过 2 ℃，但都在正常水平以上(图 1-2)，常见于败血症、化脓性炎症、小叶性肺炎、马腺疫、犬瘟热的第 2 次发热等。

3. 间歇热

动物体温骤升达高峰后持续数小时，又迅速降至正常水平，无热期可持续 1 d 至数天，如此高热期与无热期反复交替出现(图 1-3)，常见于梨形虫病、慢性马传染性贫血等。

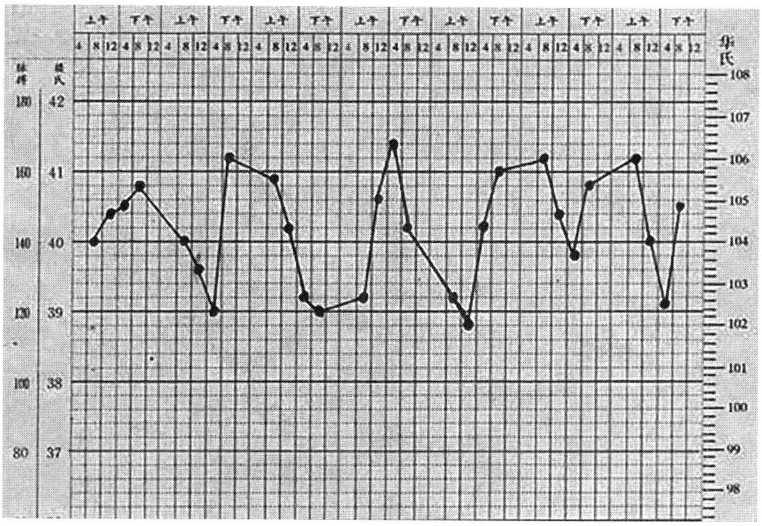

图 1-2　弛张热

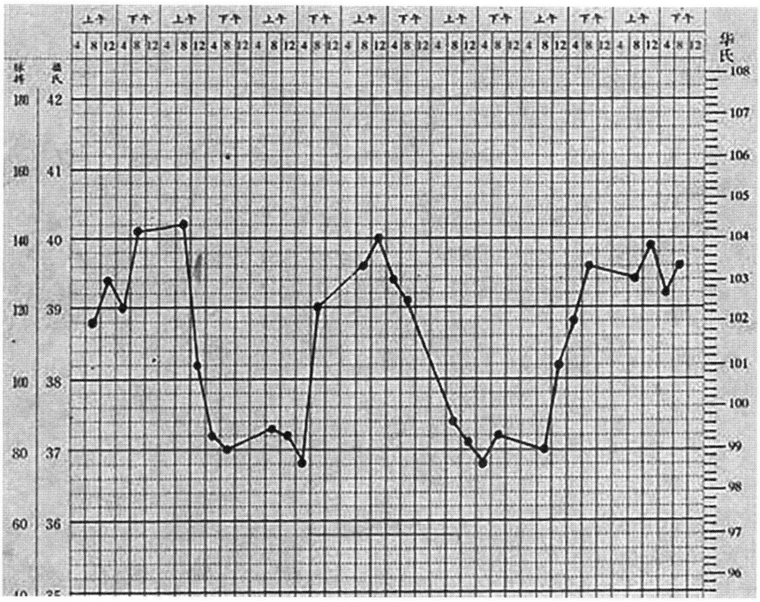

图 1-3　间歇热

4. 回归热

动物体温急剧上升，持续数天后，又骤然下降至正常水平。高热期与无热期各持续若干天后规律性交替 1 次，可见于亚急性或慢性马传染性贫血、梨形虫病、锥虫病等。

5. 波状热

动物体温逐渐上升到一定高度，数天后又逐渐下降至正常水平，持续数天后又逐渐升高，如此反复多次，常见于布鲁氏菌病。

6. 不规则热

发热的体温曲线无一定规律(图 1-4)，可见于牛结核病、马鼻疽、仔猪副伤寒、支气管肺

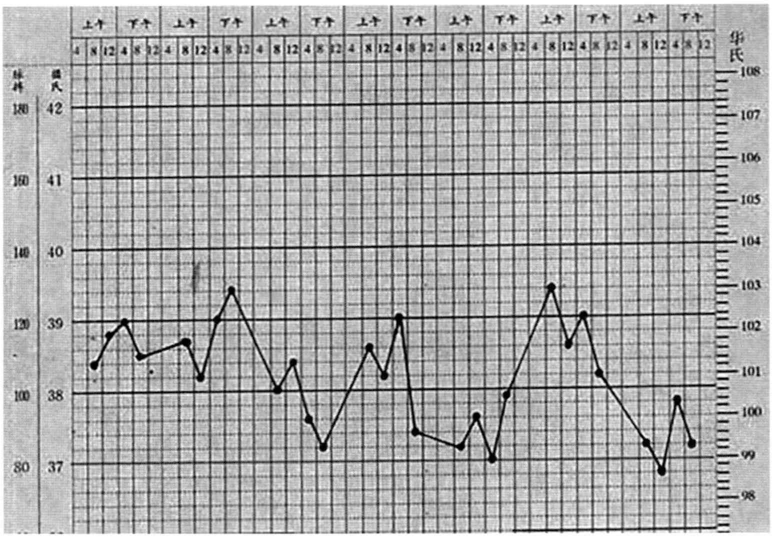

图 1-4　不规则热

炎、渗出性胸膜炎、马腺疫、布鲁氏菌病等。

不同的发热性疾病各具有相应的热型，根据热型的不同有助于发热病因的诊断和鉴别诊断。但必须注意：①由于抗生素的广泛应用，及时控制了感染，或因解热药或糖皮质激素的应用，可使某些疾病的特征性热型变得不典型或呈不规则性；②热型也与个体反应性的强弱有关，如老年动物患严重肺炎时，仅有低热或无发热，而不具备肺炎的典型热型。

第二节　皮肤黏膜出血

皮肤黏膜出血(mucocutaneous hemorrhage)是由动物机体止血或凝血功能障碍引起的，通常以全身性或局限性皮肤黏膜自发性出血或损伤后难以止血为临床症状。

一、病因

皮肤黏膜出血的基本病因有以下 3 个因素。

1. 血管壁功能异常

正常动物血管破损时，局部小血管即发生反射性收缩，使血流变慢，以利于初期止血，继而在血小板释放的血管收缩素等血清素作用下，使毛细血管较持久收缩，发挥止血作用。当毛细血管壁存在先天性缺陷或受损伤时，则不能正常地收缩发挥止血作用，导致皮肤黏膜出血。其常见于：①某些动物遗传性出血性毛细血管扩张症、血管遗传性假性血友病；②出血性紫癜(血斑病)，如一些动物传染病、寄生虫病和过敏反应等，引起出血性紫癜；③动物严重感染(马传染性贫血、梨形虫病、猪瘟)、化学物质或药物中毒及代谢障碍，维生素 C 或维生素 PP(烟酸)缺乏、尿毒症、动脉硬化等。

2. 血小板数量或功能异常

(1)血小板减少　①血小板生成减少：如动物再生障碍性贫血、辐射损伤、白血病、感染、药物性抑制等；②血小板破坏过多：如动物特发性血小板减少性紫癜、药物免疫性血小板减少性紫癜、自体免疫性疾病；③血小板消耗过多：如动物血栓性血小板减少性紫癜、弥散性血管内凝血（DIC）。

（2）血小板增多 ①原发性：原发性血小板增多症，见于再生性贫血、外伤、炎症等；②继发性：继发于动物慢性粒细胞白血病、脾切除后感染、创伤等。此类动物疾病血小板数虽然增多，仍可引起出血现象，是由活动性凝血活酶生成迟缓或伴有血小板功能异常所致的。

（3）血小板功能异常 ①血小板无力症（主要为聚集功能异常）、血小板病（主要为血小板Ⅲ因子异常）等；②继发性：继发于药物、尿毒症、肝病、异常球蛋白血症等。

3. 凝血功能障碍

凝血过程较复杂，有 12 个凝血因子参与，任何一个凝血因子缺乏或功能不足均可引起凝血障碍，导致皮肤黏膜出血。

（1）遗传性 见于动物血友病，低纤维蛋白原血症、凝血酶原缺乏症、低凝血酶原血症、凝血因子缺乏症等。

（2）继发性 见于动物严重肝病、尿毒症、维生素 K 缺乏。

（3）循环血液中抗凝物质增多或纤溶亢进 异常蛋白血症类肝素抗凝物质增多、双香豆素类杀鼠药中毒、抗凝药物治疗过量、原发性纤溶或弥散性血管内凝血所致的继发性纤溶。

二、临床表现

动物皮肤黏膜出血表现为血液淤积于皮肤或黏膜下，形成红色或暗红色斑，压之不褪色，视出血面积大小可分为淤点、紫癜和瘀斑。动物血小板减少出血的特点为同时有出血点、紫癜和瘀斑、鼻出血、牙龈出血、手术出血多、血尿及黑便等，严重时导致脑出血。因血管壁异常引起动物的出血特点为皮肤黏膜的瘀点或瘀斑，如过敏性紫癜表现为皮肤黏膜的对称性，高出皮肤（荨麻疹或丘疹样）紫癜，有时伴有痒感、关节痛及腹痛，累及肾脏时可有血尿。因凝血功能障碍引起的出血常表现有内脏出血、肌肉出血或软组织血肿，也常有胸腔、腹腔、眼前房和关节腔积血。

第三节 水 肿

动物体内组织间隙存在过多的液体积聚，使组织肿胀称为水肿（edema），也称浮肿。水肿可分为全身性水肿和局部性水肿。当液体在体内组织间隙弥漫性分布时呈全身性水肿（常为凹陷性水肿，因指压有凹陷）；液体聚集在局部组织间隙时呈局部性水肿；液体发生于体腔内的称积水或积液，如胸腔积水、腹腔积水、心包积水和关节积水。在一般情况下，水肿这一术语不包括内脏器官局部的水肿，如脑水肿、肺水肿等。

一、全身性水肿

1. 心源性水肿

心源性水肿主要是动物右心衰竭的表现。发生机制是有效循环血量减少，肾血流量减少，继发性醛固酮增多，引起钠、水潴留以及静脉淤血，毛细血管滤过压增高，组织液回流减少所致。前者决定水肿程度，后者决定水肿的部位。水肿程度因心力衰竭程度不同而异，可由轻度的远离心脏的四肢浮肿，逐渐发展到严重的全身性水肿。水肿特点是首先出现于身体下垂部位，如四肢末端、胸腹下，颜面部一般不水肿。水肿为对称性、凹陷性和无热无痛。此外，通常还有颈静脉怒张、肝肿大、静脉压升高，严重时还出现胸腔积液、腹水等右心衰竭的其他表现。

2. 肾源性水肿

肾源性水肿见于动物各型肾炎和肾病。其发生机制主要为多种因素引起肾排泄水钠减少，导致钠、水潴留，细胞外液增多，毛细血管静水压升高，引起水肿。钠、水潴留是肾源性水肿的基本机制。导致钠、水潴留可能与下列因素有关：肾小球超滤系数降低、大量蛋白尿致低蛋白血症、肾实质缺血、肾内前列腺素产生减少。动物肾源性水肿在草食动物不如犬、猫表现明显。动物肾源性水肿须与心源性水肿相鉴别，鉴别要点见表 1-2 所列。

表 1-2　动物肾源性水肿与心源性水肿的鉴别

鉴别点	动物肾源性水肿	动物心源性水肿
开始部位	从眼睑、颜面开始而延及全身	从四肢、胸腹下开始而延及全身
发展快慢	发展非常迅速	发展较缓慢
水肿性质	软而移动性大	比较坚实，移动性较小
伴随病症	伴有其他肾脏病症，如高血压、蛋白尿、血尿、管型尿、眼底改变等	伴有心功能不全病症，如心脏增大、心杂音、肝肿大、静脉压升高等

3. 肝源性水肿

动物失代偿期肝硬化主要表现为腹水，也可首先出现四肢下部水肿，逐渐向上蔓延，而头、面部及上体部位常无水肿。门脉高压症、低蛋白血症、肝淋巴液回流障碍、继发醛固酮增多等因素，是水肿与腹水形成的主要机制。动物肝硬化在临床上主要有肝功能减退和门脉高压两方面表现。

4. 营养不良性水肿

由于动物慢性消耗性疾病的长期营养缺乏、蛋白丢失性肠病、重度烧伤等所致低蛋白血症或维生素 B_1 缺乏，可产生水肿。其特点是水肿发生前常有消瘦、体重减轻等表现。皮下脂肪减少所致组织松弛，组织压降低，加重了水肿液的潴留。水肿常从四肢下部开始逐渐蔓延全身。

5. 其他原因引起的全身性水肿

①黏液性水肿：产生非凹陷性水肿，脸面与四肢水肿较明显，见于甲状腺功能降低；局部黏液性水肿，见于唾液腺或管受损等引起；②药物性水肿：见于糖皮质激素、雄激素、雌激素、胰岛素等治疗过程中；③其他：见于动物妊娠毒血症、马血斑病、蛇咬伤、荨麻疹、恶性水肿、血清病、间脑综合征、血管神经性水肿等。

二、局部水肿

常由局部静脉、淋巴回流受阻或毛细血管通透性增加所致。如肢体血栓形成致血栓性静脉炎、丝虫病所致象皮腿、局部炎症、局部虫叮咬、创伤或过敏等。

第四节　鼻　液

正常动物的鼻腔黏膜内含有丰富的血管和分泌腺，黏膜上具有纤毛上皮，其分泌腺分泌少量的浆液和黏液，由鼻孔流出，称为鼻液。因其分泌的量少，常被动物舔去，故健康动物外观看不见鼻液，或仅有极少量的浆液性或黏液性鼻液（如马属动物）。当动物鼻腔黏膜受到冷空气、刺激性气体、烟尘等刺激，鼻黏膜分泌会增多，具有自身保护作用。在病理情况下，鼻腔、鼻旁窦、支气管、肺脏发生炎症时，会有多量分泌物或炎性产物经鼻孔流出；另外，咽、食道和胃的内容物也可经鼻腔流出；眼的分泌物也常经鼻泪管出现在鼻液中。这些在病理情况下鼻液排出增加，并含有异常内容物的情况，即为鼻液异常，具有重要的临床诊断意义。

一、病因

动物鼻液增多可由鼻黏膜局部受刺激或机体其他组织器官病变引起。异常的鼻液还伴有血液、脓液、脱落细胞或坏死组织等，常由上呼吸道或肺脏的疾病引起。

1. 物理和化学因素

物理和化学因素主要是外来物刺激鼻黏膜，如冷空气、化学药物或畜舍内氨气、二氧化碳、硫化氢等刺激性气体等对鼻腔黏膜的刺激。

2. 疾病因素

微生物感染、寄生虫感染、外伤、炎症、肿瘤等机体其他组织器官病变引起的鼻液增多，见于流感、结核、出血性败血症、犬瘟热、猫传染性鼻气管炎、猪传染性萎缩性鼻炎、马鼻疽、马腺疫、马鼻肺炎、牛传染性鼻气管炎、传染性胸膜肺炎和恶性卡他热等。吸入花粉、饲料中的霉菌孢子等过敏原，也可引起过敏性炎症。

二、临床表现和伴随症状

鼻液异常和伴随症状常表现为以下几个方面。

1. 鼻液量和流出情况

鼻液量的多少，与疾病的种类、发病过程、严重程度和病变的性质有直接关系。一般情况下，卡他性鼻炎、喉炎和气管炎的初期、轻度的感冒、慢性鼻疽和肺结核等，鼻液量都比较少，且时有时无。严重呼吸器官疾病的中、后期，如急性鼻炎、开放性鼻腔鼻疽和肺鼻疽、急性咽炎、支气管炎、小叶性或大叶性肺炎及马腺疫等，常流出较多量鼻液。患化脓性鼻旁窦炎和马咽鼓管囊炎时，动物低头可流出大量的鼻液。马患严重的咽炎、食道梗塞等导致吞咽困难时，分泌的唾液和采食的食物及饮水，常从鼻孔返流出，马患急性胃扩张时，也常有食糜从鼻孔流出，状似鼻液。两侧性鼻炎或咽喉以下呼吸器官的疾病，流出的鼻液为双侧性；单侧性的鼻炎、鼻腔鼻疽、鼻旁窦炎、马咽鼓管囊炎和鼻肿瘤等疾病，流出的鼻液为单侧性。

2. 鼻液的性状

（1）浆液性鼻液　为无色透明、稀薄如水，含细胞很少，见于急性卡他性鼻炎、流感和马腺疫的初期。

（2）黏液性鼻液　质度较黏稠，呈蛋清状，有牵缕性，呈灰白色，见于急性上呼吸道感染和支气管炎。

（3）黏液脓性鼻液　鼻液中除含黏液外，尚含部分脓液，故带黄白色，且富黏性，见于急性鼻炎的恢复期及慢性鼻窦炎等。

（4）脓性鼻液　质度更黏稠，呈面糊状、油膏状或凝结成团块状，由多种化脓菌、真菌、菌体蛋白质、细菌毒素、剧烈的化学物质和有毒气体的刺激和侵蚀所引起的炎症等，都可引起化脓，出现脓性鼻液，见于化脓性鼻炎、鼻旁窦炎等。

(5)血性鼻液　鼻液呈深浅不一的红色，有的是鲜红的全血，多为鼻黏膜受伤。有的鼻液中混有血液、血丝或凝血块，见于肺充血和肺气肿、血斑病、中毒、异物性肺炎、炭疽、出血性败血病、鼻腔鼻疽、肺结核、羊狂蝇蛆病和猪传染性萎缩性鼻炎。

(6)泡沫性鼻液　泡沫性鼻液是在浆性液体或血液中混有泡沫的鼻液，见于肺水肿、肺充血和肺出血。

3. 鼻液颜色

浆液性鼻液无色透明；黏液性鼻液呈灰白色；脓性鼻液因化脓菌的种类不同，呈现不同颜色，有的呈黄色，有的由于鼻液中含有胆色素及绿脓素而呈绿色，见于黄疸或绿脓杆菌感染或脓性分泌物在体内滞留过久；吸入大量的粉尘或烟尘时鼻液呈黑色；吸入过量氧化铁时鼻液呈暗红色；鼻液中含有血液则呈红色；鼻液呈鲜红色时，提示为鼻腔刚受伤出血；呈粉红色或鲜红色而混有很多小气泡时，多为肺气肿、肺充血和肺出血；呈暗红色时，为鼻腔肿瘤的特征；铁锈色鼻液，为渗出的红细胞中的血红蛋白，在酸性的肺炎区域中，变成正铁血红蛋白的颜色，是大叶性肺炎的特征之一；呼吸道出现坏死性病理变化时，鼻液常呈污秽不洁的褐色或暗褐色，见于肺坏疽。

4. 鼻液气味

由厌氧菌或特定病菌引起的严重病变产生的鼻液，具有刺鼻的臭味或腐尸味，见于鼻腔鼻疽、鼻旁窦炎化脓、肺脓肿、肺坏疽和支气管扩张等。鼻液中含有胃内容物则有酸臭味，多见于马属动物。

5. 鼻液中肉眼可见异物

鼻液中肉眼可见异物常见的有气泡、唾液、饲料残渣和寄生虫体等。鼻液中带有气泡，呈泡沫状。其见于肺水肿、肺充血、肺出血、肺气肿等症状。当患咽炎、食道梗塞、严重的瘤胃积食、真胃阻塞、食滞性胃扩张、幽门痉挛、十二指肠阻塞、肠扭转、肠套叠及胃和膈肌破裂时，常有唾液、胃液、饲料残渣和饮水等从鼻孔流出，成为一种特殊的鼻液。

第五节　咳　嗽

咳嗽(cough)是动物机体的一种高度协调的保护性反射动作。动物通过咳嗽反射能有效清除呼吸道内的分泌物或进入气管内的异物。临床上单纯性鼻炎、鼻旁窦炎往往不引起咳嗽症状，但如果长期、频繁、剧烈地咳嗽将影响动物休息，引起动物呼吸肌疼痛不安，则属病理现象。通常上呼吸道对刺激最为敏感，因此，当动物患喉炎和气管炎时咳嗽最为剧烈。

一、病因

1. 呼吸系统疾病

动物从鼻咽部到小支气管整个呼吸道黏膜受到传染性或非传染性因素刺激时，均可引起咳嗽。刺激效果以喉部杓状间腔和气管分叉部黏膜最敏感，如患咽喉炎、气管炎时。肺泡受刺激所致的咳嗽，一般认为是由肺泡内稀薄分泌物、渗出物、漏出物进入小支气管引起，也与分布于肺的C纤维末梢受刺激，尤其是跟化学性刺激有关。呼吸道各部位，如咽、喉、气管、支气管和肺受刺激性气体(如冷空气、氯、溴、酸、氨等)、粉尘、饲料、异物、炎症、出血与肿瘤等的刺激，也可引起咳嗽。

2. 胸膜疾病

胸膜疾病如胸膜炎或胸膜受刺激(如自发性或外伤性气胸、胸腔穿刺等)引起咳嗽。

3. 心血管疾病

当动物二尖瓣狭窄或其他原因导致左心衰竭引起肺淤血、肺水肿或因右心及体循环静脉栓子脱落或羊水、气栓引起肺栓塞时,肺泡与支气管内漏出物或渗出物,刺激肺泡壁及支气管黏膜而引起咳嗽。

4. 中枢神经因素

中枢神经因素如患脑炎、脑膜炎时,也可引起咳嗽。

二、临床表现

判断咳嗽的临床表现,应注意以下几点。

1. 咳嗽的性质

咳嗽一般分为干咳、湿咳和痛咳 3 种。动物的干性咳嗽,咳声清脆而干短,见于急性咽喉炎、急性支气管炎初期、胸膜炎、喉及肺结核、二尖瓣狭窄、原发性肺动脉高压等。咳嗽伴有稀薄分泌物称湿性咳嗽,其咳声钝浊而湿长,咳后因有痰,从鼻孔流出分泌物或有吞咽动作,吞咽下分泌物,见于动物慢性支气管炎、肺炎、肺脓肿、支气管扩张症、空洞型肺结核等。动物的痛咳,咳声短而弱,咳嗽时头颈伸直,摇头不安,甚至有呻吟或前肢刨地,见于胸膜炎等疾。

2. 咳嗽的时间与规律

(1)突然出现的发作性咳嗽　常见于吸入刺激性气体所致的动物急性咽喉炎、气管与支气管异物、气管或支气管分叉部受压迫刺激(如淋巴结结核、肿瘤或主动脉瘤)等;在嗅到异味或夜间更易出现,而并无明显的呼吸困难。

(2)长期慢性咳嗽　为咳嗽频繁,连续不断,多见于动物慢性呼吸道疾病,如慢性支气管炎、支气管扩张症、肺囊肿、肺脓肿、肺结核等。

(3)慢性支气管炎、支气管扩张症、肺结核和肺脓肿等　咳嗽往往于早晨或晚间活动时加剧,动物慢性支气管炎每年寒冷季节时也加重,气候转暖时减轻或缓解。

(4)左心衰竭、肺结核和肺癌夜间咳嗽明显　可能与夜间肺淤血加重及迷走神经兴奋性增高有关。

3. 咳嗽的音色

咳嗽的音色是指动物咳嗽声音的属性。

(1)咳嗽声音嘶哑　多见于声带炎、喉炎、喉结核、喉癌和喉返神经麻痹等。

(2)金属音调咳嗽　见于纵隔肿瘤、主动脉瘤或支气管癌、淋巴瘤、结节病压迫气管等。

(3)阵发性连续剧咳,伴有高调吸气回音(鸡鸣样咳嗽)　见于动物会厌部、喉部疾病、气管受压、猪肺疫、幼畜肺炎等。

(4)咳嗽声音低微或无声　见于动物极度衰弱或声带麻痹、肺气肿。

第六节　发　绀

发绀(cyanosis)是指动物血液中还原血红蛋白增多,或者在血液中形成异常血红蛋白衍生物,如高铁血红蛋白、硫化血红蛋白和其他变性血红蛋白等,使皮肤、黏膜呈青紫色的表现。

发绀在白色被毛色素较少和毛细血管丰富的部位，如动物的口唇、鼻尖、结膜等处较为明显，易于观察。

一、血液中还原血红蛋白增多

1. 中心性发绀

中心性发绀是由心、肺疾病导致血氧饱和度降低引起的。发绀的特点是全身性的，也见于黏膜(包括口腔黏膜、眼结膜、外阴黏膜)与躯干的皮肤，但皮肤温暖。中心性发绀又可分为：①肺性发绀，见于动物各种严重呼吸系统疾病，如呼吸道阻塞、肺部疾病和肺血管疾病等，其发生机制是由于呼吸功能衰竭，通气或换气功能障碍，肺氧合作用不足，导致体循环血管中还原血红蛋白含量增多而出现发绀；②心混合性发绀，见于动物发绀型先天性心脏病，如法乐氏(Follot)四联症、艾生曼格(Eisenmenger)综合征(心室中隔缺损)等，其发绀机制是由于心与大血管之间存在异常通道，部分静脉血未通过肺进行氧合作用，而经异常通道分流混入体循环动脉血中，如果分流量超过心排血量的1/3时，即可引起发绀。

2. 周围性发绀

周围性发绀是由于周围循环血流障碍所致，发绀特点是常见于肢体末梢与下垂部位，如肢端、耳尖和鼻尖，这些部位的皮肤温度低、发凉，若按摩或加温耳尖和肢端，使其温暖，发绀即可消失。此点有助于与中心性发绀相区别，后者及时按摩或加温，青紫也不消失。

此外，真性红细胞增多症所致的发绀也属周围性发绀，除末梢发绀外，口唇也可发绀。其发生机制为红细胞过多，血液黏稠，致血流缓慢，周围组织摄氧过多，还原血红蛋白含量增多导致的。

3. 混合性发绀

混合性发绀为中心性发绀与周围性发绀并存，可见于动物心力衰竭(左心衰竭、右心衰竭和全心衰竭)，因肺淤血或支气管及肺病变，致肺内氧合不足，以及周围血流缓慢，毛细血管内血液脱氧过多所致。

二、血液中存在异常血红蛋白衍生物

1. 药物和化学物质中毒所致的高铁血红蛋白血症

血红蛋白分子的二价亚铁被三价铁所取代，导致其失去和氧结合的能力，当血液中高铁血红蛋白含量达30 g/L时，即可出现发绀。此种情况通常由亚硝酸盐、硝酸钾、次硝酸铋、磺胺类、硝基苯、苯胺等中毒引起。其发绀特点是急剧出现、暂时性、病情严重、经过氧疗后青紫不减，抽出的静脉血呈深棕色，暴露于空气中也不能转变成鲜红色，若静脉注射亚甲蓝(美蓝)溶液、硫代硫酸钠或大剂量维生素C，均可使青紫消退。分光镜检查可证明血中高铁血红蛋白的存在。由于动物大量采食含有亚硝酸盐的变质蔬菜，而引起的中毒性高铁血红蛋白血症，也可出现发绀，称肠源性青紫症。

2. 硫化血红蛋白血症

硫化血红蛋白并不存在于正常红细胞中。凡能引起高铁血红蛋白血症的药物或化学物质，也能引起硫化血红蛋白血症，但须患病动物同时有便秘或服用硫化物，在肠内形成大量硫化氢为先决条件。所服用的含氮化合物或芳香族氨基酸则起触酶作用，使硫化氢作用于血红蛋白，而生成硫化血红蛋白，当血中含量达5 g/L时，即可出现发绀。

第七节 呼吸困难

呼吸困难(dyspnea)是指患病动物由于空气不足而引起呼吸费力。表现为呼吸运动加强，重者鼻翼扇动、张口开肘，甚至出现发绀，呼吸辅助肌也参与活动，并伴有呼吸频率、深度、节律与呼吸方式的异常。高度呼吸困难称为气喘。

一、病因

1. 呼吸系统疾病

(1)气管或支气管阻塞　动物气管与支气管的炎症、水肿、肿瘤或异物所致狭窄或阻塞。

(2)肺脏疾病　如动物大叶性肺炎或支气管性肺炎、肺脓肿、肺淤血、肺水肿、弥漫性肺间质纤维化等。

(3)胸廓疾病　如动物严重肋骨骨折、气胸、大量胸腔积液和胸廓外伤等。

(4)神经肌肉疾病　如动物颈椎、腰椎间盘突出及急性多发性神经炎和重症肌无力累及呼吸肌，药物(肌松剂、氨基苷类等)导致呼吸肌麻痹等。

(5)膈运动障碍　如动物膈麻痹、膈疝、高度肠臌气、大量腹水、腹腔巨大肿瘤、胃扩张和妊娠末期。

2. 心血管系统疾病

心血管系统疾病如各种原因所致的动物心力衰竭、原发性肺动脉高压、肺栓塞、先天性心瓣膜缺损或瓣孔狭窄等。

3. 血液病

血液病如动物重度贫血、亚硝酸盐中毒和高铁血红蛋白血症等。

4. 中毒

中毒如动物尿毒症、酸中毒、有机磷杀虫剂中毒、亚硝酸盐中毒、氢氰酸中毒和急性一氧化碳中毒等。

5. 中枢神经因素

中枢神经因素如动物颅脑外伤、脑出血、脑肿瘤、脑及脑膜炎症致呼吸中枢功能障碍。

6. 其他

其他病因如猪应激综合征、过敏反应等。

二、临床表现

1. 肺源性呼吸困难

肺源性呼吸困难是动物呼吸系统疾病引起的通气、换气功能障碍，导致缺氧和二氧化碳潴留。临床上分为以下 3 种类型。

(1)吸气性呼吸困难　主要是上呼吸道狭窄引起。特点是动物吸气费力、吸气时间显著延长、鼻孔开张、头颈伸直、肘头外展、肋骨上举，重者由于呼吸肌极度用力，胸腔负压增大，吸气时肛门内陷，常伴有干咳及高调吸气性口哨音。其见于各种原因引起的喉、气管、大支气管的狭窄与阻塞。

(2)呼气性呼吸困难　主要是肺组织弹性减弱，肺泡内空气排出困难引起。特点是动物呼气费力，呼气时间明显延长而缓慢，脊背弓起，肷窝变平，肛门外突，沿肋骨弓出现一条凹沟——喘线，常伴有干啰音。这主要是由于肺泡弹性减弱和小支气管狭窄阻塞所致；当有支气管痉挛时，可听到叫鸣音。其常见于动物慢性支气管炎和慢性肺气肿等。此外，由于肺泡气肿，肺泡通气失调和弥散膜面积减少，严重时导致缺氧、发绀、呼吸增快等。

（3）混合型呼吸困难　主要是呼吸面积减少，气体交换障碍，并引起呼吸中枢兴奋的原因。特点是动物吸气与呼气均感费力，呼吸频率加快、变浅，常伴有病理性呼吸音。其原因是肺部病变广泛或胸腔病变压迫，致呼吸面积减少，影响换气功能所致。其常见于动物重症肺结核、大面积肺不张、大块肺栓塞、肺尘埃沉着症、弥漫性肺间质纤维化、大量胸腔积液、气胸、膈肌麻痹等。

2. 心源性呼吸困难

心源性呼吸困难主要由左心和/或右心衰竭引起，二者发生机制不同，左心衰竭所致呼吸困难较为严重。左心衰竭发生呼吸困难的主要原因是肺淤血和肺泡弹性降低，临床上主要见于动物心肌炎或心肌病。右心衰竭时呼吸困难的原因主要是体循环淤血所致，临床上主要见于动物慢性肺心病、牛创伤性渗出性心包炎，其发生呼吸困难的主要机制是由大量心包渗出液导致心包压挤或心包纤维性增厚、钙化、缩窄，使心脏舒张受限，引起体循环静脉淤血所致的。

3. 中毒性呼吸困难

在动物急性、慢性肾功能衰竭，糖尿病酮症酸中毒和肾小管性酸中毒时，血中酸性代谢物增多，强烈刺激颈动脉窦、主动脉体化学受体或直接刺激呼吸中枢，出现深长而规则的呼吸，称为酸中毒呼吸。某些药物和化学物质，如吗啡类、巴比妥类、苯二氮䓬类药物和有机磷杀虫剂中毒时，呼吸中枢受抑制，致呼吸变缓慢、变浅，且常有呼吸节律异常，如潮氏呼吸，又称陈-施二氏（Cheyne-Stokes）呼吸（图 1-5）或间歇呼吸，间歇呼吸又称毕欧特氏（Biot's）呼吸（图 1-6）。常见异常呼吸类型的病因和特点见表 1-3 所列。

此外，某些毒物可作用于血红蛋白，如一氧化碳中毒时，一氧化碳与血红蛋白结合成碳氧血红蛋白；亚硝酸盐和苯胺类中毒，亚硝酸盐和苯胺类使血红蛋白转变为高铁血红蛋白，失去携氧功能导致组织缺氧。氰化物和含氰化物较多的苦杏仁、木薯中毒时，氰离子抑制细胞色素氧化酶的活性，影响细胞的呼吸作用，导致组织缺氧均可引起呼吸困难，严重时可引起脑水肿抑制呼吸中枢。

图 1-5　陈-施二氏呼吸

图 1-6　毕欧特氏呼吸

表 1-3 常见异常呼吸类型的病因和特点

类型	病因	特点
呼吸停止	心脏停止跳动	呼吸消失
陈-施二氏呼吸	药物引起的呼吸抑制，充血性心力衰竭，大脑损伤	周期性不规律呼吸，呼吸频率和深度逐渐增加，又逐渐减少，以至呼吸暂停，周而复始
毕欧特氏呼吸	颅内压增大，药物引起呼吸抑制，大脑损伤(一般于延脑水平)	规律呼吸后，出现长时间呼吸停止，然后又开始呼吸
库斯茂尔氏呼吸(图 1-7)	各种代谢性酸中毒	呼吸深长而规则

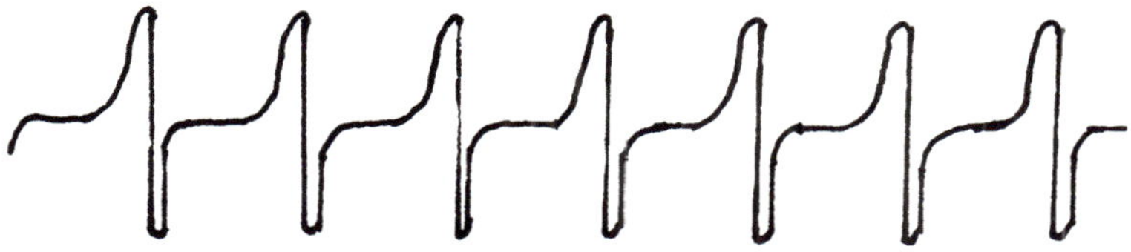

图 1-7 库斯茂尔氏呼吸

4. 中枢神经性呼吸困难

重症颅脑疾病，如动物颅脑外伤、脑出血、脑炎、脑膜炎、脑脓肿及脑肿瘤等，呼吸中枢受增高的颅内压和供血减少的刺激，使呼吸变慢变深，并常伴有呼吸节律异常，如呼吸遏制(吸气突然中止)等。此外，动物某些疼痛性疾病，也可以反射性引起呼吸运动加深，严重的可引起呼吸困难。

5. 血液病

动物重度贫血，亚硝酸盐中毒时的高铁血红蛋白症或硫化血红蛋白症等，因红细胞携氧减少，血氧含量降低，致呼吸加速，同时心率加快。大出血或休克时，因缺血与血压下降，刺激呼吸中枢，也可使呼吸加速。

第八节 异 嗜 癖

异嗜癖(pica)是指动物因营养、内分泌、环境、心理和遗传等多种因素的改变，而导致动物采食或啃咬一般不应采食的异物(如煤渣、木片、碎布、塑料物、垫草、粪便等)，为特征的多种疾病综合征。不同动物喜食的异物也不相同，仔猪喜欢互相啃咬尾巴、耳朵等；牛喜欢采食布片、塑料物、皮革、金属片、木料、石头和尸体物质，如骨骼和皮肤；绵羊可能喜欢采食污物、骨骼，且常常吃毛；马可能采食沙石、污物或咬嚼骨骼；鸡有啄羽癖、啄肛癖、啄趾癖；幼犬常常吞食木柴棒、粪便、骨骼和青草；猫喜欢吃毛发及其他杂物；母畜吞食新生仔畜及胎衣等；还有一些动物甚至喜食某些有毒植物，如相思草和疯草。

一、病因

异嗜癖的病因很复杂，一般认为与环境、营养和疾病因素有关。环境因素包括畜舍、禽笼饲养密度过大，过度拥挤，运动范围狭小，导致动物之间相互接触和冲突频繁，因争夺饲料和饮水相互攻击；环境潮湿，笼舍通风不良，空气中氨、硫化氢和二氧化碳等有害气体刺激，导致动物烦躁不安。此外，营养缺乏或失衡是引发异嗜癖的主要原因。其见于钠、钾、钴、铁、铜、锰、锌、碘、硫、硒等矿物质缺乏；佝偻病、骨软症和纤维性骨营养不良；B族维生素、维生素D和维生素E缺乏症；牛和羊神经性酮病；缺水或水供应不足等。一些消化器官疾病如齿龈炎、慢性胃炎、胰腺疾病、腹膜炎、肠道线虫病和严重螨虫寄生等，神经障碍性疾病如猪、犬、猫的狂犬病，犬糖尿病等也是引发异嗜癖的病因之一。

二、临床表现和诊断

异嗜癖一般首先表现为消化不良，出现味觉异常和异嗜症状。患病动物易惊恐，对外界刺激敏感性增高，随后反应迟钝。皮肤弹性下降，背部粗糙无光泽。出现便秘、腹泻，或二者交替出现。贫血，渐进性消瘦，食欲进一步下降，甚至发生死亡。

(1)食毛症　放牧羊群互相啃咬腹部、股部及尾部等部位的被毛，或舔舐地面上的被毛。患病羊被毛粗乱，大片脱毛，食欲减退，常有腹泻、消瘦和贫血。山羊的发病率明显高于绵羊，多发生于11月至翌年5月。

(2)禽啄食癖　禽啄食癖表现为啄羽癖、啄肛癖、啄趾癖等，鸡群中一旦发病，传染迅速。鸡只表现为互相攻击和啄食羽毛，进一步发展为啄肛、啄趾、啄肉等，严重者造成死亡。

(3)猪咬尾咬耳症　耳朵被咬时，比较容易反击，尾巴被咬时不容易反击。严重者尾巴被咬至尾根部引起感染或败血症死亡。

(4)毛皮兽自咬症　患病动物表现为精神紧张，采食异常，易惊恐。患病动物啃咬自己的尾部、臀部等部位，发出尖叫声。

第九节　呕　吐

呕吐(vomiting)是动物不自主地将胃和部分小肠的内容物从口或鼻腔排出体外的现象。反刍动物呕吐时，呕吐物多为瘤胃(主要是瘤胃)内容物，不是真胃内容物，所以一般称为返流。当动物食管患病时，病畜仅吐出食道内停留的食物，则称为假呕吐。

各种动物由于胃和食管的解剖生理特点和呕吐中枢的感应能力不同，发生呕吐的程度也各不相同。肉食动物(犬和猫)容易呕吐，杂食动物猪次之，而反刍动物更次之，马属动物则极难发生呕吐，一般仅有作呕动作，到病情极其严重时，才可能发生内容物从鼻孔返流。犬、猫呕吐有时是正常的生理现象。

一、病因

引起动物呕吐的病因很多，按发生机制可归纳为下列几类。

1. 由感染、炎症和胃肠阻塞引起

(1)感染　病毒性感染，如猫泛白细胞减少症、犬瘟热、犬冠状病毒感染、犬细小病毒感染、犬传染性肝炎；细菌性感染，如钩端螺旋体病、沙门菌感染等；寄生虫性感染，如蛔虫病、梨形鞭毛虫病等。

(2)炎症　炎症如胰腺炎、子宫蓄脓、胃溃疡、腹膜炎、出血性胃肠炎、急性前列腺炎等。

(3)肠机械性阻塞　如幽门狭窄或幽门痉挛、胃肠内异物、胃扩张、肠扭转、肠套叠、胃肠肿瘤、胃肠肉芽肿或脓肿、肠粘连、麻痹性肠梗阻、先天性缺陷。

2. 由中毒和其他原因引起

(1)中毒　有重金属如砷、汞、铜、铅、铊中毒;治疗药物如阿扑吗啡、洋地黄强心苷类、氨基吡啉、雌激素、肾上腺素、氯化铵、水杨酸盐、林可霉素、红霉素、四环素、氯霉素、呋喃妥因、甲苯咪唑、抗肿瘤药、青霉胺、吐根碱、生物碱类等中毒;农药如安妥、氟乙酰胺、有机磷制剂中毒;溶剂如乙二醇、异丙醇、甲醇、苯、硝基苯酚等中毒;其他如组织胺、葡萄球菌肠毒素、乙醇、稀碘酊、六氯酚、萘、草酸盐中毒。

(2)代谢病　有肾上腺皮质功能减退、糖尿病酮症酸中毒、尿毒症、肝脏疾病等。

(3)神经系统疾病　有神经性呕吐、癫痫、脑内压增高性疾病等。

二、临床表现

1. 呕吐特点的辨认

(1)真性呕吐　有明显的呕吐动作,腹部肌肉收缩,头颈伸张,神情惊恐,呕吐反复发生。每次呕吐物多少不定,食肉动物多些,见于胃黏膜受刺激或胃炎、中毒等。

(2)喷射性呕吐　呕吐动作不明显,一次吐出大量稀薄的胃内容物,见于急性食滞、胃扩张,牛瘤胃积食,猪、犬和猫过食,以及颅内压升高性呕吐等。

(3)假性呕吐　见于食管阻塞,仅吐出食管内容物和唾液。

2. 呕吐发生时机与呕吐物性状的辨认

注意观察呕吐频率、出现时间、呕吐物数量、气味、反应及混杂物,对判断病性部位很有帮助。

在采食后不久,一次呕吐大量正常胃内容物,动物安静,短时间不再出现者,在猪、犬、猫常常是过食;采食后立即发生呕吐,呕吐物常常混有黏液,呕吐动作持续而频繁,表示胃黏膜长期遭受某种刺激,多与胃、十二指肠、胰腺的顽固性病患有关;呕吐物中含有血者,见于出血性胃肠炎、猪瘟、犬瘟热、犬细小病毒病、猫泛白细胞减少症;呕吐物呈黄绿色,碱性反应,为含有胆汁的征象,见于十二指肠阻塞、肠扭转;呕吐物的性质和气味与粪便类似,见于猪肠嵌闭和犬、猫大肠阻塞;猪、犬、猫呕吐物中有毛球、肠道寄生虫及其他异物,见于相应的疾病,如胃肠寄生虫、吞食异物或营养缺乏等。

3. 中枢性呕吐与反射性呕吐的辨认

(1)中枢性呕吐　多由颅脑疾病引起,动物多有意识障碍,全部胃内容物排空,呕吐动作仍不停止,呕吐有时仅吐出部分清水或空呕无物排出。

(2)反射性呕吐　患病动物神志多清醒,呕吐多与消化器官和腹腔疾病有关,呕吐动作在采食后不久发生;或与采食等有关系,待胃内容物排空,呕吐动作多可停止。

4. 普通病与群发病的辨认

普通病一般单独发病;动物传染病多为群发病,且伴有体温升高和流行性为其特点。中毒病群发时,其中毒动物体温不高。

三、伴随症状

(1)体温升高　见于各种炎症和传染性疾病。体温不高,见于过食、胃溃疡、肠阻塞、肠扭转、各种中毒或药物作用等。

(2)腹痛　见于马急性胃扩张、急性胃肠炎、急性肝炎、急性中毒。腹壁压痛见于腹膜炎。

(3)便秘　见于肠阻塞,犬、猫缺钙。

(4)神经症状　见于各种脑疾病、尿毒症、肝昏迷等。

第十节　便　秘

便秘(constipation)是指排粪次数减少或排便困难,粪便干而坚硬,不易排出。严重的便秘往往会使肠管闭塞不通,称为肠梗阻(intestinal obstruction)。健康动物每天的排粪次数:一般马属动物为 8～12 次,反刍动物为 10～24 次,猪为 5～20 次,肉食动物为 1～3 次。各种动物的排粪量,根据其食量、饲料种类及消化吸收机能而不同,健康动物每天排粪量,马 10～25 kg,牛 25～35 kg,绵羊和山羊 1～3 kg,猪 0.5～2.0 kg,犬 0.4～1.0 kg。

一、病因

当各种因素导致动物胃肠运动减弱时,胃肠内容物停留时间延长,由于增加了吸收液体的时间,粪便干燥而量少,排粪次数也减少,便发生便秘。便秘的发生原因有以下几种。

1. 动物日粮中粗纤维饲料不足与过多

在日粮中,不仅需要碳水化合物、蛋白质、脂肪、矿物质和维生素,而且需要半纤维素、木质素等粗纤维。这些粗纤维虽不易被消化,但可使粪便体积增加,成为对肠道运动的有效机械性刺激,有利于排便。草食动物长期饲喂单纯的粉状饲料,就会引起便秘。此外,粗纤维具有亲水性,能在肠道内保持水分,从而避免粪便过于干硬。结肠内细菌的纤维素酶能消化部分纤维素和半纤维素,产生有轻微导泻作用的挥发性脂肪酸;纤维素还可保留一部分胆酸盐于结肠内,经细菌的 7α-脱羟基作用,使胆酸衍化为脱氧胆酸,影响结肠的水分与电解质吸收,使粪便软化。但经常喂给大量难于消化的粗饲料,这些粗纤维刺激胃肠道感受器,初期可使胃肠蠕动的兴奋性增高,而当刺激因子持久存在时,兴奋性随之减弱,使肠内粪便停滞、变硬,也形成便秘。

2. 饮水不足与水品质不良

充足的饮水量是保障动物正常消化吸收的必要条件。饮水不足时,消化液分泌减少,胃肠蠕动减弱,食物在胃肠内得不到充分消化,就逐渐停滞而发生便秘。经常给予含泥沙的饮水,也会造成便秘。

3. 胃肠道疾病所致的消化机能紊乱

患有急性或慢性胃卡他时,消化液分泌减少、胃肠蠕动减慢,排便迟缓,粪球干小,表面附有黏液。患慢性肠卡他的动物,当肠机能处于兴奋性减弱状态时,也会发生便秘。

4. 胃肠道阻塞

患有胃扩张、小肠积食、大肠阻塞、牛瓣胃阻塞、真胃阻塞、结肠阻塞以及肠变位等,病变前部的胃肠内容物不能后送,胃肠蠕动减弱,出现排粪减少,粪便干硬等现象。

5. 药物及毒物作用

药物中含有收敛物质(鞣酸、鞣酸蛋白、青杠树叶中毒等)或铋制剂(次硝酸铋等)以及阿托品类药物中毒(颠茄、阿托品、山莨菪碱),这些具有收敛作用和阻断毒蕈碱胆碱反应系统的抗胆碱物质,均可引起肠蠕动迟缓进而发生便秘。

6. 支配排粪的神经受损

排粪动作受盆神经、阴部神经及腹下神经支配，因为压力的机械刺激，使感受器将冲动传至脊髓腰段的低级排粪中枢，再传入中枢神经系统的高级中枢，最后由中枢发出冲动经盆神经传到大肠后段和肛门括约肌，引起排粪。在腰荐受损时，如腰椎撞伤或挫伤、椎间盘突出引起的后躯麻痹，常可造成顽固性或永久性的直肠便秘。

7. 肠黏膜反应性降低

虽有足够的肠道刺激，但不能引起肠道运动或排粪反射，见于肠黏膜的病变或损伤。

8. 排粪动力减弱或缺乏

排粪动力主要依靠腹肌、膈肌、盆底肌肉、提肛肌及肠平滑肌，如果有关肌肉衰弱而使排粪动力不足或缺乏，可引起便秘。常见的原因有老龄、衰弱、消耗性疾病、恶病质、过度肥胖、钙缺乏等因素，大量腹水、腹内肿瘤引起的腹肌衰弱、膈神经麻痹、慢性肺气肿等因素，以及运动不足，都可引起排粪动力减弱或缺乏。

9. 其他

低钾血症引起肌肉张力减弱；反刍动物慢性铅中毒、锌中毒，使肠道肌肉麻痹或痉挛；犬前列腺炎和前列腺增生，主要症状是便秘和里急后重；马的青草病也常引起便秘。

二、临床表现和诊断

具有便秘症状的疾病较多，临床诊断时主要依据是问诊与临床检查，特别是观察排粪及粪便的状况，必要时进行直肠检查和药物性诊断，有助于确诊。

1. 便秘的症状

动物便秘时，肠蠕动音减弱或停止，但初期可能增强。排粪次数减少或停止排粪，病初排粪次数也可能增多。粪块干而硬固，表面多呈黑褐色，有时还附有黏膜，严重的便秘常引起腹痛和发热。长时间便秘，由于自体中毒引起精神沉郁、厌食、虚弱和心功能不全。根据上述症状的出现，可以粗略判断便秘的持续时间和严重程度。

2. 诊断方法

(1)问诊　了解饲养管理情况，如饲料的种类、水的质量以及劳役状况。患病时间、病后表现，特别是排粪次数、每次排粪的数量和硬度，有无腹痛症状。治疗情况、用过什么药等。

(2)临床检查

①口腔变化：便秘时，口腔干燥，口色正常或稍红，有薄层灰白或灰黄色舌苔，口腔有口臭或稍有腐败臭。牙齿磨灭不整，硬腭往往肿胀。

②听诊：反刍动物便秘时瘤胃蠕动次数减少，每次蠕动持续时间变短，蠕动音减弱。瓣胃及真胃音消失。肠音减弱，有时可听到金属音。单胃动物便秘，大小肠音均减弱。

③排粪情况及粪便观察：排粪时用力费劲，排出的粪便发干，牛粪表面发黑、质硬，呈小饼状或算盘珠状，猪粪干小，落地有声。病重时不排粪，或用力而排不出粪便，如牛真胃阻塞时，肠蠕动变弱，可持续十几天不排粪或排出干硬粪便。直肠麻痹时，直肠内蓄积多量粪便，常需要将手伸入直肠掏取。

(3)特殊检查

①直肠检查：对于马属动物和牛，可通过直肠检查，判断其是单纯性便秘，还是由胃肠道疾病或阻塞所继发的便秘。原发性便秘是指直肠及结肠有大量的粪便蓄积。直检还可判断腹腔

有无肿瘤以及腰荐脊椎有无损伤等。猫和小型犬可通过腹部触诊，触摸到干硬粪便。

②药物性诊断：不严重的原发性便秘，给予胃肠兴奋剂(如口服适量敌百虫，皮下注射新斯的明或少量毛果芸香碱)，一般排粪情况即可改善。若为较严重的胃肠阻塞，用药后则腹痛加剧，病情不一定能减轻，有时反而加剧。所以，使用胃肠兴奋剂应慎重，否则可能发生肠破裂或扭转变位。

第十一节 脱 水

脱水(dehydration)是动物机体水分和电解质摄入不足或体液和电解质丢失或排出过多，导致循环血量减少和组织脱水的综合病理过程，各种动物均常发生。动物脱水过程中，水和电解质常同时丢失，但其数量各不相同。严重脱水常造成动物死亡。动物脱水的性质，通常有3种。

(1)等渗性脱水　动物体内水分和电解质以等渗或近似等渗浓度丢失，也称混合性脱水，是临床上最多见的一种脱水，见于动物腹泻，烧伤时血浆丢失等。脱水治疗需要等渗溶液。

(2)低渗性脱水　动物低渗性脱水是电解质丢失多于水丢失，又称失盐为主的脱水，见于动物沙门菌病急性腹泻、严重呕吐，以及口渴、急性使役和中暑等大量出汗后饮水过多。大量静脉输注含糖溶液或低渗性其他溶液。

(3)高渗性脱水　高渗性脱水是水分丢失过多，电解质丢失较少，又称失水为主的脱水，见于饮水不足，破伤风或咽疾病等饮水障碍性疾病，因水咽下障碍而引起的脱水，都属于高渗性脱水。

动物机体脱水程度，一般分为3级：①轻度脱水，脱水量占体重的5%～8%；②中度脱水，脱水量占体重8%～10%；③重度脱水，脱水量占体重的10%～12%。动物体内水分含量占体重的45%～70%，新生动物含水量可达80%，动物脱水量达体重的25%时，可引起动物死亡。

一、病因

1. 急性脱水

(1)急性腹泻性脱水　常见于以下几种情况。

①非传染性腹泻及胃肠道内大量积液是引起脱水最常见的原因，见于急性消化不良或胃肠卡他、胃肠炎、结肠炎、幼畜消化不良以及重金属盐中毒等，大量体液随泻粪排出体外。便秘、马属动物急性结肠炎、瓣胃阻塞、反刍动物过食谷物、真胃阻塞、真胃变位等，影响肠道液体吸收或大量液体渗透到胃肠内，胃肠道内大量积液而引起机体重剧脱水。

②传染性因素脱水：见于大肠埃希菌病、沙门菌病、巴氏杆菌病、猪痢疾、猪梭菌性肠炎、牛黏膜病、犬细小病毒性肠炎、犬瘟热、猫泛白细胞减少病等，经常发生重剧腹泻，引起大量体液丢失。

(2)急性咽下障碍性脱水　见于咽炎、食管梗死、破伤风等病，由于不能饮水或水的咽下障碍，可在数日之内，甚至在一夜之间引起机体脱水。

(3)唾液分泌过多性脱水　见于唾液腺炎、有机磷中毒、汞中毒、砷中毒、急性铜中毒等，因唾液分泌过多，导致大量体液丢失，引起脱水。

(4)呕吐、出汗或烧伤性脱水　急性胃肠炎大量呕吐、中暑、大量出汗以及烧伤等，均可引起严重的急性脱水。

2. 慢性脱水

(1)慢性腹泻性脱水　见于慢性消化不良或胃肠卡他、牛副结核等，慢性长期腹泻，使体液大量丢失。

(2)慢性咽下障碍性脱水 见于慢性咽炎、咽麻痹、咽受压迫、食管狭窄以及脑病等,因长时间咽下水障碍而致脱水。

(3)胃或瘤胃积滞性脱水 见于瘤胃积食、瘤胃弛缓、继发性胃扩张,尤其是继发性液体胃扩张,胃内或瘤胃内常积聚大量液体引起脱水。

(4)尿量增多性脱水 见于慢性肾炎、糖尿病、尿崩症等,因长期排尿量增多,经常引起脱水。

3. 体腔积液

体腔积液见于胸腔或腹腔炎性及非炎性积液,特别是大量积液,常可出现脱水征象。

4. 不显性失水量或缺水量增多

不显性失水量或缺水量增多见于发热、缺水、呼吸过速的疾病,以上如果引起失水量异常增多或缺水,可引起脱水。

二、临床表现和诊断

动物脱水的临床表现和诊断,应注意以下 3 个方面,即脱水量的判断、脱水性质的鉴别和动物脱水的预后判定。

1. 脱水量的判断

临床上发现动物脱水,如果粗略地估计其脱水量比较容易,但要精确地判断脱水程度和脱水量则比较困难,临床综合判断动物脱水程度标准要领如下。

(1)脱水体征 精神、皮肤干燥度、皮肤弹力、眼球凹陷度,以及体温、心律等变化,其中精神、皮肤干燥度、皮肤弹力和眼球凹陷度等是临床诊断脱水的主要指标,而体温、心律等变化,在轻度乃至中度脱水时,一般无变化,如果出现体温升高或降低,大动物心律近 100 次/min 或以上的,多为重度脱水。

(2)体重 以脱水动物体重减轻量判断脱水量,比较准确和可靠,但对于动物,往往由于不知道其脱水前的体重,一定程度上又限制了其实用价值。

(3)毛细血管再充盈时间 其测量方法,人类为压迫其指甲 5 s,然后除去压迫,观察指甲恢复原来红色所需时间。动物为按压齿龈 5 s,然后除去按压,观察恢复到原来颜色所需时间,正常一般为 1～1.5 s。

(4)实验室检测项目 实验室可利用红细胞压积(HCT)、血浆蛋白(PP)、尿素氮、血浆渗透压和尿比重等项目来判定。动物脱水程度判断标准及补液量见表 1-4 所列。

表 1-4 动物脱水程度判断标准及补液量

脱水程度	精神状态	皮肤弹性持续时间/s	口腔黏膜	眼窝下陷	毛细血管再充盈时间/s	HCT/L	血浆蛋白/(g/L)	体重减少/%	需补液量/(mL/kg)
轻度脱水	稍差	2～4	轻度干涩	不明显	稍有增加	0.50	80～90	5～8	30～50
中度脱水	差,喜卧少动	6～10	干涩	轻微	增加	0.55	90～100	8～10	50～80
重度脱水	极差,不能站立	20～45	极干涩	明显	超过 3 s	0.60	100～120	10～12	80～120

2. 脱水性质的鉴定

动物脱水性质的鉴定，是在实施动物机体补液时选择液体和决定补液效果时采取的非常重要的措施。如何鉴别脱水的性质，可用如下几种方法。

(1)依据引起脱水的原因、脱水动物有无饮欲增加与血液浓稠度等予以鉴别

①因饮水不足、咽下机能障碍或呼吸显著加快等原因引起的脱水。脱水动物饮水量增加，血液黏稠度增高的，为高渗性脱水。由于进水量减少，动物仍不断地从汗、尿和呼出气中丧失水分，其失水量相对比 Na^+ 丢失得多，故而细胞外液中 Na^+ 和渗透压均增高，形成高渗性脱水。治疗以补水为主，可输注 5%葡萄糖溶液，或 2 份 5%葡萄糖溶液加 1 份生理盐水或加 1 份复方氯化钠溶液。

②在大量出汗后，饮水不补充盐所致的脱水。脱水动物血液黏稠度正常或较高，为低渗性脱水。这种脱水，Na^+ 的丢失相对比水的丢失多，治疗以输注生理盐水或复方氯化钠溶液为宜。也可以输入高渗氯化钠溶液。

③因腹泻、大量出汗后饮水不足所致的脱水。脱水动物饮水量增加，血浆黏稠度明显增高的，为等渗性脱水。这种脱水，水和 Na^+ 近似等渗丢失，治疗以输注生理盐水或复方氯化钠溶液为主。

(2)依据脱水动物血清中 Na^+ 水平区分　凡血清 Na^+ 在参考值以内的，为等渗性脱水；超过参考值上限的，为高渗性脱水；低于参考值下限的，为低渗性脱水。

(3)依据脱水动物血浆渗透压区分　高于血浆渗透压参考值的为高渗性脱水，低于参考值的为低渗性脱水，在参考值范围内的为等渗性脱水。马血浆渗透压参考值为 290～320 mmol/L，牛为 270～300 mmol/L，猪为 282～292 mmol/L，犬和猫为 280～305 mmol/L。

3. 脱水的预后判定

尤其是严重的脱水，往往伴随着严重的酸中毒或碱中毒等全身性反应，导致不良的后果。在判定其预后时，可根据以下各项检查结果，综合判定。

(1)脱水原因和脱水体征　急剧而连续的严重腹泻，以及严重呕吐等引起的脱水，短时间内即可导致大量失液。尤其在出现体温升高或降低，心律增速，皮肤弹力实验恢复时间超过 20 s，毛细血管再充盈时间超过 3 s 时，表明严重脱水，预后多数不良。

(2)红细胞压积和血液乳酸量　红细胞压积超过 0.6 L 表明脱水严重；达 0.8 L 时，血液即难以流动。正常动物血液乳酸量低于 2.0 mmol/L，血液乳酸量>7.77 mmol/L，预后慎重，多数动物将会死亡。

第十二节　腹　痛

腹痛(abdominal pain)是动物在临床上较多见的一种症状，其是由于腹部脏器或组织机能障碍或器质性病变而表现出腹部疼痛的一类疾病的总称，又称疝痛(colic)。多发于马属动物，其他动物较少发生。此外，腹腔外其他脏器的疾病，以及全身感染、内分泌与代谢紊乱、过敏、血液病等，也常能引起不同程度的腹痛。因此，在鉴别诊断时，必须全面考虑，综合分析，力求早期诊断，及时治疗。

由于腹痛常发生于马属动物，其他动物较少发生。因此，本节的描述以马属动物为主，对其他动物仅作简要介绍。

一、腹痛的分类

腹痛的分类方法较多，动物临床上常用的分类方法是根据发生的主要部位和原因加以划分的，这种分类方法对认识疾病的部位和性质以及采取适宜的防治措施都具有实际意义。

（1）真性腹痛　通常是指由胃肠疾病及其附属组织（肠系膜、胰腺）疾病所引起的腹痛。真性腹痛一般按发病部位将其分为胃性腹痛、肠性腹痛和胰腺炎等（图 1-8）。

- 真性腹痛
  - 胃性腹痛
    - 急性胃扩张
      - 食滞性急性胃扩张
      - 气胀性急性胃扩张
      - 液胀性急性胃扩张
    - 慢性胃扩张
    - 反刍动物瘤胃疾病
      - 瘤胃臌胀
      - 瓣胃阻塞
      - 真胃扭转和阻塞
    - 胃扭转
    - 胃炎
    - 胃破裂
  - 肠性腹痛
    - 肠阻塞
      - 小肠阻塞
        - 十二指肠阻塞
        - 空肠阻塞
        - 回肠阻塞
      - 大肠阻塞
        - 盲肠阻塞
        - 结肠及其弯曲部阻塞
        - 小结肠阻塞
      - 直肠便秘
    - 肠痉挛
    - 急性肠臌胀
    - 肠秘结
      - 肠积沙
      - 肠结石
      - 异物
      - 寄生虫（蛔虫）
    - 肠变位
      - 肠缠结
      - 肠扭转
      - 肠绞窄和肠嵌闭
      - 肠套叠
    - 肠性炭疽
    - 小肠炎和大肠炎
    - 前肠系膜动脉瘤
  - 胰腺炎（犬、猫）
  - 寄生虫疾病
    - 马圆形线虫病
    - 马副蛔虫病
  - 中毒性疾病
    - 有机磷农药中毒
    - 金属毒物中毒
  - 疝痛
    - 腹壁疝
    - 膈疝
    - 阴囊疝或腹股沟疝

图 1-8　动物真性腹痛分类

(2)假性腹痛　通常是指除胃肠疾病以外的某些器官,如泌尿生殖器官、肝、胆、脾以及腹膜等病变所引起的腹痛(图 1-9)。

- 假性腹痛
  - 肝、胆性腹痛
    - 肝破裂
    - 胆管结石症或寄生虫
  - 泌尿器官性腹痛
    - 肾病变
      - 急性肾炎
      - 肾结石
    - 膀胱病变
      - 膀胱炎
      - 膀胱结石
      - 膀胱破裂
    - 尿道阻塞
  - 生殖器官性腹痛
    - 子宫扭转
    - 胎动性子宫痉挛
    - 分娩时的阵缩性产痛
    - 传染性流产
  - 腹膜性疼痛　疑似腹膜炎

图 1-9　动物假性腹痛分类

二、病因

腹痛的基本原因是支配腹部的神经,受到来自局部或全身的化学或物理刺激后引起。其病因可分数种。

1. 腹腔内器官的病变

腹腔内器官包括实质性器官和空腔性器官。

(1)实质性器官病变　实质器官如肝、胰腺、脾、肾等发生炎性变化时,其体积增大,使包膜紧张,刺激和牵拉神经末梢,常引起持续性腹痛。

(2)空腔性器官病变　空腔性器官(如胃、肠等)发生病变时,引起的腹痛有下列几种。

①痉挛性疼痛:异常刺激作用于肠壁感受器,反射性地引起平滑肌(包括括约肌)强烈收缩或痉挛;或者是阻塞前段的肠管,初期为了克服肠内容物通过的阻力,发生强烈的收缩蠕动。这两种情况均可引起阵发性的腹痛。发作时,病马急起急卧,直至卧地打滚,呈中等度或剧烈腹痛。间歇时,安静站立,仍可采食饮水,肠音一般增强。这种腹痛是由平滑肌痉挛性收缩,挤压神经和局部血管,造成局部缺血和组织缺氧,不仅能使氢离子浓度增加,促进组织细胞崩解,产生缓激肽;而且还能使痛觉感受器敏感,因此弱的刺激,即可产生强烈的疼痛反应。

②臌胀性疼痛:当胃肠机能紊乱,导致内容物停滞和腐败发酵产生气体时,蓄积的内容物和气体都会使胃肠臌胀,刺激胃肠壁上的游离神经末梢,引起持续性的疼痛。这种疼痛随着胃肠臌胀增大而逐渐加剧。其特点是腹围显著臌大,平滑肌往往缺乏收缩力。如果臌胀过度而持久时,也可产生致痛物质,从而使腹痛更加强烈。严重臌胀可引起胃肠破裂。

③牵引性疼痛:也称肠系膜性疼痛。其是由于胃和肠管位置发生改变,或因结粪等的重力作用导致扭转牵拉和压迫肠系膜,刺激肠系膜上的游离神经末梢而发生持续而强烈的腹痛,并易发生休克。患病动物为了缓解疼痛,有时作较长时间的弓背,马表现为仰卧抱胸,四肢集于腹下。直肠检查时,触到变位肠段或被牵拉的肠系膜时,疼痛明显加剧。其见于肠变位和腹股沟疝。

④炎症性疼痛:患严重的胃肠炎时,胃肠黏膜上皮坏死脱落,神经末梢裸露,加之局部炎症

和氢离子浓度增加刺激，也会产生腹痛。腹痛的特点是呈持续性，患病动物常想卧地，不断努责，呈现里急后重的表现，排出稀粪后，疼痛稍有减轻，但由于炎性渗出，腹痛会再次出现。其见于胃炎、肠炎、寄生虫或中毒等。

(3)泌尿生殖器官病变 如子宫扭转、尿道结石、膀胱积尿或破裂等，可使局部发炎，炎性产物刺激感受器而引起疼痛，或是由于膨胀、牵引等作用刺激神经末梢而引起疼痛。

(4)腹膜病变 腹膜遭受细菌或化学性物质的刺激，可引起急性或慢性腹膜炎，如肠变位后的渗出物、胃肠内容物、胆汁、血液、尿液进入腹腔后，均可刺激腹膜感受器而发生疼痛。腹膜疼痛的特点是呈弥漫性疼痛，患病动物多呈弓背站立而不愿移动的姿势。

(5)肿瘤 腹腔内有良性肿瘤或恶性肿瘤以及马圆形线虫幼虫寄生引起肠系膜动脉血管瘤时，由于肿瘤侵入神经丰富的区域或局部缺血，常可引起顽固性的疼痛。疼痛现象由开始时较轻，逐渐变得越来越重。此外，肿瘤也可造成肠管梗阻、扭转或血管破裂出血而导致腹痛。

2. 腹壁及全身性病变

(1)腹壁的病变 腹壁的穿透创、腹肌破裂、腹壁疝等，可使腹壁相应的脊神经受到损伤性刺激，而引起持续性腹痛。疼痛的强度一般与刺激的强弱有关，刺激较强时，常伴有明显的触痛和腹肌紧张。患病动物多站立不愿走动，有的呈现明显的胸式呼吸。

(2)全身性病变 如炭疽、出血性败血症、中毒性疾病、尿毒症等均可出现腹痛症状。

三、临床表现和诊断

动物腹痛诊断首先要询问病史，再结合临床和实验室检验，来分析可能发生的疾病。

1. 病史调查

结合对患病动物的观察，应详尽收集病史，着重调查发病时间、腹痛表现、排粪及排尿情况以及饲养管理使役等情况。

(1)发病时间与得病的经过 在采食后 1～4 h 发生腹痛者，多为急性胃扩张、肠臌胀。发病稍缓而病程为数日至十多日，多为肠阻塞或便秘。发病急剧，1～2 d 死亡者，应怀疑为炭疽(体温升高)、胃肠破裂等。因此，问明发病时间和经过，对腹痛的诊断很有意义。

(2)腹痛表现 问明腹痛的表现，是仅表现轻度不安、前肢刨地等症状，还是起卧打滚、极度不安。借此可判断是轻度、中度或重度腹痛。病马的异常姿势，如犬坐姿势则常为胃扩张的特征性症状(临床上少见)。

(3)排粪、排尿情况 对排粪的次数，数量及粪便的稀、干、软、硬等情况应询问清楚。如排粪停止，多为小结肠阻塞；排粪次数减少，粪球干小者，多为大结肠阻塞。肠痉挛时常排稀粪，但无恶臭，粪中不含血液、黏液和脓液。急性胃肠炎、肠型炭疽排出恶臭，混有脓血的稀粪，或呈水样。便秘时，排尿减少或不排尿，一旦排尿，说明病情有好转。

(4)饲养管理及使役情况 饲料过于粗硬，不按时饲喂而使饥饱无常，饱食后马上使役或役后立即饲喂，突然更换饲料或家畜脱缰偷食，均易引起胃扩张或便秘。饮水不足、给予含泥沙的饮水，均可造成便秘或肠积沙。平时或劳役后饮用冰、冷水，常可导致痉挛疝。

2. 临床检查

(1)体温、脉搏、呼吸数检查 体温变化可判断是炎性或非炎性疾病，如炭疽、胃肠炎、胰腺炎、肾炎等；具有腹膜炎的腹痛，如肠缠结、肠扭转、肠绞窄和肠嵌闭、肠套叠等。便秘的过程中，如体温升高，表明继发了肠炎。在便秘、肠痉挛、肠臌胀、胃扩张、肠系膜动脉瘤、肠结石等腹痛病中，体温基本在正常范围之内。腹痛时脉搏和呼吸数变化常常一致，但在胃肠疾病所致的腹痛时，脉搏数的增加对脱水程度的判断及预后的估计，有一定参考价值，如马的脉搏数每分钟超过 100 次时为病情严重；超过 150 次者，为预后不良。在胃扩张、肠膨胀、膈疝时，呼吸数常可增加。

(2)腹痛程度观察　腹痛程度对判断疾病的部位和性质，有一定的参考价值，同时腹痛程度与疾病发展的快慢有密切关系。腹痛程度一般分为以下 3 种。

①轻度腹痛：发病动物不安，马前肢刨地，后蹄踢腹，伸展背腰，呈公马排尿姿势，回头顾腹，有时卧地但不翻滚。腹痛间隙期长，往往长达 30 min 以上，多见于大肠不完全阻塞、轻度胃肠炎等。

②中度腹痛：除了刨地、踢腹、回顾、卧地及伸展背腰等表现外，病马往往低头蹲尻，细步急走，步态紧张。卧地缓慢，有时卧地滚转。疼痛的间歇期较短，一般多在 10 min 以上。其见于胃扩张、骨盆曲阻塞、胃状膨大部阻塞、小结肠阻塞、肠臌胀及肠痉挛等。

③重度腹痛：腹痛剧烈，病马频频起卧或急起急卧，有时猛然摔倒，左右翻滚，或倒地后呈仰卧姿势，甚至吆喝、鞭打也不愿站起来。腹痛的间歇期极短，一般多为几分钟甚至无间歇期。其见于小肠阻塞，严重的胃扩张、肠臌胀、小肠积食、肠扭转、肠套叠、肠嵌闭以及公马阴囊疝等。动物肠型炭疽也有重剧腹痛症状。

在观察腹痛症状时，必须考虑以下两个重要因素。一是在同一条件下(如疾病性质、部位、程度、并发症和病程相同)疼痛反应的轻重在马、骡、驴各不相同。马、骡的反应要比驴明显得多。此外，幼龄动物比老龄动物腹痛表现明显；采食快、性情急躁的动物比采食慢、性情温顺的动物腹痛表现要明显。二是腹痛程度，在病的初期与中期比较明显而剧烈，待发展到后期，由于机体能量消耗、代谢机能低下和自体中毒等因素的影响，中枢神经处于抑制状态，腹痛可能缓和，但并不能说明病情有好转。因此，诊断时应仔细加以分析。

(3)结膜颜色与口腔变化的观察　观察结膜与口腔颜色的变化，能了解发病动物的心脏和血液循环状态。炭疽、肠变位等致死性腹痛，结膜发绀并呈树枝状充血。马急性肠炎伴有微循环衰竭时，口黏膜紫红或发绀，干燥无光。微循环障碍时，微血管再充盈时间显著延长(正常为 1.5 s，疾病时可延长数倍)。

口黏膜的干燥程度，在腹痛的鉴别诊断中也很重要，如口腔湿润、有舌苔、口温稍低，多为痉挛疝的征兆；口腔干燥则为便秘的征兆。在便秘的病程中，舌苔的厚薄和口腔的气味，对诊断与治疗都有一定的意义。

(4)心音、大小肠音的听诊　听诊心音可了解心脏及血液循环的状况，对诊断和治疗有一定的意义。听诊肠音可帮助分析病情，如大小肠音亢进，同时排稀粪者，为痉挛疝或便秘初期；大小肠音减弱，并有金属音，表明肠道内产气较多。通常在小结肠阻塞、肠臌胀时均可听到金属音。

(5)粪便的观察　注意排粪量及其硬度，同时注意粪便内有无血液、黏液及脓液，有无肠道寄生虫排出。

3. 特殊检查

(1)马直肠检查　对腹痛的部位、病的程度及预后的判断都有很大的意义。

胃扩张时直检可摸到脾脏后移，并可触摸到坚硬的胃后壁，此为食滞性胃扩张；若触摸后壁有波动感，则为液胀性胃扩张。小肠积食时，在胃区之后，可摸到粗如小孩手臂的光滑、坚实肠段。小肠套叠时，可触摸到粗如小孩手臂、质地似肉、表面光滑的肠段，仔细触摸此肠段的两端有凹入感。盲肠阻塞时，在右肷部可触摸到圆形、大小似排球（结粪在盲肠底）或柱状（结粪在盲肠体部）的硬固物。骨盆曲及左下大结肠阻塞时，在盆腔或其左前方，可触摸到屈膝状硬物，由此向左前方延伸呈锥形。胃状膨大部阻塞时，在右前方可触摸到篮球状硬物，随着呼吸运动而前后移动。小结肠阻塞时，可触摸到拳头大或圆形的坚硬结粪，其前段的肠管多发生胀气，由于小结肠的游离性较大，通常在胃后方或胃后下方、腹右前方或骨盆入口前缘可触摸到阻塞物，部位可变，应仔细寻找。小结肠阻塞时，由于后部肠道无粪便排出，直检者取出手臂后，手臂上黏附有较多的白色黏稠的黏液。

（2）胃管检查　利用胃管采取并检查胃内容物的状态、性质，可借以判断胃和小肠的机能。在疑为胃和小肠的疾病时必须进行胃管检查。

将胃管插入胃内，如有大量酸臭气体排出，为气胀性胃扩张，放气之后，腹痛消失。如排出大量液体胃内容物，则为液胀性胃扩张，此时应进一步查明是原发性还是继发性。食滞性胃扩张时，一般导不出胃内容物。

（3）血液检验　血液检验对腹痛的鉴别诊断不起决定性作用，但它可提示有无炎症性疾病存在，并对疾病的治疗和预后的判断有一定意义。腹痛病动物多因脱水导致血液浓稠而引起血沉减慢。致死性腹痛病例，一小时血沉值仅有数毫米汞柱。红细胞压积测定，可反映脱水程度，并可推算补液的需要量。腹痛动物红细胞压积一般升高或明显升高。白细胞计数在伴有腹膜炎的腹痛病例（如肠变位、子宫扭转等）、胃肠炎、胰腺炎、肾炎、膀胱炎等多有不同程度升高，白细胞分类计数，中性粒细胞可明显增多。血糖在多数病例升高，如果血糖值为 11.1 mmol/L 以上，是重剧性腹痛的指征，仅有 20％的病例可恢复；高于 16.8 mmol/L 时，动物将死亡。腹痛时血液乳酸含量增多，一般血液乳酸 0～8.3 mmol/L（0～75 mg/dL），93％的腹痛马预后良好；8.4～11.1 mmol/L（76～100 mg/dL）时，33％的病马可以痊愈；高于 11.1 mmol/L 时，患病马将死亡。此外，多数病例伴有酸中毒，少数病例也可出现碱中毒。

（4）腹腔穿刺　便秘初期腹腔液不太多。在肠阻塞后期，具有腹膜炎的疝痛（如肠扭转、肠套叠、子宫扭转、胃肠破裂等）穿刺时可排出大量腹腔液。李凡他氏（Rivalta's）试验（又称黏蛋白定性试验）呈阳性者，为腹膜炎的指征。

第十三节　腹　泻

动物排便次数明显增多，粪便稀薄，或带有黏液、脓血或未消化的食物，称为腹泻（diarrhea）。腹泻分为急性和慢性两种，超过 2 个月的为慢性腹泻。腹泻是各种动物的常见症状，幼年动物尤为多发，腹泻能严重影响生长发育，甚至引起死亡，给生产带来严重经济损失，应引起广泛的重视。

一、病因

（1）胃肠道病原微生物感染　这是引起动物腹泻并造成重大损失的主要原因，包括病毒、细菌、真菌等感染引起。常见的动物胃肠道传染病如下所述。

①猪：仔猪黄痢或白痢（大肠埃希菌病）、沙门菌病、梭菌性肠炎、猪痢疾（猪痢疾密螺旋体病）、猪瘟、传染性胃肠炎（冠状病毒感染）、轮状病毒感染、伪狂犬病等。

②牛：大肠埃希菌病、沙门菌病、梭菌性肠炎、副结核病、衣原体病、念珠菌病、牛病毒性腹泻-黏膜病、轮状病毒感染、冠状病毒感染、牛瘟、恶性卡他热。

③绵羊：羔羊痢疾、大肠埃希菌病、肠毒血症、沙门菌性腹泻、副结核、口蹄疫、轮状病毒感染等。

④马：幼驹大肠埃希菌病、驹放线杆菌病、梭菌性肠炎、炭疽、马棒状杆菌病、烟曲霉菌病、轮状病毒感染。

⑤犬：犬瘟热、细小病毒感染、冠状病毒感染、轮状病毒感染、消化道结核病、钩端螺旋体病、沙门菌病、念珠菌病等。

⑥猫：猫泛白细胞减少症、猫肠道冠状病毒感染、沙门菌病等。

⑦禽：鸡白痢、禽伤寒、禽副伤寒、禽霍乱、鸡弯曲杆菌病、衣原体病、曲霉菌病、鸡新城疫、鸭瘟、小鹅瘟。

(2)胃肠道寄生虫感染　消化道线虫病、球虫病、钩虫病、鞭虫病、隐孢子虫病、弓形虫病等。

(3)胃肠卡他和胃肠炎　常由于受凉，饮冷水，饲喂不当或过食，饲料过敏，饲料品质不良或犬、猫喝牛奶过多等因素引起。

(4)中毒　如砷、氟、铅、铜、汞、钼、氯化钠、有机磷、有毒植物及真菌毒素等中毒。

(5)药物作用　如泻剂、拟胆碱药(毛果芸香碱、新斯的明)等。

(6)神经性　如犬紧张激动时腹泻。

二、临床表现与诊断

腹泻的诊断，一般要按以下步骤进行。

1. 病史调查

病史调查既是腹泻诊断的关键，又是有效治疗的重要依据。如对于过食或单纯消化不良性腹泻，只要适当限制饮食，改变饲养方法，即可达到制止腹泻的目的。倘若病史不清，难以正确诊断，而投给不必要的药物，既造成浪费，又可能带来不良后果。病史调查的主要内容如下。

(1)流行病学　调查动物年龄、性别、饲养管理及环境情况，散发或群发，地方性或流行性发生，发生季节，最近有无与腹泻病动物接触等。通常细菌性腹泻多发于夏季，病毒性腹泻则常在秋、冬季流行。

(2)起病缓急　注意突然发生腹泻，这是先有原发病，然后出现腹泻，如突然发生严重腹泻，应考虑是否有砷、农药、灭鼠药等中毒。而在马疝痛基本治愈时，又突然发生腹泻，有可能是继发胃肠炎。缓慢发生的持续性腹泻，则可考虑胃肠道寄生虫病。

(3)治疗用药情况　草食动物口服四环素、土霉素等广谱抗生素，或用激素或免疫抑制剂治疗动物疾病不见效，继而病情恶化，甚至出现腹泻或血便，应怀疑是广谱抗生素杀灭肠道有益微生物或白色念珠菌和烟曲霉菌的双重感染。

(4)粪便性质　了解粪便性质，对诊断也有帮助。

①粪便带有未消化的凝乳块或完整的饲料颗粒，见于吃奶动物或动物消化不良或过食。

②粪便腥臭难闻，混有血液、黏液、脓液等各种病理性脱落物，见于各种原因引起的重剧肠炎，如犬细小病毒性肠炎。

③先有一般腹泻，用抗生素治疗无效，而后突然排大量鲜血水样或果浆样粪便，腥臭难闻

者，则怀疑有白色念珠菌或烟曲霉菌二重感染。

④粪便中混有长短不一、片状或同心圆管状物，是黏液膜性肠炎的指征。

⑤粪呈水样，量多而喷射者，多见于腹部受凉或饮冷水的急性肠卡他。

⑥鸡排出似肉馅样粪便或带血，为球虫病的主要症状之一。

2. 临床检查

(1)眼结膜的变化　寒性、营养缺乏性、寄生虫侵袭性腹泻，结膜色泽多苍白。小肠有炎症者，结膜有时黄染。发热性腹泻，结膜潮红甚至发绀。有机磷中毒者，瞳孔显著缩小。

(2)脱水和酸中毒　一般腹泻都有不同程度的脱水和酸中毒症状，呼吸深、快，脉搏快、弱，血液浓稠、色黑，严重时出现四肢厥冷和脱水性休克指征。

(3)腹部检查　严重时腹部多蜷缩，肠蠕动沉衰或亢进。小动物发生肠炎时常有压痛感。

(4)特征性症状　某些疾病，除发生腹泻外，还有其特征性症状表现，注意检查这些特征性症状，有助于确诊。如猪缺乏硒时，粪便变稀带血，骨骼肌机能障碍和肌肉变性；牛恶性卡他热时，眼、鼻、口腔均有炎性病变；犬喝牛奶过敏性腹泻，停喝牛奶后腹泻立刻停止。

3. 实验室检验

实验室检验对某些动物腹泻病因诊断具有决定意义。

(1)粪便检验　粪便检验有红细胞、白细胞、吞噬细胞及潜血反应阳性者，多见于细菌性胃肠炎；见有寄生虫卵或虫体为寄生虫感染；发现密螺旋体或钩端螺旋体，对于猪痢疾和犬钩端螺旋体病有诊断价值；见有大量真菌孢子及菌丝者，为真菌性肠炎。可通过粪便培养分离出各种肠炎相关的病原。粪便的电镜检查，目前除直接电镜滴膜法外，尚有免疫电镜法，超薄切片电镜法，低速离心氯仿脱脂电镜法等，用于检测轮状病毒、冠状病毒、细小病毒、猪传染性胃肠炎病毒、牛病毒性腹泻-黏膜病病毒。

(2)血液学检验　白细胞总数明显升高，中性粒细胞比例增加，是各种细菌性、真菌性感染性腹泻的重要指标。而白细胞减少，则为病毒感染、严重沙门菌病及其他严重中毒的表现，如猫白细胞总数明显下降，是泛白细胞减少症的重要特征。

(3)血清学检验　用免疫血清学方法(免疫荧光测定、补体结合试验、反向间接血凝试验、乳胶凝集试验等)可以检验出多种具有腹泻症状的传染性疾病，血液生化检验对于营养元素缺乏症的诊断有重要价值。

(4)毒物检验　疑为中毒时，应进行有关样品的毒物检验，若证明有毒物存在，则有助确诊。

4. 病理剖检及组织学检验

根据典型病理变化特征，可以诊断多种疾病。如猪沙门菌病(猪副伤寒)盲肠和结肠黏膜有弥散性坏死，肠管变厚；牛副结核病，空肠、回肠和结肠前段，特别是回肠肠黏膜增厚形成褶皱；牛病毒性腹泻-黏膜病，食管黏膜糜烂，大小不等，在食管黏膜上呈直线排列；犬瘟热组织内可见包涵体；猫泛白细胞减少症，回肠呈明显的出血性肠炎病变和长骨的红骨髓呈脂样或胶冻样。幼鸡球虫病，盲肠出血，成鸡球虫病小肠出血等。

三、伴随症状

(1)伴有腹痛　急性腹泻常有腹痛，尤其是感染性腹泻最明显。小肠疾病性腹痛，排便后腹痛缓解不明显；而大肠疾病性腹痛，排便后疼痛常可缓解。

(2)伴有呕吐　猪、犬、猫患胃肠道疾病时，在腹泻同时或之前有时有呕吐表现。草食动物少见。

(3)伴有发热　各种肠炎多有不同程度发热，尤其是各种感染性腹泻，体温升高现象较明显。

(4)伴有神经症状　严重厌氧梭菌感染，有时有神经症状。

(5)伴有里急后重　见于直肠炎、急性大肠炎等。

(6)伴有重度脱水　见于分泌性腹痛，如大肠埃希菌病、细菌性食物中毒或尿毒症等。

(7)伴有明显消瘦　多见于小肠病变，如副结核病、胃肠道恶性肿瘤及消化和吸收不良综合征。

第十四节　便　血

粪便混有血液即为便血(hematochezia)。新鲜血液呈红色或鲜红色，陈旧血液变得暗红、棕色或黑色。粪便中含有肉眼观察不到的血液，称为潜血(occult blood)。

一、病因

(1)胃肠损伤　见于牛创伤性网胃炎，胃肠道异物损伤、胃肠黏膜、黏膜下层或全层破裂出血，产生血便。

(2)胃肠道炎症　见于病原微生物性或寄生虫性疾病，如犬细小病毒、猪痢疾、马肠型炭疽、牛新蛔虫病、鸡球虫病等，由于病原体及毒素作用于胃肠壁导致发炎或溃疡，引起毛细血管损伤出血，出现便血。

(3)肠道血液循环障碍　如患肠套叠、肠缠结等病时，因肠道梗阻及肠系膜动脉栓塞，常常在短时间内发生肠道血液循环障碍，造成组织缺血、坏死，甚至出血。

(4)毛细血管通透性增加　胃肠道病原微生物感染某些中毒性疾病，均可引起毛细血管的通透性改变，发生胃肠道出血。

(5)血液凝固机能障碍　如血友病(由于第Ⅷ凝血因子和第Ⅸ凝血因子缺乏所致)以及血斑病、血小板减少症和抗凝血杀鼠药中毒等。

引起便血的主要疾病如下。

①传染病：炭疽、巴氏杆菌病、沙门菌病、弯曲杆菌病、钩端螺旋体病、猪痢疾、牛冬痢、羔羊痢疾、肠毒血症、念珠菌病、猪瘟、牛病毒性腹泻-黏膜病、新生犊牛腹泻、犬瘟热、犬细小病毒病、猫泛白细胞减少症。

②寄生虫病：毛细线虫病、钩虫病、鞭虫病、贾第虫病、小袋虫性结肠炎、阿米巴性结肠炎、毛滴虫性肠炎、牛新蛔虫病、球虫病、日本血吸虫病。

③内科病：胃肠炎、胃溃疡、急性胰腺炎、肠变位、创伤性网胃炎、血斑病、血友病、抗凝血杀鼠药中毒、胃肠肿瘤、草木樨中毒、夹竹桃中毒、蓖麻子中毒、猪屎豆中毒、砷中毒、汞中毒、食物性过敏性肠炎。

④外科病：直肠破裂、胃肠道异物等。

二、临床表现与诊断

详细的病史调查和全面的临床检查，对于便血的诊断和鉴别诊断具有重要意义，详述如下。

（1）确定是否胃肠道出血　首先排除药物（药用炭）、食物（如犬、猫采食肝脏或肉）所致黑色粪便，再排除口腔、食道、鼻咽、支气管及肺等部位出血，便可确定胃肠出血。

（2）根据粪便颜色和便血量来判断出血的部位　粪便中的血液，由于出血部位不同，呈现的颜色不同。胃或肠前部出血时，因胃液酸化，血红蛋白变为酸化血红素，呈暗褐色至黑色，血液和粪便混合均匀；出血部位在肠后部或在肠变位时，粪便血液呈暗红色或红色，附在粪便的表面，粪便血液呈鲜红色，或随努责或排粪时滴下，多是直肠出血。

（3）实验室检验　对于确定便血的病因十分重要。

①粪便检验：暗红色或黑色粪便，镜检未见红细胞，可做潜血检验；怀疑为猪痢疾可检查有无密螺旋体；怀疑寄生虫侵袭，可检验虫卵或卵囊；怀疑肠道感染可进行微生物检验和粪便培养，以诊断其病原微生物。

②血液学检验：怀疑凝血功能障碍，可做有关出血和凝血功能的试验，如血小板计数、出血时间、凝血时间、凝血酶原时间、血块凝缩时间及凝血因子测定等。

③血清学检验：对于引起便血的传染病诊断尤其重要，针对可疑传染病，采取不同的血清学诊断方法。

④毒物分析：如怀疑中毒，可做毒物分析，以便诊断是何种毒物中毒。

⑤粪便潜血检验：用联苯胺法或邻-联甲苯胺法检验时，对于肉食动物，如犬、猫等，必须停止饲喂肉食或含有肉的任何食品 3 d 以上，才能进行检验，原因是红细胞或血红蛋白或肌红蛋白都含有铁，都能使检验出现（假）阳性反应。对于草食动物的粪便，检验前应加入蒸馏水，经煮沸破坏了植物中过氧化氢酶后，才能进行检验，这样才能检验出是真正胃肠出血。

第十五节　黄　疸

黄疸（jaundice）是指血液中胆红素浓度升高，致使巩膜、黏膜、皮肤黄染的现象。如果血中胆红素高于参考值，而临床上未表现出黄疸，称为隐性黄疸。黄疸按其病因学分为 4 类：①溶血性黄疸；②肝细胞性黄疸；③胆汁淤积性黄疸（阻塞性黄疸）；④先天性非溶血性黄疸。临床上以前 3 类最常见。

一、病因

1. 溶血性黄疸

引起红细胞大量破坏的原因很多，大致可归纳为以下几种。

（1）感染　病原微生物感染所致的溶血，主要是病原或毒素破坏红细胞所造成的，见于马传染性贫血病毒、猫白血病病毒、钩端螺旋体、溶血性链球菌、产气荚膜杆菌和革兰氏阴性杆菌所致的败血症。在寄生虫感染中，如巴贝斯虫的病原体梨形虫，寄生于红细胞内，引起红细胞大量破坏而发生溶血性黄疸。其他还见于锥虫、弓形虫、边虫（微粒孢子虫）、鸡白细胞原虫、巴尔通氏体等引起的溶血。

(2)化学因素　某些化学物品、药物或饲料中的有毒物质进入动物体后，对红细胞有直接破坏作用，如动物吃入含铅物质，铅吸收入血后，绝大多数与红细胞结合，使红细胞的脆性增加，导致红细胞破坏。动物铜中毒时，血铜浓度明显升高，引起红细胞膜损伤，使血红蛋白变性，并抑制红细胞内的6-磷酸葡萄糖脱氢酶和谷胱甘肽还原酶的活性，导致血管内溶血，尿中出现血红蛋白。某些植物，如油菜、甘蓝、洋葱、大葱、蓖麻籽等，能破坏红细胞引起血管内溶血。牛长期喂给低磷日粮时，发生低磷酸盐血症，红细胞大量溶解，因为磷缺乏致使红细胞糖酵解过程紊乱，ATP 值降低，使红细胞膜的流动性降低，脆性增强。红细胞膜的抗氧化功能降低，红细胞膜脂质过氧化作用增强，使奶牛红细胞膜磷脂代谢障碍，膜磷脂组分异常。这是造成溶血的主要发病环节。此外，苯肼、苯胺、硝基苯、喹咛、某些磺胺类药物、蛇毒等均可造成红细胞溶解。低渗性静脉输液和犊牛水中毒等，都能引起溶血。

(3)免疫性疾病　新生骡驹溶血性黄疸(也见于新生仔猪和幼犬)，是马、驴种间杂交，造成母子种间差异而引起的一种免疫性疾病，此乃母马(母驴)与公驴(公马)杂交后，骡胎儿的一种父系遗传特性的抗原性物质，刺激怀孕母畜而产生一种能够凝集和溶解骡驹红细胞的特异性抗体，即抗驴(马)抗体。这种抗体在怀孕末期出现于血液中，并于产前进入初乳。新生骡驹吮食含有高效价抗体的初乳后，此种抗体由骡驹肠壁吸收进入血液中，与红细胞结合，引起溶血而发病。又如自身免疫溶血性贫血是由于机体免疫细胞调节障碍，或继发于某些疾病而使机体内产生抗红细胞的自身抗体，破坏自身红细胞，引起溶血。此外，输血反应也可引起溶血。

(4)症状性溶血性贫血　恶性淋巴肉芽肿、血管肉瘤、白血病、淋巴肉瘤等都能引起红细胞的破坏而发生溶血。脾脏肿大时红细胞长期壅滞在脾脏中而发生溶血现象。脾脏机能亢进时，网状内皮细胞吞噬和破坏红细胞的作用加强，也可导致溶血性黄疸。另外，还有弥散性血管内溶血。

(5)先天性溶血　如丙酮酸激酶缺乏、卟啉病、口形红细胞症(stomatocytosis)。

2. 肝细胞性黄疸

因肝细胞受到损害而对胆红素的摄取、结合和排泄过程发生障碍引起的黄疸，称为肝细胞性黄疸。常见病因有以下几种。

(1)中毒　饲喂霉败饲料，尤其是含有黄曲霉毒素的饲料或败坏的苜蓿干草，野外采食蕨类植物、羽扇豆、千里光、野百合等有毒植物；或是砷、铜、铁、磷、硒等中毒，还有多种药物中毒，可使肝细胞发生变性、坏死和溶解。在某些疾病的病程中，如绵羊妊娠毒血症、驴怀骡妊娠毒血症，马的急性和慢性肠炎等，由于全身代谢机能遭到破坏，异常代谢产物增多，或是胃肠道有害产物被吸收，引起自体中毒而损害肝细胞。

(2)感染　病毒感染，如犬传染性肝炎、猫传染性腹膜炎；细菌感染，如溶血性链球菌、沙门菌、钩端螺旋体感染；真菌感染，如组织胞浆菌感染；寄生虫，如弓形虫、血孢子虫、肝片吸虫等都能损伤肝脏。

(3)肿瘤　原发性肝肿瘤，如肝细胞癌、淋巴网状内皮细胞瘤、骨髓及外骨髓增殖瘤、转移瘤等。

(4)肝变性　如肝硬化、肝脂沉积症、肝淀粉样变性、肝血色素沉着病(铁沉积)等。

(5)不明原因的炎症　如犬慢性或急性肝炎、猫胆管肝炎及其他动物的肝炎等。

3. 胆汁淤积性黄疸

由于肝内或肝外胆道系统阻塞而发生黄疸。

(1)胆管结石　一般出现中度黄疸,如果胆总管结石并发生脓性胆管炎时,黄疸可加深。

(2)胆管受压迫或狭窄　靠近胆总管处的脓肿、肿瘤等压迫胆总管,使胆汁排泄受阻;小肠炎症时,因胆管开口处肿胀变窄,也可使胆汁排泄受阻。

(3)胆管寄生虫　蛔虫喜碱性环境并有钻孔性,常自十二指肠钻入胆管,妨碍胆汁的正常排泄;肝片吸虫寄生于胆管也可引起阻塞。

(4)胰腺疾病　如胰腺炎、胰腺肿瘤等可引起胆管阻塞而出现黄疸。

二、临床表现和实验室检验

1. 溶血性黄疸

一方面,由于大量红细胞的破坏,形成许多非结合胆红素,超过肝细胞的摄取、结合和排泄能力;另一方面,由于溶血造成的贫血、缺氧和红细胞破坏产物的毒性作用,削弱了肝细胞对胆红素的代谢功能,使非结合胆红素在血中潴留,超过正常的水平而出现黄疸。

(1)临床表现　一般黄疸为轻度,急性溶血时可有发热、呕吐,并有不同程度的贫血和血红蛋白尿(尿呈酱油色或茶色),严重者可有急性肾功能衰竭。慢性溶血多为先天性,除伴贫血外尚有脾肿大。

(2)实验室检验　血清总胆红素增加以非结合胆红素为主,结合胆红素基本正常。由于血中非结合胆红素增加,故结合胆红素形成也代偿性增加,从胆道排至肠道的量也增加,导致尿胆素原增加,粪胆素随之增加,粪色加深。肠内的尿胆素原增加,重吸收至肝内也增加,由于缺氧及毒素作用,肝处理能力比正常增多的尿胆素原的能力低,导致血中尿胆素原增加,并从肾排出,所以尿中尿胆素原增加,但无胆红素。急性溶血时尿中有血红蛋白排出,潜血试验呈阳性。血液检验除贫血外,尚有网织红细胞增加(马除外),骨髓红细胞系列增生旺盛等。

2. 肝细胞性黄疸

由于肝细胞损伤导致肝细胞对胆红素的摄取、结合和排泄功能降低,因而血中的非结合胆红素增加。而未受损的肝细胞仍能将非结合胆红素转变为结合胆红素。结合胆红素一部分仍经毛细血管从胆道排泄,另一部分由已经损害或坏死的肝细胞反流入血中;也可因肝细胞肿胀、汇管区渗出性病变与水肿以及小胆管内的胆栓形成,使胆汁排泄受阻而反流进入血循环中,致使血中结合胆红素也增加,出现黄疸。

(1)临床表现　皮肤、黏膜浅黄至深黄色,食欲减退,严重者可有出血倾向。

(2)实验室检验　血中结合胆红素与非结合胆红素均增加。患黄疸型肝炎时,结合胆红素增加幅度都高于非结合胆红素。尿中结合胆红素定性试验阳性,而尿胆素原可因肝功能障碍而增高。此外,血液检验有不同程度的肝功能损害。

3. 胆汁淤积性黄疸

由于胆道阻塞,阻塞上方的压力升高,胆管扩张,最后导致胆小管与毛细血管破裂,胆汁中的胆红素反流入血。此外,还有肝内胆汁淤积。有些并非由机械因素引起,而是由于胆汁分泌功能障碍、毛细胆管的通透性增加,胆汁浓缩而流量减少,导致胆道内胆盐沉淀与胆栓形成。

(1)临床表现　皮肤呈暗黄色,完全阻塞者颜色更深,甚至呈黄绿色,并有皮肤瘙痒及心动过速,尿色深,粪便颜色变浅或呈陶土色。

(2)实验室检验　血清结合胆红素增加,尿胆红素试验阳性,尿胆素原及粪胆素原减少或缺乏,血清碱性磷酸酶及总胆固醇增高。

4. 溶血性、肝细胞性和胆汁淤积性黄疸鉴别

溶血性、肝细胞性和胆汁淤积性黄疸可从血清和尿中胆红素含量来鉴别，详见表1-5所列。

表1-5　溶血性、肝细胞性和胆汁淤积性黄疸的鉴别

项目	正常动物	溶血性黄疸		肝细胞性	胆汁淤积性黄疸	
		开始	病程长久	黄疸	开始	病程长久
总胆红素	正常	↑↑	↑↑	↑	↑↑	↑↑
结合胆红素	正常	正常	↑	↑↑	↑↑	↑↑
非结合胆红素	正常	↑↑	↑↑	↑	正常	↑
尿胆红素	○	正常		↑↑	↑↑	↑↑
尿胆素原	正常	↑↑	↑↑	↓	○	○
粪便颜色	棕黑色	橘黄色	橘黄色	棕白色	黏土色	黏土色

注：↑＝增加；↑↑＝明显增加；↓＝减少；○＝没有。

(1)不同动物黄疸(高胆红素血症)的特点

①犬和猫患溶血性高胆红素血症时，血清结合胆红素不足总胆红素的50%。研究还证实，52%犬溶血性高胆红素血症，非结合胆红素约占血清总胆红素75%。肝外胆管堵塞性高胆红素血症，血清结合胆红素大于总胆红素的50%。肝性高胆红素血症，血清结合胆红素占总胆红素的20%～60%，因此，单利用血清总胆红素和结合胆红素检验，仍有一些肝性高胆红素血症和溶血性高胆红素血症难以鉴别，尤其是猫。

②犬结合胆红素的肾阈值是很低的，因此在血液呈现高胆红素血症之前尿中就已出现胆红素。健康犬尿体积质量大于1.040，尿中含有微量胆红素，公犬比母犬更多见。

③犬钩端螺旋体病引起的是阻塞性高胆红素血症，而牛、羊和猪钩端螺旋体病引起的则是溶血性高胆红素血症。

④马患高胆红素血症时，血清中非结合胆红素占总胆红素中的大部分。患溶血性高胆红素血症时，结合胆红素的数量不足总胆红素的25%。由肝内或肝外胆管阻塞引起的高胆红素血症，其结合胆红素也仅占总胆红素的15%～40%。马在便秘、腹痛和厌食时，都发生高胆红素血症，此时血清总胆红素通常小于10 mg/dL，其原因是肝脏减少了对胆红素的摄入量。根据临床经验，当结合胆红素超过总胆红素量的25%时，应怀疑存在肝实质损伤；超过30%时，应怀疑存在胆管阻塞。

⑤牛、绵羊、山羊和猪的高胆红素血症大多数属于溶血性非结合胆红素血症。在伴有厌食和瘤胃积食症状的高胆红素的各种牛病中，无明显的肝损伤和贫血症状。牛肝外胆管阻塞可引起一些结合胆红素增多，但在实验室检验时，很少发现高结合胆红素血症的存在。总之，在类似疾病中，牛血清胆红素含量的变化，远不如犬和马显著。

(2)血清酶的检查　血清酶在黄疸时的变化，对动物黄疸的诊断很有帮助，血清碱性磷酸酶和γ-谷氨酰转移酶在肝细胞性黄疸和胆汁淤积性黄疸发生前，活性增加。犬实验性胆管阻塞6 d后，血清碱性磷酸酶活性增加了30～100倍，阻塞排除后，酶活性恢复到原有水平。反刍动物的肝脏受损时，血清中精氨酸酶、山梨醇脱氢酶、γ-谷氨酰转移酶、谷氨酸脱氢酶、鸟氨酸氨甲酰基转移酶、天门冬氨酸转氨酶和乳酸脱氢酶等活力增高，丙氨酸转氨酶、碱性磷酸酶的诊断意义不大。猪肝营养不良性损伤时，鸟氨酸氨甲酰基转移酶明显增高。马的肝脏损害

时，精氨酸酶、丙氨酸转氨酶、乳酸脱氢酶同功酶等有明显变化。犬、猫的肝损害时，血清丙氨酸转氨酶和天门冬氨酸转氨酶活性与肝损害的程度呈正比，故可作为特异诊断之用。

(3)辅助检查　下列各项检查，对黄疸病因诊断有较大帮助。

①B型超声波检查：对肝的大小和形态、肝内有无占位性病变、胆囊大小及胆道系统有无结石与扩张，脾有无肿大与胰腺有无病变的诊断有较大的帮助。

②X线检查：腹部平片可发现胆道钙化结石，胆道造影可发现胆道结石阴影、胆囊收缩功能及胆道有无扩张等。

③电子计算机体层扫描(CT)：在前腹部扫描，对显示肝、胆、胰等病变及鉴别引起黄疸的疾病有帮助。

④磁共振成像(MRI)：可利用原子显示出来的磁性形成诊断图像，其对肝的良、恶性肿瘤的鉴别比CT好，也可用以检测代谢性、炎症性肝病。

⑤肝穿刺活检及腹腔镜检查：对疑难黄疸病例的诊断有重要的帮助，但肝穿刺活检用于检查胆汁淤积性黄疸时，可发生胆汁外溢造成腹膜炎，伴有肝功不良者也可因凝血机制障碍而导致内出血，故应慎重考虑指征。

第十六节　贫　血

贫血(anemia)是指单位容积的外周血液中红细胞数、红细胞压积值和血红蛋白含量低于正常参考值的临床综合征。贫血按红细胞大小分，为大红细胞性贫血、小红细胞性贫血和正常红细胞性贫血3种；按血色素含量分，为高血色素性贫血、低血色素性贫血和正常血色素性贫血3种；按病因和发病机制分，为出血性贫血、溶血性贫血、营养不良性贫血和红细胞再生减少或再生缺陷4种；按骨髓红细胞能否再生，分为再生性贫血和非再生性贫血两种。

一、病因

1. 再生性贫血的病因

(1)出血性贫血　由于血管破裂，导致机体发生出血，而血库及造血器官又不能及时代偿时所发生的贫血，分急性出血性贫血和慢性出血性贫血。急性出血性贫血见于外伤、内脏器官破裂、外科手术、肠道出血、弥散性血管内凝血、草木樨中毒、蕨中毒等。慢性出血性贫血见于多种组织器官炎症、血友病。

(2)溶血性贫血　由于某种原因使红细胞平均寿命缩短，并且超过骨髓造血代偿能力所引起的贫血。可见于：①生物性溶血，如马传染性贫血病毒、猫白血病病毒、钩端螺旋体、埃立克氏体、产气荚膜梭菌A型、溶血性梭状芽孢杆菌、巴贝斯虫、巴尔通氏体、附红细胞体、边虫(微粒子虫)和蛇咬伤；②化学物品性溶血，如铜、铅、硫化二苯胺、萘、硝基呋喃妥因、非那西汀和一些磺胺；③植物性溶血，如蓖麻籽、栎树叶、秋水仙、洋葱和大葱、油菜、甘蓝等；④免疫介导反应性溶血，如新生幼畜溶血病、不相配的溶血、自身免疫溶血性贫血、红斑狼疮等；⑤遗传性溶血，如丙酮酸激酶缺乏、卟啉病、口形红细胞症；⑥其他有弥散性血管内溶血、血管肉瘤、低渗性静脉输液、犊牛水中毒、牛产后血红蛋白尿症、低磷酸盐血症等。

2. 非再生性贫血的病因

非再生性贫血是指由于某种原因造成动物骨髓造血机能发生障碍的贫血。原因有：①红细胞生成素缺乏或减少，见于慢性肾病、垂体机能低下、肾上腺皮质机能低下、甲状腺功能低下、雄激素分泌减少；②感染因素，见于猫白血病病毒感染、猫泛白细胞减少病毒感染、埃立克氏体感染、毛圆线虫感染等；③细胞毒对骨髓的损伤，见于 X 线、雌激素、治疗癌的细胞毒药物、保泰松、欧洲蕨；④全骨髓萎缩，见于粒细胞白血病、淋巴细胞白血病、转移性肿瘤、骨髓纤维性增生、骨硬化病；⑤血色素合成紊乱，见于铁、铜、钴和维生素 B_6 缺乏，磺胺、氯霉素、铅和铅中毒；⑥核酸合成紊乱，见于维生素 B_{12} 和叶酸缺乏；⑦红细胞成熟异常，见于白血病、红细胞增多和骨髓组织增生等。

二、临床表现和实验室检验

动物可视黏膜苍白，机体虚弱；严重贫血时呼吸和脉搏加快，血压下降，呼吸困难等。实验室检验，红细胞计数、红细胞压积和血红蛋白均减少。再生性和非再生性贫血实验室鉴别见表 1-6 所列。

表 1-6　再生性和非再生性贫血实验室鉴别

检验方法	检验项目	再生性贫血	非再生性贫血
罗曼诺夫斯基氏染色涂片	多染性红细胞	增多	无
	红细胞大小不均	增多	正常或增多
	晚幼红细胞	经常能看到	有时会看到
	嗜碱性颗粒	有时看到	有时会看到
新亚甲蓝染色片红细胞平均值	网织红细胞	增多	极少或没有
	平均红细胞容积	增大	因病因而变化
	平均红细胞血红蛋白浓度	从正常到减少	因病因而变化

第十七节　腹水和胸腔积液

腹水（ascites）又称腹腔积液，是腹腔内积聚过多的液体。胸腔积液（pleural effusion），又称胸水，是胸腔内积聚过多的液体。正常动物的腹腔和胸腔内，都有少量清亮透明的液体，属于漏出液。在病理情况下，腹腔和胸腔液增多，其液体可能是漏出液，也可能是渗出液。

一、病因

1. 腹水病因与发生机制

①腹水见于静脉压增高或门脉压力增高时，由于入肝血量增多，淋巴流量也增多，超过淋巴循环的回收能力，过多的淋巴液自肝包膜表面与肝门淋巴管漏出；又由于肠管与肠系膜静脉压增高，血液淤滞，血管里液体也漏入腹腔而发生腹水。右心衰竭、肝硬化或心包炎时，因门静脉后段的静脉压升高，进而使肝内门脉压力升高，产生腹水。

②血浆渗透压降低，血浆中蛋白质，特别是白蛋白含量减少时，血浆渗透压降低，血浆中的水分漏到组织间，随着全身性水肿的发生，腹腔内也可积液，见于贫血、营养缺乏性或慢性消耗性疾病。

③腹膜渗出性炎症，由于炎症刺激，腹膜上的毛细血管渗透性增高，血液中的大量液体、蛋白质乃至一些有形成分渗出到腹腔内形成腹水，如猫传染性腹膜炎、穿透性外伤、寄生虫感染等。

④腹腔脏器静脉血管机械性阻塞，由于腹腔某些脏器变位(如肠变位)，使其浅表的静脉闭塞，而动脉血液或多或少还能灌注，造成这些脏器渗血、水肿，形成腹水。

⑤腹腔脏器破裂或穿孔，在胃肠破裂、子宫破裂、膀胱破裂、肝破裂时，其内容物流入腹腔，引起腹膜炎，出现不同性质和混有不同异物的腹水。

⑥肾血流量和滤过率降低，在肾炎、肾病等经过中，由于血中抗利尿激素、醛固酮含量增多，导致钠与水的潴留，可能发生腹水。

⑦腹腔内淋巴液外溢，在胸导管、乳糜池、腹腔内淋巴管受损伤或阻塞时，淋巴液溢入腹腔，形成乳糜性腹水。这种腹水呈白色、混浊，加乙醚振荡后变为澄清，见于丝虫病。

2. 胸腔积液病因

当某些原因或疾病引起胸膜内毛细血管压或通透性增高、血浆胶体渗透压降低或胸膜内淋巴管排泄途径受阻时，便有液体漏入或渗入胸腔便出现积液现象。胸腔里脉管炎可引起胸腔积液，主要见于猫传染性腹膜炎，免疫介导性疾病如系统性红斑狼疮和类风湿性关节炎，也可表现为继发于脉管炎的胸腔积液。尿毒症、胰腺炎也可引起脉管炎，发生胸腔积液。其他有关的炎性或感染因素还包括细菌性、病毒性、真菌性或寄生虫性肺炎等。

胸腔肿瘤，如淋巴肉瘤、转移性乳腺瘤和间皮瘤也可引起胸腔积液。心脏收缩压升高，可增加毛细血管的通透性，减少淋巴回流，从而导致胸腔积液。全身静脉压升高，胸腔的淋巴回流受阻，也可导致渗出性积液或乳糜胸。引起静脉内压升高，最常见继发于心肌病的充血性心力衰竭，此外还有心包积液、心丝虫病、膈疝及肿瘤等。

血浆胶体渗透压降低也常引起胸腔积液。因壁层胸膜毛细血管渗透液体增多，而脏层胸膜毛细血管吸收液体减少所致。血浆胶体渗透压降低多与肝病、肾病、蛋白丢失性肠病及肿瘤有关。一般当血浆蛋白水平低于 15 g/L 时，就有可能发生胸腔积液。

二、临床表现和实验室检查

(1)腹水　腹腔积液量大时，腹围下部增大明显，用手触压有波动感，腹部的性状随动物体位的改变而发生变化。少量积液可用超声波检查。腹水时腹腔穿刺可流出大量液体。液体密度轻，静置后镜检可见少量红细胞、白细胞和内皮细胞。诊断时注意腹水与妊娠腹围增大的区别。

(2)胸腔积液　胸腔积液量少时，大多数动物不表现临床症状，大量积液时最多见的是呼吸困难，表现为吸气用力，呼气延迟。胸腔叩诊，呈现水平浊音。站立时拍 X 线片，可见胸腔有均匀的水平阴影。胸腔穿刺可放出大量胸腔积液。注意与胸膜炎相区别：胸膜炎时穿刺液呈炎性渗出物，有大量蛋白质、纤维素等，李凡他氏试验呈阳性，听诊有心包-胸膜摩擦音。

胸腔积液、腹腔积液和心包积液统称为浆膜腔积液。浆膜腔积液分漏出液和渗出液。漏出液又分为纯漏出液(pure transudate)和变更漏出液(modified transudate)；渗出液又分为非腐败性渗出液(nonseptic exudate)和腐败性渗出液(septic exudate)。浆膜腔积液的实验室检验鉴别见表 1-7 所列。

表 1-7　漏出液和渗出液的鉴别

指标	漏出液		渗出液	
	纯漏出液	变更漏出液	非腐败性渗出液	腐败性渗出液
外貌和颜色	无色清亮或淡黄色	白色、微红或红色、轻度云雾状	白色、粉红色或淡黄色、云雾状	白色、红色或黄色、云雾状
凝固性	不凝	不凝	凝固	凝固
相对密度	＜1.007	＜1.022	＞1.025	＞1.027
黏蛋白定性	阴性	阴性	阳性	阳性
蛋白质/(g/L)	＜25	25～50	25～50	25～55
细胞数/(个/μL)	＜500	300～5 500	3 000～50 000	3 000～100 000
细胞种类	中性粒细胞、间皮细胞、淋巴细胞	中性粒细胞、间皮细胞、巨噬细胞、淋巴细胞、瘤细胞(肿瘤)	中性粒细胞、巨噬细胞、红细胞、淋巴细胞、瘤细胞(肿瘤)	变性中性粒细胞、巨噬细胞
细菌	无	无	无	有

第十八节　跛　行

跛行(lameness)是四肢运动机能障碍的综合症状，不是一种独立的疾病。不但很多外科疾病可以引起跛行，而且某些传染病、寄生虫病、内科病和产科病也可引起跛行，其中经常引起跛行的是和运动有直接关系的四肢病，所以动物临床上发现跛行后，应注意鉴别诊断。四肢病经常引起跛行，其原因与不合理的饲养管理及运动或使役有密切关系。

临床上常见的跛行，根据生理机能分为 3 种：悬跛、支跛和混合跛。悬跛的基本特征是患肢抬不高和迈不远；支跛的基本特征是患肢负重的时间缩短和避免负重；混合跛则兼有悬跛和支跛的某些特征。跛行的种类在跛行诊断上具有重要意义，据此可大致判断出患病的部位和跛行的性质，为建立正确的诊断提供有价值的资料。

一、病因

引起跛行的原因很多，多种疾病都有可能引起跛行，有时鞍具的构造和安装不合理，也可发生四肢运动机能不协调，出现暂时跛行，当鞍具解除后，又恢复正常。

(1)四肢及临近组织器官炎症等引起的跛行　在发炎过程中，炎性渗出物对神经末梢的刺激，炎灶内呈酸性反应的组织蛋白产物的积累，组织内钾离子含量的增加，组织内压的增高及神经末梢被细菌生活产物的毒害或神经末梢本身发炎，都可产生疼痛反应，特别是致密的腱和骨髓以及富含神经的蹄部，疼痛反应更加剧烈。尤其是在运动时，这些组织的运动加剧，疼痛更加强烈，跛行也更明显。这些疾病有以下多种：①皮肤疾病，见于皮炎、湿疹、结节、溃疡、瘘管、坏死、肉芽增生、坏疽，以及机械、化学和物理损伤等；②皮下组织疾病，见于蜂窝织炎、脓肿、血肿、淋巴外渗等；③肌膜疾病，见于肌膜断裂、盘尾丝虫病等；④肌肉疾病，见于创伤、挫伤、断裂、剧伸、肌炎、转位、化脓、风湿症等；⑤腱及腱鞘疾病，见于腱炎、腱挛缩、腱鞘炎和腱断裂等;⑥韧带疾病,见于韧带炎、韧带剧伸和断裂等;⑦黏液囊疾病,见于黏液囊炎;⑧神经疾病,见于神经炎、神经瘤、神经挫伤、压迫和剧烈拉伸等;⑨血管和淋巴系统疾病,见于血管栓塞、静脉炎、动脉炎、静脉曲张、淋巴管炎、淋巴结炎等;⑩骨、骨膜和骨髓疾病,见于骨炎、骨膜炎、骨折、骨坏死、骨坏疽、骨瘤、骨质疏松、骨髓炎、骨结核、放线菌病等;⑪关节疾病,见于关节炎、关节囊炎、关节创伤、关节囊积液、关节囊积血、关节捩伤、关节愈合、关节畸形、脱臼、关节周围软组织蜂窝织炎等;⑫蹄病,见于裂蹄、蹄冠蜂窝织炎、蹄软骨软化、指(趾)骨骨折、蹄癌、蹄叶炎、蹄底挫伤、蹄底及蹄叉刺伤、蹄叉腐烂、钉伤、蹄皮炎、腐蹄病、蹄白线裂、蹄关节炎等。

(2)外周神经麻痹　四肢的外周神经损伤可发生完全麻痹、部分麻痹或不全麻痹,如运动神经发生麻痹,则受其支配的肌肉、肌腱的运动机能就会减弱或丧失,表现迟缓无力,失去固定肢体和自动伸缩的能力。若感觉神经陷于麻痹时,则感觉减弱或丧失。神经麻痹可引起营养失调和运动不足,受其支配的肌肉则会出现萎缩、凹陷和体积缩小,结果是出现跛行。常见的有桡神经麻痹、肩胛上神经麻痹、尺神经麻痹、胫神经麻痹、腓神经麻痹、坐骨神经麻痹等,并导致其支配的相应肌肉萎缩。

(3)营养代谢性疾病　见于维生素D缺乏,影响钙的吸收和沉积,使骨骼变软、弯曲、变脆。钙是骨骼的主要成分,缺乏时会使骨骼变形,骨质疏松,骨端肥大,运动时疼痛。磷缺乏也可使骨骼弯曲、变形、疏松。此外,锌、锰、铜和硒等都对骨骼和肌肉的形成和发育有重要作用;这些矿物质缺乏时,同样可引起骨骼变形、弯曲。故运动时都可出现跛行。维生素A摄入过多也可引起跛行。

(4)脑和脊髓疾病　动物的运动功能是由中枢神经系统支配,脑和脊髓的疾病和损伤常可引起肢势和运动异常,如腰荐神经损伤,可引起动物后肢发软,难以站立,甚至瘫痪等。

(5)其他　四肢邻近组织的肿瘤、睾丸炎、阴囊炎、阴囊积水、去势并发症以及甲状旁腺功能亢进、系统性红斑狼疮、莱姆病、蜱趾间寄生等。

二、临床症状与诊断

跛行的病因和诊断比较复杂,不仅要注意四肢的病变,而且应该检查全身的状况,了解动物和外界环境的联系,注意个体和群体的关系。

1. 问诊

了解和询问跛行动物的饲养、管理和使役或运动情况,跛行发生的过程,马、牛的修蹄和装蹄情况。还要了解曾患过或同时发生疾病的情况。

2. 视诊

驻立视诊注意四肢的站立和负重情况,有无肢势异常,被毛和皮肤的状况及完整性,有无肿胀或肌肉萎缩,蹄形和蹄铁的磨损情况以及骨骼和关节的状态,进而找到确诊疾病的线索。运动视诊通过运动观察患肢和跛行的种类及跛行的程度,发现可疑患部。除常规运动外,尚可进行奔跑运动、回转运动、乘挽运动、圆圈运动、硬软地运动、上下坡运动和后退运动等。

3. 四肢各部检查

包括蹄或趾、系部、系关节、掌部、腕关节、前臂部、臂部、肘关节、肩胛部、跖部、跗关节、胫部、膝关节、股部、髋部、腰部、荐部、尾部的检查,视诊和触摸骨骼、肌肉、关节、肌腱、神经等组织结构和功能有无异常,对可疑患部要做重点检查,以确定具体患部和疾病的性质。

4．特殊诊断

在确定肿胀的程度、骨折和脱位时，可用特殊方法诊断。在诊断因疼痛引起的跛行时，可用外周神经麻醉、关节内和腱鞘内麻醉。在确诊骨折、骨质疏松、关节愈着或关节脱位时，可直接进行直肠触诊和 X 线检查。此外，根据情况可应用电刺激诊断、红外线温度记录仪诊断、血管造影诊断、热浴法检查、斜板试验和关节里滑液检验（表 1-8）等。在怀疑传染病、寄生虫病时应做病原学和血清学检查。

表 1-8　关节正常与关节疾病时的滑液变化

项目	类型				
	正常	变质性关节疾病	创伤性关节疾病	非感染性化脓炎症	感染性关节炎
颜色	淡黄色	淡黄到黄色	淡黄、黄褐色到血色	淡黄到血色	黄色、灰色、乳质色到血色
透明度	清亮	清亮到雾状	雾状到血样	雾状、混浊到血样	混浊到血样
黏滞度	高度	高度，关节积水时降低	高度，血清渗入时降低	高度，血清渗入时降低	不定，损伤细胞 DNA 是黏的
醋酸凝固	好	好	好	不定	一般到差
白细胞/($\times 10^9$ 个/L)	<0.50，10% NEU 少见	<5.00，10% NEU 少见	<5.00，25% NEU 不定	>5.00，50% NEU 不定	>5.00，50% NEU 不定
红细胞	少见	少见	不定	不定	不定
吞噬细胞	少见，占白细胞 10%	很少到许多	很少到许多	很少到许多	增加
微生物	无	无	无	无	常常存在

注：NEU 为中性粒细胞。

5．特殊跛行

特殊跛行有以下几种。

（1）间歇性跛行　动物的跛行呈间歇性发作，见于动脉血栓、习惯性脱臼、关节炎等。

（2）黏着步样　特点为缓慢短步，见于肌肉风湿、破伤风等。

（3）紧张步样　呈现急速短步，见于蹄叶炎。

（4）鸡跛　患肢运步时举扬，膝关节和跗关节高度屈曲，如鸡行步态，见于畸形性跗关节炎和膝关节炎。

第十九节　瘫　痪

瘫痪（paralysis）是指骨骼肌随意运动能力减退或丧失，也称麻痹。动物临床上按神经系统损伤部位，可分为中枢性瘫痪和外周性瘫痪；按瘫痪时肌肉张力的状态，可分为痉挛性瘫痪和弛缓性瘫痪；按瘫痪程度可分为完全性瘫痪和不完全性瘫痪，不完全性瘫痪也称轻瘫；按瘫痪发生的部位分为：①单瘫（monoplegia），即一个肢体的瘫痪；②偏瘫（hemiplegia），即一侧体躯的瘫痪；③截瘫(paraplegia)，即成对组织器官的瘫痪(如后躯瘫痪)。瘫痪是多种疾病损伤神经所引起一种症状。

一、病因

(1)中枢性瘫痪　即大脑皮质、脑干、延髓和脊髓腹角受损引起，见于颅脑外伤、脑水肿、脑出血、脑肿瘤、弓形虫病、脑多头蚴病、脑血栓、病毒性脑炎、犬瘟热、狂犬病、李氏杆菌病、脑脓肿、肉毒梭菌毒素中毒、椎间盘突出、铅中毒、萱草根中毒、先天性髓鞘形成不全、先天性后躯麻痹、脊椎裂、重症肌无力等疾症。

(2)外周性瘫痪　即脊髓腹角细胞、脊髓腹根以及与肌肉联系的外周神经干等受损引起，见于椎骨骨折和关节脱位；脊髓炎、肿瘤、脓肿和畸形；蜱传热和椎间盘突出；外周神经损伤性麻痹，如肩胛神经麻痹、桡神经麻痹、坐骨神经麻痹、面神经麻痹等；另外，还有乳牛产后瘫痪、白肌病、B族维生素缺乏，脑脊髓丝虫病等疾病。

临床上单瘫多为脊髓损伤引起，也可见于脑疾病；偏瘫多为脑疾病引起；截瘫是脊髓损伤引起。

二、临床表现

临床上见于脑炎、脑膜炎、脊髓炎或脑脊髓炎等病原微生物引起的中枢神经系统炎症。诊断可进行脑脊髓液检验，见表1-9所列。

表1-9　脑脊髓液正常与患病时的变化

疾病种类	颜色、透明度	细胞数/($\times10^9$/L)	细胞类型	蛋白质/(g/L)
正常	清亮，无色彩	<0.025	小淋巴细胞	犬0.15～0.35
化脓性脑炎	浑浊，灰色或绿色	>0.10	中性粒细胞	>1.0
病毒性脑炎	清亮到轻度浑浊	0.01～0.10	淋巴细胞、单核细胞	0.3～5.0
化脓性脑膜炎	轻度到明显浑浊	1.0	中性粒细胞	1～5
病毒性脑膜炎	乳白色到黄色	0.15～0.50	淋巴细胞	0.5～1.0
脑脓肿	清亮到轻度浑浊，黄色	正常到稍多	中性粒细胞或单核细胞	增加到正常
弓形虫病	黄色	增加	淋巴细胞	增加
脑肿瘤	清亮到轻度浑浊，黄色	正常或稍多<0.05	主要是淋巴细胞	正常或稍多0.5～1.0
蛛网膜下出血	浑浊，浊血，棕色或黄色	增加	红细胞为主和中性粒细胞	增加
脑栓塞	清亮	正常		
变质性脑软化	清亮	正常或稍多	淋巴细胞、单核细胞	增加
脊髓受压迫	清亮或黄色	正常或稍多	淋巴细胞	0.5～20

第二十节　红　尿

红尿(red urine)是指尿液变成红色、红棕色或黑棕色的泛称。红尿可能是血尿(hematuria),也可能是血红蛋白尿(hemoglobinuria)、肌红蛋白尿(myoglobinuria)、卟啉尿(porphyrinuria)或药物性红尿。血尿是离心沉淀后的尿液,镜检每个高倍视野有5个以上红细胞。血尿轻症的尿色正常,重症的尿色才呈血色。

一、病因

红尿的病因较多,现分别叙述如下。

(1)血尿　血尿是指尿液中含有血液,其原因有:①肾性血尿,见于肾衰竭、急性肾盂肾炎、肾小球肾炎、免疫复合物性肾病、肾淀粉样变性、肾肿瘤、肾囊泡、肾虫病、血丝虫病等;②膀胱性血尿,见于细菌性膀胱炎、膀胱外伤、膀胱结石、膀胱肿瘤、毛细线虫感染等;③尿道性血尿,见于尿道结石、尿道炎、尿道外伤、尿道肿瘤等;④尿路外出血性血尿,见于前列腺炎、前列腺肿瘤、前列腺囊泡、犬睾丸塞尔托利氏(足)细胞瘤、阴茎外伤、转移性器官肿瘤以及母犬发情期和平滑肌瘤;⑤全身性疾病,见于血小板减少症、热射病、抗凝血杀鼠药中毒、钩端螺旋体病、血友病、白血病、系统性红斑狼疮、严重脱水、心力衰竭和各种休克;⑥药物与化学因素,如磺胺类、吲哚美辛、汞剂、甘露醇、抗凝剂和环磷酰胺的副作用或毒性引起。

(2)血红蛋白尿　血红蛋白尿指尿液中含有大量的血红蛋白,不含红细胞,其颜色为红色、棕色或酱油色。病因见于肾前性溶血,如自身免疫性溶血、输血反应、新生仔畜溶血、洋葱或大葱中毒、烧伤、葡萄糖-6-磷酸脱氢酶缺乏、巴贝斯虫病、巴尔通氏体病、钩端螺旋体病等。

(3)肌红蛋白尿　肌红蛋白尿指尿液中含有肌红蛋白,其尿色与血红蛋白相似,见于马肌红蛋白尿病、毒蛇咬伤、德国牧羊犬疲劳症、马地方性肌红蛋白尿和牛麻痹性肌红蛋白尿。

(4)非血尿、血红蛋白尿和肌红蛋白尿的红尿　其见于卟啉尿、内服或注射某些药物时,导致尿液变红,如大黄、芦荟、刚果红、吩噻嗪等。它们引起红尿是因其代谢物有的为红色。

二、临床表现与诊断

发现动物排红尿,首先应收集尿液,然后进行血尿、血红蛋白尿、肌红蛋白尿、卟啉尿和某些药物及染料引起红尿的鉴别。鉴别的要点见表1-10所列。

血尿、血红蛋白尿和肌红蛋白尿的颜色,因尿中含量的多少和尿液的酸碱度不同而异。当尿液酸性时,颜色深,呈棕色或暗黑色;尿液碱性时则呈红色。用显微镜观察尿中红细胞形态,可鉴别肾小球源性血尿(变形红细胞)与非肾小球源性血尿(正常形态红细胞)。另外,来自肾脏的血尿,在出血量不多时,一般呈暗红色或浓茶样,常不伴有血块。来自膀胱或尿道的血尿呈红色并常混有血块。在动物临床上,可用3个容器分别接取排尿开始、中间和最后的尿液,比较其颜色,即“三杯试验法”。第1杯尿含血液,第2杯、第3杯清亮不显红色,说明病变位于尿道;第3杯含血液,第1杯、第2杯不显红色,说明病变在膀胱基底部和后尿道等部位;若3杯均有血液,说明血液来自膀胱以上部位。

表 1-10　红尿的鉴别要点

鉴别要点	血尿	血红蛋白尿	肌红蛋白尿	卟啉尿	某些药物、染料所致红尿
颜色和透明度	红色、暗红色或洗肉样，混浊，振荡时呈云雾状	暗红、棕色或酱油色，透亮，振荡时不呈云雾状	暗红或棕色，透亮，振荡时不呈云雾状	琥珀色或葡萄酒色	红色、透明
放置或离心	有沉淀物	无沉淀物	无沉淀物	无沉淀物	无沉淀物
尿血检验	阳性	阳性	阳性	阴性	阴性
超滤检验(用 9 nm 微孔滤器)	不能通过滤器	不能通过滤器	能通过滤器	能通过滤器	能通过滤器
沉淀物显微镜观察	有大量红细胞及其他细胞	无细胞或偶尔有红细胞	无细胞	无细胞	无细胞

第二十一节　尿频与少尿

尿频(frequent micturition)是指动物排尿次数增多。正常动物每天排尿次数和尿量见表 1-11 所列。但也有因饮水量、气候和个体习惯等不同，而有较大变化。

表 1-11　正常动物每天排尿次数和尿量

项目	马	牛	绵羊和山羊	猪	公犬	母犬	猫
排尿次数	5～8	5～10	2～5	2～3	无数次	—	—
排尿量	2～11 L	6～22 L	0.5～2 L	2～5 L	0.2～1.5 L	24～40 mL/kg	16～20 mL/kg

少尿(oliguria)为动物每天排尿量小于其排尿量的最小值。也有人认为少尿是排尿次数和每次尿量都减少，此种定义有一定缺陷，因为尿量减少并不见得排尿次数也减少。如尿道结石，多表现为排尿次数增多，排尿量减少。

一、病因与临床表现

1. 尿频

(1)生理性尿频　见于饮水过多，精神紧张或气候改变。

(2)病理性尿频

排尿次数增多而每次尿量正常，因此全天总尿量增多，见于糖尿病、尿崩症、急性肾功能衰竭多尿期等。原因为肾小球滤过机能增强或肾小管重吸收能力减弱等。

排尿次数增多而每天尿量减少，或仅有尿意并无尿液排出，见于以下几种情况。①膀胱尿道受刺激，如膀胱、后尿道炎症或结石等。②膀胱容量减少，见于膀胱内占位性病变或妊娠子宫、子宫肌瘤、子宫脱垂压迫膀胱等。③下尿路有梗阻，见于前列腺增生症、尿道狭窄等。通常有排尿困难，表现为排尿开始迟缓，排尿费力，射程缩短、射力减弱、尿线中断或不成线呈滴沥状。④神经源性膀胱，由于神经系统疾病导致膀胱功能失常而发生尿频。

2. 少尿

少尿的病因可归纳为以下 3 类。

(1)肾前性　其见于任何原因的休克、大出血、重度失水、心功能不全、肾动脉栓塞或血栓形成、肾病综合征、肝肾综合征、烧伤等。这是由于肾血流量减少、肾小球滤过率降低所致,一般膀胱内无尿或有少量尿液。

(2)肾性　由于肾实质病变所致肾小球和肾小管功能损害,如急性肾炎、急性间质性肾炎以及急性肾小管坏死等。

(3)肾后性　由任何原因所致的尿路梗阻,如结石、血凝块、前列腺肥大、瘢痕形成、肿瘤压迫、神经源性膀胱(如腰荐神经损伤)麻痹等,通常膀胱内多积有尿液,或因膀胱破裂而少尿。

二、伴随症状

1. 尿频

①尿频、尿急与尿痛同时出现:伴有发热、脓尿,见于急性膀胱炎;伴有耻骨前和腰背疼痛放射到腹股沟、睾丸及大腿部,见于急性前列腺炎;伴有血尿,见于膀胱结核,常同时有结核感染的全身症状或有其他部位结核病灶。

②尿频、尿急伴排尿终末疼痛,见于输尿管末端结石。

③尿频、尿急不伴尿痛的常与神经因素有关,伴尿痛的多为膀胱三角区、后尿道和前列腺急性炎症所致。

④老年雄性动物,尤其是公犬尿频伴有进行性排尿困难,见于前列腺增生症。

⑤伴有神经系统受损伤病史和体征,见于神经源性膀胱,常同时有下肢感觉和运动障碍或伴有肛门括约肌松弛和反射消失。

2. 少尿

①少尿伴有出血,见于各种失血症;②少尿伴有大量蛋白尿,见于肾病综合征;③少尿伴有严重肝脏疾病,见于肝肾综合征;④少尿伴有血尿、蛋白尿、高血压、浮肿,见于各种急性肾炎、急性发展性肾炎;⑤少尿伴有腰痛、尿痛、尿量易改变,见于尿路结石;⑥少尿伴有排尿困难,见于前列腺肥大。

第二十二节　多尿多饮

多尿(polyuria)是指动物每天排尿量多于每千克体重 50 mL;多饮(polydipsia)是指每天饮水量超过每千克体重 100 mL。当发现动物饮水或尿量显著增加时,应进行全面的检查,以确定其发病原因。

一、病因

动物有暂时性多饮与多尿,如摄入食盐过多或低蛋白日粮等,都能导致饮水过多而引起多尿。病理性的多尿多饮原因及其特性,多饮与多尿的病因如图 1-10 所示。另外,还有多种因素影响多尿与多饮。

- 原发性多尿
  - 渗透性多尿
    - 糖尿病
    - 原发性肾性糖尿病症、先天性肾髓质发育不全及其他缺陷
    - 肾后阻塞解除性多尿
    - 慢性肾衰竭
  - 抗利尿激素缺乏——中心性尿崩症
    - 自发性
    - 创伤所致
    - 肿瘤
    - 先天性
  - 肾对抗利尿激素的敏感性降低——肾源性尿崩症
    - 原发性肾源性尿崩症
    - 继发性肾源性尿崩症
      - 慢性肾炎
      - 肾功能不全/丧失
      - 肾盂肾炎
      - 子宫蓄脓
      - 高钙血症
      - 低钾血症
      - 肾上腺皮质功能亢进
      - 甲状腺功能亢进
      - 肾上腺皮质功能减退
      - 肝功能不全
      - 药物/饮食
      - 肾髓质溶质丢失
- 原发性多饮
  - 精神性（行为性）
  - 脑瘤或创伤
  - 多尿性多饮
  - 肝功能不全
  - 发烧

图 1-10　多尿与多饮的病因

二、临床表现

多尿、多饮伴有烦渴，见于动物尿崩症（抗利尿激素缺乏和肾源性尿崩症）；伴有多食和消瘦，见于动物糖尿病；伴有高血压和周期性麻痹，见于原发性醛固酮增多症（肾上腺功能亢进）；伴有肾脏疾病表现，见于慢性肾炎、慢性肾盂肾炎、肾小球硬化症、肾小管性酸中毒等。

第二十三节　抽搐与惊厥

抽搐（tic）与惊厥（convulsion）均属于不随意运动。抽搐是指动物全身或局部成群骨骼肌不自主地抽动或强烈收缩，常可引起关节运动和强直。惊厥是指肌群收缩表现为强直性和阵挛性时的状态。惊厥表现的抽搐一般为全身性、对称性，伴有或不伴有意识丧失。

惊厥与癫痫两个概念有相同点，也有不相同点。癫痫大发作时与惊厥的概念相同，而癫痫小发作时，则不应称为惊厥。

一、病因

动物抽搐与惊厥的病因可分为特发性与症状性。特发性常由于动物先天性脑部不稳定状

态所致，如家族性周期性痉挛、先天性肌痉挛、先天性肌强直等。症状性病因有以下几方面。

(1)脑部疾病

①病原微生物感染：如动物的脑炎、脑膜炎、脑脓肿、隐球菌病、脑瘤、脑灰质炎等。

②外伤：如动物的产伤、颅脑外伤等。

③肿瘤：包括动物的原发性肿瘤、脑转移瘤等。

④血管疾病：如动物脑出血、蛛网膜下腔出血、脑栓塞、脑血栓形成、脑缺氧等。

⑤寄生虫病：如脑血吸虫病、脑多头蚴病等。

(2)全身性疾病

①病原微生物感染：如动物急性胃肠炎、犬瘟热、狂犬病、破伤风等。

②中毒：分为内源性中毒(如尿毒症，肝性脑病)和外源性中毒(如有机氟、铅、砷、汞、士的宁、有机磷中毒、毒蛇咬伤)中毒。

③代谢障碍：如低血糖症、低钙及低镁血症、急性间歇性血卟啉病、维生素 B_6 缺乏等。其中，母犬产后低血钙，可表现为典型的全身搐搦症。

④风湿病：如系统性红斑狼疮、脑血管炎等。

⑤其他：如中暑、日射病及热射病、窒息、触电等。

(3)神经官能症　如癔症性抽搐和惊厥。

二、临床症状

由于其病因不同，抽搐和惊厥的临床表现形式也多种多样，常见的有以下两种。

(1)全身性抽搐　以动物全身性骨骼肌痉挛为主要表现，典型症状为癫痫大发作(惊厥)，表现为患病动物突然意识模糊或丧失，全身强直、呼吸暂停，继而四肢发生阵挛性抽搐，呼吸不规则，尿便失控，黏膜发绀，发作一段时间后自行停止，也有反复发作或呈持续发作的。发作时可有瞳孔散大，对光反应消失或迟钝、病理反射阳性等。发作停止后不久意识恢复。如为肌阵挛性，一般只是意识障碍。由破伤风或神经性犬瘟热引起的持续性强直性痉挛，常伴有肌肉酸痛。

(2)局限性抽搐　以机体某一局部连续性肌肉收缩为主要表现，大多见于口角、眼睑、面部、四肢等。而四肢搐搦症则表现为间歇性、双侧强直性肌痉挛，以前肢最典型。

思考题

1. 为什么要学习动物疾病的常见临床症状？

2. 你学习了常见临床症状后，有什么收获？

第二章　临床基本检查方法和一般检查内容

重点提示：了解和掌握基本检查的方法和内容，以及临床检查程序。了解动物医生问诊在动物疾病诊断和治疗中的重要性，学会和掌握临床上问诊的方法和技巧。熟记动物发生疾病时的问诊内容；掌握不同动物种类发生疾病时，其问诊内容的不同。了解和掌握一般检查的内容和方法，以及检查内容的正常状态和临床意义。

临床基本检查方法，就是兽医人员为了发现和搜集作为诊断依据的症状和资料，应用自己的眼、耳、手、鼻等感觉器官，再借助一些简单医用器械（如听诊器、叩诊锤等），对病动物进行直接的检查方法，即理学诊断法，包括问诊、视诊、触诊、叩诊、听诊、嗅诊 6 种方法。这些方法简单、方便、实用性较强，在任何临床场所都广泛应用。临床检查程序是在临床上按照规定的先后顺序对健康动物或者患病动物进行全面检查。对于初次就诊的患病动物或病情复杂的病例更应坚持检查的次序，以免有所遗漏。对于已有记录的复诊病例，问题不大的或无问题的部位或器官，检查时可以一带而过，但不能忽略不检。

一般检查是现症检查的一个组成部分，即在不同系统检查之前先对患病动物的外在表现大体情况进行一般了解，为系统检查提供重点检查线索。一般检查包括 5 项内容，即整体状态的观察，被毛（或羽毛）、皮肤（包括鼻盘、鼻镜、肉冠）及皮下组织的检查，眼结合膜的检查，浅在淋巴结及淋巴管的检查，体温、脉搏及呼吸次数的测定。

第一节　问　诊

一、问诊的方法与技巧

问诊（inquiry）是动物医生通过对患病动物主人或有关人员的系统询问，而获得动物病史资料的过程，又称动物病史采集（animal history taking）。动物病史的完整性和准确性对动物疾病的诊断和治疗有很大的影响。因此，问诊是每个临床动物医生必须掌握的基本功。

通过问诊获得的动物疾病的发生、发展、诊治经过、以往动物健康状况及曾患疾病的情况等资料，对现病的诊断具有极其重要的意义。一个具有深厚医学知识和丰富临床经验的动物医生，常常通过对动物主人的问诊，就能对某些动物疾病提出明确的诊断。特别是在某些动物疾病的早期，动物机体只是处于功能或病理生理改变的阶段，还缺乏器质性或组织、器官形态学方面的改变，而患病动物却可以较早地表现出某些特殊的征兆，如精神不振、食欲改变、疼痛、站立不稳、运步异常等症状。在此阶段，机体检查、实验室检验，甚至特殊检查，均无明显异常发现，而问诊所获得资料，却能较早地作为诊断依据。实际上在动物临床工作中，有一部分动物疾病的诊断，仅通过问诊就可根据其特征性的表现做出诊断，如破伤风、癫痫、乳牛生产瘫痪、犊牛水中毒、犬狂犬病、佝偻病、马麻痹性肌红蛋白尿病、牛血尿症等。相反，忽视问诊，必然使动物病史资料残缺不全，病情了解不够详细确切，往往会造成临床工作中的误诊或漏诊。对动物病情复杂而又缺乏典型症状或体征的病例，深入而细致的问诊就更为重要了。

采集动物病史是动物医生诊治动物疾病的第一步，其重要性还在于其是动物医生与患病动物主人之间沟通和建立良好关系的最重要时机。正确的方法和良好的问诊技巧，使患病动物主人感到动物医生的亲切与可信，有信心与动物医生合作，这对诊治动物疾病也十分重要。

患病动物主人有时由于对动物医院环境的生疏或情绪紧张，在与动物医生开始交谈时，往往不能顺畅而有序地陈述自己观察到的发病动物病情演变的经过。动物临床医生应当清楚了解这种情况，主动创造一种宽松和谐的环境，以解除动物主人的不安心情，使他们能平静地、有条理地陈述患病动物的发病经过。问诊技巧与获得动物病史资料的数量和质量有密切的关系。因此，必须认真地学习和掌握。下面是一些重要的问诊方法和技巧。

(1)从礼节性的交谈开始　动物医生要先向患病动物主人做自我介绍，用语言或肢体语言表示愿意为他的患病动物解除病痛，尽自己的所能满足动物主人的要求，这样的举措就会很快缩短动物医生与动物主人之间的距离，改善互不了解的生疏局面，使动物病史采集能顺利地进行下去。

(2)问诊一般由动物主人叙述开始　逐步深入，进行有目的、有层次和有顺序的询问。如先问“你为什么带动物来看病?”“动物有哪些不正常的表现?”这种开放式的提问，可使动物主人叙述的动物病史更客观、更全面，动物医生据此积极思考，逐步提出比较针对性的问题，如“动物这些不正常的表现有多久了?”再往后才用更直接的选择性提问，要求动物主人回答“是”或者“不是”，或者对提供的选择问题做回答，如“动物以前有类似的呕吐吗?”“动物呕吐是偶然的，还是持续的?”要注意询问时不要责怪性地提问，如“你为什么不早一点带动物就诊呢?”“你为什么自己买药瞎治疗呢?”这些问题常常使动物主人难以回答，而且还可能使他们产生对动物医生的抵触心理。

(3)避免暗示性提问或逼问　当患病动物主人回答的问题与动物医生的想法有距离时，不应暗示动物医生主观所希望的答案或逼问，以免患病动物主人为满足动物医生而随声附和。暗示性提问，是一种能为患病动物主人提供带有倾向性的特定答案的提问方式，如“动物呕吐是吃了毒药吗?”“狗缺钙是常吃肉吗?”“动物粪便会发黑吗?”恰当的提问方式是:“除了拉稀外还有什么不正常表现吗?”

(4)避免重复提问　提问时要注意系统性、目的性和必要性，动物医生应全神贯注地倾听动物主人的回答，不应问了又问。杂乱无章的提问是漫不经心的表现，这样会降低动物主人对动物医生的信心和期望，使动物主人失望。

(5)避免使用有专业性的动物医学术语　如潜血、共济失调、惊厥、里急后重等，即使是文化程度高的动物主人也难免对这些动物医学术语发生错误理解，致使动物病史资料不确切。有时动物医生应对动物医学术语进行必要的解释。

(6)注意及时核实患病动物主人叙述的问题　如病情与时间的相关关系、某些症状、检查结果、过去诊断的名称、用药名称和剂量等，以免含糊地记录于动物病史之中，降低了动物病史的真实性。

调查时应注意问诊中的仪表、礼节、友善的举止，恰当地给予患病动物主人以鼓励，要关切疾病对患病动物主人情绪的影响，鼓励患病动物主人提问，了解患病动物主人对自己动物疾病的看法，以及患病动物主人前来给动物看病的期望等。接受问诊的患病动物主人各不相同，询问者除要有扎实的动物医学知识外，还必须要结合实际反复训练，才能较好地掌握问诊的方法与技巧。初学者有时思维混乱，语涩词穷，难以提出恰当的问题，问诊进展不顺利，要不断总结经验，吸取教训。必要时可以反问自己：是否患病动物主人此时特别难受？是否患病动物主人不能表达？有无语言障碍？是否患病动物主人被动物疾病吓倒？动物医生自己是否太紧张？是否动物医生的言行影响了与患病动物主人的关系？是否患病动物主人对自己的信任度不够？努力去发现影响问诊的原因，予以解决，才能不断提高动物医生问诊的水平。

问诊能补充动物临床检查的不足，但不应忘记，除动物门诊外，还应本着深入实际的原则，尤其是在动物饲养场，还应经常巡视动物场舍，监视动物群体，亲自了解全面情况，掌握第一手资料，这样才心中有数，才能主动地做好工作。

二、特殊情况下的问诊技巧

在动物临床上，不时会遇到一些特殊情况，在特殊情况下如何问诊。下面列举几种特殊情况下的问诊技巧。

（1）动物主人缄口与忧伤　缄口不说话可能是由于动物疾病使主人的情绪难以控制，或动物医生所提出的问题触及动物主人的敏感方面而使其伤心；也可能由于问题未切中要害或批评性的提问，使动物主人沉默或不悦；或者询问者用过多、过快的直接提问，使动物主人惶恐不安，对这些都应及时察觉，予以避免。如因动物生病而伤心或哭泣，情绪低落，动物医生应予以安抚、理解并适当等待，减慢问诊速度，等动物主人平静后，再继续询问动物病史。

（2）动物主人焦虑与抑郁　应鼓励焦虑主人讲出实话，注意讲话时的各种异常线索，确定问题的性质，然后给予动物主人宽慰和保证。但应注意分寸，如说“不要过于担心，动物会逐渐好起来的”这一类话时，首先应了解存在的主要问题，确定表达的方式，以免适得其反，产生抵触情绪，使交流更加困难。主人抑郁是常见的临床问题，且易于忽略，应予以特别重视。

（3）动物主人多话与唠叨　动物主人不停地讲，动物医生不易插话及提问，一个问题引出一长串答案。由于时间的限制及回答未得要领，常使采集动物病史不顺利。对此，应注意以下技巧：一是提问要限定在主要问题上；二是根据初步判断，在动物主人提供不相关的内容时，巧妙地打断。也可分次进行问诊，告诉动物主人问诊的内容及时间限制等，但均应有礼貌、诚恳表达，切勿表现得不耐心而失去动物主人的信任。

（4）动物主人愤怒与敌意　动物主人由于动物生病的影响而情绪失控，可能迁怒于他人，或由于动物医生举止粗鲁、态度生硬或语言冲撞，使动物主人愤怒或怀有敌意。对此，动物医生一定不能发怒，也勿认为自己受到侮辱而耿耿于怀，应采取坦然、理解、不卑不亢的态度，尽量发现动物主人发怒的原因并予以说明，注意切勿使动物主人迁怒于他人或动物医院其他部门。提问应该缓慢而清晰，内容主要限于动物现病史为好，对于其他可能比较敏感的问题，询问要十分谨慎，或分次进行，以免触怒动物主人。

（5）患病动物多种症状并存时　有的患病动物多种症状并存，似乎动物医生问及的所有症状都有，尤其是慢性过程又无侧重时，一方面，应注意从动物主人叙述的大量症状中抓住关键，把握实质；另一方面，在注意排除器质性疾病的同时，也考虑患病动物的功能性问题，而且初学者在判断功能性问题时应特别注意。

(6)动物主人文化程度低或语言障碍　文化程度低，一般不妨碍其提供适当的动物病史，但如果动物主人理解力及动物医学知识贫乏，可能影响他们对问题的回答。询问时，语言应通俗易懂，放慢提问的速度，注意必要的重复及核实。有时动物主人出于对动物医生的尊重及环境生疏，使他们通常表现得过分顺从，回答问题说"是"，只不过是一种礼貌和理解的表示，但实际上，他们可能并不理解，也不一定是同意或肯定的回答，对此应特别注意。

语言不通者或外国人，最好是找个翻译，并请他们如实翻译，不要带有倾向性，更不要只是解释或总结。有时体语及手势再加上不连贯的语言交流，他们也可抓住主要问题。询问时反复地核实是很重要的。

(7)对于重危、晚期患病动物　询问重危患病动物主人，只需要高度浓缩的动物病史及对动物的主要体检，二者可同时进行。病情重危动物的主人，因害怕、慌张、反应变慢，甚至迟钝，动物医生不能催促，应予理解。经对动物初步治疗，病情稳定后，可赢得时间，再详细询问动物病史。

临危晚期的患病动物因治疗无望，动物主人可能有懊丧、抑郁等情绪，应给予特别关心。如动物主人不清楚、不理解，应妥善交代或做出适当许诺，待以后详细说明。动物医生亲切的语言，真诚的关心，表示愿在动物旁多待些时间，对动物主人都是极大的安慰和鼓励，有利于获得准确而丰富的资料。

(8)动物主人是残疾人　动物主人是残疾人，在接触和提供动物病史上较其他人更为困难。除了需要更多的同情、关心和耐心之外，还需要花更多时间收集动物病史。以下的技巧，有助于获得动物病史资料。

①对于动物主人是聋哑人：互相间理解常有困难，可用简单明了的手势或体语交流。交流时态度要和蔼、友善，同时注意他的表情。必要时做书面提问，书面交流。

②对于动物主人是盲人：应更多安慰，先向动物主人自我介绍并介绍现场情况，搀扶其就座，这些都有利于获得动物主人的信任，顺利进行问诊。动物主人叙说时，仔细聆听，并及时做出语言的应答，更能使其放心与合作。

(9)动物主人是老年人　年龄一般不妨碍其提供足够动物病史，但因体力、视力、听力的减退，部分动物主人可能因年老而思维和反应缓慢，对问诊有一定的影响。应注意以下技巧：先用简单清楚、通俗易懂的一般性问题提问；减慢问诊速度，使之有足够时间思考、回忆，必要时做适当的重复；注意动物主人的反应，如是否听懂，有无思维障碍，需要时再向其他家人询问动物病史。

(10)动物主人是儿童　儿童多不能准确自述动物病史，须由家长或动物保育人员代述。5～6岁或以上饲养动物的儿童，可以让他们补充叙述一些有关动物病情的细节，但应注意其记忆及表达的准确性。

三、问诊的内容

问诊的内容包括动物登记、现病史、既往史、饲养管理和使用、繁殖和配种、周围环境等。

1. 动物登记

动物登记(animal registration)的目的是便于了解患病动物的个体特征，有利于动物疾病的诊断、治疗和预后判断。其主要内容如下。

(1)动物主人姓名或单位名称及地址和电话 便于动物医生联系和查找,以及了解饲养方式(是个体饲养,还是群养)。

(2)动物种类 如马、牛、羊、猪、鸡、犬、猫等,由于动物种类不同,其疾病的发生、经过及预后等可能有所不同,如动物种属不同,其种属具有某些固有的疾病,像猪瘟只发生于猪,口蹄疫仅发生于偶蹄动物;动物种属不同,其易患疾病种类也不同,像马属动物易患疝痛,反刍动物易患瘤胃疾病,猪和小型犬易患脐疝;另外,动物种属不同,即使患同一种疾病,其反应也不同,像马和牛都患腹膜炎时,马的症状比牛严重等。

(3)动物品种 动物品种不同,其对疾病的易感性和耐受性也有很大差别。一般是本地品种动物比外地引进动物抗病力强,血统越纯的动物,其抗病力越弱;如奶牛易患酮病,肉牛易患瘤胃角质化病;轻型马比重挽马疝痛更厉害;大型犬幼年时易患骨关节病,德国牧羊犬易患多种疾病。

(4)动物性别 动物性别不同,在其疾病发生上也有一定差别,如公犬、公猫、公牛、公羊易患尿结石,公马易患腹股沟管疝,母猫易患乳腺癌,母驴怀骡易患妊娠毒血症,乳牛易患乳腺炎等。

(5)动物年龄 动物年龄不同,其体内的免疫功能及抗病力大不相同,如幼年动物因其免疫功能和抗病能力差,通常易患消化道和呼吸道疾病,中年高产奶牛易患酮血症和软骨症,老年马易患慢性肺泡气肿,幼年马易患腺疫,老年犬、猫易患肿瘤、眼病和糖尿病。

(6)动物毛色 动物有各种各样的毛色,但其毛色与所患疾病也有一定关系,如白色被毛动物易发生光过敏性皮肤病,青色马骡肛门易发生黑色素瘤,眼周围白色被毛的海福特肉牛易患眼癌等。

(7)动物用途 动物用途与所患疾病也有一定关系,如种用动物易患生殖器官和乳腺疾病,乳牛多患乳腺炎,骑乘马多患四肢和呼吸道疾病,使役马和骡易患慢性肺泡气肿,导盲犬因吃得好活动少,易患肥胖症和糖尿病。

另外,作为动物个体特征和辨认的登记,还应登记上动物的名称、特征或号码。最后再写上就诊的日期和时间。

2. 动物现病史

动物现病史(animal history of present illness)是发病史的主要部分,且要了解现在患病动物发病后的全过程,即现发疾病的发生、发展、演变、诊断和治疗经过。现病史对于建立疾病诊断颇具有参考价值,因为患病动物的现发病过程,临床动物医生不一定都能见到,需要做一个系统而完整的调查。问诊时尽可能让动物主人能充分陈述和强调他认为重要的情况,只有当动物主人的陈述离动物病情太远时,才需动物医生灵活地把话题转回,切不要压制动物主人的思路,尤其不能用动物医生的主观推测来取代动物主人亲身观察到的情况,不然会歪曲动物真实的发病情况,在疾病诊断上设置人为的障碍,只有动物主人亲身观察到的情况和病情变化的真实过程,才能为动物医生诊断提供客观的根据。在询问动物现病史时,可按以下程序加以调查。

(1)动物发病时间与地点 如在什么时间,室内还是室外或放牧时,饲喂前还是饲喂后,使役中还是休息时,产前还是产后,注射疫苗前还是注射疫苗后,发病时间有多长等。通过了解动物不同的情况和条件,借此可诊断出病因和疾病,以及是急性或慢性疾病。

(2)发病动物的头数 通过发病动物头数的询问,可以了解此次动物发病是单发、散发还是群发，是动物普通疾病还是传染病、寄生虫病或中毒。

(3)动物发病后的主要表现　主要了解患病动物的精神状态、体温、吃食、喝水、排便、排尿、呼吸、咳嗽、腹痛、呕吐、反刍、泌乳量、站立姿势、行走或跑步步样等，以及主要表现出的部位、性质、持续时间及程度，缓解或加剧的因素。了解这些特点，对初步推断疾病轻重、所在系统或器官、病变的部位范围性质和预后都有很大帮助。如动物小肠梗阻或变位疝痛厉害，尿道阻塞或膀胱炎出现频繁排尿。

(4)病因或诱因　问诊时主要了解与本次动物发病有关的原因，如外伤、感染、中毒等。诱因如气候变化(过热或受寒)、环境改变、饲养管理不当、使役或运动过度等，问明以上病因或诱因，有助于诊断和拟定防治方案。动物主人对直接、近期病因或诱因容易找出，但对病程长或病因复杂的患病动物，动物主人往往难以说清，还可能提出一些似是而非或自以为是的病因或诱因，此时动物医生应进行科学的归纳，去伪存真，不可不加分析地都算为现病史。

(5)疾病的经过和伴随症状　疾病的经过或过程，包括主要症状的变化或新症状的出现，如小肠梗阻或变位时，在疼痛剧烈的情况下出现呕吐；犬在肠变位时，甚至呕吐血液。伴随症状是在主要症状的基础上，又出现一系列其他症状，其伴随症状常常也是鉴别诊断的依据，如腹泻伴随呕吐，可能是胃肠炎。一份好的现病史不应放过主要症状以外的任何细小伴随症状，这是因为它们在确定诊断方面往往起着不可忽视的作用。

(6)诊断和治疗的经过　凡此次就诊前已经到过其他动物门诊诊断和治疗过的发病动物，则应询问曾接受过什么诊断方法，诊断结果是什么，切不可用别人的诊断结果代替自己的诊断。若已进行过治疗，则应询问用过什么药物治疗，其剂量、时间和疗效如何，可为本次疾病的诊断和治疗提供参考，如曾用某种药物治疗此病没有任何疗效，动物医生就不应再用此药物治疗本病了。另外，也可避免重复用药，引起中毒等。

3. 动物既往史

动物既往史(animal past history)包括患病动物以前的健康状况、过去曾患过的各种疾病、外科手术、过敏、动物家族史等，特别是与动物现患病有密切关系的疾病。在动物既往史的记述时，注意不要和动物现病史发生混淆。另外，对动物现生活地区的主要动物传染病、寄生虫病和其他动物地方流行病史，外伤和手术史，对药物、食物和其他接触物的过敏史，过去是否曾患过类似现病史，以及动物父母和子女的健康与疾病情况，调查它们是否与现患病动物有相同的疾病，有无与遗传有关的疾病，如动物血友病、动物白化病、犬遗传性铜累积病、绵羊谷胱甘肽缺乏病、山羊 β-甘露糖累积病、猫神经髓鞘磷脂累积病、牛或猪遗传性先天性卟啉病、犊牛遗传性角化不全等，对已死亡的动物要调查问明其死因与年龄，如在几代动物中，都有同样疾病发生，要把其关系弄清，以上都应记录在既往史中。调查记录顺序最好按年月先后排列。

4. 动物的饲养管理和使用

动物饲养管理和使用(animal feed and care and use)的询问可以调查其使役与动物发病的关系，对动物疾病的诊断和制定疾病合理防治措施，也是十分有利的，其询问内容如下。

(1)动物日粮　要询问动物饲草料或日粮的种类和质量，及各成分的配比情况，每天饲喂数量和次数，饲喂方法是放牧还是舍饲，是自由采食还是按顿饲喂。饲草料或日粮品质不良，日粮成分配合的不合理，常常是导致动物消化紊乱、营养不良、营养代谢病的基本原因。饲草料或日粮放置保存不当或发霉，加工或调制方法失误而产生有毒物质或混入毒物，都能成为饲草料或日粮中毒的条件。饲草料或日粮与饲喂制度的突然改变，如日粮种类的变换，舍饲改为放牧或放牧改为舍饲，都可能引起动物消化道疾病，如牛瘤胃疾病、胃肠炎、腹泻或便秘等。

（2）动物饮水　需调查动物饮水的来源，如自来水、井水、河水、泉水、池塘水、再处理水等，饮水有无污染、饮水时间和水温。如动物饮冷水易患肠痉挛，犊牛暴饮大量水易引起犊牛水中毒，炎热天气缺水易中暑。

（3）动物场舍和动物个体的生活条件　询问内容有以下几方面。①动物生活场地和运动场的位置、风向、地形、土质、供水、四周树木和气候等情况。②动物舍窝的光照、通风、保温或降温、窝床垫或铺草、动物栏设置、三废（废水、废物及废气）排除设备等。③动物个体卫生的刷拭、洗澡和运动、宠物洗澡用的香波种类、动物运动的方式和时间长短。④动物场舍的防疫卫生制度，动物场舍有无防疫卫生制度，制度能不能严格执行；动物场舍有无定期消毒，人员出入场舍有无消毒；病死尸体或淘汰的动物能否合理处理等。

（4）动物预防接种和驱虫　根据不同的地区或地方动物传染病和寄生虫病发生的情况，询问是否按需要和按程序进行了适时预防接种，以及寄生虫的驱杀工作。如果不是按需要和按程序适时预防接种和驱杀寄生虫，都有可能造成传染病和寄生虫病的流行。另外，还要询问对新引进的动物是否按规定进行了隔离检疫等。

（5）动物的使用情况　例如，对使役动物是否有持续过度使役，对赛跑动物（如马、犬）是否有过度劳累，对高产奶牛是否有不合理地增多精料，炎热季节是否在烈日下作业而无适当休息和饮水等。如果联系症状，结合上述的问诊，便可诊断出动物的过劳、奶牛的瘤胃疾病或酮血症、动物的中暑。

5. 繁殖和配种

繁殖和配种（reproduction and breeding）的询问包括配种方式及配种制度，如配种是本交还是人工授精，配种动物是否达到繁殖年龄，配种季节是否合适，有无近亲交配繁殖等，用以诊断本交引起的生殖器官疾病，如马媾疫、牛媾疹、犬传染性交媾肿瘤；配种过早或配种不适时，会因为产仔过早，产弱仔或遇寒冷气候，使幼龄动物易患呼吸道或消化道疾病；近亲交配会引起一些遗传疾病，或因胚胎发育不良或仔畜过弱，引起早产、流产或产后夭折。

6. 周围环境

对周围环境（environment）的调查，包括：①周围植被情况，如有毒植物存在，能引起毒草中毒（如蕨中毒、夹竹桃中毒、醉马草中毒等）；幼嫩青草丰富，可能引起放牧动物低镁血症；豆科植物丛生，如果采食过多易发生胀肚病；②低洼的沼泽地放牧，易发生血吸虫病、马流行性脑炎和传染性贫血；③土壤类型与疾病也有关系，如滨水沙土区域易发生铜或钴缺乏症，泥炭地区易发生钼过多症，土壤缺硒地区易发生硒缺乏症；④潮湿闷热地区，草料或日粮易发霉腐败，动物采食后易发生霉败食物中毒；⑤污染严重地区，环境污染能引起多种动物疾病，如废水、污染饮水可引起动物氟中毒或其他矿物质中毒，池塘水含有有毒藻类，动物饮后，可引起藻类中毒等；⑥周围最近有无新引进的动物，新引进的动物有无带来新的疾病等。此外，气象和气候条件也与疾病的发生有关，如炎热多雨的夏季，中暑和腐蹄病发生多；突然降温或暴风雪来临，马属动物疝痛病发生较多；寒冷冬季，犬椎骨病发生较多。不管是天气炎热或寒冷，都能引起动物应激反应，引起机体机能紊乱和功能降低，抗病力减弱，导致动物发病。

第二节 视 诊

视诊是用肉眼或借助器械观察患病动物的全身概况或某些部位的状况，是兽医临床检查中最常用而又简便易行的方法。通过视诊一般可以发现很多有意义的症状，并可为进一步的诊断提供重要的线索。

1. 视诊的内容

(1)观察全身状态　如体格、发育、营养、体质、胸腹及肢体匀称性以及站立和运动时的表现等。

(2)检查体表　如被毛、皮肤、口腔、鼻腔、阴道等部位的黏膜的颜色变化及完整性的破坏，并观察其分泌物的数量、性状等。

(3)注意器官生理功能　如呼吸节律及有无喘息、咳嗽、采食、吞咽、反刍等消化活动及有无呕吐、腹泻、粪和尿排出的姿态及其数量与性状等。

2. 视诊的方法

视诊时应使动物在安静状态下保持自然的姿态。先对整个动物群进行检查，从而判断其总的营养、发育状态；然后对个体患病动物则应首先观其全貌，最后对患病动物的头、颈、胸、腹、脊柱、四肢做仔细检查。

3. 注意事项

①对于初来门诊的患病动物，应使其稍经休息，先适应一下新的环境后再进行检查。

②最好在天然光照的开阔场所进行检查，可防止灯光对颜色的影响。

③收集症状要客观全面，要结合其他方法检查的结果，进行综合分析与判断。

第三节 触 诊

触诊是利用手指、手掌或手背，有时可用拳或借助器械对动物体某部位进行检查的方法。

1. 内容和范围

(1)检查动物的体表状态　如判断皮肤表面的温度、湿度，皮肤与皮下组织的质地、弹性及硬度，浅在淋巴结及局部病变的位置、大小、形态及其温度等方面的情况。

(2)感知某些器官的活动情况　如在心区检查心搏动，判定其位置、强度及节律；检查反刍动物瘤胃，判定其蠕动次数及力量强度；对浅在动脉进行检查，判定脉搏的频率、节律等变化。

(3)检查腹腔器官的位置、大小、形状及其内容物等　某些动物如牛或小动物可通过软腹壁进行深部触诊，从而感知腹腔状态以及胃肠内容物的性状，反刍动物的瘤胃，瓣胃与真胃的状态和内容物的性状，肝、脾边缘的硬度，以及母动物子宫妊娠的情况等；大动物还可通过直肠检查从而了解相关内脏器官的位置及病变情况，特别是对马属动物腹痛的诊断具有特殊意义。

(4)检查动物机体某一部位的敏感性　如检查胸壁、网胃或肾区的疼痛反应、腰背与脊髓的反射等症状。

2. 方法

①检查体表的温度、湿度时，应用手掌或手背接触皮肤进行感知。

②检查局部肿物的硬度时，以手指进行加压或揉捏，根据感觉及压后的现象进行判断。如

手指压后留有明显的压痕，是皮下浮肿的特征；如感觉有明显的波动感多提示其内容蓄积有液体；如肿胀柔软，有弹性，有气体向周围组织窜动，同时听到捻发音，则是皮下气肿的特点。

③以刺激为目的而判断动物的敏感性时，应在触诊的同时注意动物的反应及头部、肢体的动作，如动物表现回视、躲闪或反抗，是敏感疼痛的表现。

④对内脏器官的深部触诊须依被检动物的个体特点（如动物种类、大小等）及器官的部位和病变情况的不同而选用手指、手掌或拳进行压迫、插入、揉捏、滑动或冲击的方法进行。对中、小动物可通过腹壁进行深部触诊；对大动物还可通过直肠内部触诊或用胃管探查胃内情况。

⑤为了检查某些管道（如食管、瘘管等）的情况，还可借助器械（控管或探针）进行间接触诊。

3. 注意事项

①注意安全，在必要时进行保定；当需触诊马、牛的四肢及腹下部等部位时，要将一只手放在动物体的适宜部位作支点，另一只手进行检查；并应从前往后、自上而下地边抚摸边接近被检部位，切忌直接、突然接触。

②检查某敏感性部位时宜按先健区后病部，先远后近，先轻后重的顺序，并注意与对应部位或健区进行对比；应先遮住患病动物的眼睛。

第四节　叩　诊

叩诊是用手指或叩诊锤敲打动物体表的某一部位，根据所产生的音响的性质来推断被检查的内部器官、组织病理变化的一种方法。

1. 方法

(1)直接叩诊法　是指用一个或数个手指或叩诊锤直接向动物体表的一定部位叩击的方法。由于体表软组织振动不良，从而不能很好地向深部传导，产生的音量不易分辨，所以应用不多。

(2)间接叩诊法　又分为指指叩诊法与锤板叩诊法。①指指叩诊法：主要用于中、小动物。通常以左手的中指（或食指）代替叩诊板，使之紧密地贴在检查部位上，用右手的中指（或食指）第二指关节呈 90°屈曲作为叩诊锤，并以右腕做轴而上、下摆动，用适当的力量垂直地向左手中指（或食指）的第二指关节处进行叩击。②锤板叩诊法：其由叩诊锤和叩诊板进行叩诊，通常适用于大家畜。一般以左手持叩诊板，将其紧密地放在欲检查的部位上，用右手持叩诊锤，以腕关节作轴，将锤上、下摆动垂直地向叩诊板上连续叩击 2 次或 3 次，以听取其音响。

2. 叩诊的应用范围

(1)直接叩诊　主要用于检查鼻旁窦、喉囊以及检查马属动物的盲肠和反刍动物的瘤胃。

(2)间接叩诊　主要用于检查肺脏、心脏以及胸腔的病变；也可以用来检查肝、脾的大小和位置以及靠近腹壁的较大肠管的内容物性状。

3. 注意事项

①叩诊用力的大小应根据检查的目的和被检器官的解剖特点进行决定，对深在器官部位及较大的病灶宜用强叩诊，反之宜用轻叩诊。

②最好在合适的室内进行，更有利于听觉印象的积累。

③叩诊板应紧密地贴于动物体壁的相应部位上。

4. 叩诊音

叩诊音的基本音调有 3 种。

(1)清音(满音)　如叩诊正常肺部发出的声音。

(2)浊音(实音)　如叩诊厚层肌肉发出的声音。

(3)鼓音　如叩诊含气较多的马盲肠或反刍动物的瘤胃上部时发生的声音。

在 3 种基本音调之间,可有程度不同的过渡阶段,如半浊音等。当肺、胃肠等含气器官的含气量发生病理性改变或胸、腹腔出现病理性产物时,叩诊音则会发生相应的病理性变化。

第五节　听　诊

听诊是借助听诊器或直接用耳听取动物内脏器官在活动过程中所发生的声音,借以判断其病理变化的方法。

1. 应用的范围

(1)心血管系统　主要是听取心音,对心音的频率、强度、性质、节律以及有无附加的心杂音等内容进行检查。

(2)呼吸系统　听取呼吸音,如对喉、气管、肺泡呼吸音以及杂音与胸膜的病理性声音的听诊。

(3)消化系统　听取胃肠蠕动音,判定其频率、强度等。

2. 方法

(1)直接听诊法　将耳朵直接贴于动物体表的欲检部位进行听诊。

(2)间接听诊法　即用听诊器进行听诊。

3. 注意事项

①在安静的室内进行。

②听诊器两耳塞与外耳道连接要松紧适当,过紧或过松都影响听诊的效果。听诊器集音头要紧密地放在动物体表的检查部位,并要防止滑动。听诊器的胶管不应交叉,也不要与手臂、衣服、动物被毛等接触、摩擦,以免发生杂音。

③听诊时要聚精会神,并同时注意观察动物的活动与动作,如听诊呼吸音时要注意呼吸动作;听诊心脏时要注意心搏动等。

④听诊过程中仍须注意防止动物踢咬。

第六节　嗅　诊

嗅诊是用嗅觉发现和判别动物的呼出气体、口腔臭味以及其他自然腔道带有特殊臭味的分泌物、排泄物和病理性产物,从而为全面诊断提供有利的帮助。如动物呼出气体及鼻液的特殊腐败臭味,是提示呼吸道及肺脏的坏疽性病变的重要线索;呼出气体的酮味,可提示牛、羊可能患有酮血症;犬的粪便如有腥臭味则提示可能患有细小病毒性肠炎;阴道分泌物的化脓、腐败味可能是子宫蓄脓引起的。这些都说明嗅诊在有必要时是很重要的线索来源。

第七节　一般检查

一、全身状态观察

对患病动物进行检查的第一步是观察动物的外貌形态和行为的综合表现。

1. 体格

体格是指动物骨骼、肌肉的发育及各部比例的情况，检查时应注意不同品种动物的特征，判断标准如下。

(1)良好　体躯高大、结构匀称、胸廓宽阔、骨骼粗壮、肌肉丰满，多见于种用动物。

(2)中等　全身骨骼、肌肉发育一般，多见于使役动物和一般动物。

(3)不良　体躯矮小、体长而偏、肢长而细、胸廓狭窄、发育缓慢甚至发育停滞。

2. 营养

反映营养物质的供给情况及营养物质在机体内新陈代谢的水平。常用于动物群营养状态的一般判定，判定标准如下。

(1)良好　背毛有光泽，肌肉丰满，骨不外露，皮肤富有弹性。

(2)中等　不肥不瘦，营养情况介于良好与不良之间。

(3)不良　骨骼显露、肋骨可数、被毛粗糙(平日缺乏刷拭的除外)，皮肤弹性不良，严重营养不良的称为消瘦。

(4)恶病质　体躯极度消瘦。全身营养及内脏器官处于衰竭状态，预后大多不良。

营养消瘦是临床常见的症状：如患病动物于短期内急剧消瘦，主要应考虑有急性热性病的可能或由于急性胃肠炎、频繁下痢而导致大量脱水的结果；如病程发展缓慢，则多提示为慢性消耗性疾病(主要为慢性传染病、寄生虫病、长期消化紊乱或代谢障碍性疾病等)；幼龄动物的消瘦还应注意营养不良、贫血、佝偻病、维生素 A 缺乏症、白肌病以及其他营养代谢紊乱性疾病。

3. 精神

精神状态是中枢神经机能是否正常的一种标志，可根据动物对于外界刺激的反应及其行为进行判定。正常的中枢神经应保持兴奋与抑制的平衡，即静止时安静自在，使役或运动时反应灵活自如。异常情况有兴奋，沉郁等。

(1)兴奋　表现为惊恐不安，经常左顾右盼、竖耳、刨地，甚至骚乱不安，不听口令，甚至攻击(咬、踢)人及其他动物。

(2)沉郁　一般呆立不动，耳耷头低，双目半闭，对外界刺激反应比较迟钝；甚至表现为嗜睡、昏迷。重度昏迷是预后不良的征兆。

精神状态的异常表现不仅常随病程的发展而有不同程度的改变，而且有时在同一疾病不同阶段也可因兴奋与抑制过程的相互转化而表现为临床症状的转变或者二者交替出现。

4. 姿势

(1)站姿不稳　站立时姿势不稳，如四肢频频交替负重(见于蹄病、四肢骨质病等)、前肢刨地(见于各种疝痛)、频作排尿姿势(见于尿道阻塞、膀胱炎等)。

(2)强迫站立　患病动物屡屡思卧，但不敢卧(见于创伤性心包炎、破伤风等)。

(3)强迫躺卧　患病动物总想站起来,但不能起立(见于骨折、脱臼、产后瘫痪、腰椎神经损伤、营养衰竭症等)。

5. 运动

健康动物运步时,四肢举止协调。腰部摆动自如、灵活。异常运动有共济失调、盲目运动和跛行等。

(1)共济失调　运步时四肢起落互不协调,甚至左右摇摆,形似酒醉(见于小脑疾病、脊髓神经性疾病等)。

(2)盲目运动　患病动物无目的地运动,甚至表现前冲、后退或转圈等强迫性动作(见于各种脑病、中毒疾病等)。

(3)跛行　因肢体或多肢的带痛性疾病而引起运动机能障碍,称为跛行。

二、被毛、皮肤及皮下组织的检查

(一)被毛

健康家畜的被毛短密有光泽,附着牢固(动物适逢换毛季节除外)。被毛异常情况有以下几方面。

(1)粗乱　被毛无光,见于慢性营养不良症、体内寄生虫病、慢性传染病。

(2)换毛延长　见于蛋白质缺乏症、慢性消耗性疾病等。

(3)局部脱毛(脱毛季节除外)　见于皮肤寄生虫病、局部神经性疾病等。

(4)全身脱毛　见于全身性营养缺乏症(此时皮肤本身不具病变)、虱病、疥螨病等。

(5)局部被毛变白　提示以往该处皮肤受过损伤。

(6)马尾根被毛磨损　多见于蛲虫病。

(二)皮肤

皮肤的检查项目为以下几方面。

1. 皮肤温度

由于皮肤的血管分布不均,所以健康动物的全身皮肤温度也不尽一致,其中股内温度最高,头、颈、躯干次之,尾及四肢温度最低;另外,外界气温的剧烈变化对皮肤温度也有影响。皮温异常情况主要有以下4种。

(1)全身皮肤温度增高　见于发热疾病、日射病、热射病等。

(2)局部皮肤温度增高　见于局部发炎性疾病,如蜂窝织炎。

(3)全身皮肤温度下降　见于大失血、心力衰竭、各种休克等(因皮肤血液灌注不良)。

(4)皮肤温度不均　由于神经支配失调,影响局部皮肤小血管的舒张机能,造成对称部位的皮肤温度不等。

2. 皮肤湿度

皮肤湿度取决于汗液分泌的多少。牛、猪、犬、猫的皮肤汗腺不发达,这项检查意义不大。马属动物皮肤汗腺发达而且分布均匀,因此,马的正常皮肤有黏腻感。皮肤湿度的异常情况如下。

(1)全身多汗　热汗见于剧烈疝痛、高度呼吸困难的疾病;冷汗见于马属动物的胃肠破裂、各种原因所致的休克等。

(2)局部多汗　多见于一侧自主神经机能失调所致的疾病。

(3)其他　牛的鼻镜、猪的鼻盘、犬的鼻端发热发干甚至龟裂,提示该动物具有热性病(如犬瘟热)、久病不愈或有慢性消化器官疾病。

3. 皮肤弹性

正常皮肤弹性良好。检查皮肤的弹性,通常可于颈侧、胸脊部、肩部等部位,用手将皮肤捏成褶皱并轻轻提起,然后放开,根据其褶皱恢复的速度判定。影响皮肤弹性的因素为皮肤的营养状态、皮肤的血液供应及皮肤的含水量等。皮肤弹性的异常情况主要有以下两种。

(1)皮肤弹性长期不良 见于慢性营养缺乏症、皮肤寄生虫病等。

(2)皮肤弹性暂时不良 见于各种原因所致的脱水。在野外临床上,这项检查可作为是否脱水的重要标志。老龄动物的皮肤弹性减退是自然现象。

4. 皮肤的病损

临床常见的皮肤病损主要有以下 4 种。

(1)湿疹 粟粒大小的红色斑疹,弥散性分布,多见于被毛稀疏部位。

(2)水疱 见于偶蹄兽口蹄疫、猪的水疱病。前者主要发生于口、鼻及其周围,蹄趾部;后者仅见于蹄趾间。

(3)痘疹 见于畜、禽的痘疹,疱疹常发生于被毛或羽毛稀疏处。

(4)麻疹 疹块大如胡桃,它的特征是起得快、消退得也快,消退后患部没有痕迹。

(三)皮下组织检查

皮下组织的异常情况有如下几种。

1. 大面积的弥散性肿胀

伴有局部热痛反应的极明显性全身反应(如发热等),多表现为可能为蜂窝组织炎,多发生于四肢,常因创作感染而继发。

2. 皮下水肿(浮肿)

皮下水肿的部分,皮肤表面紧张。指压留痕,呈现捏粉样感觉,一般局部无热、痛反应。发生皮下水肿的原因主要有以下 3 种。

(1)心源性 由于大循环静脉淤血,致使静脉内压升高,静脉中的液体外渗。水肿多发生在胸前、腹下及四肢下端。

(2)肾源性 体内的水分及钠盐排出减少,血浆中的蛋白质大量流失,致使水分及钠盐潴留在皮下组织。水肿不受重心的影响,因此,水肿多发生在组织疏松的地方。

(3)营养性 由于营养物质不足,致使血浆中的胶体渗透压下降,血浆中的水分外渗。水肿多发生在颌下、胸前。

3. 皮下气肿

气体积存于皮下结缔组织内,触压患部产生捻发音。局部无热、痛反应。皮下气肿主要有以下 3 种类型。

(1)外伤性气体 从外伤处伴随动物的肢体运动压入皮下组织。气肿常发生于腋窝、肘后、肩胛附近的创伤。

(2)体内含气脏器的损伤 见于肺部的损伤、牛甘薯黑斑病中毒等。

(3)腐败性 见于感染产气性细菌的疾病。患部发热,触压疼痛,穿刺液培养多为厌氧菌。

4. 其他皮下肿胀

临床上常见的有皮下血肿、皮下脓肿、淋巴外渗、腹壁疝、阴囊疝、脐疝等,要用穿刺检查法进行鉴别诊断。

三、眼结膜的检查

凡是肉眼能见到或是借助简单器械可观察到的黏膜均为可视黏膜，如眼结膜、口腔黏膜、鼻孔黏膜和阴道黏膜等。眼结膜是动物可视黏膜的一种。眼结膜色彩的检查较为重要。异常情况如下。

1. 结膜潮红

结膜潮红是结膜毛细血管充血的症状。单侧潮红为结膜本身发炎所致；双侧性潮红大多情况是因全身血液循环发生异常所致。

2. 结膜苍白

结膜色淡、灰白色是贫血的症状。

(1)急剧苍白　见于突发性一次性大量失血，如肝、脾及大血管破裂。

(2)逐渐苍白　见于各种原因所致的慢性病贫血，如慢性营养缺乏症、慢性传染病(传染性贫血、鼻疽、结核)、内外寄生虫病。

3. 结膜黄染

结膜颜色淡黄或黄色，巩膜黄染的程度有时比结膜明显，主要是胆色素代谢障碍的结果，结膜黄染的原因有以下 3 类。

(1)肝性黄疸　主要是肝脏胆色素代谢障碍的结果。胆红素定性试验呈双相反应，见于各种原因所致的各种肝脏疾病，如某些传染病和某些营养代谢病及中毒性疾病(因肝细胞发炎、变性或坏死，毛细胆管淤滞，结合性的和非结合性的胆红素进入血液)。

(2)肝后性黄疸　胆红素定性试验呈直接阳性反应，见于胆管阻塞性疾病。如胆管蛔虫阻塞、胆管(道)结石、胆管炎、胆管受到压迫等(因胆管阻塞，胆汁排出障碍，胆管扩张，胆管破裂，结合性胆红素进入血液)。

(3)肝前性黄疸　胆红素定性试验呈间接阳性反应，见于各种原因所致的溶血性疾病，如新生驹溶血性黄疸、某些化学药品中毒、血液寄生虫、血孢子虫病(因红细胞大量被破坏，产生大量的血红蛋白，致使血液中非结合性胆红素含量增多)。

4. 结膜发绀

结膜呈蓝紫色，缺氧所致，引起发绀的原因有以下 3 类。

(1)呼吸系统疾病　见于上呼吸道狭窄、毛细支气管炎、各种肺炎、肺水肿等(因肺的通道或换气功能障碍)。

(2)心血管系统疾病　见于全身性血液循环障碍，如心力衰竭、各种原因所致的休克等(因血液循环急剧减慢，全身淤血，血氧供应不足，血氧饱和度下降，血中还原型血红蛋白增多)。

(3)中毒疾病　如亚硝酸盐中毒(因血红蛋白变为高铁血红蛋白，失去携氧能力)。

5. 结膜出血点或出血斑

结膜出血点或出血斑见于马传染性贫血、血斑病、焦虫病等(因血管受到毒害作用，致使血管的通透性增加)。除了以上检查眼结膜的颜色之外，还应注意眼睑有无肿胀和分泌物。

四、浅在淋巴结及淋巴管的检查

淋巴结的检查可用视诊，但常用的是触诊，必要时可配合应用穿刺检查方法。进行浅在淋巴结的视诊、触诊检查时，主要注意其位置、大小、形状、硬度及表面状态、敏感性及其可动性

（与周围组织的关系）。

1. 浅在淋巴结

大家畜常检查的淋巴结有以下几种。

（1）下颌淋巴结　位于下颌间隙的后方。

①急性肿胀：肿胀有淋巴结有热痛，甚至化脓。触诊时有明显波动感，见于马腺疫。

②慢性肿胀：肿胀的淋巴结无热痛，质地较硬，缺乏移动性，见于马鼻疽、牛结核、牛淋巴性白血病等。

（2）咽淋巴结　包括咽旁淋巴结及咽后淋巴结。平时不易摸到，急性肿胀见于咽炎、腮腺炎。

（3）肩前淋巴结　马的肩前淋巴结位于肩关节前方、肩胛前缘；牛的肩前淋巴结位于冈上肌的前缘。马的肩前淋巴结平时不易摸到。肩前淋巴结肿胀见于牛淋巴性白血病、牛的结核病。

（4）膝上淋巴结　又称股前淋巴结，位于股阔筋膜张肌前缘的疏松组织中，大约在髋结节和膝盖骨的中间。膝上淋巴结肿胀见于牛淋巴性白血病、牛焦虫病等。

（5）腹股沟浅淋巴结　又称乳房上淋巴结。位于乳房底和腹壁之间，公马位于阴茎背侧。

①急性肿胀：见于牛乳腺炎。

②慢性肿胀：见于牛乳房结核。

2. 浅在淋巴管

健康动物的浅在淋巴管从身体表面完全看不出来。淋巴管肿胀，见于急性或慢性淋巴管炎，如马的流行性淋巴管炎、马的皮鼻疽等。马皮鼻疽时四肢、颈侧、胸腹侧的淋巴管呈索状隆起，上有豌豆大至栗子大的结节，结节破溃后形成溃疡。

五、体温、脉搏数和呼吸数检查

体温、脉搏数和呼吸数是动物生命活动的重要生理指标。临床上测定这些指标在诊断疾病和分析变化上有重要的实际意义。

（一）体温测定

所有恒温动物均具有发达的体温调节中枢及产热、散热装置，所以在外界不同的温度下可保持恒定的体温。

1. 体温测定的方法

临床测温均以动物的直肠温度为标准，禽类通常测其翼下的温度；小动物（犬、猫）测腋下温度。测定方法是先将体温计充分甩动，使水银柱降至35 ℃以下，后用消毒棉球清拭并涂润滑剂。测直肠温度时，检测人员用一只手将动物尾根部提起推向对侧，另一只手持体温计，徐徐插入肛门中，放下尾部后用夹子夹在尾毛上固定。时间为3 min，然后取出读数，用完后擦净、甩下备用。当肛门松弛、频繁下痢或体温计插入直肠内的宿粪时，温度计不能相应地上升，注意避免误差。

2. 影响体温变化的因素

健康动物一般一昼夜的温差不超过1 ℃。检测体温时，检查者应当注意有无影响检温的外界因素的存在，如天气闷热、夏季厩舍通风不良等。

健康动物的体温，受某些生理机能因素的影响，具体内容如下。

①年龄，如幼龄比壮年高 1 ℃左右。

②性别、品种、营养、生理机能、生产性能。

③动物兴奋、运动和使役程度。

④外在气候，如高温、闷热和通风不良等。

3. 异常的体温变化

(1)体温升高　可见患畜精神沉郁，皮肤温度分布不均，末梢有冷感，呼吸、脉搏增数，消化紊乱，食欲减退，尿量减少，尿中出现蛋白质，甚至可出现肾小管上皮和管型及白细胞增多等。急性高热时还会出现恶寒战栗。发热可分为升热期、极热期和退热期。

①升热期：这是发热的初期，产热过程加强，散热相应减少，因而体温开始上升。体温急剧升高的疾病，常伴有恶寒和战栗；体温缓慢升高的疾病，不伴发恶寒战栗。发热反应的强度常与机体抗病能力相应一致。

②极热期：为体温升高至最高之后的持续时期，这时产热与散热在高热的水平上保持相对平衡。体内分解代谢加强，患病动物体表血管扩张，血流量加快，皮肤温度增高，眼结膜潮红。

③退热期：在此期内患病动物的散热过程加强，体温迅速下降或缓慢下降。迅速下降的称为骤退；缓慢下降的称为渐退。如果在热骤退同时，脉搏数反而增加，表明病情恶化，预后不良。

按发热期的长短可分为以下 4 种。

①急热性：发热延续 1～2 周，见于急性传染病，如马腺疫、传染性胸膜炎等。

②亚急热性：发热延续 3～6 周，见于马亚急性传染性贫血、马血斑病等。

③慢热性：发热延续数月甚至一年以上，见于牛结核、马慢性鼻疽、马慢性传染性贫血等。

④一过热性(暂时热)：发热持续 1～2 d 后即可降至正常体温，见于注射疫苗、血清之后。

发热程度可反映疾病的范围、性质及疾病的轻重程度。按发热程度可分为以下几种。

①微热：体温上升 0.5～1 ℃，见于局部炎症。

②中热：体温上升 1～2 ℃，见于呼吸系统、消化系统的一般炎症过程，如支气管炎、胃肠炎等；也可见于某些亚急性、慢性传染病，如慢性马鼻疽等。

③高热：体温上升 2～3 ℃，见于急性传染病和广泛性炎症，如流行性感冒、纤维素性肺炎、口蹄疫、猪瘟、弥漫性腹膜炎等。

④过高热：体温上升 3 ℃以上，见于某些严重的急性传染病，如急性马传染性贫血、马传染性胸膜肺炎、猪丹毒、脓毒败血症等。

上述发热程度的 4 种类型，只是相对的而不是绝对的，更不能机械地去理解，因此，应对每个具体病例进行具体分析。

按发热曲线的波型对病畜进行体温检测，每昼夜定期检测 2 次(早晚各 1 次)，将结果绘制成体温曲线表，从而观察分析病情的变化。许多发热疾病都具有特殊的热曲线，所以对于完整的住院病历，应附上热曲线表。

①稽留热：高热持续 3 d 以上，每天的温差在 1 ℃以内，见于马的纤维素性肺炎、马传染性胸膜肺炎、急性马传染性贫血等(因致热原在体内持续存在，并继续不断地刺激热调节中枢的结果)。

②弛张热：体温在常温以上，每天温差在 1～2 ℃或 2 ℃以上，见于化脓性疾病、小叶性肺炎、非典型马腺疫等。

③间歇热:有热期和无热期短暂的交替发生,见于慢性马传染性贫血、血孢子虫病等。

④不定型热:体温变化无规律,有时起伏很小,有时变动较大,见于各种非典型经过的疾病中、经过使用退热药或抗生素治疗的病例。

(2)体温降低 病动物的体温多在 35 ℃或以下,见于大失血、内脏破损、休克晚期病例、各种疾病的垂危期等(因代谢功能高度减退,机体的散热大于产热所致)。

(二)检测脉搏(心跳)次数

伴随每次心室收缩,向主动脉搏送一定数量的血液,同时引起动脉的冲动,以触诊的方法可感知浅在动脉的搏动,称为脉搏。脉搏的频率,即每分钟内的脉搏次数。健康动物的脉搏次数与心跳一致,参考值见表 2-1 所列。

表 2-1 健康动物的脉搏次数 次/min

动物种类	脉搏次数	动物种类	脉搏次数
马	26～42	公牛	36～60
骡	42～54	乳牛	60～80
驴	40～50	牦牛(泌乳期)	50～96
幼驹(2～3 周龄)	80～100	黄牛	40～80
幼驹(1～2 岁)	45～60	水牛	30～50
猪	60～80	犊牛(2～12 月龄)	80～110
幼猪(1～2 月龄)	80～120	骆驼	32～52
犬	70～120	绵羊、山羊	70～80
猫	110～130	银狐	80～140
兔	120～140	鸡	120～200

某些外界条件、地区性及生理因素均可引起脉搏次数发生改变。例如,外界温度、海拔高度的变化,动物的运动及使役,采食活动,因外界刺激引起的恐惧与兴奋等,一般均可引起动物心脏活动的加快和脉搏次数的一时性增多。在动物个体特点中,宜首先注意其年龄因素,一般幼龄阶段比成年动物的脉搏数明显加快。另外,性别、品种、生产性能也产生一定影响。

(1)脉搏次数的病理性增多 其是心动过速的结果。引起脉搏增多的病理因素,主要有以下 6 种。

①一般体温每升高 1 ℃,可引起脉搏次数每分钟相应地增加 4～8 次。

②患心脏病(除有严重传导阻滞外)时,机能代偿的结果是心动加快而脉搏次数增多。

③呼吸系统疾病。

④各种贫血或失血性疾病。

⑤伴有剧烈疼痛性的疾病。

⑥某些毒物中毒或药物的影响。

(2)脉搏次数的病理性减少 其是心动徐缓的指征。一般见于引起颅内压升高的脑病、胆血症以及某些中毒及药物中毒(洋地黄)等。脉搏次数显著减少;也可揭示预后不良。

(三)呼吸次数的测定

动物的呼吸活动由吸入和呼出两个阶段组成一次呼吸。呼吸的频率一般用次/min 表示。

监测呼吸次数的方法：一般可观察动物胸、腹壁的起伏动作或鼻翼的开张动作、呼出的气流计数。鸡用观察肛门部羽毛的缩动计数。健康动物的呼吸次数参考值见表 2-2 所列。

表 2-2　健康动物的呼吸次数　　次/min

动物种类	呼吸次数	动物种类	呼吸次数
马、驴、骡	8～16	骆驼	5～12
牛	10～30	银狐	14～30
绵羊和山羊	12～20	蓝狐	40～70
猪	10～20	鹿	16～24
犬	10～30	家兔	50～60
猫	20～30	鸡	15～30

呼吸次数的生理变动：一般幼龄动物比成年动物多，动物于妊娠期可增多。品种也有一定影响，特别应注意外界温度和地区性的影响。运动和使役也可引起呼吸次数增多。门诊病动物应待休息安静后再检测，尚应注意动物的体位、姿势。

(1)呼吸次数增多　引起呼吸次数增多的常见病因有以下几方面。

①呼吸器官本身的疾病。

②多数发热性疾病。

③心力衰竭及贫血、失血性疾病。

④导致呼吸活动受阻的各种病理过程。

⑤剧烈疼痛性疾病。

⑥中枢神经的兴奋性增高。

⑦某些中毒性疾病。

(2)呼吸次数减少　临床上比较少见，通常的病因是引起颅内压升高的疾病，某些中毒病及重度代谢紊乱等。呼吸次数的显著减少并伴有呼吸型与节律的改变，常预示预后不良。一般来说，体温、脉搏、呼吸次数的相关变化常是并行的、一致的。在特殊情况下，体温曲线与脉搏和呼吸数曲线的变化可能并不一致。体温与脉搏和呼吸数曲线的相互逆行变化(曲线表上的交叉)，多为预后不良的征兆。

思考题

1. 动物医生在诊断动物疾病时的问诊有什么重要意义？
2. 问诊的方法和技巧包括哪些内容？
3. 一般检查的内容是什么？
4. 眼结膜检查的临床意义是什么？

第三章 临床常用治疗技术

重点提示：临床常用治疗技术包括投药法、注射法、穿刺法、膀胱冲洗和导尿法、灌肠法等。

第一节 投药法

经口给药是临床上常用的给药方式。若患病动物尚有食欲，药量较少并且无任何特殊气味或刺激性，可将药物混入饲料或饮水中使之自然采食；必要时则须采用适宜的方法投服。投药的方法很多，主要根据药物的剂型、剂量及有无刺激性和动物种类及病情的不同而选择。

一、水剂或中药末经口投药法

1. 应用和投药用具

经口投药法主要应用于水剂药物，中药末，或将粉剂、研碎的片剂加适量的水而制成溶液、混悬液等。各种动物均可应用，但多用于马、牛、犬、猫等动物，其次是猪、羊、家禽。主要用具有灌角、竹筒、橡皮瓶或长颈塑料瓶、药匙或不接针头的注射器、盛药盆等。其具体方法依动物种类及用具不同而异。

2. 投药方法

(1)马　通常用灌角。

马站立保定，将吊绳一端绕经上腭切齿后方，绳的另一端经过柱栏的横木后，将其拉紧，使马头吊起，口角与耳根连线呈水平。术者立于马侧前方，手持盛药的灌角，自一侧口角通过门、臼齿间的空隙插入口中送向舌根，反转并抬高灌角柄部将药灌入，取出灌角，待其咽下。咽后再灌下一口，直至灌完所有药物。

(2)牛　多用橡皮瓶、长颈塑料瓶或以竹筒代用，中药末用灌角。

牛站立保定，术者左手握住鼻中隔使牛头抬起，必要时使用鼻钳。术者右手持盛药的药瓶，从口角伸入口腔并送向舌背部，抬高药瓶后部并轻轻抖动。若是橡皮瓶则可轻压使药液流出；吞咽后继续灌服直至灌完。灌药过程中，若病牛挣扎出现咳嗽，应立即暂停，将头放低，等到安静后再进行。

(3)羊　多用橡皮瓶或塑料瓶。

羊站立保定，助手一手托住下颌，一手固定头部。术者一只手从口角处伸入口腔，轻压舌头，一只手持药瓶从对侧口角伸入口腔灌入药物。

(4)猪　给较小的猪灌服少量药液时，可用药匙(汤匙)或注射器(不接针头)。

一人握住猪的两耳或两前肢并提起其前躯；大猪在必要时应行确切的保定。术者用木棍将嘴撬开，并用药匙或注射器自口角处徐徐灌入或注入药液。

(5)犬和猫　多用注射器(不接针头)或药匙(汤匙)。

犬、猫站立保定，助手固定头部上下颌。术者一手持药匙或注射器，一手自一侧打开口角，自口角缓缓灌入药液，让其自由吞咽，咽完再灌。

(6)家禽　多用注射器(不接针头)或药匙(汤匙)。

助手用双手分别握住家禽的两腿及两翼。术者一只手拇指和食指将喙打开，另一只手持药匙或注射器将药液滴入口中，让其自由吞咽，直至灌完。

3. 注意事项

①每次灌入药量不宜太多，不能过急。

②灌药过程中，患病动物发生强烈咳嗽时，应暂停灌服并使其头部低下，使药液咳出。

③猪在鸣叫时喉门开放，应暂停灌服，待安静后再灌服。

④头部吊起的高度，以口角与眼角的连接线呈水平线为宜。

⑤当动物咀嚼、吞咽时，如有药液流出，应以药盆接取之，以免流失。

二、片剂、丸剂、舔剂投药法

1. 应用

用于少量的药物或成形的片剂、丸剂，尤其对苦味健胃剂，常用面粉、糠麸等赋形药制成糊剂或舔剂后经口投服。

2. 投药用具

舔剂可用光滑的木板或竹片；丸剂、片剂可徒手投服，必要时用特制的丸剂投药器。

3. 投药方法

①动物一般站立保定。

②对马和牛等大动物，术者用一只手从一侧口角伸入打开口腔(猪则用木棍撬开口腔)；另一只手持药片、药丸或用竹片刮取舔剂自另侧口角送入其舌根背部。

③使其闭口，待其自行咽下。

④如有丸剂投药器，则事先将药丸装入投药器内；术者持投药器自动物一侧口角伸入并送向舌根部，立即将药丸打(推)出；抽出投药器，待其自行咽下。

⑤必要时投药后可灌注或饮少量的水。

⑥给犬、猫口服片剂或丸剂，助手左手握其上颚，右手握住下颚，使动物颊部皮肉置于上下臼齿之间，打开口腔。用手或镊子夹住药物送入舌根部，迅速抽出手或镊子，使其闭口，待其自行咽下(或用手外部刺激咽部，促进吞咽)。

三、胃管投药法

1. 应用

适用于灌服大量水剂，溶于水的流质药液或药品带有特殊气味，经口不易灌服时。胃管投药也可用做食道探诊、排气、抽取胃液或排出胃内容物及洗胃，有时用于人工喂饲或 X 线造影。

2. 投药用具

胃管应依动物种类不同而选用相应的口径及长度；特制的胃管，其末端闭塞而于近末端的侧方设有开口，更为适宜；如以导出胃内容或洗胃为目的，一般应选内径较粗的胃管。用前应先将胃管清洗干净并将其前端涂以滑润油类或以水润湿。

3. 投药方法

(1)猪经口插入胃管 一人抓住猪的两耳并将其前躯提起；另一人撬开口腔并塞入开口器；术者取胃管从开口器中央的孔间将胃管插入。胃管前端插至咽部时，轻轻抽动胃管，刺激并引起其吞咽动作，随即继续插入食道。判定胃管确实插入食道后，再插胃管至食道深部，一般即可投药(如为导出胃内容或洗胃则须送至胃内为止)。接上漏斗，进行灌药。灌药结束后用清水冲洗胃管，然后慢慢放低患病动物头部并抽出胃管，再解下开口器。

(2)马属动物经鼻插入胃管 保定马属动物头部，使其头颈不要过度前伸，术者站于右前方，用左手握住鼻端并掀起其外鼻翼，右手持胃管，通过左手的指间沿鼻中隔缓缓插入胃管。待尖端达咽部后，轻轻抽动胃管(或自咽喉外部进行按摩)以诱发其吞咽动作；随即顺势将胃管插入食道。明确判定胃管插入食道后，再稍向深部送进，并连接漏斗即可投药；为安全起见，可先投给少量清水，证明无误后再进行投药。投药完毕，以少量清水冲净胃管内容物，灌入后折叠胃管末端缓缓抽出胃管。如果以导出胃内容物、吸取胃液或洗胃为目的，需继续送入胃管，直至其尖端达到胃内(一般应先用胃管量取自第 14 肋间至鼻端的长度并做一标记以明确判定其深度)，而后再进行其他处理。如果以食道探诊为目的，胃管前送时阻力过大或不能前进，提示食道梗塞或痉挛、狭窄。

(3)牛经口或经鼻插入胃管 经口插入胃管时，须加开口器并按上述猪的投药方法进行；经鼻插入胃管时，其方法与马的投药方法相同。

(4)犬和兔经口插入胃管 所需胃管一般为大小适宜的导尿管。开口器可用市售犬开口器或用适宜宽度的中间有孔的木棒，另外，还需准备注射器或漏斗、润滑剂等。

动物站立或直立保定。先用胃管量取口到肩关节，再从肩关节水平测到最后肋骨的长度，为胃管插入胃内的长度。胃管上涂上润滑剂，从放入口中的开口器中间孔插入口中。将胃管送到喉头，然后随动物吞咽，把胃管插入食管。如果胃管需插入胃内，应按事前测量好的长度插入。在结束后取出胃管时，将胃管端开口折叠压紧，以防胃管内残留物进入气管。当动物误食毒物，需要洗胃时，最好在误食毒物后 1 h 内完成。把胃管插入胃内，用虹吸作用或吸吮办法，排出胃内容物。还可通过胃管灌入解毒药或吸附剂。

(5)猫经口或经鼻插入胃管 经口插入时，按上述犬的投药方法进行；鼻胃插管经鼻孔、鼻腔、喉和食道到达胃里，此法主要用于成年猫，小猫或鼻腔阻塞猫不能应用此法。鼻胃管可选用婴儿食管或 21 号无针头的蝶形导管。另外，准备眼睛局部麻醉药、润滑剂和注射器等。

猫站立或腹卧保定。一侧鼻孔滴入 4～5 滴眼局部麻醉药液，等 2～3 min 后，再向同侧鼻孔滴入 2～3 滴眼局部麻醉药。鼻胃管前端涂上润滑剂，一只手抓住猫头，另一只手将管插入麻醉鼻孔，向里插入 20～25 cm。向管内注入 1 mL 无菌生理盐水，如发生咳嗽，表示管插入气管内，需取出重插。

4. 胃管插入动物食道的判断

用胃管投药时，要确保胃管插入食道后才能投药。如误插入气管并不经检查、矫正而投药，则可将药灌入气管与肺内，继发肺炎或肺坏疽，甚至窒息死亡，造成严重事故(表 3-1)。

表 3-1　胃管插入食道或气管的鉴别要点

鉴别方法	插入食道内	插入气管内
胃管送入时的感觉	插入时稍感前送有阻力	无阻力
观察咽、食道及动物的动作	胃管前端通过咽部时可引起吞咽动作或伴有咀嚼,动物表现安静	无吞咽动作,可引起剧烈咳嗽,动物表现不安
触诊颈沟部	可摸到食道内有一坚硬探管	无
将胃管外端放在耳边听诊	可听到不规则的咕噜声,但无气流冲耳	随呼吸动作而有很强的气流冲耳
用鼻嗅诊胃管外端	有酸臭味	无
接橡皮球打气或捏扁橡皮球后再接于胃管外端	打入气体时可见颈部食道呈波动状膨起;接上捏扁的橡皮球后不再鼓起	不见波动状膨起;橡皮球迅速鼓起
用嘴吹入气体	随气流吹入,颈沟部可见明显波动	不见波动
将胃管外端浸入水盆内	水内无气泡发生	随呼吸动作,水内有规则地出现气泡

上述各种方法必须综合加以判定,如因胃管折曲等原因而致使某种检查方法发生判断上的错误和假象,应注意加以区别。

5. 注意事项

①采用胃管投药法时,应根据动物的种类和大小选择相应的开口器和橡胶管。开口器应压住动物舌部,以免舌的活动将胃管推出或咬断。

②胃管使用前要洗净、消毒,涂以滑润油或水,使管壁滑润;插入、抽动时不宜粗暴,要小心、缓慢。灌药结束后折叠胃管末端,再缓慢抽出。

③有咽炎和明显呼吸困难的患病动物不宜用胃管。

④牛在插入胃管后遇有气体排出时,应鉴别是来自瘤胃还是来自呼吸道;来自瘤胃的气体有臭味,与呼吸动作不一致。

⑤应确认插入食道深部或胃内后再灌药,如灌药后引起咳嗽、气喘,应立即停灌。如中途因动物躁动使胃管移动、脱出也应停灌,待重新插入后再进行灌药。

⑥经鼻插入胃管,避免因管壁干燥或强烈抽动,鼻咽黏膜肿胀、发炎等而损伤黏膜,导致鼻出血。

6. 药物误投入肺的表现及其抢救办法

药物误投入呼吸道后,动物表现为恐慌不安、频繁咳嗽、呼吸加快、呼吸困难、鼻翼开张或张口呼吸。继而可见肌肉震颤、出汗,黏膜发绀,心跳加快、加强;数小时后体温升高,肺部出现啰音,并进一步呈异物性肺炎的症状。当灌入大量药液时,尤其是中药,可造成动物窒息或迅速死亡。

抢救方法:在灌药过程中应密切注意动物表现,发现异常,立即终止灌药;使动物低头,促进咳嗽,呛出药物;应用强心剂,或给予少量阿托品以兴奋呼吸;同时应大量注射抗生素制剂,如经数小时后,症状减轻,则应按疗程规定继续用药,直至恢复。

四、拌料、饮水投药法

该方法适用于发病动物尚有食欲、饮欲时，或群体动物发病以及进行药物预防时。多用于猪及家禽。

1. 拌料投药方法

根据动物的数量、采食量、给药剂量，计算药物和饲料的用量，准确称取后将药物先混入少量饲料中，搅拌均匀，再用饲料逐级增量搅拌，直至将全部饲料充分混匀。将混药饲料投喂动物，让其自由采食。对于个体发病的动物，也可将所需药物混匀，包入大小适中的面团、馒头和肉块中，让其食用。

2. 饮水投药方法

根据群体动物饮水总量计算出药物的量，用二步递增稀释法或多步递增稀释法把药物加入饮水中，搅匀，让其自由饮水。单个动物也适用。

3. 注意事项

①要准确掌握药物拌料、饮水的浓度。按照拌料或饮水给药标准，准确计算所用药物剂量。要特别注意药量过小起不到作用或药量过大引起畜禽中毒的情况。

②药物与饲料必须混合均匀。特别是在大批量饲料拌药时，需多次逐级增量混匀。切忌将药量一次加入全部饲料中简单混合，以致造成部分畜禽药物中毒而大部分畜禽吃不到药物，进而达不到预防疾病的目的或贻误病情。

③需密切注意不良反应。有些药物混入饲料后，可与饲料中的某些成分发生拮抗作用。例如泰妙菌素与饲料中的盐霉素混饲后，会发生中毒反应；鸡饲料中长期混合磺胺类药物时，容易引起 B 族维生素或维生素 K 缺乏。

④拌料、饮水给药要做到当天加药当天用完，以免药物失效。其中，饮水给药需特别注意药物是否溶于水，因此要选择水溶性强的药物。

第二节　注 射 法

注射法是防治动物疾病时常用的给药方法。利用注射法可将药物直接注入动物体内，从而避免胃肠内容物的影响；能迅速发生药效，药量较准确且可节省药物。

注射的方法种类很多，其中皮下、肌内、静脉注射是临床最常用的方法；个别情况下还可进行皮内、胸腔、腹腔、气管、瓣胃及眼球结膜等部位的注射。选择用什么方法进行注射以及注射器类型和针头大小，主要应根据药物的性质、数量及动物和疾病的具体情况而定。

一、皮内注射法

1. 应用

将药物注入表皮和真皮之间。主要用于某些变态反应诊断（如牛的结核菌素皮内反应）或做药物过敏试验等。

2. 用具

通常用结核菌素注射器或 1.0～5.0 mL 注射器，短针头。

3. 部位

多在颈侧中部。

4. 方法

按常规消毒后，先以左手拇指与食指将术部皮肤捏起并形成皱襞；右手持注射器，使之与皮肤呈10°～15°角，刺入皮内(约为0.5 cm)，注入规定量的药液即可。

如推注药液时感到有一定阻力且注入药液后局部形成一小球状隆突，即为注入于真皮层的标志。拔出注射针，术部消毒，应避免压挤局部以防药物外流而影响治疗或试验效果。

二、皮下注射法

1. 应用

将药液注入于皮下结缔组织内。因皮下有脂肪层，药物吸收较慢，一般须经5～10 min才能呈现药效。多用于易溶解、药物作用强或无刺激性的药品等，如疫(菌)苗、血清等。

2. 用具

视药量多少用1.0～100.0 mL注射器及针头。

3. 部位

皮肤较薄、活动性较大而皮下疏松的部位，大动物多在颈侧，羊在颈侧、肘后或股内侧；猪在耳根后或股内侧；禽类在翼下，犬、猫在颈侧、背部两侧或股内侧。

4. 方法

动物需实行必要的保定，局部剪毛，消毒。

注射时，术者以左手拇指与中指捏起皮肤；食指压其顶点，使其成三角形状褶皱；右手持注射器，由褶皱的基部垂直刺入，一般针头可刺入2～3 cm；左手放开皮肤，把持进入皮下的针头，右手抽动注射器无回血时注入药液，然后左手以棉球压迫针孔拔出针头，局部消毒。

5. 注意事项

①刺激性强的药品不能皮下注射，如钙制剂、砷制剂及高渗溶液等易诱发炎症，甚至导致组织坏死。

②每一注射点不宜注入过多的药液，如需大量注射药液时，需将药液加温后分点注射。

三、肌内注射法

1. 应用

肌肉内血管丰富，药液注入肌内后吸收较快。但因肌肉组织相对致密，仅能注入较小的剂量。

2. 用具

一般的注射器具。牛、马多选用16号注射针头，猪、羊多选用12号注射针头，犬、猫多选用7号注射针头。

3. 部位

肌肉层厚并避开大血管及神经干的部位。大动物及羊多在肩前颈部和臀部；猪在耳根后、臀部或股内部；禽类在胸肌部、翼根内侧肌肉或大腿部肌肉；犬、猫、兔等小动物多在背最长肌、股内外侧。

4. 方法

动物保定后局部消毒。

术者左手固定于注射部位；右手持注射器，使与皮肤呈垂直或稍倾斜的角度，迅速刺入肌肉，一般刺入深度可至 2～4 cm；用左手拇指与食指握住露出皮外的针头结合部，以食指指节顶在皮上，右手回抽针管活塞，无回血后，将药液推入肌肉内，注射完毕拔出针头，局部消毒。对于牛、马等大动物，为安全起见，也可先以右手持注射针头，直接刺入局部；然后以左手把住针头；右手持注射器使与针头接合好，再进行注入药液。

5. 注意事项

①由于肌肉组织致密，肌内注射法不宜一次一部位注入大量药液，大剂量注射时，可分点多次注射。

②强刺激性药物如钙制剂、浓盐水等，不能肌内注射。

③为防止针头折断，刺入时应与皮肤呈垂直或稍倾斜的角度，且用力的方向应与针头的方向一致。注意不可将针头完全刺入肌肉中，一般只刺入其全长的 2/3 即可。一旦折断，应立即拔除；如不能拔出，应将动物保定好，进行局部麻醉，迅速切开注射部位，用消毒镊子或止血钳拔出针体。

四、静脉注射法

1. 应用

将药液直接注入静脉中，随血液而分布全身，可迅速发生药效；当然其排泄也快，因而在体内的作用时间较短。主要用于大量的补液、输血；注入急需奏效的药物（如急救、强心等）；注射刺激性较强的药物（如氯化钙、高渗盐水等）。静脉注射的部位及方法，依动物种类而不同。

2. 部位和方法

(1)猪

①耳静脉注射法：使猪站立或对其侧卧保定，耳静脉局部消毒。一人用手指捏压耳根部静脉管处或用胶带于耳根部结扎，用酒精棉反复涂擦局部，使静脉充盈、怒张。术者用左手把持猪耳，将其托平并使注射部位稍高。右手持注射器，沿静脉管使针头与皮肤呈 30°～45°角，刺入皮肤及血管内，轻轻抽引针芯如见回血即为刺入血管；再将针管放平沿血管进针。解除结扎的胶带或撤去压迫脉管的手指；术者用左手拇指压住注射针头；右手缓缓推进药液，注完为止。注射完毕，左手拿灭菌棉球紧压针孔处，右手迅速拔针。为防止针孔出血或血肿，应压迫片刻。

②前腔静脉注射法：可应用于大量的补液或采血。

注射部位在第 1 肋骨与胸骨柄结合处的前方（前腔静脉由左右两侧的颈静脉与腋静脉至第 1 对肋骨间的胸腔入口处时，于气管腹侧面汇合而成）。由于左侧靠近膈神经而易损伤，故多于右侧进行注射。刺入深度依猪体大小而定，一般为 2.0～6.0 cm，依此而选用适宜的 7～16 号针头。

可取站立保定或仰卧保定进行。站立保定时，针头刺入部位在右侧由耳根至胸骨柄的连线，距胸骨端 1～3 cm 处；针头刺入方向呈近似垂直并稍斜向中央刺向第 1 肋骨间胸腔入口处，边刺入边回抽针芯，见有回血即标志已刺入前腔静脉内并可注入药液。猪取仰卧保定时，可见其胸骨柄向前突出并于两侧第 1 肋骨与胸骨接合处的直前侧方呈两个明显的凹陷窝。用手指沿胸骨柄两侧触诊时更感明显，多在右侧凹陷处进行穿刺注射。仰卧保定并固定其前肢及头部;消毒后,术者持注射器,由右侧沿第1肋骨与胸骨接合部前侧方的凹陷处刺入,并稍偏斜刺向中央及胸腔方向,边刺边回抽,见回血后缓缓注入药液;注完后左手持干消毒棉球紧压针孔,拔出针头,局部消毒。

(2)马　多在颈静脉颈上及颈中的连接处实施,马颈静脉较浅,位于颈静脉沟内。特殊情况下可在胸外静脉进行。

动物保定,使其头部稍前伸并稍偏向对侧,局部剪毛、消毒。术者用左手拇指(或食指与中指)在注射部位下方近心端压迫静脉管,使之充盈、怒张。右手持注射针头,沿颈静脉与皮肤呈45°角,迅速刺入皮肤及血管内,如见回血,证明已刺入;再使针头基部靠近皮肤,以减小其间的角度,近似平行地将针头沿血管深入1～2 cm。撤开压迫脉管的左手,连接注射器或输液瓶的输液管,用夹子将胶管近端固定于颈部毛、皮上。缓缓注入药液,注完后以干消毒棉球压迫局部并拔出针头,防止出血。

(3)牛、羊　牛多在颈静脉或乳静脉处注射,个别情况也可利用耳静脉注射;羊多采用颈静脉注射。牛的颈静脉位于颈静脉沟内。由于牛的皮肤较厚,所以刺入时,应用力并突然刺入,其方法是:将牛头部安全固定,左手拇指压迫颈静脉的下方,使颈静脉怒张;明确刺入部位,右手持针头以腕力使针头近似垂直地迅速刺入注射部位的皮肤及血管,见有血液流出后,将针头顺入血管中,接连注射器或输液瓶的胶管,即可注入药液。羊的颈静脉注射法与马基本相同。

(4)犬、猫　犬、猫静脉注射和采血部位多在前臂头静脉、后肢外侧小隐静脉、股静脉以及颈静脉进行。

①前臂头静脉注射法:前臂头静脉位于前肢臂部正前方稍偏内侧,是静脉输液最常选用的静脉。如果采血仅能采出少量血液,操作时首先采用侧卧或站立保定,犬、猫伸出一侧前肢,用止血带在肘上部扎紧,暴露出前臂头静脉,局部消毒后,用拇指和食指捏住输液针柄,针头与静脉呈30°～45°角刺入静脉,见回血后沿血管方向顺针,松开止血带,固定输液针头,进行输液。注完后以干消毒棉球压迫局部并拔出针头,防止出血。如果局部被毛长看不清血管,可先剪去局部被毛,再用针头刺入静脉。

②后肢外侧小隐静脉注射法:该部位位于后肢膝关节和跗关节之间,靠近跗关节,于肢外侧由后上方斜向前下方走向,易滑动。注射时,让犬、猫侧卧或站立保定,局部剪毛消毒。用乳胶带系紧犬股部,使静脉怒张,术者左手从后肢内侧握住下肢以固定静脉,然后右手持注射针由左手指端刺入小隐静脉。

③股静脉注射法:股静脉位于后肢股内侧,注射方法同后肢外侧小隐静脉注射法,但该部位静脉输液时,固定针头较困难。

④颈静脉注射法:颈静脉位于颈下气管两侧。主要用于猫和小型犬的采血。动物取站立或侧卧保定,注意保定口和前肢,以防咬人和抓人。保定动物后,将动物口鼻高举,暴露颈部,在颈部上1/3和中1/3之间处刺入针头采血。一般为局部剪毛消毒后,左手拇指压迫近心端,静脉怒张后,右手持针与颈静脉成30°角,向头方向刺入脉管。

(5)注意事项

①应严格遵守无菌操作规程,对所有注射用具、注射局部进行严格消毒。

②根据动物种类、注射药量,选用合适量程的注射器及相应的注射针头。

③动物必须保定确实,进针和注射过程中均应防止动物躁动,明确注射部位,防止乱扎造

成局部血肿。

④检查针头是否通顺，当反复穿刺时常被血凝块堵塞，应随时更换。

⑤针头刺入脉管后，大动物要再顺血管送入 1～2 cm，连接胶管后并使之固定。

⑥注入药液前应排净针管或输液胶管中的气泡。

⑦要注意检查药品的质量，防止有杂质、沉淀；联合用药时注意配伍禁忌；油剂不能用于静脉注射。

⑧大量补液时，速度不宜过快，遵循少量多次的原则；药液温度要接近体温；药液的浓度以接近等渗为宜。

⑨输液过程中，要注意动物表现，如有躁动不安、出汗、气喘、肌肉战栗等现象时须及时停止；当发现液体输入突然过慢或停顿以及注射局部明显肿胀时，应检查回血，如针头已滑出血管外，则应整顺或重新刺入。

⑩输注刺激性强或有腐蚀性的药液时，要保证不外漏到血管外。

⑪对极其衰弱或心功能障碍的患畜静脉注射时，尤其应注意输液反应，对心肺功能不全者，要控制注射速度和输入量，防止发生肺水肿。

(6)药液漏出静脉外的处理

①如果是等渗溶液(生理盐水或 5%葡萄糖液)，则很快可自然吸收，不必做任何处理。

②如果是高渗盐溶液，则应向肿胀局部及周围注入适量灭菌蒸馏水，以稀释。

③如果是刺激性强或有腐蚀性的药液，则应向周围组织注入生理盐水；如果是氯化钙液，可注入 10%硫酸钠液，以使其变为硫酸钙和氯化钠。

④局部进行温敷，以促进吸收。

五、胸腔注射法

1. 应用

将治疗药物直接注射于胸腔中以治疗胸膜炎；也可用于胸腔穿刺采取胸腔积液，做实验室检验诊断。

2. 部位

马于右侧第 6 肋间(左侧第 7 肋间)，胸外静脉上方 2 cm 处；反刍动物和猪于右侧第 5 肋间(左侧第 6 肋间)，胸外静脉上方 2 cm 处；犬和猫于第 6 肋间，左侧第 7 肋间，与肩关节水平线交点下 2 cm 左右。

3. 方法

动物站立或侧卧保定；术部剪毛，消毒。术者以左手于穿刺部位先将局部皮肤稍向侧方拉动 1～2 cm，使刺入胸腔的针孔与皮肤的针孔错开；右手持注射器，沿肋骨前缘垂直刺入(针头通过肋间有一定阻力，进入胸腔则阻力消失，有空虚感)，刺入深度 3～5 cm。注射前应回抽注射器，如无回血，注入药液(或吸取积液)后，拔出针头，使局部皮肤复位，进行消毒处理。

4. 注意事项

注意针头不要刺入过深，以免损伤肺脏。如有胶管连接注射器应先夹闭胶管，防止空气进入胸腔，造成气胸。

六、腹腔注射法

1. 应用

当静脉管不宜输液时可用此法。主要用于注入药液以便治疗，由于腹膜腔能容纳大量药液并有吸收能力，故可做大量输液，大动物较少应用，常用于猪、犬和猫等小型动物；也可用于腹水的治疗，利用穿刺排出腹腔内的积液，借以冲洗、治疗腹膜炎。

2. 部位

药液注入部位：马在左侧肷窝部；牛羊在右侧肷窝部；犬、猫和较小的猪则宜在耻骨前缘和胸剑状软骨后腹白线两侧处。腹水放出部位：马在剑状软骨后 10～15 cm，腹白线两侧 2～3 cm 最低点处；牛在右侧脐和膝关节连线的中点。犬、猫等小型动物在腹下最低点，穿刺时应避开血管。

3. 方法

将猪两后肢提起，做倒立保定；局部剪毛、消毒。术者一只手把握猪的腹侧壁；另一只手持注射器（或仅取注射针头）于距耻骨前缘 3～5 cm 处的中线旁，垂直刺入 2～3 cm，针头进入腹腔后抵抗力突然减弱，回抽无血及粪便残渣，之后缓慢注入药液。犬、猫和猪也可做侧卧保定，进行注入药液。注入药液（或连接输液瓶的胶管，进行输液）完毕拔出针头，局部消毒。

4. 注意事项

腹腔注射宜用无刺激性的药液；例如，进行大量输液时，则宜用等渗溶液，并将药液加温至近似体温的程度；小动物腹腔注射时宜在空腹时进行，防止腹压过大而误伤其他脏器。

七、气管注射法

1. 应用

呼吸道的直接给药方法。宜用于肺部的驱虫及气管与肺部疾病的治疗。主要用于猪、羊、犬、猫等小型动物。

2. 部位

在颈部气管的上 1/3 处或颈部中央处，腹侧正中两个气管软骨环之间。

3. 方法

对动物进行仰卧、侧卧或站立保定，使前躯稍高于后躯；局部剪毛、消毒。术者一只手持注射器，另一只手握住气管，于气管软骨环间垂直刺入；如有突然落空感，回抽轻松，即可缓缓注入药液，如遇动物咳嗽，则宜暂停；注毕，拔出针头，局部消毒。

4. 注意事项

①注射前宜将药液加温至近似体温程度，注射速度不宜过快，最好滴注，以减轻刺激。

②注射过程如遇动物咳嗽，应暂停注射，待安静后再注射，为避免咳嗽，可先在注射部皮下注入 2%盐酸普鲁卡因溶液 2～5 mL，然后注入所需药液。

③油剂、糖剂、红霉素等不能做气管注射。

④注射药液量不宜过多，药液总量大动物控制在 20 mL 内，中等动物控制在 5 mL，小动物一般 1～2 mL。量过大时，易发生气管阻塞，引起呼吸困难。

八、瓣胃注射法

1. 应用

将药物直接注入瓣胃中，可使瓣胃内容物软化，主要用于瓣胃阻塞治疗。

2. 部位

瓣胃位于右侧第7～10肋间；穿刺点应在右侧第9肋间，肩关节水平线下2 cm的部位。

3. 方法

动物站立保定；局部剪毛、消毒。术者一只手稍移动注射部位皮肤形成错位，另一只手取长15 cm（16～18号）针头，垂直刺入皮肤后，针头朝向左侧肘突（左前下方）方向刺入深8～10 cm（刺入瓣胃内时常有沙沙感）；为确认是否刺入瓣胃内，可先接注射器回抽（如见有血液或胆汁，系刺入肝脏或胆囊之中，可能是位置过高或针头朝向上方的结果，宜拔出针头，另行偏向下方刺入）或以注射器注入少量（20～50 mL）生理盐水并再回抽，如见混有草屑等胃内容物抽出，即可确认，可注入所需药物。注射完毕，迅速拔针，局部进行消毒。

4. 注意事项

保定需确实，注意安全；注药前或躁动后一定要鉴定针头确实在瓣胃内，再进行注入药物。

九、乳房注入法

1. 应用

将药液通过乳管注入乳池内，主要用于乳用动物的乳腺炎治疗；或通过导乳管送入空气，治疗奶牛生产瘫痪。

2. 用具

导乳管或尖端磨得平而光滑的针头；50～100 mL注射器或输液瓶，乳房送风器。

3. 方法

动物站立保定；乳房外部洗净、拭干，挤净乳汁，消毒乳头。以左手将乳头握于掌内并轻轻下拉；右手持导乳管自乳头开口缓慢插入。再以左手把握乳头及导乳管；右手持注射器，使之与导乳管结合（或将输液瓶的胶管与导乳管连接），缓缓注入药液。注毕，拔出导乳管；以左手拇指与食指紧捏乳头开口，防止药液流出；右手进行乳房的按摩，促使药液散开。如治疗生产瘫痪需要送风，可使用乳房送风器（或100 mL注射器）。送风之前，先将乳房送风器与乳导管连接（或100 mL注射器结合端垫2层灭菌纱布与乳导管连接），在金属滤过筒内放置灭菌纱布，滤过空气，防止感染。4个乳头分别充满空气，充气量以乳房的皮肤紧张、乳腺基部的边缘清楚变厚、轻敲乳房发出鼓音为标准。充气后，用纱布系于乳头基部，防止空气溢出，经1 h后解除。如为了洗涤乳房注入药液时，将洗涤药剂注入后，即可挤出，反复数次，直至挤出液体变为透明，最后注入抗生素溶液。

4. 注意事项

①如无特制乳导管，所用针头的尖端一定要磨平、光滑，涂布消毒的润滑油，避免损伤乳管黏膜。

②注射前挤净乳汁，先注射健康乳室，后注射有病乳室，每天注射1次，注射后要充分按摩；注药期间不要挤乳。

第三节　穿刺法

通过穿刺可以获取病畜体内某一特定器官或组织的病理材料，以供必要的实验室检验，有助于最终确诊。但是，穿刺术在其应用范围上有严格的局限性，而且在实施中，会损伤组织，可能引起局部感染。应用时，首先要有充分的诊断依据，避免轻率滥用，根据不同的穿刺目的，宜用特制的穿刺器具（如套管针、肝脏穿刺器等），必要时也可选用适宜的注射针头代用。

一、瘤胃穿刺法

1. 应用

当瘤胃臌气严重时，可作为紧急排气的治疗措施。

2. 部位

穿刺点在左侧髂骨外角与最后肋骨中点连线的中央，也可选在瘤胃隆起的最高点穿刺。

3. 方法

牛、羊采取站立保定，术部剪毛、消毒；术者以左手将穿刺部位皮肤稍向前移；右手持套管针向对侧肘头方向刺入（必要时可先用手术刀在术部皮肤做一小切口，易于使套管针刺入）。然后固定套管，拔出针芯，使瘤胃内的气体缓慢地排出。如遇针孔阻塞，可用针芯通透，切忌拔出套管；为了防止臌气继续发展，造成重复穿刺，套管应继续固定，并留置一定的时间后才可拔出。必要时也可从套管向瘤胃内注入某些止酵剂。拔出套管时应先插回针芯，同时压定针孔周围的皮肤，再拔出套管针，然后消毒。

4. 注意事项

①放气速度不宜过快，以防止发生急性脑缺血，造成虚脱、休克、死亡。

②整个过程应注意防止发生针孔局部感染和继发腹膜炎。

③当须经套管注入药液时，注药前一定要确定套管还在瘤胃内，才可进行。

二、胸腔穿刺法和腹腔穿刺法

同胸腔注射法和腹腔注射法。

三、大肠穿刺法

1. 应用

多用于马的盲肠和结肠穿刺，以治疗肠臌气和注射入药液。

2. 部位

盲肠穿刺在右肷部中心距腰椎横突 7～9 cm 的部位或肷窝部鼓起明显处。马左侧大结肠或小结肠臌气时的穿刺部位，在左侧腹部臌胀最明显处。有时可通过直检，用带胶管的针头穿刺放气。

3. 方法

马站立保定，将术部剪毛、消毒，用消毒过的小号套管针或 12～14 号注射针头刺入，即有气体排出，在放气过程中如被内容物堵塞，可用针芯疏通。放气结束时，一只手压住术部，另一只手食指按住针头尾部的孔，拇指和中指夹住针头尾部，拔出穿刺针，术部消毒。

4. 注意事项

同瘤胃穿刺法。

四、马耳咽管憩室穿刺法

1. 应用

穿刺是为了采取憩室内积液以做进一步检验或用生理盐水冲洗憩室内的脓液，最后注入抗生素，达到治疗目的。憩室内注入杀菌消炎药物，还能治疗咽喉炎和鼻炎。

2. 用具

穿刺针或长的针头。

3. 部位

穿刺点在寰椎翼前缘正中一横指处。

4. 方法

马站立保定，使其头部向前下方伸展。术部剪毛、消毒。术者用静脉注射 16 号针头刺破术部皮肤，之后对着对侧外眼角方向，用力深压刺入 2～4 cm，即达憩室。刺入后无阻力，然后接针管，回抽活塞容易，表明针头刺入憩室，连接注射器，吸取液体或注入药液。如有蓄脓，在排出脓汁后，进行冲洗，再注入所需药液，术后消毒。

5. 注意事项

将动物保定确实，防止躁动。

五、膀胱穿刺法

1. 应用

在尿道完全阻塞出现尿闭时，为防止膀胱破裂或尿中毒，穿刺膀胱排出膀胱内尿液，进行急救治疗。

2. 准备

准备接有长乳胶管的针头、注射器。大动物站立保定，中、小动物侧卧保定。大动物需进行灌肠排除积粪。

3. 部位

大动物可通过直肠穿刺膀胱。猪在耻骨前缘腹白线两侧 1 cm 处，小动物在后腹部耻骨右缘，触摸膨胀并有弹性，即为术部。

4. 方法

(1)大动物　站立保定，术者将连有长乳胶管的针头握于手掌中，手呈锥形缓缓伸入直肠，首先触摸确诊膀胱位置，在膀胱充满的最高处，将针头向前下方刺入。然后，固定好针头，尿液即可经乳胶管排出。至尿液排完后，再将针头拔出，同样握于掌中，带出肛门。如需洗涤膀胱，可经乳胶管另一端注入防腐剂或抗生素水溶液，然后排出，直至透明为止。

(2)中、小动物　侧卧保定，将左或右后肢向后牵引转位，充分暴露术部，于耻骨前缘触摸膨胀、波动最明显处，左手压住局部，右手持针头向后下方刺入，并固定好针头，待排完尿液，拔出针头。术部消毒，涂以火棉胶。

5. 注意事项

①直肠穿刺膀胱时，应充分灌肠排出宿粪。

②针刺入膀胱后，应握好针头，防止滑脱。

③进行多次穿刺，易引起腹膜炎和膀胱炎，宜慎重。

④大动物努责严重时，不宜强行从直肠内进行膀胱穿刺，必要时给予镇静剂后再行穿刺。

六、肝脏穿刺法

1. 应用

采集肝组织并做病理切片后进行组织学检查，了解病变情况和特异性诊断的依据。当怀疑为肝脏肿瘤、肝炎、肝硬化、肝脓肿、脂肪肝及病因不明的肝肿大等情况时常采用该方法。

2. 用具

用特制的肝脏穿刺针或用长 12～15 cm，内径 1～2 mm 针头代替。根据动物体大小，选用适当的穿刺针头。犬可用 Menghini 套管针（直径 1.2～1.8 mm，长 70～100 mm）。

3. 部位

牛在右侧第 11～12 肋间，髋关节水平线与肩关节水平线之间；马在右侧倒数第 3 或第 4 肋骨前缘的髂肋肌沟处；犬在剑状软骨后白线的右侧。

4. 方法

术前应详细了解动物有无出血倾向，并测定出血时间、凝血时间、血小板计数、凝血酶原时间。动物站立保定，将术部剪毛消毒后，用 2%利多卡因做皮肤局部麻醉。先用采血针头刺破穿刺部位的皮肤，术者左手放于动物背部做支点，右手握穿刺器柄控制深度，沿针孔向肝脏垂直刺入，刺到肝脏后，抽出针芯，再刺入肝脏抽取肝组织，立即拔出穿刺器，送回针芯，推出肝组织块，固定于 10%甲醛溶液中。有条件时，最好在 B 超或腹腔镜监视下进行。拔针后，术部消毒，涂布红霉素软膏。

当用长针头时，按上述方法刺入后，捻转针头或接上注射器轻轻抽吸后，立即拔出并推出针管内的肝组织待查。

目前，常用无负压切割针即弹射式组织活检枪，进针速度极快（17 次/s），最大限度地避免切割组织造成的损伤，不仅用于肝脏，也适用于肺、肾等部位活检。

5. 注意事项

①动物保定确实，防止因动物躁动增加肝脏的损伤程度。

②取得标本后应立即拔针，不得将针久留于肝内。

③注意某些禁忌证，如出血倾向、大量腹水、肝外阻塞性黄疸、严重贫血及怀疑为肝血管瘤病的动物，不能实施肝脏穿刺。应先积极纠正全身状况并慎重穿刺。

④应严密观察有无腹痛表现的内出血征象，有情况及时处理，并进行适当会诊。

七、骨髓穿刺法

1. 应用

本方法适用于寄生虫学检验、细菌学检验、细胞学检验，在形态学上帮助诊断贫血的原因，鉴别诊断白血病等。还可用于骨髓的细胞学、生物化学的研究。

2. 用具

骨髓穿刺针或带芯的普通针、注射器等。

3. 部位

一般在胸骨。牛在由第 3 肋骨后缘向下引一条垂线，与胸骨正中线相交，在交点前 1.5～2 cm 处。马在由鬐甲顶点向胸骨引一垂线，与胸骨中央隆起线相交，在交点侧方 1 cm 处的胸骨上（左、右侧均可）。犬在胸廓底线正中，两侧肋窝与第 8 肋骨连接处。

4. 方法

左手固定术部，常规消毒局部皮肤，铺无菌创巾，用 2%利多卡因做局部皮肤、皮下及骨膜麻醉。将骨髓穿刺针固定器固定在适当长度，用左手拇指和食指固定穿刺部位，右手持针垂直刺入骨面，当针尖接触骨面后将穿刺针左右放置，缓缓钻刺骨质。成年马、牛约刺入 1 cm，犬及幼畜约 0.5 cm，当针尖阻力变小，且穿刺针已固定在骨内时，表示已进入骨髓腔。若穿刺针未固定，应再刺入少许至固定为止。这时可拔出针芯，接上干燥的 10 mL 或 20 mL 注射器，用适当的力度缓缓抽吸，即可抽出骨髓，可见少量红色骨髓进入注射器中。骨髓吸取量以 0.1～0.2 mL 为宜。若要做骨髓细菌培养，需在留取骨髓计数和涂片制标本后，再抽吸 1～2 mL。将抽取的骨髓滴于载玻片上，迅速做细菌计数及涂片数张，以备做形态学及细菌化学染色检验。如未能抽取骨髓，可能是针腔被皮肤或皮下组织块堵塞，此时应重新插上针芯，稍加旋转或再钻入或退出少许，拔出针芯，如见针芯带有血迹时，再进行抽吸即可取得骨髓。抽吸完毕，将针芯重新插入，左手取无菌纱布置于针孔处，右手将穿刺针拔出，随即将纱布盖于针孔上，并按压 1～2 min，再用胶布加压固定。

5. 注意事项

①术前应做凝血时间检查，有出血倾向者操作要慎重。

②骨髓穿刺时，如遇有坚硬部位不易刺入，或已刺入而无骨髓吸出时，可改换位置重新穿刺。刺入骨髓腔后针头应固定不动，对躁动不安的动物更应注意保定。

③注射器与穿刺针必须干燥，以免发生溶血。

④抽取骨髓涂片检验时，应缓慢增加负压，当注射器内见血后，应立即停止抽吸，以免骨髓稀释。骨髓抽出后应立即涂片，否则会很快发生凝固，使涂片失败。

⑤本手术常因手术错误，而误刺入胸腔内损伤心脏，故需特别谨慎。

八、心包腔穿刺法

1. 应用

排除心包腔内的渗出液或脓液，并进行冲洗和治疗；或采取心包液来鉴别诊断及判断积液的性质与病原。本法在牛的创伤性心包炎的诊断上具有重要意义。

2. 用具

带乳胶管的 16～18 号长针头，小动物用一般注射针头。动物站立保定，中、小动物右侧卧保定，使左前肢向前伸半步，充分暴露心区。

3. 部位

牛于左侧第 6 肋骨前缘，肘突水平线上为穿刺部位。犬的穿刺部位在胸腔左侧、胸廓下 1/3 与中 1/3 交界处的水平线与第 4 肋间的交点。

4. 方法

常规局部剪毛、消毒局部皮肤，术者及助手均戴无菌手套，铺洞巾。必要时可用 2%利多卡因做局部麻醉。术者持针，助手以血管钳夹持与其连接的导液橡皮管。在心尖部进针时，左手将术部皮肤稍向前移动，右手持针沿肋骨前缘垂直刺入 2～4 cm，使针自下而上向脊柱方向缓慢刺入。待针尖抵抗感突然消失时，表示针已穿过心包壁层，同时可感到心脏搏动，此时应把针退出少许。助手立即用血管钳夹住针体固定其深度，术者将注射器接于橡皮管上，然后放松橡皮管上的止血钳。缓慢抽吸，记录液量，留少许标本送检。如有脓液需冲洗时，可注入防腐剂，反复冲洗直至液体清亮为止。术毕，拔出针后，盖消毒纱布，压迫数分钟，用胶布固定。

5. 注意事项

①操作要认真，杜绝粗暴，否则易造成患畜死亡。必要时可进行全身麻醉，确保安全。

②术前须进行心脏超声检查，确定液平面高低和穿刺部位，以免划伤心脏。另外，在超声显像指导下进行穿刺抽液更为准确安全。

③进针时穿刺速度要缓慢，应仔细体会针尖感觉，穿刺针尖不可过锐，穿刺不可过深，以防损伤心肌。

④为防止发生气胸，抽液注药前后应将附在针上的胶管折叠压紧，闭合管腔；或在取下空针前夹闭橡皮管，以防空气进入。

⑤如抽出液体为血色，应立即停止抽吸。同时助手应注意观察脉搏的变化，发现异常及时处理。

九、脑脊髓腔穿刺法

1. 应用

中枢神经感染性疾病的诊断、降低颅内压以及脑、脊髓疾病的治疗（如注射抗生素、药液等）。此外，还可用于脑、脊髓外伤或某些代谢疾病的诊断。

2. 部位

腰部穿刺在腰椎与荐椎之间进行。先沿脊椎嵴骨骼做一正中直线，再在两侧髂骨结节做一连接横线，二者交叉点即为穿刺点。

颈部穿刺在颈背侧，寰椎与枢椎（第 2 颈椎）之间的枕寰孔进行。先沿颈背做一正中直线，再在寰椎翼两后角连一横线，二线交点即为穿刺点；或枕嵴后 8～12 cm 的颈中线上（马、牛）。也可在枕骨与寰椎之间的枕寰孔进行（或自椎翼这的椎间孔刺入），其穿刺点在颈背部正中线与寰椎翼两连线的交点上。但牛、马的枕寰孔不如寰枢孔大，故也不如寰枢孔部容易刺入。

3. 保定

腰部穿刺在大动物以站立保定为好，但应确实保定后躯，防止跳动。小动物应使其躺卧，腰部稍向腹侧弯曲加以保定；颈部穿刺可侧卧或站立保定，但应特别牢固地保定其头部。

4. 方法

先将长约 15 cm、内径约 2 mm 脑脊液穿刺针（或通常封闭用的长针头代替）消毒备用。马、牛穿刺深度为 6～8 cm。确定穿刺点后，局部剪毛，消毒皮肤，盖上洞巾。

腰部穿刺时，术者左手用力压穿刺点皮肤，右手持穿刺针以垂直背部的方向刺入，先刺透皮肤和股骨，在腰椎与荐椎之间插入脊柱管。当穿透韧带及硬膜时，可感到阻力突然消失，有落空感。此时，可将针芯慢慢抽出，即可见脊髓液流出。有时刺破硬膜时，动物尾根（甚至后躯）可见突然跳动。

枕寰孔或寰枢孔穿刺时，穿刺针与皮肤成直角刺入，此时感到抵抗力最大；针头通过抵抗力较小的项韧带间隙后，即刺到骶椎的齿突上，此时将针略后退（约 0.5 cm），并使动物的头弯向腹侧，再将针头继续向前下方刺入(此时可拔出针芯，将针头接一注射器，边刺边回抽，若抽出脑脊液时，立即停止刺入)，穿过硬膜时，动物可出现轻微震颤和不安，对于有经验的术者，有穿透牛皮纸样感觉。拔除针芯，脑脊液即可流出。如果要注射药液，待抽出脑脊髓液后即可注入。

术毕，插入针芯，拔出穿刺针，覆盖消毒纱布，用胶布固定。

脑脊液应以清洁灭菌注射器采集，送实验室待检。术后进行一般外科处理。

5. 注意事项

①针头不能过粗，穿刺不能过深，以免伤及脑组织或脊髓。

②动物保定必须确实。

③所用器具必须消毒，以免引起脑、脊髓感染。

④做药液穿刺注射时，大动物注射的总量为20 mL左右，中、小动物为3～5 mL，以免脑脊髓压突然增加过大。

第四节 膀胱冲洗和导尿法

膀胱冲洗和导尿法主要用于尿道炎及膀胱炎的治疗。目的是排除炎性渗出物和注入药液，促进炎症的治愈，也可用于导尿或采取尿液供检验诊断。

1. 准备

根据动物种类及性别，使用不同类型的导尿管。用前将导尿管放在0.1%的高锰酸钾溶液或温水中浸泡5～10 min，插入端蘸消毒液状石蜡或抗生素软膏。冲洗药液宜选择刺激性或腐蚀性小的消毒剂和收敛剂，常用的有生理盐水、2%硼酸、0.1%～0.5%高锰酸钾等溶液，也常用抗生素及磺胺制剂的溶液(冲洗药液温度要与体温相等)。术者的手和雌性动物外阴部及雄性动物阴茎、尿道口要清洗消毒。

2. 方法

(1)雌性动物膀胱冲洗　大动物在柱栏内站立保定，中、小动物在手术台上侧卧保定。助手将动物尾拉向一侧或吊起，术者左手呈圆锥形伸入阴道前庭，大动物15～20 cm，小动物只用左手食指或中指伸入阴道，先用手指触摸尿道口，轻轻刺激或扩张尿道口，右手持导尿管从阴道底壁插入阴道。导尿管头到达尿道口时，左手食指下压管头，右手缓慢推进，当进入膀胱后，先排净尿液，然后用导尿管另一端连接洗涤器或注射器，注入冲洗药液，反复冲洗，直至抽出药液透明为止。最后将膀胱内药液排除。母牛在尿道下方有尿道下憩室，导尿管插入尿道有时会进入憩室，造成导尿管插入困难，此时稍后退导尿管，左手食指在阴道内压导尿管，再缓慢插入膀胱。

当触摸识别尿道口有困难时，可用开膣器开张阴道，即可看到尿道口。

(2)雄性动物膀胱冲洗

①公马：马站立保定，先在柱栏内固定好两后肢，术者蹲于马的一侧，用左手食指伸入包皮内，扣住阴茎头窝，用力将阴茎抽出，左手握住阴茎前部，右手持导尿管，插入尿道外口缓慢推进，当到达坐骨弓附近时有阻力，推进困难，此时助手在肛门下方可触摸到导尿管前端，轻轻按压辅助向上转弯，术者与此时同时继续推送导尿管，即可进入膀胱。导尿和冲洗方法与雌性动物相同。

②公犬：公犬侧卧或仰卧保定，助手一手将阴茎包皮向后退缩，一手在阴囊前方将阴茎向前推，露出龟头。术者一手固定阴茎龟头，另一手将导尿管经尿道外口缓缓插入尿道，并慢慢向膀胱推进，导尿管通过坐骨弓处的尿道弯曲时常发生困难，可用手指隔着皮肤向深部压迫，迫使导尿管末端进入膀胱，一旦进入膀胱内，尿液即从导尿管流出。冲洗方法与雌性动物相同。

③公猫：公猫侧卧保定，术者左手拇指和食指放在包皮两侧，然后用力施压，向上从包皮内挤出龟头。用公猫特制的导尿管缓缓插入膀胱，再用拇指和食指轻轻捏住包皮皮肤。

3. 注意事项

①所用物品必须严格灭菌，并按无菌操作进行，以预防尿路感染。

②选择光滑和粗细适宜的导尿管，插管前导尿管前端宜涂润滑剂，插管时对动物要轻柔。防止粗暴操作，以免损伤尿道及膀胱壁。

③对膀胱高度膨胀且又极度虚弱的患病动物，导尿不宜过快，导尿量不宜过多，以防腹压突然降低引起虚弱，或膀胱突然减压引起黏膜充血，发生血尿。

第五节 灌 肠 法

一、浅部灌肠法

浅部灌肠法是将药液灌入直肠内，常在患病动物有采食障碍或咽下困难、食欲废绝时，进行人工营养；直肠或结肠炎症时，灌入消炎剂；患病动物兴奋不安时，灌入镇静剂；排除直肠内积粪时使用。

浅部灌肠用的药液量，大动物一般每次 1 000～2 000 mL，小动物每次 100～200 mL。灌肠溶液根据用途而定，一般用 1%温盐水、口服补液盐、林格氏液、甘油(小动物用)、0.1%高锰酸钾溶液、2%硼酸溶液、葡萄糖溶液等。

灌肠时，将大动物站立保定，把尾拉向一侧。术者一只手将连接吊筒的橡胶管缓慢插入肛门 20～40 cm，另一只手高举盛有药液的灌肠用吊筒，使药液注入直肠内。灌肠后使动物保持安静，并刺激按摩肛门，以免引起排粪动作而将药液排出。对以人工营养、消炎和镇静为目的的灌肠，在灌肠前应先把直肠内的宿粪取出。

二、深部灌肠法

深部灌肠法是将大量液体或药液灌到较靠前的肠管内，多用于马、骡便秘的治疗，特别是对胃状膨大部等大肠便秘，更为常用。对于猪、犬等中小动物，深部灌肠法适用于治疗肠套叠、结肠便秘、排出胃内毒物和异物等。

1. 大动物深部灌肠法

(1)保定　将牛、马在柱栏内确实保定，用绳子吊起尾巴。

(2)麻醉　为使肛门括约肌及直肠松弛，可施行后海穴封闭，即以 10～12 cm 长的封闭针头，与脊柱平行地向后海穴刺入 10 cm 左右，注射 1%～2%普鲁卡因液 20～40 mL。

(3)装塞肠器　塞肠器有木制与球胆制两种。

①木制塞肠器：长 15 cm，前端直径为 8 cm，后端直径为 10 cm，中间有直径 2 cm 的孔道，塞肠器后端装有 2 个铁环，塞入直肠后，将 2 个铁环拴上绳子，系在颈部的套包或夹板上。

②球胆制塞肠器：将带嘴的排球胆剪 2 个相对的孔，中间插一根直径 1～2 cm 的胶管，然后用胶黏合，胶管的一端露出 5～10 cm，朝向马头一端露出 20～30 cm，连接灌肠器。塞入直肠后，由原球胆嘴向球胆内打气，胀大的球胆堵住直肠膨大部，即自行固定。

(4)灌水　将灌肠器的胶管送入木制塞肠器孔道内，或与球胆制塞肠器的胶管相连接，缓慢地灌入温水或 1%温盐水 10 000～30 000 mL。灌水量的多少依据便秘的部位而定。灌肠开始时，水进入顺利，当到达结粪阻塞部时则流速缓慢，甚至随患病动物努责而向外返流，当水通过结粪阻塞部，继续向前流时，水流速度又加快。例如，患病动物腹围稍增大，并且腹痛加重，呼吸增速，胸前微微出汗，则表示灌水量已经适度，不要再灌。灌水后，经 15～20 min 取出塞肠器。

如无塞肠器，术者也可用双手将插入肛门内的灌肠器的胶管连同肛门括约肌一起捏紧固定。但不可预先做后海穴麻醉，以免肛门括约肌弛缓，不易捏紧。尾巴也不必吊起或拉向一侧，任其自然下垂，避免动物努责时，液体喷在术者身上。在灌肠过程中，如动物努责，可让助手在动物前方摇晃鞭子，吸引其注意力，以减少努责。

2. 中、小动物深部灌肠法

灌肠时，对动物施以站立或侧卧保定，并呈前低后高姿势。术者先将灌肠器的胶管或静脉输液管一端插入肛门，并向直肠内推进 8～10 cm。另一端连接漏斗或吊筒，也可使用 100 mL 注射器注入溶液。先灌入少量药液软化直肠内积粪，待排净积粪后再大量灌入药液，直至从口中流出灌入药液为止。灌入量根据动物个体大小而定，一般幼犬或仔猪 80～100 mL，成年犬 100～500 mL，药液温度以 35 ℃为宜。

3. 注意事项

①直肠内存有宿粪时，按直肠检查要领，取出宿粪，再进行灌肠。

②避免粗暴操作，以免损伤肠黏膜或造成肠穿孔。

③溶液注入后由于排泄反射易被排出，应用手压迫尾根和肛门，或于注入溶液的同时，用手刺激肛门周围，也可通过按摩腹部减少排出。

思考题

1. 简述胃管插入动物食道的判断方法。
2. 试述犬、猫静脉注射法的采血部位。
3. 简述牛瘤胃穿刺法的操作方法。
4. 试述公犬膀胱冲洗的操作方法。
5. 试述对动物深部灌肠后的注意事项。

第四章　心血管系统的临床检查

重点提示：本章重点掌握各种常见动物的正常心音节律、第一心音和第二心音的性质，熟悉心杂音和脉搏，了解异常心音。

心血管系统的检查，临床上主要采用视诊、触诊、叩诊和听诊的方法，同时可根据需要使用某些特殊检查法，如心电图或心音图的描记，动脉压、静脉压和中心静脉压的测定，以及相应的实验室检查方法，其中尤以听诊和特殊检查为最重要的检查手段。

正常心脏的解剖结构如图 4-1 所示。

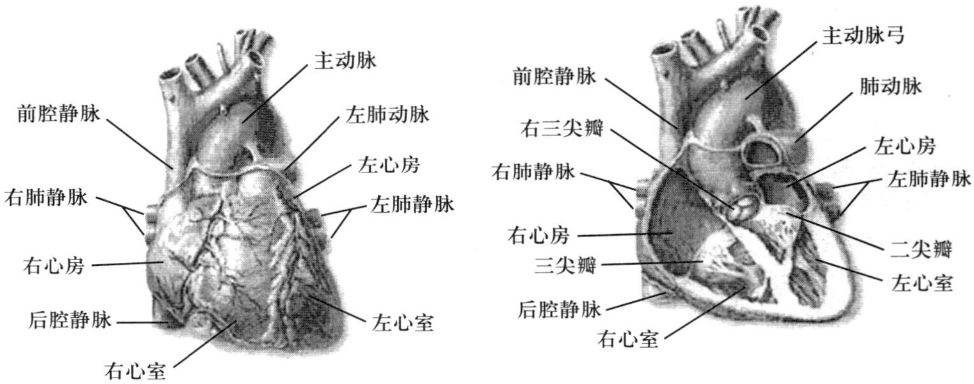

图 4-1　正常心脏的解剖结构

第一节　心脏的检查

心脏临床检查的主要内容包括用视诊和触诊的方法检查心搏动，用叩诊的方法判定心脏的浊音区，用听诊的方法检查心音的频率、强度、性质和节律的改变以及是否有心杂音。

一、心脏的视诊和触诊

心脏的视诊和触诊主要用来检查心搏动。心搏动是心脏收缩时冲击左侧心区的胸壁而引起的振动。

1. 心搏动的检查方法

被检动物取站立姿势保定，使其左前肢向前伸半步，以充分露出心区，检查者站于动物左侧方。

(1)视诊　仔细观察左侧肘后心区被毛及胸壁的振动情况。

(2)触诊 检查者一只手(右手)放于动物的鬐甲部,用另一只手(左手)的手掌,紧贴于动物的左侧肘后心区,感知胸壁的振动,主要判断其频率与强度。

2. 心搏动的检查内容

心搏动的检查内容主要是通过视诊与触诊的方法判断心脏的跳动频率、强度、敏感性和心搏动位置的变化。

心搏动的频率是指单位时间内心脏跳动冲击胸壁而引起的胸壁振动的次数。对胸壁比较薄的小动物及体瘦的大动物,可用视诊的方法检查;其他大多数动物应用触诊的方法。各种动物正常的心搏动频率及其增多、减少的变化原因和诊断意义与脉搏次数的变化基本相同。

心搏动的强度取决于心脏的收缩力量、胸壁厚度及胸壁与心脏之间介质的状态。健康动物由于营养不同,胸壁厚度不同,其搏动强度也不同。例如,过肥的动物因胸壁厚而心搏动较弱;营养不良而消瘦的动物,因胸壁较薄而心搏动较强。此外,使役及运动后,外界温度较高,兴奋或受惊时心搏动也增强。

3. 病理性心搏动

(1)心搏动增强 即心肌收缩力强,振动面积大。见于热性病初期,剧痛性疾病,轻度贫血,心肥大(如心肌炎、心内膜炎、心包炎的初期)。

心搏动过度增强而引起的体壁振动称为心悸。阵发性心悸,常见于敏感而易兴奋的动物,在马可继发于急性过劳(特别是炎热的夏季),患慢性心脏衰弱的病畜在使役、运动和惊恐时常可发生。强而明显的心悸须注意与膈肌痉挛区别。心悸时,病畜体壁的振动与心搏动一致,而且心搏动明显增强;膈肌痉挛时,动物体壁的振动与心搏动不一致,同时心搏动不强,多伴有呼吸活动紊乱(如呃逆等)。

(2)心搏动减弱 即心肌收缩无力,振动微弱,严重的甚至不感于手。见于心脏衰弱,病理性胸壁肥厚(纤维素性胸膜炎、胸壁结核、胸壁浮肿),胸腔积液(渗出性胸膜炎、渗出性心包炎、胸腔积水、心包积水)及肺气肿等。

(3)心搏动移位 心脏受邻近组织器官、渗出液或肿瘤的压迫,可使心搏动移位。心搏动向前移位,可见于胃扩张、腹水及膈疝等;向右移位可见于左侧胸腔积液或积气;向后及向上移位的较为少见。

(4)心区振动 即触诊心区感到轻微震颤。见于心包炎初期及心脏瓣膜病。

(5)心区疼痛 即触诊心区有疼痛反应。见于心包炎、创伤性心包炎及胸膜炎等。

二、心脏的叩诊

心脏叩诊是用以确定心脏界限,判定心脏大小、形状的一种方法。心脏不被肺遮盖的部分,叩诊呈绝对浊音;被肺遮盖的部分呈相对浊音,相对浊音区反映心脏的实际大小。

1. 检查方法

对大动物宜用槌板叩诊法,小动物可用指指叩诊法。被检动物取站立姿势保定,使其左前肢向前迈出半步,以充分暴露心区。检查者位于动物左侧,按常规叩诊方法,沿肩胛骨后角向下的垂线进行叩诊,直至肘后心区,同时标记由清音转变为浊音的一点;再沿与前一垂线呈45°左右的斜线,由心区向后上方叩诊,并标记由浊音变为清音的一点,连接两点所形成的弧线,即为心脏浊音区的后上界,如图4-2所示。

2. 正常心脏叩诊区

心脏仅一小部分和胸壁接触，叩诊呈浊音，为绝对浊音区；心脏大部分被肺掩盖，叩诊呈半浊音，为相对浊音区。各种动物心脏叩诊界限如下。

(1)马心脏浊音区　马心脏浊音区于左胸壁下 1/3 处第 3～5 肋间，有掌心大的绝对浊音区（8～10 cm^2），呈不等边三角形，三角形的顶点在第 3 肋间肩关节水平线下 7～8 cm 处，由顶点斜向第 6 肋骨下端所画的弧线为后界，前界沿肘肌而下。其相对浊音区在绝对浊音区周围左右宽 3～5 cm，如图 4-3 所示。

图 4-2　动物心脏叩诊路径

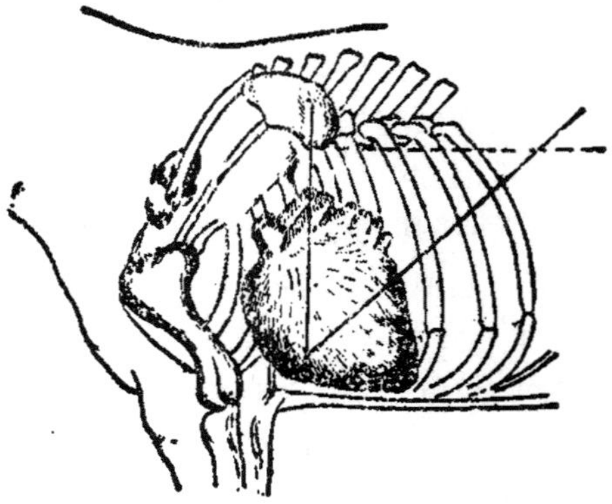

图 4-3　马的正常心脏浊音区

(2)牛心脏浊音区　牛心脏与胸壁接触很少，几乎全被肺掩盖，不呈现绝对浊音区，仅在左侧第 3～4 肋间肩关节水平线下方呈相对浊音区，故无诊断意义。但当出现绝对浊音时，常是创伤性心包炎的象征。

(3)其他动物的心脏浊音区　绵羊、山羊的心脏浊音区在左侧胸壁第 3～4 肋间；猪的心脏浊音区与牛、羊相似，但因肥胖脂肪过多，无法叩诊；犬的心脏的绝对浊音区位于左侧第 4～6 肋间，前缘达第 4 肋骨，上缘达肋骨和肋软骨结合部，大致与胸骨平行，后缘受肝脏浊音的影响无明显界限。

3. 心脏叩诊的变化

心脏叩诊的变化包括心脏浊音区的范围和叩诊音响性质的改变，主要由心脏增大与缩小，肺掩盖心脏面积的大小及胸膜与心包状态所决定。

(1)心脏浊音区扩大　绝对扩大见于心脏容积增大，如心脏肥大、心室扩张、心包炎；相对扩大，见于肺脏覆盖心脏的面积缩小，如肺萎缩、肺实变等。

(2)心脏浊音区缩小　绝对浊音区缩小标志着肺脏体积增大，见于肺泡气肿及气胸；相对浊音区缩小可见肺萎缩和覆盖心脏的肺叶部分发生实变的疾病等。

(3)叩诊鼓音　见于心包内蓄积气体时。如牛创伤性心包炎，渗出液在心包内腐败分解产生气体时而呈鼓音，肺泡气肿时也出现鼓音。

(4)叩诊疼痛　叩诊时，动物呈现回视、呻吟、躲闪、抗拒等行为，见于心区疼痛性疾病，如心包炎、胸膜炎等。

三、心脏的听诊

听诊是检查心脏的重要方法之一，通过听诊心音判断心音的频率及节律，注意心音的强度与性质的改变，是否有心音分裂和心杂音，依此而推断心脏的功能及血液循环状态。

1. 检查方法

被检动物取站立姿势保定，使其左前肢向前迈出半步，充分暴露心区，检查者位于动物左侧，一般使用听诊器进行间接听诊。听诊心音时，主要应判断心音的频率、强度、性质及是否有心音分裂、心杂音或节律不齐。当心音过于微弱而听不清时，可使动物做短暂的运动，然后听取。

2. 心音

心音是随着心室的收缩与舒张活动而产生的两个有节律重复的声音，如"噜-嗒"。心室收缩过程中二尖瓣、三尖瓣突然关闭时，发生振动产生的心音称缩期心音或第一心音，心室舒张过程中主动脉瓣、肺动脉瓣突然关闭时所产生的心音称张期心音或第二心音。由于动物种类不同，其心音的特征也有差异。根据心音的特点，可做如下区别（表 4-1）。区别第一心音与第二心音时，除根据上述心音的特点外，第一心音产生于心室收缩期，与心搏动、动脉脉搏同时出现；第二心音产生于心室舒张期，与心搏动、动脉脉搏出现时间不一致。

表 4-1　第一、第二心音的特点与区别

音别	音性	音调	持续时间	音尾	产生时间	两音间隔
第一心音	噜	低浊	长	长	收缩期	1～2 音短
第二心音	嗒	响亮	短	锐短	舒张期	2～1 音长

3. 心音最强听取点

在心脏区域任何一点，都可以听到两个心音，但由于心音沿血流方向传导到胸壁一定部位，在这个部位听诊才最清楚，该部位就称为心音最强（佳）听取点。当需要辨识瓣膜口心音的变化时，可按表 4-2 确定其最佳听取点。

表 4-2　心音最强听取点

畜别	第一心音区		第二心音区	
	二尖瓣口	三尖瓣口	主动脉口	肺动脉口
马	左侧第 5 肋间，胸廓下 1/3 的中央水平线上	右侧第 4 肋间，胸廓下 1/3 的中央水平线上	左侧第 4 肋间，肩端水平线下 2～3 cm 处	左侧第 3 肋间，肘头的稍上方
牛	左侧第 4 肋间，主动脉口听取点的下方	右侧第 4 肋间，胸廓下 1/3 的中央水平线上	左侧第 4 肋间，肩关节水平线下 2～3 cm 处	左侧第 3 肋间，肘头的稍上方
猪	左侧第 4 肋间，主动脉口听取点的下方	右侧第 4 肋间肋骨和肋软骨结合部稍下方	左侧第 4 肋间，臂骨结节线的直下方	左侧第 3 肋间，接近胸骨处
犬	左侧第 5 肋间，胸壁下 1/3 的中央水平线上	右侧第 4 肋间，肋骨与肋软骨结合部一横指上方	左侧第 4 肋间，肩端线下方；或肋骨与肋软骨结合部上 2～3 横指处	左侧第 3 肋间，接近胸骨处；或肋骨与肋软骨结合处

四、心音的病理变化及其临床意义

心音的病理变化可表现为心音频率、强度、性质和节律的改变。

1. 心音频率的改变

心音频率是指单位时间内的心动周期次数。心音频率的病理性改变包括心动过速和心动过缓。

(1)心动过速　兴奋来自窦房结,由于兴奋起源发生紊乱,使心率变得快速而均匀,如马超过 60 次/min,成年牛超过 90 次/min,犊牛超过 120 次/min。见于健康动物运动或使役后,患病动物发热及心衰时。

(2)心动过缓　由于兴奋形成发生障碍或迷走神经紧张性增高所致,如马低于 25 次/min,成年奶牛低于 60 次/min。见于黄疸、颅内压升高的疾病,洋地黄中毒等。

2. 心音强度的改变

心音的强弱取决于心音本身的强度(心肌的收缩力量、瓣膜状态及血液量)及其向外传递介质状态(胸壁厚度、胸膜腔及心包腔的状态)。但是第一心音的强弱,主要决定于心室的收缩力量;第二心音的强弱,则主要决定于动脉根部血压。在正常情况下,听诊心脏时,第一心音在心尖部较强。第二心音在心基部较强。因此,判定心音增强或减弱,必须在心尖部和心基部比较听诊,两处心音都增强或都减弱时,才能认为是增强或减弱。

(1)两心音同时增强　由于心肌收缩力增强,血液在心脏收缩和舒张时冲击瓣膜的力量同时增强所致。见于心脏肥大、热性病初期、疼痛性疾病、轻度贫血或失血及肺萎缩等。

(2)第一心音增强　由于心肌收缩力增强与瓣膜紧张度增高所引起。临床上表现多是第一心音相对增强,第二心音相对减弱,甚至难以听取。主见于贫血、热性病及心脏衰弱的初期。当大失血、剧烈腹泻、休克及虚脱时,由于循环血量少,动脉根部血压低而第二心音往往消失。

(3)第二心音增强　由于动脉根部血压升高导致心舒张时,主动脉瓣和肺动脉瓣迅速而紧张地关闭所引起。主动脉口第二心音增强,见于心肥大、肾炎。肺动脉口第二心音增强,见于肺充血、肺炎等。

(4)第一心音减弱　相对的减弱已如前述。单纯的第一心音减弱,临床上几乎未见到,但在心扩张及心肌炎后期也可见到。

(5)第二心音减弱(甚至消失)　其在临床上较为常见。凡能导致血容量减少的疾病,都可出现第二心音减弱,如大失血、严重脱水,以及重剧性创伤、胃肠破裂引起的休克等。另外,能导致主动脉根部血压降低的疾病,如主动脉瓣口狭窄及主动脉瓣闭锁不全等,也可引起第二心音减弱。

(6)两心音同时减弱　其是心肌收缩无力的表现,常见于心脏衰弱的后期,心肌炎、心肌变性、渗出性心包炎、渗出性胸膜炎、重症贫血、重度胸壁浮肿及肺气肿等。

3. 心音性质的改变

(1)心音混浊　其主要表现为心音不纯,音质低浊,含糊不清,两个心音缺乏明显的界限。主要是由于心肌及其瓣膜变性,而使其振动能力发生改变的结果。可见于心肌炎症的后期以及重度的心肌营养不良与心肌变性;某些高热性疾病、严重的贫血、重度的衰竭症等伴有心肌的变性时;某些传染性疾病,如马鼻疽、慢性马传染性贫血、牛结核病、口蹄疫、猪瘟、猪肺疫、流行性感冒、猪丹毒,以及幼畜的白肌病和中毒等。

(2)钟摆律　前一个心动周期的第二心音与下一个心动周期的第一心音之间的休止期缩短,而且第一心音与第二心音的强度、性质相似,心脏收缩期和舒张期时间也略相等加上心动过速,听诊极似钟摆"嗒嗒"声,故称钟摆律。又因为音酷似胎儿心音,又称胎心律,提示心肌损害。

(3)金属样心音　当破伤风或邻近心区的肺叶中有空洞(含气性)形成之际可听到此心音;也见于膈疝,且脱垂至心区部位的肠段内含有大量气体时。

4. 心音分裂与重复

第一心音或第二心音分为两个音色相同的音响称为心音分裂或重复;两个声音之间间隔较短的称为分裂,间隔较长的称为重复。二者在临床诊断上意义相同,仅程度不同而已。这主要是由于心脏机能障碍或神经支配异常,两心室不同时收缩或舒张所引起的。

(1)第一心音分裂或重复　是左右心室收缩有先有后,或有长有短,是左右房室瓣膜不同时闭锁的结果,见于一侧心室衰弱或肥大及一侧房室束传导受阻时。健康马在使役后或兴奋时常可出现,但安静后即消失,注意不要误诊。

(2)第二心音分裂或重复　是两心室驱血期有长有短,主动脉瓣与肺动脉瓣不同时闭锁的结果,见于主动脉或肺动脉血压升高的疾病及二尖瓣口狭窄等。如左房室口狭窄时,左心室血量减少,主动脉血压降低,则左心室驱血期短,主动脉瓣先期闭锁;肺部淤血时,肺动脉压升高,则右心室驱血期延长,肺动脉瓣闭锁较晚,出现第二心音分裂或重复。肾炎时则因主动脉压升高也出现第二心音分裂或重复。

5. 奔马律

奔马律是在原有的第一、第二心音之外,又有第三个附加的心音连续而来,恰如远处传来的马奔跑时的蹄音,故称奔马律。此第三心音,可发生于舒张期(第二心音之后),或发生在收缩期前(第一心音之前)。但此附加音,一般没有心音重复那样清晰,可见于心肌炎、心肌硬化或左房室口狭窄。

6. 心音节律的改变

正常情况下,每次心音的间隔时间均等,且每次心音的强度相似,此为正常的节律。如果每次心音的间隔时间不等,且其强度不一,则为心律不齐。心律不齐多为心肌的兴奋性改变或其传导机能障碍的结果,并与自主神经的兴奋性有关。在判定心音节律的改变时,应注意运动前后的心率、恢复到安静状态时所需要的时间、心音的强度及脉搏的特征。临床上常见的心律失常有如窦性心律不齐、阵发性心动过速、传导阻滞、期外收缩、心房颤动等。

(1)窦性心律不齐　常表现为心脏活动周期性的快慢不均现象,且大多与呼吸有关,一般吸气时心动加快而呼气时心动转慢。其常见于健康犬、猫和幼驹;在成年马则见于慢性肺气肿、肺炎等。

(2)期外收缩　又称过早搏动、期前收缩。由窦房结以外的异位兴奋灶发出的过早兴奋引起比正常心跳提前出现的搏动。当听诊心音时表现为心音的间隔时间不等,其特点是在正常心音后,经较短的时间即出现一次提前收缩的心音,其后又经较长的间歇时间,才出现下次心音。此时,因提前收缩时心室充盈量不足,心搏出量少,从而其第二心音微弱,甚至可能消失。

若每一次正常心跳后出现一次期外收缩,称为二联律;若每两次正常心跳后出现一次期外收缩,或每次正常心跳后连续出现两次期外收缩,称为三联律。偶尔出现的期外收缩,多无重要意义;如为顽固而持续性的期外收缩,常为心肌损害的标志。

(3)阵发性心动过速　在正常心律中,连续发生 3 次以上期外收缩的快速心律,称为阵发性心动过速。心律增快常一阵阵地发生,突然发生,突然消失,每次发作持续时间较短,一般为数分钟至数小时,常见于心力衰竭和危重疾病时。

(4)心动间歇　心脏在几次正常跳动后,停跳一次的心律,称为心动间歇。其是由于心肌的病变波及传导系统，兴奋冲动不能顺利地向下传递，从而出现的传导阻滞。明显而顽固的传导阻滞，常为心肌损害的一个重要指征。

传导阻滞的表现形式有多种，如窦房传导阻滞、房室传导阻滞或心室束支的传导阻滞等。如一侧心室束支的传导阻滞可表现为第一心音的分裂；房室传导阻滞时，部分病例可表现为慢而规则的心律，部分病例可表现为不规则的心律；有时在心动间歇期间可听到轻微的心房音；当房室传导阻滞时，由窦房结传来的兴奋冲动，其中一部分不能传向心室，从而引起心室搏动脱漏即心动的间歇，使心律表现为不规则。

传导阻滞与期外收缩的不同点是：前者既无提前收缩，又无代偿间歇，只在两次心动之间出现一次心室搏动的暂时停止。房室传导阻滞若有规则的每经二、三或四次心室搏动后即出现一次搏动脱漏，也可形成类似的二联或三、四联律，但它与期外收缩所表现的不同之点是：几次正常的连接出现的心律之间的间隔时间是均等的。

(5)震颤性心律不齐(心房颤动)　在正常情况下，先心房肌收缩，后心室肌收缩，再共同进入舒张期。但在病理情况下，房室的个别肌纤维在不同时期分散而连续地收缩，从而发生震颤。一般主要表现为心房颤动(或称心房纤颤)。其特征是：心律毫无规则，心音时强时弱、休止期忽长忽短，是心律不齐中最无规律的一种，也称心动紊乱。心律震颤若持续过久，常为预后不良的信号。

7. 心杂音

心杂音是指伴随心脏的舒、缩活动而产生的正常心音以外的附加音响。其特点是持续时间长，可与心音分开或连续，甚至掩盖心音。依产生杂音的病变所存在的部位不同，可分为心外杂音与心内杂音；按杂音发生时期分为收缩期杂音、舒张期杂音和连续性杂音；按照杂音发生的原因分为器质性杂音与非器质性(机能性)杂音。非器质性杂音发生在收缩期，又可分为相对闭锁不全性杂音和贫血性杂音两种。心外杂音又可分为心包摩擦音、心包击水音和心包外杂音3种，如图4-4所示。

- 心杂音
  - 心外杂音
    - 心包杂音
      - 心包摩擦音
      - 心包击水音
    - 心包外杂音
  - 心内杂音
    - 器质性杂音
    - 非器质性杂音
      - 相对闭锁不全性杂音
      - 机能性(贫血性)杂音

图4-4　心杂音的分类

(1)心内杂音　临床上多是心内膜及其相应的瓣膜口发生形态改变或血液性质发生变化时引起，常伴随第一或第二心音之后或同时产生的异常音响，称为心内杂音。其特点是杂音从远而来，加压听诊器音量无变化；其音性多粗糙、尖锐，如锯木声或箭鸣声。按其发生时期，分为缩期杂音和舒期杂音。缩期杂音发生于心收缩期，伴随第一心音之后或同时出现杂音；舒期杂音发生于心舒张期，伴随第二心音之后或同时出现杂音。按其瓣膜或瓣膜口有无形态改变可分器质性心内杂音和非器质性心内杂音(机能性)。

①器质性心内杂音：多为某一瓣膜或瓣孔周围组织增生、肥厚及粘连，瓣膜缺损或腱索的短缩，导致瓣膜闭锁不全或瓣膜口狭窄而形成的杂音，常见于慢性心内膜炎。

②瓣膜闭锁不全：当心室收缩或舒张过程中，由于瓣膜不能完全将其相应的瓣膜口关闭，

致使血液经病理性的空隙而逆流形成漩涡，振动瓣膜产生杂音。此杂音可出现于心室收缩期或舒张期。如左、右房室瓣闭锁不全，杂音出现于心收缩期，称收缩期杂音；主动脉与肺动脉的半月状瓣闭锁不全，则杂音出现于心舒张期，称舒张期杂音。

③瓣膜口狭窄：在心脏活动过程中，血液经过狭窄的瓣膜口时，形成漩涡，发生振动，产生杂音。此杂音可出现于心收缩期或心舒张期。如左、右房室口狭窄，杂音出现于舒张期；主动脉、肺动脉口狭窄，则杂音出现于心收缩期。

④收缩期杂音：继第一心音之后或同时出现，见于左、右房室瓣闭锁不全及主动脉口或肺动脉口狭窄，如图 4-5 所示。

⑤舒张期杂音：继第二心音之后或同时出现，见于左、右房室口狭窄，主动脉瓣闭锁不全，如图 4-6 所示。

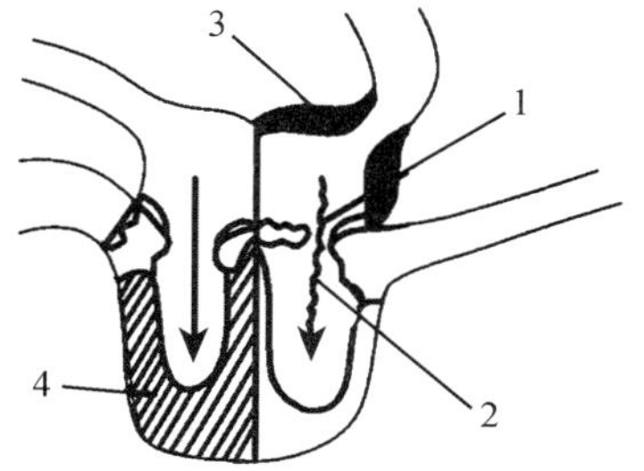

1. 闭锁不全的空隙；2. 收缩期杂音；
3. 左心室肥厚；4. 左心房扩张。

图 4-5　收缩期杂音示意（二尖瓣闭锁不全）

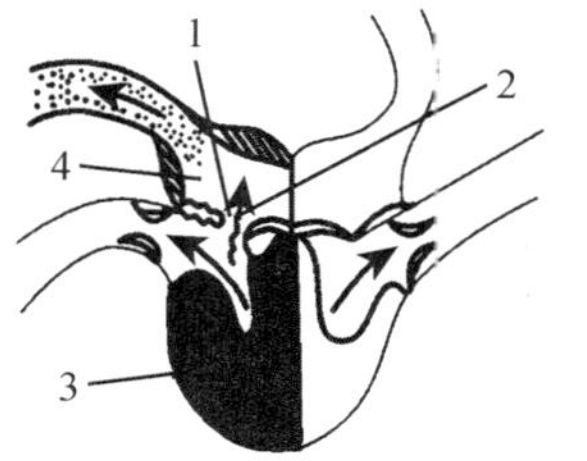

1. 瓣膜口狭窄；2. 舒张期杂音；
3. 右心房肥大；4. 左心室扩张。

图 4-6　舒张期杂音示意（右房室口狭窄）

⑥非器质性心内杂音（机能性杂音）：其发生有两种情况，一种是瓣膜和瓣膜口无形态变化，当心室扩张或心肌弛缓时，造成瓣膜相对闭锁不全而产生杂音；另一种是当血液性质变稀薄时，血流速度加快，振动瓣膜口和瓣膜引起的贫血性杂音。

非器质性心内杂音的特点是杂音不稳定，仅出现于心缩期，故称缩期杂音；杂音柔和如风吹声；运动、使役及给予强心剂后杂音消失；饲养、管理改善或病情好转时杂音消失。其多见于心扩张、营养性贫血、马传染性贫血及焦虫病等。

（2）心外杂音　心外杂音是心包或靠近心区的胸膜发生病变所引起。杂音似来自耳下，仅限于局部听到，加压听诊器其音增强，杂音与心跳一致，杂音比较固定，且可长时间存在。按杂音性质分为心包拍水音、心包摩擦音和心包胸膜摩擦音。

①心包拍水音：心包发生腐败性炎症时，由于心包内积聚多量液体与气体，故当心脏活动时所产生的一种类似震荡半瓶水的声音或似河水拍打河岸的声音。见于牛创伤性心包炎和心包积水。

②心包摩擦音：心包炎时，纤维蛋白沉着于心包的壁层和脏层，使心包的壁层和脏层变为粗糙，当心脏活动时，粗糙的心包壁层与脏层互相摩擦产生杂音。其音性如两层粗糙的皮革相互摩擦的音响，其特点是杂音与心跳一致，常呈局限性，但在心尖部明显，心脏收缩期及舒张期均可听到，但以缩期较为明显。其主要见于纤维素性心包炎及创伤性心包炎。

③心包胸膜摩擦音：当心脏活动时，心包与粗糙的胸膜面发生摩擦所产生的音响。此音与呼吸运动同时发生，呼吸运动停止时，即减弱或消失。心包胸膜摩擦音，除心区部位能听到外，肺区某些部位也出现。其主要见于纤维素性胸膜炎。

第二节　血管的检查

血管的检查主要包括动脉的检查、静脉的检查和毛细血管的检查。

一、动脉的检查

动脉的检查，常用触诊的方法，主要检查动脉的脉搏，判定其频率、节律、性质，以推断心脏机能及血液循环状态。这对疾病的诊断、预后很重要。临床上应注意的是必须在动物安静的状态下进行。如病畜远道来就诊，要稍待休息后再进行检查为宜。

马检查颌外动脉，牛、骆驼检查尾中动脉，绵羊、山羊及猪检查股内侧动脉，肥猪往往不能触知，故常以检查心跳代替脉搏。

1. 检查部位及方法

一般用右手食指及中指压于血管上，左右滑动，即可感知一富有弹性的管状物在手下滑动，此时可根据脉搏大小（振幅的大小）、强弱和软硬（脉管的紧张度）分别施以轻压、中压或重压，计算其数，并体会其性质（大小、脉管紧张度）、血液充盈度（血管内容血量），脉搏形态和节律。按动物不同，其检查方法也不同。

（1）马、骡脉搏检查　检查者站于马左前侧，以左手握笼头，用右手食指、中指压于下颌缘内侧，前后触摸即可触觉到有一细胶管状物在指下滑动，随即以手指轻压其上，即可触知脉搏搏动。

（2）牛脉搏检查　检查者站于牛的正后方，左手将尾略上举，用右手食、中指轻压于尾腹面正中的尾动脉上即可。

（3）羊脉搏检查　检查者蹲于羊的侧后方，一手握后肢，另一手插入股内侧，以手指压于股动脉上即可。

2. 脉搏性质检查

脉搏性质检查主要是指脉搏大小、强弱、紧张性及充盈度。脉搏性质受到心脏收缩力、血液总量、每搏输出量及血管弹性与紧张度等因素的影响。当心脏收缩有力，每搏输出量正常，血容量充足，动脉管弹性良好时，则脉搏充实有力，强度相等，即为正常脉搏。现就脉搏性质的异常改变分述如下。

（1）脉搏大小　指脉搏抬举手指的高度，也就是脉搏跳动时振幅的大小（即脉波的高度）。脉搏大小与脉压成正比，但与血管紧张度不相一致。

①大脉：表示心收缩力强，每搏输出量多，收缩压高，脉压差大，见于使役、运动、兴奋时的心收缩加强，热性病初期，左心肥大，主动脉瓣闭锁不全等。

②小脉：表示心收缩力弱，每搏输出量少，脉压差小，见于心功能不全、血压下降、心动过速、主动脉瓣口狭窄及二尖瓣口狭窄等。

③交替脉：大脉和小脉有规律地交替出现不整脉，称为交替脉，见于心肌炎、心功能不全等，是心肌疲劳的反映。

（2）脉搏紧张度（脉搏硬度）　指触诊按压时所感觉到的血管抵抗力的大小，取决于血压的高低。

①硬脉：表明血管紧张度增高，血管紧张，见于血压升高、剧烈疼痛性疾病，左心肥大、急性

肾炎等。

②软脉：表明血管紧张度降低，血管弛缓，见于血压下降、心功能不全、贫血、恶病质、营养不良等。

③丝状脉：软而小的脉搏，称为丝状脉，见于重剧或恶化的马疝痛。

④金线脉（弦脉）：硬而小的脉搏，称为金线脉。诊断意义与丝状脉相同。

（3）脉搏充满度　取决于排入血管内的血液量多少，也与心收缩力量和血管的流床广度（毛细血管的舒、缩状态）有关。判定的方法，是将检指加压后再放松，反复操作，以感觉血管内径的大小。

①实脉：表明血管内血液充盈良好，提示血液总量充足，心脏活动健全，见于热性病初期、心肥大、运动或使役等。

②虚脉：表明血管内血液充盈不足，提示血容量减少，见于心功能不全，大失血、严重脱水等。

（4）脉搏强弱　指脉搏跳动力量的大小，取决于动脉的充实度和血管的紧张度。

①强脉：强而充实的脉搏，搏动有力，见于热性病初期、心脏的代偿机能加强时。

②弱脉：弱而充实不足的脉搏，搏动微弱，见于心功能不全、主动脉瓣口狭窄，产生脉搏的动脉发生阻塞等。

③颤动脉：脉搏微弱，只引起动脉壁不明显的震颤。不感脉，脉搏极度微弱，难以察觉。以上两种情况，均见于危重疾病，提示高度心力衰竭。

（5）脉搏的波形上下变动的程度　由于动脉管内压力上升和下降持续时间的长短，在描记脉搏时即呈现波形上下变动。触诊时，以脉搏与手指接触时间的长短来判断。

①速脉（跳脉）：脉博急速上升而又急速下降，检脉手指在瞬间感觉到脉搏后，脉搏又立即消失。往往提示主动脉瓣闭锁不全、动脉导管永存等。

②迟脉：脉博缓缓上升而又缓缓下降，检脉手指感觉脉搏的时间较长。往往提示主动脉瓣口狭窄、心脏传导阻滞等。

二、静脉的检查

静脉检查临床常用的为颈静脉，主要是应用视诊和触诊方法检查静脉的充盈状态和静脉波动。

1. 静脉的充盈状态

（1）静脉充盈而隆起　颈静脉明显的扩张或极度膨隆，似绳索状，可视黏膜潮红或发绀，可见于各种原因所引起的心力衰竭以及导致胸膜腔内压升高的疾病（如渗出性胸膜炎、肺气肿、胃肠内容物过度充满等）。牛的颈静脉高度充盈（也称怒张），甚至呈绳索状，常提示创伤性心包炎。

（2）静脉萎陷　颈静脉不显露，即使压迫静脉，其远心端也不膨隆，将针头插入静脉内，也不见血液流出。这是由于血管衰竭、大量血液淤积在毛细血管内的缘故，见于休克、严重贫血症等。

2. 颈静脉波动的检查

检查颈静脉时可见随心脏活动而由颈根部向颈上部的逆行性波动，称为颈静脉波动。在正常情况下，颈静脉波动是当右心房收缩时，由于腔静脉血液回流入心的一时受阻及部分静脉血液逆流并波及前腔静脉而至颈静脉所引起，故此种波动出现于心房收缩与心室舒张的时期，且逆行性波动的高度一般不超过颈部的下 1/3，这是生理现象。

病理性的颈静脉波动，有以下 3 种类型。

（1）阳性波动（心室性静脉波动） 颈静脉的阳性波动是三尖瓣闭锁不全的特征。此时，随心室收缩使部分血液经闭锁不全的空隙而逆流入右心房，并进一步经前腔静脉而至颈静脉。此际其波动较高，力量较强，并以出现于心室收缩期（与心搏动及动脉脉搏相一致）为其特点。

（2）阴性波动（心房性静脉波动） 当生理性的颈静脉波动过强，由颈根部向头部的逆行波超过颈中部以上时，即为病理现象。为心脏衰弱、右心瘀滞的结果。心房性颈静脉波动的特点，是波动出现于心搏动与动脉搏动之前。

（3）伪性搏动 当颈动脉的搏动过强时，可引起颈静脉沟处发生类似的搏动现象，一般称为颈静脉的伪性搏动。

为区别几种不同的颈静脉波动，应注意其波动的强度和逆行波的高度，特别要确定其出现的时期（是否与心室收缩相一致）。必要时还可应用指压试验——用手指压在颈静脉的中部并立即观察指压后波动情况，如远心端及近心端波动均消失，则为阴性波动；如远心端消失而近心端仍存在，则为阳性波动。如果是伪性搏动，则两端搏动无任何改变。

三、毛细血管检查

测定毛细血管再充盈时间，可以了解微循环的功能状态。

1. 检查方法

助手保定被检动物的头部，并将上唇上提，露出上切齿的齿龈黏膜。检查者左手持秒表，用右手拇指按压上齿外侧的齿龈黏膜 1～2 s，然后除去拇指的压迫，观察齿龈黏膜恢复原来颜色所需要的时间。

2. 正常值

毛细血管再充盈时间马的为 1.05～1.53 s，骡的为 1.07～1.47 s，黄牛的为 1.26～1.42 s，绵羊的为 1.18～1.32 s，猪的为 1.26～1.42 s，鸡的为 1.17～1.37 s，鸭的为 1.25～1.41 s，鸽的为 0.96～1.14 s。

3. 临床意义

在伴有全身淤血的情况下，发现毛细血管再充盈时间延长，见于心力衰竭、中毒性休克、内毒素休克和严重脱水。

第三节 心血管系统的主要综合症候群及诊断要点

心血管系统疾病主要是心脏疾病，主要包括心功能不全，心包、心肌及心内膜疾病，另外还要注意循环虚脱的状况。

一、心功能不全

心功能不全又称心力衰竭、心脏衰弱，是指心肌收缩力减弱，导致心输出血量减少，静脉血回流受阻，呈现皮下水肿、呼吸困难、黏膜发绀、浅表静脉过度充盈，乃至心搏骤停和突然死亡的一种临床综合征。

问诊若有使役过重或运动过于剧烈，超量、快速输液，心肌突然遭受剧烈刺激等病因，以及心肌炎、心肌变性和心肌梗死等原发病存在。临床观察发现，动物精神突然极度沉郁，倒地痉挛，检查心搏动和心音突然减弱，脉搏细数或不感于手，心律严重失常，淤血严重，静脉高度怒张，可视黏膜高度发绀，并伴有混合性高度呼吸困难，肺部听诊有广泛的湿啰音，鼻孔流泡沫状鼻液等肺水肿症状的，可怀疑是急性心力衰竭。

若有长期剧役、心脏瓣膜疾病、慢性肺气肿等使心脏长期负荷增重的生活史或病史，病情逐渐发展，心音和脉搏逐渐减弱，稍做运动或使役就疲劳出汗、呼吸困难、脉搏增数并出现全身静脉淤血和心性浮肿，以及肺循环淤血或肝、脑、肾、胃肠等脏器淤血等体循环障碍的，则是慢性心力衰竭。

二、器质性心脏病

动物临床上常见的器质性心脏病，包括心包、心肌和心内膜疾病，这些疾病在心功能强弱上与心力衰竭既有相似的表现，又有各自的特点。

①心包炎：触诊心区动物敏感、疼痛，听诊有心包摩擦音或拍水音，并有体表静脉怒张、浮肿等淤血症状，可结合有创伤性网胃炎的病史、金属探测仪检查、心包穿刺检查等确定诊断。

②急性心肌炎：多有原发病（如感染性、中毒性疾病等）可查。初期，呈现心肌兴奋症状，表现心动疾速，心搏动和第一心音增强。轻微运动心率即显著增数，且休息较长时间仍不易恢复至正常水平、以后则心音、脉搏减弱，伴有收缩期杂音，可视黏膜发绀，呼吸高度困难，体表静脉怒张，胸前、腹下、四肢末端常发生水肿。重症的心肌炎病畜出现明显的期前收缩，心律不齐。精神高度沉郁，行走踉跄，甚至昏迷死亡。

③心脏肥大和心脏扩张：均可呈现心脏叩诊浊音区扩大，但前者心音增强、脉搏充实有力，后者则伴有相应的瓣膜闭锁不全性心内杂音。

心脏瓣膜病上有无心力衰竭，应根据心内杂音发生的部位与心音的时间关系、心内杂音的性质以及结合临床上的症状，确定诊断。有器质性心内杂音和心力衰竭症状的，为失代偿期心脏瓣膜病，仅有器质性心内杂音而无心力衰竭症状的，为代偿期心脏瓣膜病。

三、循环虚脱

心功能不全是最常见的一种急症和危象，意义较大的是循环虚脱，因血容量不足、血管容量增大或心排血量减少，以致有效循环血量减少，微循环灌注量不足而引起。临床特点是心律失常，脉搏细弱，乃至不感于手，可视黏膜灰白或青紫，体表静脉萎陷，微血管再充盈时间显著延长，触摸肢体发凉。

思考题

1. 请指出健康家畜（马、牛）心脏浊音界。
2. 试分析不同心音的特点。
3. 心音性质的病理改变有哪些？
4. 心杂音的分类有哪些？
5. 请指出马、牛等家畜静脉搏动检查部位。

第五章　呼吸系统的临床检查

重点难点：呼吸系统的临床检查内容包括：呼吸运动的观察、鼻液和咳嗽的检查、上呼吸道的检查、胸廓和肺脏的检查等，常用的一般检查方法有问诊、听诊、视诊、触诊、叩诊等。特殊检查方法有X线检查、超声波检查、鼻喉镜和支气管镜检查。病史的询问和临床检查是诊断的基础，X线和超声波检查对肺部病变具有重要价值。呼吸系统的临床检查顺序主要包括呼吸运动的检查，上呼吸道的检查，胸廓和肺的检查等。

第一节　呼吸运动的观察

呼吸运动是指动物呼吸收缩和舒张引起胸廓扩大和缩小的过程，包括吸气运动和呼气运动，这一过程主要由膈肌和肋间肌的收缩和松弛来完成。呼吸运动的检查具有重要意义，不仅能够获得疾病的重要症状，而且还可为进一步检查提供线索或方向。检查呼吸运动时，主要检查呼吸数、呼吸类型、呼吸节律、呼吸的对称性以及有无呼吸困难。健康动物在平静状态下，呼吸运动有稳定的节律，这是通过神经中枢及神经反射性调节来实现的。某些体液性因素，如二氧化碳浓度增高和缺氧等，也可通过神经反射或直接作用于呼吸中枢。

一、呼吸频率

呼吸频率以每分钟呼吸的次数表示(次/min)，各种动物根据其个体大小、年龄、机体状态等呼吸频率有所差异，机体的代谢活动越强，呼吸频率越快。

二、呼吸类型

呼吸类型即动物呼吸方式，检查时应注意吸气与呼气时胸廓与腹壁所表现的起伏动作的协调性和强度，可分为3种呼吸类型。

(1)胸腹式呼吸　呼吸时胸壁和腹壁的运动很协调，强度大致相等健康家畜一般为胸腹式呼吸，只有犬例外，正常时以胸式呼吸为主。

(2)胸式呼吸　以胸廓的起伏动作为主的呼吸类型。除了犬以外其他动物出现这种呼吸类型则为病理现象。其特征为胸壁的起伏动作特别明显，而腹壁的运动却很弱。通常见于膈肌的疾病、腹腔器官膨大压迫膈肌的疾病、腹壁外伤等。妊娠晚期的母畜因膈肌运动受阻，则以胸式呼吸为主。

(3)腹式呼吸　以腹壁起伏动作为主的呼吸，在家畜中为病理性呼吸类型，其特征为腹壁的起伏动作特别明显，而胸壁的运动却很轻微，通常见于胸部疾病，胸壁疼痛敏感，反射性抑制胸壁的起伏动作所致。此外，在马属动物慢性肺气肿时，也可出现腹式呼吸，这是由于肺泡壁弹性降低，支气管狭窄，影响肺泡内气体的排出，动物加强腹壁的收缩增强腹腔对膈肌的压力，以利于气体的排出。

三、呼吸节律

健康动物呼吸时有一定的节律，即吸气之后紧接着呼气，并且有一定的深度和长度，每次呼吸之后，这样周而复始，每次呼吸之间的间隔相等，很有节律（图 5-1）。而且吸气较呼气的时间要稍短些，呼吸的深度随呼吸次数的增加而减小，当呼吸次数减少时，则呼吸加深。

图 5-1　正常呼吸

1．某些生理性呼吸节律的变化

如兴奋、惊恐、运动、尖叫及嗅闻等均可使呼吸节律发生暂时性的变化。

2．呼吸节律异常

在病理情况下正常的呼吸节律遭到破坏，称为呼吸节律异常，临床上常见的呼吸节律异常有以下 4 种。

（1）吸气延长　特征为吸气异常费力，表现为吸气时间较正常显著延长，表示气流进入肺部不流畅，从而出现吸气困难，见于上呼吸道狭窄。

（2）呼气延长　特征为呼气异常费力，表现为呼气时间较正常显著延长，表示气流呼出不畅，此为支气管腔狭窄，肺的弹性不足所致，见于马属动物的慢性肺泡气肿和慢性支气管炎等。

（3）间断性呼吸　特征为间断性吸气或呼气，即在呼吸时，出现多次短促的吸气或呼气动作。主要是由于病畜先抑制呼吸，然后进行补偿所导致。见于细支气管炎、慢性肺气肿、胸膜炎和伴有疼痛的胸部疾病；也见于呼吸中枢兴奋性降低时，如脑炎、中毒和濒死期。

（4）特征性的呼吸节律异常　又称病理性呼吸节律异常。

①陈-施（Cheyne-Stokes）二氏呼吸：又称潮式呼吸，其特征为呼吸由浅弱逐渐加强、加深、加快，当达到高峰以后又逐渐变弱、变慢、变浅，而后中断，经数秒钟至 15～30 s 的间隙，又以同样的方式重复出现（图 5-2）。这主要是由于呼吸中枢的兴奋性降低，血中二氧化碳增多而氧气减少，颈动脉窦、主动脉弓的化学感受器和呼吸中枢受到刺激，使呼吸逐渐加深、加快，待达到高峰后血中的二氧化碳减少而氧气又增多，呼吸又逐渐变浅、变慢，继而出现呼吸暂停片刻，这种周而复始的变化是呼吸中枢敏感性降低的特殊指征。此时病畜可能出现昏迷、意识障碍，瞳孔反射消失以及脉搏的显著变化。这种呼吸多是神经系统疾病导致脑循环障碍的结果，也是疾病重危的表现，见于脑炎、心力衰竭以及某些中毒，如尿毒症、药物或有毒植物中毒等。

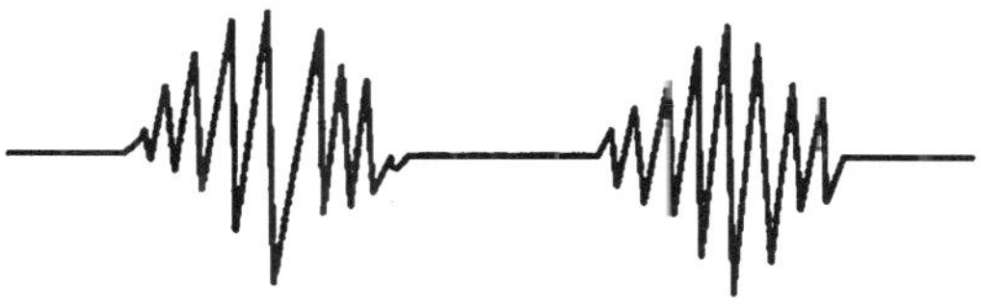

图 5-2　陈-施二氏呼吸

②毕欧（Biot's）氏呼吸：特征为连续几次深度大致相同深呼吸或呼吸暂停交替出现，即周

而复始的间断呼吸，又称间停式呼吸(图 5-3)。表示呼吸中枢的敏感性极度降低，是病情危重的标志。其常见于各种脑膜炎，也见于某些中毒和尿毒症及濒死期。

③库斯茂尔(Kussmaul)氏呼吸：又称大呼吸，其特征为深而慢的大呼吸，并没有较长的休止期，呼吸次数减少，有时仅 3 次/min 或 4 次/min(图 5-4)，伴有明显的呼吸杂音，如啰音、鼾音等。其见于酸中毒、尿毒症、濒死期等，偶尔见于大失血、脑脊髓炎和脑水肿。这是呼吸中枢极度衰竭的结果，多提示预后不良。

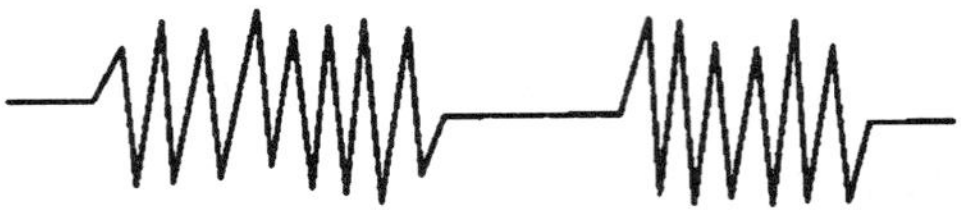

图 5-3　毕欧氏呼吸

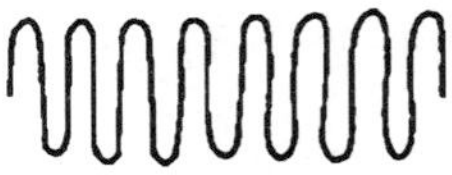

图 5-4　库斯茂尔氏呼吸

四、呼吸的对称性

健康的家畜呼吸时，两侧胸壁的起伏强度完全一致，称为呼吸对称。反之，则称为呼吸不对称。当胸部疾病局限于一侧时，则患侧的呼吸运动明显减弱或消失，而健侧则出现代偿性加强，见于一侧胸膜炎、肋骨骨折、气胸、胸腔积液、肋间神经痛等；也见于一侧性大支气管阻塞或狭窄、一侧性肺膨胀不全、代偿性肺气肿等。若两侧同时患病，病变较重的一侧减弱更加明显，临床上需仔细观察才能发现。

检查呼吸运动的对称性时，可站在动物的正后方或正后方高位处，观察两侧胸廓或胸壁的起伏运动是否一致。

五、呼吸困难

呼吸困难是动物因呼吸运动受阻而出现的一种呼吸费力和痛苦的表现，并且辅助呼吸肌也会参与呼吸运动。临床表现为呼吸频率、深度、类型和节律的改变，高度的呼吸困难称为气喘，呼吸困难是呼吸器官疾病的一个重要症状，但在其他器官患有严重疾病时，也可出现呼吸困难，呼吸困难在临床上有 3 种类型。

(1)吸气性呼吸困难　特征为吸气延长。病畜在吸气时，鼻孔开张，头颈伸展，肘头外展，四肢广踏，胸廓开张，往往伴有特异性吸入性狭窄音，呼吸次数不但不增加，反而有时减少，甚至张口呼吸。其见于上呼吸道狭窄性或阻塞性疾病，如鼻腔狭窄、喉头肿胀、咽喉炎、喘鸣症、马腺疫、血斑病、猪萎缩性鼻炎等，也可见于炭疽、猪肺疫。还可见于禽的传染性支气管炎、曲霉菌病、传染性鼻炎等。

(2)呼气性呼吸困难　特征为气流呼出不畅，呼气时需要用力，呼气时间延长。患病动物在呼气时，腹部有明显的起伏动作，可出现连续 2 次的呼气运动。高度呼吸困难时，沿肋骨弓出现较深的凹陷沟称为喘沟，同时可见背弓起，肷窝变平，出现肛门随着呼吸而抽缩运动，即呼气时肛门突出，吸气时肛门陷入。肺组织弹性减弱和细支气管狭窄、肺泡气肿、猪流行性地方性肺炎慢性过程、急性细支气管炎、禽的鸭疫巴氏杆菌病、鸡新城疫等可引起呼气性呼吸困难。此外，支气管哮喘、某些过敏性疾病引起的喉头肿胀，气管阻塞等都可引起呼气性呼吸困难。

(3)混合性呼吸困难　特征为呼气和吸气均发生困难，且伴有呼吸次数增加，深度浅表，这是肺实质换气面积减少，肺内气体交换障碍，致使血中缺氧而二氧化碳浓度升高，引起呼吸中枢兴奋的结果。临床上引起呼吸困难的疾病非常多，根据发生的原因和机理可分为以下6种基本类型。

①肺源性：此为肺部有大面积的病变，支气管也受到侵害，使肺的呼吸面积减少，肺活量降低，肺的通气不良，换气不全，使血液二氧化碳浓度增高和缺氧，导致呼吸中枢兴奋的结果。其见于各种类型的肺炎、胸膜炎、急性肺水肿及某些侵害胸肺器官的传染病，如鼻疽、结核、马的传染性胸膜肺炎、牛的出血性败血病、牛肺疫、猪肺疫、山羊传染性胸膜肺炎、家禽的禽流感、传染性喉气管炎等，也可见于支气管炎、慢性支气管炎并发肺气肿，渗出性胸膜炎、胸腔积液等。

②心源性：为心功能不全的主要症状之一，其发生原因为小循环发生障碍，因心脏排空障碍，致使肺循环淤血，肺换气受到限制，导致缺氧和二氧化碳潴留，表现为混合型呼吸困难。同时伴有心血管系统症状，运动后心跳、气喘更为严重，肺部可听到湿啰音。

③血源性：严重贫血时因红细胞数量减少或血红蛋白变形，携带氧气的功能减弱，血氧不足，导致呼吸困难，尤以运动后更加明显，见于大失血、血孢子虫病、马传染性贫血、血液寄生虫疾病等。

④中毒性：有内源性和外源性两种。

内源性：各种原因引起的代谢性酸中毒，均可引起血液二氧化碳的浓度增高和酸碱度降低，直接或间接影响呼吸中枢，增加呼吸通气量与换气量，表现为深而大的呼吸，但无明显的心肺疾病存在，可见于尿毒症、酮血症、严重胃肠炎等。此外，高热疾病时，因代谢亢进，血液温度增高以及血中毒素增加等都能刺激呼吸中枢，引起呼吸困难。

外源性：有的毒物与血红蛋白结合，使其失去携带氧气的功能，或抑制细胞内酶的活性，破坏组织内氧化过程，从而造成组织缺氧，出现呼吸困难。如亚硝酸盐中毒、氢氰酸中毒和一氧化碳中毒等；有的毒物使支气管分泌物增加，支气管痉挛和肺水肿，如有机磷中毒，也有些毒物可使呼吸中枢受到抑制，如麻醉药中毒、氨气中毒等。

⑤神经性和中枢性：重症脑部疾病，主要是由于中枢神经系统器官性病变或功能性障碍所致。颅内压增高和炎性产物刺激中枢而引起呼吸困难。某些疼痛性疾病可反射性地引起呼吸运动加深，重者可以引起呼吸困难。破伤风时，由于毒素直接作用于神经系统，使中枢兴奋性增高，呼吸肌强直性痉挛性收缩而引起呼吸因难。

⑥胃肠源性：由于腹内压增高直接压迫并影响膈肌活动而致，又称腹压增高性，如急性胃扩张、肠臌气、肠变位、肠阻塞和牛的瘤胃臌气、瘤胃积食等导致胃肠容积增大或膨胀和各种动物的腹水病等。这些疾病都可使腹压增大，直接压迫膈肌并影响膈肌和腹壁的运动，从而导致呼吸困难，严重的甚至可引起窒息而死亡。另外，疼痛也可反射性引起呼吸困难。

六、呃逆(膈肌痉挛)

呃逆，即患病动物所发生的一种短暂的急促性吸气，此为膈神经直接或间接受到刺激，使膈肌发生有节律痉挛性收缩而引起，其特征为腹部和肷部发生节律性的特殊跳动，也称腹部搏动，俗称“跳肷”。严重时，胸壁甚至全身也可出现相应的振动。振动时，可听到“咚咚”之声和呃逆声，呃逆声有的和每次心搏动同步，有的则不同。呃逆常伴发于马、骡、驴的某些中毒性疾病，血液电解质平衡失调，食滞性急性胃扩张，肠阻塞和脑及脑膜疾病等。牛、犬和猫有时也可发生。

第二节　呼出气体、鼻液和咳嗽的检查

一、呼出气体的检查

呼出气体的检查，对上呼吸道、肺脏疾病的诊断是一种重要的辅助检查方法。检查呼出气体时，检查者应注意将手背或手掌接近鼻端进行感觉，同时用手将呼出气体扇向自己鼻部嗅之进行检查。检查时应注意两侧鼻孔气流的强度是否相等、呼出气体的温度和气味有无变化和异常。应鉴别气体是来自口腔还是鼻腔的，是一侧性还是两侧性的。

(1)呼出气流的强度　对于大动物，在冬季可通过观察呼出气体凝成的水雾来判断。健康的动物两侧呼出气体的强度一致，如出现一侧弱，则可能见于该侧鼻腔狭窄、肿瘤、炎症、积脓、鼻窦肿胀等，发生时通常会伴有狭窄音及不同程度的呼吸困难。若两侧鼻腔同时存在病变，则依病变的程度和范围不同，而两侧鼻孔的气流也不一致，检查时可用双手置于鼻孔前感知或在寒冷季节直接观察呼出的气流而判断。

(2)呼出气体的温度　可用手掌或手背感觉，健康的动物呼出的气体稍有温热感，当动物体温升高时，呼出气体的温度也升高，见于上呼吸道炎症、肺炎及其他发热性疾病。呼出气体的温度降低时，见于虚弱、脑病、中毒、衰竭和严重的贫血等疾病。

(3)呼出气体的气味　健康家畜的呼出气体，一般无异常气味；鼻旁窦、肺脏、呼吸道有坏死性病变、化脓性病变或坏疽时，带腐败臭味；若呕吐物从鼻孔中流出时，呼出的气体有酸性气味；患尿毒症时，呼出气体有尿臭味；患酮病时，呼出气体有丙酮味；有机磷中毒时呼出气体带有蒜臭味。

二、鼻液的检查

鼻液是由呼吸道黏膜的分泌物、炎性产物等组成，有时还混有反流或呕吐物。正常情况下，即健康动物无鼻液或者仅有少量浆液性鼻液，牛常用舌头舔食鼻液，故从外表看不见或仅能看到少量，若见有大量鼻液，则为病理现象。马属动物、骆驼等常会以喷鼻方式喷出，若有多量鼻液时则为病理现象。当检查鼻液时，应注意其数量、性状、颜色、气味、黏稠度及有无混杂物等。

1. 鼻液的量

(1)少量鼻液　见于慢性呼吸道疾病、呼吸道炎症的初期或局灶性病变。

(2)多量鼻液　呼吸器官有急性广泛性炎症，多见于呼吸道的急性疾病和某些传染病，且表示病情已到中后期，此为黏膜充血、水肿、黏液分泌增多，毛细血管通透性增高，浆液大量渗出所致；当马患重度咽炎或食道阻塞时，可有大量唾液和分泌物经鼻返流，应注意与鼻液鉴别。

(3)鼻液的量不定　鼻液量时多时少，以患鼻旁窦炎和喉囊炎病畜最为典型。其特征为当患病动物站立时，仅有少量鼻液，但随着病畜低头、采食、咳嗽、运动后而鼻液的量增多，如鼻液从一侧流出，见于鼻旁窦的疾病、喉囊炎、额窦炎等疾病；从两侧鼻腔流出见于肺坏疽、肺脓肿、肺结核等。慢性支气管肺炎，常在早晨排出多量的鼻液。

2. 鼻液的性状

因炎症的性质及病程的长短而有所不同，随着炎症的发展，鼻液通常先是浆液性的，以后

转变成黏液性的，往后再发展成为脓性的，也有腐败性和血性鼻液。

(1)浆液性鼻液　呈无色透明，稀薄如水，为血管渗出液与黏液混合物，内含脱落的上皮细胞、白细胞、少量红细胞和黏蛋白，见于急性鼻卡他、马腺疫初期、感冒、流感等病程中。

(2)黏液性鼻液　黏稠，似蛋清样或粥样，有腥臭味，常拉成丝，含有脱落的上皮细胞和白细胞，故呈灰白色，见于呼吸道黏膜急性炎症的中期、急性上呼吸道感染、支气管炎等。

(3)脓性鼻液　黏稠混浊，呈糊状、膏状或团块状，具有脓臭和恶臭味，因所感染的化脓性细菌的不同而呈黄色、灰黄色或黄绿色，为化脓性炎症的特征。其主要见于呼吸道黏膜急性炎症的后期、化脓性鼻炎、鼻旁窦炎、马腺疫、额窦炎、开放性鼻疽、肺脓肿破溃。

(4)铁锈色鼻液　是大叶性肺炎以及传染性胸膜炎的典型症状。这是红细胞中的血红蛋白渗出，在酸性的肺炎区域中变成正铁血红蛋白所致，但在病程经过中往往只在短时间内见到。

(5)鼻液带血

①血色鲜红，且一侧流出，多见于鼻出血。

②粉红色或鲜红色而混有许多小气泡，应注意考虑是肺水肿、肺充血和肺出血等。

③大量鲜红色血液，伴有咳嗽、呼吸困难，常提示肺血管破裂，可见于肺脓肿、肺结核等。

④当脓性鼻液中混有血液或血丝时，称为脓血性鼻液，见于鼻炎、肺脓肿、异物性肺炎、牛结核、马鼻疽、羊鼻蝇幼虫等。出血性鼻液还见于炭疽、出血性败血症、血斑病、牛白血病及一些中毒性疾病。猪的传染性萎缩性鼻炎，也可见到血性或混血性鼻液。鼻腔肿瘤、癌变时鼻液呈暗红色或果酱状。

(6)腐败性鼻液　常呈污秽不洁的褐色和暗褐色，具有尸臭味或腐败味，有组织崩解不全的团块，常见于坏疽性鼻炎、腐败性支气管炎、肺坏疽等。

3. 一侧性或是两侧性

单侧鼻液见于单侧鼻腔、喉囊和鼻旁窦的疾病、炎症、肿瘤、鼻疽等，鼻液往往只从患侧流出；双侧鼻液多表示喉以下部位疾病或上部双侧病变。

4. 混杂物

鼻液中的混杂物，按其性质和成分可分为以下 3 种。

(1)鼻液中混有唾液、饲料残渣等　此为吞咽或咽下障碍引起食物返流所致，见于咽炎、咽麻痹、食道阻塞、食道麻痹、食道痉挛、食道肿瘤、严重的瘤胃积食、真胃阻塞等。

(2)呕吐物　各种动物呕吐时，胃内容物也可从鼻孔中流出，其特征为鼻液中混有细碎的食物残粒，呈酸性，并带有难闻的酸臭气味，常提示来自胃和小肠。马属动物腹痛时，伴有呕吐动作，胃内容物从口鼻中排出，俗称鼻流“粪水”，多提示急性胃扩张且表明疾病严重。往往是胃破裂的先兆，常常会伴有呕吐。

(3)气泡　鼻液中常常带有气泡，呈泡沫状，无色或混有血液而呈粉红色或红色，小气泡提示来自深部细支气管和肺，见于肺水肿、肺充血、肺出血、肺气肿和慢性支气管炎等，大气泡来自上呼吸道和大支气管。

(4)各种细胞

①红、白细胞：鼻液中含有少量白细胞，表示呼吸道有一般炎症；若出现大量脓细胞，则表示呼吸道有化脓性炎症。脓细胞由白细胞变性而来、呈圆形或不规则形，胞浆中有变质颗粒，胞核形态不清。鼻液中出现红细胞，表示呼吸道有出血性病变。

②上皮细胞：鼻液中可见到圆形、柱形或鳞状上皮细胞。圆形细胞来自肺泡，柱形细胞来自气管和支气管，鳞状细胞来自鼻、咽、喉等部。慢性支气管炎可见到大量变形和坏死的上皮细胞和杯状细胞。

外鼻液中有时还会见到寄生虫，如羊鼻蝇幼虫、肺丝虫等。

5. 弹力纤维检查

怀疑有肺组织溶解、破溃时的检查。方法：取黏稠鼻液（2～3）mL＋等量的10%氢氧化钠，边加热边振荡，然后冷却离心，倒去上清液取沉淀物滴于载玻片上，覆以盖玻片镜检，在显微镜下弹性纤维呈透明的折光性较强的细丝状弯曲，呈双层轮廓，两端尖式分叉，常积聚成团而存在。

6. 鉴别诊断

首先，应根据鼻液的性质、数量、颜色、单侧或双侧，结合临床检查结果确定疾病的原因、部位和炎症性质。必要时可进行X线检查以确定疾病的部位和性质。当怀疑为传染病时，应进行微生物及血清学检查。其次，要了解疾病与环境的关系，注意环境中花粉、饲草中真菌孢子等过敏原对呼吸道的刺激。

三、咳嗽

咳嗽是一种保护性反射动作，借以排除呼吸道内的炎性分泌物和异物等，其感受器位于咽、喉、气管、支气管、胸膜，传入神经是舌咽神经和迷走神经，中枢为延髓的咳嗽中枢，传出神经为运动神经，然后引起咳嗽动作，先深呼吸，声门关闭继以突然剧烈呼气，气流猛冲击声门而发出的特征性的声音。咳嗽虽是保护性反射，但也为病理状态。当咽、喉、气管、支气管、肺和胸膜等器官受到炎症、温热、机械和化学等因素的刺激时，通过分布于各器官的舌咽神经和迷走神经分支传到延脑呼吸中枢，由中枢再将冲动传向运动神经，而引起咳嗽动作。同时咳嗽也是有害的，它可使呼吸道内的感染扩散，剧烈的咳嗽可使受损伤的呼吸道出血，长期咳嗽是导致肺气肿形成的一个因素，频繁的咳嗽还可以引起动物呕吐、大小便失禁，通过咳嗽可使病原菌随分泌物播散而引起疾病传播。

此外，当肺水肿和肺充血时肺泡和支气管内有浆液性漏出物，也可引起咳嗽。在特殊情况下，咳嗽可因呼吸器官以外的迷走神经末梢受到刺激而引起，如来自外耳道、舌根、腹部器官受到刺激时可反射性地发生咳嗽，有人曾指出，肝脓肿偶尔也引起咳嗽。

检查咳嗽时，应注意咳嗽的频度、性质、强度以及是否带有疼痛。咳嗽的检查方法，可向畜主询问了解患病动物有无咳嗽及发生咳嗽的性质，也可听取患病动物自发的咳嗽，必要时可进行人工诱咳法进行检查。

马的人工诱咳比较简单，用手指捏支气管第1软骨环、第2软骨环或喉部杓状软骨，则很容易诱发咳嗽，但个别反应迟钝或精神沉郁的马则不敏感。

健康牛用此方法引起咳嗽相当困难，但短时间闭塞鼻孔，使之引起深呼吸，即可诱发咳嗽，此法特别适用于下呼吸道疾病的检查，故对任何肺部疾病的可疑病畜，应做此项检查。

1. 频度

(1)根据咳嗽的次数分类

①单发性咳嗽：每次发生一到数次咳嗽，表示呼吸道内有异物或分泌物，待呼吸道分泌物或异物被排出后则咳嗽停止。常反复发作，且有周期性，故又称周期性咳嗽。

②频咳：频繁而连续的咳嗽，严重者可呈痉挛性咳嗽，见于呼吸道黏膜受到强烈的刺激。例如，急性喉炎、慢性肺泡气肿、胸膜炎、吸入性肺炎、上呼吸道感染、弥漫性支气管炎、支气管肺炎、猪肺疫、猪喘气病、幼畜肺炎、猪蓝耳病等，有时也可见到肿瘤压迫返回神经末梢引起。此外，少量异物进入呼吸道后会引起急剧的频咳。

(2)根据咳嗽发生的持续时间分类

①经常性咳嗽：慢性呼吸道疾病可引起经常性咳嗽，咳嗽持续数周、数月，甚至更长时间，此与经常性刺激有关，常见于慢性支气管炎、慢性肺气肿、结核、慢性阻塞性肺病、猪喘气病、猪和羊的肺线虫病、肺棘球蚴病。

②发作性咳嗽：特征为具有突然性和暴发性，咳嗽剧烈而痛苦，连续不断，且带疼痛，表示呼吸道内有强烈的刺激，见于急性喉炎、呼吸道异物、异物性肺炎及吸入刺激性较强的气体等。

2. 性质

(1)干咳　咳嗽的声音清脆，干而短，表示呼吸道内无渗出物或仅有少量或黏稠的分泌物。主要见于喉、气管异物、胸膜炎、急性呼吸道黏膜炎症的初期、慢性支气管炎、牛结核等。

(2)湿咳　咳嗽的声音钝浊，湿而长，咳嗽后往往有吞咽动作，表示呼吸道内的稀薄渗出物往往随咳嗽从鼻孔中流出多量鼻液。其见于咽喉炎、支气管炎、支气管肺炎、肺脓肿、肺坏疽等。

3. 强度

咳嗽的强度与呼吸肌的收缩、肺的弹性、呼气的强度和速度有关，也和发病的部位和病变的性质有关，临床上一般分为强咳和弱咳。

(1)强咳　当肺组织弹性正常，而喉、气管患病时，则咳嗽强大有力，见于呼吸道炎症或异物刺激，表明肺组织弹性良好。

(2)弱咳　当肺组织有浸润、毛细支气管有炎症时或肺泡气肿时，引起肺组织弹性降低，咳嗽低弱或嘶哑，也称哑咳。此外，低弱的咳嗽也见于一些疼痛性疾病，特别是胸部疼痛的疾病时，当全身极度衰弱、声带麻痹时，咳嗽极为低弱，甚至几乎无声音。

4. 痛咳

咳嗽带痛苦症状常见于急性喉炎、胸膜炎、异物性肺炎、呼吸道异物、创伤性网胃心包炎等疾病。

第三节　上呼吸道检查

一、鼻的检查

1. 外部观察

①鼻孔周围皮肤组织可发生各种各样的病理变化，如鼻翼周围有否肿胀、水疱、脓包、溃疡、结节等，这些变化可起因于皮肤或口腔，也可因鼻黏膜疾病而继发。许多传染病如口蹄疫、羊痘、炭疽等，常表现为鼻孔周围组织有局限性或弥漫性肿胀。猪水疱病、脓疮性口炎、山羊传染性脓包疮等均可见到鼻孔周围有水疱、脓包及溃疡等病变。鼻孔周围组织肿胀，可见于血斑病、纤维素性鼻炎、异物刺伤等。鼻孔周围结节，见于牛的丘疹性口膜炎和牛的坏死性口膜炎。

②长期流鼻液时，鼻液流过的皮肤失去色素，引起一条白色斑条，称为鼻分泌沟。

③鼻甲骨变形，包括增生、肿胀、萎缩和凹陷等，鼻甲骨增生、肿胀见于严重的软骨病鸡肿

瘤。鼻甲骨萎缩使鼻腔缩短、鼻盘翘起或歪向一侧是猪传染性萎缩性鼻炎的特征。鼻甲骨凹陷、肿胀、疼痛则多见于外伤。

④鼻部痒感，病畜常常在槽头、木桩、墙壁等东西上擦痒，小动物常用前肢搔痒，主要见于鼻卡他、萎缩性鼻炎、鼻腔内外寄生虫、异物刺激及吸血昆虫的刺咬、饲草中含有过多尘土等。长期的擦痒可使鼻部皮肤擦破，甚至引起炎症。

⑤鼻端干燥，牛鼻镜、猪鼻盘和犬、猫的鼻端有特殊的分泌组织，健康动物这些部位经常呈湿润状态。当机体持续发热或代谢紊乱时，鼻端表现干燥，并有热痛感，甚至发生龟裂，见于牛流感、牛瘟、猪瘟、猪丹毒、犬瘟热及其他发热性疾病。鼻端干燥为判断健康与否的指标之一。

2. 鼻腔黏膜的检查

马的鼻孔宽大，鼻翼柔软而易开张，鼻腔的前 1/3 部可以直接进行视诊检查，其他动物的鼻孔狭窄，检查时有一定的困难。鼻腔黏膜的检查对马属动物的鼻疽、鼻炎、流行性感冒等疾病的诊断特别重要。

鼻黏膜的检查方法主要是视诊和触诊，视诊的光线以白天自然光最好，必要时可用开鼻器、反光镜、头镜和手电筒等进行检查。检查时，要适当将病畜的头抬高，使鼻孔对准光源，用手指或开鼻器打开或扩张鼻孔，使鼻黏膜充分暴露，再进行检查。

正常马的鼻黏膜呈淡红色，略带淡蓝色的色彩，湿润有光泽，表面略有颗粒，近鼻中隔处表面凹凸不平，为腺体的出口，鼻孔底部中央黏膜与皮肤连接处，有鼻泪管的开口。其他家畜的鼻黏膜的正常颜色为淡红色，有的牛鼻孔周围的鼻黏膜上有色素。

检查鼻黏膜时，应注意其颜色，有无肿胀、水泡、溃疡、结节、瘢痕、肿瘤及损伤等。

(1)颜色　动物的正常鼻黏膜为红色或淡红色，湿润有光泽，马的鼻黏膜较深部的鼻中隔因有很多静脉和血管间隙而略呈淡蓝红色，鼻黏膜湿润而光滑，表面略有细微颗粒。鼻中隔的表面有细小的点状凹陷，为腺体的开口，鼻孔底部中央黏膜与皮肤连接处，为泪腺外口，大如扁豆。其他动物的鼻黏膜为淡红色，但有些牛在鼻孔附近常有色素沉积，检查时应予以注意。在病理情况下有发红、黄、白、蓝、紫色、出血性斑点等变化，其临床意义大致与结膜变化相同，鼻黏膜发红，见于发热、鼻卡他、流行性感冒、鼻疽及各种全身性疾病；而出血性斑点，则见于败血症、血斑病和马传染性贫血等。鼻黏膜发白，见于各种类型贫血。鼻黏膜发黄，见于胆结石、胆囊炎、肝片吸虫病、十二指肠炎症、血红蛋白尿症、新生幼驹溶血症、马传染性贫血、肝营养不良等。鼻黏膜发绀，见于各种类型肺炎、胸膜炎、心力衰竭、磺胺类药物中毒、非那西丁中毒等。

(2)肿胀　鼻黏膜表面光滑平坦，颗粒消失、闪闪发光，即为肿胀的表现，见于鼻卡他，也可见于马腺疫、流感、鼻疽、血斑病、牛恶性卡他热、犬瘟热等。

(3)水泡　由粟米大到黄豆大小，有的水泡融合在一起破溃形成糜烂，还有的会进一步发展形成脓疱，并有黏稠脓样渗出物。其主要见于马传染性脓疱性鼻炎、口蹄疫、急性鼻卡他、猪水疱病和烧伤等。

(4)结节　初期呈现浅灰色，后期呈黄白色，由粟米到黄豆大小，界限清晰，周围有红晕者为鼻疽性结节，多分布在鼻中隔黏膜。

(5)溃疡　浅在性溃疡偶见于鼻炎、马腺疫、血斑病和牛的恶性卡他热等；马的深在性溃疡，特征为有堤状边缘，不整齐，中心如火山口状，底部深，且覆以白膜，有时严重的溃疡可造成鼻中隔穿孔，为马鼻疽溃疡的特征。

(6)斑痕　鼻中隔下部黏膜上有弓形线状、弯曲的小斑痕，多是损伤引起，马属动物鼻中隔上有星芒状斑痕，为鼻疽的特征。

(7)肿瘤　比较少见，鼻腔的肿瘤呈疣状凸起，单发或多发，大的如蚕豆或更大，蒂短或无蒂，与基部黏膜紧密相连。肿瘤表面光滑闪光，或呈不规则的结节状，或呈污秽不洁的菜花样，质地柔软。在临床上可见于鼻息肉、乳突瘤、纤维瘤、血管瘤和脂肪瘤等。癌和肉瘤极为少见。鼻腔肿瘤的确切性诊断，须做病理组织学检查。

(8)损伤　可见鼻黏膜上有外伤。多由于采食带有芒刺的饲草而刺伤，或检查鼻腔、通过鼻腔插胃管时动作过于粗暴等引起。

二、上呼吸道杂音

健康的家畜呼吸时，一般无特异的声音，在病理情况下，病畜常伴随呼吸运动出现特殊的呼吸杂音，因这些杂音都来自上呼吸道，也称上呼吸道杂音。上呼吸道杂音包括鼻呼吸杂音、喉狭窄音、喘息音、呻吟声等。

1. 鼻呼吸杂音

(1)鼻腔狭窄音　又称为鼻塞音，此为鼻腔狭窄所致，其特征为病畜呼吸时产生异常的狭窄音，吸气比呼气更加响亮，并有吸气性呼吸困难。鼻腔狭窄音，一般分为干性和湿性两种。

①干性狭窄音：呈口哨声，提示鼻腔黏膜高度肿胀，或有肿瘤和异物存在，使鼻腔变狭窄。当呼吸时，气流通过狭窄的孔道而产生声音。

②湿性狭窄音：呈呼噜声，表示鼻腔内积聚多量黏稠的分泌物。当气流通过时发生振动而引起声音。

(2)喘息声　为高度呼吸困难而引起的一种病理性鼻呼吸音，但鼻腔并不狭窄。其特征为鼻呼吸音显著增强，呈现粗大的"赫赫"声，以呼气时较为明显。此时病畜伴有呼吸困难的综合症状。喘息声常见于发热性疾病、肺炎、胸膜肺炎、严重的急性胃扩张、急性瘤胃臌气、肠臌气和肠变位的后期。

(3)喷嚏　主要见于羊和猪，犬、猫和禽类也可发生，为一种保护性反射性动作。当鼻黏膜受到刺激时，反射性地引起暴发性呼气，振动鼻翼产生的一种特殊声音。其特征为病畜仰首缩颈，频频喷鼻，甚至表现摇头、擦鼻、鸣叫等。

(4)喷鼻　主要见于马，为鼻黏膜受到刺激反射性地引起突然呼气，振动鼻翼而发出的声音。健康马可因生人、不习惯的声音、吸入灰尘和刺激性气体而引起喷鼻，骆驼也有喷鼻现象。偶有喷嚏提示情况问题不大，但经常性的喷鼻则为病理征象，见于鼻卡他、鼻腔异物等。

(5)呻吟　主要见于牛，其他家畜也可发生。呻吟为深吸气之后，经半闭的声门做延长的呼气而发出的一种异常声音，呻吟常表示疼痛和不适。

2. 喉狭窄音

在正常情况下，喉及气管可以听到类似"赫赫"的声音。此为气流冲击声带和喉腔产生旋涡运动所致。

在病理情况下，当喉黏膜发炎、水肿或有肿瘤和异物存在时可导致喉腔狭窄变形，在呼吸时即可产生异常的狭窄音。其性质类似口哨声和呼噜声，甚至拉锯声。有时声音相当强大，以致在数十步之外都可听见。

喉狭窄音是一种最常见的上呼吸道杂音，应注意与来自鼻、咽和气管的杂音鉴别。

3. 喘鸣音

喘鸣音为一种特殊的喉狭窄音，是返神经麻痹、声带迟缓、喉腔狭窄，吸气时因气流摩擦和环状软骨及声带边缘振动而产生病理性呼吸音，即喉狭窄音通常称为喘鸣症。主要见于马属动物。

4. 啰音

当喉和气管有分泌物时，可出现啰音。如分泌物黏稠时，可听到干啰音，即吹哨音或咝咝音。分泌物稀薄时，则出现湿啰音，即呼噜声或猫喘音。其见于喉炎、咽喉炎、气管炎和气管异物等。

5. 鼾声

鼾声是一种特殊的呼噜声。此为咽、软腭或喉黏膜发生炎症肿胀，增厚导致气道狭窄，呼吸时发生震颤所致；或由于黏稠的黏液、脓液或纤维素部分地黏着在咽、喉黏膜上，部分地自由颤动产生共鸣而发生。

三、鼻旁窦的检查

鼻旁窦的检查包括额窦（由额骨、鼻骨后部及泪骨共同构成）、上颌窦（由泪骨、颧骨和上颌骨共同构成）、蝶腭窦和筛窦 4 部分，它们均直接或间接与鼻腔相通。临床上主要检查额窦和上颌窦，检查方法多用叩诊、触诊和视诊，有条件的情况下可用 X 线拍片检查或进行圆锯术、穿刺术等检查。

（1）视诊　当发生鼻旁窦炎时，常常从单侧或两侧鼻孔排出多量鼻液。注意其外形有无变化，额窦及上颌窦区隆起、变形，见于鼻旁窦积脓，软骨病和骨质软化症，肿瘤、牛恶性卡他热，外伤和局限性骨膜炎，牛上颌窦区肿胀还见于放线菌病。

（2）触诊　注意敏感性、温度和硬度，触诊必须两侧对照进行。窦部病变较轻时，触诊往往无明显变化；敏感性和温度增高，见于急性鼻旁窦炎、急性骨膜炎；局部骨壁凹陷和疼痛，见于外伤；窦区隆起变形，无痛、坚硬，见于骨软症、肿瘤和放线菌病。

（3）叩诊　健康家畜窦区叩诊呈清脆高朗的空匣音，如为浊音，则表示窦腔积液或被异常组织充塞，见于鼻旁窦蓄脓、肿瘤、骨质增生。叩诊时应先轻后重，两侧对照进行，如此可以提高叩诊的准确性。

四、马耳咽管憩室的检查

马耳咽管憩室是马属动物所特有的，为耳咽管的膨大部，旧称为喉囊。正常时，位于咽的上方，耳根和喉头中间、头骨和寰椎之间的下方，下颌支的后方，腮腺的上内方，能通过视诊、触诊检查。当耳咽管憩室内有渗出物积聚时，视诊耳咽管憩室区肿胀隆起，触诊有热和疼痛反应，软而有波动感，压迫时缩小且同侧鼻液量增加，此时叩诊呈浊音，如耳咽管憩室蓄脓同时存在大量气体时，则叩诊可呈鼓音或金属音。

严重的耳咽管憩室炎引起的肿胀，可引起喉头狭窄和吞咽困难，马属动物会频频咳嗽，头颈伸直，活动不自如等，该病常伴发或继发于马腺疫。

（1）视诊　喉囊内有渗出物或蓄脓时，喉囊区明显肿胀隆起，通常为一侧。当喉囊严重发炎时，可引起颈前区肿胀，咽上和颌下淋巴结肿大，多并发咽峡炎，频发咳嗽，重症者可引起呼吸困难，头颈伸直或活动不自如。

（2）触诊和叩诊　喉囊发炎时触诊有热感、肿胀和疼痛反应。当喉囊蓄脓或有渗出物时．

触诊有热和疼痛反应，质地柔软而似气垫状。或有弹性和波动感，压之缩小，偶发排水音。在触诊时同侧鼻孔往往流出鼻液或鼻液量增加。囊内若有大量积液时叩诊可出现浊音。若有大量气体产生时，则叩诊呈鼓音，甚至有金属音。

(3)听诊　喉囊部严重肿胀时，可导致喉部狭窄，听诊可听到喉狭窄音或喘鸣音。

(4)穿刺术　当喉囊炎或喉囊蓄脓时，为了检查其内容物性状或排出炎性渗出物，可实施喉囊穿刺。喉囊穿刺主要用于诊断、治疗喉囊炎或喉囊蓄脓。穿刺点在马第一颈椎突起部中央前外缘一横指处。术前使马以头颈下垂伸张姿势站立保定，防止头部左右摆动。术部剪毛消毒后，用10～12号的穿刺针与皮肤垂直刺入皮下，然后将针头转向对侧外眼角的方向慢慢刺入。刺入深度，壮马为5～7 cm，幼驹为3～5 cm。当刺达喉囊膜时会感到微有抵抗，穿破喉囊膜后，则抵抗消失，针下有空虚感，此时可再继续推针1～2 cm，然后拔出穿刺针芯，将穿刺针接上注射器，注入少量生理盐水。此时，鼻孔内如有液体流出，则证明刺入部位正确；如鼻孔内或针头内有脓性液体流出，则表示喉囊有化脓性炎症。

五、喉和气管的检查

1. 外部检查

(1)视诊　注意有无肿胀，是冷肿还是热肿，有无塌陷和变形。喉部肿胀，主要是喉部皮肤和皮下组织炎性浸润的结果，此时患病动物呈现呼吸和吞咽困难。马的喉部肿胀见于咽喉炎、喉囊炎、马腺疫和某些中毒等；牛的喉部肿胀见于牛肺疫、恶性水肿、化脓性腮腺炎、牛出血性败血症等；猪的喉部肿胀见于急性猪肺疫、猪水肿病等，羊头颈部皮下水肿见于各种寄生虫病，尤其是肝片吸虫病。气管及垂皮处冷肿，同时伴发咳嗽，多见于心脏瓣膜疾病或创伤性心包炎。喉及气管区的肿胀，有时尚见于结核病和放线菌病。某些过敏性疾病会出现喉部肿胀而影响呼吸。

(2)触诊　借以判断喉及气管的敏感性、温热感、疼痛和咳嗽反应，并可确定肿胀的性质、有无喉震颤等。

①喉及气管有重剧的急性炎症时，触诊有热疼痛反应，并易引起咳嗽。

②喉黏膜上有黏稠分泌物、水肿、狭窄和声带麻痹时，触诊可感到喉头震颤，似喉壁有明显的波动。

③马患喘鸣症时，压迫健康一侧的勺状软骨，颤动轻微；如压迫右侧勺状软骨，则震颤加剧，且呼吸困难增重，甚至发生窒息现象。压迫病侧时，则振动轻微。

④喉水肿时喉壁的颤动最为明显。

⑤气管炎并发咳嗽时，触诊表现敏感。

(3)听诊　健康的家畜在喉部可听到"赫赫"的声音，称为喉呼吸音，是气流冲击声带和喉壁形成旋涡而产生的声音。这种声音可沿整个气管向内扩散，逐渐变柔和；在气管处听到的称为气管呼吸音，在胸部支气管听到的称为支气管呼吸音。这种声音的性质基本相同，仅由于传导条件不同而稍有变化，在病理情况下，喉和气管呼吸音可出现各种变化。

在病理情况下，喉和支气管呼吸音的变化如下。

①呼吸音增强："赫赫"音增强，粗粝，见于各种原因引起的呼吸困难。

②狭窄音：出现一种类似口哨声，"咝咝"声或拉锯声，有时异常响亮，在数十步以外也可听到。是由于喉及气管狭窄和变形引起，见于各种引起喉肿胀的疾病，如马喘鸣症、肿瘤、牛出血性败血症等。

③啰音：当喉及气管内有分泌物时，可出现啰音，分泌物黏稠时可听到干啰音，如“咝咝”声、“嗡嗡”声；分泌物稀薄时，可听到湿啰音，如水泡声。

2. 内部检查

诊断的方法为视诊，中小家畜及家禽可将头略高举，用开口器打开口腔，并用压舌板压下舌根，对着光源观察喉黏膜的病变；大家畜可借助喉气管镜或喉镜进行检查，必要时实施气管切开术，从切口观察气管黏膜的变化。在检查时应该注意检查喉和气管黏膜有无充血、肿胀以及有无异物和肿瘤等。鸡发生传染性喉气管炎时，喉黏膜明显肿胀，并有黄白色伪膜。

第四节　胸部和肺部的检查

胸部、特别是肺的检查，为呼吸系统检查的重点，其临床检查方法为视诊、触诊、听诊和叩诊。其中，听诊和叩诊尤为重要，另外，尚可进行 X 线检查。

一、胸廓的检查

1. 视诊

视诊包括胸廓的形状、胸部皮肤的变化、对称性、胸壁有无损伤、变形、肋骨及肋间隙有无异常，及其他病变和肿胀及捻珠状突起。

(1)桶状胸　特征为胸廓向两侧扩大，左右横径显著增加，肋骨间隙变宽，胸廓横截面呈圆桶形，这是由于肺组织弹性减退，肺泡内气体过度充满的结果。肋骨的倾斜度减小，肋间隙变宽。

(2)扁平胸　特征为胸廓狭窄而扁平，左右径显著狭小，呈扁平状。其可见于各种骨软症、营养不良和慢性消耗性疾病，有的动物胸骨柄明显向前突出，常常伴有肋骨与肋软骨结合处有串珠状肿胀。

(3)两侧胸廓不对称　表现为患侧胸壁平坦而下陷，肋间隙变窄，而对侧常呈代偿性扩大，致使两侧胸壁明显不对称，见于肋骨骨折、单侧性胸膜炎、胸膜粘连、骨软症和代偿性肺气肿等，此时呼吸的均匀性也发生改变。

胸廓皮肤的变化应注意创伤、鞍伤、皮下气肿、丘疹、溃疡、结节、胸前和胸下浮肿及局部肌肉震颤。胸廓的创伤、甲部鞍伤等外科疾病，一看便知；胸壁皮下气肿，多见于外伤。马胸侧沿淋巴管分布的结节和溃疡性病变应考虑皮肤鼻疽和流行性淋巴管炎。

胸壁的散在性扁平丘疹，常提示荨麻疹；伴有痒感的小结节样疹、水疱以至皮肤增厚、脱毛落屑等应考虑螨病或湿疹。

胸前、胸下的浮肿多见于创伤性心包炎、心力衰竭、重度贫血和营养不良等。在马传染性贫血流行地区更要注意传染性贫血。此外，渗出性胸膜炎时，可见胸下有大面积浮肿。肘后、肩胛和胸壁肌肉震颤，常见于发热病的初期。疼痛性疾病、中毒、某些代谢性疾病和神经系统疾病时也可见到。

2. 触诊

(1)胸壁状态　胸壁有脓肿、外伤及炎症等时，触诊能发现局部隆起和凹陷及其范围的大小，同时也可判断是否增温，此时务必左右对照检查。

(2)敏感性　触诊时病畜躁动不安、回顾、躲闪、反抗或呻吟等，表示胸壁有疼痛感，见于胸膜炎、肋骨骨折、胸壁的皮肤、肌肉或肋骨发炎等疼痛性疾病。有时性情不驯服的动物常拒绝触压来检查胸廓，甚至有摇尾、踢人及企图咬人等动作，此时易与胸廓敏感相混，因此检查时应注意，可先轻抚动物，使其习惯后再进行触压检查。

(3)胸膜的震颤　表现为皮毛有一些轻微的颤动。这是由于患胸膜炎时，胸膜表面沉积纤维蛋白而变粗糙，呼吸时胸膜的脏层与壁层之间发生摩擦而产生，触诊胸廓可感知震颤，通常呼吸两相均可触及，但有时只能在呼吸末期触到。当大气管内啰音粗大时，触诊胸壁也有轻微的震颤感，称为支气管震颤，见于异物性肺炎和肺脓肿破溃等，胸腔积水时运动也可产生胸廓震颤。

(4)肋骨局部变形　见于佝偻病、软骨病、慢性氟中毒和肋骨骨折等。

(5)皮下气肿　胸部皮下组织有气体积存时称为皮下气肿，以手按压皮下气肿的皮肤，引起气体在皮下组织内移动，可出现捻发音，严重者气体可由胸壁皮下向颈部、腹部或其他部位的皮下蔓延，多见于间质性肺气肿。

二、胸、肺的叩诊

叩诊是胸、肺检查的重要方法之一，目的在于了解胸腔内各脏器的解剖关系和肺在正常体表的投影，根据肺叩诊区和叩诊音的变化来判定胸腔和肺的物理状态，从而为诊断疾病提供重要的依据。同时，叩诊也是一种刺激，根据动物的反应，来判断胸膜的敏感性或疼痛等。叩诊时应按一定的顺序，一般是先划出髋关节水平线、坐骨关节水平线和肩关节水平线，然后按上述 3 条水平线，由前向后，按肋间顺序依次叩击。胸、肺的叩诊方法一般分为大家畜叩诊法和小家畜叩诊法两种。

1. 大家畜叩诊法

大家畜主要用锤板叩诊法。本法引起的振动较深，有利于深在病变的发现。叩诊时，一手持叩诊板，顺着肋间隙，纵放、密贴；另一手持叩诊锤，以腕关节为轴，垂直地向叩诊板上做短促的叩击。一般每点连续叩击 2～3 下，再移至另一处。叩诊肺区时，应沿肋骨水平线，由前至后依次进行，称为肺区水平叩诊法。也可自上而下沿肋间隙进行，称为垂直叩诊法。不论应用哪一种方式都应叩完整个肺部，进行对比分析。

2. 小家畜叩诊法

小家畜用指指叩诊法。即以左手中指作叩诊板，而以弯曲的右手中指作为叩诊锤。在叩诊时，板指要密贴于肋间隙并和肋间隙平行，其他手指宜略微抬起，勿与体表接触；叩指要与叩击部的体表垂直，以腕关节的活动为主，避免肘关节和肩关节参与运动。叩击的动作要灵活、短促，富有弹性。叩诊的顺序和大家畜相同。

叩诊力量的强弱或轻重，应依体壁的厚薄和病灶的深浅而定。胸壁厚，病变深在，宜用重叩诊；反之用轻叩诊。小家畜比大家畜轻。为确定叩诊区和病变的界限时，宜用轻叩诊。叩诊的强度应大致相等。当发现病理性叩诊音时，可交替使用轻、重叩诊，并和正常的音响进行反复仔细对比，同时还应和对侧相应部位作对照和鉴别。如此才能较为准确地判断病理变化。

3. 叩诊胸、肺时的注意事项

①叩诊胸、肺时，必须在较为宽敞的室内进行，才能产生良好的共鸣效果。

②叩诊时室内要安静，避免任何嘈杂声音的干扰。

③叩诊的强度要均匀一致，切勿一轻一重。如此才能比较两侧对称部位的音响。但为了

探查病灶的深浅及病变的性质，轻重叩诊可交替使用。因为轻叩诊不易发现处于深部的病变，重叩诊不能查出浅在的小病灶。

④叩诊胸、肺侧，不仅要有正确的叩诊方法，而且还要准确地判断叩诊音的变化。因此，必须熟悉正常叩诊音，只有这样才能发现和辨别病理性叩诊音。

⑤叩诊胸、肺时，要注意病畜的表现，有无咳嗽和疼痛不安现象出现。

4. 正常家畜的叩诊区

健康家畜肺区：叩诊时产生清音的区域为肺脏的正常叩诊区，表示肺脏在体表投影的可检查部分，并不代表肺的实际大小，因肺的前部被发达的肌肉和骨骼所掩盖，以致不能用叩诊检查，肺后界随呼吸略有变动，下面所述的肺后界只是呼气和吸气间中途位置（表 5-1）。

表 5-1 各种家畜肺叩诊区的后界（按肋骨计算）

种类	肋骨数	髋结节线	坐骨结节线	肩端线	终点
马	18	16	14	10	5
牛（羊）	13	11		8	4
猪	14～15	11～12	8～9	7	4
骆驼	12	10		8	6
犬	13	11	10	8	6

（1）马的叩诊区　为近似直角三角形，其前界自肩胛骨后角为顶点，沿肘肌向下行垂直至第 5 肋间的心浊音区所划直线；上界自肩胛骨后角向后引一水平线至第 17 肋骨的上端，与脊柱平行，并距背正中线约一掌宽（8～10 cm）；后界呈弧形，自第 17 肋骨上端向前、向下并经过下列各点，通过髋关节水平线与第 16 肋骨的交点，再继续向前、向下通过坐骨结节水平线与第 14 肋骨间的交点，继续向前通过肩端水平线与第 10 肋间的交点，最后向前延伸至第 5 肋间的心脏相对浊音区为止的近似三角形，为马的两肺叩诊区。但在兽医临床上有时为了方便操作，通常后界的画线是从倒数第 2 肋骨（即第 17 肋骨）的基部向前下方，通过第 11 肋骨的中点，向肘突画一弧线，这样范围与上述的界限基本一致。

（2）牛（羊）的叩诊区　前界自肩胛骨后角为顶点沿肘肌向下画类似“S”形的曲线，止于第 4 肋间的心脏浊音区；上界与马的相似，从肩胛骨后角向后画一条水平线，止于第 12 肋骨上端，后界也为弧形，从第 12 肋骨上端向前、向下通过髋关节水平线与第 11 肋骨的交点和肩端水平线与第 8 肋间的交点，止于第 4 肋间的一条向后突出的弧线。此外，在瘦牛尚有肩前叩诊区，在第 1～3 肋间，上界到肩胛嵴宽 6～8 cm，下界狭细，到颈沟宽为 2～3 cm，其叩诊音响不如胸部清楚，可帮助诊断结核和地方流行性肺炎，犊牛肺炎在此区叩诊更有诊断意义。

（3）骆驼的肺部叩诊区　大致与牛相同，唯一不同的是前界为一条直线，后界起自第 12 肋骨与上界交界处，向前、向下经髋关节水平线与第 10 肋间之交点，肩端水平线与第 8 肋间之交点止于第 6 肋间的肋骨与肋软骨接合处。

（4）猪叩诊区　前界与马相同，上界距背中线 4～5 指宽（8～10 cm），后界起自于第 11（或 12）肋间，向前、向下经坐骨结节水平与第 8（9）肋骨之交点，肩端水平线与第 7 肋间之交点，止于第 4 肋间，肥猪其肺叩诊界不清楚，其上界往往下移，瘤胃则后移。

（5）犬的肺叩诊界　为真正的三角形，其前界为自肩胛骨后角沿肘肌后缘所行的线，向下止于第 6 肋间，上界的距离距脊柱 2～3 指宽（3～6 cm）的水平线，后界起自第 12 肋骨与上界之交点，向前、向下经髋结节水平线与第 11 肋骨之交点，坐骨结节与第 10 肋骨之交点，肩端水平线与第8肋间之交点，止于第6肋间下部与前界相交。

5. 叩诊区的病理变化

其表现为叩诊区扩大或缩小，由于动物叩诊区可因胸廓形状、营养状态及妊娠等因素而改变，因此临床上其变动范围与正常叩诊区相差2～3 cm或以上时，才可认为是病理现象。

(1)肺叩诊区扩大　是肺过度臌胀或胸腔积气的结果。当肺过度膨胀时，则心绝对浊音区缩小，肺界后移。

①肺过度臌胀

急性肺气肿：肺叩诊界可后移至最后肋骨，心绝对浊音区缩小或消失，呼气困难。

慢性肺气肿：大动物肺叩诊界主要是向后下方后移2～10 cm，同时向下方扩大，但心浊音区由于右心肥大之故常无明显变化，呼气困难明显。

两种肺气肿的区别主要是发生的过程不同，急性肺气肿伴有心浊音区缩小，而慢性肺气肿无明显的变化，但伴有右心室肥大。

②胸腔积气：肺后界可达膈的附着线，甚至向后方超过2～4 cm，呈混合性呼吸困难，此点可与肺气肿区别。

(2)肺叩诊区缩小　可能向前或向上移动，通常与腹腔器官对膈的压力增强，并将肺的后缘向前推移有关。

①向前移位：见于腹腔脏器对膈的压力增强时，如急性胃扩张，急性瘤胃臌气，肠臌气，腹腔大量积液，怀孕后期等。

②向上移位：见于心肥大，心包积液，心包炎等，心浊音区扩大，而肺叩诊区缩小。

③一侧肺叩诊界缩小：主要见于肝脏增大的各种疾病，如肥大性肝硬化等。

6. 胸部正常的叩诊音的差异

叩诊肺区时可得到清楚的叩诊音，称为肺音，正常叩诊肺区时的叩诊音由3种音组成，即叩诊锤敲击叩诊板的声音、胸壁受到叩打的冲击时发生振动而产生的声音及胸壁振动而引起肺组织和肺泡内空气柱的共鸣而产生的声音。

影响肺叩诊音的主要因素：

(1)畜别的差异　健康的大家畜肺组织的弹性、含气量和致密度较好，因此在肺区叩诊呈清音，声音洪亮，延长，音调较低，小家畜声音较高而带有鼓音性质，似高朗的钟鸣音。

(2)肺区各部位的差异　家畜的肺叩诊音在肺区各部位有差异，通常在肺门部呈典型的清音，而肺边缘部位叩诊区上1/3及下1/3处，尤其是后部声音较短弱，有时呈略带半浊音性质。

(3)其他影响因素

①在正常生理情况下，肺部叩诊音受肺泡弹性、肺泡内气体含量的影响。

②受叩诊力量的强弱、胸壁厚度的影响。肥胖动物肌肉发达，皮下脂肪丰满，或有皮下肿胀，或当纤维素性胸膜肺炎时，胸壁增厚，叩诊所产生的振动不能向深部传导，则叩诊音较浊、较弱，而较瘦的动物，胸壁薄，则叩诊声音洪亮，呈现明显的清音。

③受胸膜腔的状态以及腹腔脏器的影响。胸壁的骨骼支架发生改变，如肋骨、肋软骨钙化、胸廓变形而失去弹性，共鸣作用增强，可使叩诊的振动向周围传播的范围增大，因而叩诊定界较为困难。

7. 肺部叩诊音的病理变化

胸廓叩诊音是叩击放在胸廓上的叩诊板面时所产生声音的综合，其组成包括：①叩击叩诊板面的瞬间，叩诊板和锤因叩击失去平衡状态所发生的声音；②胸廓接受了通过叩诊板厚度而传来的叩击发生颤动所产生的胸廓固有的声音；③由于胸廓的横向振动运动在肺内所产生空气柱的共鸣。

所以，叩诊音的性质，决定于叩诊的力量、胸壁的厚度以及肺内气体的含量。第一组成部分（叩诊板与叩诊锤产生的声音）的作用，按其实质是能够改变声音的性质，因此减弱此声音是很重要的，而且也是完全可能的。在叩诊中使用同一器械；第二组成部分（胸廓振动产生的声音）为胸廓固有音，是浊音的重要组成部分，这个音的主要特点是由于胸廓固有音占优势的结果而形成的；第三组成部分（气柱产生的共鸣）占优势，能使叩诊音变为鼓音。在病理情况下，胸、肺叩诊音的性质可能发生显著的变化，其性质和范围取决于病变的性质、大小及病变的深浅。一般深部的病灶（离胸壁表面约 7 cm 以上）和小范围的病灶（直径小于 2 cm）或少量胸腔积液，常不能发现叩诊音的明显改变。

（1）浊音

①产生机理：肺组织的含气量减少，肺泡内充满炎性渗出物，使肺组织实质变性而密度增加；在肺内形成不含气体的异常组织；胸腔积液和胸壁增厚和纤维素性病变：胸壁疾病。由于病变的大小、深浅及程度不同等原因，可呈现浊音或半浊音。

②产生的种类与原因如下。

a. 肺内性。

大片浊音区：主要见于大叶性肺炎的肝变期，其浊音区上界常常呈弓形凸起，见图 5-5 和图 5-6。在牛肺疫、马胸疫、牛出败、猪肺疫等疾病的经过中可见到；异物性肺炎时，由于肺内的异物常呈沉坠性发展。故往往在肺的下部出现浊音或半浊音；除此之外还可见于肺脏纤维化、肺萎缩等。其特征是浊音持久。

图 5-5　肺炎及胸壁增厚时的叩诊浊音区

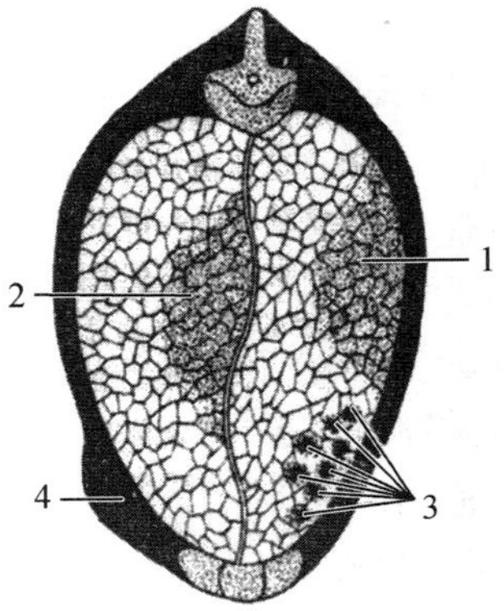

1. 接近胸壁的大炎症灶（呈浊音）；2. 深部的炎症灶（呈半浊音）；3. 分散的小炎症灶（呈半浊音）；4. 胸壁肥厚（呈浊音或半浊音）。

图 5-6　马大叶性肺炎的弓形浊音区

局灶性浊音或点状浊音区：最常见于支气管肺炎，即小叶性肺炎，此为肺小叶发生实质变性所致，炎症常常侵害数个或一群肺小叶，并且分散存在或融合成片，因而形成大小不等的实变区，故叩诊时呈现大小不等的散在性浊音或半浊音；也可见于肺坏疽、肺结核、肺脓肿、肺肿瘤、肺棘球蚴等疾病。

必须指出，只有当病灶达到一定的大小（面积一般要达 8～12 cm^2），且位于肺脏的浅表部位（7 cm 之内），叩诊才能出现浊音或半浊音。如病灶较小或位于肺脏深部时，叩诊音多无明显变化。因此在临床上叩诊音未出现明显变化，并不能排除肺脏有病的可能性，甚至深部实变，浅部代偿性气肿，叩诊反而会出现过清音或带有鼓音性质。

b. 肺外性。

水平浊音：胸腔积液，胸腔内有较多的液体时（大动物超过 5 L）时，液面上界呈现水平，故叩诊时浊音的上界呈水平线，且可随着动物体位的变化而变动（但一般都保持水平），称为水平浊音，见于渗出性胸膜炎、胸腔积液、血胸等（图 5-7）。

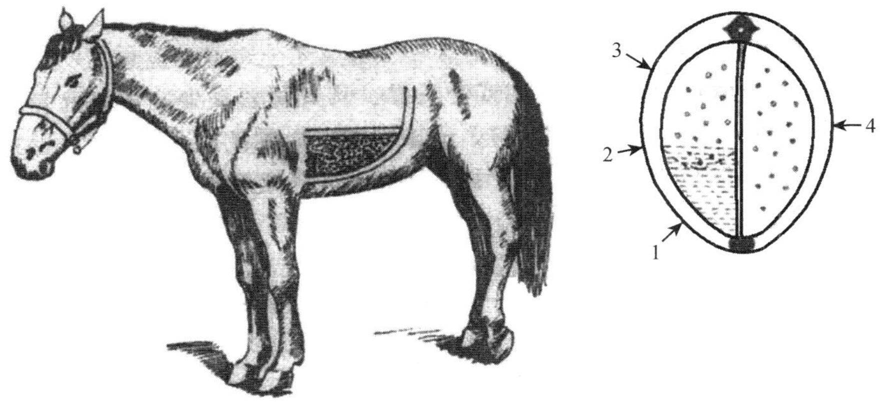

1. 浊音；2. 水平浊音；3、4. 清音。

图 5-7 胸腔积液及水平浊音区

胸壁及胸膜增厚、胸壁水肿、炎性肿胀、胸膜炎、结核、肿瘤等。

（2）鼓音

①产生机理：健康肺组织被致密的病变所包围，使肺组织弹性降低，传音强化所致。肺和胸腔内形成反常的气腔，且腔壁紧张力较高。肺泡内同时有气体和液体存在，使肺泡扩张，弹性降低。

②鼓音见于下列病理情况：大叶性肺炎的充血期和消散期，其炎性浸润使周围的健康肺组织呈现鼓音。小叶性肺炎的病灶周围，浸润病灶和健康组织掺杂同时存在，此时叩诊病灶周围的健康肺组织也可发生鼓音。

肺空洞：肺实质的某些部分被溶解缺失时，形成空洞，且应与周围支气管不相通，叩诊呈鼓音，但应指出该空洞的直径不小于 4 cm，距胸壁不应超过 5 cm，空洞的周围光滑，且紧张力较高，叩诊时才能产生鼓音，空洞越大，离体表越近鼓音越明显，如肺脓肿、肺坏疽时病灶溶解，破溃而形成空洞，常可叩出鼓音。另外，支气管扩张时，也会有鼓音。

胸腔积液：靠近渗出液的上方肺组织发生膨胀不全时，叩诊呈鼓音。大叶性肺炎的浊音区上方呈鼓音。

气胸：当胸腔积气时，叩诊有鼓音，鼓音的高低与气体的多少及胸壁的紧张度有关。

膈疝：当膈肌破裂时，肠管进入胸腔，含有气体的肠管在叩诊时呈鼓音，而不含气体的肠管在叩诊时呈浊音或半浊音。

支气管扩张:支气管扩张时叩诊可听到鼓音。

皮下气肿:胸壁皮下积气。

(3)过清音　类似敲击空盒的声音,因此又称空匣音,是介于清音和鼓音之间的过渡音调,它表示肺组织弹性显著降低,气体过度充盈,见于慢性肺气肿。

(4)破壶音　为类似破壶而产生的音调,是由空气受叩击时的挤压而突然通过狭窄的裂隙所致。其见于肺脓肿、肺坏疽和肺结核等疾病时形成与气管相通的大空洞,偶尔也见于张力性气胸。

(5)金属音　类似敲打金属板的音响或钟鸣音,其音调较鼓音高昂,肺表面有四壁光滑紧张的肺组织包围的大空洞,见于创伤性心包炎、心包积液、积气和气胸等,见表5-2所列。

表5-2　肺异常叩诊音的病理变化及其临床意义

叩诊音	病理变化	临床意义
浊音与半浊音	①肺组织含气量减少或浸润、实变 ②肺内实体组织形成 ③胸膜粘连与增厚,胸壁肿胀	①各型肺炎、肺坏疽、肺内肿、肺结核等 ②肺肿瘤、肺结核、鼻疽、肺棘球蚴囊肿等 ③胸膜炎合并粘连增厚、胸膜结节、胸膜肿瘤、胸壁炎症和浮肿
水平浊音	胸腔积液	渗出性胸膜炎、胸腔积液、血胸
鼓音	①浸润周围的健康组织及肺泡内同时有气体和液体 ②胸内空洞形成 ③胸腔积气、积液 ④膈破裂(充气的肠管进入胸腔)	①各型肺炎浸润区周围,大叶性肺炎的充血期及消散期 ②胸脓肿、肺坏疽、肺结核、肺棘球蚴 ③气胸、渗出性胸膜炎、胸腔积液 ④膈疝
过清音	肺组织弹性降低,气体过度充盈	肺气肿、气胸
破壶音	肺空洞与支气管相通	肺空洞
金属音	肺内有四壁光滑的大空洞,胸腔、心包积液,积气而达到一定紧张度	肺空洞、胸膜炎合并气胸、心包炎(心包积气)

8. 叩诊敏感反应和叩诊抵抗感

(1)叩诊敏感反应　叩诊可以作为一种有效的刺激,根据病畜的反应来判断胸膜的敏感性或有无疼痛,从而诊断疾病。叩诊敏感或疼痛时,病畜主要表现为回顾、躲闪、抗拒、呻吟等,有时还可引起咳嗽,此为胸膜炎的特征,尤以病初最为明显。

(2)叩诊抵抗感(锤下抵抗)　用手指直接叩诊时,叩诊指的感觉随叩诊的位置与胸腔内的病变而异。一般叩诊健康肺部时,由于充气良好,叩诊指有一种弹性感觉,但在肩胛部心脏浊音区,此种感觉很轻微,甚至没有。明显的叩诊抵抗感,提示肺实变或胸腔积液。

9. 叩诊气管胸壁听诊法

声波在固体中的传导比在气体中较好。气管叩诊就是利用这一原理而在临床上应用,即利用叩诊器叩击气管以产生音响,按叩诊音沿气管、支气管,并通过肺传导至胸廓上的强度,来判断肺和胸膜的物理状态。

在正常情况下,肺组织含有气体,并富有弹性而传导不良,当叩击气管时叩诊音经过气管、支气管、肺泡内空气和胸膜等向各方向传导，于是一部分叩诊音在传导过程中减弱或消失，到达胸壁时就变成柔弱而模糊的声音，似从远方而来。当肺内有实变，如大叶性肺炎的肝变期，肺浸润、肺萎陷、肺组织受压时，使肺组织的密度增加而致密，则传来的声音大为增强而响亮，类似时钟的滴嗒声。反之，在患胸膜炎和渗出性胸腔积液等时，则传来的叩诊音显著减弱，甚至消失。因此，本法有助于肺和胸腔疾病的诊断和鉴别。

叩诊时，由助手一人将叩诊板紧贴于颈部气管之近胸端，用叩诊锤以同等的强度进行节律性叩击。另一人在胸廓上进行听诊，仔细体会声音的强度和性质而判定。

三、胸、肺的听诊

听诊是检查胸部和肺脏最重要的临床检查方法。听诊的目的在于查明支气管、肺和胸腔的机能状态。确定呼吸音的强度、性质和病理呼吸音，从而获得支气管、肺和胸膜的物理状态和机能状态方面的资料，所以胸部听诊对于呼吸器官疾病特别是对支气管、肺和胸膜疾病的诊断具有特别重要的意义。此外，在胸部的临床检查中，听诊和叩诊如能配合应用，相互补充，则对胸腔和肺部疾病的诊断和鉴别就更为准确。

1. 胸、肺听诊法

大家畜常用间接听诊法，必要时或在特殊情况下也可采用直接听诊法。小动物只用间接听诊法。

肺听诊区和叩诊区基本一致。听诊时，不论大小动物，宜先从中 1/3 开始，由前向后逐渐听取，其次是上 1/3，最后下 1/3。每个部位听 2 或 3 次以上呼吸音，再交换位置，直至听完全肺。如发现异常呼吸音，则应确定其性质。为此宜将该点与其邻近部位比较，必要时还应与对侧相应部位对照听诊。

当呼吸音不清楚时，必要时宜以人工方法增强呼吸，为此可将家畜做短暂的驱赶运动，或短时间闭塞鼻孔后，引起深呼吸，再进行听诊，往往可以获得良好的效果。听诊肺部时应注意呼吸动作，遵循总论中指出的各项规则，排出各种干扰，否则容易发生错觉，导致错误的诊断。

2. 生理呼吸音

家畜呼吸时，气流进出呼吸道和肺泡发生摩擦，引起旋涡运动而产生声音。经过肺部和胸壁，在体表所听到的声音，即为肺泡呼吸音。

在正常肺部可以听到肺泡呼吸音和支气管呼吸音。检查时应注意呼吸音的强度，音调的高低和呼吸时间的长短以及呼吸音的性质。

(1)肺泡呼吸音　是由于空气在细支气管和肺泡内进出，导致肺泡弹性的变化及气流的振动产生的声音。当动物吸气时，气流经细小支气管进入肺泡，产生气流旋涡运动，冲击肺泡壁使之由松弛变为紧张时发出的声音；当动物呼气时，肺泡内气体通过狭窄的肺泡口被挤出，使细支气管壁振动，同时肺泡壁由紧张变为弛缓时发出的声音，这两种声音即构成了呼吸时的肺泡呼吸音。健康的家畜整个肺区都能听到，其中以肺的中 1/3 最为明显，且仅于呼气初期可以听到，肩后、肘后及肺的边缘部则较为微弱。

①类似柔和的“呋呋”声。马在整个吸气期均可听到，而且在吸气之末最强，呼气期因肺泡弛缓，故仅在初期可听到，牛在吸气和呼气二期均可听到。在动物中肺泡呼吸音的强弱顺序依次为：犬、猫、羊、牛、马。

②肺泡呼吸音的来源。空气出入毛细支气管与肺泡之间入口产生的摩擦音。肺泡舒缩过

程中因弹性改变所产生的声音为主。喉呼吸音的延续。空气进入紧张的肺泡而形成的旋涡运动,气流冲击肺泡壁产生的声音。

③影响因素。因畜别、种类、年龄、营养状况、胸壁的厚度等而有区别,生理的紧张、兴奋、使役、运动及外界气温改变等对其也有影响。

通常马的肺泡呼吸音较弱,牛比马强,绵羊和山羊又较牛强,而肉食动物最强。幼畜较强,营养良好的较强,兴奋、使役运动及外界气温增高时,均可影响肺泡呼吸音;瘦的胸壁薄的动物肺泡呼吸音较肥胖、胸壁厚的呼吸音强,大家畜在休息时肺泡呼吸音显著减弱,深呼吸时肺泡呼吸音强,而浅表呼吸时,则肺泡呼吸音较弱。肺泡呼吸音在吸气时的音响较呼气时强,音调高,时间相对较长。这是因为吸气是一种主动运动,单位时间内吸入肺泡的气流量较多,则气流速度较快,肺泡维持紧张的时间较长,故吸气时相对较长,音响较强,呼气则为被动运动,呼出的气流逐渐减弱,肺泡随之转为松弛状态,听到的音响渐弱,在呼气的末期不能听到音响,因此相对较短,这与视诊所见到的呼气时间相对较长相反。

(2)支气管呼吸音

①组成及音性。是一种类似"赫赫"的声音,在吸气时较短而弱,呼气时强而粗糙,且时间相对较长,此为呼气时声门裂隙较吸气时更为狭窄的缘故。该呼吸音是气流通过声门裂隙时产生的气流旋涡所产生的声音,因此可以认为是喉呼吸音沿着气管传到支气管而形成的。比气管呼吸音弱,但比肺泡呼吸音强。

②听诊部位。健康马由于肺泡内充满空气,对声音的传导能力差,肺部听不到支气管呼吸音。如在胸部听到支气管呼吸音,则为病态。在其他动物肺区的前部听诊,可以听到生理性支气管呼吸音。但并非纯粹的支气管呼吸音,而是带有肺泡呼吸音的混合性呼吸音。牛可在第3～4肋间肩端水平线上下听到支气管呼吸音,即混合性呼吸音。羊、猪较牛更清晰,犬在整个肺区均可听到(这与支气管在肺内的分布位置有关,只有在肺脏的浅表部位时才可听到,因肺泡的传音性很低),呈"赫赫"声。

③听诊时间。支气管呼吸音在吸气时相对呼气时短,由于吸气时声门加宽,并为主动运动,进气较快,所以吸气时间相对较短,而呼气时则声门变窄,并为被动运动,所以出气相对较慢,时间延长。

(3)混合性呼吸音

混合性呼吸音即支气管肺泡呼吸音,又称不定性呼吸音,是支气管呼吸音和肺泡呼吸音同时存在而产生的一种呼吸音。在吸气时以肺泡呼吸音为主,而呼气时以支气管呼吸音为主。

3. 呼吸音的病理性改变

呼吸音的病理性改变是指正常的肺泡呼吸音发生改变,有异常呼吸音。

(1)肺泡呼吸音的变化　表现为其强度和性质的改变,常见的有增强、减弱或消失等强度变化;性质变化有粗粝和断续。

①肺泡呼吸音的强度变化。

a. 增强。可分为普遍性增强和局限性增强两种。

普遍性增强:为呼吸中枢兴奋,呼吸运动和肺换气加强的结果。其特征为整个两侧和全肺的肺泡音均增强,声音粗粝,可听到类似人呼吸较重时的"呋呋"声,可见于呼吸运动增强及肺通气功能加强者,使进入肺泡内的空气流量增多或进入肺空气气流速度加快。通常并不能完全表示肺实质患病,运动后发热、代谢亢进,因机体需氧量增加而引起呼吸深长和加快;贫血时，由于缺氧，使呼吸中枢变得兴奋，导致呼吸运动加强；酸中毒时，血液中酸度增高，刺激呼吸中枢使呼吸深长，呼吸音随之增强；其他伴有一般性呼吸困难的疾病，在支气管炎、肺炎或肺充血肿胀，而使支气管末梢的开口变为狭窄，导致肺泡呼吸音异常增强。

局限性增强：此为病变发生于一侧或某部分肺组织而使其机能减弱或消失，从而引起健康肺组织代偿性呼吸机能亢进，故称为代偿性增强。

b. 减弱或消失。特征为肺泡呼吸音变弱，甚至听不到，根据疾病的性质、病变的部位、范围可分为全部或部分肺区的肺泡呼吸音减弱，也可表现为一侧或某一部分的肺泡音减弱或消失。根据肺泡音减弱或消失发生的原因可分为以下几种情况。

肺组织病变：各型肺炎、肺气肿、实质变性、肺组织炎性浸润时、肺结核等。

引起进入肺泡通气量减少的疾病：上呼吸道狭窄，全身极度衰弱，支气管阻塞，呼吸肌疾病、麻痹、炎症，膈肌瘫痪，重症肌肉无力等，都可使呼吸运动减弱，进入肺泡的气体减少，导致肺泡呼吸音减弱；疼痛性疾病，如胸膜炎、肋骨骨折，使呼吸运动受到限制，则肺泡呼吸音减弱。

引起传音障碍的疾病：胸腔积液、积脓、气胸、胸膜增厚、胸壁肿胀等，使呼吸运动受到限制，导致肺泡呼吸音减弱。

腹部疾病：大量腹水、腹腔肿瘤、瘤胃臌气、肠阻塞、变位、臌气等，使膈肌的活动受到限制，进入肺泡的气量减少，呼吸音随之减弱。

c. 呼气音延长。由于下呼吸道有部分阻塞或狭窄，如炎症、痉挛等，使呼出的气流阻力增强或由于肺组织弹性减弱时，失去应有的紧张度，如支气管哮喘以及慢性阻塞性肺气肿等。

②肺泡呼吸音性质的变化。

肺泡呼吸音粗粝：呼吸音出现的强度不一致，或出现的时间有差异，声响粗粝，主要见于肺炎病灶的初期、细支气管黏膜轻度充血或肿胀、肺实质有轻度浸润。

肺泡呼吸音粗且断续：呈断断续续出现呼吸音，故也称断续性呼吸音，此为部分肺泡炎性变性或部分细支气管狭窄，肺泡弹性降低，空气不能均匀进入肺泡而是分股进入肺泡所致。其特征为吸气时不是断续性的而是有短促的间隙，将一次肺泡呼吸音分为两个或两个以上的分段，两侧肺区也可听到肺泡音中断的现象。

(2)病理性支气管呼吸音

①部位。马在肺区听到或其他动物(家畜、犬除外)在正常范围外的部位出现支气管呼吸音，均为病理现象。

②发生条件。

肺组织实变：肺实变的范围相当大且位于浅表，支气管畅通无阻时，由于肺组织密度增加，声音的传导性增强，实变的范围越大，部位越浅表，支气管呼吸音就越强，反之则弱，听诊时可听到支气管呼吸音。

肺组织空洞：当肺内大空腔与支气管相通，且周围的肺组织已经发生实变时，音响在空腔内共鸣，并通过实变组织的良好传导，可听到清晰的支气管呼吸音。肺空洞越大，侧支气管呼吸音越明显。

压迫性肺不张：当胸腔积液压迫肺组织时，发生压迫性肺不张，使肺组织变得致密，有利于支气管呼吸音的传导，在胸壁上可听到支气管呼吸音，但强度较弱，好似来自远方。

病理性支气管呼吸音与肺泡呼吸音增强的鉴别见表 5-3 所列。

表 5-3 病理性支气管呼吸音与肺泡呼吸音增强的鉴别

鉴别要点	病理性支气管呼吸音	肺泡音增强
病理变化	肺组织实变、支气管畅通无阻、胸腔积液	呼吸中枢兴奋，呼吸运动和肺换气增强
声音性质	类似“赫赫”之音	如重读“呋呋”之音
出现部位	在肺组织的实变区或叩诊浊音区最为清楚	在肺组织的实变区或叩诊浊音区最为不清楚或消失
声音强度和出现时间	支气管呼吸音的幅度明显增大，较气管呼吸音弱，比肺泡音强；吸气时短而弱，呼气时长而强，开始和结束均很突然	肺泡呼吸音的幅度明显增大，比正常肺泡音强，较支气管呼吸音弱；吸气时长而强，达吸气顶点最为清楚，呼气时短而弱
范围	多为局限性，有时为泛性	多为泛性，有时为局限性
临床意义	肺炎、泛性肺结核、渗出性胸膜炎和胸腔积液等	发热病、支气管炎、肺炎早期、运动后等

③诊断意义。其见于各种原因引起的大、小叶性肺炎、渗出性胸膜炎、肺结核、胸腔积液压迫肺组织时等。

(3)病理性混合呼吸音

当较深的肺组织产生炎症病灶，而周围被正常的肺组织所遮盖，或浸润实变区和正常的肺组织掺杂存在时，则肺泡音和支气管呼吸音混合出现，称为混合性呼吸音或支气管肺泡呼吸音。

①音性。肺泡呼吸音与支气管呼吸音同时存在，吸气时以肺泡呼吸音为主，而呼气时以支气管呼吸音为主，类似“赫赫”的声音。吸气较为柔和，呼气时较为粗粝。

②产生条件。病灶组织深，且在表面有正常的肺组织掩盖。正常肺组织与病灶相间存在。

③临床意义。其见于小叶性肺炎、大叶性肺炎初期，散在性肺结核，有时也见于胸腔积液的上方。

(4)啰音　呼吸音以外的附加音响，也是一种病理征象，出现啰音表明气管、支气管内积聚渗出物或黏膜发生肿胀，它是支气管炎的典型症状，根据性质可分成干啰音和湿啰音两种。

①干啰音。是由于气管、支气管或细支气管狭窄或部分阻塞，空气吸入或呼出时发生湍流所产生的声音。

产生原因：支气管黏膜肿胀不平。支气管管腔内积聚黏稠分泌物致使管腔变狭窄。支气管黏膜发炎、肿胀或支气管痉挛。因空气通过粗糙不平的支气管管面或狭窄的支气管时，气流冲击黏稠分泌物而引起的振动产生的。干啰音的分类及鉴别见表 5-4 所列。

表 5-4 干啰音的分类及鉴别

分类	音性	产生机理	产生时间	诊断意义
类鼾声	音调低，似人鼾声	气管或较大的支气管上附有较厚的黏稠分泌物时，气流通过气管产生的振动	吸气时明显	昏迷，极度衰弱时大支气管内有大量的黏液而不能自动咳出时
哨笛音	音调高似哨笛音	气流通过狭窄的小支气管或内腔附有黏液丝的小支气管	吸气时，尤以吸气顶端明显	慢性支气管炎，各种原因引起的支气管狭窄
哮喘音	呼气音延长伴有哨笛音	小支气管痉挛	呼气时明显	见于支气管哮喘发作时的支气管炎

干啰音的特征：为一种持续时间长带乐性的附加呼吸音，音调高，类似笛音、口哨音、飞箭音、猫鸣音、鸽子叫声、鼻鼾音等。呼气吸气时均可听到，但以呼气时最明显，有时强大的干啰音不用听诊器也可以听到，并能感觉到胸壁振动。干啰音发生于大支气管时，声音较低，呈猫鸣音或鼻鼾音；发生于小支气管，则声音较高、尖锐，呈笛音或口哨音。干啰音不稳定，性质和强度容易改变，可因咳嗽而消失，但再出现与湿啰音相比则需要较长的时间。

诊断意义：是支气管炎的典型症状，临床上有泛性干啰音和局灶性干啰音，见于各种支气管炎、支气管肺炎、肺结核、慢性肺气肿、间质性肺炎、支气管哮喘、牛及羊的肺线虫病、猪肺疫早期等。经常存在的局限性干啰音，是由局部支气管狭窄所致，常见于支气管内膜结核和肿瘤。

②湿啰音。

含义或原因：因支气管内有稀薄的渗出物，呼吸时气流冲击引起液体流动或水泡破裂而发出的声音，或气流冲击液体形成或疏或密的泡浪，或气体与液体混合成泡沫状移动而产生。此外，肺部如有含液体的较大空洞时也可产生湿啰音。

声音性质：类似用一细小的管子向水中吹入空气时产生的声音，或描述成沸腾音、水泡音、含漱音等。按支气管的口径不同可分为大、中、小 3 种，分别来自大、中、小支气管。

湿啰音可能为弥漫性，也可能为局限性；吸气和呼气时都可听到，但以吸气末期更为清楚；湿啰音也有容易变动的特点，有时连续不断，有时在咳嗽之后消失，经短时间之后又重新出现；部位较恒定，性质不易改变；一次呼吸连续多个出现，为呼吸音外的附加音；断续而短暂，中小水泡音同时存在。

湿啰音的强度除受支气管大小的影响外，与病变的深浅和肺组织的弹性大小有密切关系。当湿啰音发生于肺的深部而周围的肺组织正常时，传到胸壁上就显著减弱，犹如来自远方；如发生于肺组织的浅部时，听诊就较明显；如发生于被浸润的肺组织包围的支气管中，因肺组织实变而传音良好，则声音甚为清楚。此时，湿啰音常和支气管呼吸音同时存在。这种湿啰音为大叶性肺炎的症状之一。空洞内形成的啰音，由于共鸣作用，听之如在耳边。此外，湿啰音的强度与呼吸运动的强度、频率、分泌物的量及黏稠度有关。呼吸越强，啰音越大。当分泌物稀薄而量多时，则啰音较为明显。

大水泡音：形成于大支气管或大空洞内，声音强而音调低。

中水泡音：形成于中气管内，介于二者之间。

小水泡音：形成于小支气管内，声音弱而音调高。

产生时间：吸气和呼气均能听到，但以吸气时明显，有时咳嗽之后消失，之后又出现。

湿啰音的特征：断续而短暂，一次常连续多个出现，性质近似用细管向水中吹气的声音，如呼噜声、沸水或含漱音。部位比较恒定，性质不易改变，吸气与呼气时均可听到，但以吸气末尾最为明显。湿啰音不稳定，容易变动，于咳嗽之后暂时消失，但在很短时间内又可重新出现。根据产生湿啰音的支气管内径大小不同，可将其分为大、中、小水泡音，即分别产生于大支气管、中支气管、和小支气管。大小水泡音声音粗大，呼噜声或沸水声明显，有时不用听诊器即可听到。而中、小水泡声音较弱、细碎。

诊断意义：湿啰音是支气管疾病最常见的症状，也是肺部许多疾病的重要症状之一，支气管内液体分泌物的存在常为各种炎症的结果，所以支气管炎、肺炎、肺结核、肺水肿、肺淤血等疾病可见湿啰音，也可见于吸入液体，即异物性肺炎、肺脓肿、心力衰竭等疾病时出现湿啰音，位于两侧肺的下界。泛性湿啰音，可见于肺水肿；两侧肺下的湿啰音，可见于心力衰竭、肺淤血、肺出血，也可见于吸入液体，即异物性肺炎；当肺脓肿、肺坏疽、肺结核及肺棘球蚴囊肿溶解破溃时，液体进入支气管也可产生湿啰音。若靠近肺的浅表部位听到大水泡性湿啰音时，则为肺空洞的一个指征。

(5)捻发音　类似在耳边捻转一缕头发时所产生的声音。特点为声音短、细碎、断续，大小均匀，但在吸气时能听到，以吸气末期最为清楚，此时黏稠的分泌物将肺泡壁或毛细支气管壁粘合。吸气时，粘着的部分又被气流分开，而产生特殊的爆裂声，多提示为肺实质的病变，肺膨胀不全但肺泡尚未完全阻塞时。在临床上捻发音容易和小水泡音混淆，见表 5-5 所列。老年动物或长期休闲的动物，可在肺的底部听到捻发音，在数次深呼吸或咳嗽之后消失，一般无临床意义。

表 5-5　捻发音与小水泡音的区别

项目	捻发音	小水泡音
产生时间	仅在吸气时听到，以吸气顶端最为明显	呼吸时均能听到，以吸气末、呼气初较强
声音性质	噼啪音，短、细碎、断续，大小均匀	水泡音，长、数量少，大小不一
咳嗽的影响	无影响	常因咳嗽而减少，移位或消失
提示病变	肺实质病变(尚无完全实变时)	细支气管病变

另外，捻发音在听诊时，也应注意排除听诊器具与被毛之间的摩擦音。

(6)空瓮呼吸音　类似吹小口空瓶口所发出的声音，音柔和而长，带有金属音调，吸气、呼气均能听到，以呼气时明显，实际上它是一种特殊的支气管呼吸音，此为肺内有空洞且与支气管相通时，支气管呼吸音进入空洞内产生共鸣而增强所致，见于肺结核、脓肿、坏疽破溃及肺棘球蚴破裂时。

(7)胸膜摩擦音

正常胸膜的壁层和脏层之间湿润而光滑，呼吸时不产生声音。当动物患胸膜炎时，由于纤维蛋白沉着，使其变得粗糙不平，在呼吸时两层粗糙的胸膜面互相摩擦而产生杂音。其特点是声音干而粗糙，接近表面，且呈断续性，吸气和呼气时均可听到，但一般多在吸气之末与呼气之初较为明显。摩擦音可在极短时间内出现、消失或再出现，也可持久存在达数日或更长。

①声音性质。类似手指在另一手背上摩擦时发生的声音，如搔抓声或揉搓声。

②强度。其强弱很不一致，有时很强，粗糙而尖锐如搔抓声，有时柔和而细腻，如丝织物的摩擦声。这与病变的性质、位置、面积大小及呼吸时胸廓运动的强度有关。

③部位。摩擦音常发于肺移动最大的部位，即肘后叩诊区的下 1/3 肋骨弓的倾斜部。有明显摩擦音的部位，触诊可出现胸膜摩擦感和疼痛表现。

④时间。吸气和呼气时都可听到，但在吸气末和呼气初最为明显，紧压听诊器或呼吸运动增强时，则声音随之增强。摩擦音可在极短时间内出现、消失或再出现，也可持久存在达数日或更长。

⑤诊断意义。摩擦音为纤维素性胸膜炎的特征，因胸膜的壁层与脏层上有纤维素沉着，呼吸时相互摩擦而产生。但没有听到胸膜摩擦音，并不能排除纤维素性胸膜炎的存在。这是由

于摩擦音常出现于胸膜炎之初期，一旦炎症消散，则摩擦音也随之消失。或因胸膜腔中同时存在一定量的渗出液而将两层胸膜隔开时，则摩擦音也会消失，直至渗出液吸收之末期，摩擦音又重新出现。当胸膜发生粘连时，则无摩擦音。摩擦音也可见于大叶性肺炎、传染性胸膜肺炎、牛肺疫、肺结核及猪肺疫、猪溶血性链球菌、尿毒症、胸膜肿瘤等。当胸膜肺炎时，啰音和摩擦音可能同时出现，应注意鉴别（表 5-6）。

表 5-6　胸膜摩擦音与啰音的鉴别

摩擦音	啰音
听之甚近	听之较远
呈断续性	主要表现为连续性
吸气与呼气时均清楚，深呼吸时并不增强	吸气之末最为清楚，深呼吸
咳嗽不消失	咳嗽后部位和性质发生变化，有时消失
紧压听诊器时明显增强	不变
触诊时有胸膜摩擦感和疼痛表现	一般不明显
多见于肘后，肺区下 1/3 肋骨弓倾斜部	部位不固定

（8）拍水音　类似拍击半满的热水袋或振动半瓶水而发出的声音，故又称振荡音。此为胸腔内有液体和气体同时存在，随着呼吸运动或动物突然改变体位以及心搏动时，振荡或冲击液体而产生的声音。吸气和呼气时都能听到。其见于气胸并发渗出性胸膜炎、厌气性感染所致的化脓腐败性胸膜炎和创伤性心包炎、胸腔积液等。

在听诊肺部时，常可听到与呼吸无关的一些杂音，此类声音往往扰乱听诊，特别是初学者有时会误认为呼吸音。属于这一类声音的有咀嚼、吞咽食物、反刍、嗳气、磨牙、呻吟、肌肉震颤、被毛摩擦、异常高亢的心音和瘤胃的收缩以及胃肠的蠕动引起的声音等，对此应特别予以注意。

呼吸音的共同特征为常伴随着呼吸运动和呼吸节律而出现。若为病理性呼吸音，则常伴有呼吸器官疾病的其他症状和变化，而其他杂音的发生则与呼吸无关。由于膈疝或膈破裂，部分肠管进入胸腔而产生的肠蠕动音或肠管振荡音，应结合病史、腹痛症状和 X 线检查结果，进行全面综合分析。

四、胸部检查的其他方法

1. 叩诊气管、胸壁听音法

（1）方法　令助手在颈部气管近胸部，以同样强度进行有节奏的叩诊，检查者在胸廓上进行听诊。

（2）原理　根据声音在固体中传导比在气体中传导良好这一原理，按叩诊音沿气管、支气管通过肺传至胸部上的强度来判断肺和胸膜的物理状态。

（3）诊断意义　正常肺组织富有弹性而含有气体，故传音不良，气管叩诊音在传导过程中减弱或消失，到达胸壁的音响柔弱而模糊似从远方来。

当肺组织有病变，如大叶性肺炎的肝变期、肺萎缩、凹陷等，肺组织密度增高，故传音增强，胸廓上可听到犹如钟表的滴答声。

患渗出性胸膜炎、胸腔积液时，声音的传导因增加了一层液体介质而致使声音大大减弱。由此，可诊断鉴别肺炎和胸膜炎。

2. 胸壁测音法

胸壁测音法是借助于音叉放在预定要检查的含气脏器。

(1)方法　将正在振荡的音叉放在预定要检查的器官的相应皮肤部位，先放在听诊器附近，则该部位的音调可借助听诊器听到，当两种器械放在同一器官上时，其音调响亮而清晰，若将音叉逐渐移动，置于器官的边界之外，则声音立即变为柔和而不清楚，以此来确定器官的界限，若无音叉，可用手指瘙痒以代替音叉的振动。利用本方法，通常能够较准确地确定肺的后界、马的盲肠等。

(2)诊断意义　可精确地确定浊音来自心、肺还是来自肝脏。

第五节　胸腔穿刺检查

一、目的

怀疑胸腔积液；积液的性质；治疗胸腔疾病。

二、部位和方法

(1)部位　右侧胸外静脉上方约 2 cm 处，马在第 6 肋间，牛、羊、猪在第 5 肋间。穿刺深度大家畜为 2～4 cm，小家畜 1～2 cm。

(2)方法　为避免人为气胸，应在穿刺针头尾胶管上夹一夹子。

三、穿刺液的检查

根据性质可分为渗出液和漏出液两大类。

(1)渗出液　在炎症过程中，炎性产物积聚在大的体腔内，称为渗出液，往往含有较多的有形成分(如红细胞、白细胞、细菌等)。根据其性质又有浆液性、浆液纤维素性、化脓性、出血性、乳糜性渗出液等。

(2)漏出液　因血浆的胶体渗透压降低，毛细血管通透性增高，或其血压增高等因素引起血液的液体成分漏到体腔内，称为漏出液。

漏出液与渗出液的鉴别，见表 5-7 所列。

表 5-7　漏出液与渗出液的鉴别

项目	漏出液	渗出液
产生原因	非炎性产物	炎性产物
相对密度	<1.017，平均为 1.013	>1.08，平均为 1.022
性状	清亮或微浊，呈淡黄色浆液性	清亮或混浊，浆液或纤维性、出血性、脓性
凝固性	不易凝固	易凝固
蛋白质	常在 3%以下	3%以上，有球蛋白、纤维蛋白

续表5-7

项目	漏出液	渗出液
李凡他试验	阴性	多为阳性
葡萄糖	常与血糖含量相近	常较血糖低
细胞	少量组织细胞、淋巴细胞	细胞很多,急性者有大量中性粒细胞,慢性为淋巴细胞
细菌	一般无细菌	有细菌

思考题

1. 呼吸类型的分类有哪些?
2. 动物患病时,鼻液的性状会有哪些变化?
3. 影响肺叩诊音的主要因素有哪些?
4. 肺异常叩诊音的病理变化有哪些?
5. 漏出液与渗出液的鉴别要点有哪些?

第六章　消化系统的临床检查

重点提示：本章主要内容为采食和饮水的检查，反刍动物胃肠检查，单胃动物胃肠检查，排粪动作检查等，应予以重点掌握。了解采食、咀嚼和吞咽障碍，反刍和嗳气障碍的表现及临床意义；反刍动物胃肠功能障碍时，触诊、叩诊和听诊的变化；单胃动物肠管的听诊部位，肠音的频率和性质，病理性肠音的表现和临床意义；排粪的主要表现和临床意义。上消化道的检查、粪便的感官检查、肝脏和脾脏的检查等作为一般内容了解。

消化系统的检查方法多用视诊、触诊、听诊和叩诊，胃导管探诊、直肠检查和腹腔穿刺检查等方法在某些疾病诊断中具有重要意义。此外，还可以根据需要进行X线检查、内腔镜检查、超声波探查、金属探测器检查及胃肠内容物、粪便、穿刺液和肝脏等的实验室检验。

第一节　采食和饮水的检查

饮食状态的检查，主要通过问诊和视诊检查动物食欲和饮欲、采食和饮水状态、咀嚼、吞咽、反刍、嗳气和呕吐等。

一、食欲和饮欲

食欲和饮欲是动物对采食及饮水的需求，食欲的好与坏，不仅对消化系统疾病，而且对其他器官和系统疾病的诊断和预后判定都有一定价值。在临床检查中，主要通过问诊向畜主了解家畜采食和饮水的情况，在此基础上也可直接观察或进行饲喂试验，同时必须注意饲料的种类与质量、饲养制度与饲喂方式以及环境条件等因素。这些条件的突然改变，会使动物的食饮欲暂时受到一定的影响。

判定动物的食欲和饮欲状态，主要根据其采食的数量，采食持续时间的长短，咀嚼的力量和速度，吞咽情况，还可参考腹围大小等综合条件。

在病理状态下，食欲和饮欲可发生以下改变。

(1)食欲减退或废绝　是许多疾病的共同临床表现，具体表现为对优良适口的饲料采食无力，采食量显著减少甚至完全拒食。在排除饲料品质不良、饲料或饲喂制度的突然改变、饲养人员和环境的突然变换等因素外，一般即为病态。

食欲减退主要见于消化器官的各种疾病，如口腔、牙齿的疾病，咽腔与食管的疾病，特别是胃肠的疾病。在诊断时还应注意食欲减少的同时出现的伴随症状，在马属动物如伴有躁动不安及各种腹痛的反常姿势，则为疝痛症的症状。另外，肝脏疾病也会引起食欲减退。

食欲减退还见于中毒性疾病、发热性疾病、疼痛性疾病、代谢障碍及其他疾病。如伴有高热的疾病，在食欲减退或废绝的同时，患病动物喜饮冷水；矿物质、微量元素或维生素缺乏时，往往会引起食欲减退或发生异嗜；精神或肉体上的痛苦、不安、兴奋、惊恐、离母、失仔、离群等应激因素，均可引起暂时性食欲减退或废绝；长期饲喂单一或劣质饲料，往往是动物精神怅厌食的重要原因。

食欲废绝是指完全不采食，见于重剧性疾病，为预后不良的表现。在疾病发生发展过程中，保持食欲或由废绝而出现食欲，则预后良好。

(2)食欲亢进　在临床上较为少见，为采食量超过正常的一种表现。其见于某些代谢障碍性疾病、肠道寄生虫病、慢性消耗性疾病、发热病之后、疾病的恢复期及长期饥饿均可出现长期或暂时性的食欲亢进；还见于猫、犬及某些野生动物内分泌代谢障碍性疾病。

(3)食欲不定　食欲时好时坏，见于慢性消化不良。

(4)厌食　是食欲不良的一种特殊形式，表现为拒食某些特殊食物，而对其他食物仍有食欲。犬、猫等小动物经常发生厌食，可能因长期摄取单一食物，导致反射性消化功能减退或由胃肠疾病所引起，也可由于摄食某些曾使它们发生过过敏反应的食物而引起。如在猫常吃的某一食物中拌入能引起其胃肠功能紊乱的药物，导致其发生呕吐或过敏反应时，则以后每当猫嗅到这种食物的气味，就对该食物产生厌恶或拒食。

(5)饮欲改变　在排除由于使役程度、气温与季节变化、饲料水分含量等环境和条件所引起的饮欲变化外，饮欲增强时饮水增多，见于一切发热性疾病、严重腹泻、剧烈呕吐、大量出汗、多尿、大失血、渗出性病理过程、猪和鸡的食盐中毒及牛真胃阻塞等。发热初期动物饮欲增强可能与细胞的胶体性状改变而导致水分在组织内滞留有关。

饮欲减少见于伴有意识障碍的脑病，如脑水肿、脑震荡、脑包虫、脑膜脑炎，也见于某些胃肠病。

拒饮，动物完全不饮水，见于口、咽疾病。马和骡剧烈腹痛时常拒饮；恢复饮欲多为病情好转的征兆。

二、异嗜

异嗜即患病动物出现异常的嗜好，是指由于消化机能和代谢机能紊乱而导致食欲紊乱的一种综合征。其特征是患病动物喜食正常饲料成分以外的物质。异嗜现象常发生于幼畜。母畜吞食胎衣、食仔，绵羊的啃毛，鸡的啄羽、啄肛、啄趾，猪的咬尾、咬耳等，均可视为特殊的异嗜或恶癖。还有一些动物甚至喜食某些有毒植物，如相思草、疯草等。异嗜还可造成许多并发症，如食道梗塞、胃肠道阻塞、胃肠道穿孔、肉毒梭菌中毒及其他中毒等。

异嗜多见于动物的营养和代谢障碍，尤其为矿物质、微量元素、维生素缺乏症的先兆。临床上见于骨软症、佝偻病、纤维性骨营养不良、维生素缺乏症、白肌病、仔猪贫血、反刍动物神经性酮病、犬糖尿病等；此外，消化器官疾病、某些神经系统疾病、某些传染病及胃肠道寄生虫病等，也可见有异嗜现象。

异嗜常在沙质地区、泥炭地区、沼泽地区呈地方性发生，因这些地区缺乏无机盐或微量元素而造成。异嗜的发生还有一定的季节性，多发生在冬季和早春圈养(舍饲)的各种家畜。异嗜轻症可导致畜禽生产性能下降，重症可引起大批死亡，造成重大的经济损失。

三、采食和咀嚼

不同的动物在生理情况下采食的方式各有不同。即使是同一种动物放牧与舍饲时，采食动作也有所不同，应多注意观察和熟悉。

动物拒绝采食，除由食欲障碍引起者外，还与采食、咀嚼、吞咽和咽下障碍等有关。采食和咀嚼障碍可表现为采食不灵活，采食缓慢或不能用唇、舌采食。咀嚼时弛缓、费力、困难或疼痛，咀嚼音弱或无声音，咀嚼几下后因疼痛而中断，有时将口中的食物吐出，临床上见于唇、舌、唾液腺及口腔黏膜的炎症，齿龈炎，犬牙周病以及肉毒梭菌中毒等。另外，在破伤风时，因咬肌强直而牙关紧闭造成采食或咀嚼发生困难。当脑与脑膜疾病和马的慢性脑室积水时，由于中枢机能障碍有时也表现为采食、咀嚼异常，如用牙齿衔草，甚至口衔饲草而忘记咀嚼，当饮水时，常将口、鼻伸入水中而不吸饮。

空嚼、磨牙或咬牙声，可见于马腹痛病、传染性脑脊髓炎、破伤风及某些中毒病；也见于牛胃肠卡他、瘤胃弛缓、创伤性网胃炎及真胃疾病等；还可见于猪瘟及羊的多头蚴病。

四、吞咽

吞咽动作是动物的一种复杂生理性反射活动，该活动由舌、咽、喉、食管、胃的贲门以及吞咽中枢和有关的传入、传出神经共同协作完成。因此，其中某一器官的机能或结构发生异常时，均可引起吞咽障碍。

动物吞咽障碍可表现为吞咽时摇头、伸颈、屡次试图吞咽而中止，或吞咽时引起咳嗽及伴有大量流涎。严重的吞咽障碍，可见混有饲料残渣的唾液或饮水从鼻腔返流。吞咽障碍是咽炎的特征性症状，也可见于食管疾病。其在临床上见于咽炎、咽部的异物或肿瘤、食管阻塞、食管炎、食管麻痹、食管痉挛、食管狭窄、食管扩张及食管憩室等；还见于舌咽神经麻痹、舌下神经麻痹、迷走神经麻痹、马腺疫、脑炎、狂犬病、伪狂犬病、羊痒病、破伤风及某些中毒病（如肉毒梭菌中毒等）。

五、反刍

反刍动物采食后，周期性地将瘤胃内的食物反排至口腔并重新咀嚼后再咽下的一系列过程称为反刍。反刍是反刍动物特有的消化反射活动，是由于胃内容物刺激网胃和瘤胃黏膜，通过神经系统的反射途径引起胃的收缩运动，包括瘤胃和网胃内容物的返回口腔、再咀嚼、再咽下 3 个过程，通常在安静或休息状态下进行。

反刍动作一般在饲喂后 0.5～1 h 开始，每昼夜进行 4～8 次，每次持续时间为 20～40 min，甚至 1 h，每个返回口腔中的食团再咀嚼 40～60 次（水牛为 40～45 次）。绵羊和山羊的反刍动作较牛快而灵活，高产乳牛的反刍次数较多且每次的持续时间也长。一般夜间反刍次数较多，持续时间也较长。反刍活动常因外界环境影响而发生变化，如外界气温升高时，可使反刍缓慢；在安静情况下，反刍则及时开始，在高度不安的情况下，常出现反刍延迟。

检查反刍时须注意动物采食后出现反刍的时间、次数和持续的时间。反刍功能障碍为患畜病理状态严重程度的标志之一，反刍功能障碍的变化程度与疾病的严重程度成正比。

(1)反刍功能障碍　可表现为开始出现反刍时间过迟，每昼夜出现的反刍次数稀少，每次的反刍时间过短以及再咀嚼的动作迟缓无力，严重时甚至完全停滞。

(2)反刍功能减弱 主要是瘤胃机能障碍的结果,可见于瘤胃弛缓、瘤胃积食、瘤胃臌气、创伤性网胃炎、瓣胃阻塞、迷走神经性消化不良、真胃阻塞或变位、真胃炎、真胃溃疡以及引起瘤胃功能障碍的全身性疾病;另外,肠炎、肠阻塞、肠变位、肝炎、腹膜炎等也可引起反刍功能障碍。

(3)反刍完全停止 意味着瘤胃运动功能高度障碍,如内容物干涸、胃肌麻痹等,是病情严重的标志之一。而反刍逐渐恢复,则表示病情趋向好转。顽固性的反刍功能障碍或在长期的病程经过中反复出现,多提示为慢性瘤胃弛缓及创伤性网胃炎或为严重的全身性、慢性、消耗性疾病。

六、嗳气

嗳气是反刍动物的一种正常生理现象,借以排出瘤胃内微生物发酵产生的气体。嗳气的次数取决于摄入的饲料种类和气体产生的速度,健康牛为17～20次/h,羊为9～11次/h,一般采食后和反刍时增多,空腹时减少;此外,嗳气次数还与饲料或饲养模式有关,如饲喂干草时15～20次/h,饲喂幼嫩青草或豆科植物时,可达60～90次/h。临床上可用视诊和听诊的方法检查动物的嗳气活动,尤其注意观察左侧颈部食管沟,当嗳气时可见由下而上出现气体移动波,同时可听到嗳出时的特有音响。

检查嗳气时,除注意嗳气的次数外,还要注意嗳出气体的气味。在病理情况下,嗳气表现为增多、减少或停止。

嗳气频繁和增多,是由瘤胃内容物异常发酵,产生大量的气体所致的。其在临床上见于急性瘤胃臌气的初期。当瘤胃弛缓或真胃卡他时,嗳出的气体常有恶臭味。

嗳气减少,是由于瘤胃机能障碍或其内容物的干涸使瘤胃微生物的活力减弱,内容物发酵过程降低引起消化障碍所致。其见于瘤胃弛缓、瘤胃积食、创伤性网胃炎、瓣胃阻塞、真胃疾病以及继发瘤胃功能障碍的发热性疾病和传染病等。

嗳气停止,是由于食管完全阻塞所致。其见于食管阻塞,此时应采取急救措施,否则动物因臌气可窒息死亡。

除反刍动物以外的其他动物,由于胃内在正常消化过程中形成少量气体可随食物进入下段肠管,故不表现嗳气现象。如因过食、幽门痉挛或胃酸过少,致使胃内有过量的气体蓄积而出现嗳气时,则为病理状态。如马有嗳气现象,多提示为急性胃扩张。

七、呕吐

呕吐是呕吐中枢(延髓)受到刺激后引起胃内容物不自主地经口或鼻腔反排出来的病理现象,同时也是一种保护性反射,可将进入消化道内的有害物质排出体外;但持久而剧烈的呕吐可引起机体的失水、电解质平衡紊乱、代谢性碱中毒及营养障碍。

1. 呕吐的表现

各种动物由于胃和食管的解剖生理特点和呕吐中枢的感应能力不同,发生呕吐的情况各异。肉食动物易呕吐,杂食动物次之,草食动物不易呕吐。

马极难发生呕吐,一般仅有作呕动作,同时表现惊恐不安,鼻孔开张,站立不稳,全身发抖并出汗,腹肌强烈收缩,在疾病严重时才会有胃内容物经鼻孔返流现象。

反刍动物呕吐较困难,呕吐时表现为紧张不安,头颈伸直,后肢缩于腹下,当腹肌和瘤胃强烈收缩后瘤胃内容物经口、鼻排出。

肉食和杂食动物比较容易呕吐，呕吐时略显不安，低头时，借助腹肌和横膈膜的强烈收缩，胃内容物经口排出。

2. 呕吐的原因

根据呕吐发生的原因不同，可分为中枢性呕吐和末梢性呕吐，后者又分为反射性呕吐和胃源性呕吐。

(1)中枢性呕吐　可因毒物或毒素直接刺激延髓的呕吐中枢而引起。特点是胃排空后继续呕吐(干呕)或仅呕出部分清水。其在临床上见于脑病、某些传染病、中毒病以及代谢紊乱性疾病(如酸中毒、尿毒症、急性肝坏死、胆石症等)等。

(2)末梢性呕吐　可因毒物或毒素直接刺激延髓以外的其他部位或器官的迷走神经末梢而引起，又分为反射性呕吐和胃源性呕吐。

①反射性呕吐：指分布于除胃以外的其他部位或器官的迷走神经末梢受到异常刺激而引起的呕吐。特点是有恶心的先兆，吐后不感轻松，胃虽已排空仍干呕不止。其在临床上见于咽炎、食道梗塞、小肠阻塞、肠变位、胆囊炎、子宫炎等。

②胃源性呕吐：由于胃黏膜上的迷走神经末梢受到异常刺激或幽门梗阻而引起。特点是多在采食后不久立即发生或与采食关系密切，胃排空后呕吐立即停止。其在临床上见于胃炎、胃溃疡、幽门痉挛、某些药物及化学物质的刺激。

3. 呕吐及呕吐物的检查

临床上检查时应注意呕吐的频率、出现的时间、呕吐物的性状及混杂物等。

若一次性大量呕吐，动物立即安静，并短时间内不再出现，多见于猪和肉食动物过食和幽门痉挛。

若频繁多次性呕吐，表示胃黏膜长期遭受某种刺激，且常于采食后立即发生，多见于胃、十二指肠、胰腺的顽固性疾病和中枢神经系统的严重疾病。

若采食后立即发生呕吐，呕吐物中混有大量黏液及脓液，提示为胃炎。

若呕吐物中混有血液，多见于出血性胃炎、某些出血性疾病。

若呕吐物黄绿色，呈碱性，是混有胆汁的表现，多见于十二指肠阻塞、急性黄疸型肝炎、急性胆道疾病。

若呕吐物中混有寄生虫，多见于犬的肠道寄生虫病，如蛔虫病、绦虫病等。

若呕吐物中混有毛团或其他异物，多见于异嗜癖。

若个别动物发生呕吐，则一般为普通病；若呕吐群发并伴有体温升高，具有流行性特点的多为传染病；若呕吐群发但体温不高的，多为中毒病。

第二节　口腔、咽和食管的检查

一、口腔检查

当发现动物有食、饮欲减退，采食、咀嚼障碍，流涎，饲槽内有残留饲料或粪便中混有多量未消化的粗纤维和整粒料等变化时，应进行口腔检查。检查时主要注意流涎、气味、口唇、口腔的温度和湿度、口黏膜的颜色及完整性、舌及牙齿有无变化等方面。一般多用视诊、触诊和嗅诊等方法进行诊断。

1. 各种动物的开口法

动物的开口法,可根据临床的需要,采用徒手法或借助一些特制的开口器械进行。

(1)马的徒手开口法　检查者站在马头左侧方,面向前,左手抓住笼头,右手的食指和中指从左侧口角伸入(横向对侧口角方向)握住舌体并拉出口外,随之将右手翻转,用拇指顶住硬腭;同时,将抓笼头的左手放开,这时检查者转为面向后,站在马的侧前方,用左手打开马的右侧颊腔即可进行检查(图 6-1)。如需检查左侧颊腔时,可改为左手握住舌体并顶住硬腭,用右手打开左侧颊腔进行检查。如以检查口腔黏膜颜色为目的,则可以一手抓住笼头,另一手食指和中指从口角伸入口腔,将食指和中指上下分开,即可进行观察黏膜颜色。当马躁动不安,或进行口腔深部检查时,则需使用器械开口法(图 6-2、图 6-3)或吊绳法。

图 6-1　马的徒手开口法

图 6-2　马的单手开口器及其应用

(2)牛的徒手开口法　检查者可先用手轻轻拍打牛的双眼,在其闭眼的瞬间,以一只手的拇指和中指从两侧鼻孔伸入并捏住鼻中隔向上提举,同时用另一只手握住舌体向侧方拉出,口即行开张(图 6-4)。

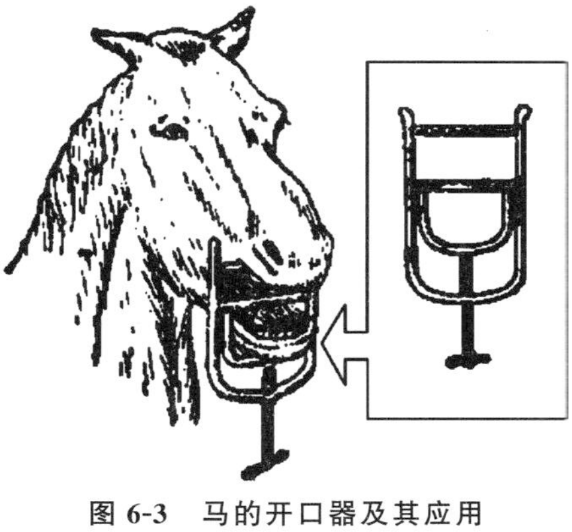
图 6-3　马的开口器及其应用

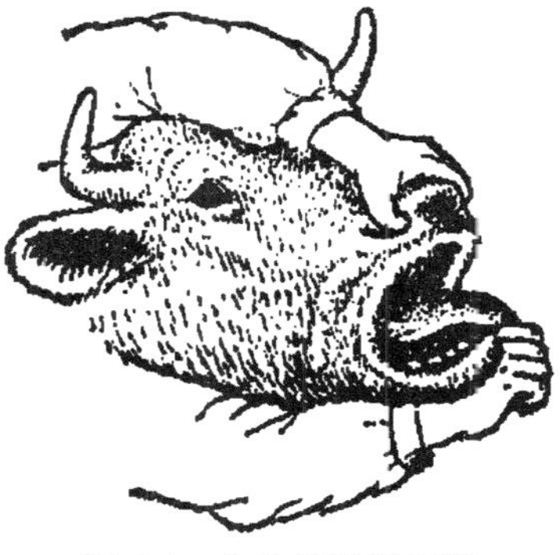
图 6-4　牛的徒手开口法

(3)羊的徒手开口法　是以一只手拇指与中指由颊部捏握上颌,另一只手拇指及中指由左、右口角处握住下颌,同时用力上下拉之即可开口,但应注意防止被羊咬伤手指(图 6-5)。

(4)猪的开口法　须用特制的开口器(图 6-6)或用木棒撬开口腔,方可进行检查。

图 6-5　羊的徒手开口法

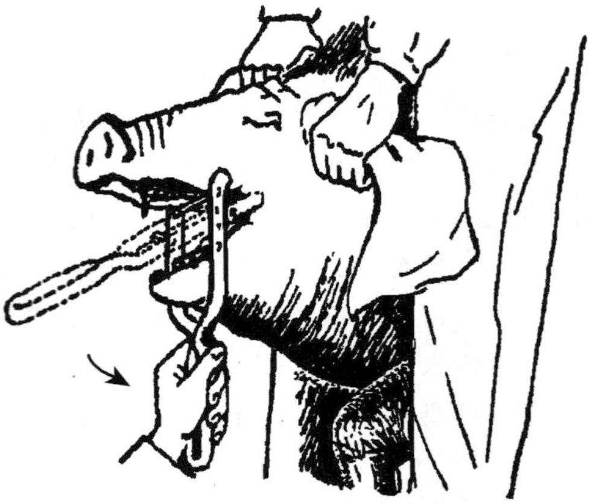

图 6-6　猪的开口器开口法

图 6-7　猫的徒手开口法

(5)犬的开口法　性情温顺的犬可用徒手开口法,方法同羊,注意将其上下唇向内压在臼齿面上,以食指抵住犬齿;烈性犬须用特制的开口器进行,方法同猪。

(6)猫的徒手开口法　以一只手的小指抵在颈部,用拇指和食指握紧上颌,以小指为支点将猫的头部向上抬起即可开口(图 6-7)。

禽类的开口法较为简单,以一只手拇指与食指于两侧口角处捏开或用两手分别将之上下拉开即可。

应注意的是,正常动物颊部肌肉是相当紧张的;在颊部肌肉痉挛(如破伤风)时,更难打开口腔。颊部肌肉麻痹时,则颊部失去正常的张力。

2. 流涎

口腔中的分泌物流出口外,称为流涎。如果发生流涎,除了老龄动物外就是病理现象了。其发生原因:一是由于唾液腺在病理因素刺激下分泌增多而引起的;二是由咽及食管疾病导致唾液咽下发生障碍而造成的。临床上见于各种类型的口炎、伴发吞咽障碍的疾病、某些中毒病、神经系统的疾病及多涎症。

老龄马或由于面神经麻痹而引起下唇弛缓时,可见流涎现象。

牛及其他动物于采食过程中或采食后突然发生大量流涎的同时,伴有咽下障碍、吸气性呼吸困难并呈惊恐、痛苦状态,可提示食管阻塞。牛群中有多数牛相继发生大量的牵缕状流涎且迅速传播的,应考虑口蹄疫流行的可能。

猪口吐多量白色泡沫状物,可见于中暑、急性心脏衰弱及某些中毒病。

犬流涎,可见于高热、中暑、产后急性缺钙及某些中毒病。

3. 口唇闭合情况

健壮动物上下口唇紧闭,老龄和瘦弱动物因唇部组织紧张性降低,常见下唇松弛下垂。在病理情况下,口唇下垂或不能闭合,临床上见于颜面神经麻痹、昏迷、霉败草料中毒、狂犬病、下颌骨骨折或脱臼、唇舌肿胀等。

当一侧面神经麻痹时,唇向健康侧歪斜。如果口唇紧张性增高,造成双唇紧闭,牙关紧锁、开口困难，临床上常见于破伤风和脑膜炎。

4. 口腔气味

检查口腔气味，通常可采用嗅闻被唾液湿润的手指。动物在正常生理状态下，口腔内除在采食后可有某种饲料的气味外，一般无特殊异味。

动物消化道发生疾病时，由于长时间饮食欲废绝，口腔上皮脱落及饲料残渣腐败分解或胃肠内容物发酵，可发出一种酸臭味，临床上见于各种类型的口炎、咽炎、食管疾病、胃肠道的炎症或阻塞等。口腔发生坏死性炎症，如齿槽脓肿、齿龈坏死、齿槽骨膜炎时，则发生腐败臭味。牛患酮病时，可闻到有类似丙酮或烂苹果的气味。动物发生有机磷中毒时，可闻到蒜臭味；发生氢氰酸中毒时，可闻到苦杏仁味。

5. 口腔黏膜

(1)温度　通常用手指伸入口腔中感知，健康家畜口腔温度与体温一致。口腔温度升高，见于一切热性病、口腔黏膜的各种炎症等；口腔温度低下，见于重度贫血、虚脱及动物的濒死期。对于牛、猪及犬，应同时触诊鼻镜、鼻盘与鼻端的温度，并加以比较。

(2)湿度　健康动物的口腔黏膜呈中等湿润状态。口腔过湿，则引起流涎，见于引起流涎的各种疾病，另外还见于肠痉挛；口腔干燥，则见于一切热性病、某些马疝痛、失水性疾病及阿托品中毒等。

(3)颜色　健康动物口腔黏膜呈粉红色或淡红色。在病理情况下，口腔黏膜颜色可表现为苍白、潮红、黄染、发绀等变化，其诊断意义除局部炎症引起的潮红外，其余与其他部位的可视黏膜颜色的病理性变化的意义相同。

口腔黏膜出血斑点，可见于出血性素质。舌下部小出血点，常提示为马传染性贫血。

(4)完整性　口腔黏膜完整性遭到破坏主要指口腔黏膜上有损伤、溃疡和发疹。临床上见于口膜炎、传染性水疱病、口蹄疫、牛恶性卡他热、痘疮、球虫病、副伤寒、犊白痢、犬钩端螺旋体病、维生素 C 缺乏症及维生素 B_2 缺乏症等。

当鸡和犊牛患白喉及牛患坏死杆菌病时，口腔黏膜上常附有伪膜状物。

6. 舌和牙齿

(1)舌的检查　首先应注意舌苔的变化。舌苔是指覆盖在舌面上的一层灰白色、灰黄色或黄色的苔样附着物。健康动物在生理状态下也有舌苔，但薄而不满口；病理情况下，舌苔在颜色、厚度及覆盖面积等方面均发生变化，并可反映疾病的轻重。舌苔薄且色淡表示病程短，病势较轻；舌苔厚而色深，则说明病程长，病势较重。同时，舌苔也是一种保护性的反应，出现舌苔则使动物的味觉丧失，引起食欲减少或不食，从而减轻消化道的负担，有利于疾病的恢复。

在检查舌苔的同时，还要注意舌的颜色、软硬度、形态及活动性。健康家畜舌的颜色与口腔黏膜相似，呈粉红色且有光泽，软硬适中，灵活自如。

如舌色绛红(深红)或呈紫色，见于循环高度障碍或机体缺氧时；如果舌色青紫、舌软如绵，则提示疾病已进入危险期。另外，绵羊的蓝舌病也可见舌呈蓝紫色，是以昆虫为传播媒介的一种病毒性传染病。

如舌硬如木，体积增大，甚至垂于口外，见于放线菌病。

如在舌下、舌根和舌系带两侧见有高粱米粒大乃至豌豆大的白色半透明囊状小结节，见于猪囊尾蚴病。

如舌麻痹，舌垂于口角外不能自行回缩，并失去活动能力，常提示病情危重，见于某些中枢神经系统疾病的后期或饲料中毒。此时，常伴有咀嚼及吞咽障碍。

如舌体有损伤，见于中枢性脑病，尤其是狂犬病；还见于口衔使用不当或兽医开口动作过于粗暴。

如舌面出现水泡、糜烂或溃疡，见于口蹄疫、水泡性口炎、羊传染性脓包性口炎、牛恶性卡他热或牛黏膜病等。

(2)牙齿的检查　当发现患病动物咀嚼障碍，口内存草、吐草，采食时喜软厌硬，饲槽内常有湿迹，粪中混有未消化草料时，应重点进行牙齿检查。检查时应注意齿列是否整齐，有无松动、龋齿、过长齿、赘生齿及磨灭等情况。

马的牙齿磨灭不整，常见于骨质疾病，并可成为口腔损伤、发炎的原因。成年牛的切齿松动，多为矿物质缺乏的症状。动物氟中毒时，常呈现切齿齿列不整，表面粗糙，或出现细条纹状凹陷，缺少光泽如白垩状，并附有黄色、黄褐色乃至黑色的牙垢，且多为对称性。臼齿过度磨损形成波状齿或阶状齿，此即氟斑牙。

老龄马匹，多见有臼齿过长或斜状齿，致使咀嚼功能发生障碍，并为造成采食过程中口吐草团的原因之一。

二、咽和食管的检查

1. 咽的检查

当动物流涎并伴有吞咽障碍时，必须做咽部检查。咽的检查，常用外部视诊和触诊，也可借助于器械进行内部视诊。

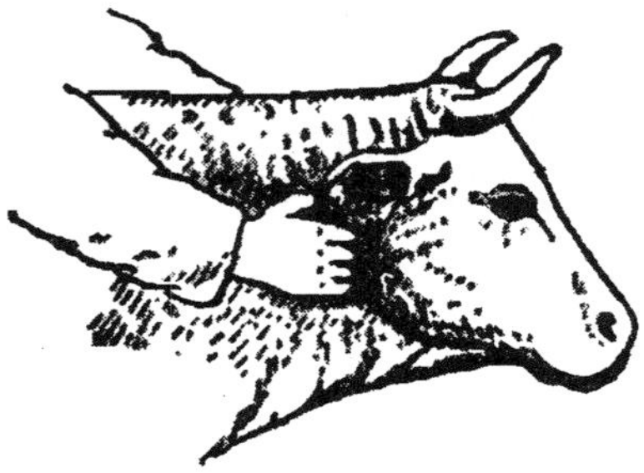

图 6-8　牛的咽部外部触诊

(1)外部检查　咽位于口腔的后方和喉的前上方。咽部发生炎症时，视诊可见病畜头颈伸直，咽喉局部肿胀，避免运动。此时，可进行咽区的外部触诊，以两手拇指放在左右寰椎翼外角上作支点，其余四指并拢向咽部轻轻压迫(图 6-8)。健康动物无反应；当患咽炎时，局部有明显肿胀和热感并引起敏感反应(疼痛表现)，动物缩头抗拒，并做吞咽动作或连声咳嗽；当患耳下腺炎、腮腺炎、马腺疫等病时，常伴发有附近淋巴结的弥漫性肿胀，但吞咽障碍不明显；当牛患结核和放线菌性肉芽肿时，可见局限性肿胀，且咽后淋巴结化脓。当猪有咽部及其周围组织肿胀，并有热、痛反应时，除可见于一般咽炎外，还应注意急性猪肺疫、咽型炭疽、仔猪链球菌病等。

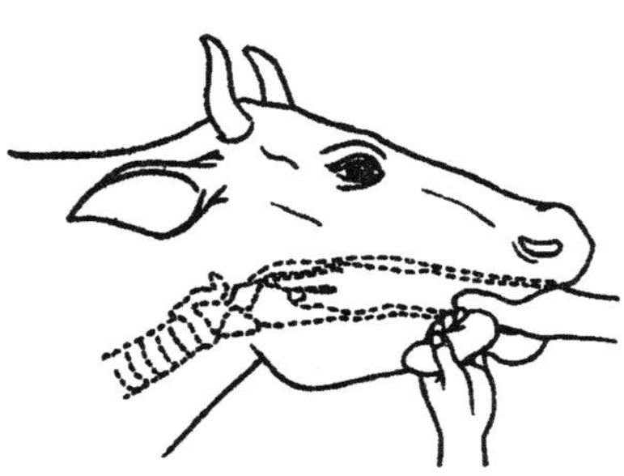

图 6-9　牛的咽部内部触诊

(2)内部检查　小动物及禽类，咽的内部视诊比较容易，大动物须借助喉镜检查。急性咽喉炎、咽喉黏膜刺入异物或感染时，可见黏膜充血、肿胀，并伴发扁桃体肿大；猪肺疫时，可见咽喉部急性肿胀，使病猪高度呼吸困难，俗称“锁喉风”；牛坏死杆菌病，可见咽后壁处附有褐色粗糙的伪膜，俗称“铗白喉”；猪炭疽时，咽喉部黏膜发红、肿胀、坏死。当怀疑有咽部异物阻塞或麻痹性病变时，则应进行咽部的内部检查，可将手深入咽部，检查异物(图 6-9)。咽麻痹时，黏膜感觉消失，触诊无反应并不呈现吞咽动作。

2. 食管检查

当发现动物有流涎并伴有吞咽障碍及怀疑食管梗死时，应进行食管检查。颈部食管可进行外部视诊、触诊及探诊，而胸部食管只能进行探诊。

(1)食管视诊　当食管憩室、扩张时，在动物采食过程中，可见颈沟部（颈部食管）出现界限明显的局限性膨隆。此时，如将食物向头部方向按摩推送，可引起嗳气和呕吐动作，当食物被排出后，膨隆即可消失。当马患急性胃扩张时，有时可出现食管的逆蠕动现象，同时有气体嗳出。马颈部食管梗死时，从外部颈沟部可见明显的局限性膨隆。

(2)食管触诊　触诊食管时，检查者应站在动物的左颈侧，面向动物后方，左手放在右侧颈沟处，固定颈部，用右手指端沿左侧颈沟直至胸腔入口，轻轻按压，以感知食管状态。当食管发炎时，触诊食管可引起疼痛反应及痉挛性收缩。当颈部食管被饲料阻塞时，膨隆部触诊坚硬，阻塞部上端食道内积存大量唾液，触之有波动感，向上挤压则有大量唾液从口中流出，同时动物表现为不安，大量流涎，不断做强力吞咽动作，牛可并发瘤胃臌气。

(3)食管（包括胃）的探诊　不仅是临床上一种有效的诊断方法，也常是一种治疗手段。根据胃管伸入的长度和动物的反应，可确定食管梗死、狭窄、憩室及炎症的发生部位，并可提示为胃扩张。

根据需要可借胃管抽取胃内容物进行实验室检查。

胃管使用前，首先根据动物的种类选择不同口径和长度的胶管，用消毒液浸泡后并涂以润滑油类。将动物保定好后，经鼻腔（马、牛、羊）或口腔（牛、猪、犬、猫）投入，经口腔投入需用开口器（图 6-10）。当胃管插入后到达咽部时，稍刺激几下，当动物有吞咽动作时，趁机继续送下，如胃管正确投入食管则继续送入胃内。食管及胃的探诊可兼有治疗作用，当胃扩张时可将探管放置一定时间以排出内容物及气体。为此，可以将其用绳子固定在动物的笼头上。

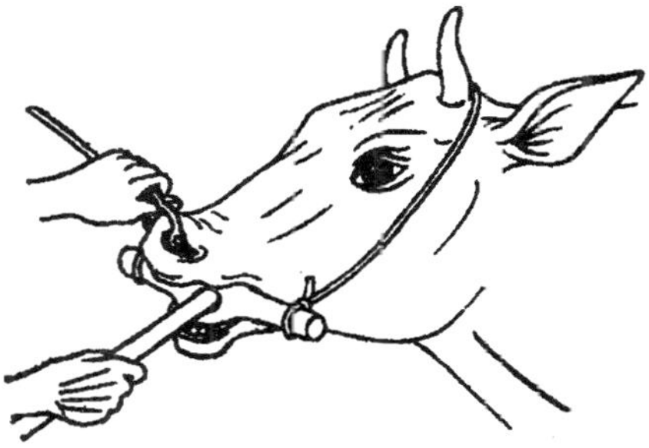

图 6-10　牛胃管插入法

若发现鼻咽黏膜损伤出血时，应暂停操作，并将动物头抬高，用冷水浇额部（垫一块毛巾），一般即可止血。如出血不止，应及时采取其他止血措施。

三、禽类嗉囊的检查

禽类的嗉囊是食管在胸部入口前方的突出部分，并稍偏于右侧。鸡的嗉囊明显，鸭和鹅没有真正的嗉囊，仅是食管的膨大部。嗉囊是积存、浸渍和软化食入饲料的器官，并随时将食物送入胃内。

检查嗉囊主要用视诊和触诊，注意形状、内容物的多少、软硬度及温度等。

嗉囊的病变可表现为软嗉、硬嗉和悬嗉。软嗉时视诊嗉囊膨大，凸出于颈下部，触诊敏感并有波动，如将头部倒垂同时按压嗉囊时，可从口腔中排出液状或半液状黏性内容物并有特殊酸臭味，见于鸡新城疫、嗉囊卡他及有机磷中毒时；硬嗉时嗉囊坚硬或呈捏粉状，压迫时可排出少量未经消化的饲料，多见于雏鸡采食多量粗纤维饲料；悬嗉时嗉囊极其扩大而悬垂，是嗉囊阻塞、发炎的综合症状。

第三节　马属动物及反刍动物腹部和胃肠检查

一、腹部检查

1. 腹部视诊

腹部视诊除观察被毛、皮肤及皮下组织等浅在病变外，主要观察腹部的容积大小和肷部的充满程度。健康动物腹围大小差异很大，这与品种、年龄、营养状态和饲养管理等方面有关。除母畜妊娠后期的生理状态外，主要决定于胃肠内容物的数量、性质，并受腹膜腔的状态及腹壁紧张度的影响。

(1)腹围容积增大　见于胃肠内大量积气、积液和积食以及腹腔积液。左侧腹围膨大，反刍动物除采食大量饲料的生理情况外，多见于瘤胃积食、瘤胃臌气(图 6-11)、真胃变位和马肠臌气等。

右侧腹围膨大，反刍动物除母畜妊娠后期的生理情况外，主要见于瓣胃阻塞、真胃扭转、真胃积食、真胃积气及积液等；也见于马属动物的肠臌气。

除其他动物妊娠后期的生理情况外，下腹部膨大见于腹水症(图 6-12)、急性渗出性腹膜炎、膀胱破裂、肝硬化、心包炎、心肌炎、瘤胃炎、胎水过多、犬恶丝虫病、犬利什曼原虫病、腹腔脏器肿瘤等。

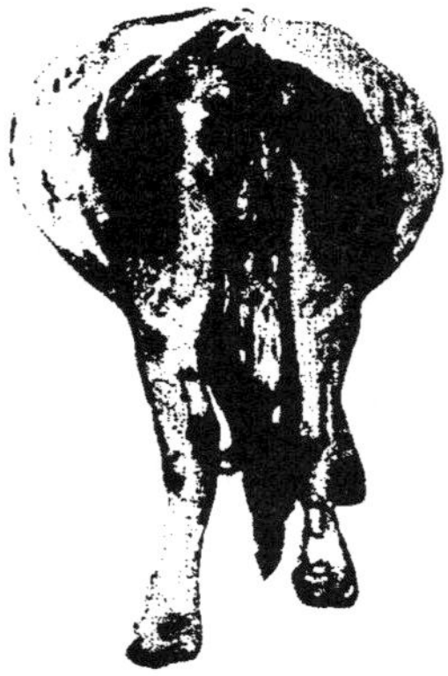

图 6-11　牛急性瘤胃臌气时腹围膨大的外观

图 6-12　马腹水时腹围膨大的外观

局限性腹围增大，可见于腹壁疝。听诊该部位有肠蠕动音，触诊可摸到疝环，并可将部分脱出的肠管进行还纳。下腹部局限性浮肿，触诊呈生面团样，指压留痕，一般非炎性者无热、痛反应，可见于重度的心功能障碍、重度贫血、肾功能障碍；而一般炎性者有热、痛反应，可见于外伤、感染。此外，脓肿、血肿、淋巴外渗等也可引起局限性腹围增大。肝和脾肿大，尤其是犬、猫的肝肿大，有时可见腹围增大。

(2)腹围容积缩小　表示胃肠内容物显著减少，主要见于长期食欲减少、剧烈腹泻、慢性消耗性疾病，并伴有腹肌痉挛的疾病。

2. 腹部触诊

腹部触诊可了解腹壁的疼痛性、紧张度及腹腔内脏器官的状态。如马大肠和瘤胃积食时，触诊其内容物多呈黏硬感；如瘤胃和肠臌气时，触诊腹壁紧张而有弹性；如患腹腔积液时，触诊腹壁有波动感，并可听到水的振荡音；如患破伤风时，触诊腹壁紧张；如患腹膜炎时，触诊腹壁敏感；如患创伤性网胃炎时，触诊网胃区疼痛敏感。

3. 腹腔穿刺液检查

临床上怀疑腹腔积液或内脏破裂时，可进行腹腔穿刺检查穿刺液性状。腹腔大量积液时，根据穿刺液性质可鉴别是渗出液还是漏出液；胃肠破裂时，穿刺液含有胃肠的内容物；肝、脾和大血管破裂及肠变位时，穿刺液呈红色；膀胱破裂时，穿刺液带有尿骚味。

二、马属动物腹部听诊

马属动物腹部听诊，主要目的在于了解胃肠的运动机能和肠内容物性状，对于马、骡、驴胃肠性腹痛病的诊断和预后判定有重要意义。

1. 听诊方法和部位

用直接听诊法或间接听诊法，每处至少听 1 min 以上。马的胃蠕动音听诊部位是在左侧第 14～17 肋骨间髋结节水平线附近。正常时，由于胃的位置深，一般听不到胃蠕动音。在一些胃扩张病例，可听到短促而高亢的沙沙声、流水声或金属声，3～5 次/min，多者可达 10 次/min 左右。在急性胃扩张时，肠音一般消失，如在上述的部位听到蠕动音，即为胃蠕动音。

马的肠蠕动音听诊部位，按肠管的体表投影位置在其左、右侧各有 3 个听诊部位：即左髂部上 1/3 听小结肠音，左髂部中 1/3 听小肠音，左侧腹部下 1/3 听左侧大结肠音；右侧髂部听盲肠音，右腹股沟部听右侧小肠音，右剑状软骨部听右侧大结肠音。

以上肠管的听诊部位只是相对的定位，因为小结肠位于左髂部和腹股沟部，并与空肠混在一起，所以在听诊时，还要结合蠕动音的性质，确定它是哪一段肠管蠕动所产生的肠音。在临床实践中，将肠音听诊区简化为 4 个部位较为方便：即左肷部听小结肠音和小肠音，左侧腹部下 1/3 听左侧大结肠音，右肷部听盲肠音，右侧肋弓下方听右侧大结肠音。

2. 正常的肠音

马的正常肠音清晰易听及，小肠音如流水声、含漱声，大肠音如雷鸣音、远炮音。小肠音为 8～12 次/min，大肠音为 4～6 次/min。

肠管运动机能、饲料的质量、肠内容物的性状以及使役的强度等，都能影响肠音的次数、强弱、蠕动波的长短及音响的性质。当肠管运动机能增强时，肠音增强，次数增多；反之，肠管运动机能减弱与肠内容物干稠时，肠音减弱、次数减少；放牧，喂青草、麦麸等轻泻性饲料，饮多冷水以及运动之后，常出现生理性肠音增强。舍饲、运动少、饮水不足、长期饲料过于单一，肠音多减弱。

3. 病理性肠音

一般说来，当肠管平滑肌受轻度刺激时，其运动机能减弱，肠音也减弱。因此在不同的病理条件下，肠音的强弱和性质有不同的改变。对病理的肠音，主要是根据肠音的次数、强弱、蠕动波的长短及是否完整等综合判定。

(1)肠音增强　肠音高朗，连绵不绝，有时离数步远也能听到，见于肠痉挛、肠臌胀初期、消化不良及胃肠炎和便秘的初期等。

(2)肠音减弱　次数稀少，肠音短促而微弱，见于重剧胃肠炎及便秘等。

(3)肠音消失　肠音完全停止，为肠管麻痹或病情重剧的表现，见于便秘及肠变位的后期等。腹痛病马肠管音消失后，又出现肠音，是趋向好转的表现。

(4)肠音不整　肠音次数不定,时快时慢、时强时弱,而且蠕动波不完整,见于消化不良及大肠便秘的初期。在慢性消化不良病程中,由于腹泻与排粪迟滞可交替出现,因此在病程经过中肠音时强时弱,变化无常,称为肠音不整。

(5)金属性肠音　如水滴落在金属板上的声音,是因肠内充满气体,或肠壁过于紧张,邻贴的肠内容物移动冲击该部肠壁发生振动而形成的声音。其多见于肠痉挛及肠臌胀初期等。有时在健康马、骡的盲肠底部也能听到金属性肠音。

三、反刍动物瘤胃检查

反刍动物的瘤胃是指瘤胃、网胃和瓣胃(图 6-13),瘤胃的黏膜没有分泌消化液的腺体,主要功能是食物的储存、机械性和微生物消化。瘤胃的解剖构造和生理机能是紧密联系着,一个胃有病时常影响其他胃。检查方法以视诊、触诊、叩诊和听诊为主,必要时进行某些特殊检查。

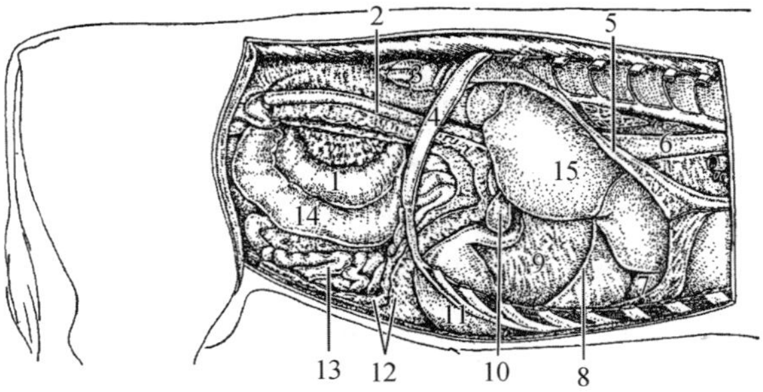

1 .结肠;2. 十二指肠;3. 右肾;4. 第 13 肋骨;5. 膈;6. 食管;7. 网胃;8. 肝镰状韧带及肝圆韧带;9. 小网膜;10. 胆囊;11. 真胃;12. 大网膜;13. 空肠;14. 盲肠;15. 肝。

图 6-13　牛的内脏位置图(右侧)

1. 瘤胃检查

瘤胃检查包括视诊、触诊、叩诊、听诊,还可做瘤胃手术探查及瘤胃液的实验室检查等辅助手段,成年牛的瘤胃,其容积为全部胃总容积的 80%,占左侧腹腔的绝大部分,与腹壁密贴,对瘤胃进行检查,借以了解其内容物的性状和数量,以及瘤胃收缩次数和强度。

(1)视诊　正常时左侧肷窝部稍凹陷。放牧的牛羊,饱食后肷窝平坦。瘤胃积食和臌气时,肷窝凸出与髋结节同高,尤其在急性臌胀时,凸出更为显著,甚至与背线一样平。肷窝凹陷加深,见于饥饿和长期腹泻等。

(2)触诊　瘤胃触诊时站在牛的左侧,面向牛的后方,左手放在背部作为支点,右手(手掌、屈曲手指或握拳)在左肷窝上部进行短而急的冲击和压诊,以判断内容物的多少和性状;再静放在腹壁上以感知其蠕动情况。正常瘤胃蠕动次数:牛 1～3 次/min,羊 2～4 次/min。

瘤胃臌气时,触诊上部腹壁紧张而有弹性,强力冲击也不能感到瘤胃中的内容物。瘤胃积食时,触诊内容物多而黏硬,压之有痕。瘤胃积液时,触之有波动感,并可听到水的振荡音。瘤胃弛缓时,触诊瘤胃有适量柔软内容物,蠕动减弱或消失。

(3)叩诊　瘤胃积食时,浊音范围扩大,甚至肷窝处也为浊音;瘤胃臌气时,肷窝部也呈鼓音。瘤胃叩诊呈鼓音,甚至带金属调,见于瘤胃臌气。

（4）听诊　瘤胃听诊时要注意瘤胃蠕动音的强弱、蠕动次数和持续时间的长短。在病理状态下，瘤胃蠕动音增强，表示瘤胃运动机能增强，此时蠕动音强而有力，持续时间较长，次数增多，临床上见于瘤胃臌气和瘤胃积食的初期某些毒物中毒或给予瘤胃兴奋药物时；瘤胃蠕动音减弱，表示瘤胃运动机能减弱，此时蠕动音弱而无力，持续时间短，次数稀少，临床上见于瘤胃弛缓、瘤胃臌气和瘤胃积食的中期、创伤性网胃炎、瓣胃阻塞、真胃阻塞及变位、发热性疾病等；瘤胃蠕动音消失，是瘤胃运动机能高度障碍的结果，临床上见于急性瘤胃臌气和瘤胃积食的后期以及其他严重的全身性疾病。

2. 网胃检查

网胃位于胸骨后缘、腹腔的左前下方剑状软骨突起的后方，相当于第 6～8 肋间，前缘紧接膈肌而靠近心脏（图 6-14），在注水音的同时或之后，可听到隆隆的汩汩声。在这个区域还可听到吞咽、嗳气和反刍的声音。由于牛采食粗糙，时常将混入饲料中的金属异物吞食而沉积在网胃内，在腹压增高的情况下，造成网胃的损伤，引起创伤性网胃炎，严重的可造成创伤性心包炎。网胃收缩 1～1.5 次/min。创伤性网胃腹膜炎时，在网胃收缩时病牛可发生疼痛性哼哼声。

图 6-14　牛网胃（Ⅱ）、瓣胃（Ⅲ）、真胃（Ⅳ）位置

（1）触诊　网胃的触诊部位，在左腹部的前下方，第 6～7 肋骨间与剑状软骨上方。主要判断网胃有无疼痛。有条件时，还可使用金属异物探测仪，以便发现网胃内的金属异物。检查者蹲于动物左侧，右膝屈曲于其腹下，再将右臂肘部顶在膝盖上，握右拳自胸下剑状突起部，抬腿向上强压触诊（图 6-15）；或两人分别站于牛体两侧，各伸一手于胸下剑状突起部相互握紧，另一手同时放于鬐甲部，将紧握的手用力向上抬起的同时放在鬐甲部的手用力下压；或以一木棒横放于牛体胸下剑状突起部，同样由两人分别自两侧同时向上抬起，以压迫网胃区（图 6-16）；或由一人握住病牛的鼻中隔并向上提举使牛头的额线与背线形成水平，同时检查者用手强捏病牛鬐甲部等方法检查，而同时观察其反应。如病牛表现呻吟、疼痛不安、躲闪、反抗或企图卧下等行为时，则为网胃敏感反应的标志，常为创伤性网胃炎的特征。

图 6-15　网胃单人检查法

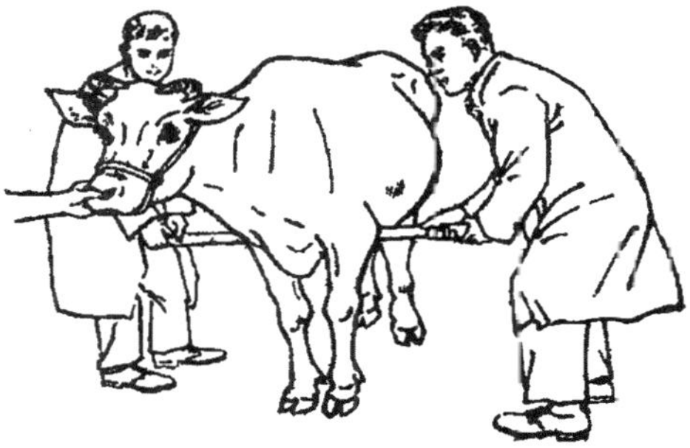

图 6-16　网胃双人检查法

（2）视诊　当患创伤性网胃炎时，病牛下坡表现运步小心，步态紧张，不敢前进，甚至横着下坡。此外，还可用 X 线、金属探测器等特殊方法检查，重点在创伤性网胃炎的敏感区进行检查。注意，当检查结果为阳性时仅说明网胃内有异物，不能说明异物已造成网胃的损伤。

3. 瓣胃检查

瓣胃位于腹腔右侧第7～9肋间，肩关节水平线上下3 cm范围内。

在瓣胃区用拳叩击，或对第7、8、9肋间用伸直的手指指尖实施压迫，如出现疼痛反应，应考虑瓣胃阻塞或创伤性炎症。

(1)听诊　正常时可听到微弱的沙沙声，类似捻发音，常随瘤胃蠕动音之后出现，采食后较为明显。瓣胃蠕动音减弱或消失，见于瓣胃阻塞或热性病等。

(2)视诊　若因瓣胃秘结而体积显著增大时，视诊可见瓣胃区膨隆。

(3)触诊　在瓣胃区用手指重压触诊时，如出现疼痛不安、呻吟等敏感反应，可提示瓣胃阻塞或创伤性炎症。若因瓣胃阻塞而体积显著增大时，视诊可见瓣胃区膨隆，在靠近瓣胃区的肋弓下部，做冲击式深触诊，可触及坚实的胃壁。

四、真胃检查

真胃位于右下腹部第9～11肋间，在右侧肋骨弓区直接与腹壁接触。真胃的检查方法包括视诊、触诊、叩诊和听诊，其中以触诊和听诊最为重要。

(1)视诊　真胃严重阻塞、扩张时，可以看到右侧腹壁真胃区向外侧突出，左右腹壁显得很不对称。真胃扭转(真胃右方变位)时，可见右腹膨大或肋弓突起；真胃左方变位时，可见左侧肋弓突起，而右侧原真胃区则变得扁平。

(2)触诊　在右侧第7～10肋间沿肋骨弓用拳向内压迫，除保护性反应外，如病畜表现回顾、躲闪、呻吟、后肢踢腹，为真胃区敏感的标志，见于真胃炎、真胃溃疡和真胃扭转等。触诊真胃区有坚实或坚硬感，则为真胃阻塞的特征。冲击触诊有波动感，并能听到击水音，提示真胃扭转或幽门阻塞、十二指肠阻塞。此时应与瘤胃积液和腹腔积液相鉴别。

(3)叩诊　正常时真胃叩诊呈浊音。在真胃扩张时，叩诊呈(右方变位)鼓音。有时也可在左侧肷窝部听诊，同时在左侧肋骨弓区叩诊可听到类似叩击钢管的声音，多为真胃左侧移位，必要时可通过穿刺术做内容物检查。瘤胃、网胃内容物为碱性，镜检有纤毛虫存在，而真胃内容物为酸性，无纤毛虫，很容易鉴别。

(4)听诊　真胃蠕动音类似肠蠕动音，呈流水声或含漱音。真胃蠕动音增强，见于真胃炎；真胃蠕动音稀少、微弱，则提示胃内容物干涸或机能减弱，见于真胃阻塞。

五、反刍动物肠管检查

反刍动物的肠管位于腹腔右侧的后半部，紧靠瘤胃右壁，小肠较长，卷曲于结肠盘的周缘；大肠管径较窄，肠壁不形成纵肌带和肠带。大肠中的结肠，并不分为大结肠和小结肠，而是形成肠袢，分初袢、旋袢和终袢3段，位于腹腔右侧的后半部，紧靠瘤胃壁，结肠在腹中部呈圆盘状，十二指肠、盲肠、直肠位于结肠盘上方，小肠卷曲于结肠的周缘。肠管的检查主要使用听诊和直肠检查进行鉴别。某段小肠变硬，形如香肠，触压时敏感疼痛，见于肠套叠。

(1)视诊　在肠套叠、盲肠扩张或扭转、肠扭转、麻痹性肠阻塞时，由于肠内积气积液，可见右侧肋骨向上弓隆。

(2)听诊　健康反刍动物在右侧后部听诊，可听到稀而弱的肠蠕动音。小肠蠕动音类似含漱音、流水音；大肠蠕动音类似鸠鸣音。

①肠音增强：肠音则高朗，连绵不断，见于急性肠炎、肠痉挛和服用泻剂；还见于肠结核、副

结核、副伤寒、肝片吸虫等传染病和寄生虫病；有机磷农药中毒也可引起肠音增强。

②肠音减弱：肠音则短而弱，次数稀少，见于一切热性病及消化道机能障碍。

③肠音消失：肠音则完全停止，为肠管麻痹的表现，见于肠套叠及肠便秘等。

(3)直肠检查　在耻骨前缘右侧可摸到盲肠；结肠圆盘位于右肷部，其周围是空肠和回肠，正常时不易触到；在肠阻塞时，可触到硬固的内容物；如为肠套叠或肠变位，触诊有疼痛表现，此时直肠空虚无粪便，仅有少量混有血黏液，常附着于检查者手臂上。

第四节　猪胃肠检查

一、胃的检查

猪胃的容积较大，其大弯可达剑状软骨后方的腹底壁(图 6-17)。当胃扩张、胃臌气时，胃可伸展到剑状软骨及脐部之间的中点，视诊可见左腹部膨大，呈犬坐姿势，呼吸迫促，呻吟，两前肢频频交换，触压胃部可引起呕吐。当吞食刺激性食物及某些传染病(猪瘟、副伤寒等)时，触压胃部也可引起呕吐。当患胃炎或胃食滞时，在左侧季肋下胃区触诊，可呈现疼痛反应或呕吐。

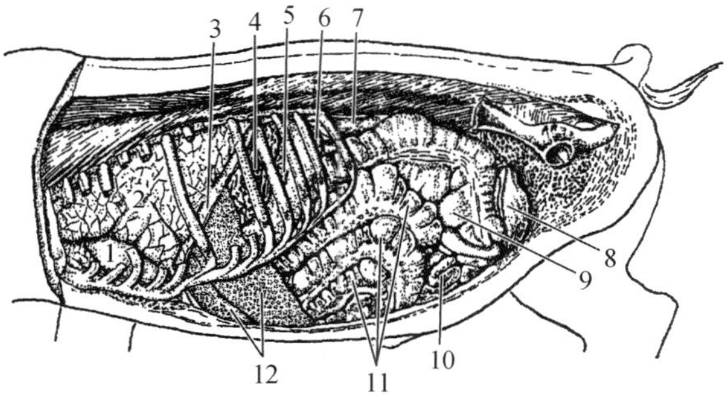

1. 心脏；2. 肺；3. 膈；4. 大网膜；5. 脾；6. 胰；7. 左肾；8. 膀胱；9. 盲肠；10. 空肠；11. 结肠；12. 肝。

图 6-17　猪的内脏(左侧)

二、肠的检查

小肠位于腹腔右侧及左侧下部，结肠呈圆锥状位于腹腔左侧，盲肠大部分在右侧。体瘦而腹壁薄的猪，腹部触诊可感知肠内容物性状。当结肠套叠或肠便秘时，可感知坚硬的粪串或呈块、盘状，同时伴有疼痛反应。听诊肠音高亢、连绵，可见于各种类型肠炎及伴发肠炎的传染病。肠音低沉、微弱或消失，见于肠便秘。视诊脐部有时可发现圆形囊状肿物，多为脐疝(脐赫尔尼亚)，其特点是触之柔软或有波动感，听诊可有肠音，经疝环可将肠管还纳。

第五节　犬、猫胃肠检查

一、胃的检查

犬和猫的胃主要通过视诊、触诊、叩诊和探诊等方法进行检查，还可根据需要做胃镜检查、胃液检查、X线检查等。

(1)视诊　患胃扩张、胃扩张、胃肿瘤等疾病时,视诊左侧肋骨后下方有膨隆,腹围扩大。

(2)触诊　从外部能够触诊,通常将犬、猫放在桌子上站立,也可横卧或提举前肢,两手置于两侧肋骨弓的后方,用拇指于肋骨内侧向前上方触压。当出现急性胃卡他、胃炎及胃溃疡时,均有胃的压痛反应,同时出现食欲减退乃至废绝及呕吐。患胃扩张时,触诊可在两侧肋下部摸到胀满、坚实的胃。

(3)叩诊　一般采取仰卧姿势进行叩诊。当空腹叩诊时,从剑状软骨后直到脐部呈鼓音;采食后则呈浊音。发生气胀性胃扩张时,出现大面积鼓音区。

(4)探诊　患气胀性胃扩张时,经鼻腔或口腔将胃管(小型犬和猫用人用导尿管)插入食管和胃进行探诊,从胃管内排出较多的酸臭气体。胃扭转时,腹部触诊可摸到一个紧张的球状囊袋。插入胃管探诊,插入的胃管停顿于贲门附近,或者当用力而能推进于胃内时,则有带臭味的气体和带血的液体从管内逸出。

二、肠管检查

犬和猫的肠管检查主要通过视诊、触诊、叩诊和听诊等方法。此外,还可根据需要做结肠镜检查和X线检查。

(1)视诊　犬、猫站在桌子上,从后方观察腹部的轮廓、大小及性状。

除母犬、猫妊娠后期及饱食后等生理情况外,腹围膨大可见于肠臌气、肿瘤和腹腔积液。结肠便秘时,于髂骨结节和季肋部之间出现局限性隆起。

腹围缩小,见于重度腹泻、食欲废绝、慢性消耗性疾病及全身衰弱时。胃肠炎、高热性疾病时,营养明显不良,可见腹围极度缩小,肛门及后躯污秽不洁,且恶臭。腹膜炎时,腹肌紧张,吊肷,弓背和后肢置于腹下。剧烈腹痛则呈"祈祷"姿势。

(2)触诊　通常原地站立,也可横卧或提举前肢,让动物主人保定犬、猫头部。检查者面对尾部将两手拇指置于腰部为支点,其余四指头伸直于腹壁两侧,缓慢用力压迫,直至两手指端互相接触为止,以感觉腹壁、肠管及可触及的内脏器官的状态。如果将患病犬、猫的前后躯轮流高举,几乎可以触知全部腹腔的脏器。开始触压时,腹壁紧张,触压一会儿即行弛缓。

患肠炎、十二指肠虫症时,有过敏性压痛。肠秘结时,在脊柱之下和骨盆入口处之前可以摸到1根坚硬的香肠状粪条或粪块,有时可前达肝脏的后面或者延伸至右侧。肠套叠多发生于十二指肠与空肠、空肠与空肠、空肠与回肠之间。此时,可以摸到一个坚实而有弹性的、弯曲的、移动自如的圆柱形的肠管,有时甚至可以在一头摸到套入部的圆形末端,在另一头摸到鞘部的卷折之处,有一定弹性,此时病畜表现剧痛。肠嵌闭时,可以在腹腔某处发现局部的触痛及臌气的肠管,有时还可以在嵌闭处摸到一个结节。肠绞窄时,尤其与腹腔带蒂的肿瘤相缠结时,可摸到肿瘤及紧张的肿瘤蒂基部。肠扭转时,可以发现局部的触痛和臌气的肠管,有时可以摸到扭转的肠管或扭转的肠系膜。腹腔积液时,用手掌紧贴一侧腹壁,另一只手的手掌或手指从对侧腹壁压迫或轻轻冲击,贴于腹壁的手掌会感到波动,同时可听到水的振荡音。

(3)听诊　肠音的听诊部位在左右两侧肷部。健康犬、猫的肠音如哔啵音或捻发音。肠音增强,见于急性肠卡他、胃肠炎的初期以及化学药物刺激等。肠音减弱,见于重度胃肠炎后期、肠便秘。肠音消失,见于肠麻痹、肠便秘及肠变位的后期。肠音不整,见于慢性胃肠卡他和大肠便秘的初期。金属音,见于肠臌气。

第六节　直肠检查

直肠检查是将手臂（大动物如牛、马、骡、驴）或手指（小动物如犬、猫）伸入直肠内，隔着肠壁对腹腔及盆腔内部器官进行触诊的一种检查方法，其目的是感觉器官或病变的位置、形状、大小、质地、敏感性等。

一、应用范围

（1）消化系统　可探知胃扩张性质（气胀性、液胀性、食滞性），肠管内容物性状，肠管变位情况，肠管内有无异物，肝脏和脾脏的肿大及硬度。尤其对于疝痛的诊断，直肠检查尤为重要。手指伸入犬肛门内，可检查和挤压肛门囊。

（2）泌尿系统　可探知肾脏的肿胀度及敏感性，输尿管是否肿大，膀胱和尿道的变化。

（3）生殖系统　可探知卵巢情况及输卵管和子宫病变。尤其对发情鉴定、妊娠诊断非常重要。手指伸入直肠，可检查犬前列腺有无肿大或发炎。

（4）其他　直肠检查还可探知腹腔是否有积液，是否有纤维素性腹膜炎，淋巴结的变化，骨盆骨是否骨折，以及犬的会阴疝等。

二、牛的直肠检查

直肠检查主要用于判断卵泡发育状况、妊娠检查以及卵巢疾病、子宫疾病及胃肠道疾病等。此外，对膀胱、肾脏及尿路检查也很重要。

1. 准备

检查者的指甲要剪短、磨光，手及手臂涂以润滑剂，或戴以薄膜手套。牛用温肥皂水灌肠，以清除直肠内的宿粪，并使直肠弛缓。

2. 操作方法

检查者将手指拢成圆锥状，缓慢通过肛门进入直肠，向前行进时，肠管努责则停止，不努责时再行进，如频频努责可用小臂下压肛门或由助手强力捏压腰荐部，待安静后再继续检查。牛的直肠黏膜容易出血，直肠检查时应特别小心，切忌动作粗暴和五指张开乱抓。

检查顺序：肛门→直肠→骨盆→耻骨前缘→膀胱→子宫→卵巢→瘤胃→盲肠→结肠袢→左肾→输尿管→腹主动脉→子宫中动脉→骨盆部尿道。

膀胱位于骨盆底部，空虚时触其如拳头大，充满时膀胱壁较紧张，触之有波动感。当膀胱积尿时，膀胱膨大充满整个盆腔。当膀胱破裂时，膀胱空虚无尿。当膀胱炎时，触压膀胱疼痛敏感，并且膀胱壁增厚。当膀胱结石时，触诊有硬物感。

瘤胃位于耻骨前缘左侧，触摸时表面光滑，呈面团样感觉，并可感到蠕动波。当瘤胃积食时，瘤胃容积增大，充满黏硬的内容物，指压留痕。当瘤胃臌气时，瘤胃容积增大更明显，触压可感到紧张而有弹性，并且瘤胃上后盲囊抵至骨盆入口处，甚至进入骨盆腔内。

瘤胃前部、网胃、瓣胃和真胃，正常情况下直肠检查不能触及。当真胃发生变位时，真胃转到瘤胃与腹壁之间，在左侧后部肋骨弓附近，可触诊到变位的真胃，此时右侧腹腔触之异常空虚，同时在右侧听不到正常真胃的蠕动音。当真胃扭转时，可在右腹部触摸到膨胀而紧张的真胃。

盲肠位于耻骨前右缘，其尖部有时抵至骨盆腔内，可感觉到有少量的气体或软的内容物。

盲肠扭转时，可发现一高度积气的肠段横于骨盆腔前口的前方。当盲肠向前方折转时，在骨盆腔前口前方常不能触到盲肠。

结肠袢位于右肷部，可触到其肠袢排列。结肠袢周围是空肠和回肠，正常时不易触到。结肠阻塞时，可感到结肠内容物充满而有硬块。当空肠和回肠发生肠套叠时，触之病畜表现剧痛，同时直肠空虚无粪便。肠扭转时，可触到螺旋状的扭转部，触及时病畜剧痛不安。在去势公牛由于其输精管尿生殖褶皱撕裂，骨盆区输精管游离形成套环状裂孔，引起空肠末端和回肠起始部肠管绞窄，通常在骨盆腔入口前缘的偏右侧（少数在左侧）可触摸到被环状索带缠绕的肠段，硬实而紧张，有的病例在绞窄邻近处还可摸到局限性膨胀的肠管（臌气或积液），牵引或压迫被绞窄的肠管时，病畜出现特别敏感的疼痛反应。

左肾位于腹中线前第3～6腰椎下方，呈游离状态，随瘤胃的充满度而偏于右侧；右肾因位置靠前不易摸到。当患肾炎时，可发现肾脏肿大，触之敏感，肾分叶结构不清楚。当患肾盂肾炎和输尿管炎时，触之肾盂肿大，一侧或两侧输尿管变粗。当肾脓肿时，触及肾脏表面柔软，有波动感。

此外，直肠检查还可确定生殖器官的生理和病理状态。检查子宫颈，因慢性炎症可使子宫颈变粗变硬；检查子宫体、角，应注意其位置、形状、大小、质地及其对触诊的反应，并判断子宫内容物的性质及其与周围器官的联系情况；检查卵巢，应注意其位置、形状、大小及质地。在公畜触诊副性腺及骨盆部尿路的病理变化。

另外，直肠检查还需要对骨盆骨骼进行触诊，检查有无骨折、骨瘤或骨盆畸形。因为这些变化有可能造成严重的分娩并发症和习惯性流产。

三、马的直肠检查

1. 准备

①术者的指甲要剪短磨光，手臂涂以润滑剂，并穿胶靴及戴胶皮围裙。为预防感染，最好戴上长袖手套。

②被检马骡要确实保定，一般用柱栏保定较方便，要特别注意腹下吊绳和肩部压绳的拴系，以防卧倒或跳跃。在野外，可在车辕内保定或进行横卧保定。

③腹痛剧烈的患马，应先行镇静。实践证明，以1%普鲁卡因液20～30 mL在后海穴封闭，可使直肠和肛门括约肌弛缓。

④肠管气胀、腹围膨大患马，应先穿肠放气，特别在横卧保定时更应注意，以免造成窒息。对心脏衰弱的病马，应先用强心剂。

⑤被检马骡事先用温肥皂水1 000～2 000 mL灌肠，以清除直肠内粪便，使肠壁弛缓，黏膜滑润，便于检查，并应仔细检查灌肠后排出的内容物，如粪便的量和硬度、有无黏液或血液等。如怀疑有直肠穿孔时，则不宜灌肠。

2. 操作方法

直肠检查的操作，务必要按要领进行，防止损伤直肠黏膜。

动物在柱栏内保定时，一般用右手进行检查。术者站在被检马的左后方，以防被马踢伤。横卧保定时，右侧横卧用右手，左侧横卧用左手，术者取伏卧姿势。

检查时，检查者手拇指抵于无名指基部，其余四指并拢成圆锥形，旋转伸入直肠。如先以二指、三指插入肛门，给马匹以信号，可有助于肛门括约肌的弛缓。当检手碰到粪球时，应将手指微屈曲，把粪球纳入掌心取出。对膀胱积尿的马骡，可用手按摩膀胱，促使其排尿后，再进行检查。

检查者将手谨慎而确切地套入直肠狭窄部，是直肠检查时安全的关键。如检手不套入狭窄部，马匹挣扎极易造成直肠损伤，甚至穿孔。临床上套手时按照“努则退，缩则停，缓则进”的要领进行。如检手能通过狭窄部（指大马），则更便于检查。切忌检手未找到肠管方向就盲目前进，或未套入狭窄部就急于检查。在狭窄部套手困难时，可以采取胳膊下压肛门的方法，诱导马做排粪反应，使狭窄部套在手上，同时，下压肛门还有减少努责的作用。

检查腹腔脏器，用并拢的食指、中指及无名指的指腹轻轻触摸，根据脏器的位置、大小、形状、硬度、有无纵带、移动性及肠系膜状态等，判定病变的脏器、病变的性质和程度。在直肠检查过程中，无论何时检手手指均应并拢，绝不允许叉开手指随意触摸，以免损伤肠管。

在直肠检查中，为使腹腔常患病的主要脏器都能摸到，可使被检马取前高后低姿势，或用扁担上抬马的腹部等。

检查完毕应缓慢退出检手。如果出手过快，不仅套在手腕上的肠管黏膜容易发生撕裂，而且粘附在手臂上的粪渣也容易擦伤黏膜。

在做马的直肠检查时，骨盆腔和腹腔脏器的位置、大小、形状、硬度等，是识别脏器和发现有无病理变化的基础。通常要着重判定：触摸到的肠管结构是否在正常位置，并且有没有粘连；肠管内容物的硬度；有无气肠；触摸动作是否在腹腔某一特定部位引起疼痛反应，或产生明显的努责现象；有无引起腹痛的其他异常，如泌尿生殖器官的病理变化等。

总之，直肠检查对马的胃肠性腹痛病，如肠管各段的便秘、各种类型的肠变位胃扩张以及肠结石等，都具有一定的诊断意义。但在实践中，仍须结合问诊、临床症状及腹腔穿刺液检查等进行综合分析。

第七节 排粪动作及粪便检查

一、排粪动作的检查

排粪动作是动物的一种复杂的反射动作。当粪便在直肠中聚积时，引起对直肠壁的机械性刺激，产生的冲动由盆神经传入到位于腰荐部脊髓的排粪低级中枢，再上升到大脑皮层，引起排粪动作。在正常状态下，各种动物排粪时均有固定的姿势。马、牛、羊排粪时，背腰微弓起，后肢稍开张并略前伸。犬排粪时采取近似坐下的姿势。马和山羊可在行进中排粪。

正常动物的排粪次数和排粪量与采食饲料的数量、质量及使役情况有密切联系。每日排粪次数马 8～10 次，牛 10～18 次，羊 3～8 次，猪 2～5 次，犬 1～3 次。

排粪动作异常主要表现为便秘、腹泻与下痢、排粪失禁、排粪带痛、里急后重等。

（1）排粪次数减少（便秘） 由于肠道内水分减少，肠壁兴奋性降低，肠管蠕动和分泌功能减弱，肠内容物向后运行速度变慢或受阻，表现为排粪费力，次数减少，粪便干硬且色深。见于一切热性病、便秘疝、肠炎后期及慢性消化紊乱；反刍动物便秘见于瘤胃弛缓、瘤胃积食、瘤胃臌气等；还见于中枢神经性脑病和中毒性疾病，如传染性脑脊髓炎、慢性脑室积水、铅中毒等。

（2）腹泻与下痢 由于肠道内水分增多，肠壁兴奋性升高，肠管蠕动和分泌功能增强，肠内容物迅速通过肠道排出体外，表现为排粪次数增多，粪便稀软甚至水样，严重的粪便中混有黏液、血液、脓液及黏膜片。其见于各型肠炎初期、肠痉挛、某些传染病、中毒病以及应用泻下药等。

(3)排粪失禁　由于肛门括约肌弛缓或麻痹，动物未取固有的排粪姿势而不自主地排出粪便。见于荐部脊髓损伤和炎症，或中枢性脑病；还见于引起顽固性腹泻的各种疾病。

(4)排粪带痛　即排粪时动物表现疼痛不安、呻吟、努责等，见于腹膜炎、胃肠炎、牛创伤性网胃炎、结肠炎、直肠炎等。

(5)里急后重　即动物频发便意，屡呈排粪动作并强力努责，但每次无粪排出或仅排出少量带脓血或黏液的粪便，并表现为呻吟和努责。里急后重提示炎症已波及或侵害到直肠黏膜，见于直肠炎、结肠炎、顽固性腹泻、直肠及肛门周围的疾病。

二、粪便的感官检查

粪便的感官检查要注意粪便的外形、数量、性状、硬度、颜色、气味及混合物。

正常粪便的表面附有一层薄薄的黏液，故有光泽。病理情况下，如果粪便中混有黏液，提示肠炎和肠便秘；如果混有脓汁，提示肠道有化脓性炎症；如果混有脱落的肠黏膜，提示肠道炎症已波及肠黏膜下层，见于伪膜性或坏死性肠炎；如果混有寄生虫，应注意肠道寄生虫；如果混有未消化的谷物，提示慢性消化不良或牙齿疾病；如果混有血液或呈黑色，提示肠道有出血性疾病；若血液只附于粪便表面且呈鲜红色，说明后部肠管出血；若血液均匀混于粪便中且呈黑色，说明胃和前部肠管出血；如果粪便呈淡黏土色，提示为阻塞性黄疸病。

一般健康草食动物的粪便无恶臭气味，猪、犬和猫的粪便较臭。当肠内容物发酵过程占优势时，粪便呈现酸性肠卡他、幼龄动物单纯性消化不良等。发生黏液性肠炎、急性结肠炎、犊牛白痢、仔猪白痢时粪便呈现腥臭味。

第八节　肝脏和脾脏的检查

一、肝脏的检查

肝脏是动物机体最大的腺体，位于膈后方。肝脏的主要功能包括代谢功能，如糖、脂肪、蛋白质的同化、储藏和异化，核酸代谢，维生素的活化和储藏，激素的灭活及排泄，胆红素和胆酸的生成，铁、铜及其他金属的代谢等。排泄功能，如对胆红素和某些染料的排泄。解毒功能，如对各种化合物的氧化、还原、水解、结合等。凝血和纤溶因子、纤溶抑制因子的生成及对活性凝血因子的清除等。各种因素均可影响肝脏功能的改变。肝脏检查，除用触诊、叩诊及肝功能试验等方法外，必要时可进行穿刺及超声波诊断。

1. 反刍动物的肝脏检查

牛的肝脏位于腹腔右侧中部，其长轴向前下方倾斜，肝头部表面与右侧的膈肌相连接，其小部分连接于倒数第 2～3 肋骨上缘，在此区域叩诊即可发现呈近长方形的肝脏浊音区(图 6-18)。

当肝脏肿大时，肝脏浊音区扩大，肝浊音界可达右侧最后肋骨或肷部。肝脏浊音区扩大见于酮病、肝炎、肝硬化、肝脓肿、棘球蚴病、肝片吸虫病等。肝脏高度肿大时，直肠检查可在右侧肋骨弓下触及，并有硬的感觉，同时病畜有疼痛反应。

绵羊和山羊的肝脏位于右侧季肋部，正常肝脏的浊音区位于右侧第 8～12 肋间。肝脏浊音区扩大见于肝炎、肝片吸虫病等。

由于碳水化合物和蛋白质等营养素饲喂量或比例不当，高产乳牛经常引起肝脏的严重损

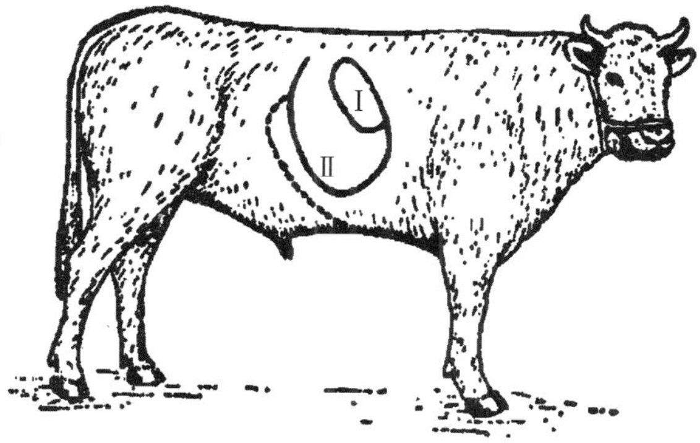

Ⅰ．正常肝浊音区；Ⅱ．扩大的肝浊音区。

图 6-18　牛肝脏叩诊浊音区

害及其他的代谢疾病，如肝脂肪变性、急性实质性肝炎等。

高产奶牛的肝病，常与初期的创伤性网胃炎相混淆，可依据肝病时常伴有兴奋、嗜眠、昏迷等神经症状及黄疸等特点加以鉴别。

2．小动物的肝脏检查

犬、猫的肝脏位于左、右季肋部。因腹壁薄，利用外部触诊可以确定肝脏的性状。触诊时，首先可行站立位置触诊，从左右侧用两手的手指于肋弓下向前上方进行触压，可以触及肝脏。犬的正常肝浊音区位于右侧第 7～12 肋间，肺的后缘 1～3 指宽，左侧第 7～9 肋间沿肺的后缘（图 6-19）。

Ⅰ．正常肝浊音区；Ⅱ．扩大的肝浊音区。

图 6-19　犬肝脏叩诊浊音区

在病理情况下，肝脏肿大时，肝脏延伸于两侧，肝后缘背部和侧方，与呼吸运动一致，特别是右侧的肋骨弓下部明显，同时叩诊肝浊音区扩大。此时，触诊肝脏有压痛感，同时还会出现黄疸等全身症状。其见于急性实质性肝炎、肝硬化、白血病等。

3．肝脏的穿刺检查

用特制的肝脏穿刺器穿刺肝脏，采取肝组织标本做病理组织学或化学检查的方法，即肝脏的活体组织检查。

4．肝功能试验

通过检查可以了解肝脏有无损伤及其损伤程度；对肝功能状态做动态比较，观察病情变化；协助病毒性肝炎和肝癌的诊断；评价肝脏的储备功能等。但由于肝的功能繁多，再生和代偿能力很强，以及检测方法在灵敏度和特异性方面的不足，有时即使检查结果正常也不能排除病变的存在，应结合临床检查、超声检查及其他资料，综合判定其临床意义。兽医临床上主要做血清酶学检查（即血清转氨酶测定）和胆红素代谢的检验（即血清胆红素定性试验、血清胆红素定量、血清黄疸指数测定等）。

5．肝脏的超声检查

超声检查的优点是操作简便，可多次重复，能及时获得结论，无特殊禁忌及对畜体无害，在现代兽医学影像诊断中占有重要地位，也是提高兽医临床诊断准确率的一种有效方法。其主要用途是：①检测实质性脏器的大小、形态及物理特性；②检测囊性器官的大小、形态、走向及某些功能状态；③检测心、大血管及外周血管的结构、功能与血流动力学状态；④鉴定脏器内占位性病变的物理特性，部分可鉴别良、恶性；⑤检测积液的存在与否，并对积液量作出初步估计；⑥随访经药物或手术治疗后各种病变的动态变化；⑦引导穿刺、活检或导管置入，进行辅助诊断或某些治疗。

二、脾脏的检查

脾脏是体内重要的免疫器官。常用的检查方法是触诊和叩诊，必要时还可进行脾脏穿刺及实验室检查。

1. 牛的脾脏检查

牛的脾脏位于瘤胃背囊的左前方，上端位于第 12～13 肋骨椎骨端与第 1 腰椎横突的腹侧；下端与第 8 或第 9 肋骨对应，离胸骨端上方约一掌距离，因此，脾脏几乎被肺的后缘所掩盖，故正常时叩诊不能获得其特有的浊音区。当牛患脾炎、某些血液疾病（白血病）、传染病（炭疽、恶性卡他热）及寄生虫病（血孢子虫病）时，脾脏肿大，可在肺与瘤胃上部之间，呈现较小、狭长的浊音区。

2. 马的脾脏检查

马的脾脏位于腹腔前部胃的左侧，在肺叩诊区后界的后缘与肋弓之间，可叩诊出带状的脾脏浊音区。直肠内部触诊为检查马脾脏的最好方法，可正确判断位置、大小、表面状态、质地和敏感性等。发生脾炎、门静脉和脾静脉血栓、马传染性贫血、恶性腺疫、恶性水肿、炭疽、马巴贝斯虫病等时，由于脾脏肿大，脾浊音区向后方扩大，甚至可达到髋结节的垂直线。此时，直肠内触诊可触及边缘增厚为钝圆的脾脏。

3. 小动物的脾脏检查

犬的脾脏位于左季肋部，主要采用外部触诊方法检查。具体方法是让犬右侧卧，左手托右腹部，右手在左肋下向深部压迫，借以触知脾脏的大小、形状、硬度和疼痛反应。犬的脾脏肿大，见于白血病、脾炎、炭疽等。

思考题

1. 采食、咀嚼、吞咽、反刍、嗳气障碍的各自表现和临床意义是什么？

2. 简述牛瘤胃、网胃、瓣胃和真胃的检查方法和内容，病理情况下可出现哪些变化及这些变化的临床意义是什么？

3. 简述马、猪、犬和猫胃肠检查的内容。

4. 简述排粪障碍的主要表现和临床意义。

第七章　泌尿、生殖系统的临床检查

重点提示：学习本章主要是掌握泌尿、生殖系统临床检查要点和方法，在临床检查中发现异常状况，并能理解异常指标的临床意义。

肾脏是机体最重要的排泄器官，排泄机体代谢终产物，调节体内水、电解质和酸碱平衡，维持机体渗透压。例如，泌尿系统机能发生障碍，一方面，代谢产物的排泄将发生异常，酸碱平衡、水和电解质的平衡也会被打破，导致机体各器官的机能紊乱；另一方面，心脏、肺脏、胃肠、神经及内分泌系统发生障碍时，也会影响肾脏的排泄机能和尿液的性状。因此，掌握泌尿器官和尿液的检查和检验方法以及症状学，不仅对泌尿系统本身，而且对其他器官、系统疾病的诊断和防治都具有重要意义。

泌尿系统的检查方法，主要有问诊、视诊、触诊（外部或直肠内触诊）、导管探诊、肾功能试验、排尿和尿液的检查等。其中，尿液、尿道分泌物的实验室检验尤为重要，目前已广泛地采用聚合酶链式反应（polymerase chain reaction，PCR）、酶联免疫吸附试验（enzyme linked immunosorbent assay，ELISA）等方法进行实验室诊断。而膀胱镜、X线、B超、核磁共振技术、内窥镜等特殊检查方法和工具的运用为诊断泌尿系统的疾病提供了更加高效、准确的诊断手段。

第一节　排尿动作观察和尿液的感官检查

尿液在肾脏形成后，由肾盂（盏）、输尿管不断地进入膀胱内储存。膀胱和尿道受盆神经、腹下神经和阴部神经支配，它们来自腰荐部脊髓，故脊髓的腰荐段是排尿初级中枢所在。盆神经兴奋时可使膀胱逼尿肌收缩、膀胱括约肌松弛，促使尿液排出。腹下神经兴奋时可使逼尿肌松弛、膀胱括约肌收缩，阻止尿液排出。膀胱内压随尿液量的增加而逐渐升高，达到一定程度时，刺激膀胱壁压力感受器，冲动经传入神经传至脊髓排尿初级中枢，引起盆神经兴奋和腹下神经抑制，从而引起膀胱逼尿肌收缩和括约肌松弛，引起排尿。一旦排尿开始，尿液经过尿道时，还可刺激尿道感受器，其冲动沿阴部神经传入脊髓排尿中枢，再通过相应的神经引起膀胱继续收缩和括约肌继续松弛，直至尿液排完。排尿末期，由于尿道海绵体收缩，可将尿道内残留的尿液排至体外。脊髓排尿反射初级中枢受大脑皮质的调节，而且阴部神经又直接受意识所支配，故排尿可随意控制。因此，膀胱感受器、传入神经、排尿初级中枢、传出神经或效应器官等排尿反射弧的任何一部分异常，腰段以上脊髓受损伤导致排尿初级中枢与大脑高级中枢之间传导中断，或大脑高级中枢机能障碍，均可引起排尿异常。临床检查时，注意了解和观察家畜的排尿动作和尿液的各项指标，对于诊断疾病有重要意义。

一、排尿与排尿异常

(一)正常的排尿姿势、排尿次数和尿量

家畜种类和性别均能够影响排尿方式。健康马在运动中不能排尿,正常排尿姿势是前肢略向前伸,腹部和尻部略下沉,公马后肢向后,母马后肢略向前并微弯曲,举尾,先行一次吸气后,暂停呼吸,开始排尿,并借腹肌收缩而尿流呈股状射出。排尿时,公马阴茎不同程度伸出于阴鞘外,排尿后,开始呼吸时发生轻微呻吟声;母马还可见阴唇有数次缩张。公羊和公牛排尿时,仅靠会阴部尿道的脉冲运动,尿液呈股状一排一停流出,故可在行走中或采食时排尿。母牛和母羊排尿时,后肢展开、下蹲、举尾、背腰弓起。猪排尿姿势,多为四肢展开,母猪两后肢稍下弯,尿液可连续不断地排出;公猪排尿时,尿流呈间歇地短促射出。公犬、公猫排尿常将一后肢抬起,翘在墙壁或其他物体上而将尿排出。母犬和幼犬有时坐着也可排尿。

动物排尿次数和尿量(表 7-1),与肾脏的泌尿机能、尿路状态、饲料含水量和家畜的饮水量、机体从其他途径(如粪便、呼吸、皮肤)所排水分有密切关系。尿量决定于机体摄入水分量、出汗、呕吐、腹泻及环境温度等因素,此外尿量还与动物的体重呈正相关关系。但公犬常随嗅闻物体(或者占领地盘)而产生尿意,短时间内排尿可达 10 次以上。

表 7-1　24 h 健康动物排尿次数和尿量

动物种类	次数/次	尿量/L	最多尿量/L
马	5～8	3～6	10
牛	5～10	6～12	25
绵羊和山羊	2～5	0.5～2	—
猪	2～3	2～5	—
犬	3～4	0.25～1	—

(二)异常排尿

泌尿、储尿和排尿障碍都表现出排尿异常,临床检查时,应注意下列病理性排尿现象。

1. 频尿和多尿

频尿(frequent urination)是指排尿次数增多,而单次尿量不增多或反而减少,甚至呈滴状排出,故 24 h 内尿量并不多。引起尿频的原因包括以下 6 种。

(1)幼年动物的神经性尿频　主要与幼年动物大脑皮层发育不完善,排尿中枢抑制能力差,酸性尿刺激膀胱三角神经组织,惊吓等不良刺激有关。

(2)腰部软组织损伤性尿频　从家畜机体解剖特点看,支配腰肌、腰背筋膜等腰部软组织的感觉神经和支配膀胱的交感神经、副交感神经来自相同的神经节段,支配膀胱的神经构成膀胱丛,副交感神经内脏运动神经纤维分布于膀胱逼尿肌,而抑制纤维分布于膀胱括约肌,故当腰部软组织损伤时,一方面支配腰部软组织的感觉神经受到刺激,引起腰痛;另一方面同节段的脊神经受到挤压或损伤引起支配膀胱的自主神经功能紊乱,发生膀胱刺激症状。另外,还有皮层性尿频。脑动脉硬化并供血不足,导致中央旁小叶功能障碍时,可出现尿频。

(3)衰老性尿频　衰老动物,由于泌尿系统功能及神经调节机能下降,可能会出现尿频。

(4)泌尿器官疾病引起的尿频　泌尿系统炎症性病变,如微生物引起的泌尿道感染经常导

致尿频、尿痛等现象，多见于膀胱炎、尿液性质改变（如尿液 pH 改变）、尿道炎和慢性肾盂肾炎等。而泌尿器官器质性疾病，如尿道综合征、膀胱受机械性刺激（如结石、肿瘤）等均可出现尿频现象。

（5）药源性尿频　地塞米松、谷维素等药物可导致尿频。

（6）其他原因　长期的前列腺阻塞造成膀胱敏感性增强，膀胱逼尿肌兴奋性增强导致尿频。而正常情况下，动物发情时也常有频尿现象。

多尿（polyuria）是指在无泌尿道感染情况下，24 h 内的尿液量增多，表现为排尿次数增多，但每次尿量并不少，或表现为排尿次数虽不明显增加，但每次尿量增多。生理性多尿主要见于摄入过量的水或应用利尿剂后。病理性多尿主要是因为肾小球滤过机能增强或肾小管重吸收能力减弱，常见于肾小管上皮细胞受损伤（如慢性肾炎）。原尿渗透压增高（如原尿中的葡萄糖、钠、钾等浓度增高），可见于渗出性疾病吸收期、糖尿病等。临床上多尿主要见于：①与内分泌和代谢有关的疾病，如糖尿病、钾缺乏、高钙血症、醛固酮增多症等；②肾脏疾病引起的多尿，肾脏器质性疾病导致肾浓缩尿液的能力减弱，如肾小管性酸中毒；③药源性多尿，一些药物可引起多尿，如抗结核药物等。另外，发热疾病的退热期和神经性烦渴症均可导致多尿。

2. 少尿和无尿

动物 24 h 内的排尿量减少，甚至几乎没有尿液排出，称为少尿或无尿（oliguria and anuria）（排尿停止）。临床上表现排尿次数和每次尿量均减少，甚至久不排尿。此时，尿色变浓，尿比重增高，有大量沉积物。动物即使处于脱水状态下，正常肾脏仍能生成一定量的尿液，所以，少尿、无尿通常表明严重的肾功能障碍。少尿或无尿通常见于如下几种情况。

（1）肾前性少尿或无尿（功能性肾衰竭）　多发生于严重脱水或电解质紊乱（如烈性呕吐，严重腹泻，瘤胃酸中毒，真胃变位及扭转，大出汗，热性病，严重水肿或大量渗出液、漏出液渗漏至体腔，严重失血等），外周血管衰竭，充血性心力衰竭，休克，肾动脉栓塞或肿瘤压迫，肾淤血等。在这些情况下，由于血压降低，血容量减少，或肾血液循环障碍使肾脏血流量突然减少，致使肾小球滤过压降低和滤过率减少。同时，也可能因抗利尿激素（加压素）和醛固酮分泌增多，致使尿液形成过少，而引起少尿。临床特点为尿量轻度或中度减少，尿相对密度增高，一般不出现无尿。

（2）肾源性少尿或无尿（器质性肾衰竭）　肾源性少尿或无尿是指肾脏泌尿机能高度障碍，多由于肾小球和肾小管严重损害引起。其多见于急性肾小球性肾炎，慢性肾炎的急性发作期，各种慢性肾脏病（如慢性肾炎、慢性肾盂肾炎、肾结石、肾结核等）引起的肾功能衰竭期，肾缺血及肾毒物质（如休克，严重创伤，严重的水和电解质紊乱，严重感染，毒芹和毒蕈中毒等所致的急性血管内溶血，汞、砷、铀、四氯化碳、磺胺类药物、氨基糖苷类抗生素以及生物毒素等肾毒物质中毒）所致的急性肾功能衰竭等。另外，还有药物过敏性少尿，如氧氟沙星等抗生素引起机体的过敏反应，从而造成药物过敏性肾小管-间质性肾炎等疾病，均可表现出少尿的症状。另外，还有神经调节紊乱性少尿。其临床特点多为少尿，少数严重者甚至无尿，尿密度大多偏低（急性肾小球性肾炎的尿比重增高），尿含有不同程度的蛋白质、红细胞、白细胞、肾上皮细胞和各种管型。严重时，可导致体内代谢产物不能及时排出，残氮的蓄积，水、电解质和酸碱平衡紊乱可引起自体中毒和尿毒症。

（3）肾后性少尿或无尿（梗阻性肾衰竭）　肾后性少尿或无尿是由尿路（主要是输尿管）梗阻所致，见于肾盂或输尿管结石或被血块、脓块、乳糜块等阻塞，输尿管炎性水肿、瘢痕、狭窄等梗阻，尿酸盐、钙、胱氨酸、草酸等结晶造成的机械性尿路阻塞（尿道结石、狭窄），膀胱结石或肿瘤压迫两侧输尿管或梗阻膀胱颈，膀胱功能障碍所致的尿闭和膀胱破裂等。

（4）其他器官和系统的疾病造成的少尿或无尿　精神因素或神经系统疾病（如脊髓全横径损伤、马尾神经炎）所致的排尿困难以及药物性排尿障碍可引起少尿或无尿，外伤导致肾脏损伤或者是尿道损伤等。另外，妊娠过程的出血、胎盘过早脱落、败血性流产等可引起少尿或无尿；心血管系统疾病（如各种原因引起的高铁血红蛋白血症、心衰竭、心肌梗死、过敏性血管炎等）均可伴发少尿或无尿。

3. 尿闭

肾脏仍能生成尿，尿液滞留在膀胱内但不能排出，称为尿闭（urinary retention），又称尿潴留。可分为完全尿闭和不完全尿闭。尿闭临床上可表现为排尿次数减少或长时间内不排尿，但与少尿或无尿有本质的不同，因为此时可以触摸到动物膀胱充盈。尿闭时，患畜多有“尿意”，频繁表现出排尿，并伴发轻度或剧烈腹痛症状，直肠触诊膀胱膨满，疼痛反应明显，加压时，尿呈细流状或滴沥状排出（痛性尿淋漓），或者几乎不能排出。尿潴留逐渐发展至膀胱内压超过膀胱内括约肌的收缩力或冲过阻塞的尿路时，尿液也可自行溢出，母畜较常见，但是公畜少见，因为公畜尿道相对狭窄。尿闭主要见于：①尿道的机械性阻塞，如尿道结石、炎性渗出物血块或脱落细胞等导致的尿路阻塞或狭窄；②神经功能紊乱，如导致后躯不完全瘫痪或完全瘫痪的脊髓腰荐段病变，因影响位于该处的低级排尿中枢或副交感神经功能丧失，逐渐引起尿潴留，另外，截瘫性膀胱麻痹、各种原因导致的尿道痉挛等均可发生尿闭；③膀胱的占位性病变，如赘生性膀胱肿瘤时；④前列腺疾病，如前列腺增生、急性前列腺炎、前列腺肿瘤、前列腺脓肿等。严重则表现为完全尿闭，因膀胱过于胀大导致破裂，则直肠触诊也感到膀胱空虚，这种情况常见于水牛（尤其是产棉区），通常预后不良。

4. 排尿困难和排尿带痛

某些泌尿器官疾病可导致动物排尿时感到非常不适，甚至呈现腹痛样症状和排尿困难（difficult urination），称为痛尿。患畜表现弓腰或背腰下沉，呻吟，努责，后肢踏地回顾或蹴踢腹部，公畜阴茎下垂，并常引起排尿次数增加，频频试图排尿而无尿排出，或呈痛性尿淋漓，也常引起排粪困难，最终停止排粪。

排尿困难主要见于膀胱颈阻塞、尿道阻塞、支配膀胱的神经功能紊乱、尿道狭窄、膀胱或尿道结石、尿道肿瘤、膀胱麻痹、膀胱炎、膀胱结石、脊髓炎、尿道炎、前列腺增生、前列腺炎、子宫纤维瘤膀胱过度膨胀、尿道阻塞、阴道炎、前列腺炎、公畜包皮疾病、肾盂肾炎、肾梗死或炎性产物阻塞肾盂等。

排尿带痛（painful urination）分为排尿期带痛（pain during urination）和排尿后带痛（pain after urination）。排尿期带痛主要见于尿道阻塞、尿道炎、膀胱炎、尿道溃疡等。排尿后带痛则主要见于膀胱结石、膀胱炎、前列腺炎、膀胱结核、精囊炎等。

尿道阻塞时，呻吟、努责常发生在排尿动作之前或伴发于排尿过程中，如果尿液不能顺利通过此阻塞部位时，则呈痛性尿淋漓。患尿道炎时，呻吟和坠胀常于尿液排出后立即出现，并逐渐消失，直至下次排尿时再发生。老龄、体衰、胆怯的动物，发情期的母畜有时也呈现尿淋漓，但无疼痛表现；马属动物腹痛综合征也常引起患畜努责和采取排尿姿势，但这些情况都无泌尿系统疾病的其他症状和尿液变化，故可区别。

5. 尿失禁

动物未采取一定的准备动作和排尿姿势，而尿液不自主地经常自行流出，称为尿失禁(urinary incontince)。通常在脊髓疾病而交感神经调节机能丧失时，因膀胱内括约肌麻痹所引起，如脊髓腰荐段全横径损伤等。腰部以上脊髓损伤，以及腰荐部的低级排尿中枢与大脑皮层失去联系，某些脑病、昏迷、中毒等高级中枢不能控制低级中枢时，患畜也不自主地排尿。另外，休克、脑积水、应激、前列腺疾病、膀胱脱出等疾病时均可出现尿失禁现象。尿失禁时，两后肢、会阴部和尾部常被尿液污染、浸湿，久之则发生湿疹，直肠触诊膀胱空虚。

二、尿液样本的采集和导尿管的应用

参见第三章第四节。

第二节　泌尿器官的一般临床检查

泌尿器官由肾脏、肾盂(盏)、输尿管、膀胱和尿道组成。除肾脏外其余部分是尿液排出的通路，简称尿路。泌尿器官的检查主要有一般临床检查、实验室检验和泌尿器官的特殊检查。其中，实验室检验和特殊检查是诊断肾脏疾病最可靠、最重要的方法。本节主要介绍泌尿器官的一般临床检查。

一、肾脏

1. 肾脏的位置

肾脏是一对实质性器官，位于脊柱两侧腰下区，包于肾脂肪囊内，右肾一般比左肾稍往前。

①马的肾脏：左肾呈蚕豆形，位于最后胸椎及第 1～3 腰椎横突的下面；右肾呈圆角等边三角形，位于最后 2～3 胸椎及第 1 腰椎横突的下面。

②牛的肾脏：具有分叶状结构。左肾位于第 3～5 腰椎横突的下面，不紧靠腰下部，略垂于腹腔中，当瘤胃充满时，可完全移向右侧；右肾呈长椭圆形，位于第 12 肋间及第 2～3 腰椎横突的下面。

③羊的肾脏：表面光滑，不分叶。左肾位于第 1～3 腰椎横突的下面，右肾位于第 4～6 腰椎横突下。

④猪的肾脏：左右两肾几乎在相对位置，均位于第 1～4 腰椎横突的下面。

⑤肉食动物的肾脏：左肾位于第 2～4 腰椎横突的下面；右肾位于第 1～3 腰椎横突的下面。

2. 肾脏的一般临床检查方法

检查动物的肾脏比较可行的方法是通过直肠进行触诊。体格较小的大动物可触到左肾的全部和右肾的后半部。

(1)视诊　某些肾脏疾病(如急性肾炎、化脓性肾炎等)，由于肾脏的敏感性增高，肾区疼痛明显，病畜常表现出腰背僵硬、拱起，运步小心，后肢向前移动迟缓。在马间呈现轻度肾性腹痛。猪患肾虫病时，弓背、后躯摇摆；有时牛腰肾区呈膨隆状。此外，应特别注意肾性水肿，通常多发生于眼睑、腹下、阴囊及四肢下部等处。

(2)触诊、叩诊　触诊为检查肾脏的重要方法。大家畜可进行外部触诊、叩诊和直肠触诊；

小家畜则只能进行外部触诊。外部触诊或叩诊时，注意观察有无压痛反应。肾脏的敏感性增高，则可能表现出不安、弓背、摇尾和躲避压迫等反应。直肠触诊应注意检查肾脏的大小、形状，内触诊可能产生捻裂音样感觉。病理情况下，肾脏的压痛可见于急性肾炎、肾脏及其周围组织发生化脓性感染、肾脓肿等，在急性期压痛更为明显。直肠触诊时如感到肾脏肿胀、增大、压之敏感，并有波动感，提示肾盂肾炎、肾盂积水、化脓性肾炎等。肾脏质地坚硬、体积增大、表面粗糙不平，可提示肾硬变、肾肿瘤、肾结核、肾结石及肾盂结石。肾脏出现肿瘤时，触诊常呈菜花状。肾萎缩时，其体积显著缩小，常提示为先天性肾发育不全或萎缩性肾盂肾炎及慢性间质性肾炎。

临床检查中，如发现排尿异常增多或减少、排尿困难以及尿液的性状发生改变时，应详细询问病史，重视泌尿器官特别是肾脏的检查，更要结合肾脏患病所引起的综合症状，进行肾脏功能和尿液的实验室检查以及泌尿器官的特殊检查，肾脏病变通常是不可逆的，通常情况下动物表现出明显症状的时候，肾脏损伤已经超过了75%，在小动物临床上，现在有专门进行早期肾病诊断的试剂盒（对称性二甲基精氨酸，SDMA）可以在肾病早期就检测到肾病的异常，只要有25%损伤就可以检查出来。

二、膀胱

膀胱为储尿器官，上接输尿管，下和尿道相连。因此，膀胱疾病除原发性疾病外，还可继发于肾脏、尿道及前列腺疾病等。大家畜的膀胱位于盆腔的底部。膀胱空虚时触之柔软，大如梨状；中度充满时，轮廓明显，其壁紧张，且有波动；高度充满时，可占据整个盆腔，甚至垂入腹腔，直肠触诊即可触知。马、牛大型家畜的膀胱检查，只能进行直肠触诊；小动物可将手指伸入直肠进行触诊，或在腹部盆腔入口前沿进行外部触诊。检查膀胱时，应注意其位置、大小、充满度、膀胱壁的厚度以及有无压痛等。在病理情况下，膀胱疾病所引起的临床症状表现有尿频、尿痛、膀胱压痛、排尿困难、尿潴留和膀胱膨胀等。直肠触诊时，膀胱可能增大、空虚、有压痛，其中也可能含有结石块、瘤体物或血凝块等。膀胱增大的原因多继发于尿道结石和膀胱结石，膀胱括约肌痉挛，膀胱麻痹，前列腺肥大，膀胱肿瘤以及尿道的瘢痕和狭窄等，有时也可由于直肠便秘和直肠肿瘤压迫而引起，此时触诊膀胱高度膨胀。当膀胱麻痹时，在膀胱壁上施加压力，可有尿液被动地流出，随着压力停止，排尿也停止。膀胱空虚除肾源性无尿外，临床常见为膀胱破裂。膀胱破裂多为外伤引起，也有的是膀胱壁坏死性炎症（如溃疡性破溃）所致。各种原因引起的尿潴留使膀胱过度充满，由于内压增高，受到直接或间接暴力的作用也可破裂。膀胱破裂多发生于牛、羊、驹和猪，此时患畜长期停止排尿，腹部逐渐增大，下腹侧向下、向外膨大，腹腔积尿，直肠检查时，膀胱完全空虚，膀胱呈现浮动感；腹腔穿刺时，可排出大量淡黄、微混浊、有尿臭气味的液体，或为红色混浊的液体。严重病例，在膀胱破裂之前，有明显的腹痛症状，有时持续而剧烈，破裂后因尿液流入腹腔往往引起腹膜炎和尿毒症，有时皮肤可散发尿臭味。膀胱压痛，见于急性膀胱炎、尿潴留或膀胱结石等。当有膀胱结石时，有时在膀胱不太满的情况下触诊，可触摸到坚硬如石的硬块物或沉积于膀胱底部的沙石状尿石。

肉食动物的膀胱，位于耻骨联合前方的腹腔底部。当膀胱充满时，可能达到脐部，检查时，可由腹壁外进行触诊，感觉如球形而有弹性的光滑物体。在膀胱的检查中，较好的方法是膀胱镜检查，借此可以直接观察到膀胱黏膜的状态及膀胱内部的病变，也可根据输尿管口的情况，判定血尿或脓尿的来源。此外，也可用X线造影术对小家畜进行检查。

三、尿道

尿道可通过外部触诊、直肠内触诊和导尿管探诊进行检查。母畜的尿道，开口于阴道前庭的下壁，特别是母牛的尿道，宽而短，检查最为方便。检查时，可将手指伸入其阴道，在其下壁可触摸到尿道外口。此外，可用金属制、橡皮制或塑料制导尿管进行探诊。公畜的尿道位于骨盆腔内的部分，连同储精囊和前列腺可由直肠内触诊；位于骨盆及会阴以外的部分，可进行外部触诊。雄性反刍动物和公猪的尿道，因有S状弯曲，用导尿管探诊较为困难，而公马的尿道探诊则较为方便。

尿道疾病最常见的是尿道炎，尿道结石，尿道损伤，尿道狭窄，尿道被脓块、血块或渗出物阻塞，有时还可见到尿道坏死。母畜很少发生尿道结石和狭窄，即使发生结石也很难阻塞尿道，却多发生尿道外口和尿道的炎症性变化。尿道炎有急性和慢性两种。急性者表现为尿频和尿痛；同时尿道外口肿胀，且常有黏液或脓性分泌物，并可能出现血尿乃至脓尿。慢性者多无明显症状，仅有少量黏性分泌物。尿道结石，多见于公牛、公羊和公猪，结石部位牛多邻近于S状弯曲之上的部位，也有的在坐骨弓的下方；绵羊多在尿道突的范围内被阻塞；猪多出现在龟头的尖端。触诊时，感到膨大、坚硬，压触时疼痛明显。有的病例，在结石上施以重压时，患畜表现剧痛，后躯发抖，停止触压，发抖现象也随之消失。此外，牛和猪患尿道结石时，有时可触摸到其阴鞘周围的阴毛上有沙粒样硬固物；阴毛上有白色黏液或被黏着成块者多为尿道炎的征兆。

尿道狭窄多因尿道损伤而形成瘢痕所致，也可能是不完全结石阻塞的结果。临床表现为排尿困难，尿流变细或呈滴沥状，严重狭窄可引起慢性尿潴留。应用导尿管探诊，如遇有梗阻，即可确定。

四、肾盂及输尿管

肾盂位于肾窦之中，输尿管是一对细长而可压扁的管道，起自肾盂，止至膀胱。健康动物的输尿管很细，经直肠难于触及。在肾盂积水时，可能发现一侧或两侧肾脏增大，呈现波动，有时还可发现输尿管扩张。在牛患肾盂肾炎时，直肠触诊肾盏部，患畜可呈现疼痛反应。输尿管严重发炎时，由肾脏至膀胱的径路上可感到输尿管呈粗如手指、紧张而有压痛的索状物。严重的肾盂或输尿管结石的病例，当直肠触诊时，可发现肾脏触痛，有时还能在肾盂中触摸到坚硬的石块和感到结石相互之间的摩擦，也可经直肠触诊到停留于输尿管中的豌豆大至蚕豆大、坚硬的结石，同时病畜呈疼痛反应。在输尿管积液时，直肠内触诊，可能产生捻裂音样感觉。

第三节 泌尿器官疾病的特殊检查

随着医疗技术的不断发展和进步，新的诊断仪器、诊断方法不断涌现。目前，肾脏疾病的特殊检查方法和手段主要有X线检查、超声检查、核磁共振技术、声学造影技术、放射免疫技术、分子生物学技术等。本节主要介绍核磁共振技术、声学造影技术。

1. *磁共振技术*

利用磁共振技术可以诊断肾盂、前列腺等泌尿器官的实质性、占位性病变（如肿瘤等），而且可以诊断输尿管阻塞、输尿管结石、输尿管壁水肿、输尿管周围积液、泌尿器官的创伤等疾病。其中,磁共振尿路造影(MRU)、螺旋CT与泌尿系成像(SCTU)对输尿管病变的诊断具有重要价值。

在输尿管疾病诊断中,输尿管阳性结石依靠传统X线诊断并不困难,但对输尿管阴性结石以及输尿管其他病变的诊断往往需要B超或常规CT检查,有时不得不进行逆行插管或经皮肾穿刺造影等创伤性检查来诊断。螺旋CT及泌尿的成像技术的应用不仅可代替静脉泌尿系造影和常规CT,又可避免常规CT扫描造成的病变遗漏,提高了诊断价值。

泌尿系统疾病的诊断和鉴别诊断过去主要依赖于B超和静脉肾盂造影检查,随着影像技术的日趋发展,CT,尤其是螺旋CT已成为各系统疾病诊断和鉴别诊断的重要手段,但由于受设备和检查方法的限制,CT对泌尿系统疾病的诊断和鉴别诊断还存在一定的局限性。

核磁共振泌尿系造影为安全有效的非侵袭性的影像检查方法,对尿路扩张梗阻和肾功能丧失具有较高的诊断价值。核磁共振泌尿系统可清楚显示尿路影像,确定有无梗阻,显示梗阻端的形态和特征,对梗阻水平的定位及梗阻原因的定性均有较高的准确性,特别适用于静脉肾盂造影禁忌证和肾功能丧失者,此技术能成为泌尿系疾病诊断的有用补充手段。

2. 声学造影技术

近年来声学造影在肾脏疾病诊断方面的应用研究逐渐广泛。1968年,Gramiak首次用生理盐水与靛青绿混合振荡后经导管推注,进行右心腔造影,开创了声学造影的先河。氟碳造影剂不仅能经过肺循环,还可通过微循环毛细血管网,外周静脉注射后可达到肾实质灌注,使超声诊断水平有了质的飞跃。随着造影剂的发展,超声诊断水平有了明显提高,但常规超声显像使得造影效果欠佳。为了降低造影剂用量,减少声影产生,延长造影显像时间,造影增强的技术应运而生。声学造影剂的应用扩展了超声检查在肾脏的应用范围,提高了超声检查对肾脏疾病诊断及鉴别诊断的能力。运用声学造影技术可以清晰显示肾实质血流灌注情况,从而大大提高了对肾梗死诊断的敏感性。另外,声学造影技术还可对肾血流量异常、肾动脉狭窄、肾脏肿瘤、血栓形成等病变进行诊断。声学造影的应用还可进一步扩展至细胞学领域,如研究血管内皮功能、评估早期动脉硬化等。综上所述,声学造影在肾脏疾病的诊断、鉴别诊断及治疗方面的应用都有科学前景,有待于进一步研究。

第四节　生殖系统的临床检查

一、公畜外生殖器检查

公畜生殖系统包括阴囊、睾丸、精索、附睾、阴茎和一些副腺体(前列腺、储精囊和尿道球腺)。凡是有外生殖器官局部肿胀、排尿障碍、尿血、尿道口有异常分泌物、疼痛等症状时,均应考虑生殖器官发生疾病的可能。这些症状除发生于生殖器官本身的疾病外,也可由泌尿器官或其他器官的疾病引起。公畜外生殖器官检查主要依靠视诊和触诊,其中以触诊最重要。检查时,应注意阴囊、睾丸和阴茎的大小、形状、尿道口炎症、肿胀、分泌物或新生物等。

1. 睾丸和阴囊

阴囊内有睾丸、附睾、精索和输精管。检查时,应注意睾丸的大小、形状、硬度以及有无隐睾、压痛、结节、肿物、分泌物或新生物等。

(1)阴囊　由于阴囊低垂,组织疏松,最易发生阴囊及阴鞘水肿,临床表现为阴囊呈椭圆形肿大，表面光滑、膨胀，有囊性感，局部无压痛，压之留有指痕。如积液明显，可进行阴囊和阴鞘穿刺，一般积液为黄色透明液体，如为血性液体可提示由外伤、肿瘤及阴囊水肿引起，严重时，水肿可蔓延到腹下或股内侧，有时甚至引起排尿障碍。多见于阴囊局部炎症，睾丸炎、去势后阴囊积血、渗出、浸润及感染，阴囊脓肿，精索硬肿，阴鞘和阴茎的损伤、肿瘤等。马媾疫时，公马阴鞘、阴囊和阴茎可发生明显的水肿。此外，阴囊和阴鞘水肿也可发生于某些全身性疾病，如贫血、心脏及肾脏疾病等。公马发生阴囊疝时，可见阴囊显著增大，有明显的腹痛症状，有时持续而剧烈，触诊阴囊有软坠感，同时阴囊皮肤温度降低，有冰凉感。阴囊疝也常见于仔猪。发现阴囊肿大，如阴囊疝和鞘膜积液，应将患畜横卧保定再行检查，除嵌顿性阴囊疝外，阴囊肿物可纳还，而鞘膜积液和脓肿则无改变。

(2)睾丸　检查时应注意睾丸的大小、形状、温度及疼痛等。公畜的睾丸炎多与附睾炎同时发生。在急性期，睾丸明显肿大，疼痛，阴囊肿大，触诊时局部压痛明显、温度升高，患畜精神沉郁，食欲减退，体温增高，后肢多呈外展姿势，出现运步障碍。如发热不退或睾丸肿胀和疼痛不减时，应考虑可能有睾丸化脓性炎症。此时全身症状更为明显，阴囊逐渐增大，皮肤紧张发亮，阴囊及阴鞘水肿，且可出现渐进性软化病灶，以致破溃。必要时，可进行睾丸穿刺以助诊断。猪患布鲁氏菌病时，睾丸肿大明显。马鼻疽时可有鼻疽性睾丸炎。

(3)精索　精索硬肿为去势后常见的并发病。可为一侧或两侧，多伴有阴囊和阴鞘水肿，甚至可引起腹下水肿。触诊精索断端，可发现大小不一、坚硬的肿块，有明显的压痛和运步障碍。有的可形成脓肿或精索瘘管。

(4)包皮　公羊和公猪最易发生包皮炎；猪发生包皮炎时，在其包皮的前端部形成充满包皮垢和浊尿的球形肿胀，同时包皮口周围的阴毛被尿污染，包皮脂和脓秽物黏在一起，致使排尿发生障碍，此种变化可见于猪瘟；公牛多发生包皮红肿，阴囊肿胀。

2. 阴茎及龟头

公畜阴茎损伤、阴茎麻痹、龟头局部肿胀及肿瘤较为多见。公畜阴茎较长，易发生损伤，受伤后可局部发炎、肿胀或溃烂，可见尿道流血，排尿障碍，受伤部位疼痛和尿潴留等症状，严重者可发生阴茎、阴囊及腹下水肿和尿外渗，造成组织感染、化脓和坏死。如用导尿管检查，则不能插入膀胱，或仅导出少量血样液体，提示有尿道损伤的可能。龟头肿胀时，局部红肿、发亮，有的发生糜烂，甚至坏死，有多量渗出液外溢，尿道可流出脓性分泌物。公畜的外生殖器肿瘤，多见于马、骡、驴和犬，且常发生于阴鞘、阴茎和龟头部，阴茎及龟头部肿瘤多呈不规则的肿块和菜花状，常溃烂出血，有恶臭分泌物。

二、母畜生殖器官的检查

母畜生殖器官由性腺(卵巢)、生殖道(输卵管、子宫、阴道)和外生殖器官(尿道前庭、阴唇和阴蒂)组成。母畜生殖器官疾病的临床基本检查以视诊、触诊为主，必要时应用 X 线、超声影像学等特殊检查方法和实验室检查方法进行诊断检查，阴道和外生殖器的检查对生殖系统疾病的诊断有重要意义。可借助阴道开张器检查阴道，详细观察阴道黏膜的颜色、湿度、损伤、炎症、肿物及溃疡。同时注意子宫颈的状态及阴道分泌物的性状，相关检查结果有助于诊断某些泌尿生殖器官疾病。健康母畜的阴道黏膜呈淡粉红色，光滑而湿润。发情母畜的阴道黏膜和黏液有发生特征性变化，阴唇呈充血肿胀状态，阴道黏膜表现充血。子宫颈及子宫分泌的黏液流入阴道，黏液多呈无色、灰白色或淡灰色，透明，但量不等，有时经阴门流出，常吊在阴唇表面或粘在尾根部的毛上，变为薄痂。产后感染、助产而致阴道黏膜损伤、产后胎衣不下等因素常导致阴道炎，患畜表现弓背，努责，尾根翘起，频繁呈现排尿姿势，但排尿量少，往往从阴门流出浆液-黏液性或黏液-脓性液体，有时附着在阴门、尾根部并形成干痂。阴道检查时，阴道黏膜敏感性增高，疼痛，充血，出血，肿胀，干燥，有时可发生创伤，溃疡或糜烂。假膜性阴道炎时，黏膜表面覆盖一层灰黄色或灰白色坏死组织薄膜，黏膜上皮缺损，或出现溃疡面。马媾疫时，母马阴道和阴唇表现水肿，阴道黏膜肿胀，形成小结节和溃疡。母畜子宫扭转时，除明显的腹痛症状外，阴道检查可提供很重要的诊断依据，阴道黏膜充血呈紫红色，阴道壁紧张，越向前越变狭窄，而且前端有较大的、明显的螺旋状褶皱，褶皱的方向标志着子宫扭转的方向。当阴道和子宫脱出时，可见阴门外有脱垂物体。母牛产后胎衣不下时，阴门外常吊挂部分胎衣。

思考题

1. 试分析少尿或无尿的病因。
2. 试述尿液感官检查的方法有哪些。
3. 举例说出常见健康家畜的正常排尿次数与尿量。
4. 试分析尿结石可能的病因、临床表现和治疗方案。

第八章　神经系统的临床检查

重点提示：神经系统检查比较难，临床上主要通过动物站立或运动时的异常，以及感觉和反射的表现来检查，所以应抓住这几方面问题来学习。

神经系统主要包括大脑、小脑、脑干、脊髓和周围神经等，是机体最广泛、最精密的控制系统，其是机体器官系统活动的主要协调机构，几乎对所有的生理机能均发挥着调节作月；而各组织、器官、系统的疾病均可不同程度地引起神经系统的异常反应。因此，临床上对神经系统功能的检查，不仅对于神经系统本身的疾病，对机体其他系统的许多疾病的全面、正确的诊断也具有非常重要的意义。

兽医临床上，由于对脑、脊髓和外周神经的直接检查和特殊辅助检查尚有一定局限性，主要通过神经系统机能状态出现的异常改变，以分析、判断其病理过程及部位。因此，兽医临床工作者应熟悉神经系统的解剖构造和生理功能，以便指导对神经系统的检查和疾病的诊断。

神经系统的结构和机能异常复杂，同样为神经系统机能障碍，有时具有神经组织形态学的病理改变，有时则缺乏神经组织构造上的变化；有的是局限性病变，有的则为弥漫性病变。因此，临床上出现的症状也较为复杂。根据病变发生的原因、部位、性质和过程的不同，可分为缺失症状（病变神经组织的正常功能减弱或消失）、释放症状（高级神经组织受损伤后，正常时受其制约的较低级神经中枢出现功能亢进）、刺激症状（神经组织遭受病理刺激后过度兴奋）以及休克症状（中枢神经某部分急性严重损害后所引起远膈部位神经组织功能的暂时性丧失）等4大类。

对于神经系统的检查，主要包括精神状态、头颅和脊柱、运动机能、感觉机能、反射和自主神经机能的检查，必要时需要有选择地进行脑脊液穿刺诊断和实验室检查。随着科技的发展和医疗手段的改进，X线、脑CT、脑电图、脑超声波诊断等手段和工具，在神经系统疾病诊断中的作用越来越大，值得在兽医临床上大力推广应用。兽医临床上应在详细地了解病史的基础上，通过全面细致地临床观察和检查，完整、客观地收集症状，通过分析、综合，逐步判断是否为神经系统本身疾病，并分析推断发病原因、病变性质和发病部位等。

第一节　精神状态的检查

动物的精神状态受大脑皮层的控制。动物出现意识障碍，提示中枢神经系统机能发生改变，表现为精神兴奋或精神抑制。检查动物的精神状态，除问诊外，还需注意观察和检查动物的面部表情、眼、耳、尾、四肢、皮肤以及肌肉的动作，身体的姿势，运动时的反应等。健康动物的姿态较为自然，动作敏捷而协调，反应灵活；病理状况下，动物可出现精神兴奋和精神抑制。

一、精神兴奋

精神兴奋是中枢神经机能亢进的结果。临床上表现为：不安、易惊，对轻微刺激即产生强烈反应，甚至挣扎脱缰，横冲直撞，有时攀登饲槽或顶撞墙壁，怒目凝视，不顺从饲养人员管理，甚至攻击（咬、踢）人畜等，有时癫狂、抽搐、惊恐、摔倒而躁动不安。依据兴奋程度不同，可将兴奋依次分为：恐惧、异常敏感、不安和狂躁。兴奋发作与外界影响无关；相反，在兴奋发作时可见病畜对外来刺激的感受性降低。兴奋发作时，常伴有心率加快、节律不齐，呼吸粗厉、快速等症状。

精神兴奋是意识发生严重障碍，功能紊乱，表示大脑有器质性损害。其多见于脑膜充血、炎症，颅内压增高，中毒病（如微生物毒素、化学药品、植物毒素、重金属等中毒）、日射病或热射病、侵袭中枢神经系统的病毒性疾病（如疯牛病、狂犬病），各型流行性脑脊髓炎等中枢神经系统疾病以及代谢障碍（如酮病）等。

二、精神抑制

精神抑制为中枢机能障碍的另一种表现形式，是大脑皮层和皮层下网状结构的反射和调节占优势的表现，根据程度不同可分为以下 4 种。

1. 精神沉郁

精神沉郁为最轻度的精神抑制现象。病畜对周围事物的注意力减弱，反应迟钝，离群呆立，头低耳耷，眼半闭或全闭，行动无力。但病畜对外界刺激尚有意识反应。牛常卧地，头颈弯向胸侧；猪常卧于黑暗处；鸡常两翅下垂，垂头缩颈，闭目呆立或独自待于僻静处。精神沉郁是疾病的伴发症状，是疾病的基本症状表现之一。

2. 嗜眠

嗜眠为中度精神抑制的现象。病畜精神重度萎靡，处于不自然的熟睡状态，将鼻、唇抵在饲槽上、倚墙或躺卧而沉睡。只有在强烈刺激的情况下才产生迟钝和暂时的反应，但很快又陷入沉睡状态。其见于脑炎、颅内压增高等疾病。

3. 昏迷

昏迷为高度精神抑制的现象。患畜意识完全丧失，对外界刺激全无反应，仅保留自主神经活动。表现为卧地不起，呼唤不应，全身肌肉松弛，反射消失，甚至瞳孔散大，粪、尿失禁。虽强刺激也不能引起反应，仅保留自主神经系统活动；心搏和呼吸虽仍存在，但多变慢而节律不齐。重度昏迷者往往预后不良。其见于颅内病变，如脑炎、脑肿瘤、脑创伤、代谢性脑病以及由于感染、中毒引起的脑缺血、缺氧、低血糖等；另外，重度昏迷也是各种疾病引起的动物濒死期的表现。

精神抑制多因神经组织的代谢障碍所致。例如，各种热性病、脑水肿、脑损伤、贫血、出血、压迫（如多头蚴病）、脑膜脑炎、马流行性脑脊髓炎以及其他细菌或病毒感染性疾病及中毒性脑病，营养和代谢疾病（反刍动物酮病、低血糖、生产瘫痪等），肝脏、肾脏机能衰竭或某些物质中毒（如酒精、吗啡、一氧化碳、四氯化碳、有毒植物、安眠剂）等。

但应注意，中枢神经机能紊乱时的兴奋和抑制，这两种基本方式不仅随病程发展而有程度上的加重或减轻，而且在一定条件下，可随病程改变而互相转化。例如，脑炎初期，由于病原体毒素刺激使脑部充血、发炎，脑细胞缺氧而呈兴奋狂躁状态；随着炎症发展，脑血管通透性增加，脑内血液循环障碍，导致脑组织水肿、缺氧、颅内压增高而进入昏迷状态。也有时先抑制，后兴奋，或二者交替出现。

4. 晕厥

晕厥又称昏厥，与昏迷不同的是突然发生的、短暂的意识丧失状态，是因心脏输出量减少或血压突然下降而引起的急性脑贫血，是大脑一时性泛性供血不足所致。常提示为心力衰竭、心脏传导阻滞、主动脉瓣关闭不全或狭窄、贫血、大脑出血、脑震荡及挫伤、脑栓塞或血栓形成、电击和日射病等。此外，低血糖时，也可产生晕厥现象。晕厥可伴发行动无力，晕倒在地。其发作过程很快，历时数秒或数分钟即可完全恢复，而昏迷则持续时间长，往往预后不良。

第二节　头颅和脊柱的检查

由于脑和脊髓位于颅腔和脊柱椎管中，对其直接进行检查尚有困难，所以只有利用对头颅和脊柱的检查以推断脑、脊髓可能发生的变化，对于头颅和脊柱的检查，可利用视诊、触诊，对头颅部也可运用叩诊。

一、头颅部检查

应注意动物头部形态和大小的改变，观察其是否对称、变形，触诊其温度、硬度以及叩诊有无浊音等。头颅局限性隆突，可由于局部外伤、脑和颅壁的肿瘤所致，也可见于鼻旁窦的某些器质性病变。头颅部异常增大，多见于先天性脑室积水。头颅部骨骼变形，多因骨质疏松、软化、肥厚所致，常提示某些骨质代谢疾病，如骨软症、佝偻病、纤维性骨炎等。头颅部局部增温，除因局部外伤、炎症所致外，常提示热射病、脑充血、脑膜炎和脑炎，如猪的乙型脑炎、马传染性脑脊髓炎、牛的结核性脑膜炎、恶性卡他热等。头颅部压痛，多见于局部外伤、炎症、肿瘤及多头蚴病。颅骨变软，提示为多头蚴病或颅壁肿瘤。但某些鼻旁窦炎或积脓时，可以使窦壁增温、疼痛、隆突变形或软化，不可误认为是神经系统疾病。

头颅部叩诊，在小动物可用指端或弯曲的中指背部进行叩诊，在大动物可用叩诊锤的背部直接叩击。叩击力量的大小，依据动物种类及头盖骨厚薄而不同。头颅部叩诊浊音，可见于脑肿瘤或多头蚴病。当颅骨骨质硬度降低时（如骨软症），则叩诊音强度明显降低。

二、脊柱检查

脊柱变形是临床上比较常见的症状之一。脊柱上弯、下弯或侧弯是因支配脊柱上下或左右的肌肉不协调所致，最常见的原因为脑膜炎、脊髓炎、破伤风以及骨软症等骨质代谢障碍疾病或骨质剧烈疼痛性疾病所致。由此可造成头部挛缩、斜颈、甚至角弓反张，或导致动物强迫后退或圆圈运动。最明显而又多见的是动物前庭神经麻痹（如鸡新城疫或B族维生素缺乏症）时，头颈向患侧后仰、侧扭，甚至造成身体翻转。但应注意其与肾炎、腹部疼痛或努责时引起的暂时性的脊柱向上弯曲而弓背进行鉴别。

脊柱局部肿胀、疼痛，常为外伤的结果。如有骨折，外部触诊或直肠检查时可听到哔啵音。脊柱僵硬是由于椎间隙骨质增生和硬化所致的。另外，动物罹患破伤风、番木鳖碱中毒、腰肌风湿病、肾炎等疾病时，也呈现脊柱僵硬状态。

第三节　运动机能的检查

动物的运动是在大脑皮层的控制下，由运动中枢、传导径、外周神经元及运动器官（如骨骼、关节、肌肉等）等共同完成。健康动物运动协调而有序。运动中枢和传导径由锥体束系统、锥体外系、小脑系统 3 部分组成，彼此间有密切联系。这些部分受损伤以后，则可产生运动障碍。临床上，动物出现各种形式的运动障碍，除因运动器官本身的疾病或外周神经受损害所致外，也常因一定部位的脑组织受损伤，以及运动中枢和传导径的功能障碍所引起。故了解和掌握有关运动神经系统的构造和功能，对于神经系统疾病定位诊断有着极其重要的意义。

临床上对于动物运动机能的检查，除进行外科检查外，主要应注意观察有无强迫运动、共济失调、不随意运动、瘫痪等运动机能障碍。

一、强迫运动

强迫运动是指不受意识支配和外界因素的影响，而出现的强制发生的一种不自主的运动。检查时应将病畜缰绳、鼻绳等松开，任其自由活动，以便客观地观察其运动情况。常见的强迫运动有以下几种。

1. 回转运动

回转运动是一种非意识的不随意运动。病畜按同一方向做圆圈运动，圆圈的直径不变者称为圆圈运动或马场运动；以一肢为中心，其余三肢围绕这一肢而在原地转圈者称为时针运动。当一侧的向心兴奋传导中断，以致对侧运动反应占优势时，便会引起这种运动。转圈的方向随病变性质、部位、大小和病期不同，或朝向患病的同侧（如颞叶部占位性病变、前庭核或迷路的一侧性损伤），或朝向患病部的对侧（如四叠体后部至脑桥的一侧性损伤）。羊、牛患多头蚴病、脑脓肿、脑肿瘤等占位性病变时，常以圆圈运动或时针运动为特征，其转圈方向不仅与发病部位有关，而且与发病时期及病变大小有关。例如一侧多头蚴病，初期包囊小时，仅对同侧产生刺激，该侧运动反应占优势，冲动沿锥体交叉传至对侧，使对侧肢体运动加强，故动物向病侧转圈，后期或包囊过大时，则压迫病侧脑部，使之陷于麻痹状态，而对侧反应占优势，冲动沿锥体交叉传至病侧肢体，使之运动加强，故病畜向健康侧转圈。圆圈运动的直径，常随虫体包囊等体积的增大而缩小。

出现回转运动的另一个原因是病畜头颈或体躯向一侧弯曲，以致无意识地随着头、颈部的弯曲方向而转动。特别是一侧前庭神经、迷路、小脑受损害时，当一侧颈肌瘫痪或收缩过强而颈项弯曲时，或一侧额叶区受损害时，都可发生此情况。当一侧中央运动神经纤维束由于器质性疾病而功能降低时，或纹状体、丘脑后部、苍白球或红核受损伤时，也可引起同样结果。脑的泛发性疾病，如脑炎等引起脑内压升高，也可引起回转运动。

2. 盲目运动

盲目运动指病畜做无目的地徘徊，不注意周围事物，对外界刺激缺乏反应。有时不断前进，一直前进到头顶障碍物而无法再向前走时，则头抵障碍物而不动。这一症状是由于脑部炎症，大脑皮层额叶或小脑等局部病变或机能障碍所引起。如患狂犬病的病犬常常表现为远距离彷徨行走。

3. 暴进及暴退

病畜不顾周围障碍物，将头高举或沉下，以常步或快步，踉跄地向前狂进，甚至落入沟塘内而不躲避，称为暴进；暴进见于纹状体或视丘受损伤或视神经中枢被侵害而视野缩小时。病畜头颈后仰，颈肌痉挛而连续后退则称为暴退或弧退；暴退见于摘除小脑的动物或颈肌痉挛而后弓反张时，如流行性脑脊髓炎等。

4. 滚转运动

病畜向一侧冲挤、倾倒、强制卧于一侧，或以身体长轴向一侧打滚时，称为滚转运动。滚转时，多伴有头部扭转和脊柱向打滚方向弯曲。出现此种症状时，则提示迷走神经、听神经、小脑脚周围的病变，使一侧前庭神经受损，从而迷走神经紧张性消失，以致身体一侧肌肉松弛。临床上马属动物正常情况下打滚以及猫、犬等在地面上翻滚嬉戏等属于正常生理现象，但应与腹痛性疾病的翻滚及共济失调的滚转运动相区别。腹痛性疾病临床上所表现得倒地或滚转并非每次一致地向同一侧滚倒；而共济失调时的倾跌，并不以背、腹着地打滚，而是呈不自主地倒地而后又试图挣扎站立状态。

二、共济失调

健康动物借小脑、前庭、锥体束及锥体外系以调节肌肉的张力，协调肌肉的动作，从而维持姿势的平衡和运动的协调。视觉也起着维持体位平衡和运动协调的作用。共济失调是指肌肉收缩力正常，而在运动时肌群动作相互不协调，导致动物体位和各种运动的异常。表现为运动时四肢配合不协调、行走或站立不稳、摇摆。按其性质分为两种。

(一)静止性失调

静止性失调是动物在站立状态下出现的共济失调，不能保持体位平衡，又称体位平衡失调。临床表现为头部摇晃，体躯左右摆动或偏向一侧，四肢肌肉紧张力降低、软弱、颤抖、关节屈曲，向前、后、左、右摇摆。四肢常分开站立，力图保持体位平衡，形如“醉酒状”。若将四肢稍微缩拢，缩小支撑面积，则容易跌倒。运步时，步态踉跄不稳，易倒向一侧或以腹部着地。其常见于小脑、小脑脚、前庭神经或迷走神经受损。

(二)运动性失调

运动性失调是指站立时不明显，而在运动时出现的共济失调。其步幅、运动强度、方向均呈现异常。临床表现为运动时整个身躯摇晃，后躯踉跄，步态笨拙。运步时肢高举，并过分向侧方伸出，着地用力，如涉水样步态。主要是因深部感觉障碍，外周部随意运动的信息向中枢传导障碍所引起的。其见于大脑皮层、小脑、前庭或脊髓受损伤时。运动性共济失调按病灶部位不同分为脊髓性、前庭性、小脑性以及大脑皮质性共济失调 4 种。

1. 脊髓性失调

运步时左右摇晃，但头不歪斜。主要是由于脊髓背侧根损伤，肌、腱、关节的深感觉感受器所发生的冲动，不能由背根入脊髓，或不能沿脊髓上行到延髓而传至丘脑，使肌肉运动失去中枢的精确调节所致。

2. 前庭性失调

动物头颈屈曲及平衡遭受破坏，头向患侧歪斜，常伴发眼球震颤，遮闭其眼时失调加重。主要是迷路、前庭神经或前庭核受损，进而波及中脑脑桥的动眼神经核、滑车神经核和外展神经核的结果。其常见于家禽的 B 族维生素缺乏症、慢性鸡新城疫等。

3. 小脑性失调

多发生于大动物。不仅呈现静止性失调，而且呈现运动性失调，只有当整个身体倚靠在固定物上或在水中游泳时，运动障碍才消失。此种失调不伴有眼球震颤，也不因遮眼而加重。是由于各种原因导致小脑受损所致。在一侧性小脑受损伤时，患侧前后肢失调明显。

4. 大脑皮质性失调

虽能直线行进，但身躯向健侧偏斜，甚至在转弯时跌倒。其见于大脑皮层的颞叶或额叶受损伤时。

三、不随意运动的检查

不随意运动是指病畜意识清楚而不能自行控制肌肉的病态运动。检查不随意运动时，应注意不随意运动的类型、幅度、频率、发生部位和出现时间等。兽医临床上常见的不随意运动有：痉挛、震颤及纤维性震颤等。

(一)痉挛

肌肉的不随意收缩称为痉挛。大多由于大脑皮层受刺激，脑干或基底神经受损所致。按其肌肉不随意收缩的形式，痉挛可分为阵发性痉挛和强直性痉挛。

1. 阵发性痉挛

动物中最为常见的一种痉挛。其特征为单个肌群发起短暂、迅速，如触电样而一个接着一个的重复收缩。收缩与收缩之间，间隔肌肉松弛，故又称为间代性痉挛。其痉挛经常突然发作，并且迅速停止。阵发性痉挛提示大脑、小脑、延髓或外周神经发生器质性病变或脑循环障碍。其常见于病毒或细菌感染性脑炎，某些中毒性疾病(有机磷、氯化钠等)、低钙血症和青草搐搦等代谢性疾病、膈痉挛以及与遗传有关的痉挛性综合征等。

阵发性痉挛虽然一般只限于单个肌肉，但有时也波及整个肌群，进而导致身体大部分发生振动。遍及全身的强烈性阵发性痉挛，称为惊厥或搐搦。此时肌肉收缩强而硬。例如，严重的尿毒症、青草搐搦等疾病常表现出惊厥症状。

2. 强直性痉挛

肌肉长时间均等的持续性收缩，如同凝结在某种状态一样，称为强直性痉挛。其是由于大脑皮层功能受到抑制，基底神经节受损，或脑干和脊髓的低级运动中枢受刺激所致。强直性痉挛常发生于一定的肌群，如头向后仰，是后头部肌肉强直性痉挛所致；咬肌痉挛可使牙关紧闭；眼肌痉挛可使瞬膜突出；颈肌痉挛使颈部硬如板状；背伸肌痉挛，使背腰部变为水平(挺直性痉挛)；背腰上方肌肉痉挛导致凹背、脊柱下弯(后弓反张或角弓反张)；背腰下方肌肉痉挛导致凸背(前弓反张或腹弓反张)；背腰一侧肌肉痉挛致身体向侧方弯曲(侧弓反张)；因腹肌痉挛而肚腹缩小等。以上各种局限于一定肌群的强直性痉挛，统称为挛缩；但有时全身肌肉均发生强直性痉挛，称为强直。最典型的强直性痉挛，见于各种动物的破伤风。此外，有机磷中毒、脑炎、脑脊髓炎、士的宁中毒及肉毒素中毒、反刍动物酮病、生产瘫痪、青草搐搦等也可表现出此症状。

3. 癫痫性痉挛

癫痫性痉挛是大脑无器质性变化而脑神经兴奋性增高，引起异常放电所致。临床上平时不见任何症状而发作时表现为强直、阵发性痉挛，同时感觉与意识也暂时消失，动物极少见。动物有时因大脑皮质器质性变化，而出现癫痫样症状，称为症候性癫痫或癫痫样发作，与上述两种痉挛不完全相同，癫痫性痉挛是突然发生、短暂和反复发作，发作时表现为强直性痉挛、瞳孔扩大、流涎、大小便失禁、意识丧失。本病是因脑部感染、脑肿瘤、大脑皮层额叶部病变、中毒、尿毒症、仔猪维生素 A 缺乏症、仔猪副伤寒、仔猪水肿病、牛副伤寒等所致。

(二)震颤

由于相互颉颃肌肉的快速、有节律、交替而不太强的收缩所产生的颤抖现象，称为震颤。其幅度可大可小，速度可快可慢，范围可为局限性，也可为大范围甚至全身肌肉震颤。检查时，应注意观察其部位、频率、幅度和发生的时间(静止时或运动时)。按其发生的时间，可分为静止性震颤、运动性震颤和混合性震颤 3 种。

1. 静止性震颤

静止性震颤是指静止时出现的震颤，运动后震颤消失，有时在支持一定体位时，震颤再次出现，主要是由于基底神经节受损伤所致。

2. 运动性震颤

运动性震颤又称意向性震颤，是指在运动时出现的震颤。轻者静止时震颤消失；重者在头部或肢体维持一定体位时，也可能出现震颤，主要是由小脑受损害导致的。

3. 混合性震颤

混合性震颤是指静止时和运动时都发生的震颤。临床上常见于过劳、中毒、脑炎和脊髓疾病。另外，动物受到惊吓而紧张，异常寒冷而战栗，高度神经质动物遇到刺激时均可出现震颤现象，应加以区别。

(三)纤维性震颤

纤维性震颤是指单个肌纤维束的轻微收缩，而不扩及整个肌肉，不产生运动效应的轻微性痉挛。临床上常见其先从肘肌开始，后延及肩部、颈部和躯干肌肉的某些肌纤维；也有只见舌肌肌纤维的痉挛者。在某些纤弱品种动物发生热性病或传染病(如犬瘟热)时最为常见。牛的创伤性网胃-心包炎、酮血症、肝脂肪营养不良、急性败血症等严重疾病时均可见到。

四、瘫痪

动物骨骼肌的随意运动靠锥体系统和锥体外系的运动神经元(上运动神经元)及自脊髓腹角和脑神经运动核的运动神经元(下运动神经元)的协同作用而实现。当上、下运动神经元的受损以致肌肉与脑之间的传导中断，或运动中枢障碍所导致的动物骨骼肌随意运动性减弱或丧失，称为瘫痪或麻痹。

瘫痪的分类可有多种。根据病因可分为器质性瘫痪和机能性瘫痪。器质性瘫痪是因运动神经的器质性疾病所引起。例如，脊髓受压(骨软症或纤维性骨营养不良时，因脊椎骨疏松肿大而致椎管变窄，压迫脊髓而引起后肢或前肢瘫痪)，脊椎骨骨折，脑脊髓丝虫病等。机能性瘫痪则指运动神经不具有器质性变化，仅因其机能障碍而引起。例如，暂时性血液循环障碍或各种毒素中毒等。

按瘫痪程度可分为完全瘫痪和不完全瘫痪。完全瘫痪简称全瘫，是横纹肌完全不能随意收缩；不完全瘫痪简称轻瘫，是随意运动仅仅减弱但仍能进行不完善地运动。

按肢体发生的部位又可分为单瘫、偏瘫、截瘫及交叉瘫痪。少数神经节支配部位的某一肌肉或肌群瘫痪者称为单瘫；两对称部位瘫痪者称为双瘫或两侧瘫；而躯体双侧发生瘫痪者称截瘫；一侧大脑半球或锥体传导径路受损伤所引起的半边身体瘫痪称为偏瘫；两侧不对称部位发生瘫痪者称为交叉性瘫痪。动物因背腰部损伤，造成损伤部位以后的背腰部、臀部、尾部和后肢瘫痪者甚多见，称为腰麻痹或后躯瘫痪。

根据神经系统损伤的解剖部位不同，可分为中枢性瘫痪和外周性瘫痪。

(一)中枢性瘫痪

中枢性瘫痪是因脑、脊髓的上行运动神经元的任何一部分病变所发生，故又称上行运动原性瘫痪。此时，不仅不能将冲动传递给下行运动神经元而导致随意运动发生障碍，而且控制下运动神经元反射活动的能力也减弱或消失，故脊髓反射机能反而增强。即瘫痪肌肉的紧张性增高，肌肉较坚实，被动运动开始时阻力较大，继而突然降低，腱反射亢进。

由于瘫痪的肌肉紧张而带有痉挛性，故又称痉挛性瘫痪。因其不影响损伤部位以下的脊髓侧角自主神经的正常活动，下行运动神经元仍能向肌肉传送神经冲动，故瘫痪的肌肉不萎缩，或仅因长期不运动而产生无用性萎缩，所以萎缩的发展进程缓慢。此种瘫痪提示脑、脊髓损伤，细菌性、病毒性或中毒性脑炎、脑脊髓炎(如猪伪狂犬病、马传染性脑脊髓炎以及由于猪瘟、梨形虫病、产褥败血症、铅中毒所继发的脑炎)，大脑皮层运动区的出血、寄生虫、脓肿、肿瘤等占位性病变而使脑部受压等。

根据锥体系统受损部位的不同，中枢性瘫痪的范围也不同，可分为皮层型(一侧前肢单瘫，病变在对侧前中央回的中点处)、内囊型(偏瘫、病变在对侧内囊)和脑干型(一侧脑神经和对侧肢体交叉性瘫痪)、脊髓型。前三者在动物中极少见，而脊髓型较常见。脊髓的颈膨大以上横贯性损伤，引起四肢瘫痪，甚至呼吸立即停止而死亡；颈膨大处损伤，发生前肢外周性瘫痪和后肢中枢性瘫痪，颈膨大以下至腰膨大以上之间损伤，均伴有损伤以下的中枢性瘫痪、传导型感觉脱失和括约肌不受高级中枢控制；而腰膨大处损伤，则前肢正常，后肢为外周性瘫痪，即常见的截瘫。此种脊髓性瘫痪常因脊椎骨骨折、外伤(如打击)、炎症、出血、肿瘤、寄生虫病、狂犬病等所致。例如，临床上的“兽栏性瘫痪”，即动物在柱栏保定、直肠检查或灌药时，由于缰绳挣断或脱缰，动物猛然后退如犬坐状倒地而致腰椎骨折、脊髓挫伤，引起后躯截瘫及尾、肛门括约肌和膀胱括约肌功能障碍，尤其是骨软症或纤维性骨营养不良病畜容易发生这种意外，故在保定和驱赶动物时应特别注意。由于指状丝虫晚期幼虫引起的马、羊的“腰痿”即腰麻痹，或骨代谢障碍而椎骨疏松肿大以压迫脊髓所发生的后肢萎缩直至全瘫，也属此种类型。

(二)外周性瘫痪

外周性瘫痪是因下运动神经元，包括脊髓腹角细胞、腹根及其分布到肌肉的外周神经或脑干的各脑神经核及其纤维的病变所导致，故又称下行运动原性瘫痪。下行运动神经元为运动神经系统的最后通路，又为反射弧的传出部分，并有传送营养冲动的自主神经成分，故其受损害时，不仅肌肉瘫痪，肌紧张力降低(肌肉松弛、被动运动的阻力减小、活动幅度增大)，而且所支配的肌腱和皮肤反射降低，甚至消失，并因失去营养冲动而迅即发生萎缩，故又称弛缓性瘫痪或萎缩性瘫痪。

根据损伤部位与受侵犯的神经核的关系可将瘫痪分为核性、核上性和核下性。核性瘫痪是由于脑神经或脊髓腹角中的运动细胞核受损所引起的瘫痪。反射活动消失，肌肉张力缺乏，迅速严重萎缩。核上性瘫痪是由运动核以上部位受损所引起的随意运动丧失瘫痪，肌肉紧张，反射亢进，肌肉因长期不活动而轻度、缓慢萎缩。核下性瘫痪是由于运动核以下的部位受损害所引起的，其症状与核性瘫痪大致相同。中枢性与外周性瘫痪的鉴别见表 8-1 所列。

表 8-1　中枢性瘫痪与外周性瘫痪的鉴别

项目	中枢性瘫痪	外周性瘫痪
肌肉张力	增高性、痉挛性	降低、弛缓性
肌肉萎缩	缓慢、不明显	迅速、明显
腱反射	亢进	减弱或消失
皮肤反射	减弱或消失	减弱或消失

第四节　感觉机能的检查

动物的感觉机能是由感觉神经系统所完成，它包括 3 个神经元，第一神经元的细胞体位于脊神经节外，它的外周突分布于皮肤、黏膜、肌腱、关节等终末感受器，其向心突组成脊神经的背根；第二神经元细胞体位于脊髓背角；第三神经元细胞体位于丘脑。来自终末感受器的各种感觉冲动沿第一神经元外周突传于其细胞体，经由向心突而传至第二神经元，再上行传至第三神经元。即经由脊髓而传至间脑的丘脑部，最后传递到大脑皮层产生各种感觉（但感觉冲动必须在中枢神经系统经过综合、分析后，才能产生相应的运动）。故感觉神经元或感觉通路的任何部分发生障碍，均可出现各种类型的感觉障碍。反过来，当感觉发生障碍时，也就说明这种传导结构发生了某种损害。

动物的感觉，除了视觉、嗅觉、听觉、味觉及平衡感觉外，还包括浅感觉、深感觉，它们都有各自的感受器和传入神经，产生各自的感觉。临床上，将感觉机能分为浅感觉、深感觉和特殊感觉 3 类。

一、浅感觉的检查

浅感觉是指皮肤和黏膜感觉，包括触觉、痛觉、温觉和电磁觉等。但临床上温觉、电磁觉等有一定局限性，故很少使用。动物主要检查其痛觉和触觉。由于动物没有语言，其感觉如何只能根据运动形式加以推断，而且动物的注意力易分散，所得的反应往往与所给的刺激不相符。因此，检查时要尽可能先使动物安静，最好由经常饲养、管理、使役或调教的人员在旁，并采用温柔的动作进行检查。应在体躯两侧对称部位和欲检部位的左、右、前、后等周围部分反复对比，四肢则从末梢部开始逐渐检查向脊柱部，以期证明该部感觉是否异常以及范围的大小。

检查时，为了避免视觉的干扰，应先将动物的眼睛遮住，然后用针头以不同的力量针刺皮肤，观察动物的反应。一般先由感觉较差的臀部开始，再沿脊柱两侧向前，直至颈侧、头部。对四肢做环形针刺，较易发现不同神经区域的异常。健康动物针刺后，会立即出现反应，表现相应部位肌肉收缩，被毛颤动或迅速回头、竖耳，或做踢咬动作。

由于病变部位不同，感觉障碍有末梢性、脊髓性和脑性之分。从临床表现则分为下列 3 种。

1. 感觉性增高（感觉过敏）

感觉性增高是对感觉刺激的兴奋阈降低，轻微刺激或抚触即可引起强烈反应（但检查时应注意，有力的过深触诊反而不能显示出感觉过敏点），除起因于局部炎症外，一般是由于感觉神经或其传导途径受损所致。多提示为脊髓膜炎,脊髓背根损伤,视丘损伤,或末梢神经发炎、受压等。尤其视丘部对痛觉刺激最敏感,故视丘受病理性刺激时,可引起剧烈疼痛(甚至镇痛剂也不能止痛)。但脊髓实质、脑干(延脑、脑桥、大脑脚)或大脑皮层患病时均不引起感觉过敏。此外,牛的神经型酮血症或动物 DDT 中毒等,也可导致皮肤感觉过敏。伴有低磷血症的代谢障碍,牛腰部对压迫过敏。

2. 感觉性减退及缺失

感觉能力降低或感觉程度减弱称感觉减退。严重者,在意识清醒的情况下感觉能力完全缺失,是由于感觉神经末梢、传导径路或感觉中枢障碍所致。局限性感觉减退或缺失,为支配该区域内的末梢感觉神经受损所致的结果;体躯两侧对称性地感觉减退或缺失,多为脊髓横断性损伤,如挫伤、压迫及炎症等;半边肢体的感觉减退或缺失,见于延脑或大脑皮层间的传导径路受损,多发生于病变部对侧肢体(但因同时伴有意识丧失,故半边感觉障碍很难被认出);发生在身体许多部分的多发性感觉缺失,见于多发性神经炎、马媾疫和某些传染病(如腺疫)。马尾神经炎而发生尾—肛门括约肌麻痹时,则尾与会阴部感觉缺失,此时在感觉正常区和缺乏区之间,隔有一条狭窄的感觉过敏带。此外,全身性皮肤感觉减退或缺失,常见于各种不同疾病所引起的精神抑制和昏迷,表现为对蝇、虻叮咬,不抖动皮肌或不以尾驱逐,甚至毫无反应。

3. 感觉异常

不受外界刺激影响而自发产生的感觉,如痒感、蚁行感、烘灼感等。但动物不像人类能以语言表达,只表现对感觉异常部位的舌舔、啃咬、摩擦、搔爬,甚至咬破皮肤而露出肌肉、骨骼仍不止。感觉异常是因感觉神经传导径路存在强刺激而发生。其见于羊的痒病、狂犬病、伪狂犬病、脊髓炎、多发性神经炎、马尾神经炎、反刍动物酮病等。其中最典型的是羊的痒病以及各种动物的狂犬病和伪狂犬病。羊的痒病因皮肤奇痒而不断摩擦,以至被毛折断脱落,而羊栏附近有很多羊毛,或牧场、羊舍中到处有散落折损的羊毛;患狂犬病时,动物不断咬啮、搔爬、摩擦体表局部,而致皮肤破损、渗血,甚至已露出肌肉、骨骼也不停止。皮毛兽自咬症(李氏杆菌病)也自行啃咬皮肤及尾部。有些皮肤病、寄生虫病、真菌病等,如荨麻疹、湿疹、螨病、痘、各种癣、犬的毛囊虫症、吸血昆虫刺蜇、马的蛲虫病等也可发生皮肤痒感,应与神经系统疾病相区别。

二、深感觉的检查

深感觉是指位于皮下深处的肌肉、关节、骨、腱和韧带等,将关于肢体的位置、状态和运动等情况的冲动传到大脑而产生的深部感觉,即本体感觉。主要用于调节身体在空间的位置、方向等。因此,临床上应根据动物肢体在空间的位置改变情况,检查其本体感觉有无障碍或疼痛反应等。

临床检查深感觉时,人为地使动物的四肢采取不自然的姿势,如使马的两前肢交叉站立,或将两前肢广为分开,或将前肢向前远放等,以便观察马的反应。对于健康马,当人为地使其采取不自然的姿势后,便能自动地迅速恢复原来的自然姿势;而深感觉发生障碍时,可在较长的时间内保持人为的姿势而不改变肢体的位置。深感觉障碍多同时伴有意识障碍,多提示为大脑或脊髓损伤,如慢性脑室积水、脑炎、脊髓损伤、严重肝脏病及中毒等。

三、特种感觉的检查

特种感觉是由特殊的感觉器官所感受,如视觉、听觉、嗅觉、味觉等。某些神经系统疾病,可破坏感觉器官与中枢神经系统之间的正常联系，导致相应感觉机能障碍。故通过感觉器官的检查，可以帮助发现神经系统的病理过程。但特种感觉的异常也可因非神经系统的疾病，如该感觉器官本身疾病所引起，因此应注意加以区别。

（一）视觉

动物的视觉是由视觉器官（眼球和眼的辅助结构）和视神经等相关神经共同支配的。眼球壁内膜（视网膜）神经细胞纤维汇集成视神经乳头后，集合成束，并穿过眼球壁的中膜和外膜，形成视神经，进入颅腔。来自两侧的视神经共同形成视神经交叉后，又再分为视束而终止于丘脑。视神经交叉以后的视束既包含来自同侧的视神经纤维又包含来自对侧的视神经纤维。

动物视力减弱甚至完全丧失即目盲，除因眼球及附属结构自身疾病所致外，也可因视神经异常所引起。动物眼球本身并无明显的病变，但瞳孔发射减弱或消失，乃是因为其视网膜、视神经功能减弱或丧失，称为黑蒙。其见于山道年、野萱草根等中毒；一侧神经障碍时，同侧视力受到影响，视神经交叉以后至脑之间的视交叉损伤时，两侧视力均受影响。

动物视觉敏感性增强，表现为畏光，除发生于结膜炎、角膜炎等眼科疾病外，偶见于颅内压升高、脑膜炎、日射病和热射病、恶性卡他热、牛瘟等。视觉异常的动物有时出现“捕蝇样动作”，如狂犬病、脑炎、眼炎初期等。

（二）听觉

耳与有关神经、主要是听神经共同支配动物的听觉。即由耳郭收集声波，经外耳道振动鼓膜，通过听小骨传递到内耳，刺激分布在耳蜗上的蜗神经感受器而产生听觉冲动，沿听神经传向中枢，进而神经冲动传出到达效应器最终产生听觉。

听觉迟钝或完全缺失（耳聋）只是对一定频率范围内的声波听力减弱或丧失。除因耳病所致外，也见于延脑或大脑皮层颞叶受损伤时。某些动物品种特别是白毛的犬和猫有时表现为遗传性听觉障碍或耳聋，是因其螺旋器发育缺陷所致。另外，长期应用链霉素等抗生素以及一氧化碳中毒等，也常常导致听觉损伤。听觉过敏可见于脑和脑膜疾病，反刍动物酮病等有时可见。

（三）嗅觉

动物中以犬、猫的嗅觉最灵敏，临床检查上也最重要。尤其是警犬和猎犬常因嗅觉障碍而失去其经济价值。嗅神经、嗅球、嗅纹和大脑皮层是构成嗅觉系统的神经部分。当这些神经或鼻黏膜疾病（如鼻炎）时，则可引起嗅觉迟钝甚至嗅觉缺失，如马传染性脑脊髓炎、犬瘟热或猫传染性胃肠炎（猫瘟热）等。

第五节 反射机能的检查

反射是神经系统活动的基本方式。无论起源于机体内部还是外部的刺激，都是由分布于各个组织和器官中的感受器所感受，经由感觉神经将神经冲动经脊髓背根传至丘脑下部，然后传到大脑皮层；冲动在中枢神经系统经过分析、综合及协调后，再经脊髓腹根沿运动神经传到相应组织和器官的效应器，而实现活动反应。即冲动通过感受器—传入神经—神经中枢—传出神经—效应器而构成反射弧。这种不随意的反射运动只有在反射弧的结构和机能保持完整时，才能实现。当反射弧的任何一部分发生异常或高级中枢神经发生疾病时，都可使反射机能发生改变。故通过反射检查，可以判定神经系统受到损害的部位。

一、反射种类及其检查方法

神经反射的种类较多，兽医临床上检查的神经反射一般分为浅反射、深反射、器官反射等。不同反射的检查，其诊断意义也不同。反射检查一般对神经系统受损部位的确定具有诊断价值。但动物反射障碍检查，常难以收到满意效果，故仅简述临床涉及的反射及其反射弧有关神经功能障碍，以作参考。

（一）浅反射

浅反射是指皮肤反射和黏膜反射。

1. 耳反射

检查者用手指、纸卷或棉签等轻触耳内侧被毛，正常时动物摇耳或转头，反射中枢在延髓和脊髓的第1、第2颈椎段。

2. 鬐甲反射或肩峰反射

轻触鬐甲部被毛，正常时肩部及鬐甲部出现收缩、抖动反应，马尤为敏感。反射中枢在脊髓第7颈椎段和第1～2胸椎段。

3. 腹壁反射和提睾反射

用针轻刺激腹部皮肤，正常时相应部位的腹肌收缩、抖动，即为腹壁反射。刺激大腿内侧皮肤时，睾丸上提，即为提睾反射。反射中枢均在脊髓胸椎、腰椎段。

4. 会阴反射

刺激会阴部尾根下方皮肤时，引起向会阴部缩尾的动作。反射中枢在脊髓腰椎、荐椎段。

5. 肛门反射

刺激肛门周围皮肤时，正常时肛门括约肌迅速收缩。反射中枢在脊髓第4～5荐椎段。

6. 睑反射和角膜反射

中枢在延脑，传入神经是眼神经（三叉神经上颌支）的感觉纤维，传出神经为面神经的运动纤维。

7. 瞳孔反射

中枢在中脑四叠体，传入神经为视神经，传出神经为动眼神经的副交感纤维（收缩瞳孔）和颈交感神经（舒张瞳孔）。

（二）深反射

深反射指肌腱反射，兽医临床检查有一定局限性。

1. 膝反射

检查时使动物侧卧位，让其被检测后肢保持松弛，用叩诊锤背面叩击膝韧带直下方。对正常动物叩击时下肢呈伸展动作，反射中枢在脊髓第4～5腰椎段。

2. 跟腱反射

跟腱反射或称飞节反射，检查方法与膝反射检查相同，叩击跟腱，正常时跗关节伸展而球关节屈曲。反射中枢在脊髓荐椎段。

二、反射机能的病理变化

在病理状态下，反射机能可表现为减弱、消失或亢进。

1. 反射减弱或反射消失

是反射弧的径路受损所致。无论反射弧的感觉神经纤维、反射中枢、运动神经纤维的任何一部位被阻断(如核性或核下性麻痹)时,或反射弧虽无器质性损害,但其兴奋性降低时,均可导致反射减弱甚至消失。因此,临床检查发现某种反射减弱、消失,常提示有关传入神经、传出神经、脊髓背根(感觉根)、腹根(运动根),或脑、脊髓的灰白质受损,或中枢神经兴奋性降低,如意识丧失、麻醉、虚脱等。一定部位的感受器或效应器患病时,虽也出现反射减弱或消失。但前者患畜仅有感觉缺失,仍旧存在随意运动,而后者虽有运动瘫痪但仍有感觉。然而动物不能述说有无感觉和配合兽医进行随意运动,故难确诊。

2. 反射增强或亢进

是反射弧或中枢兴奋性增高或刺激过强所致,或因大脑对低级反射弧的抑制作用减弱、消失所引起。因此,临床检查发现某种反射亢进,常提示其有脊髓节段、背根、腹根或外周神经过敏、炎症、受压和脊髓膜炎等。在破伤风、有机磷中毒、狂犬病等常见全身性反射亢进。

当大脑和视丘下部受损或脊髓横贯性损伤以致上神经元失去对损伤以下脊髓节段控制时,则与其下段脊髓有关的反射亢进,且活动形式也有所改变。因此,上运动神经元(锥体束)损伤时,可以出现腱反射增强。

第六节　自主神经机能的检查

脊椎动物在进化过程中形成了特殊的自主神经系统。它的中枢存在于大脑、脑干和脊髓中,神经末梢几乎分布于全身各个器官组织。自主神经系统与中枢神经系统联系密切,构成一个统一完整的体系。自主神经控制着不随意运动,调节一些重要的生命过程,如物质代谢、能量的产生和释放、血液循环、呼吸、消化、泌尿、造血机能等,它也保证器官和组织的神经营养,以维持机体内外环境的平衡。

自主神经系统分为交感神经和副交感神经两种。凡具有平滑肌的各个器官、心脏和腺体都同时分布有交感神经和副交感神经。二者具有相反的作用,但它们的机能并不是对抗的而是协调的,但在大脑皮质的调节下,在健康动物中二者之间维持平衡状态。病理状态下,交感神经和副交感神经作用平衡被破坏,从而产生各种异常状态。

一、交感神经紧张性亢进

交感神经异常兴奋,表现为心搏动亢进,外周血管收缩,血压上升,肠蠕动减弱,瞳孔散大,出汗增加(马、牛)和高血糖等症状。

二、副交感神经紧张性亢进

呈现与前者相拮抗作用的症状,即心搏动缓慢,外周血管紧张性下降,血压降低,贫血,肠蠕动增强,腺体分泌增强,瞳孔收缩,低血糖等。

三、交感、副交感神经紧张性均亢进

交感神经和副交感神经二者同时紧张性亢进时,动物出现恐惧、精神抑制、眩晕、心搏亢进、呼吸加快或呼吸困难、排粪与排尿障碍、子宫痉挛、发情减退等现象。当自主神经系统疾病

时，发生运动和感觉障碍，主要的机能变化为呼吸、心跳的节律，血管运动神经的调节，吞咽，呕吐，消化液的分泌，肠蠕动，排泄和视力调节异常等。自主神经对内脏器官的作用见表 8-2 所列。

表 8-2　自主神经对内脏器官的作用

项目		自主神经功能	
		交感神经紧张性亢进	副交感神经紧张性亢进
心血管系统	心	脉搏增多、心跳加强、加快	脉搏减少、心跳减弱、减慢
	血压	升高	降低
	冠状动脉	扩张	收缩
	其他动脉	收缩	扩张
呼吸系统	支气管	扩张，黏液分泌减少	收缩，黏液分泌增多
消化系统	胃肠道	蠕动减慢，分泌减少	蠕动加快，分泌增多
泌尿生殖系统	膀胱	内括约肌收缩，排空受抑制	内括约肌舒张，排空加强
	其他	子宫收缩	阴茎勃起
其他	瞳孔	散大	缩小
	汗腺	分泌汗增多	分泌汗减少
	肾上腺	髓质分泌增多	髓质分泌减少

思考题

1. 精神状态异常有哪些表现？
2. 动物的运动机能障碍有哪些？其发生的机理是什么？
3. 瘫痪的种类和临床辨别方法有哪些？
4. 痉挛的种类和临床辨别方法有哪些？
5. 感觉机能检查的要点及方法有哪些？
6. 神经系统常见疾病的主要症状有哪些？

第九章　血液检验

重点提示：掌握不同动物种类的采血方法，了解各种抗凝剂及其抗凝特点。熟记血液常规检验各项目的原理、方法、注意事项及异常变化与临床意义。

血液是由血浆和血细胞(红细胞、白细胞和血小板)两部分组成的，通过循环系统与全身各个组织器官密切联系，参与机体呼吸、运输、防御、调节体液渗透压和酸碱平衡等各种生理功能活动，维持机体正常新陈代谢和内外环境平衡。

动物在健康状态下，血液的各种成分及特性具有一定的数值，并在较为恒定的范围内变动。在病理过程中，血液系统疾病除直接影响血液外，也可以影响全身组织器官。而各组织器官的病变也可直接或间接地引起血液发生变化，导致血液细胞成分发生数量或质量的改变。血液检验的结果，常有助于确定某些疾病的辅助诊断。故该项检验是临床医学检验中应用最多，对辅助诊断最有价值、最常用的基本内容之一。

血液检验的结果，必须与病畜的全身症状结合起来进行综合分析，必要时还应伴随病程进行定期检验，探讨其变化的动态规律才具有实际意义。

第一节　血液样品的处理

在单胃动物中，隔夜禁食可以避免餐后高脂血症干扰血浆蛋白、纤维蛋白原和血红蛋白的测定。根据检验项目的不同，血液样品可通过静脉血管、末梢血管或动脉血管采集。从动物的不同部位采集的血样，其血液成分略有差异。因此检查血液时，应采用同一血管的血液，并在检验报告中注明采血的部位。

一、血液样品常用的抗凝剂

1. 乙二胺四乙酸二钠

乙二胺四乙酸二钠(EDTA·Na_2)为常用抗凝剂之一，其优点是对血细胞形态影响很小，可防止血小板聚集，在室温下数小时内对血红蛋白、血小板计数、血片染色均无不良影响，故对血液的各项检验都适用。它可夺取血液中游离的钙离子并变成 EDTA 钙螯合物而起抗凝作用。乙二胺四乙酸二钾(EDTA·K_2)具有与 EDTA·Na_2 相同的功效。一般 EDTA·Na_2 为 1～2 mg/mL，超过 2 mg/mL 时，可使红细胞皱缩，在使用中通常配成 10%的水溶液，每 2 滴可抗凝 5 mL 血液。EDTA·K_2·$2H_2O$ 1.5～2.2 mg 可抗凝 1 mL 血液。

2. 柠檬酸钠

柠檬酸钠的抗凝原理是与血中游离钙离子松散地结合为柠檬酸钙复合物。常用作血沉测定的抗凝剂，又因其毒性最小而常用于输血时的抗凝剂。3.2%～3.8%柠檬酸钠水溶液，0.5 mL 可抗凝 5 mL 血液。

3. 肝素

肝素(heparin)临床上常用于抗血栓治疗和留置针的埋设。其优点是抗凝作用强，不影响红细胞的体积，不溶血，对血液化学分析干扰少，因此肝素钠和肝素锂常用于多种血液生物化学分析和红细胞压积测定。但过量的肝素可引起白细胞聚集和血小板减少，故不适用于白细胞和血小板计数，也不适用于血涂片检查。通常将肝素配成 1%水溶液，冰箱内保存，每次配制不宜过多，0.1 mL 肝素液可使 5 mL 血液抗凝。

二、血样的处理

需要血清时，将凝固血液倾斜放入 37 ℃恒温箱内，待血块收缩后分离血清。需要血浆时，将抗凝的全血及时离心分离血浆。不能立即送检的血样，需放入冰箱冷藏保存。血检项目与血液保存的最长时限见表 9-1 所列。

表 9-1　血液的最长保存时限　　h

检查项目	采血后可保存的时间
白细胞计数	2～3
红细胞计数	24
血红蛋白测定	48
红细胞沉降率的测定	2～3
血小板计数	1
网状红细胞计数	2～3
红细胞压积容量测定	24
白细胞分类计数	1～2

血液送检前对血液进行检查，观察是否有血液变色和红细胞凝集的现象。应及时检查样本是否有凝块并混合均匀(轻轻翻转约 20 次)。应根据血检要求，分别送检抗凝血、血清或血浆。如果要做白细胞分类计数或检查血孢子虫，应附送固定好的血液涂片。血样均需要装在冰瓶内，下垫泡沫塑料或棉花，切勿剧烈振摇，以免溶血，影响血细胞计数。

血液采集后最好尽快处理，除做抗凝试验以外的其他检验，可允许放置若干小时。通常用作物理学和细胞学检查的血样，可按表 9-1 规定的时间处理，必要时可暂放冰箱保存。

三、血涂片制备

血涂片应在采集血样后的几个小时内制备，以避免血细胞形态改变。血涂片的制备方法多种多样，包括推片法和载玻片压拉法。

1. 手工推片法

手工推片法如图 9-1 所示。

2. 载玻片压拉法

载玻片压拉法如图 9-2 所示。

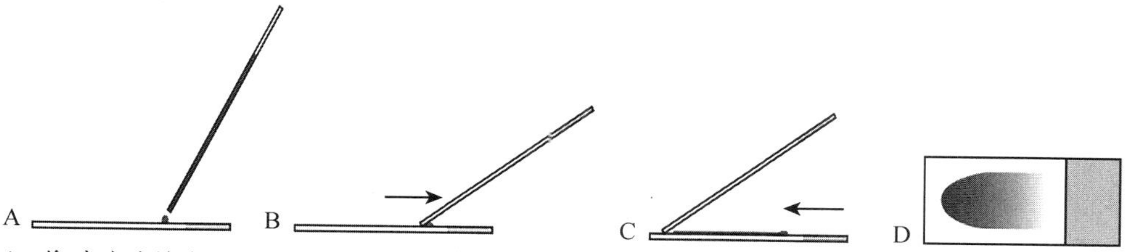

A. 将玻璃片放在平坦的表面上，用微量红细胞压积管将一小滴混合好的血液放在玻片的一端；
B. 第二个玻片(推片)放在第一个玻片上与血滴呈大约 30°，将推片一端轻触血中；
C. 推片迅速前推，血液就沿推片的背面流动；D. 在放置血滴的载玻片后面
产生的血涂片很厚，在载玻片的前缘(羽状边缘)产生的血涂片很薄。

图 9-1 血涂片制备(手工推片法)

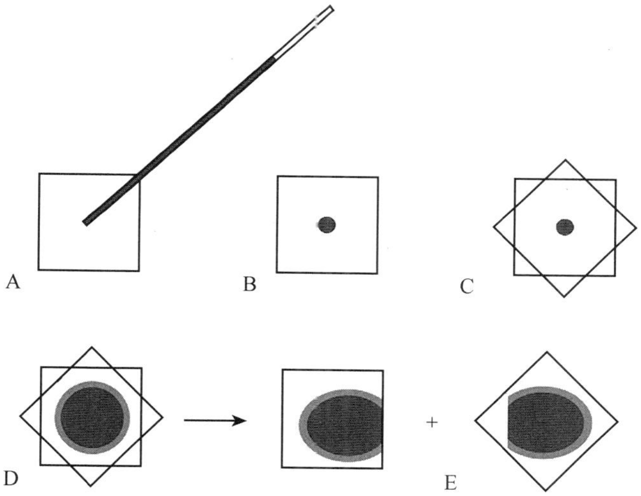

A. 一只手的拇指和食指之间夹着一张干净的玻片；B. 在玻片中间用微量红细胞压积管滴一小滴血；
C. 用另一张干净的玻片交错落在第一张玻片上；D. 血液均匀地分布在两张玻片之间，形成前缘；
E. 用另一只手抓住上面玻片的外角，并以平滑、水平的方式拉开玻片，使玻片迅速分开。

图 9-2 血涂片的制备(载玻片压拉法)

四、血涂片染色

1. 罗曼诺夫斯基-吉姆萨染色

血涂片通常用罗曼诺夫斯基(Romanowsky)染色剂进行染色。Romanowsky 染色剂是由曙红和氧化亚甲基蓝(天蓝色)染料混合组成的。天蓝色染色剂染色后呈现介于蓝色与紫色间；曙红染色剂染色后，最终呈现红色(图 9-3A)。染色清晰度取决于染色剂和冲洗水的 pH，以及细胞的状态(图 9-3B)。低 pH、染色时间不足，失效的染色剂，或者过度清洗会导致血涂片过度偏红。高 pH、长时间染色或冲洗不充分可导致血涂片偏蓝色。

干燥或固定问题可能会导致红细胞中出现形状各异的空泡；这些残影可能与红细胞寄生虫混淆(图 9-4)。染色沉淀的存在会使白细胞和血液寄生虫的识别变得困难(图 9-5)。出现染色沉淀的原因可能是染色剂需要过滤、染色程序过长或洗涤不足。为了防止手术后的腹部

粘连，会向马和牛的腹腔内注入了羧甲基纤维素，这种物质也可以导致血液中细胞之间出现沉淀物，类似于染色剂沉淀。目前，临床上各种快速染色剂被推广使用，但快速染色剂染色的质量通常比普通染色剂低，通过将涂片在固定液中保持几分钟，可以提高染色质量。其他水染色和自动染色（如 Aerospray 7120）使用的一个限制因素是，它们不能很好地染色嗜碱性粒细胞、肥大细胞或大颗粒白细胞（图 9-6），但在犬瘟热包涵体的染色方面，这些水染剂的染色效果优于传统的瑞氏-吉姆萨染色。

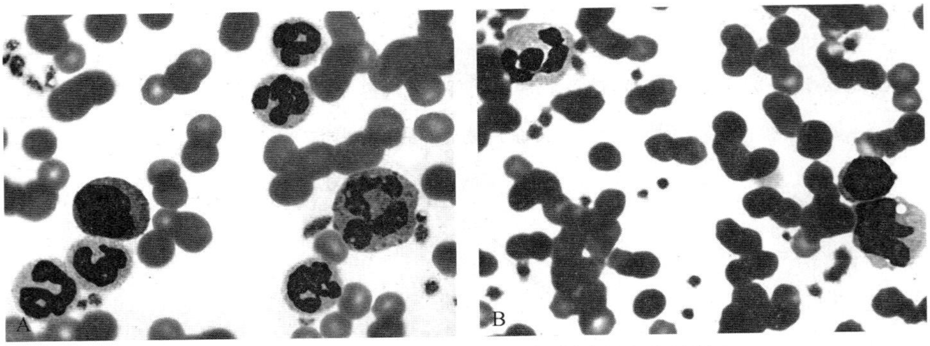

A. 血涂片用蒸馏水冲洗；B. 血涂片用自来水冲洗。

图 9-3　一只正常猫的血涂片染色结果

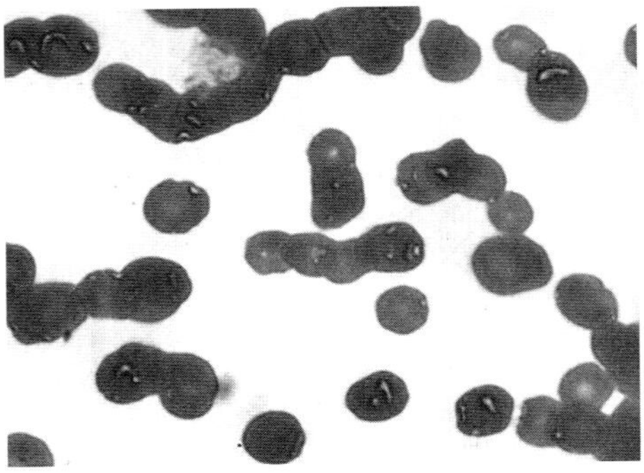

图 9-4　马红细胞中的伪影

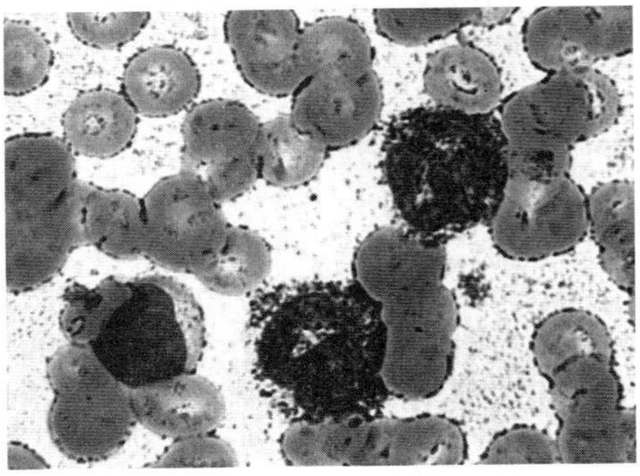

图 9-5　犬血液中的染色剂沉淀

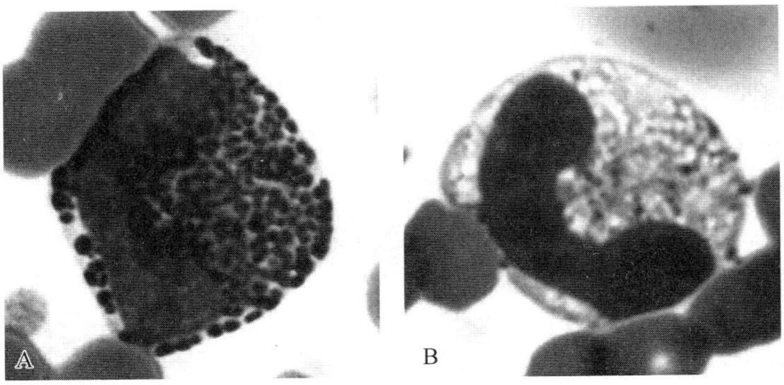

A. 瑞氏-吉姆萨染色，颗粒较好；B. Diff-Quik 染色，大多数颗粒未见。

图 9-6　马血液中的嗜碱性粒细胞

2. 网织红细胞染色

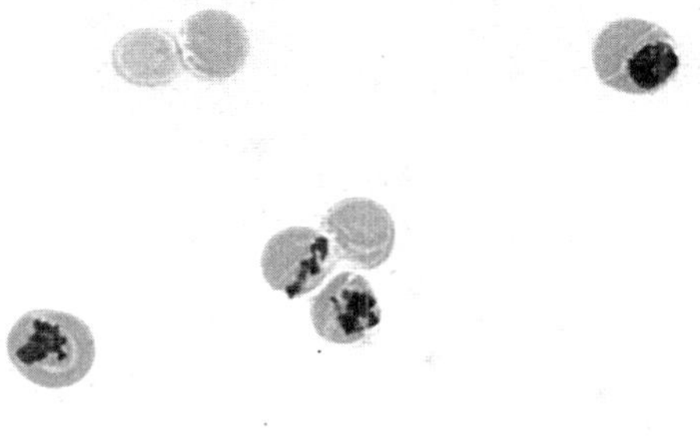

图 9-7 犬血液中的网织红细胞

网织红细胞染色可以直接购买商品化染色剂。随后制作血涂片，并通过检查红细胞计数并确定网织红细胞的百分比来对网织红细胞进行计数。网织红细胞(图 9-7)中可见的蓝色聚集体或网状结构。

网织红细胞内应该有两个或更多的蓝色点状物，这些颗粒不需要精细的聚焦就可以看到。这些蓝色点状物远离细胞边缘，在观察时应避免与血液性支原体或亨氏小体混淆。

在正常猫和患有再生性贫血的猫中，网织红细胞的数量比其他物种多，因为猫的网织红细胞成熟较其他物种慢。因此，计算猫的网织红细胞时应计算聚集型(块状)或点状(单个点状物)这两种类型细胞的百分比。

目前，一种新的亚甲蓝试剂可用于快速计数网织红细胞、血小板和亨氏小体。该染料由 0.5%亚甲基蓝溶解在 0.85%氯化钠中得到的，每 100 mL 染色剂加 1 mL 福尔马林防腐。

3. 铁染色

铁染色被用来验证血液和骨髓细胞中的含铁量，评估骨髓中的铁储量。涂片可以送到专业的实验室进行染色，或者可以购买染色试剂盒。用染色剂染色的红细胞内出现嗜碱性的局部区域可能含有铁，含铁的红细胞被称为铁粒细胞，含有铁的白细胞为颗粒白细胞(图 9-8)。

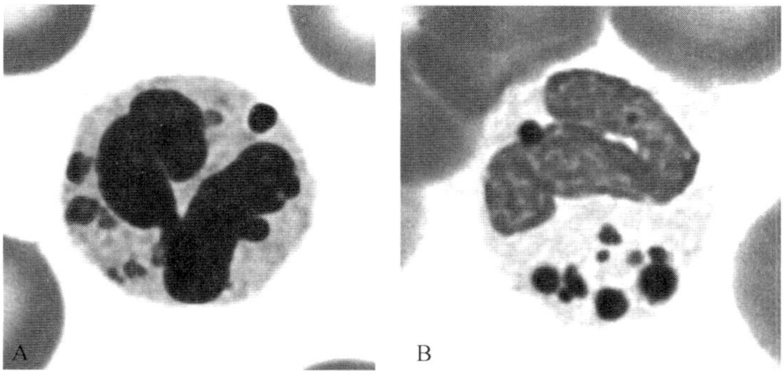

A. 瑞氏-吉姆萨染色，含铁血黄素内含物染成灰色或褐色；
B. 普鲁士蓝染色，含铁血黄素内含物染成深蓝色。

图 9-8 溶血性贫血犬血液中含有含铁血黄素的中性粒细胞

4. 细胞化学染色

例如，过氧化物酶、氯乙酸酯酶、碱性磷酸酶和非特异性酯酶，被用来对急性髓系白血病的血细胞进行分类处理，染色结果因细胞成熟阶段而不同，还因种类而具有差异。

第二节　红细胞检验

一、红细胞计数

红细胞(red blood cell,RBC)计数即测量单位体积(μL 或 L)血液中红细胞的数量。红细胞计数的方法有显微镜计数法、血细胞自动分析仪(阻抗法)。

(一)显微镜计数法

1. *方法*

目前多采用试管法,即把全血在试管内用稀释液稀释 200 倍,在血细胞计数板的计数室内数一定体积的红细胞的数量,然后推算出 1 mm 血液内的红细胞的数量(图 9-9)。

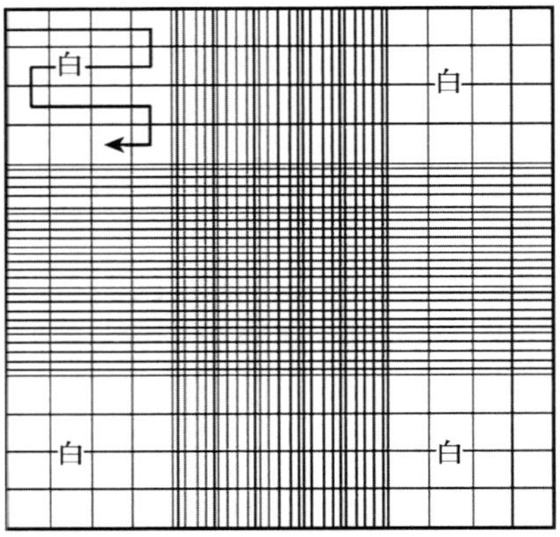

图 9-9　血细胞计数板

用 5 mL 吸管吸取红细胞稀释液 3.98 mL(或 4 mL)置于试管中。用沙利氏吸血管吸取全血样品至 20 μL 刻度处,擦去吸管外壁多余的血液,将此血液吹入试管底部,再吸吹数次,以洗出沙利氏吸血管内黏附的血细胞,然后在试管口加塞,颠倒混合数次,即得 200 倍的稀释血液。将盖玻片放在计数板的计数池上,吸少量稀释的血液,以 45°角接触盖玻片边缘,即可自然流入计数室内。

计数时,先用低倍镜,光线要稍暗些,找到计数室的格子后,把中央的大方格置于视野之中,然后转用高倍镜。在此中央大方格内选择四角与最居中的共 5 个中方格。计数时,红细胞占划线者,计上不计下,计左不计右,避免重复或漏数。

健康动物除山羊的红细胞的数量较多外,其他家畜的红细胞的数量为 600 万～800 万个/μL,犬 680 万个/μL,公鸡(350±30)万个/μL,母鸡(270±56)万个/μL,鸭(321±21)万个/μL,鹅(297±15)万个/μL。各地报道的参考值见表 9-2 所列。

表 9-2　健康家畜红细胞的数量参考值

动物种类	测定头数	参考值/(万个/μL)	资料来源
马	619	793.3±140.1	中国人民解放军军需大学
骡	434	755.4±130.2	中国人民解放军军需大学
驴	30	542±23.2	甘肃农业大学
黄牛	85	724.2±157.4	延边大学农学院
水牛	137	591±98	扬州大学农学院
奶牛	109	597.5±86.8	南京农业大学
骆驼	70	988±178	新疆农业大学
绵羊	118	842±120	新疆农业大学
奶山羊	394	1 720±303	西北农林科技大学
猪	31	550.9±33.5	云南农业大学
仔猪	50	626±84	山西忻县畜牧兽医研究所

注:红细胞计数单位万个/μL 换算成国际单位×10/L,将原单位×0.01。

2. 临床意义

(1)红细胞的数量增加 绝大多数为相对性增多,而绝对性增多较为少见。①相对性增多:多为机体脱水,造成血液浓缩而使红细胞计数相对地增多。其见于急性胃肠炎、肠阻塞、肠变位、牛的瓣胃或真胃阻塞、渗出性胸膜炎、腹膜炎、日射病与热射病、某些传染病及发热性疾病等。②绝对性增多:为红细胞增生过盛所致,有原发性和继发性两种。原发性红细胞增多症又称真性红细胞增多症,是一种原因未明的以红细胞增多为主的骨髓增殖性疾病,红细胞的数量可增加 2～3 倍,目前认为是多能造血干细胞受累所致;其他动物少见,仅犬、猫有报道。继发性红细胞增多,是由于代偿作用使红细胞绝对数增多,见于代偿机能不全的心脏病及慢性肺部疾病。如犬的法乐氏四联症(先天性心脏血管畸形;肺动脉口狭窄;心室间隔缺损;主动脉右移;右心肥大)。③区别:继发性增多者血氧饱和度低约 65%,原发性血氧饱和度正常。

(2)红细胞的数量减少 见于各种原因引起的贫血。①出血性贫血:见于内脏损伤、外伤及大手术后、寄生虫病及某些有毒植物中毒。其特点是单纯的红细胞数目减少,每个红细胞的大小、形状及所含的血红蛋白基本不变。出血后 72～96 h,外周血液涂片常出现有核红细胞。②溶血性贫血:见于血液寄生虫病(焦虫病、锥虫病等),溶血性细菌感染(钩端螺旋体、溶血性梭菌等),病毒感染(马传染性贫血),化学药品中毒(铜、铅),有毒植物中毒(蓖麻子中毒),某些代谢病(牛产后血红蛋白尿症),自体中毒,异体免疫(注射某些疫苗),自体免疫(幼驹溶血性黄疸等)。这类贫血的特点是大量红细胞遭受破坏,血浆及尿中有游离的血红蛋白,红细胞大小不匀,异形红细胞、有核红细胞明显增多(骨髓造血功能旺盛)。③骨髓造血功能不全性贫血:白细胞及血小板数一致性下降,同时外周血液染色涂片见不到有核红细胞,表示骨髓再生功能衰退。④营养不良性贫血:见于矿物质不足(如铁、铜、钴)及其他营养物质不足所致的贫血。⑤继发性贫血:见于慢性肝病、肾脏疾病、肿瘤、白血病等所引起的贫血。

(二)阻抗法

电子血细胞计数仪操作简便,计数迅速,在检查时尤为方便。目前,市面上此类仪器型号和规格各不相同,但计数方法和原理大致相同,现在简单介绍如下。

1. 方法

用 1%福尔马林生理盐水,将血液先稀释 500 倍,最后稀释成 50 000～80 000 倍。

计数白细胞时,用生理盐水将血液稀释 500～800 倍,再于每 10 mL 悬液中加入 1%皂素水溶液 2 滴,摇匀,放置 5 min,将红细胞完全溶解后即可计数。

2. 操作

在计数仪水管内,注满稀释液,在上端管口处涂抹少许凡士林后,插到仪器上。接通电源,仪器预热 10～20 min。将含稀释液的小球送到仪器中,将计数管浸入其中,用抽气装置抽滤,直到管内充满稀释液为止。换上含细胞悬液的小杯,当计数器内汞柱降至计数线以下约 1 cm 处时,计数器的显示数字即为零,然后开始计数。当计数器内汞柱上升至接触上端的针时,计数即自动停止,表示计数完毕。读取数值,重复 1～2 次。计数完毕后,取下小球,再换另一份悬液计数,计数完毕;用稀释液清洗仪器。

二、血红蛋白的测定

（一）沙利氏比色法（Sahli 氏法）或酸化血红蛋白法

1. 方法

血液与盐酸作用后，变为褐色的盐酸高铁血红蛋白，与标准色柱相比计算 100 mL 血液中血红蛋白的克数或求出百分数。

在沙利氏比色管内加入 0.1 mol/L 盐酸至刻度 10 μL 或 20 μL 处。用沙利氏吸血管吸血至 20 μL 刻度处，用纱布拭去管外及管尖黏附的血液，立即将吸血管中的血液吹入盐酸中，并轻轻吸吹混合数次，将吸血管中的血液全部洗出，轻轻振动比色管数次，使血液与盐酸充分混合，静置 10 min，待血液变成类似咖啡色后，慢慢沿测定管壁滴加蒸馏水，并用细玻璃棒搅动，直到颜色与标准色柱完全相同为止。液体凹面所表示的刻度数字，即为 100 mL 血液中血红蛋白克数。

健康家畜血红蛋白参考值为 9～12 g/dL，各地报道的数值见表 9-3 所列。

表 9-3　各地健康动物血红蛋白正常值

动物种类	测定头数	参考值/(g/dL)	资料来源
马	619	12.77±2.05	中国人民解放军军需大学
骡	434	12.74±2.18	中国人民解放军军需大学
驴	39	10.99±3.02	甘肃农业大学
黄牛	87	9.55±1.0	延边大学农学院
水牛	137	12.3±1.66	扬州大学农学院
奶牛	30	8.37±0.7	南京农业大学
牦牛	66	11.17±1.06	青海湟源畜牧学校
骆驼	33	11.05±1.17	宁夏农学院
骆驼	70	11.8±1.03	新疆农业大学
绵羊	33	7.2±1.27	新疆农业大学
奶山羊	335	8.33±0.75	西北农林科技大学
猪	23	11.16±1.42	东北农业大学
猪(内江猪)	54	12.07±1.17	四川农业大学
仔猪	50	7.24～14.52	山西忻县畜牧兽医研究所

2. 临床意义

血红蛋白的测定是分析各种类型贫血的重要指标。

①血红蛋白增加：一般都是相对性地增加，见于各种原因引起的脱水，如腹泻、大出汗、肠阻塞、肠变位、瓣胃或真胃阻塞、胸腹腔的渗出性炎症等。此外，真性红细胞增多症及继发性红细胞增多症（如肺的慢性疾病、充血性心力衰竭等）均可使血红蛋白含量增加。

②血红蛋白减少：血红蛋白减少比较常见，多见于出血性贫血、溶血性贫血、营养不良性贫血、传染性贫血、梨形虫病、营养衰竭症、急性钩端螺旋体病、胃肠道寄生虫病、溶血性毒物中毒等。

③血红蛋白含量的减少只能反映贫血的程度，却不能标志贫血的特征与性质。因此，只有同时计算红细胞的数量，并依此而求得血色指数时，才能较全面地鉴别贫血的关系。

血色指数一般可按下列公式求得：

$$血色指数=\frac{被检动物血红蛋白量/健康动物平均血红蛋白量}{2(被检动物红细胞数/健康动物平均红细胞数)}$$

正常时，血色指数为1或接近于1(0.8～1.2)；指数大于1为高色素性贫血，小于1为低色素性贫血。出血后贫血多为低色素性贫血，而某些溶血性贫血、恶性贫血、马传染性贫血时，常呈高色素性贫血。

(二)氰化高铁血红蛋白法(HiCN法)

(1)显色剂(氰化高铁血红蛋白稀释液) 高铁氰化钾200 mg，氰化钾50 mg，磷酸二氢钾40 mg，用蒸馏水溶解并稀释至1 000 mL。置棕色瓶内于冷暗处保存(不可冰冻)，如果试剂发生浑浊应立即废弃。

(2)高铁血红蛋白标准液 此标准溶液由上海市医学化验所生产HiCN标准液出售。

在小试管中加入显色剂5 mL，再准确加全血20 μL，至少吹吸3次混匀。静置5 min后，用光径1 cm的比色杯，在540 nm或绿色滤光板下，用蒸馏水或显色剂调零点，进行光电比色，读取光密度。

$$Hb含量(g/L)=K\ 值\times 测定管光密度$$

K 值计算：取3种不同浓度的标准溶液，分别测定其光密度数。

$$K\ 值=\frac{\sum OD_s}{\sum OD_u}\times 368$$

式中，$\sum OD_s$ 为标准液中理论值光密度总和；$\sum OD_u$ 为标准液中校正值光密度总和。

(三)光电比色法

血红蛋白本身呈红色，用适当的试剂溶血及稀释后即可用光电比色法测定。为了增加试验的敏感性和稳定性，常将血红蛋白先行处理，使之转化为稳定的氰化高铁血红蛋白。

①稀释试剂：碳酸氢钠1.0 g，铁氰化钾0.2 g，氰化钾50.0 mg，蒸馏水加至1 000 mL。

②器材：光电比色计、试管、吸管、沙利氏吸血管等。

任选一头健康家畜，用烘干的草酸盐作抗凝剂，采取静脉血。按全血铁测定法，准确测定血液的血红蛋白含量。将已知血红蛋白量的血液用稀释试剂分别做1∶200，1∶400，1∶800，1∶1 600倍的稀释，并计算出各管的血红蛋白量。用540 nm滤光板比色，以稀释试剂作空白，读取各管的光密度。以光密度作纵坐标，血红蛋白量作横坐标，在方格纸上绘制标准曲线。

吸取稀释试剂5.0 mL，加入血液20 μL，混匀后放置15 min。用540 nm滤光板比色，以稀释试剂作空白，读取光密度。查标准曲线，求得血红蛋白含量。

(四)试纸法

测定血红蛋白的试纸，有4～15 g/dL血红蛋白标准比色板(12种不同色调)及试纸。测定时，取试纸1条，吸附被检血液一小滴，待血完全渗透后，立即置于标准色板的小孔下，肉眼与色板色泽进行比较，选择颜色最近似或相同者，即得每100 mL血液内所含血红蛋白的克数。

三、高铁血红蛋白测定

静脉血样中可能无法识别高铁血红蛋白血症，因为高铁血红蛋白与脱氧血红蛋白混合时，高铁血红蛋白的褐色不太明显(图 9-10A)；当脱氧血红蛋白与氧结合形成氧合血红蛋白时，它会变成鲜红色，因此高铁血红蛋白的褐色在含氧的样品中变得更加明显(图 9-10B)。氧合血红蛋白和高铁血红蛋白混合物的大体外观彩图见二维码 9-1。

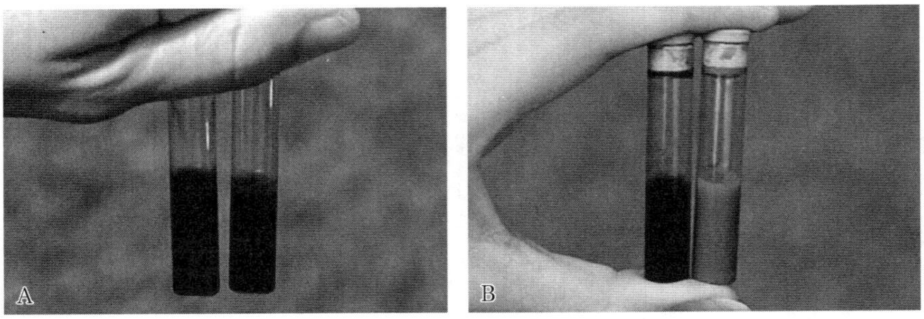

A. 高铁血红蛋白含量为 28%的猫的静脉血液样本；
B. 正常猫的高铁血红蛋白含量低于 1%的猫的氧合血液样本。

图 9-10　氧合血红蛋白和高铁血红蛋白混合物的大体外观

二维码 9-1　氧合血红蛋白和高铁血红蛋白混合物的大体外观(彩图)

试验动物的一滴血放在一张可吸收的白纸上，旁边放一滴正常对照血。如果高铁血红蛋白含量为 10%或更高，与对照血液的鲜红色相比，患者的血液将呈现明显的棕色(图 9-11)准确测定高铁血红蛋白含量需要将血液提交给有这种检测方法的实验室(二维码 9-2)。

A　　　B

A. 一滴含 50%高铁血红蛋白的高铁血红蛋白还原酶缺陷猫的血液(左)滴在吸水性白纸上；B. 一滴含不到 1%高铁血红蛋白的正常猫的血液。

图 9-11　高铁血红蛋白点检

二维码 9-2　微量红细胞压积管(彩图)

四、红细胞压积的测定

红细胞压积(packed cell volume，HCT)，简称“压积”，又称“血细胞比容”，是指血液中红细胞总体积在全血中容积的百分比，是鉴别各种贫血的一项不可缺少的指标。

HCT 在离心后通过测定被红细胞占据的微红细胞压积管中总血容量的比例来测量。白细胞和血小板主要分布在棕黄层内，某些物种(如牛的中性粒细胞)某些类型的白细胞可能存在于红细胞柱的顶部。棕黄层的宽度一般与白细胞总数直接相关。棕黄色变深表明白细胞增多(图 9-12A)或血小板增多，棕黄色浅表明可能存在少量的白细胞。微量红细胞压积管彩图见二维码 9-3。

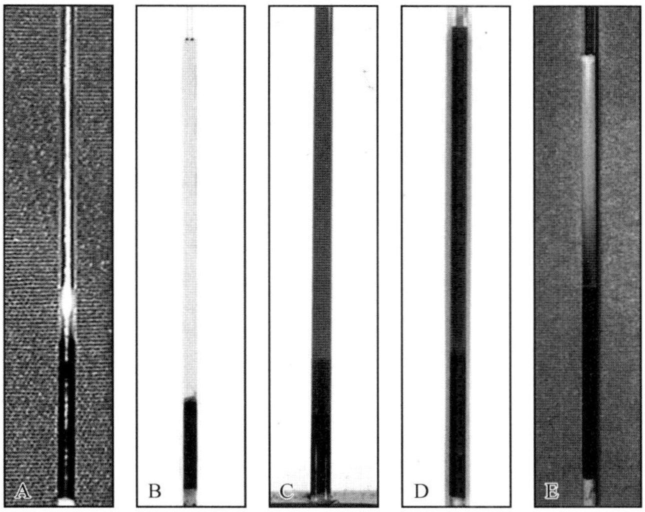

A. 猫因慢性淋巴细胞白血病而有一层巨大的棕黄色层；B. 贫血猫继发于肝脏脂肪沉积症的黄疸血浆；C. 红细胞血影；D. 血浆溶血；E. 脂血症。

图 9-12 微量红细胞压积管

二维码 9-3 微量红细胞压积管（彩图）

1. 原理

在血液中加入可以保持红细胞体积大小不变的抗凝剂，将抗凝血装入 100 刻度玻管中，经离心一定时间后，红细胞即下沉并紧压于玻管中，使红细胞压缩到最小体积，然后读取红细胞在单位体积内所占百分比。

2. 器材

①温氏压容测定管：长为 110 mm，内径 3 mm，刻度总长 100 mm。左侧自上而下读数为 0～10，供测定血沉用；右侧自下而上读数为 0～10，供测定红细胞压积容量。

②充液针头：可用封闭针头（长 150 mm），针尾套一胶囊。

③水平电动离心机。

3. 试剂

用双草酸盐抗凝剂（草酸钾 4 份、草酸铵 6 份，混合均匀）或用 EDTA · Na_2 粉末，每 10 mL 血液加 0.02 g。

4. 方法

用长针头吸满抗凝血，插入温氏管底部，然后轻捏胶皮乳头，自下而上挤入血液至刻度 10 处，切不可有气泡。以 3 000 r/min 的速度离心 30～45 min（马的红细胞一般离心 30 min，牛的红细胞应离心 45 min），直至红细胞不再下沉为止，此时血液分 3 层：上层为血浆，下层为红细胞，红细胞层之上有一薄层灰白色的白细胞层。为提高准确性，一般在读取红细胞的数量后，再离心沉淀 10 min，如与第一次读数相同，说明红细胞已压紧，即可报告。

5. 计算

将红细胞读数乘以 10，即为红细胞比积之百分数。如果所用的离心机是倾斜式的，则红细胞层为一斜面，此时读取斜面 1/2 处所对应的刻度即可。

6. 参考值

各种家畜红细胞压积容量的参考值为 30%～40%，各地报道的数值见表 9-4 所列。

表 9-4 健康动物红细胞压积容量参考值

动物种类	测定头数	参考值/%	资料来源
马	40	30.2±2.96	中国农业大学
驴	66	35.44±3.6	中国人民解放军军需大学
骡	60	32.77±2.88	中国农业大学
黄牛	30	36.01±4.55	河南农业大学
水牛	21	31.12±3.7	江西农业大学
奶牛	30	37.04±2.78	中国农业大学
骆驼	43	32.80±2.43	宁夏农学院
绵羊	40	35.00±3.00	新疆农业大学
奶山羊	315	35.46±1.41	西北农林科技大学
哺乳仔猪	50	40.68±5.15	山西忻县畜牧兽医研究所
后备小猪	30	39.47±3.81	山西忻县畜牧兽医研究所

注：* 现在常用 L/L 的单位表示，如 30%则为 0.30 L/L。

7. 临床意义

①红细胞压积容量增高：见于各种原因引起的脱水，造成血液浓稠、红细胞相对增加。如急性胃肠炎、液胀性胃扩张、肠阻塞、胃肠破裂、渗出性腹膜炎、牛的瓣胃及真胃阻塞等。通常可从 HCT 增高的程度估计病畜的脱水程度，并可粗略地估计输液量的多少。

②红细胞压积容量降低：见于各种原因引起的贫血，如马传染性贫血时可显著降低。新生仔畜溶血性贫血时，严重者可下降到 2%左右。

③血浆颜色的改变：有助于判断某些疾病。例如，血浆颜色深黄，说明血浆中直接胆红素或间接胆红素增加，见于肝脏疾病、胆道阻塞、溶血性疾病等。血浆呈淡红或暗红色，为溶血性疾病的特征。血浆呈乳白色，见于高脂血症、驴妊娠毒血症等。

④通过对压积的测定和细胞计数，可以算出每个红细胞平均体积的大小，即红细胞平均容量(MCV)，对贫血的鉴别诊断有一定的帮助。

⑤在禽病的诊断中，测定红细胞压积容量和血沉，对疾病的辅助诊断有一定的价值。例如，贫血时压积下降，血沉显著加快；内脏淋巴瘤时，血沉减慢，在比容管中的红细胞之上的白细胞层显著加厚。

五、血浆蛋白测定

在测量了 HCT 并注意到血浆和棕黄层的出现后，将微量红细胞压积毛细管在棕黄层的正上方断裂，然后将血浆放入折光仪中测定血浆蛋白。新生动物的血浆蛋白浓度 4.5～5.5 g/dL 低于成年动物，在 3～4 月龄时达到成年动物范围内。但高脂血症或溶血的存在会使测得的血浆蛋白值升高。

六、纤维蛋白原测定

纤维蛋白原可在红细胞压积试管中测量，当其在 56～58 ℃加热 3 min 后容易从血浆中沉淀出来。血浆总蛋白与去纤维蛋白原血浆总蛋白之间的差值得出了血浆中纤维蛋白原浓度的估计值。这种方法在识别高纤维蛋白原浓度时很有用，但在识别低纤维蛋白原浓度时就不准确了。

七、红细胞平均值的计算

红细胞平均值也称红细胞指数(RBC indices)，有以下 3 种。

(一)平均红细胞容积

平均红细胞容积(MCV)即每个红细胞的平均体积。

1. 增大

平均红细胞容积增大见于大红细胞性贫血。

①再生性贫血时，骨髓活性增加，外周血液中未成熟红细胞增多，见于急性出血和溶血性贫血。

②维生素 B_{12} 和叶酸缺乏，引起巨红细胞性贫血。

③某些肝脏疾病、骨髓痨(全骨髓萎缩)及一些骨髓增殖性疾病，以及猫白血病毒引起的非再生性贫血。

④多发于某些观赏犬品种(小型贵妇犬)。

⑤人为因素(如凝血)。

2. 减少

平均红细胞容积减少见于小红细胞性贫血。

①铁缺乏和铜缺乏、慢性失血性贫血。

②尿毒症、慢性炎症或疾病(轻度减少)。

③门腔静脉分流(portacaval venous shunt)。

④日本秋田犬的红细胞可能偏小。MCV 可能低至 55～64 fL(正常值为 85～95 fL)。

(二)平均红细胞血红蛋白量

平均红细胞血红蛋白量(MCH)即每个红细胞内所含血红蛋白的平均量。

1. 增多

平均红细胞血红蛋白量增多见于一些巨红细胞性贫血(维生素 B_{12} 和叶酸缺乏)和一些溶血，溶血性增多为假性增多。

2. 减少

小红细胞性贫血，见于铁、铜和维生素 B_6 缺乏，慢性失血，慢性炎症和尿毒症。

(三)平均红细胞血红蛋白浓度

平均红细胞血红蛋白浓度(MCHC)即每升红细胞中所含血红蛋白克数。

1. 增多

免疫介导性贫血(球形红细胞增多)、脂血症、海恩茨小体增多时，以及一些溶血或人为溶血，由于增加了细胞外血红蛋白，产生假性增多。

2. 减少

铁缺乏和网织红细胞增多，见于慢性失血性贫血。

红细胞平均值的计算公式如下：

$$\mathrm{MCV(fL)}=\frac{\text{红细胞压积(L/L)}}{\text{红细胞数}(\times 10^{12}/\mathrm{L})}\times 10^{15※}$$

$$\mathrm{MCH(pg)}=\frac{\text{血红蛋白(g/L)}}{\text{红细胞数}(\times 10^{12}/\mathrm{L})}\times 10^{12※}$$

$$\mathrm{MCHC(g/L)}=\frac{\text{血红蛋白(g/L)}}{\text{红细胞压积(L/L)}}$$

例如：红细胞＝5.4×10/L

血红蛋白＝124 g/L

红细胞压积＝0.38 L/L

$$\mathrm{MCV}=\frac{0.38\times 10^{15}}{5.4\times 10^{12}}=70.37\ \mathrm{fL}(70.37\times 10^{-15}\ \mathrm{L})$$

$$\mathrm{MCH}=\frac{124\times 10^{12}}{5.4\times 10^{12}}=22.96\ \mathrm{pg}(22.96\times 10^{-12}\ \mathrm{g})$$

$$\mathrm{MCHC}=\frac{124}{0.38}=326.3\ \mathrm{g/L}$$

根据3项红细胞平均值对贫血的形态学分类(表9-5)。

表9-5　根据红细胞平均值计算的贫血分类

贫血分类	MCV	MCH	MCHC	病因
正常RBC性贫血	N	N	N	急性失血、急性溶血、再生造血功能低下
大RBC性贫血	＞	＞	N	缺乏维生素 B_{12} 和叶酸，引起巨幼RBC性贫血
单纯小RBC性贫血	＜	＜	N	尿毒症、慢性炎症、慢性肝炎、严重肿瘤
小RBC低色素性贫血	＜	＜	＜	慢性失血性贫血，铁、铜和维生素 B_6 缺乏性贫血

注："N"为正常；"＜"为小于；"＞"为大于。

红细胞平均值的准确性，取决于红细胞计数、血红蛋白量和红细胞压积检验是否准确。现在，多采用多参数血细胞自动分析仪，红细胞平均值可通过仪器内部电脑运算，直接得出结果。用3项红细胞平均值对贫血的形态学分类，也只是作为参考，临床上对贫血动物进行血涂片，检验红细胞形态仍然是十分必要的。

八、红细胞形态学的检验

健康动物红细胞(除禽、骆驼、鹿以外)形态一般呈圆形，两侧向中央凹陷，无细胞核，瑞氏染色呈淡红色，中央浅，周边深。马的红细胞大小基本一致，平均直径为5.7 μm。染色深且均匀，中心淡染区不明显。外周血液中一般不出现未成熟的红细胞。

当贫血、溶血或血液病发生时，红细胞形态常见的异常变化有。

(一)红细胞大小改变

正常红细胞直径为：牛 4.4～7.7 μm，马 4.5～7.5 μm，羊 3.6～5.6 μm，猪 4.0～8.0 μm，犬 6.7～7.2 μm。染色血涂片中红细胞直径的异常称为红细胞大小不均(图 9-13B)，如营养性贫血，有多数大细胞者称巨红细胞症，是骨髓再生功能加强的表现；若有大量小细胞在血片中出现，为小红细胞症，是骨髓再生功能减退的表现。与其他正常家畜相比这种情况在牛体内更常见，当存在不同的血细胞群时，就会发生红细胞大小不均的现象(图 9-14)，如输血后所发生的情况。当产生大量网织红细胞、缺铁时，就会出现红细胞大小不均。因此，再生性贫血通常会出现红细胞大小不均的情况(图 9-15 至图 9-17)，但在某些由造血障碍引起的非再生性贫血病例中也可能出现红细胞大小不均(图 9-18)。

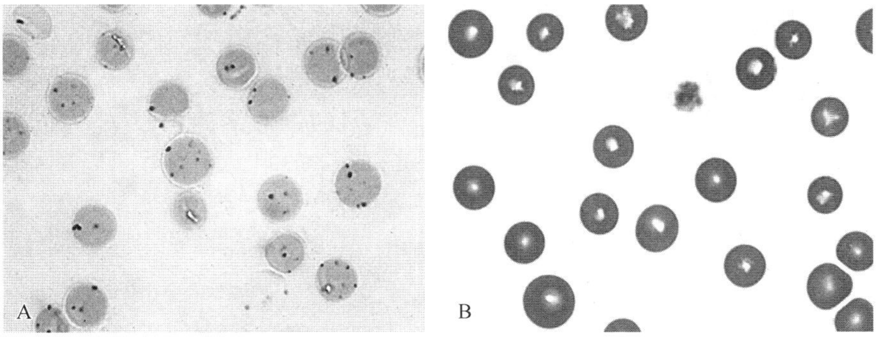

A. 聚集网织红细胞数量较少，但点状网织红细胞明显增多；
B. 大多数血细胞是点状网织红细胞，但不存在明显的多染色质。

图 9-13　一只 FeLV 阳性猫的血涂片

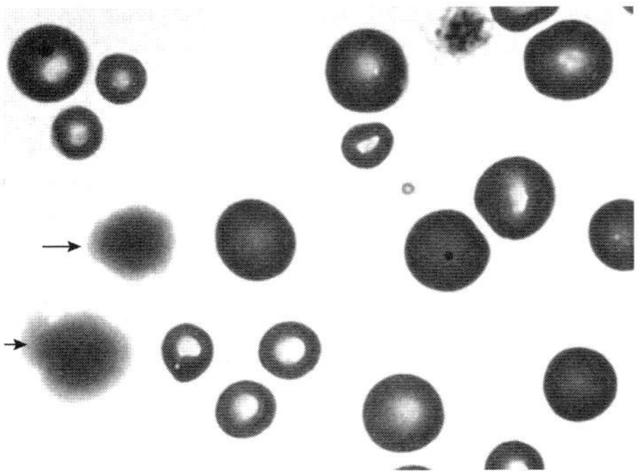

小的红细胞来自小猫表现出明显的脂血症和严重的缺铁性贫血，大的红细胞来自献血猫。在血涂片制备过程中，脂血症促进了红细胞的溶解(→处)(瑞氏-吉姆萨染色)。

图 9-14　红细胞大小不均

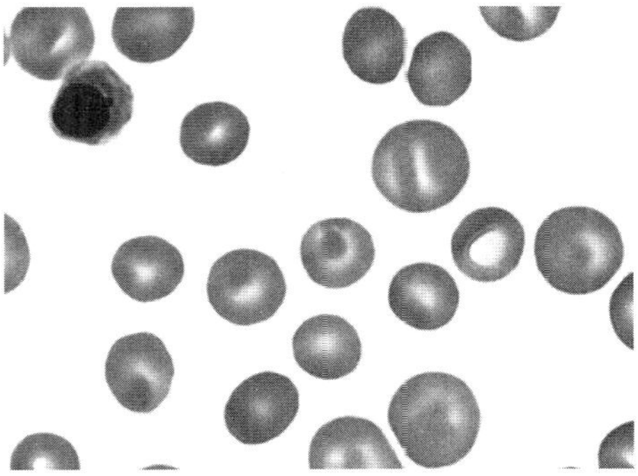

中央区域有 3 个大的嗜多色性红细胞(网织红细胞)；左上角可见有核红细胞(巨核红细胞)(瑞氏-吉姆萨染色)。

图 9-15　贫血犬血液中的嗜多色性红细胞和有核红细胞

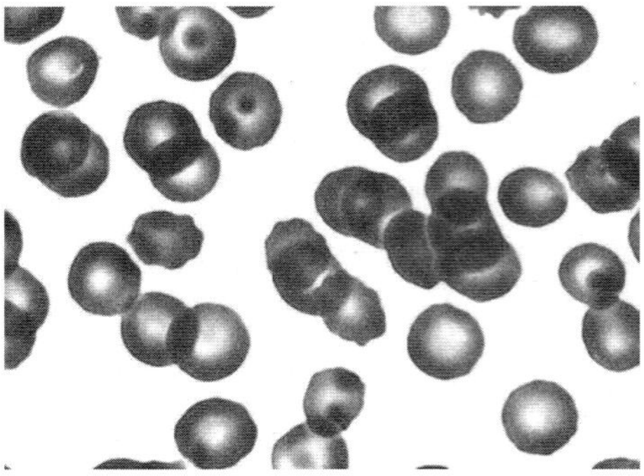

图 9-16　棘状红细胞

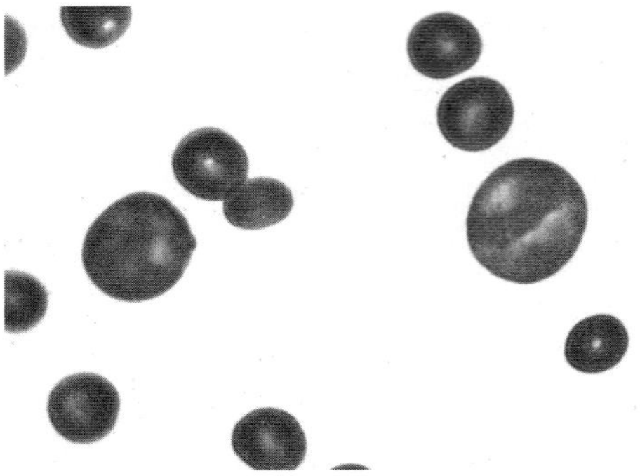

图 9-17　大网织红细胞或应激性网织红细胞

（二）红细胞形状异常

红细胞可以呈现各种各样的形状，异形红细胞症是一系列异形红细胞的总称。

1. 缗钱状

健康的马、猫和猪的血片上的红细胞偶尔呈现缗钱状（红细胞聚集在一起，就像一堆硬币）。缗钱状的形成（图 9-19）取决于红细胞的性质和血浆的组成。更易变形、膜流动性更大、表面带负电荷更少（静电斥力更小）的红细胞比具有相反特征的细胞更容易聚集。缗钱状的形成还取决于血浆中高分子质量蛋白质的存在。球蛋白浓度的增加（包括纤维蛋白原、结合珠蛋白和免疫球蛋白）增强了缗钱状的形成，缗钱状形成会导致全血样本快速的血沉。

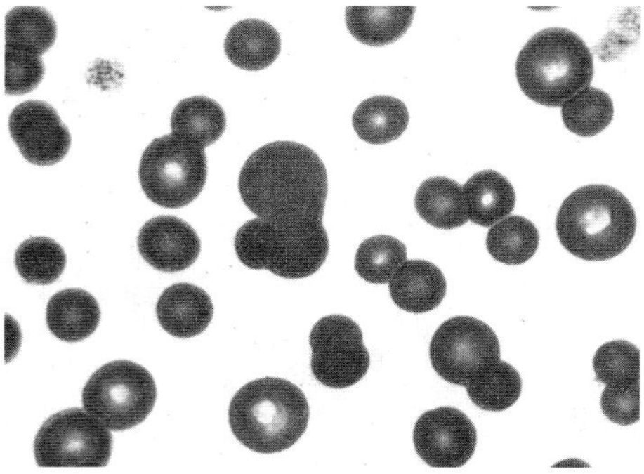

图 9-18　再生性贫血的马血液

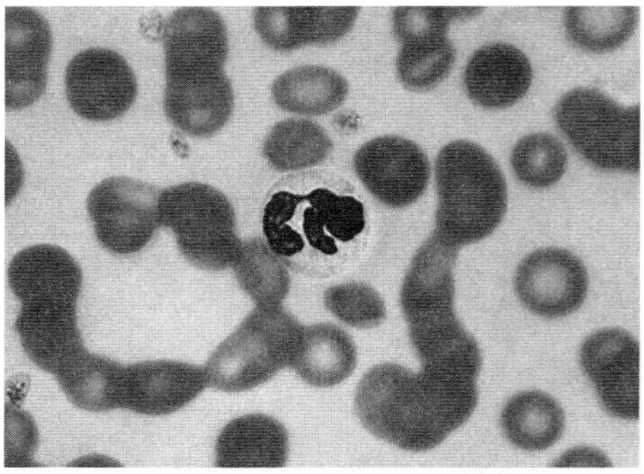

图 9-19　患有多发性骨髓瘤和单克隆高球蛋白血症的犬的血液中出现缗钱状

2. 棘状红细胞

有针状凸起，针状凸起相对均匀间隔，大小相似，针状体可以是尖锐的，也可以是钝的。当在染色血涂片中观察时，棘状红细胞增多症通常是由于 EDTA 过量、涂片制备不当或血涂片制备前样本储存时间过长而引起。

两亲性药物扩散到脂质双分子层的外半部时会导致棘状红细胞的产生。在患有梭状芽孢杆菌感染的马身上，被响尾蛇、珊瑚蛇、水鹿毒蛋白和蝮蛇（Vipera aspis）咬伤中毒后都有棘状红细胞增多症的出现（图 9-20、图 9-21）。棘状红细胞可能出现在尿毒症动物身上，并在输血后立即出现。在患有肾小球肾炎和肿瘤（淋巴瘤、血管肉瘤、肥大细胞瘤和癌症）的犬中，棘状红细胞的出现频率增加。

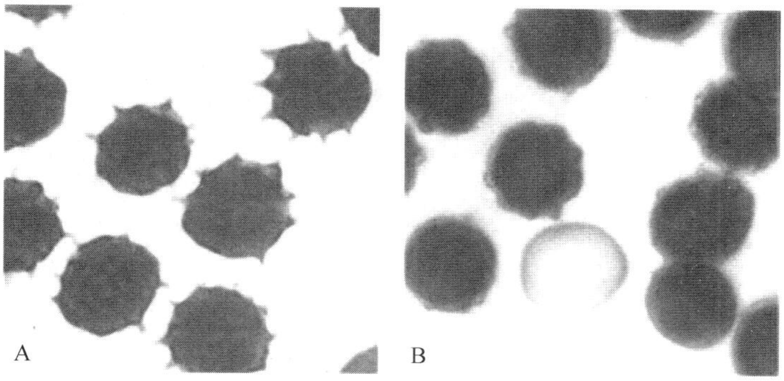

A. 一只犬被东方响尾蛇咬伤后血液中高度刺状的棘状红细胞(毛刺细胞);
B. 被珊瑚蛇咬伤后犬的血液中的球形棘状红细胞和裂解的红细胞“伪影”(下中)。

图 9-20 犬被蛇咬后血液中的棘状红细胞

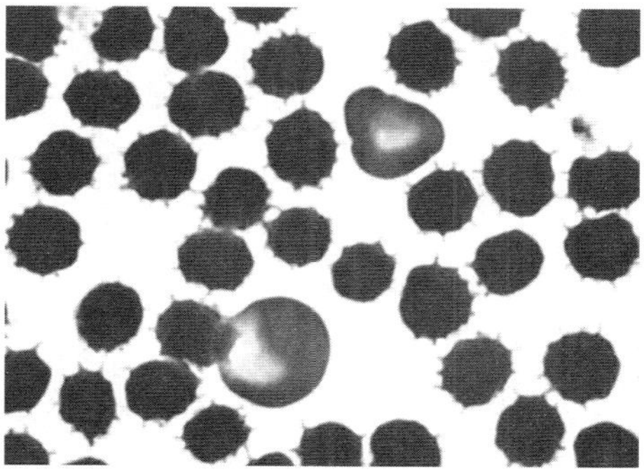

图 9-21 被珊瑚蛇咬伤后犬的血液

3. *角质细胞*

含有一个或多个完整孔洞的红细胞称为前角质细胞,有破裂孔洞的红细胞称为角质细胞(图 9-22、图 9-23)。洞的破裂形成了 1～2 个凸出物。角质细胞在各种疾病中被发现,包括缺铁性贫血、肝脏疾病、猫阿霉素中毒、骨髓增生异常综合征以及在有或伴有棘状红细胞增多症的各种疾病中被发现。

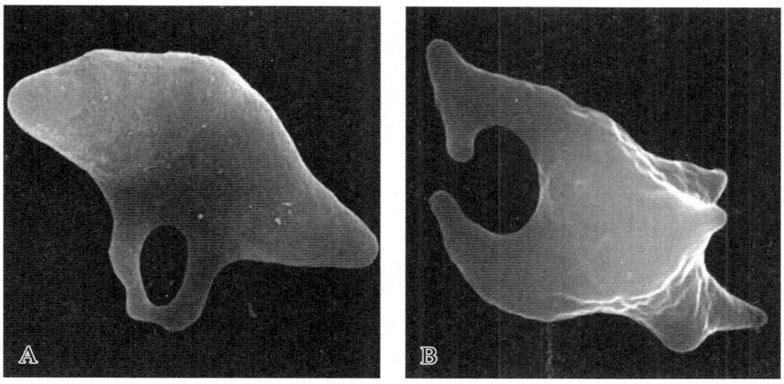

A. 前角质细胞包含一个完全穿透细胞的孔洞;
B. 当前角质细胞的孔洞破裂,形成一个或两个突起时,就会形成角质细胞。

图 9-22 猫角质细胞的扫描电镜照片

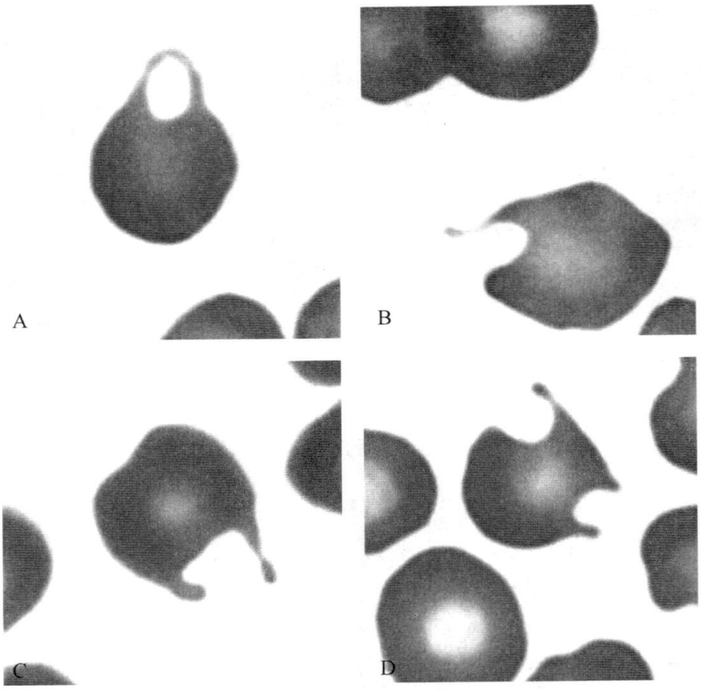

A. 有孔的前角质细胞；B. 孔洞破裂的角质细胞，产生单个角质；
C. 角质细胞，孔洞破裂，产生两个角；D. 角质细胞，有两个孔破裂。

图 9-23　一只患有肝脂病的猫血液中的角质细胞

4. 口形红细胞

当在染色的血涂片上看到中央苍白的椭圆形或拉长的区域时，称为口形红细胞（图 9-24A）。当 pH 降低时或当有两亲性药物作用时，两亲性药物优先分布在脂质双分子层的内部小叶中，形成了口形红细胞。当红细胞的含水量增加时，也会形成口形红细胞，在犬的至少 3 种不同的遗传综合征中都是如此，微型雪纳瑞、标准雪纳瑞、博美犬有遗传性口形红细胞增多症，无临床症状。阿拉斯加雪橇犬软骨发育不良（短肢侏儒症）与口形红细胞增多症同时发生，家犬的口形红细胞增多症与严重的多系统性疾病和寿命缩短有关。

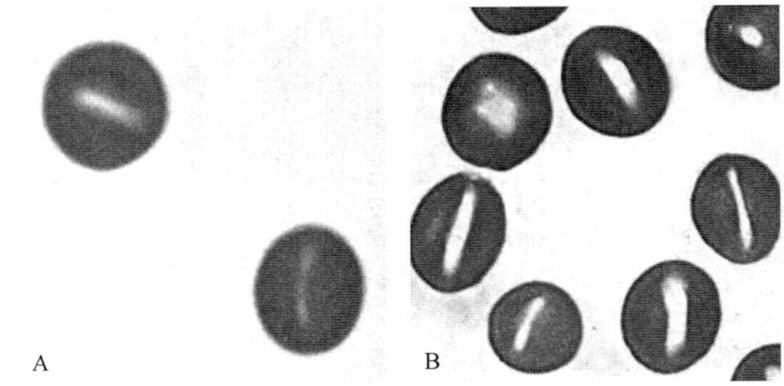

A. 一只患有溶血性贫血的猫的血；B. 一只无症状的博美犬的血液中的口形红细胞。

图 9-24　血液中中央苍白区域细长的口形红细胞

5. 球形红细胞

球形红细胞是由细胞肿胀或细胞膜丢失引起的(图 9-25)。球形红细胞中央苍白,在染色血涂片上比正常红细胞直径更小(图 9-26A)。一侧有轻微凹痕的球形红细胞可称为口状球形红细胞(图 9-26B、图 9-26C)。来自其他常见家畜的红细胞比犬的红细胞呈现较少的中央苍白色,因此很难确定这些非犬科动物中是否存在球形红细胞(图 9-26D)。

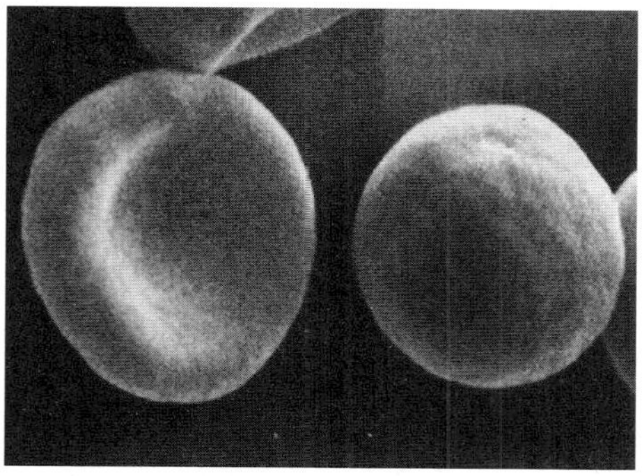

图 9-25 犬血液中的盘状细胞(左)和球形细胞(右)的扫描电子显微镜照片

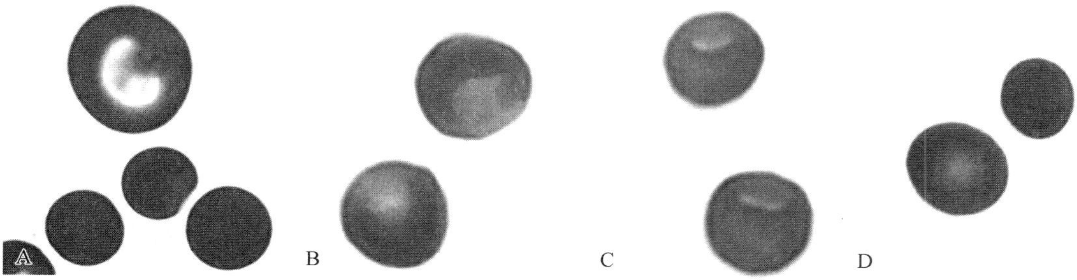

A. 免疫介导性溶血性贫血犬血液中的三个球形红细胞(下)和一个大的嗜多色性红细胞或网织红细胞(上);
B. 一只患有原发性免疫介导性溶血性贫血的犬的血液中的两个口球细胞;C. 血中的两个气球细胞;
D. 免疫介导的新生儿等速溶血症的小马驹血液中的球形细胞和盘状细胞。

图 9-26 动物血样中的球形红细胞和口状球形红细胞

球形红细胞最常出现在犬的免疫介导性溶血性贫血中,其他可能的球形红细胞形成原因包括蛇毒,蜜蜂叮咬,锌中毒,红细胞寄生虫,以及家族性的犬红细胞生成障碍。

6. 分裂细胞

有尖端红细胞碎片的细胞称为分裂细胞(图 9-27),它们比正常的盘状细胞小。在与 DIC 相关的微血管病理性溶血性贫血的犬身上可以看到分裂细胞,它们通过流动血液中纤维蛋白链与红细胞的冲击而形成。脾切除术后丙酮酸激酶缺乏的犬中发现有明显的分裂细胞和棘状红细胞(图 9-28)。在患有肝病的猫、阿霉素中毒的猫和犬、以及严重皮肤烧伤的马中也发现了分裂细胞。

7. 薄红细胞

这些细胞看起来呈低色红细胞,膜体积比增加。一些薄红细胞呈现折叠状(图 9-29A),而另一些则呈其他形状。正常犬血液中常可见少量的薄红细胞,再生性贫血时薄红细胞增多。

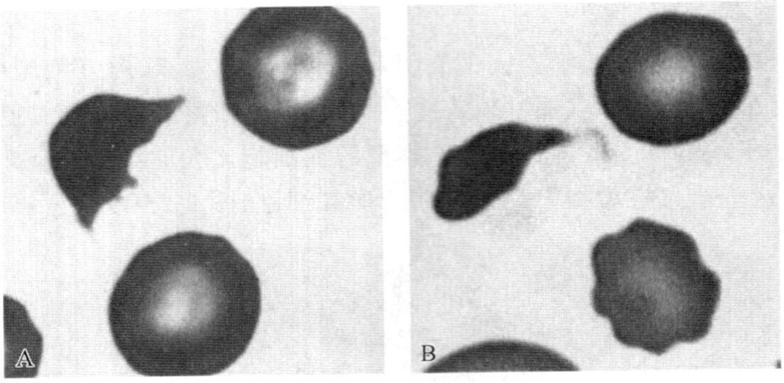

A. 一只弥散性血管内凝血(DIC)犬血液中的一个碎裂的红细胞和两个盘状细胞;
B. DIC犬血液中的血单核细胞(左)、盘状细胞(上)和棘状红细胞(下)。

图 9-27 犬血液中的分裂细胞

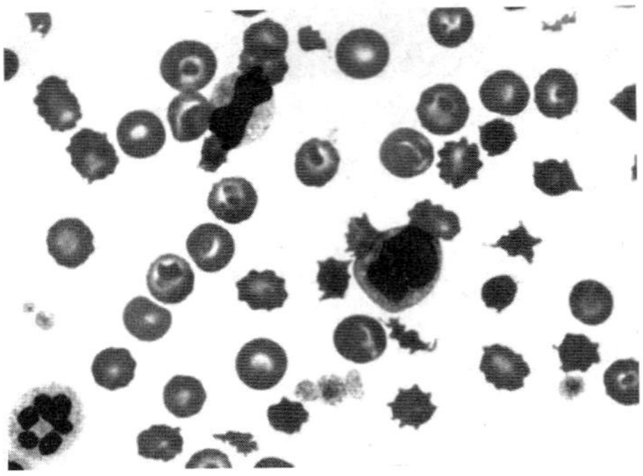

图 9-28 脾切除的丙酮酸激酶缺陷型犬血液中的棘状红细胞和棘突形细胞

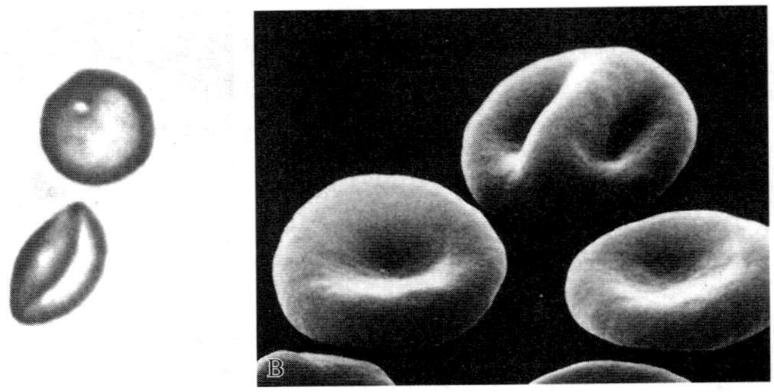

A

A. 一只患有严重缺铁性贫血的犬的血液中底部的薄红细胞被折叠;B. 电镜照片。

图 9-29 犬血液中的薄红细胞

8. 偏心细胞

细胞中的血红蛋白定位于细胞的一部分,在细胞的其余部分可见缺乏血红蛋白的区域,称为偏心细胞(图 9-30、图 9-31)。其他用来指偏心细胞的术语包括半核细胞、不规则收缩的细胞、双色细胞和交叉结合细胞。红细胞膜的氧化性损伤导致红细胞膜的细胞质表面相对区域的粘连。有学者认为,当粘连的受损的膜通过肾脏的渗透收缩或挤压通过微循环而聚集在一起时,在体内就会形成偏心细胞。

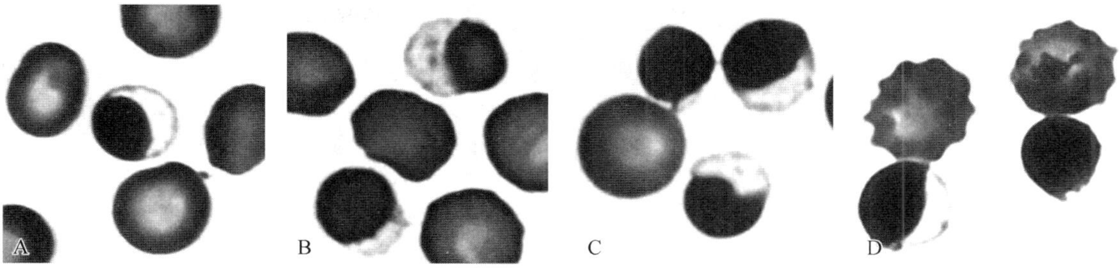

A. 长时间异丙酚麻醉犬的血液中的偏心细胞(中心);B. 遗传性红细胞葡萄糖 6-磷酸脱氢酶(G6PD)缺乏症马血液中的两个偏心细胞;C. 两个偏心细胞和一个视盘细胞(左);D. 两个棘状红细胞(上图),一个偏心细胞(左下)和一个固缩细胞(右下)。

图 9-30 犬和马血液中的偏心细胞

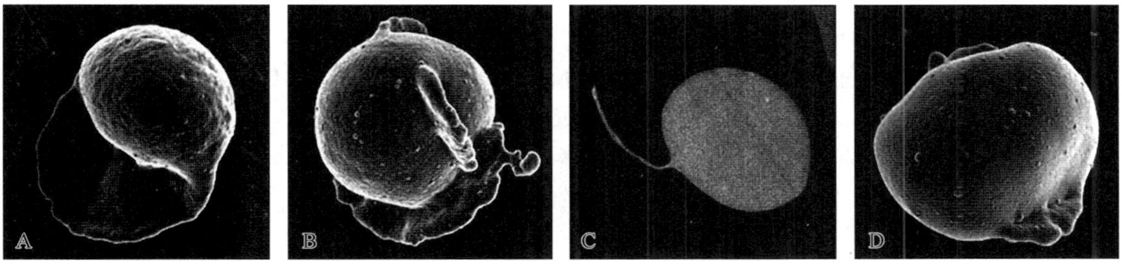

A. 红细胞的左侧为融合膜叶,右侧为含有血红蛋白的球状区域;B. 融合的膜在不同的平面上;C. 红细胞左侧为融合膜叶,右侧为含有血红蛋白的球状区域;D. 仅残留细胞质标记的球形固缩细胞。

图 9-31 红细胞黄素腺嘌呤二核苷酸(FAD)缺乏的马血液中偏心细胞和固缩细胞的扫描和透射电镜照片

已经发现,在摄入氧化剂(包括洋葱、大蒜、对乙酰氨基酚等)的犬血液中出现偏心细胞,且与酮症、酸中毒、糖尿病、炎症、肿瘤(特别是淋巴瘤)和犬巴贝斯虫感染有关;在猫氧化损伤后也会有偏心细胞的形成;静脉注射过氧化氢也会使奶牛产生偏心细胞;在摄入红枫叶的马和严重皮肤烧伤的马中,也发现了偏心细胞;在遗传性 G6PD 缺乏症和继发于红细胞 FAD 缺乏症的谷胱甘肽还原酶缺乏症的马中发现了偏心细胞。

9. 固缩红细胞

具有小细胞质突起的不规则球形红细胞称为固缩细胞(图 9-30D、图 9-31D)。像偏心细胞一样,固缩细胞也是氧化损伤的产物。它们可能是在失去大部分融合膜后由偏心细胞发育而来的。固缩细胞的直径略小,比盘状细胞染色更浓(特别是用新的亚甲蓝)。这些固缩红细胞具有比正常红细胞更高的血红蛋白浓度。

10. 椭圆形红细胞(卵圆形红细胞)

非哺乳动物的红细胞通常呈平的而不是双凹的椭圆形(图 9-32)。在骨髓异常的猫(髓系肿瘤和急性淋巴细胞白血病),肝脂肪变性、门体分流术、阿霉素中毒和骨髓纤维化、骨髓增生异常综合征和肾小球肾

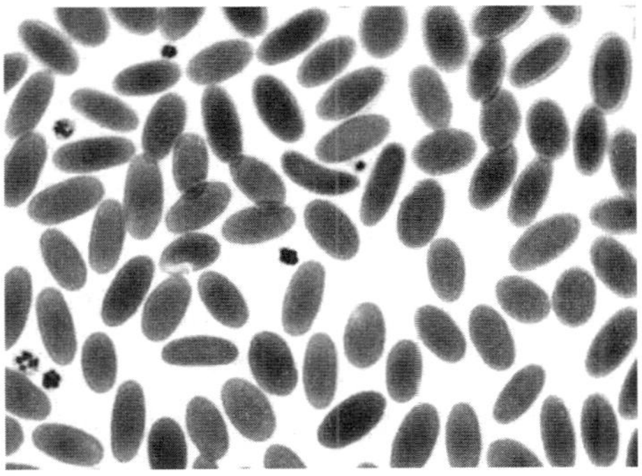

图 9-32 正常骆驼血液中的椭圆形红细胞

炎的犬，一种膜蛋白缺失的犬，β 谱突变的犬都报道有椭圆形红细胞，其中椭圆形红细胞可能有针状突起。

11. 泪滴形细胞

这些红细胞呈泪滴状，具有单个细长或尖端(图 9-33A、图 9-33B)。在患有髓系肿瘤的犬和猫的血液中发现了泪滴形细胞，患有肾小球肾炎的犬和脾功能亢进的犬的血液中也发现了泪滴形细胞。泪滴形细胞是铁缺乏的反刍动物中常见的红细胞形状异常，包括骆驼和羊驼。

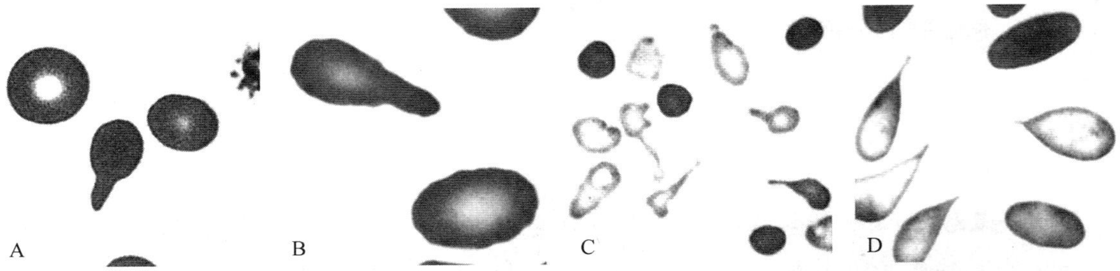

A. 猫血液中的一个泪滴形细胞(下)和两个盘状细胞；B. 肾小球肾炎犬血液中的泪滴形细胞(上)和椭圆形红细胞(下)；C. 严重缺铁性贫血山羊血液中的低色素性泪滴形细胞；D. 患有严重缺铁性贫血的骆驼血液中的低色素性泪滴形细胞，正常骆驼椭圆形红细胞(右上)的出现是输血的结果。

图 9-33 动物血液中的泪滴形细胞

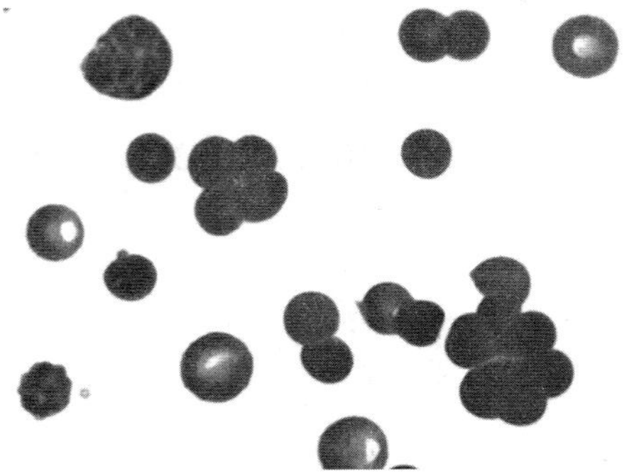

左上角可见大的嗜碱性红细胞(大网织红细胞或应激性网织红细胞)，左下角可见棘状红细胞。

图 9-34 血管性血友病犬输血后的红细胞凝集和球形细胞形成

(三)凝集

红细胞聚集或成簇(不是链状的，类似缗钱状)称为凝集(图 9-34)。凝集是由结合在红细胞表面的免疫球蛋白引起的。其中，IgM 免疫球蛋白最容易导致凝集。

(四)成熟度

染过的血涂片中出现蓝红色的红细胞称为嗜多色性红细胞。嗜多色性红细胞是一种网织红细胞，由于血红蛋白(红色染色)和单个核糖体、多核糖体(蓝色染色)的共同存在而呈蓝红色。在正常犬和猪的血液中，通常可以看到少量的嗜多色性红细胞，因为即使在 HCT 正常的情况下，犬中可有高达 1.5% 的网织红细胞，猪中可有高达 1% 的网织红细胞，正常的猫可能有轻微的多色，但许多正常的猫在染血片中没有嗜多色性红细胞。在正常牛、羊、山羊和马的染血涂片中不存在多色现象，因为这些物种的血液中通常不存在具有足够的 RNA 使之呈现蓝色的网织红细胞。

除马以外的所有物种，对贫血进行分类最有效的方法是确定骨髓是否释放网织红细胞。

再生性贫血时嗜多色性红细胞增多，通常是由于许多网织红细胞染色呈蓝红色。当贫血程度严重时，嗜碱性大网织红细胞、应激性网织红细胞或移动性网织红细胞释放到血液中。高浓度的促红细胞生成素缩短了骨髓释放红细胞的时间，导致未成熟的网织红细胞提前释放，其体积是正常红细胞的两倍，犬的嗜多色性红细胞百分比和网织红细胞百分比之间(可能在猪中也有)以及猫的嗜多色性红细胞百分比和网织红细胞聚集体百分比之间存在直接相关性(图9-35)。患有轻度贫血的猫可能不会从骨髓中释放聚集体网状细胞,但会释放点状网织红细胞,由于点状网织红细胞没有足够数量的核糖体,其细胞质不能呈现蓝色,所以猫的轻度再生性贫血可能在染色血涂片中找不到嗜多色性红细胞。

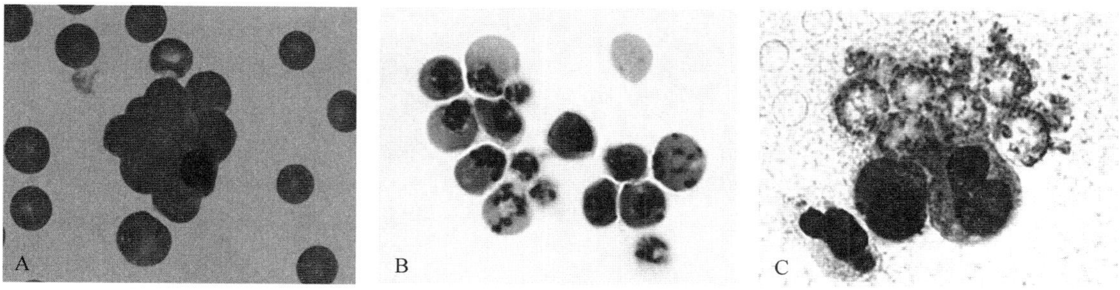

A. 嗜多色性红细胞和偏红细胞的凝集;B. 网织红细胞聚集的凝集;C. 网织红细胞聚集的凝集。

图 9-35 Coombs 阳性溶血性贫血猫血中聚集体网织红细胞的凝集

(五)血红蛋白过少

红细胞血红蛋白浓度降低,中央苍白,称为血红蛋白过少(图 9-36 至图 9-40)。血红蛋白过少的红细胞必须区别于环状细胞,环状细胞中心呈无色,但周围有较宽的红色染色(图 9-41)。

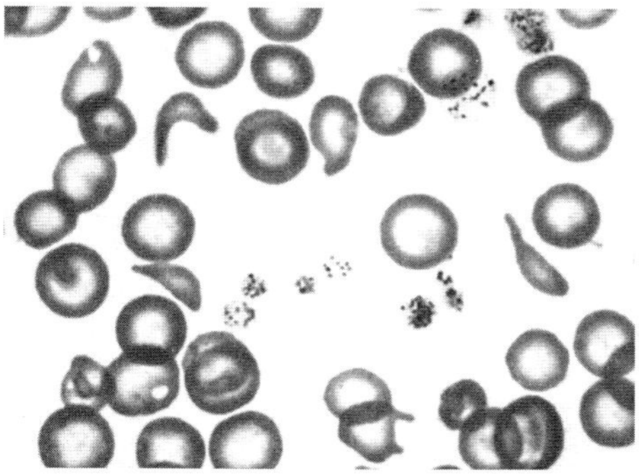

图 9-36 缺铁犬血液中的苍白红细胞

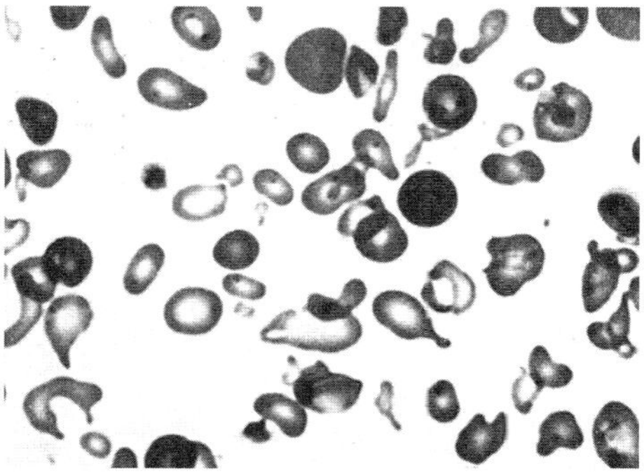

图 9-37 红细胞增多症和色素减退

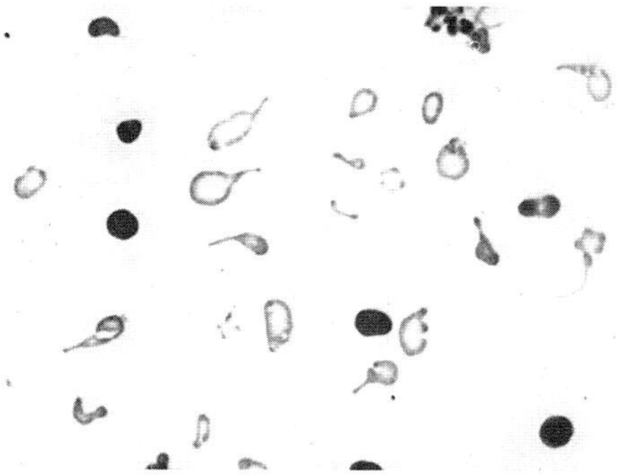

图 9-38 多核细胞增多症和色素减退

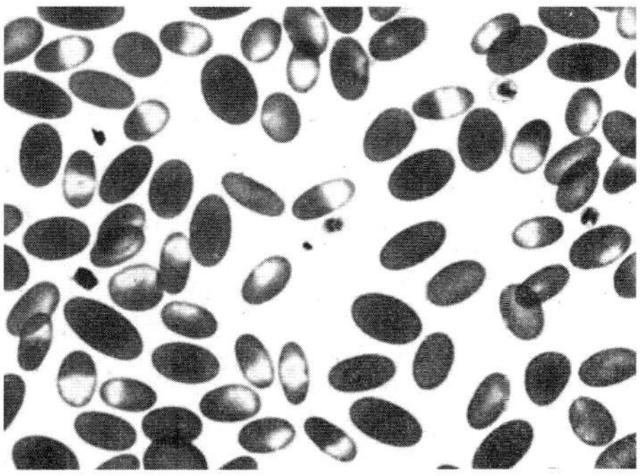

图 9-39 小红细胞

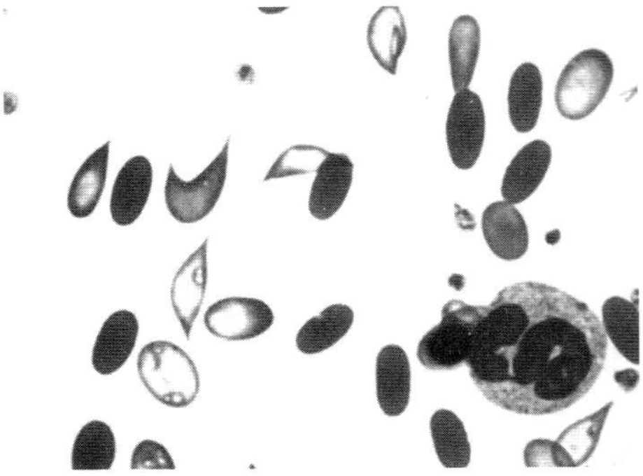

图 9-40 泪滴形细胞和纺锤形的苍白红细胞

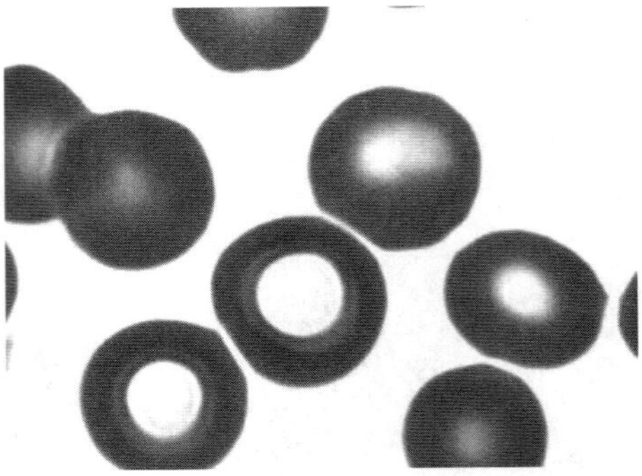

图 9-41 犬血液中的两个细胞，中间有无色的中心，周围有浓密的红色染色

患有缺铁性贫血的犬、反刍动物和猪的红细胞在染色的血涂片上经常出现。缺铁的猫和马一般不会出现低铬症。缺铁所致的苍白色是因为细胞内血红蛋白浓度降低和细胞直径较小（图 9-42A）。但由于这些小红细胞的直径体积比增加了，所以在染色的血涂片中可能看起来不是小红细胞（图 9-42B）。缺铁的骆驼、羊驼的小红细胞在细胞内显示不规则的苍白染色区。

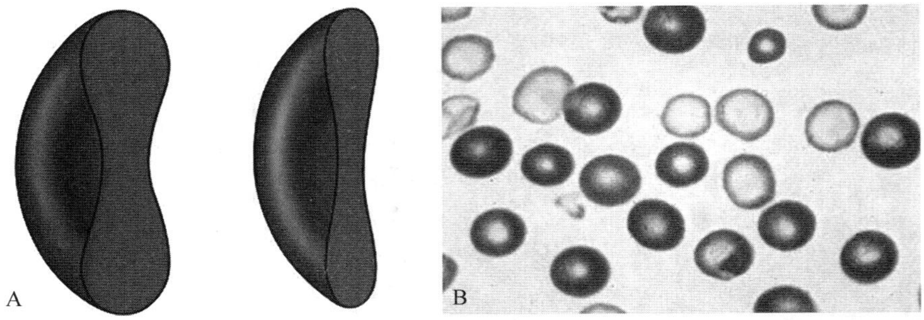

A. 将盘状细胞的轮廓与直径相似但体积较小的小红细胞进行比较；B. 小红细胞低色素性贫血（MCV＝32 fL，MCHC＝23 g/dL）犬的血与正常犬（MCV＝70 fL，MCHC＝34 g/dL）等量的血混合后制成血涂片。

图 9-42 盘状细胞与小红细胞的比较

(六)红细胞增多症

表现为与红细胞碎裂相关的各种疾病，包括弥散性血管内凝血、肝脏疾病、髓系肿瘤、骨髓纤维化、肾小球肾炎和血管肉瘤（犬）。由于不明原因，犬、猪和反刍动物可能表现出明显的增多性红细胞增多症。据报道，阿霉素中毒和红细胞生成障碍的犬和猫中已经报道了各种异常的红细胞形状（图 9-43）。

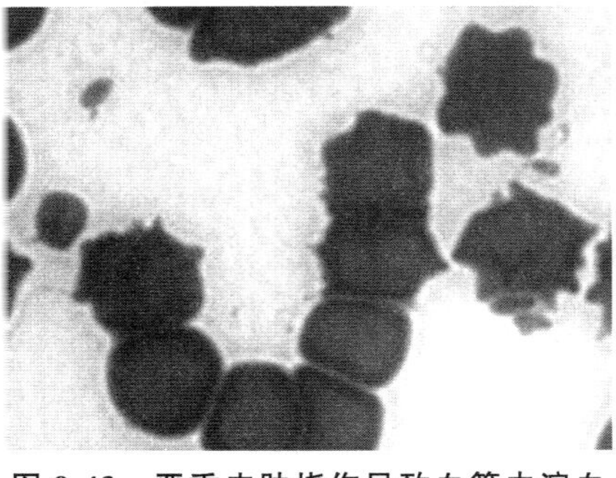

图 9-43 严重皮肤烧伤导致血管内溶血的马血液中有膜泡和碎裂的棘状红细胞

(七)红细胞包涵体

1. 染色质小体（豪焦小体或微核）

这些小的球形核残余在核碎裂或核膜破裂后形成于骨髓中，并在红细胞中留下豪厄尔-乔利小体（球形核残体）。在正常马和猫的红细胞中，它们的数量可能较低（图 9-44A）。在其他物种中，它们常与再生性贫血或脾

切除术后有关。在接受糖皮质激素治疗的动物(图 9-44B)、犬良性巨细胞增多(图 9-44C)以及在接受诱导核碎裂的化疗药物(如长春新碱、秋水仙碱等)治疗的动物中,染色质小体可能增加。

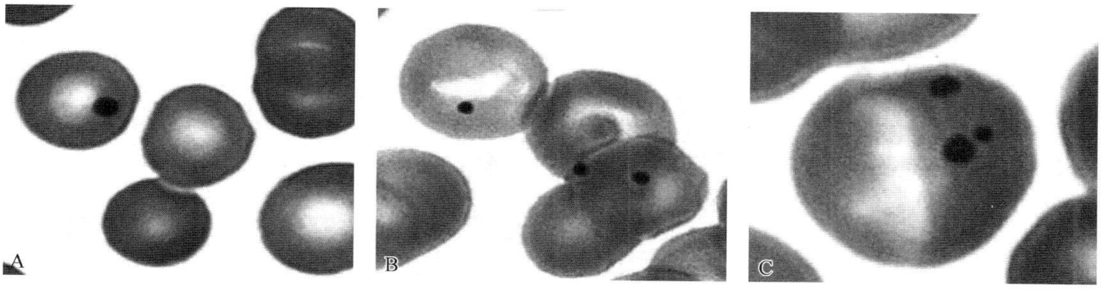

图 9-44　红细胞内的染色质小体(球形核残体)

2. 海因茨小体(亨氏小体)

由在红细胞膜内表面的氧化、沉淀的血红蛋白集聚而成。用瑞氏-吉姆萨染色,与豪焦小体染色为深蓝色相反,亨氏小体染色为红色至淡粉色(图 9-45A、图 9-45C)。用新的亚甲基蓝网织红细胞染色时,海因茨小体比染色质小体染色浅(图 9-45B、图 9-45D)。在新的亚甲蓝湿制剂中,也可以看到海因茨包涵体(图 9-45E)。在偏心细胞内也可以看到亨氏小体(图 9-45F)。如果它们广泛地结合在红细胞膜的内表面,当膜结合在包含物周围时,它们可能被识别出小的表面凸出物(图 9-45F、图 9-45G)。当发生血管内溶血时,红细胞血涂片中可见海因茨小体(图 9-45G)。

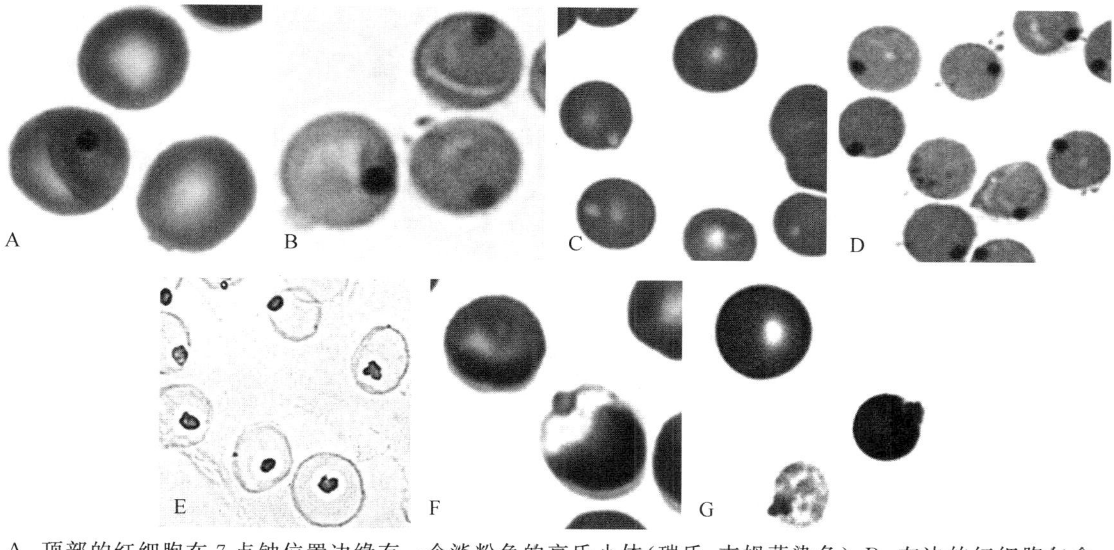

A. 顶部的红细胞在 7 点钟位置边缘有一个淡粉色的亨氏小体(瑞氏-吉姆萨染色);B. 左边的红细胞包含一个深蓝染色的染色质小体,另外两个细胞每个包含一个浅蓝染色的亨氏小体;C. 一只猫的红细胞的海因茨小体出现苍白的"斑点"(瑞氏-吉姆萨染色);D. 猫血液中的海因茨小体。新亚甲基蓝网织红细胞染色;E. 来自猫血液中的海因茨小体。新型亚甲基蓝湿装剂的制备;F. 对乙酰氨基酚中毒猫血液中可见亨氏小体的偏心细胞;G. 一个大的嗜多色性红细胞(上),一个含有亨氏小体的红细胞(下),一个含有亨氏体的完整红细胞从其表面(右)突出(瑞氏-吉姆萨染色)。

图 9-45　亨氏小体的染色特征和外观

与其他家养动物相比，正常猫的红细胞内可能含有高达5%的亨氏体。脾脏切除术后，其他物种中也可见小的亨氏小体。不仅猫的血红蛋白更容易被内源性氧化剂氧化，而且猫的脾脏从红细胞中清除亨氏体的效率比其他物种的低。患有糖尿病（尤其是酮症酸中毒）、甲状腺功能亢进和淋巴瘤的猫体内可能会出现亨氏小体数量的增加。

3. 嗜碱性颗粒

分散的核糖体和多核糖体聚集在一起形成蓝色斑点包涵体，称为嗜碱性颗粒。这些聚集体与嗜多色性红细胞产生的聚集体相似，它们是在用罗氏染色之前于细胞干燥过程中形成的。分散性嗜碱性颗粒常见于反刍动物的再生性贫血（图9-46A、图9-46B），偶尔见于其他物种的再生性贫血（图9-46C）。在铅中毒的动物中，它会出现分散性嗜碱性颗粒（图9-46D）。

4. 铁样包涵体

含铁性物质的无核红细胞称为铁样包涵体。与遍布红细胞的弥漫性嗜碱性颗粒相反，铁样包涵体通常表现为一种靠近红细胞周围的局灶包涵体（图9-46E、图9-46F）。普鲁士蓝染色检查是否存在铁阳性物质（图9-46G）。红细胞中出现铁样包涵体可能由细胞质铁蛋白聚集物或含铁线粒体组成。人、犬和猪的有核红细胞中发生铁蛋白聚集是正常的，但含铁线粒体的存在（图9-47）则是一种病理发现。在一些犬和猫的髓系肿瘤中已经发现了红细胞中的铁样包

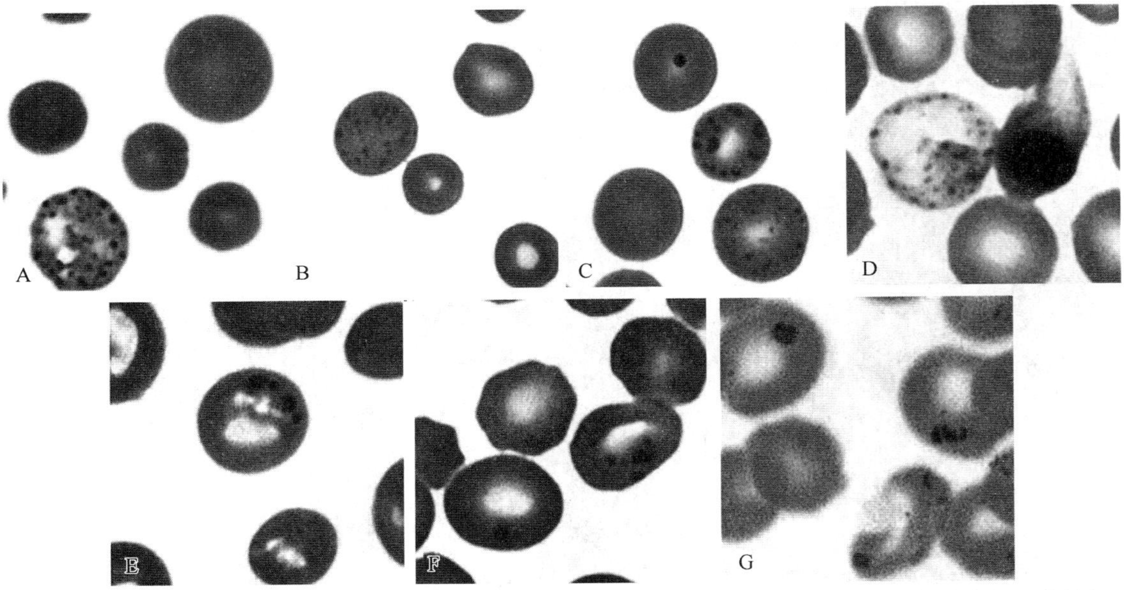

A. 来自无浆体病和继发再生性贫血的奶牛血液中的1个大细胞嗜多色性红细胞（左下），1个大细胞性红细胞（右上）和3个正常大小的红细胞；B. 再生性贫血羊血液中的大红细胞（左）弥漫性嗜碱性斑点（瑞氏-吉姆萨染色）；C. 血嗜血支原体感染（无生物体存在）和再生性贫血的猫血液中，红细胞含有豪焦小体（上）、弥漫性粗嗜碱性颗粒（中）和弥漫性细嗜碱性颗粒（下）（瑞氏-吉姆萨染色）；D. 铅中毒犬血液中有嗜碱性点斑点的多色红细胞（左）和嗜多色偏红细胞（右）（瑞氏-吉姆萨染色）；E. 用氯霉素治疗的犬血液中红细胞的局灶性嗜碱性斑点。普鲁士蓝染色显示内含物含有铁，因此可以称为铁细胞（瑞氏-吉姆萨染色）；F. 一只雄性谢尔蒂犬的血液中有2个红细胞（铁细胞），经过4年多次的检查，发现有很多铁细胞。红细胞为小细胞，但犬没有贫血；G. 同种犬血液中红细胞（铁细胞）中的铁阳性包涵体，普鲁士蓝染色（F）。

图9-46 弥漫性和局灶性嗜碱性染色斑点

涵体。已有报道，在一些有炎症性疾病的动物中，也出现获得性红细胞生成障碍、红细胞中含铁样包涵体的退化铁线粒体（图 9-47）、红细胞中含有亨氏小体和少量血红蛋白晶体的情况。

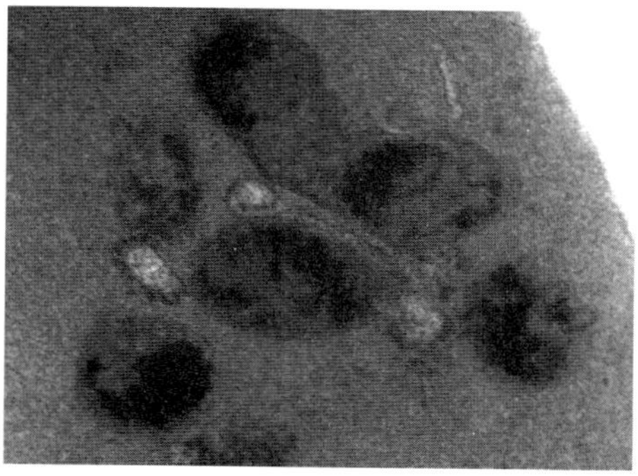

图 9-47　透射电子显微照片

5. 卡伯特环

卡伯特环是一种带红紫色染色的线状环或“8”字形结构，主要发现于人类网织红细胞中。通常伴随有弥漫性嗜碱性颗粒。光谱分析表明，卡伯特环含有富含精氨酸的组蛋白。卡伯特环已在钴胺素和叶酸缺乏症、红细胞生成困难和骨髓增生异常综合征患者的红细胞中被报道。在正常骆驼和羊驼红细胞经网织红细胞染色后可见到卡伯特环（图 9-48A、图 9-48B），而在经 May-Grunwald-Giemsa 染色后的羊驼红细胞中少见。有报道称在 May-Grunwald-Giemsa 染色的血涂片中，卡伯特环来自造血障碍犬（图 9-48C、图 9-48D），和人类一样大多数卡伯特环被发现于嗜多色性红细胞中。

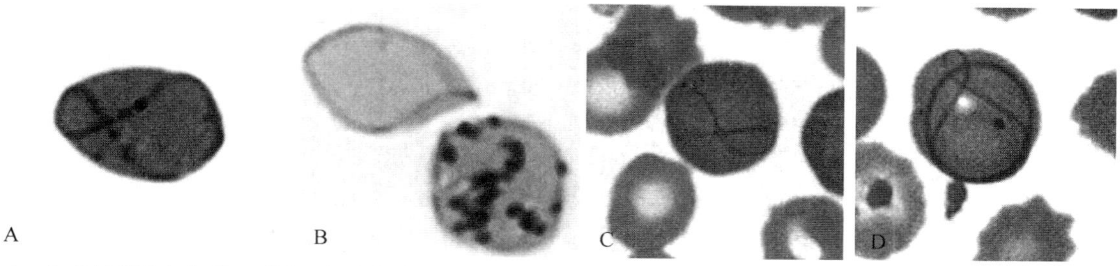

A. 在成年羊驼红细胞上的“8”字形卡伯特环，该羊驼因胃溃疡和出血导致中度再生性缺铁性贫血。新亚甲基蓝网织红细胞染色；B. 来自成年羊驼血液中的红细胞，周围有卡伯特环和网织红细胞（右下），因胃溃疡和出血导致中度再生性缺铁性贫血（新亚甲基蓝网织红细胞染色）；C. 来自造血障碍犬的带有“8”字形卡伯特环的红细胞；D. 一只造血障碍犬的一个红细胞存在卡伯特环。

图 9-48　红细胞中的卡伯特环

6. 寄生虫

许多感染因子被认为发生在红细胞内或红细胞上。这些感染因子包括细胞内原生动物寄生虫（巴贝斯虫、泰勒虫、猫胞簇虫和血孢子虫属）、细胞内立克次体和细胞外支原体。原生动物红细胞在其胞质内各有一个细胞核。与疟原虫和变形虫属不同的是，立克次体生物和细胞外支原体生物无细胞核。

7. 犬瘟热包涵体

在犬瘟热病毒感染的毒化阶段，某些犬的血细胞中可能存在病毒包涵体。在红细胞中，表现为大小不一的圆形、椭圆形或不规则的蓝灰色包涵体，最常出现在嗜多色细胞中（图 9-49A）。

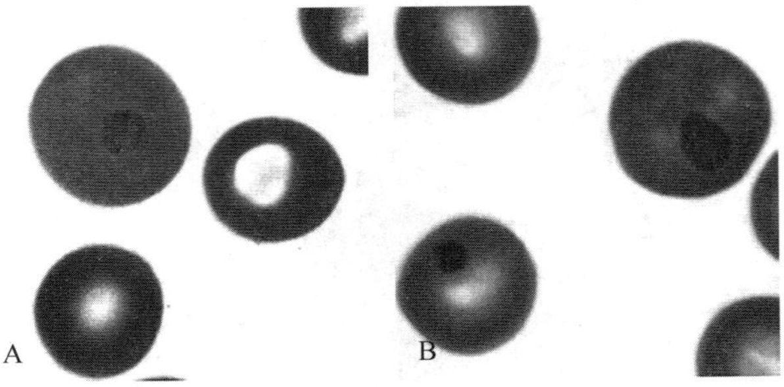

A. 嗜多色红细胞内的蓝灰色犬瘟热包涵体（左上）（瑞氏-吉姆萨染色）；B. 如图（A）所示，同一犬血液中红细胞中有两个圆形的红色的犬瘟热包涵体。右上方的包涵体位于一个大的嗜多色红细胞中（Diff-Quik 染色）。

图 9-49　犬红细胞中的犬瘟包涵体

8. 嗜血性支原体（血原体）

嗜血性支原体是附着在红细胞外表面的革兰阴性非抗酸细菌（图 9-50），有证据表明猪支原体可以进入红细胞。

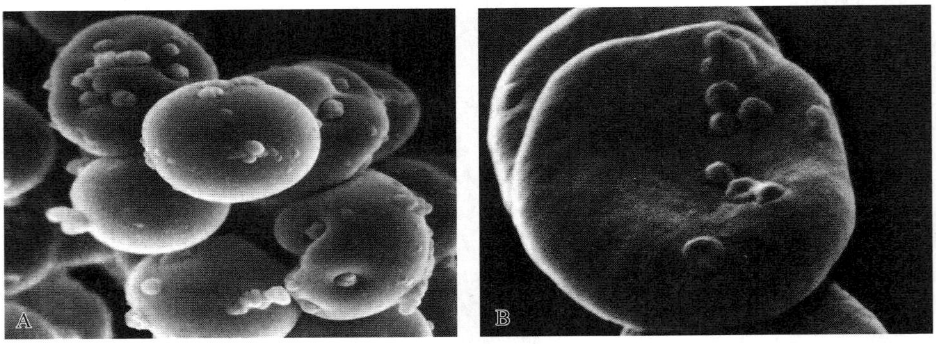

A. 感染猫红细胞；B. 感染牛红细胞。

图 9-50　嗜血性支原体电镜照片

在 Wright 型血液染色的血涂片中，红细胞上的血原体呈小的（一般为 0.5～1 μm）蓝染色球菌、杆状或环状。嗜血性支原体在猫的红细胞上以小的蓝色球菌、杆状或环状出现。

第三节　白细胞检验

哺乳动物白细胞分为多核白细胞（PMNs）和单核白细胞。PMNs 具有浓缩的、分节的细胞核，内含有大量的细胞质颗粒。初级颗粒是在晚期成髓细胞或早期幼粒细胞的细胞质中合成的，当用常规染色方法染色时呈红紫色；次级（特异性）颗粒出现在骨髓中的髓细胞发育阶段，3 种类型的粒细胞（中性粒细胞、嗜酸性粒细胞、嗜碱性粒细胞）可以通过次级颗粒的染色特征来识别。血液中的单核白细胞分为淋巴细胞和单核细胞。

一、中性粒细胞

1. 正常中性粒细胞形态

正常的中性粒细胞染色质浓缩(深色染色的聚集区被浅染色区隔开)或分段(分叶状),染色为紫色至蓝色(图 9-51A、图 9-51B)。雌性哺乳动物中性粒细胞中存在巴尔体(性染色质叶或鼓槌)(图 9-51E)。中性粒细胞的细胞质通常呈无色,有的呈淡粉色或轻度嗜碱性。

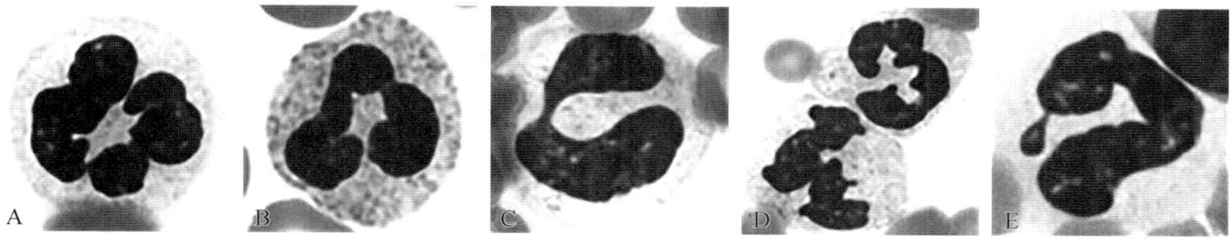

A. 犬血液中的中性粒细胞,几乎无色颗粒;B. 来自犬的血液中的中性粒细胞,带有粉红色染色颗粒;C. 牛血液中的双叶中性粒细胞;D. 一匹马的血液中有两个中性粒细胞;E. 来自表现出性染色质叶或巴尔体的雌性犬的血液中的中性粒细胞。

图 9-51 中性粒细胞形态正常

2. 左移形态学

动物血液中出现非分段的中性粒细胞数量增加时,称为核左移。

3. 成髓细胞

成髓细胞的形态见下文"原始细胞或低分化细胞"。它们的存在表明髓系肿瘤的相似之处(图 9-52A)。

4. 早幼粒细胞

早幼粒细胞或原粒细胞具有圆形至椭圆形的细胞核,染色质为花边状至粗粒状。它们最明显的特征是在淡蓝色细胞质中存在许多洋红色染色的初级颗粒(图 9-52B)。

5. 骨髓细胞

髓细胞具有圆形细胞核(图 9-52C),但与早幼粒细胞相比,它们通常体积更小,核浓缩更多,蓝色的细胞质更浅。早幼粒细胞的初级洋红色染色颗粒在粒细胞中不再可见。中性粒细胞特征的次级颗粒是存在的,但由于它们的中性染色特征而难以可视化。

6. 间质细胞

有轻微凹痕的细胞核仍被归类为髓细胞,但一旦核凹痕延伸到细胞核内 25%以上,该细胞就称为间质细胞(图 9-52D)。在这个成熟阶段,核凝聚变得很明显。

7. 左移障碍

左移通常与炎症有关。这些病症通常具有传染性,但它们可能是非传染性的,如免疫介导的疾病和浸润性骨髓疾病。左移也存在于患有慢性粒细胞白血病的动物中。

8. 慢性粒细胞白血病

慢性粒细胞白血病(CML)表现为总白细胞计数高(通常大于 50 000/μL),血液中中性粒细胞显著左移(图 9-53)。在家畜中,CML 主要见于犬。CML 中出现的左移通常不如白血病反应中看到的那样有序。

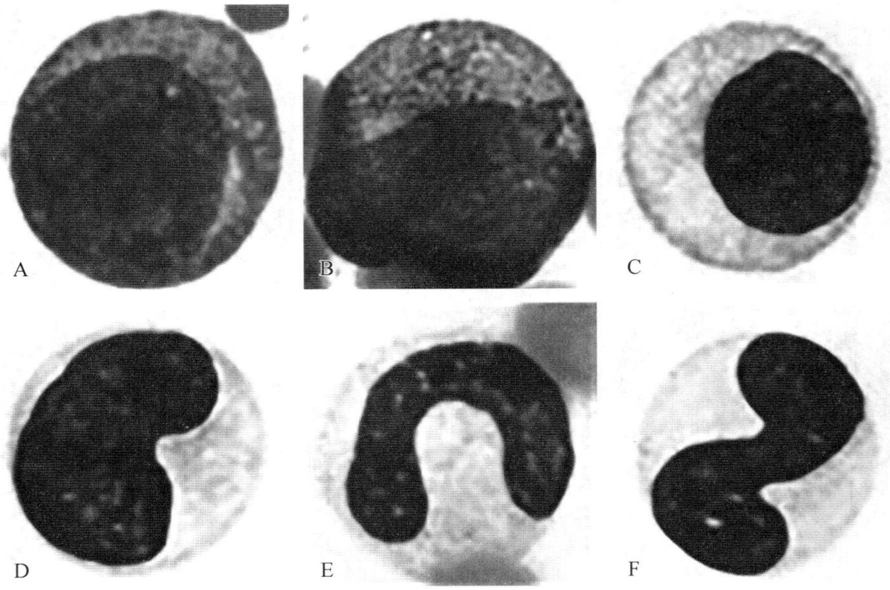

A. 来自患有急性髓性白血病(AML)的猫的血液中的成髓细胞;B. 来自患有急性粒-单核细胞白血病(AML-M4)的犬的血液中带有紫色细胞质颗粒的早幼粒细胞;C、D. 慢性粒细胞白血病犬血液中的中性粒细胞;E. 免疫介导的溶血性贫血犬血液中的条带中性粒细胞;F. 免疫介导的溶血性贫血犬血液中的S形带中性粒细胞。

图 9-52 中性粒细胞前体细胞

9. Pelger-Huët 异常

Pelger-Huët 异常是指具有浓缩核染色质及很少或没有核收缩的左移(图 9-54～图 9-56),细胞核可为圆形、椭圆形、肾形、带形、花生形或双叶形。

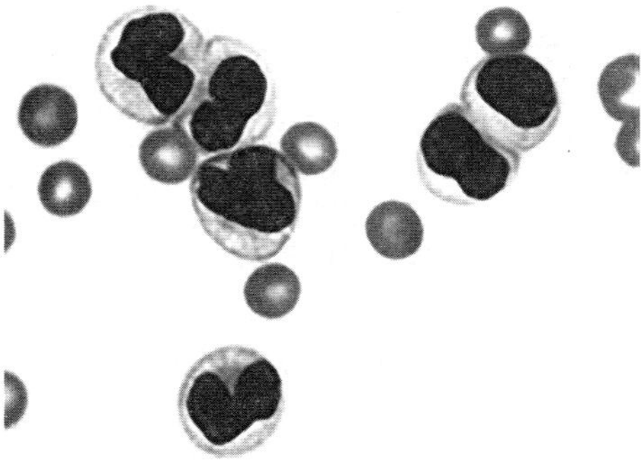

图 9-53 患有慢性粒细胞白血病的犬的血液左移

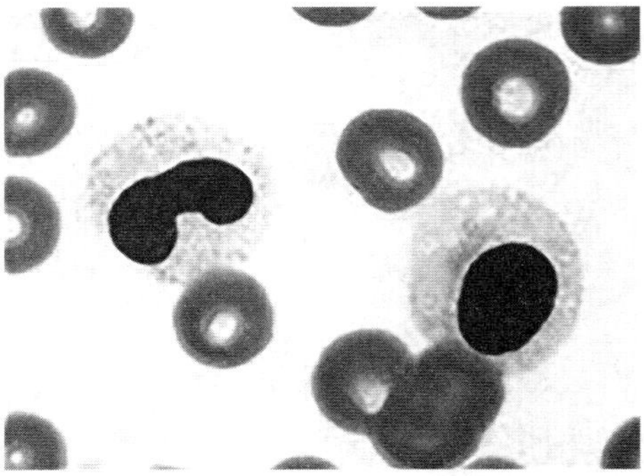

图 9-54 Pelger-Huët 异常犬血液中细胞

这种疾病的临床症状与杂合子动物无关。纯合子感染的动物表现出骨骼畸形,并在子宫内或出生后不久死亡。Pelger-Huët 异常在澳大利亚牧羊犬中很常见,它似乎作为常染色体显性特征遗传。假性-Pelger-Huët 异常可能发生在髓系肿瘤中,短暂性感染或与某些药物的使用有关。

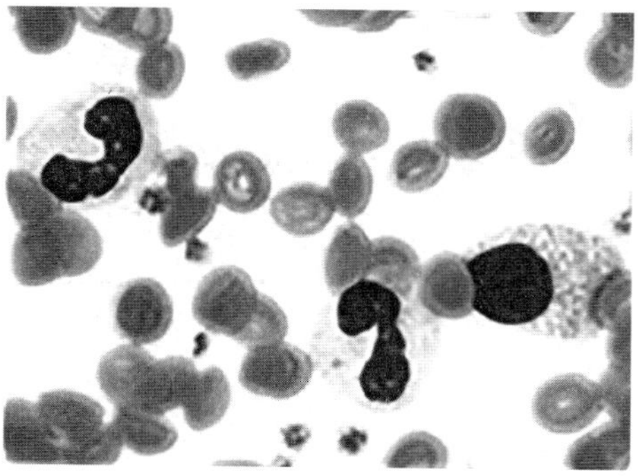

图 9-55 Pelger-Huët 异常猫血液中细胞

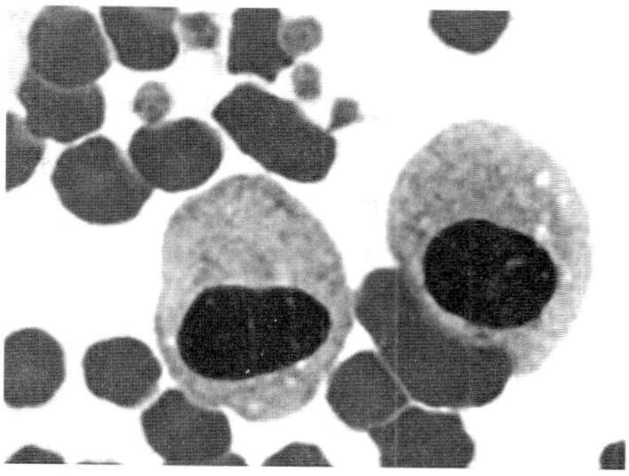

图 9-56 Pelger-Huët 异常马血液中细胞

10. 核分叶过多

核分叶过多通常被定义为家畜的中性粒细胞内存在五个或更多不同的核叶(图 9-57)。然而,马中性粒细胞的细胞核有大块致密的染色质从它们的表面突出,使它们看起来比其他常见家畜的中性粒细胞有更多的分叶。有人认为一个马中性粒细胞需要 7 个或更多的叶才能被认为是核分叶过多。

高分叶是正常的衰老过程,可能反映细胞在血液中的转运时间延长,如慢性炎症消退、糖皮质激素给药或肾上腺皮质功能亢进时可能发生的情况,髓系肿瘤中也可能存在核分叶过多。特发性(推测为遗传性)已经在 1/4 马中报告了核分叶过多。这些马的核分叶过多似乎与临床疾病无关。已经在具有钴胺素吸收遗传缺陷的犬和患有叶酸缺乏症的猫中描述了中性粒细胞过度分割(图 9-57C)。

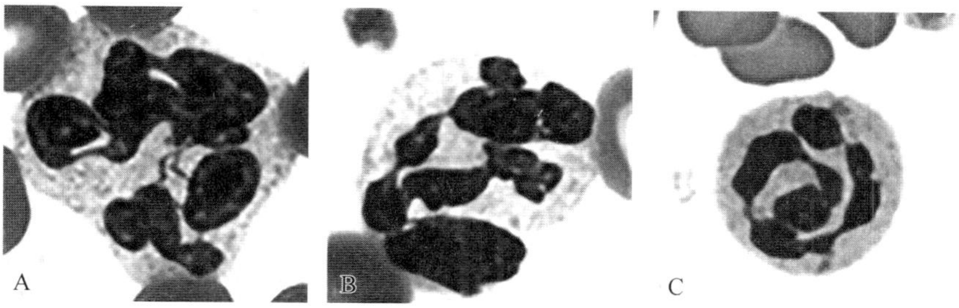

A. 用长春新碱和泼尼松治疗患有全身性肥大细胞增多症的犬的血液中的核分叶过多中性粒细胞;
B. 来自患有 AML-M4 的犬的血液中的核分叶过多中性粒细胞;
C. 叶酸缺乏猫血液中的高分段中性粒细胞(瑞氏-吉姆萨染色)。

图 9-57 核分叶过多的中性粒细胞

11. 其他中性粒细胞形态异常

(1)巨大的中性粒细胞 大中性粒细胞可能出现在患有炎症性疾病和粒细胞生成障碍的动物(尤其是猫)中。它们可能表现出正常的核形态(图 9-58A)或出现过度分节(图 9-58B、图 9-58C)。细胞质毒性在炎症条件下可能很突出(图 9-58D)。

(2)核溶解 导致核膨胀和碱性染料亲和力丧失被称为核溶解(图 9-58E)。这种退行性变化发生在骨髓之外,它经常在脓毒症渗出液中的中性粒细胞中观察到,有时也可以在哺乳动物血液中观察到。

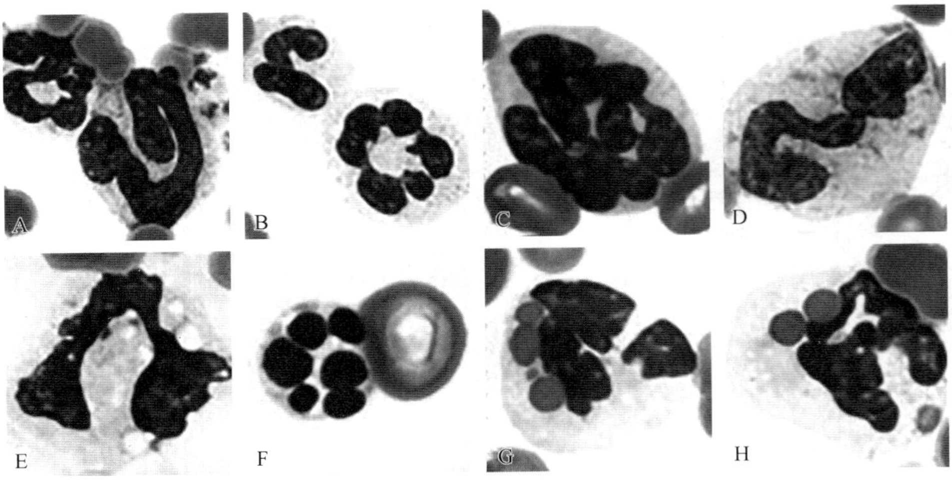

A. 患有脓毒性腹膜炎的猫的血液中存在巨大的中性粒细胞；B. 患有淋巴瘤的犬的血液中存在巨大的高分节中性粒细胞；C. 正在接受化疗的患有淋巴瘤的犬的血液中存在巨大的高分节中性粒细胞；D. 患有糖尿病的猫的血液中存在巨大的有毒中性粒细胞和真菌性肺炎；E. 来自 FIV 阳性白细胞减少症猫的血液中的毒性退化中性粒细胞表现出核溶解（核溶解）；F. 急性淋巴细胞白血病（ALL）犬血液中中性粒细胞的固缩和核破裂；G、H. 马中性粒细胞中吞噬的嗜酸性粒细胞颗粒（瑞氏-吉姆萨染色）。

图 9-58　各种中性粒细胞异常

（3）中性粒细胞增多症　可能是由于中性粒细胞从血液进入组织的运动减少或中性粒细胞从 MNP 到 CNP 的转化而发生的。

（4）中性粒细胞减少症　中性粒细胞从骨髓释放减少、中性粒细胞从血液中排出增加、血液中中性粒细胞被破坏或中性粒细胞从 CNP 转移到 MNP 可导致中性粒细胞减少症。据报道，生活在北美的健康比利时 Tervuren 犬经常患有生理性白细胞减少症，总白细胞计数、中性粒细胞绝对计数和绝对淋巴细胞计数低于犬的参考区间。然而，白细胞减少症在该地区似乎很少见。

中性粒细胞减少症在严重的脓毒症（如败血症）中很常见，继发于内毒素血症。这些疾病中通常存在退行性左移。这种表现的一个常见例子是马和小牛的急性沙门菌病。

二、嗜酸性粒细胞

嗜酸性粒细胞对曙红（常规染色的红色染料）具有亲和力。嗜酸性粒细胞颗粒的大小、形状和数量差异很大。在大多数动物中，嗜酸性粒细胞具有圆形颗粒，但家猫的嗜酸性粒细胞具有杆状颗粒（图 9-59A、图 9-59B）。犬的嗜酸性粒细胞通常表现出一些胞质空泡（图 9-59C），颗粒有时会特别大（图 9-59D）。灰猎犬的嗜酸性粒细胞和其他品种的个别动物偶尔会出现高度空泡化（图 9-59E），没有经验的观察者可能会误认为是空泡化的中性粒细胞。马嗜酸性粒细胞具有特别大的颗粒（图 9-59F）。反刍动物和猪嗜酸性粒细胞中的颗粒很小（图 9-59G），颗粒之间的细胞质通常呈淡蓝色。鬣蜥和鹦鹉嗜酸性粒细胞带有灰蓝色染色颗粒（图 9-60）。嗜酸性粒细胞的核与中性粒细胞的核相似，但分叶较少（通常只分为两个叶），并且在某些物种中可能会被颗粒部分遮挡，最显著的是马。

1. 嗜酸性粒细胞增多症

嗜酸性粒细胞增多发生在 IL-5 产生增多的疾病中。嗜酸性粒细胞增多可能伴随寄生虫病，尤其是线虫和吸虫(图 9-61)。嗜酸性粒细胞增多通常不会出现在原生动物感染的动物身上，但据报道，在患有肝肉瘤病的幼犬中会出现明显的嗜酸性粒细胞增多。

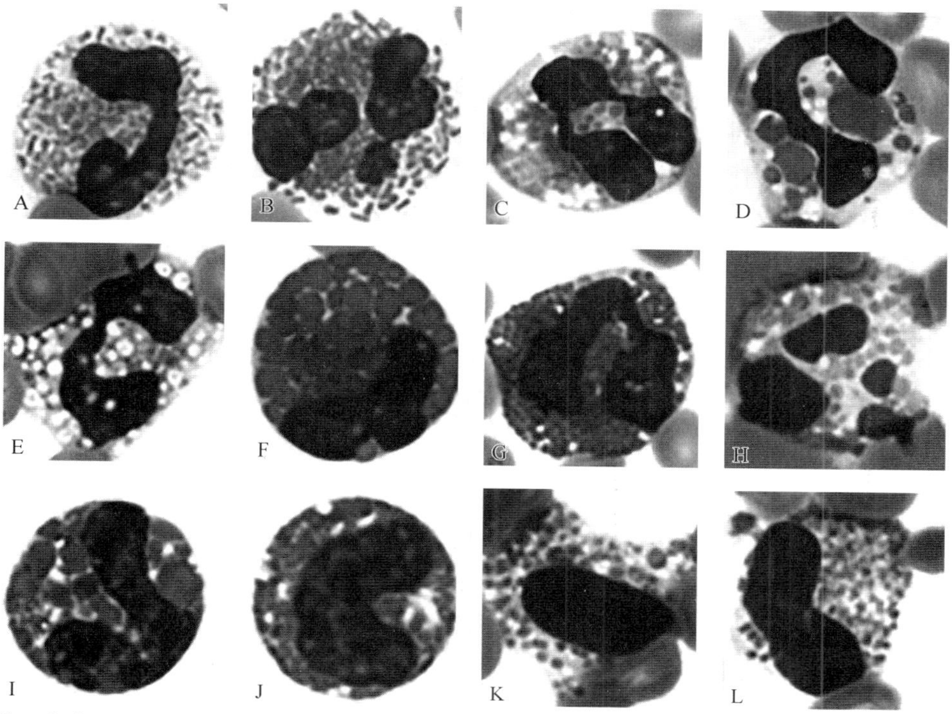

A、B. 猫血中嗜酸性粒细胞呈杆状颗粒；C. 犬血中可见圆形颗粒和小胞浆液泡的嗜酸性粒细胞；D. 犬血中嗜酸性粒细胞有两个异常大的颗粒；E. 灰犬血液中可见大量空泡的嗜酸性粒细胞；F. 马血中的嗜酸性粒细胞，显示出该物种特有的许多大颗粒；G. 一头奶牛血液中的嗜酸性粒细胞，显示出该物种特有的许多小圆形颗粒；H. 来自表现固缩和核破裂的犬的 2 日龄血液中的嗜酸性粒细胞；I. 来自免疫介导溶血性贫血犬的条带嗜酸性粒细胞；J. 来自患有免疫介导的溶血性贫血的犬的嗜酸性粒细胞；K. 来自具有 Pelger-Huët 异常的犬的血液中的嗜酸性粒细胞；L. 来自患有 Pelger-Huët 异常的猫血液中的嗜酸性粒细胞。

图 9-59 嗜酸性粒细胞的形态学

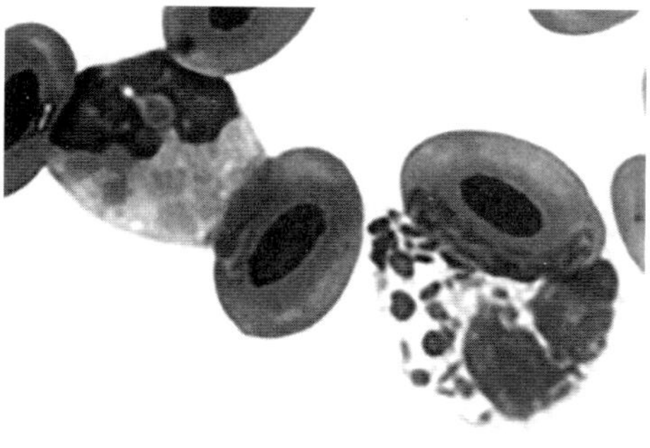

图 9-60 非洲灰鹦鹉血液中的细胞

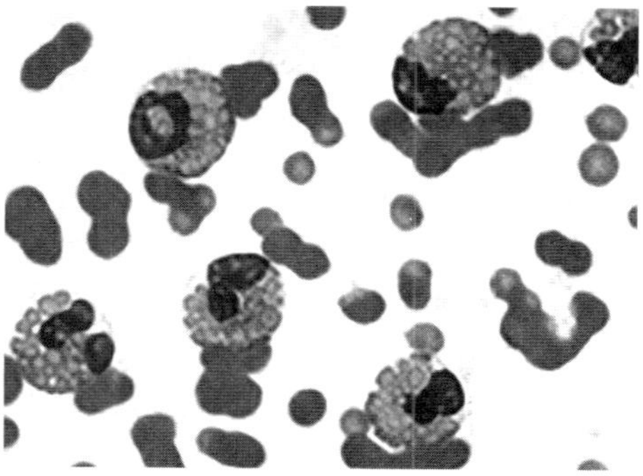

图 9-61 患有恶丝虫病的猫血液中的细胞

虽然在临床中很少见，嗜酸性粒细胞增多可能发生在患有肥大细胞瘤和 T 细胞淋巴瘤的动物中。但嗜酸性粒细胞增多很少发生在患有淋巴瘤样肉芽肿病（富含 T 淋巴细胞的大 B 细胞淋巴瘤）和其他肿瘤类型的动物中。

2. 嗜酸性粒细胞减少症

某些正常动物的绝对嗜酸性粒细胞计数可能为零，这使得嗜酸性粒细胞减少症的意义有限。嗜酸性粒细胞减少症通常出现在急性炎症中。内源性和外源性糖皮质激素可迅速诱导动物嗜酸性粒细胞减少。骨髓中嗜酸性细胞数量增加以及血液中嗜酸性粒细胞减少和组织嗜酸性粒细胞数量减少表明嗜酸性粒细胞的骨髓释放减少，据报道，糖皮质激素可导致嗜酸性粒细胞减少；糖皮质激素还加强嗜酸性粒细胞的凋亡；长期糖皮质激素治疗可能会减少嗜酸性粒细胞的产生。

三、嗜碱性粒细胞

嗜碱性粒细胞的细胞质一般呈淡蓝色，嗜碱性粒细胞的细胞核通常比中性粒细胞的细胞核少，嗜碱性粒细胞细胞质呈酸性，因此对碱性（蓝色）染料具有亲和力。颗粒的数量、大小和染色特征因物种而异。犬嗜碱性粒细胞中的颗粒通常呈紫色，数量不足以填充细胞质（图 9-62A 至图 9-62C）。在没有颗粒的情况下，脱颗粒的嗜碱性粒细胞具有紫色的细胞质（图 9-62D）。

家猫的嗜碱性粒细胞是与众不同的。它们的大部分颗粒呈圆形或椭圆形，并染上淡紫色或灰色（图 9-62E、图 9-62F）。一些嗜碱性粒细胞除了淡紫色颗粒外还有大的紫色颗粒（图 9-62G），如在骨髓中的嗜碱性粒细胞前体中所见。

反刍动物和猪嗜碱性粒细胞中的颗粒通常非常多，导致核形状模糊（图 9-62I）。在某些情况下，看不到离散的颗粒，但细胞质呈紫色（图 9-62J）。马嗜碱性粒细胞中存在数量不等的紫色颗粒（图 9-62K）。

嗜碱性粒细胞增多症通常与 IgE 介导的疾病有关。当它存在时，嗜碱性粒细胞增多通常伴随着嗜酸性粒细胞增多。嗜碱性粒细胞可能发生在一些患有肥大细胞瘤的动物身上，主要是非皮肤类型和诊断为血小板增多症的犬。

四、肥大细胞

肥大细胞通常不存在于血液中。它们在骨髓中产生的前体细胞的组织中发育。肥大细胞具有与嗜碱性粒细胞相似的生化特征，并与骨髓中的嗜碱性粒细胞具有共同的祖细胞，但它们是不同的细胞类型。

1. 肥大细胞形态学

肥大细胞具有圆形的细胞核（图 9-63A、图 9-63B），肥大细胞通常比嗜碱性粒细胞具有更多的细胞质颗粒。在猫中，嗜碱性粒细胞的初级和次级颗粒在形态上与肥大细胞不同。与嗜碱性粒细胞一样，肥大细胞中的颗粒即使用 Diff-Quik 和其他水性血染剂染色也很差。

2. 肥大细胞血症

肥大细胞血症与非皮肤和转移性皮肤肥大细胞肿瘤有关。很少看到肥大细胞吞噬红细胞（图 9-63C）。少量肥大细胞也可能存在于患有炎症性疾病、坏死、组织损伤和严重的再生性贫血。与犬的发现相反，在没有肥大细胞瘤的猫的血液中很少见到肥大细胞。

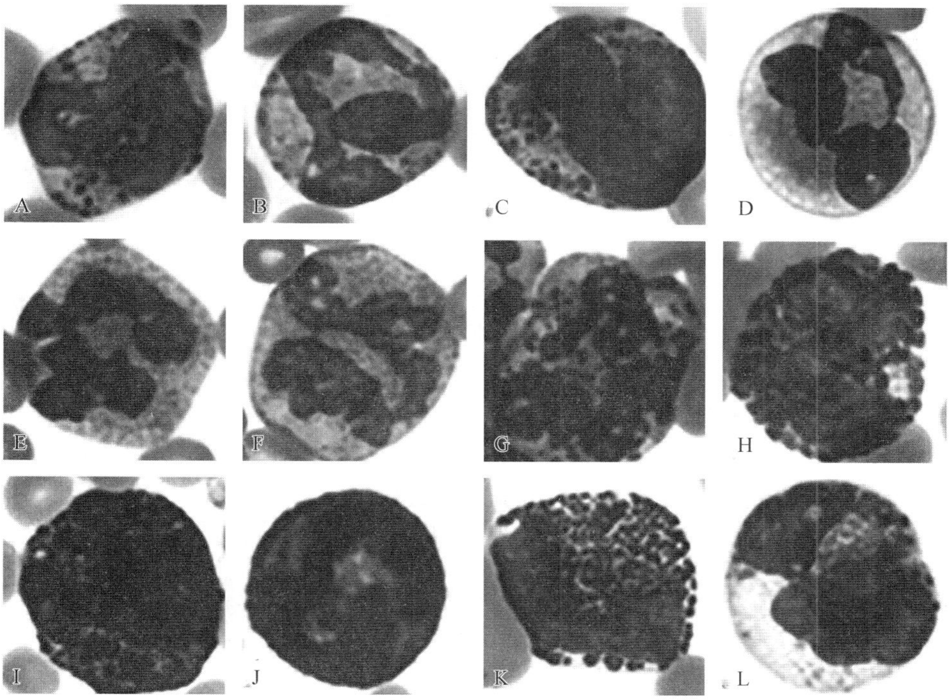

A. 犬血中的嗜碱性粒细胞；B. 犬血中的嗜碱性粒细胞，核呈带状，有少量颗粒；C. 嗜碱犬血液中的嗜碱性粒细胞；D. 嗜碱犬血液中的脱粒嗜碱性粒细胞；E、F. 猫血液中的嗜碱性粒细胞，淡紫色颗粒填充细胞质，使细胞核呈虫蛀状；G. 猫血液中的嗜碱性粒细胞，细胞质中充满淡紫色和紫色颗粒的混合物；H. 嗜碱性粒细胞，红紫色颗粒充满来自同一只暹罗猫的血液中的细胞质；J. 山羊血液中的嗜碱性粒细胞，可见少量颗粒，但细胞质呈紫色；K. 马血中的嗜碱性粒细胞；L. 嗜碱性粒细胞，犬的血液中含有未知种类的立克次体桑葚菌。这只犬有嗜碱性粒细胞，并且在几个嗜碱性粒细胞中发现了微生物。

图 9-62　嗜碱性粒细胞的形态

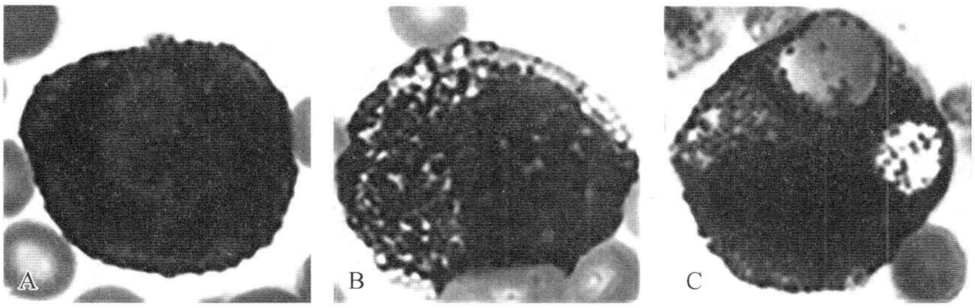

A. 来自患有脾肥大细胞增多症的猫的血液中的肥大细胞；B. 除了来自患有非皮肤肥大细胞瘤的犬的血液中的颗粒外，还具有细胞质空泡的大肥大细胞；C. 在猫的血液中表现出吞噬红细胞的大肥大细胞伴有非皮肤肥大细胞瘤（瑞氏-吉姆萨染色）。

图 9-63　肥大细胞的形态学

五、单核细胞

单核细胞的细胞核可以是圆形、肾形、带状或盘旋状(阿米巴样),染色质弥散或轻度聚集(图 9-64A～图 9-64H)。细胞质通常呈蓝灰色,通常含有大小不一的液泡。少数情况下,细胞质中可能会看到灰尘状的粉红色或红紫色颗粒(图 9-64G、图 9-64H)。单核细胞在离开血液并进入组织后发育成巨噬细胞。在某些疾病中,血液中的单核吞噬细胞被激活并变大,类似于巨噬细胞(图 9-64I、图 9-64J)。

犬的单核细胞通常具有带状细胞核(图 9-64B、图 9-64C);因此,它们可能与条带中性粒细胞混淆(图 9-65)。从大淋巴细胞中区分具有圆形核的单核细胞很困难,尤其是在反刍动物中(图 9-66)。对于大淋巴细胞,N∶C 通常大于 1.0。单核细胞也必须与具有复杂细胞核的大反应性淋巴细胞区分开来。反应性淋巴细胞的细胞质比单核细胞的细胞质更嗜碱性(深蓝色)。

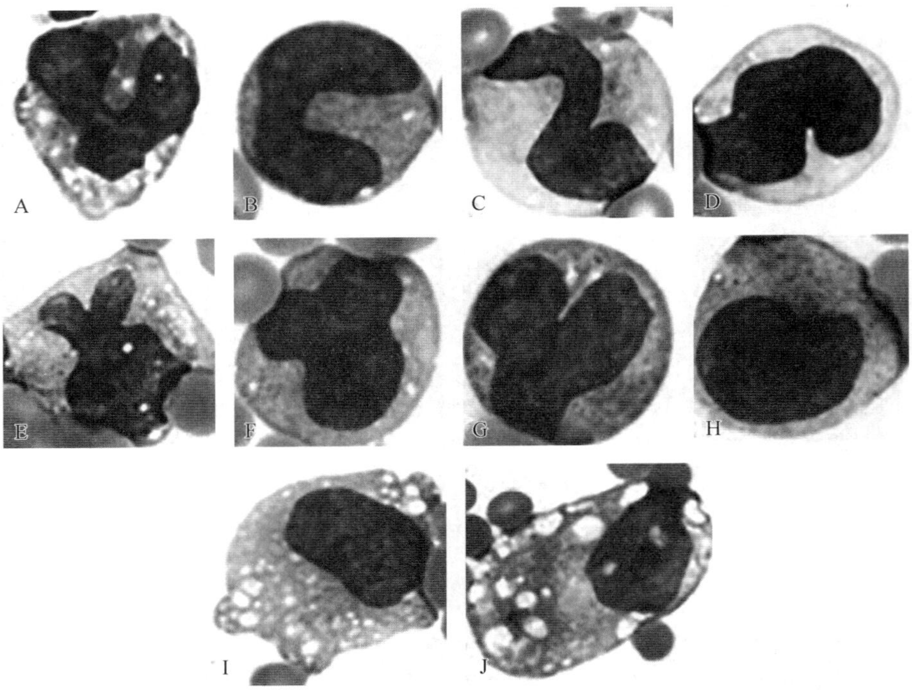

A. 来自犬的血液中的单核细胞,具有带状细胞核和明显的细胞质空泡;B. 来自犬的血液中的单核细胞,具有带状细胞核、嗜碱性细胞质和两个液泡;C. 具有带状细胞核和嗜碱性细胞质的犬血液中的单核细胞;D. 具有肾形细胞核的犬血液中的单核细胞;E. 来自马的血液中的单核细胞,具有多形核和含有液泡的嗜碱性细胞质;F. 来自具有多形核和嗜碱性细胞质的母牛血液中的单核细胞;G. 来自犬的血液中的单核细胞,具有带状核和含有洋红色染色颗粒的嗜碱性细胞质;H. 来自马的血液中的单核细胞,具有肾形细胞核和含有洋红色染色颗粒的嗜碱性细胞质;I. 马巴贝斯虫感染马的血液中具有显著空泡化的大活化单核细胞或巨噬细胞;J. 血猫支原体感染猫血液中的巨噬细胞该图中的放大倍数低于其他图像。

图 9-64　单核细胞的形态

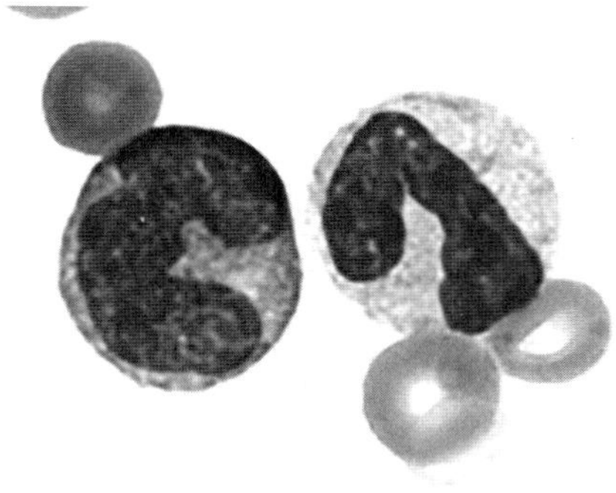

图 9-65 一只犬的血液中的单核细胞(左)和条带中性粒细胞(右)免疫介导的溶血性贫血

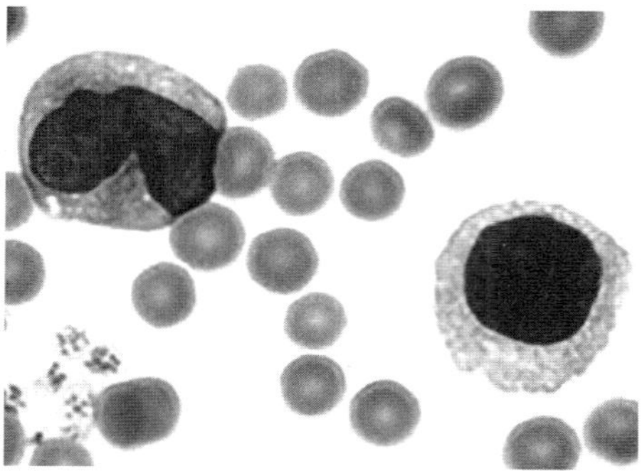

图 9-66 牛血液中的单核细胞(左)和大淋巴细胞(右)

单核细胞也可能含有含铁血黄素,常规血染呈灰黑色(图 9-67C),普鲁士蓝染色呈蓝色(图 9-67D)。铁阳性内含物可能与溶血性贫血或显著的炎症反应有关。含有黑色素颗粒的单核吞噬细胞(黑色素细胞)可能很少出现在恶性黑色素瘤中(图 9-67E)。

感染单核吞噬细胞的立克次体生物包括犬埃立克体、查菲埃立克体和新立克次体。与粒细胞立克次体物种相反,单核立克次体物种的桑葚菌很少在血白细胞中发现,当存在时,桑葚菌在细胞质中表现为紧密堆积的嗜碱性生物群(图 9-67F、图 9-67G)。

在血液单核吞噬细胞中可能很少见到的其他传染源包括荚膜组织胞浆菌(图 9-67H)、分枝杆菌属、婴儿利什曼原虫和极大的 Cytauxzoon felis 裂殖体。

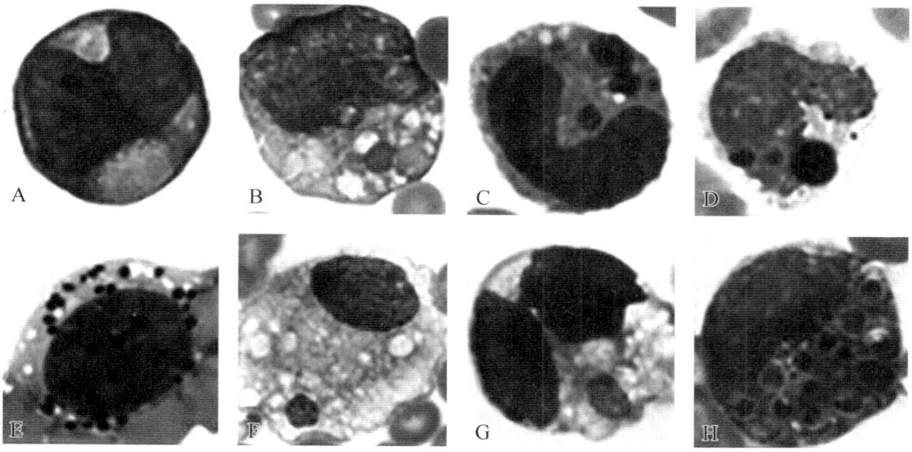

图 9-67 单核细胞内含物和传染源

六、淋巴细胞

淋巴细胞分为 T 淋巴细胞、B 淋巴细胞、K 细胞和 NK 细胞。对这些细胞功能的深入研究请参阅免疫学教科书。

七、其他细菌、真菌和原生动物

尽管菌血症在动物中很常见,但微生物的数量虽然很少但足以在染色的血涂片中发现。因为血迹很容易被细菌污染(特别是当它们也被用于对脱落细胞学染色时),所以在做出菌血症的诊断之前发现细菌在细胞内被吞噬是很重要的(图 9-68I)。分枝杆菌生物体在细胞质内表现为未染色的杆状体(图 9-68J)。除了单核吞噬细胞外,中性粒细胞在患有系统性组织胞浆菌病的动物中也可能很少含有被吞噬的生物体(图 9-68K)和患有利什曼病的犬和猫(图 9-68L)。

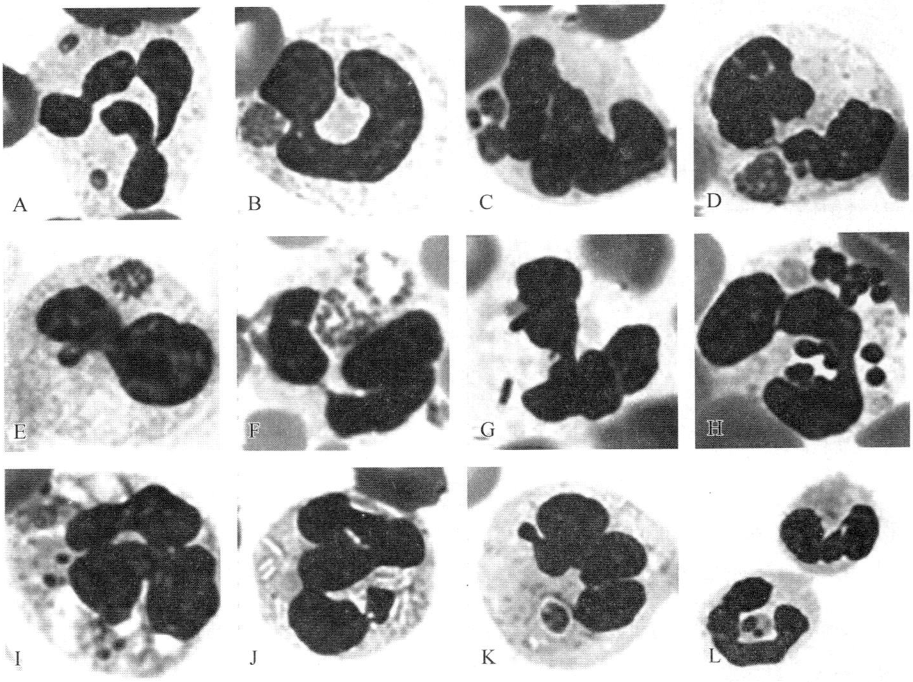

A. 犬瘟热犬血液中中性粒细胞胞质中的三个红色犬瘟热包涵体;B. 犬血中中性粒细胞的细胞质中的埃立克体;C. 来自明尼苏达州一只犬的血液中的中性粒细胞的细胞质中存在嗜细胞无形体桑葚菌(瑞氏-吉姆萨染色);D. 马血中中性粒细胞胞质中的嗜细胞无形体(旧称马氏埃立克体)桑葚菌(瑞氏-吉姆萨染色);E. 马血中的中性粒细胞的细胞质中的无浆体吞噬细胞(原埃立克体)桑葚菌(使用新的亚甲蓝湿法染色);F. 山羊血液中中性粒细胞的细胞质中的两个嗜细胞无形体(旧称埃立克体吞噬细胞)桑葚菌(瑞氏-吉姆萨染色);G. 白细胞减少症和败血症猫的血液制备的血沉棕黄层涂片中被中性粒细胞吞噬的细菌棒(瑞氏-吉姆萨染色);H. 来自患有尿石症、肾盂肾炎和败血症的犬的血液中的中性粒细胞吞噬的细菌球菌。从血液和尿液中培养出中间葡萄球菌(瑞氏-吉姆萨染色);I. 在患有败血症和弥散性血管内凝血(DIC)的犬中具有多种细胞内弗朗西斯氏菌生物体的有毒和退行性中性粒细胞(瑞氏-吉姆萨染色);J. 犬血液中中性粒细胞细胞质中的分枝杆菌生物。这些生物不会染色;它们表现为线性清晰区域(瑞氏-吉姆萨染色);K. 犬中性粒细胞细胞质中的荚膜组织胞浆菌生物(改良的瑞氏染色);L. 在其细胞质内含有婴儿利什曼原虫无鞭毛体的中性粒细胞(Diff-Quik 染色)。

图 9-68 中性粒细胞中的传染源

(资料来源 C 图片由 H. L. Wamsley 提供。I 图片由 M. Cora、J. Neel 和 J. Tarigo 提供。K 图片来自 Gingerich K、Gumptill L. 由 C. A. 汤普森提供。L 图片由 M. Santos 提供。)

第四节 血小板

血小板是由骨髓巨核细胞成熟后,细胞质解离而成的,它有保护毛细血管完整性的作用,在动物体内黏附于血管上,对毛细血管有弥补作用。血小板破坏分解后,能促使血管收缩和血块收缩，与血浆中其他凝血因子结合，可促进血液凝固。因此，血小板的检查是诊断出血性疾病必做的检验项目之一。

一、血小板形态学

哺乳动物的血小板是环形椭圆无核细胞质形成的小细胞碎片(未受刺激时呈薄盔形态)。血小板细胞质呈浅蓝色，当使用可视化的血常规时，有许多小的红紫色颗粒(图 9-69A、图 9-69B)。马的血小板用瑞氏-吉姆萨染色液经常染得很差，但它们用 Diff-Quik 通常能够染得很好(图 9-69D)。

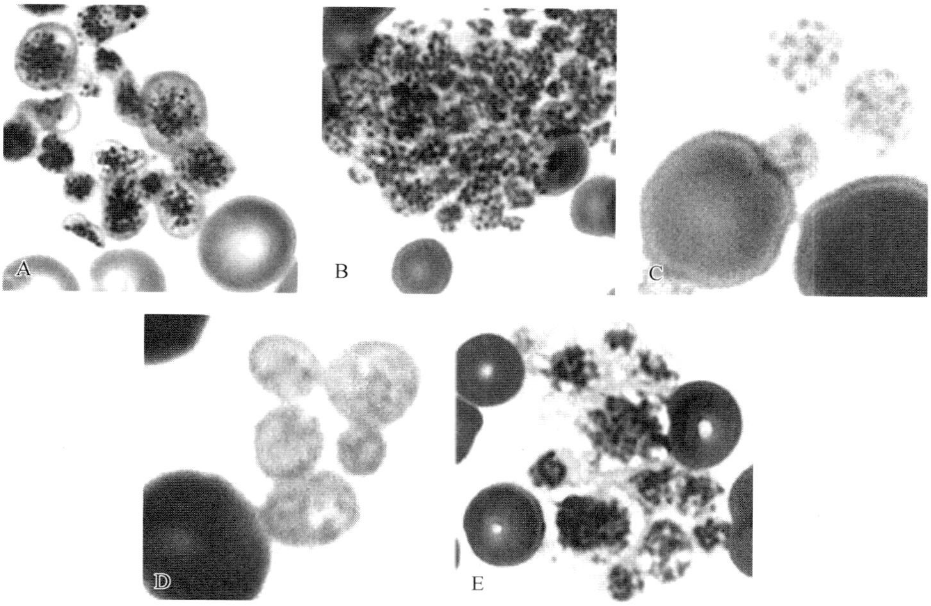

A. 来自犬的血液中的血小板聚集物；B. 牛血液中的血小板聚集；
C. 马血液中的 3 个浅色血小板；D. 马血液中的 5 个浅色血小板；
E. 猫血液中的血小板聚集，显示出大血小板的存在和该物种特征的血小板大小变化。

图 9-69　家畜染色血膜中正常的血小板形态

非哺乳动物的血栓细胞有核，比哺乳动物大得多。它们具有很高的核质与细胞质比例(N∶C)，在染色血膜中通常呈椭圆形或拉长，具有浅蓝色或近无色的细胞质(图 9-70A)。细胞质液泡可存在于细胞的一端或两端，颗粒通常并不明显。当血小板的形状更圆时，它们可能很难和淋巴细胞区分出不同。和哺乳动物的血小板一样，血小板在被激活时就会凝集在血管膜上(图 9-70B)。

二、血小板计数

血小板计数(platelet count，PLT)常用的方法分为两大类：一是在普通生物学显微镜下目视计数法，二是用血细胞分析仪进行计数，临床目前主要应用血细胞分析仪计数，镜下形态辅助检验。机器检测血小板下降，需要镜下看是否有成簇(凝集)。目视法常用草酸铵稀释液和尿素稀释液进行检查，用稀释液将血液稀释一定倍数后混匀于显微镜下，统计一定体积内的血小板数。

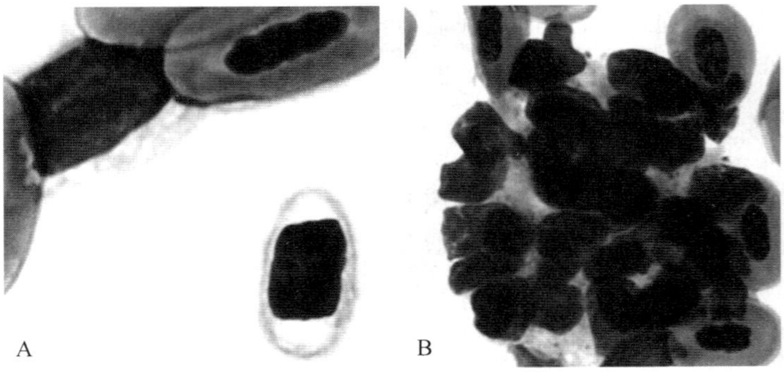

A. 亚马逊鹦鹉的淋巴细胞(左上)和血小板(右下);B. 金刚鹦鹉血液中的聚集。

图 9-70 鸟血膜中血小板的形态学

1. 原理

尿素能溶解红细胞及白细胞而保存完整形态的血小板,血液经此稀释后,在计数室内直接计数,求得每微升的血小板数。稀释液中的柠檬酸钠有抗凝作用,甲醛可固定血小板的形态。

2. 器材与试剂

(1)器材　与白细胞计数相同。

(2)稀释液　血小板计数所用的稀释液种类很多,最常用复方尿素稀释液。

复方尿素稀释液:尿素 10.0 g,柠檬酸钠 0.5 g,40%甲醛溶液 0.1 mL,蒸馏水加至 100.0 mL。完全溶解后过滤,置冰箱可保存 1～2 周,在 22～32 ℃条件下可保存 10 d 左右。

3. 方法

取稀释液 0.38 mL(或 0.4 mL)血 20 μL 混匀,静置 15 min 左右,使红细胞溶解。吸取一小滴充入计数室内,静置 15 min 左右(使血小板下沉),用高倍镜计数 1 个大方格内的血小板总数,乘以 200,即得每微升血液中血小板的个数。

4. 计算

$$每立方毫米中血小板个数 = x \times 20 \times 10$$

式中,x 为一个大方格中的血小板总数;20 为稀释倍数;10 为计算室与血盖片之间的高度(10 mm)。

上式简化后为:

$$每立方毫米中血小板个数 = x \times 200$$

在填写检验单时,通常用万个/mm 作为血小板的单位。

5. 参考值

各种动物血小板的参考值见表 9-6 所列。

表 9-6 健康动物血小板数值 万个/μL

动物种类	参考值	资料来源
马	14.64±3.74	中国农业大学等
马	17.94±4.45	原成都军区军马防治检验所

续表9-6

动物种类	参考值	资料来源
骡	22.50±4.42	中国农业大学等
黄牛(延边黄牛)	42.17±13.39	延边农学院
黄牛(南阳黄牛)	35.9±14.10	河南农业大学
水牛	36.7±13.80	江西农业大学
奶牛	26.10±5.29	云南农业大学
绵羊(湖羊)	37.70±9.29	南京农业大学
奶山羊	39.9±8.60	河北农业大学
猪	29.26±4.63	云南农业大学

注:血小板计数单位万个/μL换算成国际单位×10/L,由原单位×10。

6. 临床意义

(1)血小板数量增多　包括以下两种情况。①原发性血小板增多:见于原发性血小板增多症,这是一种原因不明的出血性疾病。②继发性血小板增多:多为暂时性的,见于急、慢性出血,骨折,创伤,手术后。其也可见于其他骨髓增生性疾病,如真性红细胞增多症。

(2)血小板数量减少　包括以下两种情况。①血小板生成减少:见于穗状葡萄球菌中毒病、某些真菌毒素中毒、某些蕨类植物中毒、马传染性贫血、放射病和白血病等。②血小板破坏过多:见于免疫性血小板减少性紫斑(同族免疫性、自体免疫性)、感染以及伴有弥散性血管内凝血过程的各种疾病。由于血小板破坏过量或利用过多,引起血小板减少时,可能在血片上看到大血小板,也称变更血小板(shift platelets),这是骨髓反应性增加了血小板的生成,见于弥散性血管内凝血、免疫溶血性贫血、猫白血病、猫骨髓增殖性病等。

三、出血时间测定

出血时间测定也称颊黏膜出血时间(评估初级止血异常),需要在动物镇静状态下应用。

出血时间的测定是施行外科手术及肝、脾穿刺之前必须做的检查项目之一,目的是为防止大量流血。方法是,在动物的耳尖部剪毛、消毒、干燥后,用注射针头刺入皮肤3～4 mm,血液即自行流出,每隔30 s,用滤纸吸取血滴1次(切勿触及皮肤),直至滤纸上不再染有血迹为止。计算血液流出到血迹消失的时间,即为出血时间。

出血时间延长:多见于血管壁损伤(细菌、病毒感染及中毒),维生素C、维生素K缺乏,血小板减少,肝脏受损害,出血时间长达20～30 min。

四、凝血时间测定

凝血时间(clotting time,CT)测定是指血液离体后到安全凝固的时间。主要受血浆中各种凝血因子的影响,受血小板、血管壁的影响较少。

1. 原理

按照血液凝固的理论,当离体血液与异物表面接触后,激活了血液中有关的凝血因子,形成凝血活酶、凝血酶以至纤维蛋白原转变成纤维蛋白,使血液凝固。

2. 器材

载玻片、针头、刻度小试管、秒表、恒温水浴锅等。

3. 方法

(1)玻片法　自颈静脉采血,见到出血后立即用秒表记录时间。取血液 1 滴,放在载玻片的一端,立即将血片稍倾斜(滴有血液的一端向上),此时未凝固的血液自上而下流动,形成一条血线,静置 2 min(夏天应放在平皿内,以防水分蒸发),以后每隔 30 s 用针尖挑动血线 1 次,直至出现纤维丝为止,停止秒表并记录时间,所需时间即为血凝时间。

(2)试管法　①采血前准备刻度小试管 3 支,放在 25～37 ℃恒温水浴箱内加温。②自颈静脉采血,见到出血后立即用秒表开始计时,随之将血液分别加入 3 支小试管内,每支各加 1 mL 后,重新将试管放回水浴箱。③从采血经放置 3 min 后,每隔 30 s 倾斜试管 1 次,直到翻转试管血液不能流出为止,记录时间。3 支试管血凝的平均时间即为被测动物的血凝时间。

4. 参考值

(1)玻片法　马 8～10 min,牛 5～6 min,猪 3.5～5 min,犬 10 min。

(2)试管法　马 13～18 min,牛 8～11 min,山羊 6～11 min,犬 7～16 min。

5. 临床意义

在大手术或肝、脾穿刺前进行本项测定,可以及早发现出血性素质,以防大量失血。

①凝血时间延长:血浆内任何一种凝血因子的严重缺陷,几乎都可引起凝血时间延长,见于凝血因子Ⅷ、Ⅸ和维生素 K 缺乏以及伴有弥散性血管内凝血的重剧疾病等。血中抗凝物质增多时(用肝素钠治疗),凝血时间也可延长。

②凝血时间缩短:见于弥散性血管内凝血初期,说明体内有血栓形成的可能或已开始形成血栓。

五、血浆纤维蛋白原的测定

血浆纤维蛋白原(FLB)测定的方法很多,常用亚硫酸钠沉淀法。

1. 原理

用 12.5%亚硫酸钠溶液将血浆中的纤维蛋白原沉淀分离,然后以双缩脲试剂显色与蛋白标准液比色,以求得纤维蛋白原的含量。

2. 试剂

①12.5%亚硫酸钠溶液。

②双缩脲试剂:酒石酸钾钠 10 g,氢氧化钠 35 g,硫酸铜 2.5 g,蒸馏水加至 1 000 mL。

③蛋白标准液(1 mL=0.006 g):取健康马血清(无溶血现象者),用凯氏定氮法测出蛋白质含量,然后用 15%氯化钠-麝香草酚液稀释成每毫升含蛋白质 0.006 g,置冰箱中可保存 1 年。

3. 方法

取离心管 1 支,加入被测血浆 0.5 mL 及 12.5%亚硫酸钠溶液 9.5 mL,边加边摇匀,然后置于 37 ℃水浴中 10 min,离心沉淀 10 min,倾去上清液(小心勿使管底纤维蛋白沉淀散失),再以 12.5%亚硫酸钠液 10 mL 洗涤 1 次,洗涤时用玻璃棒将沉淀搅起,然后离心 10 min,倾去上清液(小心勿使沉淀散失),将离心管倒立于滤纸上,使管内液体流尽,此即为测定管。再取 2 支试管,连同上述测定管,按表 9-7 操作。

充分混匀,置 37 ℃水浴中 20 min,以空白管调“0”点,用波长 520 nm 滤光板比色,读取各管光密度。

表 9-7　血浆纤维蛋白测定步骤

步骤	测定管	标准管	空白管
蛋白标准液	—	0.25	—
12.5%亚硫酸钠液	1.0	0.75	1.0
双缩脲试剂	4.0	4.0	4.0

4. 计算

$$每分升纤维蛋白原克数=\frac{测定管光密度}{标准管光密度}\times 0.006\times 0.25\times \frac{100}{0.5}$$

上式简化后为：

$$每分升纤维蛋白原克数=\frac{测定管光密度}{标准管光密度}\times 0.3$$

5. 注意事项

亚硫酸钠液须准确配制，质量分数高于12.5%时，可使部分球蛋白沉淀，浓度过低又会使纤维蛋白原沉淀不完全。用亚硫酸钠液洗涤沉淀，是为了除去纤维蛋白原以外的蛋白质，所以洗涤时必须将沉淀打散混合均匀后，再离心沉淀。

6. 参考值

各种健康动物血浆纤维蛋白原的参考值(g/dL)为：马 0.2～0.4，牛 0.2～0.3，绵羊 0.1～0.5，山羊 0.2～0.3，猪 0.2～0.4，犬 0.1～0.3。

7. 临床意义

纤维蛋白原是一种和血液凝固有关的血浆球蛋白，它在肝脏中合成，在凝血过程中，纤维蛋白原在凝血酶的作用下转化为纤维蛋白，形成互相交织的纤维网将血液内的有形成分包裹在内而形成血块，因此在出血性疾病，特别是在严重大出血疾病的诊断中，常需测定纤维蛋白原含量。

①纤维蛋白原增多：提示机体内存在炎症或组织损伤，增多的程度常与炎症的范围与程度相一致。其见于各种急性感染、化脓性炎症、大手术后、大叶性肺炎等。牛的创伤性网胃-腹膜炎时，纤维蛋白原可增加至 1.5 g/dL。

②纤维蛋白原减少：提示机体存在出血性素质潜在的可能。其见于先天性纤维蛋白原缺乏，砷、磷、氯仿中毒及其他原因所致的肝脏严重损害，也见于伴有弥散性血管内凝血过程的疾病，严重营养不良、维生素 K 缺乏、恶性贫血、大出血等，纤维蛋白原均可减少。

六、血浆凝血酶原时间测定

血浆凝血酶原时间(plasma prothrombin time，PPT)测定，通常称为凝血酶原时间(prothrombin time，PT)测定。

在被检血浆中加入 Ca^{2+} 和第Ⅲ因子，测定其凝固时间即血浆凝血酶原时间是外源性凝血活性的综合性检查。

PT 缩短，见于血液高凝状态(如 DIC 早期、乙醚麻醉后、洋地黄中毒等)。FT 延长，主要见于严重的肝脏疾病、维生素 K 缺乏、DIC 后期等。

七、内源性凝血酶原时间

活化部分凝血活酶时间(APTT)测定是临床上最常用的反映内源性凝血系统凝血活性的敏感筛选试验,对于内源性凝血因子缺陷及相关抑制物的检测和活化蛋白 C 抵抗现象的筛检、肝素治疗的监测、DIC 的早期诊断、术前检查等方面有着广泛的用途。

延长:可见于血友病 A、血友病 B、肝脏疾病、肠道灭菌综合征、口服抗凝剂、DIC、轻型血友病;FXI、FXII 缺乏症;血中抗凝物质(凝血因子抑制物、狼疮抗凝物质、华法林或肝素)增多;大量输注库存血等。

缩短:可见于高凝状态、血栓栓塞性疾病等。

止血:依赖于血管完整性、血小板数量和功能以及凝血。血管的完整性在很大程度上是由内皮细胞及其细胞外基质的健康状况决定的。血管壁损伤可导致出血和/或血小板活化和凝血。当动脉被切断时,会出现短暂的反射性血管收缩,减缓血液流失,使血小板栓塞开始形成和凝血,最终形成稳定的血栓。

八、抗凝血酶测定

血浆抗凝血酶可以用色原测定法进行测定。在高凝状态(如马绞痛和犬的肾上腺皮质亢进症)、DIC、失蛋白肾病和肠病、慢性肝炎和败血症等状态下可能会降低,抗凝血酶在患有各种疾病条件的猫中增加,这表明它在该物种中是一种急性期蛋白。

九、止血障碍的临床表现

如果出血过多,则可能存在一个或多个止血成分缺陷。由出血和水肿引起的弥漫性皮肤或黏膜变色表明存在血管缺陷,这可能发生在血管炎中。淤血点和皮肤/黏膜出血提示血小板减少。除非伴出现血小板功能异常、凝血障碍或血管病变,否则血小板计数超过 30×10/μL 的猫很少发生自发性出血,对于计数低至 15×10/μL 的猫,如果存在创伤或炎症,更有可能发生血小板减少性动物出血。在鼻出血、黏膜出血、不明解释的瘀点和外渗出血或过度出血时,怀疑存在遗传性血小板缺陷。

十、血小板疾病

1. 血小板形态学异常

(1)巨大血小板　直径大于或等于红细胞的血小板称为大血小板或巨大血小板(图 9-71A 至图 9-71E)。猫有大小不等的巨血小板,其中一些和正常猫的红细胞一样大。血小板减少的动物中频繁发现巨大血小板细胞,表明血小板生成能力增强(图 9-71A 至图 9-71C)。但巨大血小板也可能存在于患有骨髓性肿瘤的血小板减少的动物中(图 9-71D 至图 9-71E)。在患有 FeLV 感染的猫体内发现巨大血小板。最近从血小板减少症中恢复的非血小板减少动物中可能存在巨大血小板。

巨大血小板存在于骑士查理国王西班牙猎犬遗传性巨大血小板减少症(图 9-72)。第二种带有巨大血小板的遗传性障碍和血小板减少也在一只患有梅-哈格林异常的哈巴犬身上被描述。据报道,甲状腺功能亢进的猫的 MPV 略高,甲状腺功能减退的犬的则略低于甲状腺功能减退的动物。红细胞和骨骼肌激酶缺乏磷酸的犬在正常血小板计数下 MPV 略有增加。

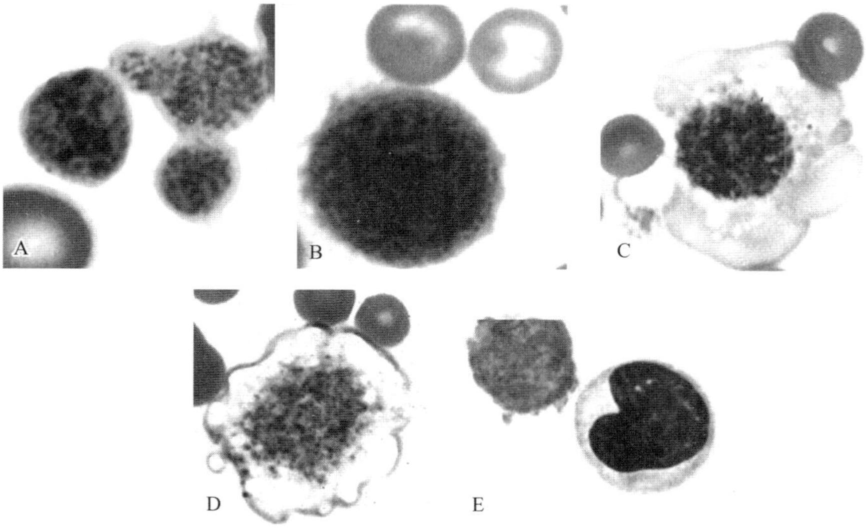

A. 具有再生免疫介导的血小板减少的犬的血液中的巨大血小板；B. 与慢性缺铁性贫血相关的犬的巨大血小板细胞；C. 带有聚集颗粒的大血栓细胞；D. 一只患有骨髓增生异常综合征的猫血液中位于中央颗粒的大血栓细胞；E. 慢性骨髓性白血病犬血液中的巨大血小板（左）和超髓细胞（右）。

图 9-71　染色血膜中的大血小板

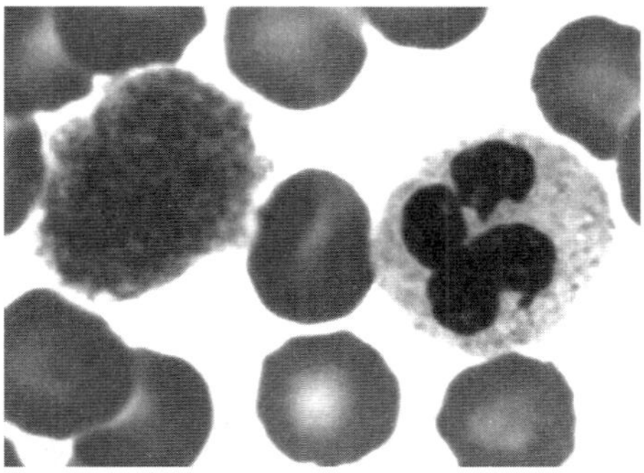

图 9-72　骑士查尔斯王西班牙猎犬，遗传性巨大血小板减少症

（2）活化的血小板　部分激活的血小板不再是圆盘。当血小板被更充分地激活时，它们的颗粒会被周围的微管和细丝网挤压在一起（图 9-73）。血小板颗粒在中心聚集可能被误认为是细胞核。血小板聚集物通常在体外血小板激活后形成。如果发生脱粒，聚集物可能很难识别为血小板，在染色的血膜上出现为浅蓝色物质。

（3）低颗粒状血小板　低粒下血小板可能是由血小板活化和分泌引起的，但也在骨髓肿瘤动物中可见（图 9-74A 至图 9-74C）。低颗粒状血小板必须与其他细胞的细胞质片段分化，就像白血病淋巴瘤一样。

（4）无形体感染　扁形无形体（曾称板状埃立克体）是一种立克次氏体寄生虫，可特异性感染血小板并导致犬传染性循环血小板减少症。这种病原体的独特之处在于，它是人类或动物中唯一能特异性感染血小板的细胞内感染病原体。当血片用瑞氏-吉姆萨染色或新亚甲基蓝染色时，扁状生物在血小板中出现蓝色包裹物（图 9-75A 至图 9-75D）。在猫的血小板中也发现了类似的包裹物。

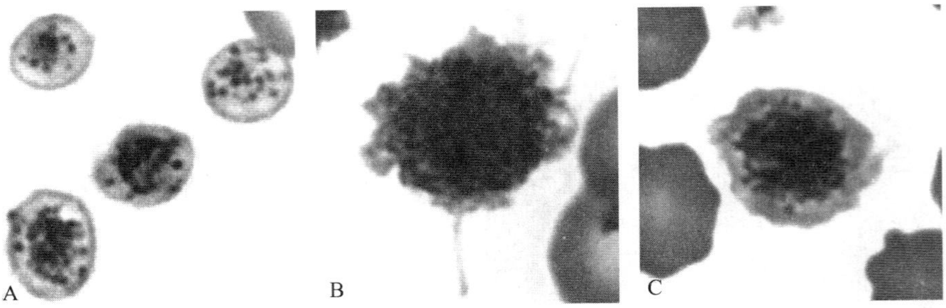

A. 血小板呈圆形至椭圆形的圆盘，不形成丝状体或集中颗粒；B. 在明显形成的犬血液中激活血小板；C. 在猫的血液中激活血小板，集中颗粒和丝状体形成。

图 9-73　染色血膜中静止血小板形态与激活血小板形态

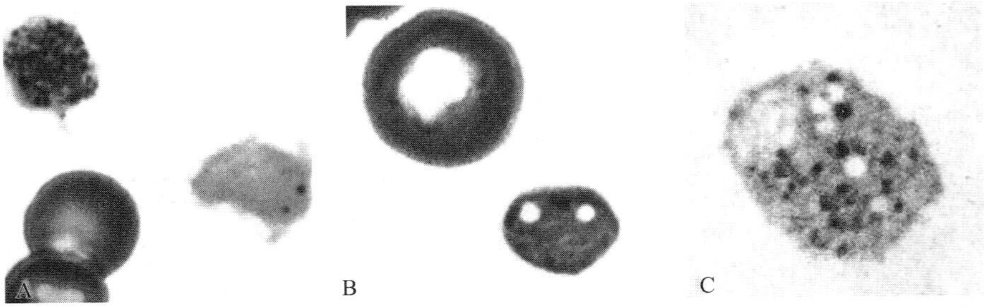

A. 粒细胞白血病患者的犬血液中的颗粒状血小板（左上）和粒状下血小板（右）；B. 红白血病犬血液中的低粒状血小板（AML-M6Er）；C. 慢性髓系白血病犬的低粒下大血小板细胞。

图 9-74　彩色血膜中的低颗粒状血小板

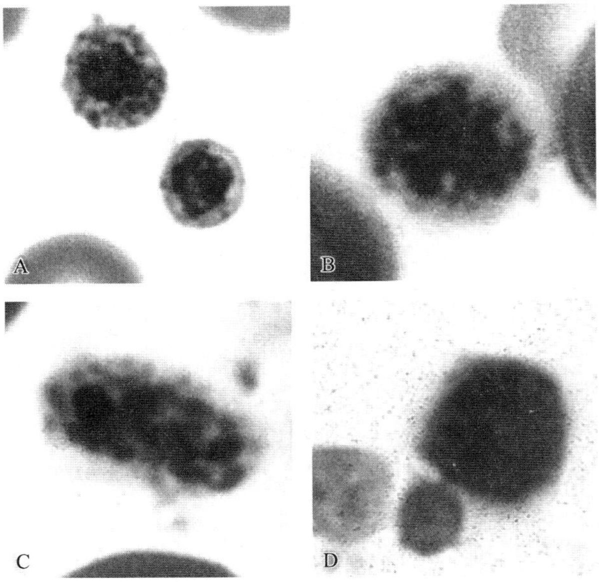

A～C. 每个血小板都含有一个桑葚胚板状体其染色为深蓝色，与正常的品红色染色颗粒形成对比；D. 含有板状桑葚胚的血小板，可见多个亚单位新亚甲蓝湿敷制剂。

图 9-75　犬血小板中的无浆体

从超微结构来看，生物体直径 350～1 250 nm；呈圆形、椭圆形或豆形；并被双膜包围。被感染的血小板可能含有 1～3 个单膜内衬的液泡，每个液泡内有 1～15 种生物体(图 9-76A、图 9-76B)。

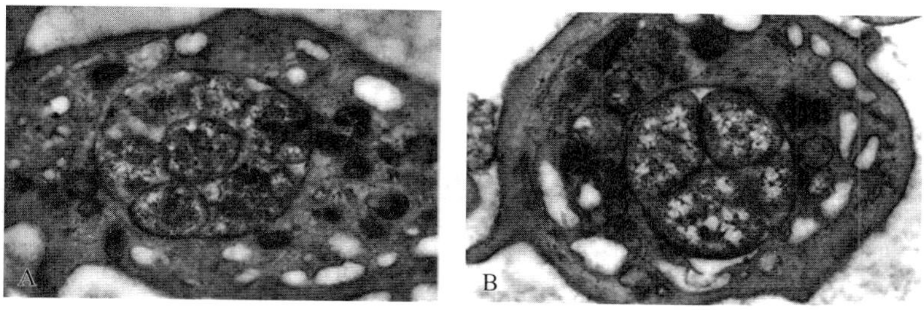

A. 带膜内液泡，含有 7 个可见生物体；B. 血小板，膜内有液泡，含有 4 个可见生物体。

图 9-76 犬血小板的透射电子显微图

2. 血小板减少症

血小板减少症主要原因包括产量减少、血小板在血栓形成中的利用率增加和破坏增加。骨髓检查有助于鉴别诊断血小板的减少，特别是在没有伴随凝血异常的情况下。

(1)血小板生成减少 血小板减少症与骨髓发育不良和再生障碍性贫血的发现一致。它也经常出现于骨髓性肺结核疾病中，其特征是以正常造血细胞取代异常造血细胞。例如，骨髓样肿瘤、淋巴样肿瘤和多发性骨髓瘤。血小板减少有时也可能继发于淋巴瘤、癌和肥大细胞肿瘤的扩散。

血小板减少通常在感染 FeLV 的猫中发现，而在感染猫免疫缺陷病毒的猫中较少见。骨髓检查通常显示存在骨髓增生异常综合征或较少见的白血病。病毒在巨核细胞中的复制可能导致某些病毒感染中发生血小板减少。感染马传染性贫血病毒的马的血小板产量也有所减少。

(2)血小板消耗率增加 血小板利用率增加(消耗)与 DIC 和血栓栓塞有关，还有血管病变，包括血管炎。除了与某些炎症条件相关的血管损伤外，一些炎症性细胞因子，还能促进血小板聚集。

尤其是中蛇毒后，可能会出现血小板减少。毒液中的成分可直接诱导血小板活化和聚集。血小板的激活和聚集也可能发生在毒液成分引起的血管损伤的反应中。

(3)感染和血小板减少症 血小板减少通常与感染因子有关，特别是血液中的感染因子。血小板减少的发病机制可能是多因素的。

血小板减少通常存在于急性原生动物(巴贝虫属、泰勒虫属、胞吐菌属)感染，但血小板减少通常不存在于血液营养性支原体或无形体感染中。血小板减少症是白细胞立克次氏体(埃立克体、无形体和新立克次体)感染中常见。立克次体侵入内皮细胞并复制，导致血管损伤和血管炎，随后血小板活化和凝固。各种非洲锥虫感染期间会持续导致血小板减少。血小板减少症与猪、牛和犬的肉孢子虫有关。血小板减少症在细菌感染时很常见，特别是当血液中存在内毒素时。据报道，血小板减少伴有犬肝脓肿，犬钩端螺旋体病，猫兔热症，感染复发性热螺旋体的犬螺旋体症。这些生物可能与血小板直接反应，导致血小板减少。血小板减少还可能继发于弥散性真菌感染，尤其是组织胞浆体菌病。

(4)药物和化学诱导的血小板减少症 大多数药物和化学诱导的血小板减少是对骨髓的毒性作用，或者说这些化合物能够发挥增强作用，诱导继发性免疫介导的血小板破坏。据报道导致血小板减少的药物和化学物质，通常也包括白细胞减少/贫血，包括癌症化疗药物(卡铂、顺铂、环磷酰胺、环磷酰胺、草碱、氟尿嘧啶、脱氧甲霉素、阿霉素)、抗菌药物(磺胺类、氨基酸)、非甾体类抗炎药物(苯丁酮、卡洛芬)、抗螺胺类(阿苯达唑、左伐米松)、抗甲状腺药物(甲咪唑、免疫抑制阿唑嘌呤、外源性或内源性雌激素(犬和雪貂)。

精神兴奋剂右旋苯非他明和安非他明(Adderall),苯巴比妥,抗病毒药物利巴韦林,抗银屑病药物霜钙醇,血管紧张素转换酶抑制剂卡托普利和各种毒素(苯酚、氟醋酸、大泽米种子、蕨和蕨类)。

(5)肿瘤形成和血小板减少　与肿瘤相关的血小板减少的发病机制各不相同,不能确定。血小板减少在犬和化疗动物的淋巴瘤和血管动脉瘤中最常见。在原发性骨髓肿瘤形成中缺乏血小板,包括骨髓增生异常综合征(MDS)、急性髓细胞白血病(AML)、急性淋巴细胞白血病(ALL)和多发性血小板瘤。血小板减少症和中性粒细胞减少症在慢性淋巴细胞白血病(CLL)中较为少见,至少部分是因为骨髓通常不会被CLL中的肿瘤细胞所取代。转移淋巴瘤和肥大细胞瘤时会有大量的骨髓浸润,可能导致血小板产生减少。血小板产生减少也发生于雌激素分泌肿瘤。

第五节　家禽的血液检验

一、血红蛋白测定

1. 注意事项

①禽的血液易于凝固,如用不加抗凝剂的血液,操作应迅速,以防血液凝固。

②用沙利氏比色法测得禽的血红蛋白量,比实际的含量稍高,因为红细胞经盐酸破坏后,红细胞的核仍悬浮在液体中,使比色后的读数增高,但在临床上都按沙利氏比色法报告结果,因而不影响对疾病的诊断。

2. 参考值

各地报道的数值(g/dL)见表 9-8 所列。

表 9-8　各地报道家禽血红蛋白参考值

家禽种类	月龄	性别	测定只数	参考值/(g/dL)	资料来源
东三黄鸡	5	♂	23	7.40±0.95	华南农业大学
东三黄鸡	5	♀	22	6.14±1.03	华南农业大学
来航鸡	6	♂		9.89±3.27	内蒙古农业大学
来航鸡	6	♀		8.49±3.04	内蒙古农业大学
北京鸭	2	♀	30	9.17±0.72	中国农业大学
鹅			31	11.06±0.97	云南农业大学

3. 临床意义

家禽发生贫血时,血红蛋白含量出现不同程度地减少。如绦虫病时,血红蛋白可比正常值减少 3/4～5/6。

二、红细胞计数

家禽红细胞计数的原理、器材、方法与家畜红细胞计数相同。

1. 注意事项

禽的红细胞、白细胞及凝血细胞(相当于哺乳类的血小板)均有细胞核,故在计数时应注意三者的区别:红细胞在显微镜下呈淡黄绿色,椭圆形,中央有一模糊的核;白细胞及凝血细胞虽未破坏,但白细胞为圆形;凝血细胞较红细胞小。

2. 参考值

各地报道的参考值如下。

健康家禽的红细胞计数,公鸡为 323 万个/μL;母鸡为 272 万个/μL;鸭为 306 万个/μL;鹅为 271 万个/μL。

3. 临床意义

贫血时红细胞计数减少。患马立克氏病、淋巴性白血病、鸡白痢以及胃肠道寄生虫病时,红细胞计数均可明显减少。

三、白细胞计数

禽类的红细胞、白细胞及凝血细胞均有核,用前述白细胞计数法中的冰醋酸不能破坏红细胞及凝血细胞,因此改用直接染色计数法。

禽类的白细胞计数,虽可用 5%冰醋酸作稀释液,但因 3 种血细胞均有核,故对白细胞计数常用下列直接染色计数法,方便可靠。

1. 稀释液

甲液:中性红 25 mg,氯化钠 0.9 g,蒸馏水 100 mL。

乙液:结晶紫 12 mg,柠檬酸钠 3.8 g,甲醛(弱酸性)0.8 mL,蒸馏水 100 mL。

用前将甲、乙液分别过滤并加热到 41~42 ℃。

2. 方法

用吸管吸取甲液 1 mL 置于小试管中,用沙利氏吸血管吸血至 20 μL 处,擦去管外黏附的血液,吹入试管中,反复吸、吹数次,混合均匀。用另一支吸管吸取乙液 1 mL,置于上述试管中,混合振荡 5 min。取此稀释成 100 倍的血液,充入计数室,计数四角 4 个大方格内的白细胞数。

在显微镜下,红细胞的细胞质为微黄色,核呈淡蓝色;粒性白细胞被中性红着色;淋巴细胞比红细胞大;凝血细胞呈卵圆形,透明呈玻璃样、带暗绿色阴影,细胞质与细胞核之间无明显界限,一端或两端有明显颗粒。

3. 计算

$$\text{每微升白细胞个数}=\frac{x}{4}\times 100\times 10$$

式中,x 为四角 4 个大方格内的白细胞总数;100 为稀释倍数。

4. 参考值

禽类的白细胞数较哺乳动物为多。其参考值为:鸡(21 660±660)个/μL;鸭为(28 720±2 640)个/μL;鹅(26 670±2 630)个/μL。

5. 注意事项

①本法操作简便，比间接染色计数法方便，结果准确可靠。

②本法可同时计数红细胞及凝血细胞照上述操作方法及计算公式即可算出凝血细胞的数值（鸡的凝血细胞参考值为 38 000～72 000 个/μL）。

6. 临床意义

白细胞数增、减的意义与家畜白细胞数增多、减少的意义相似，即细菌性感染时可增加，如鸡白痢时白细胞数可达 245 000 个/μL。病毒性感染时白细胞数可减少。

四、白细胞分类计数

按家畜白细胞分类计数涂制血片的方法制作推片，用瑞氏染色法染色，观察，求出各种白细胞的百分率。染色方法也可用美-格(May-Grfünwald)氏染色法，现介绍如下。

1. 染液

美-格氏染色液：美-格氏染粉 1 g，纯净甘油 50 mL，无水甲醇 100 mL，混合、溶解，放置 1 d 后过滤备用。

2. 方法

血片不需固定，直接加美-格氏染色液约 2 mL，用嘴轻轻吹动，混合，继续染色 1 min。倾去染液，用吉姆萨染色液复染 10～15 min。水洗、干燥、油镜观察。

3. 各种白细胞的形态特征

①异嗜性粒细胞：又称假嗜酸性粒细胞。圆形，细胞质无色透明，其间有许多嗜酸性的杆状或纺锤形结晶颗粒（鸭的为不正圆形，鹅的为大米粒状），这种颗粒被染成浅红色。核分叶，染色质粗糙，被染为蓝紫色。

②嗜酸性粒细胞：嗜酸性颗粒大而呈球形（鸭的颗粒呈杆状，很少为纺锤形），颗粒被染成深红色。细胞质为淡蓝灰色。核常为 2 叶，染色质较异嗜性粒细胞带更多蓝色色调。

③嗜碱性粒细胞：细胞质内有中等大小的深紫色颗粒。核为圆形、卵圆形或分叶，染色较浅。

④淋巴细胞：有大、中、小 3 种，其中以小淋巴细胞较多。细胞质淡蓝色。核圆形或一侧凹陷，常偏左，在核凹陷的一侧有时可见到嗜天青颗粒。

⑤单核细胞：比淋巴细胞大，细胞质灰蓝色。核形不规则，染色质结构均匀，为细丝状（淋巴细胞的染色质呈块状）。

4. 计数

计数方法与家畜白细胞分类计数方法相同。

5. 参考值

健康家禽白细胞分类参考值见表 9-9 所列。

表 9-9 健康家禽白细胞分类参考值 %

种类	测定数	嗜酸性粒细胞	嗜碱性粒细胞	异嗜性粒细胞	淋巴细胞	单核细胞
鸡	31	7.00±1.41	1.36±0.71	28.84±1.88	57.81±1.62	4.97±0.91
鸭	32	3.84±0.72	1.00±0.57	33.91±1.89	56.66±1.73	4.50±0.57
鹅	31	3.42±0.51	1.54±0.51	34.29±1.62	57.38±1.59	3.36±0.49

6. 临床意义

患寄生虫病时，嗜酸性粒细胞可增多。患沙门菌病、核黄素缺乏症时，异嗜性粒细胞增多。叶酸缺乏时，异嗜性粒细胞减少。鸡患新城疫时，小淋巴细胞减少。患李氏杆菌病时，单核细胞可见明显增多。

思考题

1. 常见家禽的白细胞分类参考值是多少？
2. 白细胞异常可能的原因是什么？
3. 红细胞常见的异常变化有几种？

第十章　血液生化检验

重点提示：主要掌握血液生化检验各个项目值升高或降低的临床意义，并能与临床上诊断的相关疾病联系起来。

一、血浆生化的基本原理

血浆基本上就是流动的细胞外液，内含用来保持水分的蛋白（通过提高渗透压），它把大量的物质从吸收部位或生成部位运输到利用部位或分泌部位，并含有许多其他的物质，这些物质对维持细胞外液正常功能所需的精确浓度是十分重要的。因此，对血浆样品的分析可以提供各种类型的信息。

血浆某种物质异常浓度降低可能是由于进入血浆中的量减少（合成的损伤，营养缺乏，吸收不良，缺乏前体等）或血浆中的清除加快（如需要量的增加，排泄量的增加，病理性丢失等）造成的，某种物质浓度异常升高可能是由于进入血浆的量增加（生成和摄入的增加或从细胞内病理性漏出）或血浆中清除减慢（利用减少，排泄损伤等）造成的。同时，在有些病例中，还要记得正常的体液平衡机制受干扰的影响。

血液生化检验现在大多用半自动或自动生化分析仪和试剂盒或试剂条，其半自动或自动生化分析仪使用方法也各不相同，故本章省去了检验方法。

二、血清和血浆

当含有抗凝剂的血样被离心后，上清液就是血浆，而血清是血样凝固后的上清液。一般来说，大多数的生化检验都可用血清或肝素抗凝的血浆进行，除了检验项目本身的需要外，很少有特殊的例外。但有时肝素抗凝的血比凝固的血应用更广泛，这是因为它更容易操作，它可以毫不耽误时间地进行离心。凝固的样品必须在室温下静置 2 h 以使凝血形成（这对于十分紧急的病例是不利的），而且分离也是十分麻烦的。除非使用（昂贵的）玻璃收集试管，否则样品必须离心 2 次，这样引起的结果是血清比血浆更容易引起溶血。血浆的唯一的问题是在电冰箱中储存时，它会形成微小的凝块，但这通常不是主要的问题。

第一节　血浆蛋白质测定

血浆中，正常的总蛋白（TP）为 60～80 g/L（犬的稍低），正常的白蛋白为 25～35 g/L（犬和猫比大动物低）。血浆含有蛋白的混合物——白蛋白（ALB）、球蛋白（GLOB）和纤维蛋白原（FIB）。它们除具有营养功能、维持胶体渗透压及酸碱平衡的作用外，还具有酶、抗体、凝血因子及运输营养代谢物质大作用。白蛋白和大部分α-球蛋白及β-球蛋白是由肝脏合成的，而免疫球蛋白则是由淋巴器官中的淋巴细胞和浆细胞分泌的。

总蛋白通常用双缩脲法来测定，但紧急时折光法也可以。白蛋白通常用溴甲酚绿染料结合法测定。蛋白成分的分离首先是测定血清总蛋白和白蛋白的量，然后用血清总蛋白的量减去血清白蛋白的量来得到球蛋白的量。这种方法快速且便宜。

关于蛋白质更多的信息可以通过电泳来获得。蛋白成分可在 pH 8.4 的聚丙烯酰胺凝胶上分离。干燥以后，染色的凝胶体可在显像密度计上产生可观察的典型的电泳带。与正常的蛋白质模式相对比，可见一些典型的异常模式。白蛋白与球蛋白比例（A/G）有助于解释蛋白成分的变化，假如二者成分一起改变，则认为是一种正常现象；如果其中一者的成分明显改变，则认为是异常现象。

一、总蛋白浓度的升高

总蛋白浓度的升高有 3 个主要原因。

1. 水相对缺乏

水相对缺乏也称假性升高。由于蛋白不完全被局限于循环中，总血浆蛋白浓度在理论上用于表明脱水的效果没有红细胞压积（PCV）好，但在实践中，它有某些优点。它不受脾收缩的影响，这可以避免脱水时由于激动或应激引起错误的判断，而且在犬中，其范围比红细胞压积狭窄得多，这就更容易评估某一血样脱水的程度。当水相对缺乏引起血浆蛋白浓度升高时，所有的血浆蛋白、白蛋白和球蛋白都以同一比例升高。当由于其他原因（下列的）引起的蛋白浓度绝对升高时，只有球蛋白升高，而白蛋白不变或降低。

2. 慢性和免疫介导性疾病

这些疾病可以引起球蛋白，特别是γ-球蛋白的升高。这些疾病包括肝硬化、慢性亚急性细菌性传染病和自体免疫疾病，特别是猫传染性腹膜炎。

3. 副蛋白血症

这是一种相当少见的疾病，它与恶性产生免疫球蛋白的细胞（通常是淋巴细胞）有关，在其中进行免疫细胞的单克隆增殖，产生大量的外观异常的单个的免疫球蛋白，血浆通常十分黏稠。

二、总蛋白或白蛋白浓度的降低

总蛋白或白蛋白浓度的降低可见于各种不同的临床疾病，具体如下。

1. 水相对过多

水过多不常见，但可能是医源性的。这最常见于从一个正在输液的动物采得的血，甚至是在静脉输液的套管中采得的血，这些血都表现为假性稀释。同样所有的蛋白都以同一比例改变。

2. 过多的蛋白丢失

由于白蛋白是血浆中最小的蛋白之一，它比其他的蛋白更容易丢失，所以有些疾病常表现为低白蛋白血症。

(1)肾蛋白丢失　见于肾病综合征、肾小球性肾炎、肾淀粉样变性等。这可通过检查尿中是否存在蛋白来证实，但有时同时发生的膀胱炎会干扰诊断。

(2)肠蛋白丢失(蛋白丢失性肠病)　在大动物(特别是马)中,可见于严重的寄生虫病和过量的保泰松对马的毒性作用(不像其他的动物,引起再生障碍性贫血)。在小动物中,要考虑的疾病有淋巴癌、肠绒毛萎缩、大肠炎和嗜酸性肠炎。

(3)出血　当全血丢失时,血浆蛋白的丢失会引起低蛋白血症,同时存在贫血。这是评估再生性贫血是出血性的还是溶血性的最容易的方法。如果是后者,血浆蛋白不会下降。

(4)烧伤　大面积皮肤烧伤渗出的血清可引起低蛋白血症。

3. 蛋白合成下降

(1)食物中蛋白质的缺乏　常见于饲养管理较差的动物。

(2)吸收障碍　可由各种原因引起,例如脾外分泌功能不全(先天性或获得性的),小肠内细菌的过度繁殖等。另外,在一些蛋白丢失性的肠病中,也有一定程度的吸收障碍并发。

(3)肝衰竭　白蛋白主要是在肝中合成的。患肝脏疾病时,血清白蛋白通常降低。注意肝衰竭和肝细胞损伤是不同的,不能因为肝酶不升高而认为肝衰竭不是引起低白蛋白血症的原因。进行特异性的肝功试验,如磺溴酞钠(BSP)清除率或胆汁酸检测是必须的。

三、低白蛋白血症

由于白蛋白在血浆中的主要作用是保持水分,低白蛋白血症的病畜几乎都会发生水肿或腹水,这是主要的症状。大面积的烧伤当然是明显的症状,而出血的动物通常也存在明显的贫血。饮食不良引起的低白蛋白血症较轻,很少出现水肿,除非出现严重的营养不良或快速生长的动物,所以低白蛋白血症要考虑的 3 个主要方面是肝、肾和内脏。肾性蛋白丢失可以通过尿样检查来证实。肝衰可以通过肝功检验来证实。吸收不良或蛋白丢失性肠病通常是间歇性的腹泻,但这不是一成不变的,在排除了肝和肾的问题以后,就必须检查肠病的问题。在某些疾病中,实验室的检验或其他特殊诊断技术是有帮助的。患低白蛋白血症的病畜痊愈得非常慢,且伤口反复破溃是很常见的。

第二节　胆红素和胆汁酸的测定

一、胆红素

正常动物血浆胆红素(BIL)的浓度低于 5 μmol/L(反刍动物稍高些),而马的正常的浓度可高达 50 μmol/L。胆红素是血红素分解代谢的最终产物,主要在肝脏代谢。它的初产物是脂溶性的(称为游离胆红素),在血液中,它与白蛋白结合在一起并经血液转运到肝脏,然后主要由葡糖醛酸转移酶催化变成可溶于水的结合胆红素。结合胆红素分泌入胆汁,并随胆汁分泌入小肠被氧化成粪胆素,使粪便呈特征性的棕色。结合胆红素又称直接胆红素,而非结合(间接)胆红素是通过总胆红素减去直接胆红素计算出来的。

实验室检测血清总胆红素和结合胆红素通常用到的方法有改良 J-G 法(重氮试剂法)和胆红素氧化酶法。血浆胆红素浓度增加可能由以下原因引起。

1. 禁食性高胆红素血症

马是唯一容易出现该病的动物。在饥饿或厌食且没有发生溶血或肝胆异常的马中,血浆胆红素浓度可升高到 100 μmol/L。这可能是游离脂肪酸的原因,这种高胆红素血症的症状是轻度的,但一些动物会进一步继发临床高脂血症。

2. 血管内溶血

由于正常的网状内皮-肝胆系统的作用,轻度到中度的溶血很可能不会导致血浆胆红素浓度升高。而发生严重的溶血时,产生的胆红素超过了肝细胞的处理能力,就会出现高胆红素血症(溶血性黄疸),通常不会特别严重。随溶血的严重程度不同,其水平为 10～20 μmol/L,血浆中高水平的胆红素,常明显伴有高水平的游离血红蛋白。绝大多数的胆红素是非结合性的。

3. 肝脏疾病

由于肝脏有许多不同的功能,肝脏疾病可表现为各种临床综合征。由于肝细胞发生病变,肝细胞摄取胆红素的能力降低导致血液中胆红素增多。一般来说,在急性肝炎中,肝脏结合或排泄胆红素功能衰竭常常是暂时性的。这时,血浆胆红素浓度可以升高到 60 μmol/L 或更高。在疾病早期,常出现的是间接胆红素升高。

大多数的病例,尤其是肝炎,会导致肝实质酶的血浆活性升高,这些肝酶活性(特别是转氨酶)与肝实质的相关程度要比由微细胆管产生并通过胆管排泄的碱性磷酸酶(ALP)高。但是在一些肝硬化或肿瘤浸润末期的动物肝脏中,血浆酶水平可能正常或降低。同样,一些肝衰的疾病也与出血性贫血有关,如果怀疑黄疸和贫血的病畜有肝脏疾病,可以检测磺溴酞钠(BSP)排泄率或血浆胆汁酸浓度。在肝胆机能不全的病例中,磺溴酞钠排泄的时间会明显的延长。同时,血浆氨浓度也会在肝衰时升高。

4. 胆管阻塞性疾病

肝内性或肝后性的阻塞如出现结石和肿瘤,而肿瘤是最常见的病因。在完全阻塞的疾病中,血浆胆红素浓度可以升到非常高,甚至超过 100 μmol/L。由于胆红素无法随胆汁排泄导致缺乏粪胆素,粪便变为苍白色。在阻塞早期,胆红素几乎都是直接胆红素,且肝酶几乎都正常,而碱性磷酸酶会有明显的升高。在阻塞后期,受阻的含有直接胆红素的胆汁会引起真性的肝损伤,同时间接胆红素也升高,其他肝酶的水平也会升高(虽然没有碱性磷酸酶那么有特异性,碱性磷酸酶在阻塞性黄疸时,很容易超过 10 000 IU/L);磺溴酞钠排泄率时间也会明显延长,血浆胆汁酸浓度也会升高,但氨浓度通常是正常的。

二、胆汁酸

正常的血浆胆汁酸(BA)浓度低于 15 μmol/L。胆汁酸按结构可分为游离胆汁酸和结合胆汁酸两大类,游离胆汁酸包括胆酸、鹅脱氧胆酸和脱氧胆酸 3 种,它们由肝细胞产生。结合胆汁酸是游离胆汁酸与甘氨酸或牛磺酸结合的产物。胆汁酸随胆汁分泌入肠道,乳化脂肪,能够消化吸收食物中脂肪和脂溶性维生素(维生素 A、维生素 D、维生素 E、维生素 K)还能够防止结石生成。由胆汁分泌入肠道的胆汁酸,大约 95%又重新被吸收入血液经门静脉返回到肝脏,再随胆汁分泌入肠道,这种现象称为肠肝循环。

血清胆汁酸的检测方法采用放射免疫法或酶联法。血清胆汁酸含量增多见于胆管阻塞和多种肝脏疾病如急性肝炎、肝硬化等,其增多变化常与血清 ALP 活性增高相平行。马、犊牛、羊和犬发生急性中毒性肝坏死时,血清胆汁酸含量明显增加。

第三节 碳水化合物和脂肪代谢物的测定

一、葡萄糖

正常单胃动物禁食后血糖浓度为4.0～5.5 mmol/L，反刍动物为3～4 mmol/L。要注意的是这里的血糖浓度是指血浆葡萄糖(GLU)的浓度。

葡萄糖被吸收后，被转运到肝糖的储存部位(主要是在肝脏和肌肉)储存。禁食动物的血糖浓度是通过利用体内所能找到的碳水化合物来维持的——正常时肝糖分解占优势，并有少量的脂肪分解，但如果持续饥饿，脂肪分解就会显得更重要。

无论当前是否禁食，复杂又严格的反馈机制和激素控制了这些途径，使血浆葡萄糖浓度维持在一个相对稳定的水平。胰岛素降低血糖浓度，而胰高血糖素和生长激素则升高血糖。发生异常时，如持续的禁食或应激，糖皮质激素和肾上腺素都可以升高血糖浓度。

1. 肾糖阈

肾脏对糖的处理是通过允许血浆葡萄糖的滤过并在肾小管近端重吸收来实现的。被重吸收的葡萄糖量，会随血液中糖浓度的逐步升高而增加，当血液中葡萄糖量超过10 mmol/L时有一部分肾小管对葡萄糖的吸收已达到极限，尿中开始出现葡萄糖时的血糖浓度称为肾糖阈。之所以肾对葡萄糖吸收有极限，是因为载体蛋白数量有限足以通过多的糖分子结合。低于10 mmol/L的肾糖阈常见于一些正常的个体，特别是婴儿和妊娠期间。其也见于近端肾小管的缺陷(范尼氏综合征)，在该病中葡萄糖重吸收功能差，可在没有高糖血症时出现糖尿。在长期患糖尿病的动物中，肾糖阈可能会升高。未治疗的高血糖可能会引起白内障、脂肪肝等。在存在高糖症的情况下，没有糖尿的原因是肾脏的疾病，它会使肾小球的滤过率降低，这样近端肾小管的压力就降低了，故可能完全重吸收。

2. 血糖升高

血糖升高的程度可从食后的轻度高糖血症，到未进行治疗的糖尿病中的严重的高糖血症。高血糖不是一种疾病的诊断，只是一种血糖监测结果的判定，血糖监测是一时性的结果，高血糖不完全等于糖尿病。血糖升高可见于以下原因。

(1)采食高碳水化合物的饲料　采食高碳水化合物后，血糖浓度有一个吸收后的峰值。该水平取决于许多因素，但它通常不会升高到7 mmol/L以上。

(2)跑步运动　这与肾上腺轴的大量分泌有关，赛马和灰猎犬在跑步后的血糖水平升高到15 mmol/L左右是常见的。

(3)应激　是指机体在受到一定强度的应激原(躯体或心理刺激)作用时所出现的全身性非特异性适应反应，也称应激反应。兽医临床中，应激能引起血糖浓度升高特别是严重的或急性的应激包括动物有剧烈的疼痛，难驾驭的动物被限制和大动物旅途劳累(公路、铁路、海运或空运)等。肾上腺轴和糖皮质激素都起作用，其中肾上腺轴的影响更明显些。血糖浓度可达15 mmol/L，但6～8 mmol/L的浓度更常见。

(4)其他原因引起的糖皮质激素的活动增加　例如，用糖皮质激素治疗库兴氏病，这种情况比前面提到的应激的持续时间更长，胰岛素的对抗作用可能掩盖高糖血症的倾向。但有时可见血糖浓度为6～8 mmol/L。

(5)用含糖的液体静脉注射治疗　最常用的制剂是糖盐水，但有些静脉注射的制剂都是含葡萄糖或右旋糖的。含糖的目的是为低渗的电解质溶液增加渗透压，使之适于输液。当然，使用这种制剂会升高血糖。

一般来说，输液的目的是为了纠正脱水，输液的速度不能快到使血糖上升到肾糖阈以上，因为这会引起渗透利尿，从而使水进一步丢失。由于过快地输糖盐水，血糖升高到 15 mmol/L，甚至 20 mmol/L 是很可能的。因此勿将输液或刚输完液的动物误诊为糖尿病。

(6)糖尿病　是一种由于胰岛素分泌缺陷和/或胰岛素作用障碍所致的以高血糖为特征的代谢性疾病。持续高血糖与长期代谢紊乱等可导致全身组织器官，特别是眼、肾、心血管及神经系统的损害及其功能障碍和衰竭。严重者可引起失水，电解质紊乱和酸碱平衡失调等急性并发症酮症酸中毒和高渗昏迷。糖尿病的症状可分为两大类：一大类是与代谢紊乱有关的表现，尤其是与高血糖有关的"三多一少"，即多食、多饮、多尿和体重减少，多见于 1 型糖尿病，2 型糖尿病常不十分明显或仅有部分表现；另一大类是各种急性，慢性并发症的表现。

高糖血症是由胰岛素缺乏引起的，当它超过肾糖阈时，就会出现糖尿以及典型的多尿和烦渴的症状。动物中的先天性糖尿病最常见于犬（通常是母犬，其临床症状为"三多一少"，持续的血糖升高会导致机体代谢紊乱，出现如白内障、胰腺炎、肾上腺皮质功能亢进等继发症，对犬的生活质量及生命健康造成严重的威胁。

在兽医临床中，糖尿病一般要到十分严重时才被发现，这时诊断相对容易，只要测定血糖浓度（最好是禁食后的）就足够了。在人医的内科中，禁食后血糖浓度超过 8 mmol/L 就被认为有诊断意义。在兽医临床上，怀疑有糖尿病时，最有效的方法是测定 2 h 后的血糖浓度。在没有应激的情况下，血糖高达 11 mmol/L 时，就可认为有糖尿病。如果动物在采血过程中产生应激，即使是 2 h 后的样品也可能是不可靠的。

糖尿不是诊断糖尿病十分可靠的方法，因为可能出现假阳性的结果，如在采尿之前应激或运动引起血糖升高到超出肾糖阈，或是存在肾性糖尿——范尼氏综合征（近端肾小管的缺陷）。

3. 血糖降低

在大多数动物中，葡萄糖浓度低于 2 mmol/L 时，会出现可诊断的症状，但马对低糖血症的耐受力很强，血浆葡萄糖浓度低达 1 mmol/L 时，也可能没有症状。血糖降低可见于以下原因。

(1)胰岛素诱导的低糖血症

①糖尿病患者过量使用胰岛素：犬在给予胰岛素治疗后不采食，或错误地使用了两次胰岛素可以引起低血糖。

②胰岛瘤：又称胰岛 B 细胞瘤，是一种以分泌大量胰岛素而引起发作性低血糖症候群为特征的疾病，为器质性低血糖症中较常见的病因。这是一种胰腺小岛细胞上的肿瘤，在犬中常见，其症状可能会被误认为是原发性的中枢神经系统疾病。通过胰岛素和 C-羧氨酸检测可以确诊，但在临床上，这种测定往往是很难做到的。对胰岛瘤的治疗，如果可能就进行手术切除，如果不能，就对症治疗。

(2)禁食性低糖血症

①丙酮血症（牛）/妊娠毒血症（羊）：这种情况只发生于反刍动物的疾病，是由于异常碳水化合物代谢。在反刍动物中，摄入的碳水化合物不能以同样的形式吸收，而是被细菌分解成游离脂肪酸的形式吸收，在必要的情况下可以通过糖原生成的方式转化为葡萄糖。这使反刍动

物易发生低血糖症，低血糖症常发生于妊娠后期（羊）/泌乳高峰前期（牛）。单胃动物不会因长期的饥饿而发生低糖血症。

②观赏犬的先天性的低糖血症：这与应激和反复的阶段性的虚弱有关，与胰岛瘤无关，由此引起的严重的低糖血症是不常见的。

（3）反应性低糖血症型疾病　可见于人，但在动物中很少确诊。

①功能性低糖血症：在正常的动物中，食后的血浆糖浓度达到峰值后接着有个暂时的低于禁食水平的波动。在对葡萄糖特别敏感的动物中，这种波动会扩大，并足以引起真性的低糖血症，其症状通常是不严重的。

②酒精诱导的低糖血症：正常个体在摄入酒精过多时，由于酒精抑制脂肪、蛋白质转变为葡萄糖，医学上称为酒精性低血糖症。其多见于口服磺脲类或需胰岛素治疗的糖尿病患畜。

二、酮体（丙酮、乙酰乙酸和 β-羟丁酸）

酮体是丙酮、乙酰乙酸和 β-羟丁酸三者的统称，其中丙酮约占 2%，乙酰乙酸约占 28%，β-羟丁酸约占 70%。正常血液中仅存在极少量的酮体，而在某些生理或病理情况下，脂肪酸成为主要供能物质，酮体的生成和利用失去平衡，导致酮血症。它常出现于以下两种情形。

（1）糖尿病酮酸血症　在未治疗的糖尿病中，没有葡萄糖进入细胞，即使在高血糖的情况下，也会有上述情况发生。这种情况常伴有糖尿性昏迷，所以把它与低糖血症区别开来很重要，因为诊断错误会导致致命性的治疗。在治疗之前，它常伴有高钾血症，但用胰岛素治疗后，可使钾浓度明显降低，并有可能引起严重的低钾血症。

（2）绝对的碳水化合物缺乏　常见于有丙酮血症和妊娠毒血症的牛、羊，且它常与低糖血症有关。在严重的患病动物中，血浆 β-羟丁酸浓度可高于 10 mmol/L。由于反刍动物碳水化合物代谢方式不同，口服葡萄糖对升高血糖和逆转酮病是没有用的。因此治疗方法是口服糖原物质，如丙烯乙二醇。糖皮质激素对改善糖原的合成也十分有效，常用于治疗牛的酮病。但羊是在分娩前发病，糖皮质激素的使用会引起流产，这种治疗方法在怀孕动物中一般是最后使用的。在单胃动物中，由饥饿引起的酮病是很少见的，但在人体中也有发生。

血清或尿酮体的检测对酮症的诊断、评估病情的严重程度及监测治疗十分重要。很多情况下，可从动物的呼吸中闻出丙酮的气味来。传统的酮体检测方法为硝普盐法，尿或血液样本中的乙酰乙酸在碱存在的条件下与亚硝基铁氰盐反应，产生紫色复合物（如果试剂中加入甘氨酸，还可检测丙酮）。这种方法成本较低，而且操作简便，在它的基础上发展出了酮体试纸条、酮体粉等多种检测方式。但是亚硝基铁氰化钠只对乙酰乙酸敏感，与丙酮的反应较差，与 β-羟丁酸几乎不发生反应，容易造成假阴性结果。越来越多的学者倾向于定量检测酮体中含量最高的 β-羟丁酸。基于分光光度法的酶试剂盒和 β-羟丁酸电化学生物传感器是常见的定量检测 β-羟丁酸的方法。

三、胆固醇

犬正常的血浆胆固醇（CHOL）浓度低于 7～8 mmol/L，猫为 4～5 mmol/L，草食动物为 2～3 mmol/L。胆固醇既可从消化道中吸收（肉类食物），也可在体内合成。它是细胞膜的组成成分，可增加细胞膜结构的牢固性。过多的胆固醇排泄到胆汁中，一部分形成胆汁酸和胆盐，一部分以未变化的胆固醇形式存在（可以被重吸收）。

(一)胆固醇升高

在人体中，高胆固醇血症与动脉硬化和局部缺血性心脏病有关，但在家畜中还未发现这种关系。胆固醇水平在草食动物中是很低的，且它的升高也不与某一疾病有必然的关系。在小动物中，已发现有许多原因可以引起高胆固醇血症。

(1)进食含脂肪的食物　食物对血浆胆固醇浓度的影响不是特别大，最多为 2～3 mmol/L。但如果要让胆固醇有诊断意义，最好采禁食后的血。

(2)肝或胆管疾病　由于肝胆管系统与胆固醇的排泄有关，患有肝衰竭的病畜血浆胆固醇浓度都会升高。

(3)肾病综合征　可能是由于它对血浆蛋白的作用引起的。

(4)糖尿病　在一些病例中，糖尿病动物脂肪代谢的增加会引起胆固醇的升高，特别是当病畜还患有肝的脂肪浸润，使肝功能降低时。

(5)库兴氏疾病　高血浆胆固醇浓度常见于库兴氏疾病，部分是由于脂代谢激素紊乱、类固醇性肝病引起，类固醇性肝病常与该病伴发。

(6)甲状腺功能减退　食物的影响不可能使血浆胆固醇浓度升高到超过 10 mmol/L，在肝、肾、糖尿病、库兴氏疾病中也很少升高到 15 mmol/L 以上。甲状腺功能减退可使高胆固醇血症高达 50 mmol/L，如此高的浓度或多或少对该病是有诊断意义的。但轻度的病例很难与库兴氏疾病区分，30%有甲状腺疾病的病畜的血浆胆固醇浓度是正常的。

(二)胆固醇检测方法

目前，已报道的血浆胆固醇检测方法较多，常见的有温度滴定法、分子发光法、比色法、气液色谱-质谱联用法等。

(1)温度滴定法　胆固醇及胆固醇酯在酶的催化反应中伴随着热量的产生。温度滴定法利用热敏电阻器感受反应中热量的变化，从而检测被测样品中胆固醇的含量。由于反应产生的大部分热量都散发到周围环境中，所以该法的灵敏度不高。

(2)分子发光法　胆固醇酯在胆固醇酯酶的作用下水解，生成游离胆固醇，游离胆固醇在胆固醇氧化酶的作用下与氧气发生氧化还原反应生成过氧化氢，过氧化氢在过氧化物酶的作用下同发光剂反应，产生化学发光。反应中过氧化氢的生成量与游离胆固醇的含量是成比例的，因而只要测出反应体系中可见光强度，便可测出样品中胆固醇的含量。

(3)比色法　与分子发光法不同的是，在第二步生成的过氧化氢与 4-氨基安替比林和酚在过氧化氢酶的催化作用下生成红色的醌亚胺。测得的吸光值与样品胆固醇浓度之间呈一定的线性关系。

(4)气液色谱-质谱联用法　气液色谱法利用混合物中各组分理化性质的差别(如分子形状和大小、分子亲和力、吸附力、分子极性等)，使其在支持物上集中分配在不同部位，达到分离的目的。然后进入质谱仪进行测定。

四、甘油三酯、乙二醇和游离脂肪酸(FFAs)

犬正常的血浆甘油三酯(TG)浓度约为 1 mmol/L，马为 0.4 mmol/L。游离乙二醇浓度一般低于 100 μmol/L。脂肪是以甘油三酯的形式储存的，3 个脂肪酸与 1 个乙二醇酯化形成甘油三酯。血浆甘油三酯水平的升高见于一些疾病，当在血浆中有乳白色悬浮物时，就要怀疑是否患有以下疾病。与血浆甘油三酯升高相关的疾病包括：糖尿病、甲状腺功能减退、肾病综合征、肾衰竭、急性坏死性胰腺炎、马的高脂血症。马的高脂血症是马的一种特殊的疾病，是由于食物中长期缺乏碳水化合物引起的，一方面是冬季牧草缺乏的原因，另一方面是继发于其他疾病的厌食(如疝痛)。它与牛的丙酮血症有几分类似，但不是脂解产物(酮体)的蓄积。患病动物通常完全停止吃食，而脂肪动员旺盛。血浆总乙二醇浓度超过 2 mmol/L 且血浆总脂肪质量浓度超过 5 g/L。血浆胆红素通常也升高。如果不治疗，该疾病通常是致死性的。

第四节　含氮物质测定

除了血浆蛋白之外，血浆中有诊断意义的含氮物质是与氮的排泄有关的代谢产物——尿素、肌酐和氨。尿酸在兽医内科中通常认为诊断意义不大。

一、尿素

正常的血浆中尿素(UREA)浓度为 3～8 mmol/L(猫和一些马的值可高达 15 mmol/L)。要注意的是，当尿素的值用旧单位表示时，可能会混淆。有两种尿素浓度的重量表示方法都表示为 mg/100 mL。一种是直接指每 100 mL 尿液中的尿素毫克量，另一种是指每 100 mL 尿液中尿素氮的毫克量，即尿素氮(BUN)。在这 2 个单位中的数量是不相同的(完整尿素分子的相对分子质量要明显大于其内含的 2 个氮原子的相对分子质量)，因此，明确在 1 个病例中是用哪个单位表示尿素含量是十分重要的。最安全的方法是把所有的数据都转换为 SI 单位(每升中尿素的毫摩尔数)，但这也需要系数转换方面的知识(尿素由 mg/dL 换算成 mmol/L，其换算系数是 0.17，尿素氮是 0.36)。尿素是在肝中形成的含氮代谢产物，是氨基酸代谢的终产物。血液中尿素氮在一定程度上可以反映动物体内氮的代谢，是反映机体氮代谢的一个重要指标，同时也是反刍动物氮平衡的一项重要指标。尿素在肝中形成，随后通过血浆被运送到肾脏，接着被排泄入尿中。因此，血浆中的尿素浓度可受许多不同因素影响。

1. 食物因素

尿素氮的浓度与日粮中蛋白质水平和碳水化合物组成密切相关。

①单纯的尿素氮升高可以因为饮食中摄入过多的蛋白质类食物引起，改变饮食结构，平衡蛋白质、含糖类食物和蔬菜的搭配，很快就可以恢复正常。

②食物中蛋白质质量低劣也有同样的效果。在没有必需氨基酸时，非必需氨基酸会脱氨基，从而引起血浆尿素浓度的轻度升高。

③碳水化合物的缺乏，当食物中没有足够的能量时，体内储存的蛋白质(起初是肝内储存的蛋白质)将会发生脱氨基作用以提供能量。饥饿时，特别是存在脱水的病例中，血浆尿素浓度可以高达 15 mmol/L，甚至是 20 mmol/L。

④食物中低水平的蛋白质可以引起血浆尿素浓度减少至 1～3 mmol/L。

2. 尿素循环失败(高氨血症)

尿素循环是哺乳动物机体内氨解毒的主要方式。动物体内过剩的氮进入尿素循环生成尿素，然后运输至肾脏，经肾脏排出体外。尿素循环失败会引起氨在体内的蓄积，同时引起血浆尿素浓度降低(0.5～2.5 mmol/L)。过量的氨会引起各种中枢神经系统症状(在小孩中可引起攻击行为、昏迷和精神延迟)。但要注意的是用尿素来诊断这类疾病是不可靠的，一些动物的尿素正常水平就是很低的。由于肾脏的问题，一些真正患高氨血症病畜的尿素浓度可能正常或稍升高。因此，当发现血浆尿素浓度降低及一些病例中怀疑有高氨血症时，无论尿素是否降低正确的方法是测定氨本身的浓度。

3. 引起血浆尿素浓度升高的原因

(1)肾灌注不良　这可能由严重的脱水或心功能不全引起。虽然肾脏的生理机能完好，但根据灌注不良的严重程度不同，血浆尿素浓度可升高至15～35 mmol/L。当疾病改善时，血浆尿素浓度将下降，这也是监测慢性心力衰竭治疗效果的一种有效方法。但要注意的是当灌注不良十分严重或肾缺氧时间太长时，会出现原发性的肾衰竭。在这些病例中，血浆尿素浓度将持续升高到35 mmol/L。

(2)肾功能不全　是可以由肾脏多种疾病的发展最终导致的一种以肾功能不全为根本原因的临床症状综合征。肾功能不全时血浆尿素氮升高，但不是唯一的临床表现，还会出现血肌酐的升高，同时还会有血压升高、食欲减退、牙龈出血、电解质紊乱、代谢性酸中毒、尿液检查异常等临床表现，但是单凭尿素氮升高这一项不能确定就是肾功能不全。在肾功能不全的早期，血尿素氮不一定升高，只有当肾小球滤过率下降至正常的50%以下时，血尿素氮才显示异常。

(3)尿道阻塞　血尿素氮易受到尿量的影响，由于尿道阻塞对肾产生压力且血浆尿素浓度可能上升到60 mmol/L或更高，故会引起急性的肾衰竭，这在临床上不难作出诊断(如膀胱扩张、疼痛，持续的收缩，只有少量或没有尿液流过)。如果阻塞被排除，该现象通常是可逆的。

(4)膀胱破裂　膀胱破裂可使血浆尿素浓度很快升高到100 mmol/L以上。如果及时用外科方法修复膀胱的话这种情况是可逆的，但麻醉尿毒症的病畜是十分危险的，而且病程到达该阶段后其预后也不好。在手术前用腹膜透析处理可以明显提高成功率。

(5)慢性肾功能衰竭　在慢性肾功能衰竭发生后，尿素氮的含量也会逐渐增高。因此，可以认为肾衰竭实际上只是影响血浆尿素浓度的疾病之一。在一个病例未作出确诊之前，把所有可能的原因都考虑进去是十分重要的，并考虑其他更特异的检测方法来诊断。特别是要注意误将伴有尿素浓度升高的心脏疾病诊断为肾衰竭。

4. 引起血浆尿素浓度降低的原因

①尿素合成减少，如肝病、肝肿瘤、肝硬化、门静脉和腔静脉吻合、低蛋白日粮等。

②黄曲霉毒素中毒。

③蛋白质摄入过少，导致体内尿素含量降低。

5. 尿素氮含量升高治疗方法

(1)电解质治疗　如果是属于严重脱水导致的尿素偏高，应给予葡萄糖、生理盐水，或者补充钾离子、钠离子等电解质进行对症治疗。

(2)药物控制　如果是因为高热，急性传染病引起的尿素升高，应用药物控制感染。

(3)控制蛋白摄入量　这是针对高蛋白饮食引起的尿素升高。

二、肌酐

正常的血浆中肌酐(CREA)浓度低于150 μmol/L。常用的肌酐检测方法是苦味酸法和肌氨酸氧化酶法(简称酶法)。肌酐是人体骨骼肌肌酸的代谢产物，自其产生后，每天以相对恒定的速率释放到全身血液循环中。肌酐在肾小球自由滤过，肾脏既不吸收也不代谢肌酐，并且血清肌酐检测快速简便，因此是临床评估肾小球滤过功能的常用方法。目前，实验室测定血清肌酐最常用的两大方法分别是苦味酸法和酶法。苦味酸法会受到维生素C、丙酮酸、丙酮、乙酰乙酸、葡萄糖、蛋白质、胆红素等多种物质的干扰，不宜用于黄疸、溶血等情况下患者的肌酐测定，特异性较差。1973年，McLean等将肌酐酶与苦味酸法相结合，实现了半酶法。20世纪70年代，肌氨酸氧化酶等肌酐测定的工具酶实现了商品化，酶法测定肌酐逐渐成熟。酶法与苦味酸法相比，具有样本量小、速度快、特异性高等优点。然而，酶法仍会受到维生素C、葡萄糖、儿茶酚胺等某些物质的影响。

因此，像尿素一样，血浆肌酐也用于检测肾脏的疾病。它与尿素有所不同，要得到肾功能的最大信息时，一般同时检测尿素和肌酐。血浆肌酐浓度不受食物和任何可以影响肝和尿素循环的因素影响。在疾病初期，它比尿素升高得更快，而好转时也降得更快，因此同时测定它们可以得到一些疾病的过程和进展的信息。当出现肾前性肾功能紊乱（心衰或脱水）时，肌酐比尿素的变化更小，而当存在原发性的肾衰竭时，它升高得更多。换句话说，它作为肾功能的诊断指标比尿素更敏感，也是更好的预后指针。

既然肌酐比尿素对肾衰竭更特异、更敏感，为何还要同时测定尿素呢？这是因为：肌酐会在血浆样品中变质，必须在当天进行分析。因此，从陈旧样品中得到的所谓正常的结果不是绝对可靠的。最常用的检测肌酐的方法，对其他物质的干扰十分敏感，如胆红素（可明显地降低肌酐浓度）和头孢抗生素（可明显地增加肌酐的浓度），所以存在这些干扰物质时，通过检测尿素来诊断病情。由于尿素受许多不同因素影响，故血浆尿素的测定也可以提供比肌酐更多关于病畜的信息。

对血浆肌酐结果的解释是相当直接的——肌酐浓度降低没有临床意义；肌酐浓度增加到250 μmol/L左右时，可能是由肾前性的原因引起的（脱水或心衰）；肌酐浓度超过250 μmol/L时，整个肾几乎都是有问题的（除非存在膀胱破裂或尿道阻塞），当血浆肌酐的浓度超过500 μmol/L时，情况十分严重。浓度超过1 000 μmol/L的情况，见于肾衰竭后期、膀胱破裂和尿道阻塞。

三、氨

大多数动物正常血浆氨（NH_3）浓度都低于60 μmol/L。血浆氨检测的主要方法有谷氨酸脱氢酶法、干化学法以及电极法等，其中谷氨酸脱氢酶法原理为谷氨酸脱氢酶催化氨、α-酮戊二酸及还原型烟酰胺腺嘌呤二核苷酸（NADH）生成谷氨酸和NAD^+，反应特异性高。而干化学法的原理为血浆经过扩散渗透后，氨通过透气层到达检出层后作用于溴酚蓝，使后者由黄色变绿色或蓝色。溴酚蓝为pH指示剂，pH 3.0时呈黄色，pH 4.6时呈蓝紫色，干化学法正是利用了碱性氨使溴酚蓝变色，反应缺乏特异性，一些类似异丙胺等胺类碱性小分子物质会产生正干扰。谷氨酸脱氢酶法和干化学法检测血氨，要求标本为无氨EDTA盐、肝素或草酸盐抗凝血浆，无水草酸盐抗凝剂较少见，目前国内销量排名靠前的制造商均未见生产专用的血氨检测抗凝管。因此，普通的EDTA盐和肝素抗凝管被用作通常的血氨标本采集管。要注意的是：血和血浆中的氨浓度都是非常不稳定的，原因是采血结束后，尿素就开始分解为氨——这不足以影响尿素测定的准确性，但可以影响氨测定的准确性。

氨是一种重要的物质，为氨基酸代谢/含氮物质排泄中尿素前一个阶段的物质。尿素循环衰竭会引起氨在血浆中的蓄积，并出现血浆尿素浓度降低。要注意的是，有严重尿毒症病畜的氨浓度也会升高，这是由于尿素循环的不平衡引起的，并没有诊断意义。

有以下 3 个原因可以引起血氨升高。

(1)先天性的尿素循环代谢缺陷　是幼年动物的先天性疾病(或至少是从出生一直存在的疾病)，其临床症状是 CNS 紊乱——攻击行为(有时与采食有关)，同时发生昏迷，智力过度低下。唯一的生化异常是氨血症和尿素水平下降，并存在乳清酸(它是尿素循环中断时旁支的异常代谢形成物)，且没有肝的其他代谢功能受影响的迹象，门脉血管造影是正常的。

许多病例用低蛋白食物治疗效果明显。儿童用口服的安息香酸钠来治疗，剂量为 0.1 g/(kg · d)，晚上服用。该药可以避免尿素循环的阻塞，并可建立一个预备的尿素排泄途径，即马尿酸。这在病人的治疗中十分有效，但兽医的经验还很有限。含必需氨基酸的低蛋白食物也建议使用，在兽医中通常使用大米和奶酪。

(2)先天性门静脉短路(静脉导管未闭合)　见于幼年动物，从出生开始出现，且在这种疾病中，缺陷通常是十分严重的，如果不治疗，很少患该病的动物可以活过 2 年。临床症状也与先天性缺陷相似，但除了氨血症/尿素异常外，还有其他的肝功能损伤——低白蛋白血症、低凝血素血症、低胆固醇血症、血浆转氨酶和碱性磷酸酶活性升高等。一般不出现黄疸，但磺溴酞钠清除率延长。可以通过证明门静脉和腔静脉连接异常来确诊，而异常的确定可通过血管造影或剖腹后在肝静脉中注入对比介质进行确诊。

用低蛋白食物可使患门静脉短路的动物症状得到短期的改善，但要长期存活是很难的。手术结扎异常的血管可以彻底治疗。

(3)肝衰竭后期　当肝衰竭达到其最后的阶段时，所有的肝功能都倾向于衰竭，包括尿素循环。在获得性门脉短路的疾病中更是如此，而且有明显的肝功能损伤的证据——低白蛋白血症和低血凝素血症十分严重，通常可见黄疸，由于已没有肝组织释放酶，肝酶的水平可能不会升高。磺溴酞钠清除率提高。血管造影(不是必要的)可以证明在肠系膜中许多盘旋血管的获得性短路。由于缺乏肝移植技术，往往预后不良。在肝病后期是否可见由高氨血症引起的中枢神经系统的症状，很大程度上取决于病理学的本质和相对其他功能来说尿素循环受影响的程度。

在大多数情况下，血浆氨浓度的解释是相当直接的。但是，有些动物直到出现特殊的行为问题时，血浆氨浓度还是正常的，特别是当疾病与食用高蛋白食物有关时。在这些病例中，氨的耐受试验是很有帮助的。

第五节　临床酶学

一、酶的测定

血浆中所有酶总量不到 1 g/L。在标准检验条件下，对酶的检测主要是检测酶的活性，即测定样品中的酶催化底物的速度，但很少是可以直接测定产物，通常要通过一系列、最终会产生明显肉眼可见变化的反应来间接检测。这意味着酶的测量比其他的分析更强调技术——底物、缓冲物、继发反应的选择，特别是检测时的温度都会影响结果。

二、参考值

在正常动物中，血浆酶的参考值没有明确的界限，不像大多数生化指标有一个正常的分布曲线。特别是马属动物的酶，呈一个偏斜的分布，且正常值偏高。在解释相关指标改变时可能存在很大的“误区”，使马的肌酸激酶，天门冬氨酸转移酶（AST）和碱性磷酸酶（ALP）很难出现异常。由于“误区”的原因，不能仅仅凭借单独一个酶活性的升高进行诊断，除非它升得非常高。必须结合临床检查、实验室检查和 X 线检查进行确诊。

1. 酶活性升高

血浆中酶活性的升高主要是由于组织或器官的损伤、破裂或坏死引起的，细胞增生也会引起血浆中酶活性的升高。升高水平取决于细胞损伤的程度及代谢或排泄的速度。这意味着，即使急性病例出现少量的损伤，也会暂时出现相对较高的水平，但在慢性疾病中，即使存在严重损伤，酶活性却没有升高或仅轻度升高。在酶活性轻度升高时，要考虑半衰期的影响。半衰期短的酶实际升高水平可能大于检测水平，而半衰期长的酶的检测水平可能比较符合实际。

在没有原发性组织损伤时，酶代谢/排泄障碍也会引起血浆酶水平的升高：如胆管阻塞时碱性磷酸酶的大量升高，肾衰竭时淀粉酶有时会轻度升高。酶活性的非特异性升高主要包括以下 3 种情况。

（1）年龄　新生动物的某些酶的水平较高，如在骨骺生长停滞前，幼年动物的碱性磷酸酶水平比成年动物高。

（2）酶的诱导　一些药物可能刺激一些酶的产生，特别要注意的是巴比妥盐类，可能引起碱性磷酸酶活性的升高。典型酒精中毒时，γ-谷氨酰转移酶的升高，可能是由于酒精引起的肝损伤造成的。

（3）溶血　溶血的样品不适于酶的评定，因为从红细胞中释放出来的酶会干扰检测。

2. 酶活性降低

血浆酶活性的降低常常不具备临床意义。酶活性降低的原因通常是样品未储存好，大多数的酶易发生变化，特别是那些没有冷冻的样品。但在一些具体的疾病中，血浆酶活性的降低表明相关器官再生障碍、萎缩或破坏，如在胰外分泌功能缺陷中的免疫活性胰岛素和胰淀粉酶降低。

（1）同工酶　是指催化相同的化学反应，而酶蛋白的分子结构、理化性质乃至免疫学性质不同的一组酶。把这些酶区分开具有很大的诊断意义，但这种技术不是所有实验室都具备的。选择性地抑制某一种酶，并检测剩余的酶是最简单的方法。电泳分离经常可以提供更多有用的信息，特别是有 3 种或更多的同工酶同时存在时。

（2）评估多种酶　在 2 个组织中，酶的相对浓度很少是完全相同的，可以通过检查几种酶来确定受伤的组织。这种方法可以扩大到包括其他的化验和放射检查，所以要建立个体病理学的综合分析。要注意的是，在酶的分布上有明显的种属特异性，在选择合适的方法时，必须考虑到这种情况，例如，犬和猫的丙氨酸转移酶是肝特异性的，而马则是肌肉特异性的。

3. 各种酶的解释

（1）肌酸激酶（CK）　CK 与高能量的代谢有关，它可催化肌酸和三磷酸腺苷（ATP）生成磷酸肌酸和二磷酸腺苷(ADP)的可逆反应。必须把它与肌酐区分开来,因为在临床生化中,这两种分析物是完全不相关的。CK 以 1 个二聚体的形式存在,已发现有 2 个亚型,即 M 型和 B 型。这样就可能有 3 种同工酶的形式——MM、MB 和 BB。

CK-MM 存在于骨骼肌中,在一般的肌损伤,如肌溶解时会明显升高。总 CK 活性可以从正常的约 100 IU/L(马稍高些)升高达到严重病例中的 500 000 IU/L。但要注意的是,检测卧倒数天的患病大动物肌肉中的 CK 值可高达 3 000 IU/L,所以对于采样前就卧倒了一段时间的动物,它是检查原发性肌肉损伤的一个灵敏指标。手术、运动或肌内注射都会使血浆 CK-MM 活性有轻度到中度的升高。CK-MB 存在于心肌中。它用于特异性诊断人的心肌梗死。但该病在动物中很少发生,且慢性的心肌疾病很少引起可见的酶变化,因为该酶的半衰期很短。CK-BB 存在于脑中。在诊断如脑皮质坏死和由硫胺素缺乏引起的幼年反刍动物急性中枢神经系统疾病中十分有用。

CK 的检测方法有肌显色法和酶偶联检验法。一般来说,总 CK 的测定反映的是 MM 同工酶,因为它的含量是最多的。MB 和 BB 的增加只能通过同工酶的测量来获得,否则会被 MM 所掩盖。健康动物血清 CK 活性因年龄大小而有变化,青年动物通常高于成年动物。要注意的是,CK 是半衰期很短的酶,只要持续的损伤停止后,即使在横纹肌溶解过程中,酶的升高也会在 24～48 h 内回到正常。总 CK 也是很容易变化的,特别是在室温或更高的温度下,故采集的样品最好当天化验,也可以在 −20 ℃保存,但邮寄的样品是不可靠的,除非酶活性升得很高。

(2)乳酸脱氢酶(LDH) LDH 促进乳酸和丙酮酸盐间的可逆变化,是糖原酵解和糖异生的主要酶之一,也是体内最大的蛋白分子之一。它是 1 个四聚体结构(每个分子中有四个亚单位),且亚单位有两种形式,即 H 和 L。这样存在 5 种同工酶(HHHH、HHHL、HHLL、HLLL 和 LLLL),用 $LDH_{1\sim5}$ 表示。LDH_1 与心肌、肾和红细胞有关,LDH_5 则与肝有关。其他的同工酶与骨骼肌和肺有关。

由于它分布广泛,总 LDH 活性的增加很难解释,如果要知道其增加的原因,同工酶电泳分离十分重要。但由于其分子大且半衰期长,它的升高可在损伤开始后持续一段时间,所以有时对回顾诊断十分有用。

在大多数动物中,正常的总血浆 LDH 活性为 200～300 IU/L,在一些病例中,可升高到几千 IU/L。

LDH 检测有比色法和速率法;同工酶检测可用琼脂糖电泳法。

(3)天门冬氨酸氨基转移酶(AST,也称谷草转氨酶) AST 催化天门冬氨基酸和 α-酮戊酸转氨生成草酰乙酸和谷氨酸,广泛地分布于机体中,特别是骨骼肌、心肌、肝脏和红细胞中。它用于所有动物肌损伤的检查,其半衰期介于 CK 和 LDH 之间。在大动物中,它用于检查肝脏疾病。虽然 ALT 在作为肝脏诊断时不是很特异,特别是马,但许多兽医仍然经常使用,因为大动物特异性肝酶山梨醇脱氢酶(SDH)和谷氨酸脱氢酶(GDH)很难测定,在许多实验室都不测定这两种酶。

AST 检测有比色法和速率法。除马外,所有动物正常血浆 AST 活性低于 100 IU/L。马正常血浆 AST 活性为 200～400 IU/L,一些外观正常马的 AST 酶活性可能超过 1 000 IU/L,可能是由于一些亚临床的肌肉疾病引起的酶泄漏造成的(CK 也可出现同样的情况)。因此,马的肝病的诊断不能只基于血浆 AST 的升高。

(4)丙氨酸氨基转移酶(ALT,也称谷丙转氨酶)　该转移酶与AST的功能类似,同样也没有同工酶。它催化丙氨酸和α-酮戊二酸转氨生成丙酮酸和谷氨酸。在犬和猫中,它是肝细胞损伤特异酶——正常犬、猫血浆活性低于100 IU/L,在急性疾病(急性肝炎、类固醇肝病)中可升高到5 000 IU/L;但在大动物中,ALT实际上是肌肉的酶。ALT检测有比色法和速率法。

(5)山梨醇脱氢酶(SDH)　在马中,SDH实际上是ALT的代替品。如果测定谷氨酸脱氢酶(GDH)有困难,SDH也可用于反刍动物检测。在动物中SDH特异性指示细胞损伤,且半衰期(24～48 h)很短。注意SDH是非常容易变化的酶,必须在采样后几小时内测定。

(6)谷氨酸脱氢酶(GDH)　GDH是1种含锌的金属结合酶,催化谷氨酸脱氢、脱氨生成α-酮戊二酸的可逆反应。主要存在于动物肝脏中,其他组织(如小肠、心脏、肾脏)也有少量存在。它在反刍动物中,用作ALT的代替品,对肝损伤特异,尤其适用于肝坏死的诊断。

(7)γ-谷氨酰转移酶(GGT)　GGT主要存在于肝和肾中,但在临床上只限于肝脏疾病中使用。在大动物中,它反映的肝损伤比SDH或GDH时间更长。当SDH或GDH升高时,它是正常的;而当它们下降时,GGT开始升高。在小动物中,它的升高与ALT平行。犬血清ALT和GGT活性同时升高,表明肝脏既存在损伤或坏死,也存在胆汁淤积。GGT的半衰期特别长。狗舌草中毒的马,在临床症状恢复后,其血清水平仍将持续升高一段时间。马和反刍动物的正常值大约在60 IU/L以下,而其他动物要稍微低于这个值。

(8)碱性磷酸酶(ALP)　ALP是体内分布最广泛的酶之一,它由一组同工酶组成,在骨骼(成骨细胞)、肝脏和肠壁中可见到这些同工酶。在碱性(pH 9～10)环境下,这些同工酶会水解磷酸酯。大多数动物血浆ALP正常值可达300 IU/L,马为100～500 IU/L。成骨细胞活性较高的幼年动物,其ALP水平也较高;当骨骺生长板闭合后,ALP水平会降低,其来源主要是肝源性的。ALP易受测定条件件的影响,特别是受所用的缓冲液的影响。不同实验室的参考值存在着非常大的差异。

全身性的骨骼疾病,如佝偻病、软骨病、骨源性骨肉瘤、非骨骼性癌症的骨转移以及颅骨-下颌骨骨关节病,能使血清ALP活性发生中度到显著升高。由于ALP参考值范围非常大,局部创伤,如骨折愈合时一般不会产生明显变化。骨源性ALP的升高,通过肝实质性酶(AST、ALT、SDH、GDH或GGT取决于动物的品种)的不升高和不发生黄疸与肝胆疾病进行区别。肝损伤会导致所有动物的血浆ALP活性中度升高。它与上面所列的其他肝脏酶活性升高趋于平行。库兴氏疾病通常与血浆ALP活性升高有关,部分是由于这些动物经常发生类固醇性肝病,还因为肾上腺皮质会产生一种特异性的ALP同工酶。最近已能对这种同工酶进行特异性检验。胆道疾病,特别是阻塞,会引起血浆ALP的大量升高,可达50 000 IU/L。最近的研究表明在胆汁淤积期间,胆管小管细胞会大量产生一种特异性ALP同工酶,这种同工酶会回流进入血浆。实际上,胆道疾病在大部分病例中可通过ALP的显著升高而肝实质性酶不发生任何变化来鉴别。不同于骨骼疾病,发生胆道疾病时病畜会发生黄疸。随着病情的发展,胆汁逆流入肝脏会引起真正的肝损伤,且其他肝脏酶活性也会升高。在某种程度上,ALP被作为肝胆功能的一个指标,而其他酶只是测定细胞的损伤。血清ALP活性的非特异性升高,可见于一些患有严重全身性皮肤病的犬,以及巴比妥盐麻醉之后。

分离同工酶在辅助解释ALP活性升高时非常重要,特别是在全身检查时意外发现ALP

中度升高对于一些病例非常重要。然而，由于电泳分离同工酶的方法复杂，至今还未被常规使用。马的肠碱性磷酸酶活性显著升高与寄生虫诱发的肠壁损伤有关，且有助于鉴别诊断马的蛋白质丢失性肠病。

(9)α-淀粉酶(AMYL) 主要存在于胰腺中，通常通过肾脏排泄。临床上主要用于诊断急性坏死性胰腺炎。在该疾病中，淀粉酶从细胞中漏出，并开始消化自己的组织，有急性腹痛和呕吐的症状，可能会被误认为是小肠内有异物。如果不能确诊，就需要检测淀粉酶和脂肪酶。正常淀粉酶的上限约为 3 000 IU/L，而在急性胰腺炎时一般为 5 000～15 000 IU/L，并随着病情的改善而下降。轻度到中度的非特异性升高，可见于其他急性腹部疾病(包括肠梗阻)和肾衰竭。

(10)脂肪酶(LPS) 主要存在于胰腺中，其次在十二指肠和肝脏中。溶血可抑制 LPS 活性。它通常与淀粉酶一起用于诊断急性坏死性胰腺炎，且较特异，受非特异因素影响小。作为一个大分子，它在疾病早期持续增加的时间较长。但在疾病开始阶段，它没有像淀粉酶升得那样快，所以建议同时检验两种酶。犬的参考值约低于 300 IU/L，而在胰腺炎的早期，通常可超过 500 IU/L。血清 LPS 活性升高，主要见于胰脏疾病、肠阻塞、肝脏和肾脏疾病，使用强的松或地塞米松等药物时。

(11)酸性磷酸酶(ACP) ACP 是一组能在酸性环境下水解磷酸酯的同工酶——存在于前列腺、肝脏、红细胞、血小板和骨骼中。酸性磷酸酶主要是用于前列腺疾病的确诊。犬的参考值大约低于 30 IU/L，如果出现前列腺癌，尤其是转移性的前列腺癌，则会出现大幅度升高。较小的升高通常见于前列腺炎，但单纯的前列腺增生通常与血浆酸性磷酸酶活性的变化无关。需要注意的是，经直肠触诊前列腺会引起血浆酸性磷酸酶的轻微升高，这可以持续 1 周，还需注意的是，酸性磷酸酶是一个非常不稳定的酶，因此样品必须及时送检。

第六节 矿物质的测定

钙、磷是两种在所有动物中对诊断都十分重要的矿物质，而镁、铜、钴和硒对反刍动物十分重要。像电解质一样，矿物质在维持细胞的电活动中是十分重要的，它的异常会引起神经症状或肌肉收缩无力等症状。钙和磷也是重要结构的组成成分，特别是在骨骼中。合理的饮食水平在维持矿物质平衡方面是十分重要的，且食物中的缺乏，经常是引起矿物质相关疾病的潜在原因。最重要的钙磷代谢调节是通过甲状旁腺激素、维生素 D 和降钙素进行的。

一、钙

正常的血浆钙(Ca)浓度为 2～3 mmol/L(马为 2.5～3.5 mmol/L)。钙在神经肌肉传导和肌肉收缩中具有十分重要的作用，也是骨骼的重要组成成分之一。大约一半的血浆钙是游离的(即离子钙)，这是有活性的部分；另一半是无活性的，与白蛋白结合在一起。

1. 血钙升高(高钙血症)

轻度的高钙血症可能是由于血浆中白蛋白的浓度升高引起的(如脱水)或是在采血时静脉过度淤积造成的。在兽医实践中，最可能引起高钙血症的原因是用葡萄糖酸钙治疗低钙血症过度，但真正的高钙血症多是由于各种类型的甲状旁腺功能亢进引起的。其次，酸中毒也可使之升高，因此奶牛在发生瘤胃酸中毒的时候也要注意检查是否继发高钙血症。高钙血症症状主要表现在消化、运动、神经、泌尿等系统。厌食、便秘；乏力、肌肉疲劳、肌张力减低，烦渴，多尿；嗜睡。病程长时，可以发生组织内钙沉积，如结膜、关节周围钙沉积及肾结石。高钙血症的临床表现与血钙升高幅度和速度有关。

2. 血钙降低(低钙血症)

低钙血症是血钙低于正常值的现象，属于钙代谢紊乱。由于钙发挥生理作用取决于离子钙，所以低钙血症一般也指低离子钙。血钙有维持神经、肌肉组织正常兴奋性的作用，当血钙浓度低于正常值时，神经与肌肉组织的兴奋性增高，就会引起肌肉强直性痉挛，甚至发生昏迷，可由以下几种原因引起。

(1)低白蛋白血症　当血浆白蛋白降低时，依赖白蛋白的钙就降低了。这种原因引起的低钙血症只是中度的，并且，当游离的钙不受影响时，它常是无症状的。但当低钙血症是由白蛋白的丢失引起时，在一定时间内依赖于这种白蛋白的钙的丢失可能会引起真性的有症状的低钙血症。

(2)临产的局部麻痹　产乳热在乳牛中是十分常见的，在分娩后会马上出现低钙性搐搦。这是由于泌乳因素、激素因素和泌乳早期对乳牛的钙的过度需求共同作用的结果。类似的综合征也发生于其他种类的动物，特别是绵羊(通常是在生羊羔之前)、小型犬及泌乳力强的母犬和少数的猫。通常在分娩后几周会发病，但该症状(在这些疾病中的惊厥)也可出现在哺乳期和产前的任何时候。母马也可在产后 10 d 左右或在断奶后 1～2 d 出现。

(3)慢性肾衰竭　各种原因导致的肾功能衰竭，1,25-$(OH)_2$-D_3 的生成减少，使肠道钙吸收减少；肾衰竭时磷的排泄减少导致磷潴留使肠道吸收钙减少；而高磷血症及骨对 PTH 的抵抗性造成阻碍骨内钙的动员；出现酸中毒时加速了钙从肾脏排泄而造成血钙进一步降低。

(4)药物　用于治疗高钙血症及骨吸收过多的药物，如二膦酸盐、普卡霉素(光辉霉素)、降钙素、磷酸盐等。抗惊厥药：如苯巴比妥能通过改变维生素 D 代谢导致低钙血症。钙螯合剂：常用的有 EDTA、柠檬酸等。膦甲酸：能够螯合细胞外液中的钙并导致低镁血症。

二、磷

正常的血浆磷(P)浓度为 1～2.5 mmol/L(但猪的血浆磷浓度要远远超过该值)。无机磷在许多代谢途径中是十分重要的，而且像钙一样，它也是骨骼的主要组成成分之一。血浆浓度也是被甲状旁腺激素和维生素 D 调控的。溶血会使血磷浓度假性增高；年幼动物的血磷值比成年动物的高；摄入食物性磷可以影响血磷浓度。

1. 血磷升高(高磷血症)

急、慢性肾功能不全(通常是在小动物中)是高磷血症最常见原因。肾小球滤过滤功能下降时，肾脏排出磷减少，血磷升高，继发性甲状旁腺激素分泌增多，骨盐释放增加。这种方式会引起骨骼脱矿物质的恶性循环，就是继发性肾性甲状旁腺功能亢进，病畜会出现骨骼异常。应用含磷缓泻剂或灌肠剂，维生素 D 中毒，磷进入细胞外液增多；此外，磷从细胞内移到细胞外，也可致细胞外液磷增多，见于反刍动物急性酸中毒、骨骼破坏、高热等。

2. 血磷降低(低磷血症)

典型的低磷血症在兽医中被称为“奶牛卧倒不起症”，就是一种奶牛在产后充分治疗低钙血症后仍卧倒不起的病症。它包含着许多不同的疾病，其中一部分是低磷血症引起的。这些奶牛意识清醒，正常饮食和排粪尿，且无其他内科或外科疾病（如子宫炎、乳腺炎或骨折），但无法站立。

三、镁

正常血浆镁（Mg）浓度为1～2 mmol/L。镁是所有动物不可缺少的营养成分，尤其对反刍动物来说更重要。在单胃动物中，镁的代谢异常是很少见的，但在反刍动物（特别是牛）疾病中，通常发生在泌乳初期。

1. 血镁升高（高镁血症）

这在任何动物中都很少见，通常是与其他矿物质异常并发。最常见的原因是伴有高钾血症的急性肾衰竭。临床上，高镁血症可以引起肌肉无力，但不常见，且很少被研究。

2. 血镁降低（低镁血症）

低镁血症在牛临床中是非常常见的，也常见于羊。主要是由于食物中的镁缺乏引起的。其次，日粮中许多因素都可抑制反刍动物对镁的吸收，其中高钾日粮对镁的吸收影响最大，它可抑制镁吸收。各种各样的辅助方法已用于预防该病，如瘤胃内的“镁弹”。单胃动物发生低镁血症（非常少见），一般是由于严重腹泻引起的。

四、铜

正常的铜（Cu）浓度为15～30 μmol/L。铜是细胞色素氧化酶、超氧化物歧化酶、血浆铜蓝蛋白等许多酶重要组成成分，这些酶在生物氧化还原过程中起着重要的作用。铜的生物学功能是通过影响酶的活性来实现的。

1. 血铜升高（高铜血症，铜中毒）

各种动物对铜的需要量并不相同，反刍动物对铜的需要量一般均较低，绵羊和犊牛对铜最为敏感，稍有超量即可引起发病。一次性摄入20～100 mg/kg即可引起绵羊急性铜中毒，而长期超量摄入也可以引起蓄积性中毒。猪（尤其是仔猪）饲料中常添加大量铜（100～200 mg/kg）作为促长剂，大大超过绵羊饲料中铜含量标准（7～12 mg/kg），所以偏远地区长期饲喂仔猪全价颗粒料可引起绵羊尤其羔羊发病。

2. 血铜降低（低铜血症，铜缺乏）

铜是反刍动物正常生长发育和生产所必需的微量元素。动物体内铜元素缺乏会引起相应的营养代谢疾病。不同种类反刍动物出现铜缺乏后，会产生不同的症状。犊牛缺铜时，被毛稀疏、无弹性、无光泽，眼睛周围被毛褪色或脱毛，形成“铜眼睛”。羊如果缺铜则被称为“摆腰病”。梅花鹿缺铜时，脑脊髓神经纤维鞘变性、坏死，部分神经元萎缩、变性，血管壁胶原纤维增生，血管壁肥厚、结构疏松，血管内膜粗糙，管壁变窄以致阻塞，因而导致运动失调，俗称“晃腰病”。

出现铜缺乏临床症状时，血浆铜浓度一般低于10 μmol/L。但类似的低铜水平也见于临床健康的动物，虽然给这些动物补充铜可以使它们生长得更好（这证明它们是亚临床的缺铜），但很难确定临床症状是否是铜缺乏的直接结果。

五、钴

钴是维生素B_{12}结构中的必要活性成分，因此它是唯一一种作为维生素必要成分的必需微量元素。它在体内的生成量少,且只以有机态的形式存在于维生素 B_{12} 中。钴与动物的消化、代谢、繁殖等生命活动密切相关,并参与动物体内的造血,同时与机体的免疫能力也有一定的关系。

钴缺乏动物表现为生长缓慢、体重减轻和消瘦,出现正色素性贫血(但这可能被脱水所掩盖),甚至在牧草充足的情况下也是如此。母畜缺少钴,会导致流产、不育、产弱犊、受胎率下降等繁殖疾病;母畜饲喂一定量的钴,会明显刺激产乳,显著提高产奶量。在日粮中添加适量的钴,可以很好地改善动物的生长发育状况。对绵羊来说,饲喂适量的钴可以促进被毛新生、提高产毛量、改善羊毛品质。对反刍动物而言,钴元素的添加可以显著地提高动物对劣质饲料的消化率,促进瘤胃微生物对饲料的发酵,其中纤维分解菌活动增强,动物对粗纤维的消化率显著提高;同时还会提高挥发性脂肪酸的产量,使丙酸的比例增加、异丁酸和异戊酸比例下降。钴缺乏症治疗是通过口服钴或注射维生素 B_{12}。因为中毒的剂量是需求量的 100 倍,所以,一般不会发生钴中毒。

六、硒

硒(Se)的生物学功能是多方面的,其中最主要的是抗氧化作用,防止细胞膜和亚细胞膜的脂质过氧化反应,从而保护生物膜免遭损害。这一作用是通过硒依赖谷胱甘肽过氧化物酶(GSH-PX)来实现的。因此,运用测定血液中 GSH-PX 活性的方法来评价动物体内硒的状态,可以用于硒缺乏的诊断。

硒的代谢与维生素 E 有关,对维持肌肉(包括骨骼肌和心肌)的正常功能是十分重要的。众所周知,牛、羊白肌病的发生是由于慢性硒缺乏引起的。小动物的一些心肌炎也可能与硒或维生素 E 有关。用原子吸收分光光度计来测定血浆中硒的浓度是可行的,更常用的是通过测定红细胞中谷胱甘肽过氧化物酶来评估硒的量,这种红细胞酶的每个酶分子中含有 4 个硒原子。谷胱甘肽过氧化物酶的活性与血浆硒的浓度密切相关。

第七节　电解质的测定

水,电解质和酸碱平衡是细胞赖以生存的重要条件,也是维持动物机体内环境的稳态的关键因素。血液中主要的电解质有 Na^{+}、K^{+}、Cl^{-}、HCO_3^{-}、Mg^{2+} 等,是维持体液渗透压和酸碱平衡的重要组成成分。临床上,电解质的测定通常是指测定血液中钠、钾、氯等来判断机体电解质平衡状态。

健康动物通过食物摄取远超其实际所需的电解质量,并可通过肾脏或消化道来排泄过量的电解质,因此临床上的电解质问题都与饮食因素无关,而与液体的异常丢失有关,即液体丢失的量和成分决定所见的电解质的异常方向。电解质的升高和降低均对临床诊断具有重要意义。一般情况下,血液电解质升高主要与肾脏功能不全、脱水、休克、溶血以及酸中毒有关,降低主要与动物呕吐、腹泻、碱中毒以及长期禁食等有关。临床上,通常很难分开讨论每个电解质的变化,下面主要列举了与钠、钾、氯异常有关的情况。

一、钠

钠(Na)是一种与水平衡最密切的电解质,大多数的紊乱都是原发的体液问题。钠离子临床多用于指导临床判断电解质代谢紊乱和酸碱失衡。正常参考值为血浆、血清 135～155 mmol/L。

1. 血钠升高(高钠血症)

血钠升高在丢失低钠液体时出现,如呕吐、过度气喘等,也可以见于严格限制饮水而导致钠排泄异常。最典型的案例是猪的食盐中毒。此外,盐皮质激素的过度分泌和库兴氏疾病也均可以引起高钠血症,但在临床实践中极为少见。

高钠血症可引起各种中枢神经系统的症状,如颅内压升高、失明、昏迷(由中枢神经系统内的细胞脱水引起)等。其中,当血浆钠浓度高于 160 mmol/L 时可危及动物生命。除浓度变化外,血浆钠浓度的变化率也非常重要,可见于过快地纠正高钠血症引起的动物中枢神经系统症状,这是由于血浆渗透压的恢复速率高于细胞时导致的脑细胞水肿。

2. 血钠降低(低钠血症)

血钠降低主要发生于丢失高钠的液体时,最常见的情况是肾衰竭,肾脏不能浓缩尿液,且快速流动的尿液也不利于在肾小管进行有效钠、钾交换而引起高钠尿。血钠降低也可发生于丢失的含钠液体之后被低钠液体代替的情况,如静脉注射葡萄糖。其他引起血钠降低的主要原因有阿狄森病。

二、钾

钾(K)是细胞内主要的阳离子,在细胞外的浓度很低,与水平衡的关系不如钠密切。钾离子的紊乱大多是由于过量的钾丢失或排泄减少造成的,与脱水无关。临床多用于指导临床判断电解质代谢紊乱和酸碱失衡。正常参考值为血浆、血清 3.3～5.5 mmol/L。

1. 血钾升高(高钾血症)

当丢失低钾液体时可以发生该病,临床少见,程度较轻不危及生命。明显的高钾血症的病例多是由于肾脏排泄钾的失败造成的,但不是所有的肾衰竭病例都会引起血浆钾浓度的升高。较急性的病例(例如肾盂肾炎)确实可引起高钾血症,但慢性肾衰竭病例常发生低钾血症。当发现血浆钾浓度升高时,首先要考虑的是阿狄森病。另外,要注意的是持续使用保钾的利尿药(如安体舒通、醛固酮的拮抗剂)可引起高钾血症。严重脱水的病畜,有时也可能是高钾血症,这是由于肾灌注的严重下降引起排泄减少造成的。

当血浆钾浓度接近或超过 7 mmol/L 时则会很容易引起心脏停止搏动,危及动物生命(但严重溶血的血浆或采血后 7 h 才与红细胞分离的血浆也会引起血浆钾浓度的假性升高,后者是因为钾会从细胞内逸出)。治疗方法是静脉注射葡萄糖液,稀释血液中钾的浓度,也可以通过注射胰岛素来促进钾进入细胞。但如果血浆钠同时非常低,葡萄糖液可能有副作用,最好用等渗盐来代替。

2. 血钾减少(低钾血症)

常见于持续高钾液体的丢失,典型可于严重腹泻病例。但当没有腹泻发生时,也可以引起类似的或更明显的低钾血症。低钾血症也可见于长期用无钾液体治疗的病畜,如用葡萄糖盐或等渗盐。另外,要注意的是持续使用促进钾丢失的利尿药(如速尿),也可引起低钾血症,用这种药物治疗的动物,测定其血钾浓度是十分重要的(要注意使用的利尿药类型,因为对用安体舒通治疗的病畜,使用钾补充剂是很不利的)。在奶牛卧倒不起综合征中,血钾可能降低,症状包括嗜睡、肌肉无力和心律不齐。

就血浆钾而言,马有其特殊的情况,在休息时钾浓度降低至 2.5 mmol/L 也不出现任何症状，马汗中的钾浓度也很高，在持续运动后，血浆钾的水平可降到 2.0 mmol/L，且也无任何症状。但在剧烈运动时，血浆钾的水平总是偏高的(约为 4 mmol/L)，这是由于钾不断从肌肉细胞中流出的缘故。

在其他动物中，血浆钾浓度低于 3.5 mmol/L，可被认为是有临床意义的，而低于 3.0 mmol/L 是一个临界水平。最好采用口服方法来恢复低钾血症动物的血钾水平，因为静脉注射所需的钾浓度可能是很危险的，但低钾性呕吐或腹泻的病畜需要用静脉注射 Darrow 液来治疗时(30 mmol/L 的 K^+ 浓度)，输时要慢，每升林格氏液或乳酸林格氏液含钾 4.0 mmol，它用于维持体液是相当安全和正确的，但不能改善已有的低钾血症的状况。

三、氯

氯(Cl)与电解质的关系不密切，但可以提供十分重要的信息。作为一种阴离子，它的浓度受其他主要阴离子(碳酸氢根)的浓度影响。为了维持阴离子和阳离子的平衡，在碳酸氢盐浓度降低的酸中毒动物中，氯离子浓度一般都相当高，而在碳酸氢盐浓度升高的碱中毒动物中，氯离子的浓度一般非常低(维持阴离子和阳离子的平衡)。不存在明显的酸碱紊乱时，血浆的氯浓度与钠离子浓度一般是平行的。氯离子检测临床多用于判断电解质代谢紊乱和酸碱失衡。正常参考值为血浆、血清 100～115 mmol/L(猫可高达 140 mmol/L)。

1. 血氯升高(高氯血症)

常发生于酸中毒时，也常见于几乎所有与高钠血症有关的疾病。用氯离子浓度来评估脱水的严重程度(基于水丢失会引起钠离子浓度的升高的假设)是无效的。

2. 血氯减少(低氯血症)

常见于碱中毒时，另外，也常见于与低钠血症有关的疾病。不伴有低钠血症的低氯血症也可在丢失大量的高氯或低钠液体时发生，这一般就是盐酸，即胃的分泌液丢失的缘故，故在刚采食后，持续的呕吐是其中可能的原因之一(但要注意的是在空胃时，呕吐中丢失的主要是钾)。另一种情况是马属动物的疝痛，胃肠道的上部被阻塞，虽然液体没有真正丢失，但大量的含氯液体都储存在胃和上段小肠中。要注意的是在未知原因的激动或恐惧的马中，血浆氯浓度都会明显下降(在奔跑后，马的血浆氯浓度降至 85～90 mmol/L 是正常的)。治疗氯的紊乱主要是纠正酸碱平衡和钠的异常，而非特异地纠正氯离子本身的浓度。

第八节　血浆总二氧化碳

正常的血浆总二氧化碳(T-CO_2)浓度为 20～30 mmol/L(猫的较低)。总 T-CO_2 是唯一与酸碱状态直接有关的测定指标，可直接测定普通静脉中采出的血浆，无需用特殊的方法来采血。大多数血浆中的总 T-CO_2 实际上是碳酸氢根(HCO_3^-)。该项目的测定有其本身的局限性，但在有电解质代谢紊乱的病畜中是可提供关键信息。通过测定 T-CO_2 足以证明是否存在酸中毒或碱中毒，并可提示有关疾病的严重程度等级，通常对有严重呕吐或腹泻症状的动物的疾病治疗有重要指导意义。

中国农业大学动物医院生化检验单见表 10-1 所列。

表 10-1　中国农业大学动物医院生化检验单

动物主人________　　电话________　　日期________　　兽医师________

动物种类________　　性别________　　年龄________　　毛色________　　病例号码________

生化项目和单位	结果	参考值			
		犬	猫	马	牛
总蛋白(TP)/(g/L)		54～78	58～78	50～79	67～75
白蛋白(ALB)/(g/L)		24～38	26～41	23～38	30～36
丙氨酸氨基转移酶(ALT)30 ℃ * /(U/L)		4～66	1～64	3～23	14～38
天门冬氨酸氨基转移酶(AST)30 ℃ * /(U/L)		8～38	0～20	0～150	0～150
碱性磷酸酶(ALP)30 ℃ * /(U/L)		0～80	2.2～37.8	143～395	0～488
肌酸激酶(CK)30 ℃ * /(U/L)		8～60	50～100	<200	<200
乳酸脱氢酶(LDH)30 ℃ * /(U/L)		100	63～273	200	250
淀粉酶(MYL)30 ℃ * /(U/L)		185～700	502～1 843	75～150	40～110
脂肪酶(LPS)30 ℃ * /(U/L)		0～258	0～143	ND	ND
γ-谷氨酰转移酶(GGT)30 ℃ * /(U/L)		1.2～6.4	1.3～5.1	5～22	12～29
葡萄糖(GLU)/(mmol/L)		3.3～6.7	3.9～7.5	3.6～5.3	2.6～4.3
总胆红素(T-BIL)/(μmol/L)		2～15	2～10	9～50	0～9
直接胆红素(D-BIL)/(μmol/L)		2～5	0～2	3～12	0～5
尿素氮(BUN)/(mmol/L)		1.8～10.4	5.4～13.6	3.6～8.9	1.8～7.1
肌酐(CREA)/(μmol/L)		60～110	62～190	70～140	60～120
胆固醇(CHOL)/(mmol/L)		3.9～7.8	1.9～6.9	1.55～3.36	2.1～8.3
甲状腺素(T4)/(ng/mL)		10～40	15～50	9～28	ND
钙(Ca)/(mmol/L)		2.57～2.97	2.09～2.74	2.72～3.22	2.05～2.69
磷(P)/(mmol/L)		0.81～1.87	1.23～2.07	0.74～1.39	1.19～2.69
氯(Cl)/(mmol/L)		104～116	110～123	94～106	96～105
钠(Na)/(mmol/L)		138～156	147～156	132～152	135～145
钾(K)/(mmol/L)		3.8～5.8	3.8～4.6	2.1～4.2	3.6～5.1
镁(Mg)/(mmol/L)		0.79～1.06	0.62～1.03	0.66～0.95	0.79～1.19
碳酸氢盐/(HCO_3^-)(mmol/L)		18～24	0.62～1.03	23～32	20～30

其他：

检验师：　　　　年　　月　　日

注：ND 表示无资料。30 ℃检验的酶活性单位值要比 37 ℃检验的值小得多，检验时需注意。

思考题

1. 总蛋白浓度升高可能的原因有哪些？
2. 试分析血浆胆红素浓度升高可能的原因。
3. 血钙降低可能由哪些原因引起？
4. 试分析血钠升高和血钠降低可能引起动物出现哪些症状。

第十一章　血液气体分析和酸碱平衡

重点提示：明确血液气体分析各个项目的定义，掌握其临床意义，并能解释血液气体分析项目异常时，与相应动物疾病的酸碱平衡失调的相互关系。

动物能够健康生存的一个重要前提，就是其体内血液气体和酸碱平衡正常并维持抗体内环境稳定。因此，对于动物疾病诊断、治疗和预后判断来说，血液气体分析和酸碱检验是必不可少的实验室检验项目。目前普遍根据说明书利用全自动血液气体分析仪进行检验。

第一节　血液气体分析项目

一、pH

一般指氢离子浓度指数，是指溶液中氢离子的总数和总物质的量之比。7.24～7.54 是健康动物血液 pH 范围，而当 pH＞7.80 或 pH＜6.95 时，动物将死亡。静脉血 pH 比动脉血低 0.02～0.10。

根据 pH 可进行相应疾病的诊断。当 pH＜7.24 时，可诊断为失代偿性酸中毒，存在酸血症；pH＞7.54 可诊断为失代偿性碱中毒，存在碱血症；当 pH 介于 7.24～7.54 时，可诊断为 3 种情况：酸碱正常或无失衡、代偿性酸碱平衡或复合性酸碱平衡。后两种的综合分析须结合其他有关指标进行。

二、动脉血氧分压（PaO_2）

PaO_2 是血液中物理溶解的以氧分子产生的压力，可作为缺氧的指示指标。人 PaO_2 参考值范围为 12.6～13.3 kPa(94.7～100 mmHg)，犬为 11.2～13.3 Pa(85～100 mmHg)。低于正常范围下限者，称为低氧血症。人达到失代偿边缘时，PaO_2 会降到 8.0 kPa 以下。重度缺氧时，PaO_2＜5.33 kPa；当 PaO_2＜2.6 kPa 时，有生命危险。

三、肺泡-动脉血氧分压差（$A\text{-}aDO_2$，$P_{(A\text{-}a)}O_2$）

$A\text{-}aDO_2$ 是肺泡氧分压与动脉血氧分压之差。它作为反映肺换气机能的指标，能较早地反映肺部摄取氧的情况。$A\text{-}aDO_2$ 值增大，表明肺脏本身氧合出现障碍，可能的病因有以下几种情况。

①当发生弥散性肺间质性疾病、肺炎、肺水肿、急性呼吸窘迫、阻塞性肺气肿、肺不张等疾病时，$A\text{-}aDO_2$ 值增大，并伴随 PaO_2 减小。

②当肺泡通气量明显增大时，只有 A-aDO_2 增大，而其他指标基本不变。

四、动脉血氧饱和度(SaO_2)

指血红蛋白被氧饱和的百分比，即血红蛋白的氧含量与氧结合量之比乘以 100。

五、动脉血氧含量(CaO_2)

CaO_2 是指每升动脉全血含氧量(mmol)或 100 mL 动脉血氧含量(mL)。红细胞和血浆含血量的总和就是指 CaO_2。临床上检测 SaO_2 和 CaO_2 的意义与 PaO_2 有些类似，此外，它们还对指导吸氧或治疗高压氧舱有一定意义。

六、动脉血二氧化碳分压($PaCO_2$)

$PaCO_2$ 是动脉血中物理溶解的 CO_2 分子产生的压力。犬为 5.1 kPa(38 mmHg)，猫为 4.8 kPa(36 mmHg)。检验 $PaCO_2$ 的临床意义如下。

①判断呼吸衰竭类型和程度：将 $PaCO_2$ 与 PaO_2 相结合，当人类发生Ⅰ型呼吸衰竭或低氧血症型呼吸衰竭时，PaO_2<8.0 kPa，$PaCO_2$<4.67 kPa；当发生Ⅱ型呼吸衰竭或通气功能衰竭时，PaO_2<8.0 kPa，$PaCO_2$>6.67 kPa；当发生肺性脑病时，$PaCO_2$>9.33 kPa；当病情较严重时，PaO_2<5.33 kPa，$PaCO_2$>8.0 kPa(急性病例)，$PaCO_2$>10.67 kPa(慢性病例)。

②判断呼吸性酸碱平衡失调：当发生呼吸性酸中毒时，$PaCO_2$>6.67 kPa；当发生呼吸性碱中毒时，$PaCO_2$<4.67 kPa。

③判断代谢性酸碱平衡的代偿反应：代谢性酸中毒经肺代偿后，$PaCO_2$ 将降低，其最大代偿 $PaCO_2$ 可降至 1.33 kPa；代偿性碱中毒经肺代偿后，$PaCO_2$ 将升高，其最大代偿 $PaCO_2$ 可升高至 7.33 kPa。

④肺泡通气状态的判断：一般 $PaCO_2$ 与肺泡二氧化碳分压(P_ACO_2)接近。所以，肺泡通气量不足时，$PaCO_2$ 增加；肺泡通气量过度时，$PaCO_2$ 减小。

七、碳酸氢根(HCO_3^-)

HCO_3^- 作为反映动物机体内酸碱代谢状态的指标，具体包括实际碳酸氢根(AB)和标准碳酸氢根(SB)。AB 是指隔离空气的动脉血，在实际条件下检测的血浆 HCO_3^- 含量。SB 是在 $PaCO_2$ 5.33 kPa，SaO_2 100%(38 ℃)条件下，动脉血中 HCO_3^- 的含量。在正常动物血液中 AB 和 SB 值无差异。SB 主要受肾脏调节，能较准确地反映代谢性酸碱平衡。AB 受呼吸和代谢双因素的影响，所以当代谢性碱中毒或呼吸性碱中毒时肾脏代偿导致 AB 增大。当代谢性酸中毒或呼吸性碱中毒时，肾脏代偿导致 AB 减小。而当慢性呼吸性酸中毒或慢性呼吸性碱中毒时，AB 代偿值可变得较大或较小。通常呼吸性代偿对 HCO_3^- 的影响程度可用 AB 和 SB 之间的差值进行评估。HCO_3^- 减小，AB=SB<参考值，指示代偿性酸中毒；HCO_3^- 增加，AB=SB>参考值，指示代谢性碱中毒；HCO_3^- 增加，AB>SB，指示呼吸性酸中毒：受肾脏代谢调节；HCO_3^- 减低，AB<SB，指示呼吸性碱中毒：也受肾脏代谢调节。

八、缓冲碱(BB)

BB 共包括 4 种，分别是全血缓冲碱(BBb)、血浆缓冲碱(BBp)、细胞外液缓冲碱(BBecf)和正常缓冲碱(NBB)。BBb 是血液中一切具有缓冲作用碱(负离子)的总和,包括 HCO_3^-、血红蛋白、血浆蛋白和 HPO_4^{2-},其中 HCO_3^- 几乎占 BBb 的 1/2。当发生代谢性酸中毒时,BBb 减小,当发生代谢性碱中毒时相反。但是,若出现 BBb 减小,而 HCO_3^- 正常时,单纯补充 HCO_3^- 是不合适的。

九、剩余碱(BE)

BE 共包括 3 种,分别是全血 BE(BEb)、血浆 BE(BEp)和细胞外液 BE(BBecf)。BEb 是指在 38 ℃、$PaCO_2$ 5.33 kPa、SaO_2 100%条件下,将血液滴定至 pH 7.40 时所消耗的酸或碱量。其正值表明缓冲碱增加,反之。BE 的临床意义与 SB 大致相同,但较 SB 更全面。

十、血浆总二氧化碳($T\text{-}CO_2$)

见第十六章第八节。

第二节　血液气体分析的临床应用

一、代谢性酸中毒

1. 临床表现

临床见于肠吸收不良综合征、高热、外伤、饥饿和慢性肾功能障碍、重度腹泻和肠阻塞、大面积烧伤、严重感染、休克、糖尿病、严重持久缺氧,以及大量输入氯化铵、生理盐水、氨基酸等。

2. 实验室检验

pH 减低或正常,$PaCO_2$ 正常或降低,HCO_3^- 降低,AB 下降值与 SB 下降值相同时,BE 负值增大。当发生肾功能衰竭,非挥发性酸增多时,AG 值升高;当 HCO_3^- 丢失等所致的高氯性酸中毒时,AG 值正常。代谢性酸中毒时,尿液酸性增强,若有高钾血症,尿液呈碱性。

二、代谢性碱中毒

1. 临床表现

临床见于严重呕吐,长期大量输入葡萄糖,不适当地应用利尿剂和糖皮质激素严重的低血钾症,以及过量服用碱性药物等。

2. 实验室检验

pH 正常或升高,$PaCO_2$ 正常或升高,HCO_3^- 升高,AB 下降值与 SB 升高值相同时,BE 正值增大。钙和镁降低,钾和氯也降低。AG 升高或明显升高,都不可误认为是代谢性酸中毒,这是由于钾、钙和镁都减少,AG=未测阴离子(UA)-未测阳离子(UC)。尿碱性,若有严重低钾血症、低氯血症和严重脱水,尿液呈酸性。

三、呼吸性酸中毒

1. 临床表现

临床见于各种原因引起的肺泡通气不足,机体内 CO_2 蓄积,如严重的肺脏疾病(肺炎、肺气肿、气管阻塞)、胸腔积液、气胸、麻醉、头部外伤、呼吸肌肉无力等。

2. 实验室检验

①当 pH 减低或正常，$PaCO_2$ 升高，HCO_3^- 正常或稍升高，AE 基本正常，血钾增多，其他均正常时，指示急性呼吸性酸中毒。

②当 pH 减低或正常，$PaCO_2$ 升高，HCO_3^- 增多，AB＞SB，BE 正值增加，血钾增多或正常，血氯减小，血钠增多、正常或减少时，指示慢性呼吸性酸中毒。

四、呼吸性碱中毒

1. 临床表现

临床常见于因通气过度，体内 CO_2 排出过多，如日射病、高热、肺纤维化、热射病、肺炎、肝性脑病、肺水肿、永久性动脉导管等。

2. 实验室检验

pH 正常或升高，$PaCO_2$ 降低，HCO_3^- 在急性呼吸性碱中毒时正常或轻度降低，在慢性时减低明显，AB＜SB，BE 负值增大。血氯增多，钾和钙减少。尿呈碱性。

五、代谢性酸中毒合并呼吸性酸中毒

1. 临床表现

临床见于低血容量性休克与胸壁外伤；代谢性酸中毒(腹泻等)时的麻醉或镇静；充血性心力衰竭与严重肺水肿；长时间麻醉产生的呼吸性酸中毒与组织缺氧；胸腔积液与组织血液灌流减少。

2. 实验室检验

pH 明显减少，$PaCO_2$ 明显升高，HCO_3^- 减小、正常或轻度升高，BE 正常，AG 升高。血钾常升高，血氯减少或正常，血钾正常或偏低。尿液呈强酸性。

六、代谢性碱中毒合并呼吸性碱中毒

1. 临床表现

临床见于充血性心力衰竭与血氧降低和利尿药的作用；呕吐与换气过度；过度呼吸或脓毒血症与胃扭转性扩张。

2. 实验室检验

pH 明显升高，$PaCO_2$ 降低，HCO_3^- 减小、正常或升高，BE 负值、增大或正常。血钾和血钙减少，血氯减少或增多，血钾正常、减少或轻度增多。尿液偏碱性。

七、代谢性酸中毒合并呼吸性碱中毒

1. 临床表现

临床见于热休克、脓毒性休克、腹泻或肾脏疾病与过度呼吸和水杨酸中毒。

2. 实验室检验

pH 升高、接近正常或降低，$PaCO_2$ 降低，HCO_3^- 明显减小、BE 负值增大，AG 增大。血钾正常，血氯增多或正常，血钠正常。

八、代谢性碱中毒合并呼吸性酸中毒

1. 临床表现

临床见于胃扭转性扩张时，膈肌受压迫而影响呼吸；代谢性碱中毒时的麻醉或镇静。

2. 实验室检验

pH 正常、升高或降低，$PaCO_2$ 升高，HCO_3^- 明显增多，BE 正值明显增大。血钾和血钙常明显减少，血钠和血镁也常减少。尿液常偏碱性。

九、代谢性酸中毒合并代谢性碱中毒

1. 临床表现

临床见于动物同时发生的腹泻和呕吐疾病，机体脱水、血液浓稠和产乳酸过多时；机体内有机酸，如乳酸、酮体或尿酸增多。

2. 实验室检验

pH 正常、升高或降低，$PaCO_2$ 升高，HCO_3^- 增多、正常或降低，BE 值正常、增大或减小，AG 增大。血钾减少，血氯正常或减少。

十、三重性酸碱失衡

1. 呼吸性碱中毒＋代谢性酸中毒＋代谢性碱中毒

临床见于呼吸性碱中毒；小肠扭转性胃扩张、发病初期由于疼痛使呼吸加快；由于大量体液丢失，使血液浓稠和组织缺氧，产生乳酸性代谢性酸中毒；由于呕吐产生代谢性碱中毒。实验室检验：pH 正常、升高或降低，$PaCO_2$ 降低，HCO_3^- 降低或正常，AG 增大。血钾、血氯正常或减少。

2. 呼吸性酸中毒＋代谢性酸中毒＋代谢性碱中毒

临床见于胃酸分泌过多或呕吐，产生代谢性碱中毒；较严重的胃扩张，压迫膈肌影响了肺的呼吸换气，从而产生呼吸性酸中毒；体液大量丢失，产生代谢性酸中毒。实验室检验：pH 多降低、正常或升高，$PaCO_2$ 升高，HCO_3^- 多升高、正常或降低，AG 增大。血钾、血氯正常或减少。

思考题

1. 血液气体分析各项指标的临床意义是什么？
2. 如何在临床上应用血液气体分析来诊断酸碱平衡失调？

第十二章　尿液检验与粪便检验

重点提示：肾脏病的实验室检验可分为5个方面，分别是：尿常规检验，肾功能检查（肾小球功能、肾小管功能），肾脏免疫学检验，血、尿的特殊生化检验以及分子生物学诊断。近年来，随着检验技术的完善和各种仪器设备的更新换代，肾脏的各项化验检查也有了长足进步。

第一节　尿液检验

一、尿液的采集与分析

(一)采尿原则

尿液可通过排尿，压迫膀胱，导尿或膀胱穿刺采到。通常最好在早上采尿样，因为这通常是一天中尿样浓度最高的时候。尿样在送往实验室时，要用干净的且没有化学污染的容器。

(二)采尿方法

1. 自然排尿

应用自然排尿时，中段尿液是最好的。自然排尿是评价血尿时选择的采尿方法，因为其他的方法会在采尿时导致出血而增加红细胞的量。除自然排尿外，还可以进行诱导动物排尿。此方法因尿液常在采集过程中受到污染，因此不适用于细菌培养。

2. 压迫膀胱排尿

大动物马和牛可通过直肠压迫排尿，小动物可通过体外压迫排尿。一般原则上不建议采用压迫膀胱采尿。在评价用该方法采得的尿液时，必须考虑尿道口、阴道或阴茎和包皮的污染情况。

3. 导尿

尽量避免用导尿来采集常规的尿样（图12-1、图12-2）。如果使用该方法采尿，导尿应该尽可能在无菌的条件下进行。导尿时，存在的伤口会使样品中的红细胞、蛋白质和上皮细胞增加。

4. 膀胱穿刺

膀胱穿刺可以避免尿道口、阴道、阴茎包皮和会阴污染物的污染。近期进行过膀胱切开术或有严重的膀胱外伤，不能用该方法进行常规的尿样采集。膀胱穿刺可以使尿栏中的非尿道污染减少到最小。它主要的缺点是针孔造成的外伤可能引起医源性的血尿和膀胱穿刺部位尿液进入腹腔。

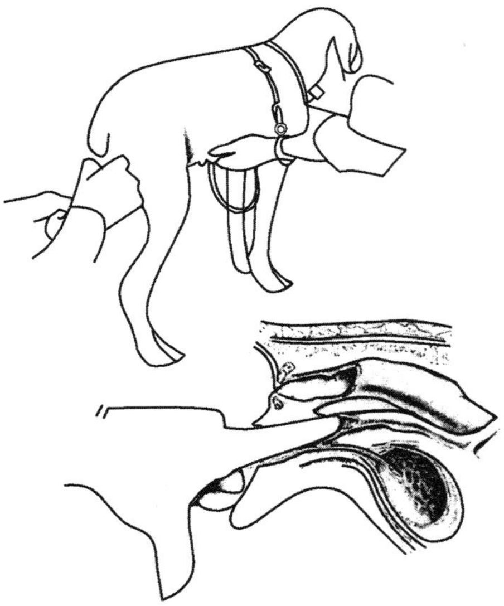

图 12-1 母犬导尿

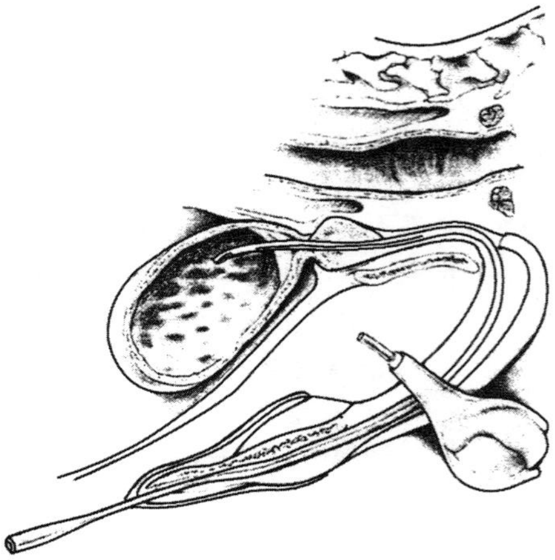

图 12-2 公犬导尿

(三)尿液样本的保存

理想情形下,样本应在采集后 30 min 内进行分析,避免样品变质。如果无法立即进行分析,可将样品冷藏,能够保存尿液中的大部分组成物质 6～12 h。低温保存可能导致尿结晶形成,并伴随浊度增加,所以应在冷藏前测定尿比重。同时也应在采样后及时进行细胞学评估。在评估冷藏样品前应先将样品恢复至室温。若需要较长时间保存尿液样本,则可对约每 30 mL 的尿液添加 1 滴 40%甲醛,或 1/10 体积的苯酚。

(四)注意事项

①尿液检查前和出具尿液检查报告时均需注明尿液采集方式,利于结果判读。

②尿比重检查结果不受尿液离心的影响,非严重浑浊的尿样均可在离心前检查尿比重。

③若尿液颜色过于异常(如严重的胆红素尿或酱油色尿),需在结果上注明化学性质检查结果受颜色干扰,参考价值有限。某些药物或食物,也可能导致尿液变成红色、绿色甚至是蓝色。

④同一个实验室的操作流程必须统一,尿液浓缩程度必须统一,这样才能保证尿沉渣结果的准确性。

二、尿液物理性质检验

尿液物理性质检验包括尿的颜色、透明度、气味、尿量和尿密度等。

(一)颜色

正常动物的尿色为淡黄色、黄色到深黄色,颜色的变化与尿量及尿中含的一些尿色素和尿胆素多少有关。尿液颜色异常主要有以下几种。

1. 尿液颜色极淡至无色

常与多尿有关,此时尿比重偏低。引起多尿症的疾病包括肾炎、糖尿病、尿崩症、子宫蓄脓以及肝病等。给予利尿剂、糖皮质激素或输液后的动物,也会出现此情形。

2. 暗黄色或褐黄色

一般为相对密度高的浓缩尿液，见于饮水减少或脱水、急性肾炎、热性疾病、胆红素尿（带黄色泡沫）和尿胆素尿。

3. 红色、葡萄酒色或褐色

常见血尿、血红蛋白、肌红蛋白尿、卟啉尿或药物尿。血尿一般为红色云雾状，离心后上清液清亮，沉渣为红细胞。排尿开始排红色尿，多为尿道下部或生殖道出血；排尿结束前排红色尿多为膀胱出血。血红蛋白和肌红蛋白尿为半透明的红褐色，离心后无红细胞沉淀，长期储存可变成褐色或褐黑色。卟啉尿为红色、粉红褐色到红褐色。服用大黄、芦荟、安替比林、刚果红、硫化二苯胺等，尿液变为红色。

4. 绿色尿

见于用亚甲蓝防腐的尿、胆绿色素和吖啶黄素尿。

5. 乳白色尿

见于尿中含有乳糜、脓细胞、大量碳酸钙、磷酸盐和尿酸盐时。

（二）透明度

正常的新鲜动物尿液是清亮的，放置时间稍长有结晶盐形成沉淀而变得混浊。正常马属动物的新鲜尿液中，因含有大量碳酸钙结晶和黏液，故浑浊不透明。对有些犬、猫来说，云雾状尿液也可能是正常的。

（三）气味

各种动物的新鲜尿液，因含有不同的挥发性有机盐，而具有各自的特殊气味，尤其是雄性动物，如公山羊、公猪和公猫的尿液具有难闻的臊臭味，一般尿液越浓，气味越烈。尿液放置时间长了，由于细菌脲酶作用，使尿素分解生成氨，具有刺鼻的氨臭味。

（四）尿量

各种动物每昼夜的排尿量变化很大，影响尿量的因素包括动物品种、体重、年龄、食物中含水量和含盐量、饮水量、运动量、发汗、大肠水分吸收情况和外界环境温度等。病理性少尿和尿量减少，见于急性肾病、脱水、休克、慢性肾炎末期和尿道阻塞等。

（五）尿密度

尿密度为单位容积尿液中含固体物质的多少，健康动物每天排出的固体物质比较恒定，因此，尿量对密度影响较大，一般是尿量大时其密度小，尿量小时其密度大。

正常动物尿相对密度为 1.001～1.065，猫可高达 1.080。相对密度大于 1.025（犬大于 1.03，猫大于 1.035），就表明肾脏浓缩能力正常。具有正常浓缩尿液能力的动物，排出的尿液相对密度比肾小球滤液（等渗尿）相对密度（1.008～1.012）高。动物机体脱水超过体重 3% 时，就会引起抗利尿激素（ADH）的释放，使尿液变浓缩。

三、尿液化学性质检验

尿液化学性质检验包括尿液酸碱反应、尿蛋白质、尿糖、尿酮体、尿潜血（红细胞、血红蛋白和肌红蛋白）、尿胆红素、尿胆素原和尿亚硝酸盐的检验等。现在检验尿液多用试带或试条，每个试带最多可检验 11 项，除上面 8 项外，再加上尿相对密度、尿白细胞和维生素 C。检验方法有目测对比法和尿液分析仪。

(一)尿酸碱反应

1. 检验方法

酸碱反应可用试带法(paper strips,三联或五联试带或 pH 试纸等)或指示剂法。

2. 临床意义

(1)酸性尿液　生理性酸性尿液,主要见于食肉动物、吃奶仔畜、过量饲喂蛋白质、饥饿和延长肌肉活动。病理性酸性尿液,主要见于各种热性病、酸中毒(糖尿病、尿毒症等)。内服酸性盐类药物,如酸性磷酸盐、氯化铵、氯化钠等,可以造成人为的酸性尿液。

(2)碱性尿液　生理性碱性尿液,见于食草动物;病理性碱性尿液,见于膀胱炎和膀胱尿液潴留(细菌分解尿素成氨)、碱中毒等。用碱性盐类药物,如碳酸氢钠、柠檬酸钠、乳酸钠等,可以造成人为的碱性尿液。

(二)尿蛋白质

1. 检验方法

检验尿液中蛋白质可用半定量或定量试带法、酸沉淀法或定量双缩脲比色法。

2. 临床意义

(1)生理性增多　常为暂时性的和较轻的,由于肾血管收缩引起的,见于过度肌肉活动、吃入过量蛋白质、母畜发情、妊娠、情绪激动、初生仔畜(生后 40 h)等。

(2)病理性增多

①肾前性尿蛋白增多:为非肾性疾病引起,见于热性病、心脏病、中枢神经系统疾病、休克、新生物等。

②肾性尿蛋白增多:是由肾小球通透性增强、肾小管再吸收能力降低和肾源性出血等引起。但尿蛋白的多少,并不能完全反映肾脏疾病的原因和疾病的严重程度。

③肾后性尿蛋白增多:肾后泌尿和生殖器官的出血和渗出物加入尿液中引起,见于输尿管炎、膀胱炎、尿道炎、尿石症、生殖道肿瘤、前列腺炎、阴道炎、包皮分泌等。

(三)尿糖

1. 检验方法

检验尿中葡萄糖常用试带法、班氏定性法(还原法)等。试带法是试带内含有葡萄糖氧化酶,目前基本上有两种类型。一种是只对葡萄糖敏感,可检出尿含 100 mg/dL 浓度的葡萄糖;另一种可检验尿中任何糖类,但尿中糖含量必须达 250 mg/dL 才能检出。

2. 临床意义

(1)生理性增多　多见于动物高度兴奋和食入过量葡萄糖或果糖,以及食入大量富含碳水化合物饲料时。在这些情况下,尿中可出现葡萄糖。猫在剧烈应激或激动后,可能会产生暂时性的高糖血症和糖尿。

(2)病理性增多　见于高糖血症,当动物的血糖达到 180 mg/dL(9.992 mmol/L)或更高时(牛的阈值为 100 mg/dL,即 5.551 mmol/L),由于超过肾小管的重吸收能力,便引起糖尿。

(四)尿酮

1. 检验方法

常用检验尿中酮体方法有试带法、片剂法、亚硝基铁氰化钠法和哈特氏法。

(1)试带法　试带法是用饱和硝基氢氰酸钠缓冲液制成试带,它只与新鲜尿中乙酰乙酸起反应。试带法可检出尿中乙酰乙酸含量为微量(5 mg/dL)、少量(10 mg/dL)、中量(40 mg/dL)、大量(80～160 mg/dL)4 个级别。

(2)片剂法　片剂法能检测尿液、血清、血浆和全血中的丙酮和乙酰乙酸，检验操作必须按说明进行，不然容易发生错误。

(3)亚硝基铁氰化钠法　亚硝基铁氰化钠法主要检验尿中丙酮。

(4)哈特氏法　哈特氏法能够检验尿中 β-羟丁酸。

2. 临床意义

尿中检出酮体，见于妊娠后期和泌乳高峰期的母牛，还见于酮病、母羊妊娠毒血症、仔猪低糖血症、糖尿病、任何引起动物不吃食的原因或疾病、肝脏机能损伤、酸中毒、使用过量雌激素及饲喂高脂肪低糖性食物等。尿检是检测酮病最容易的方法之一。在糖尿病中出现酮病是一个不良的预兆，因为它意味着已没有葡萄糖进入细胞。

(五)尿潜血、血红蛋白和肌红蛋白

1. 检验方法

检验尿中潜血、血红蛋白和肌红蛋白常用方法有试带法、片剂法和邻联甲苯胺法。红细胞、血红蛋白和肌红蛋白都含有假过氧化物酶(铁)，能使过氧化物分解释放出氧原子，使色原变色。

2. 临床意义

(1)血尿　试带法检验混均匀的尿至阳性，离心后尿液不见红染，尿沉渣镜检有红细胞，称为血尿。临床上见于肾脏疾病(急性肾炎、肾病、肾脓肿、肾肿瘤、肾梗死、肾结石、肾盂肾炎)、输尿管炎、膀胱炎和结石、尿道炎和外伤、前列腺炎、寄生虫病(肾虫病、犬恶丝虫病)和中毒(铜、苯和汞中毒)等。

(2)血红蛋白尿　由血管或尿中大量红细胞溶解所产生。尿液离心后仍显红色，尿沉渣镜检看不到红细胞。临床上见于产后血红蛋白尿症、细菌性血红蛋白尿、焦虫病、新生幼畜溶血病、血型不符的输血、自身免疫溶血性贫血、犊牛饥渴后饮入大量冷水、感光过敏及某些中毒病(磺胺、铜、汞、蕨、洋葱中毒等)。

(3)肌红蛋白尿　由肌细胞溶解所产生，尿呈棕色或黑色，无贫血症状，见于马肌红蛋白尿病、动物蛇毒中毒、幼畜白肌病等。

红尿的临床鉴别诊断见表 12-1 所列。

表 12-1　红尿的临床鉴别诊断

参数	血红蛋白尿	肌红蛋白尿	血尿
尿潜血	阳性	阳性	阳性
尿色	粉色至红色(时间过长呈棕色)	粉色至红色(时间过长呈棕色)	粉色至红色
尿沉渣	无红细胞	无红细胞	红细胞
血浆颜色	淡红至红色	正常	正常
其他异常	贫血(通常再生性) 胆红素尿	CK 和 AST 升高	多种原因 同时需要考虑凝血疾病

(六)尿胆红素

1. 检验方法

检验尿胆红素有试带法、片剂法和哈里逊氏点法等。试带法是试带上的二氯苯胺重氮盐与胆红素生成棕色到紫色偶氮化合物，其级别为少量(＋或 0.3 mg/dL)、中量(＋＋或

0.5 mg/dL)和大量(+++或 1.0 mg/dL)。

2. 临床意义

尿胆红素检验阳性，可以分为肝前性、肝性和肝后性 3 种。肝前性，见于溶血性疾病(焦虫病、自身免疫溶血性贫血)。肝性，主要见于肝脏疾病(肝炎、肝坏死、肝硬化、肝肿瘤)，钩端螺旋体病和铜、磷及铊等中毒。肝后性，主要见于胆管阻塞(结石、肿瘤、寄生虫)。肝脏疾病时，常见高胆红素尿先于高胆红素血症，溶血性疾病一般无尿胆红素，只有当肝脏受到损伤时，才出现胆红素尿。

(七)尿胆素原

1. 检验方法

检验尿胆素原有试带法和改良欧利希氏法。

2. 临床意义

尿胆素原增多见于肝脏疾病(肝炎、中毒性肝炎、肝硬化)、溶血性疾病、充血性心力衰竭、便秘和胆道阻塞的初期。尿胆素原减少见于肠道阻塞、肾炎的后期(多尿)、腹泻、口服抗生素药物(抑制或杀死肠道细菌)等。

四、尿沉渣检验

通常无须染色，即可进行尿沉渣检验。如果需要染色，有多种染色液可供选用。一般染色用尿沉渣染色液，欲染细胞成分可用瑞特氏染色液，欲染脂肪可用苏丹Ⅲ，欲染细菌可用革兰氏染色液。

(一)上皮细胞

主要可见到 3 种上皮细胞：鳞状上皮细胞、移行上皮细胞、肾上皮细胞(图 12-3)。

1. 鳞状(扁平)上皮细胞

鳞状(扁平)上皮细胞个体最大，不规则，边缘有棱角，细胞核小。它来自尿道、阴道和包皮上皮。在排出的尿和导出的尿的高倍视野中，含有少量的鳞状上皮细胞是正常的。发情时尿中鳞状上皮细胞会大幅度增加。这种细胞的出现一般无诊断意义。

2. 移行上皮细胞

移行上皮细胞大小界于鳞状上皮细胞和肾上皮细胞之间，形状有圆形、纺锤形或尾形，常见几个细胞集聚在一起，尤其是在人工导尿的尿沉渣中。有时正常的犬、猫尿液的每个高倍视野中可见到这种细胞。它来自近端尿道、膀胱、输尿管和肾盂上皮。尿沉渣中这类上皮增多，见于膀胱炎和肾盂肾炎，也可见于机械性的摩擦(尿石病或导尿)、肿瘤或化学刺激(用环磷酰胺治疗)。

3. 肾(小圆)上皮细胞

肾(小圆)上皮细胞个体小而圆，比白细胞稍大，常因变性使其结构不清楚，难与白细胞相

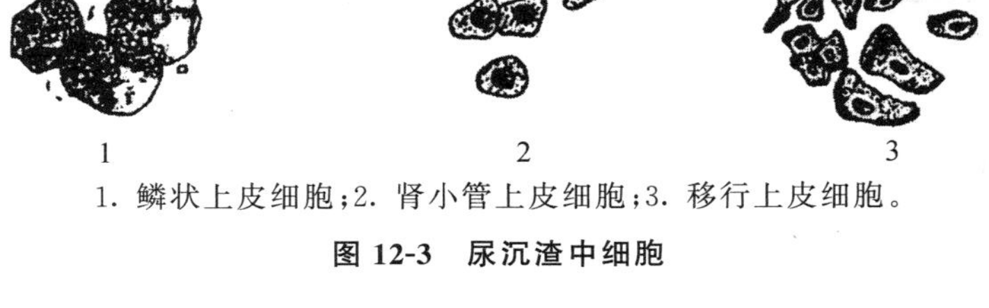

1　　2　　3

1. 鳞状上皮细胞；2. 肾小管上皮细胞；3. 移行上皮细胞。

图 12-3　尿沉渣中细胞

区别。它来自肾小管上皮细胞。肾上皮细胞在尿沉渣中增多，临床上见于急性间质性肾炎。

(二)红细胞

尿沉渣中红细胞呈圆形，橘黄色，有轻度折光，内部无任何结构。在浓缩尿中常发生皱缩，在稀薄尿中(相对密度小于1.008)胞浆溶解，变成影细胞(ghost cell)。在正常的犬、猫尿液中可见少量的红细胞(图12-4)。

(三)白细胞

尿沉渣中白细胞呈圆形，有分叶核，胞浆内有颗粒，比肾上皮细胞小。白细胞在陈旧尿中变性，在低渗尿或碱性尿中溶解或轮廓不清楚。像红细胞一样，正常的犬、猫尿液中存在有少量的白细胞。排出的尿中每个高倍视野中有0～8个白细胞；导出的尿中每个高倍视野中有0～5个白细胞；穿刺的尿中每个高倍视野中平均有0～3个血细胞(图12-4)。

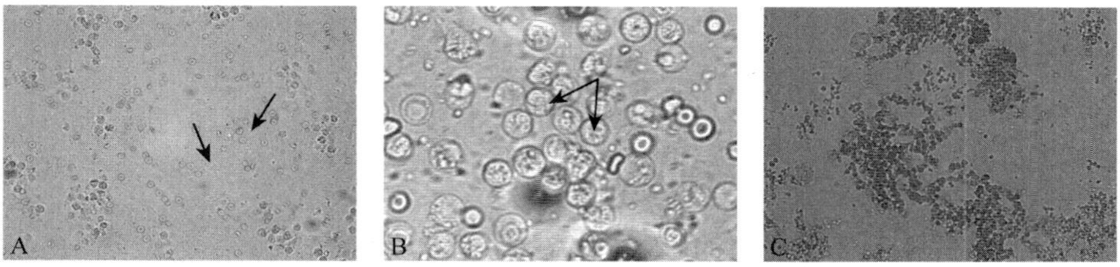

A. 尿液中红细胞；B. 白细胞；C. 红细胞降解产物。

图12-4 尿中红细胞、白细胞(40×)

(四)管型

管型是尿中黏蛋白和血浆蛋白在远曲小管的酸性条件下形成的伸长管状物。管型有下列几种(图12-5)。

1. 透明管型

透明管型是一种无色均质半透明管型，在视野很暗时也很难看清楚。其绝大部分由黏蛋白组成。在正常动物尿中可出现，但多见于动物过劳时或肾脏存在中等程度刺激时的尿液沉渣中。

2. 颗粒管型

颗粒管型分粗颗粒管型和细颗粒管型，由黏蛋白、血浆蛋白和破碎的肾小管上皮细胞颗粒组成，乃是最常见的一种管型。管型中的颗粒可能是来源于肾小球疾病中的血清蛋白或肾小管变性的细胞破裂产物。在多数情况下，过量的颗粒管型意味着肾小管变性加速，但也可能是肾小球损伤。多见于肾炎和肾病。

3. 上皮细胞管型

上皮细胞管型类似透明管型，但管型内含有成列的肾小管上皮细胞，可能和其他细胞形成混合管型，意味着有严重的肾小管细胞损伤。见于急性肾炎和肾病。

4. 蜡样管型

蜡样管型类似透明管型，无颗粒，一般短而粗，有折光性，两端不整齐，有折断状分节，它从变质细胞和颗粒管型演化而来，是颗粒管型变性的最后阶段。大多数与慢性肾脏疾病有关，可见于能引起肾内细胞管型或颗粒管型形成增加的所有疾病。

5. 脂肪管型

脂肪管型由上皮细胞变性破碎后产生的脂肪滴形成，猫肾小管上皮细胞内含有大量脂肪，

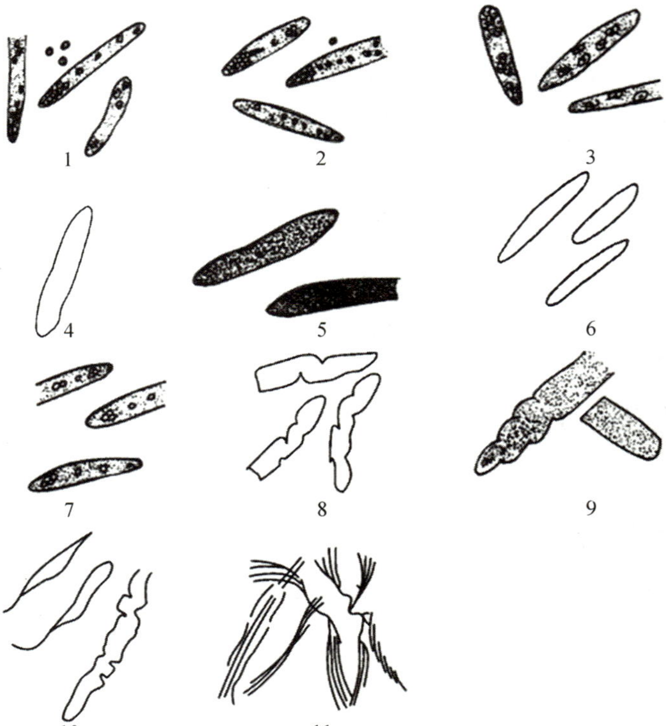

1. 白细胞管型；2. 红细胞管型；3. 上皮细胞管型；4. 细颗粒管型；5. 粗颗粒管型；6. 透明管型；7. 脂肪管型；8. 蜡样管型；9. 肾衰竭管型；10. 类圆柱体；11. 黏液丝。

图 12-5　尿沉渣中各种管型和类管型物体

所以在猫尿中多发现此类管型。管型中脂肪滴用苏丹Ⅲ染色，呈橘黄色至红色。见于肾病和慢性肾小管病变。

6. 红细胞管型

红细胞管型内含有红细胞，见于肾脏出血或炎症。在犬、猫的尿样中不常见。急性间质性肾炎时，很少发现有单纯的红细胞管型，但可以和其他细胞混合在一起。

7. 白细胞管型

白细胞管型内含有白细胞，也可能和其他的细胞形成混合管型。见于肾炎、肾化脓和肾盂肾炎。肾盂肾炎时最常见。

8. 类柱状管型

类柱状管型的外观与透明管型相似，但两端或一端尖细，其临床意义类似透明管型。

（五）黏液

为均质物质，常呈细长、弯曲、缠绕的线状，在视野背景调暗时才能看到，黏附在其他物体上时看得更清楚。马肾盂和近端输尿管有黏液分泌腺，因此马尿中有黏液是正常现象，其他动物尿中有黏液，表明尿道受刺激或生殖道分泌物混入了尿液。

（六）脂肪滴

脂肪滴是一种具有折光性强、大小不一的物体，由于它总浮在表面，镜检时总不能和其他沉渣在一个焦点上同时见到。用苏丹Ⅲ可染戌橘黄色至红色。正常猫尿中含有脂肪滴，其他动物则无，如有发现，要么是由人工导尿所致，要么是存在甲状腺功能降低、糖尿病等。

(七)微生物

1. 细菌

尿中单个或成串的杆菌，一般可以辨认；单个球菌类似于微小结晶或碎片，在尿中呈布朗运动(液体分子运动)，即使在高倍显微镜下也无法辨认，但成串的球菌容易辨认。尿沉渣进行瑞氏或革兰氏染色时，细菌较容易辨认。

2. 真菌

尿沉渣中有时可看到分节的真菌菌丝或出芽的酵母菌，这是尿污染造成的，临床上无意义。

(八)寄生虫

尿沉渣中能检验到有齿冠尾线虫(猪肾虫)、膨结线虫(犬和狼大型肾脏寄生虫)、皱襞毛细线虫(犬、猫和狐的膀胱寄生虫)等寄生虫的虫卵，有时可检验到犬恶丝虫的微丝蚴。

(九)精子

经常在未去势公犬和公猫尿中见到，容易辨认，但无任何临床意义。

(十)结晶物

尿中结晶物(图 12-6)的形成与尿 pH、结晶物的溶解性和浓度有关。一般尿中出现的结晶物很少有临床意义，但有些结晶物的出现具有一定的临床意义。

1. 碱性尿中易形成的结晶

(1)鸟粪石　可能是正常的或与尿石的生成有关。

(2)无定型的磷酸盐　可能与饲养管理不当、代谢性碱中毒有关。

(3)磷酸钙和碳酸钙　可能与尿石生成有关。

2. 酸性尿中易形成的结晶

(1)尿酸盐　可能与尿石症或与代谢缺陷有关。

(2)胱氨酸盐　可能与尿石症或与先天性代谢缺陷有关。

(3)草酸钙　典型的类型，可能是正常的或与尿石的生成有关。

3. 犬的胆红素结晶

可能是正常的，特别是对于母犬；也可能意味着肝脏疾病或溶血。但猫的胆红素结晶都是不正常的。

4. 磺胺嘧啶结晶

应用过量磺胺嘧啶药物治疗所致。

五、肾功能检验

1. 尿素

尿素是在肝脏中形成的氨基酸代谢的终末产物，尿素的生成主要取决于饮食中蛋白质的摄入、组织蛋白质分解代谢及肝功能状况。尿素主要经肾小球自由滤过，但大部分在集合管和肾小管中被重吸收，其余随尿液排出。当肾实质损伤时，肾小球滤过率下降，导致血液尿素浓度升高，因此，临床上可检测血液尿素浓度来评估肾小球的滤过功能。

氮质血症主要分为肾前性、肾性和肾后性氮质血症。

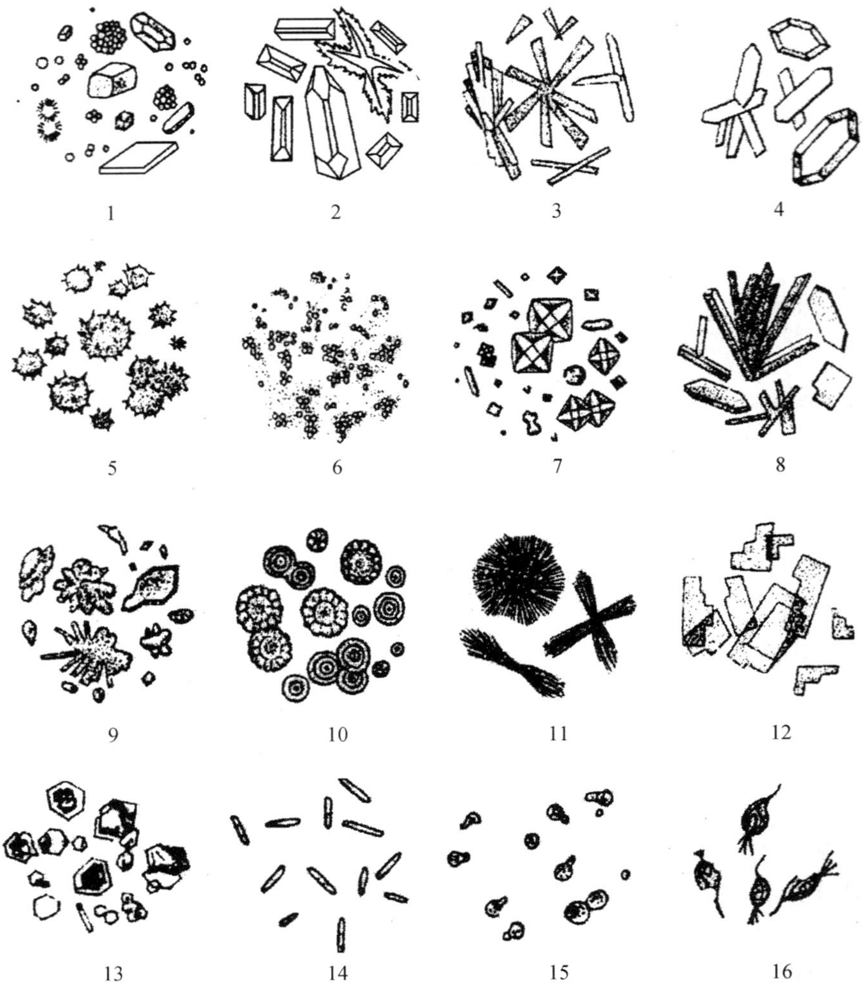

1. 碳酸钙;2. 磷酸氨镁;3. 磷酸钙;4. 马尿酸;5. 尿酸铵;6. 尿酸盐;7. 草酸钙;8. 硫酸钙;9. 尿酸结晶;10. 亮氨酸;11. 酪氨酸;12. 胆固醇;13. 胱氨酸;14. 细菌;15. 酵母菌;16. 毛滴虫。

图 12-6 尿沉渣中结晶体、微生物和寄生虫

(1)肾前性氮质血症 见于低血容量(脱水、休克、失血),心排血量下降(心功能不全、休克、肾上腺皮质功能减退),休克(低血容性、心源性、过敏原性、败血性或神经源性)。当水合状态或疾病改善时,血浆尿素浓度会得到改善。但若长时间未改善,可能会导致原发性肾脏损伤,从而加剧氮质血症。

(2)肾性氮质血症 见于炎症(肾小球性肾炎、肾盂肾炎或小管间质性肾炎),淀粉样变,中毒性肾病(高钙血症、乙二醇、肌红蛋白、庆大霉素或保泰松),肾脏缺血或缺氧(肾灌注不良或肾脏梗死),先天性肾脏发育不良,肾盂积水,肿瘤(肾脏或转移性肿瘤)。肾功能衰竭是小动物常见的临床疾病,其尿素浓度因疾病严重程度而差异较大,会同时伴有肌酐浓度的升高。尿素浓度与肾衰竭晚期并发尿毒素的临床症状相关。

(3)肾后性氮质血症 见于尿道梗阻(尿石症、猫的尿道栓子、肿瘤或前列腺疾病)和尿液泄漏（创伤或肿瘤）。此时，血液尿素浓度会升高，如果及时进行外科修复，则该种情况可以解除。若尿道梗阻时间过长，可能会导致急性肾衰。

2. 肌酐

肌酐由肌酸和磷酸肌酸分解产生，而磷酸肌酸是存在于肌肉中的储能分子。虽然有少量肌酸和磷酸肌酸来自饮食，但这部分可以忽略。所以，肌酐的总量就是动物体肌肉质量的功能性消耗。肌酐可由肾小球自由滤过，并不会被肾小管重吸收。由于不受饮食和蛋白质分解的影响，与尿素相比，肌酐是衡量肾小球滤过率（GFR）或肾功能更可靠的指标。血肌酐水平可用于评估肾功能，与尿素一样并不是肾功能的准确指标，必须有接近75%肾功能损失后，肌酐浓度才会升高。血浆/血清肌酐浓度与肾小球滤过率呈曲线而非线性关系。

（1）肌酐浓度降低的临床意义　见于消瘦、饥饿、门脉分流，或是餐后，由于肾小球滤过率的增加会导致肌酐暂时性降低。

（2）肌酐浓度升高的临床意义　见于肾前性、肾性和肾后性因素。肾前性因素（脱水或心衰）时，肌酐升高程度比尿素低，可结合尿比重进行评估。当肌酐值大于250 μmol/L（1 mg/dL=88.4 μmol/L）时，怀疑肾性因素（排除肾后性因素）、急性肾损伤或慢性肾病；当浓度大于500 μmol/L，情况较严重；当浓度大于1 000 μmol/L，多见于肾衰后期、膀胱破裂和尿道阻塞。

3. 对称二甲基精氨酸

对称二甲基精氨酸（symmetrical dimethyl arginine，SDMA）是细胞核内甲基化的L-精氨酸，在蛋白质降解过程中形成并释放进入血液循环，经肾脏排泄。SDMA主要通过肾小球滤过排泄，不受肾小管重吸收或分泌的影响，因此可以作为GFR的替代标记物。一般在肾脏功能接近40%就可开始升高，且不受肌肉质量和其他疾病的影响。

4. 尿蛋白肌酐比

尿蛋白肌酐比（urine protein：creatinine ratio，UPC）是利用尿液中的蛋白质与恒定肌酐的比值，来推测24 h经肾脏排泄的蛋白质的含量。可以对蛋白质进行定量检测，且不受尿量和尿比重的影响，检测敏感性高（蛋白＜5 mg/dL）。尿液样本选择最好是膀胱穿刺取尿，其他洁净采尿方式也可。尿液低速离心后取上清液即可进行测试。

5. 血磷

大部分动物的磷酸盐主要通过肾脏排泄，当肾小球滤过率下降时，由于排泄减少，导致血磷水平升高。血磷的代谢会受到甲状旁腺激素（parathyroid hormone，PTH）和成纤维生长因子-23的调节，长期的高磷血症会导致甲状旁腺肿大和骨质脱钙。因此，需要通过限制食物中磷的含量来改善和/或控制高磷血症。值得注意的是，溶血或细胞与血清/血浆分离延迟也会导致血清磷的升高，应及时分离出血清/血浆或避免造成人为溶血。

6. 血钙

肾脏是调节血钙的重要靶器官之一，调节钙的重吸收。血液总钙分为离子钙、结合钙（主要与白蛋白结合）和复合钙，而离子钙是机体钙代谢的活性形式，约占总钙含量的55%。肾病动物由于排泄减少导致血磷酸盐浓度增加，从而导致离子钙浓度的降低。而由于磷酸盐等物质的堆积，并与钙形成复合物，使得总钙升高或处于参考值上限。当氮质血症和高血钙同时存在时，可以检测离子钙来区分高钙血症是否由肾病导致，若离子钙浓度正常或下降时，则提示肾病是主要问题，若离子钙浓度升高，则提示非肾病是主要问题。此外，高钙血症会干扰远端肾小管对抗利尿激素的作用，使尿比重降低。若持续存在，则会由于钙磷物质在肾实质内沉积，从而发生不可逆的损伤。

7. 血钾

血钾主要在肠道吸收（或肠外输注），经机体调节分布于细胞内液和细胞外液中，并主要由肾脏排泄。少尿或无尿性肾衰，以及肾后性氮质血症（梗阻）导致钾排泄减少，从而使得血钾浓度升高，特别是在 AKI 的动物中常见。CKD 患犬很少出现低钾血症，但低钾血症在 CKD 猫中比较常见，推测原因可能与饮食摄入不足、肾脏丢失增加和相对的醛固酮分泌增加有关。

第二节　粪便检验

正常粪便由已消化和未消化的食物残渣、消化道分泌物、大量细菌、无机盐和水分组成。粪便检查对了解消化道及与消化道相通的肝、胆、胰等器官有无炎症、出血、寄生虫感染等疾病，了解胰及肝胆系统的消化与吸收功能状况有重要价值。粪便检验是兽医临床上了解消化系统病理变化的一种辅助方法，粪便常规检验包括粪便的感官检查、化学检验及显微镜检验。

一、标本采集

（一）粪便采集原则

粪便采集是粪便检验的必须手段，粪便标本的采集方法直接影响结果的准确性。采集时应注意下列事项。

①采集前要明确送检的目的，做粪便细菌学、病毒检验时应采集标本于消毒的容器内；做化学和显微镜检验，应采集新排出而未接触地面的部分，必要时可从直肠直接取粪，以免影响检验结果。

②粪便标本务必新鲜，不可混入尿液，盛器应洁净干燥。根据检验项目的不同要求，应对盛粪的容器加以选择。例如，做粪潜血检验，要用经清洁液处理过的玻璃器皿或一次性试管盛放，以保证检验的准确性。

③采集标本时应用干净竹签挑取含有黏液、浓血或伪膜的粪便，外观无异常的粪便应从粪便表面不同的部位、深处及粪端多处取材，放入内衬刷蜡的专用粪便纸盒内送检，并在盒面上注明采集日期，粪中的这些异物对于疾病的诊断极为重要。

④一般检查留取少量粪便即可，但至少需花生仁大小，如做集卵检查需留取鸡蛋大小粪便，孵化血吸虫毛蚴最好留全粪便。

⑤粪中如果发现寄生虫虫体，应用镊子轻轻地取下，先在生理盐水中洗净，然后放入 70% 酒精中送检或保存。

（二）粪便样本的采集方法

常用粪便采集方法有自主排便、直肠取便、导管抽取粪便 3 种方法。

1. 自主排便

动物保定好后，检验员根据动物体型于动物肛门推注 1～3 mL 缓泻剂（甘油∶水＝1∶1），让其自由活动后排便，将粪便样本放入收集盒中。

2. 直肠取便

对于无腹泻症状的动物可以直肠取便。动物保定好后，检验员戴一次性 PE 手套，用甘油润滑食指后，经肛门掏取粪便。

3. 导管抽取粪便

取 5 mL 无菌注射器，拔掉注射器针头，抽吸 5 mL 生理盐水后连接一次性导管，并将生理盐水推注入导管，甘油润滑导管前端，动物保定好后，检验员将导管插入动物肛门，灌入生理盐水，反复轻柔抽吸，获得粪便样本。

二、检验项目

（一）一般性状检验

粪便检查时，肉眼观察粪便标本，通常根据粪便性状即可作出初步诊断。

1. 硬度

健康马、骡、驴的粪便近似肾形或球形，含水量约 75%，有一定的硬度，粪球落地时，一部分破碎，大部分完整。牛的粪便因精、粗饲料搭配比例不同，粪的硬度有所不同，奶牛和水牛的粪成堆，黄牛的粪呈层叠状，含水量约 85%。绵羊及山羊的粪含水量只有 55%上下，外形似莲子状，较硬。大猪的粪含水量为 55%～85%，含水少的呈棒状，含水多的呈稠粥状。

在病理状态下，当肠管受到各种刺激后肠管蠕动增加，肠内容物在肠管内停留时间短，肠壁吸收其中的水分减少，粪便稀软，甚至成为水样，见于肠卡他、肠炎。当肠管运动机能减弱或肠肌弛缓时，肠内容物在肠管内停留时间延长，肠壁吸收其中的水分增多，粪便硬度增大，甚至成为干小的球形。见于马属动物的便秘初期。

2. 颜色

由于饲料种类及搭配比例不同以及季节的更换，健康家畜的粪色也有差异。如放牧或喂青草时，粪呈暗绿色；饲喂谷草、稻草或秋白草时，粪呈黄褐色。在病理状态下，可见下列 3 种粪色。

（1）黑褐色（羊的粪除外） 见于消化道上部出血。不易判断是否出血时，应做粪潜血检查。

（2）粪中有血丝、血块 见于消化道下部出血，特别是直肠出血。

（3）粪色灰白 见于犬、猫的胆管阻塞。草食动物中的马、牛因其粪量多，即使胆管阻塞，也不太明显。

3. 气味

健康家畜平日采食一般的饲草、饲料，粪便没有特别难闻的气味，有人把这种气味叫作“厩臭”。猪吃精料较多，粪的臭味稍大。肉食动物以肉食为主，粪臭更大。异常的粪臭有：

（1）酸臭 见于消化不良，由于饲料中的碳水化合物在肠道内发酵产酸。

（2）腐败臭 见于各种原因所致的肠炎，由于肠内的炎性渗出物中的蛋白质被微生物作用，腐败分解产生硫化氢等气体。

4. 粪便内混有杂物

健康家畜的粪中除了正常的未被消化的饲草、饲料残渣以外，一般不见其他混杂物。粪中出现的混杂物有以下几种。

（1）黏液 黏液外观黏稠、透明，呈丝状或块状，见于肠炎的初期。如消化道上部发炎，黏液混在粪内，拨出粪球或粪团才能见到，如消化道下部发炎，黏液附在粪的表面。

（2）伪膜 伪膜的外观好似肠黏膜，但实际上不是真正的肠黏膜。伪膜是由炎性渗出物中的蛋白质及纤维素凝结而成，然后从肠壁分段脱落，随着排粪排出体外。如进行镜检，镜下只见黏液及纤维丝，却不见肠上皮细胞。伪膜见于牛黏液膜性肠炎，消化道黏膜的深层炎症等。

(3)过粗的草渣及未消化的谷物颗粒　见于老龄家畜或患有牙齿不整的病畜，马属动物最为常见。

(4)脓球、脓汁、脓块　外观为灰白色，不透明，涂片或压片染色镜检，可见多量的脓球，见于消化道化脓性疾病。

(5)血块　见于消化道出血。上部消化道出血，血块暗黑，常混在粪内，粪潜血检验呈强阳性反应；下部消化道出血，血块鲜红或暗红，镜检可见尚未破裂的红细胞。

(二)显微镜检验

1. 粪便滴片及涂片的制备

(1)准备工作　穿戴检查手套，准备载玻片、盖玻片及吸管。在载玻片上标记好动物信息及粪便颜色、性状。如果粪便稀薄如水样，应置于试管让其自行沉淀或低速离心片刻，然后用吸管吸取沉渣，涂片镜检。

(2)粪便滴片制作流程　将采集到的粪便样本放入粪便收集盒内，加适量生理盐水混匀。在载玻片上左右两个区域各滴加一滴粪便样品，盖上盖玻片，滴片的厚度以透过玻片可以看清书面文字为宜。

(3)粪便涂片制作流程　取一滴稀释后的粪便于载玻片的一端，将另一张载玻片以十字交叉法轻轻盖于其上，匀速滑动上方载玻片至另一端，风干涂片。

2. 粪便滴片及涂片的观察

正常粪便中可以见到粪残渣中的植物细胞、植物纤维等。粪球表面或内部出现虫卵、红细胞、白细胞、脓球及脂肪球等均属异常情况(图 12-7)。

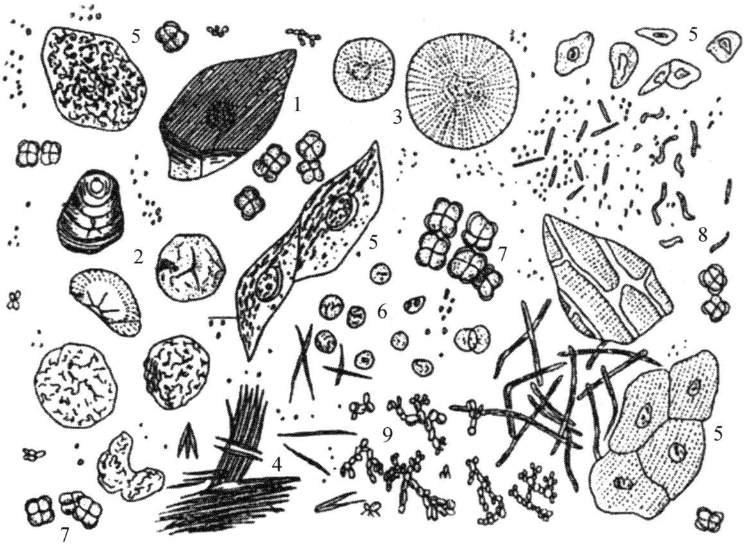

1. 植物细胞；2. 淀粉细胞；3. 脂肪球；4. 针状脂肪酸结晶；5. 上皮细胞；6. 白细胞；7. 球菌；8. 杆菌；9. 真菌。

图 12-7　显微镜检验粪便涂片

(1)寄生虫 详见有关虫卵的形态和鉴定。

(2)微生物 详见本节细菌学检验。

(3)饲料残渣 植物细胞及植物组织,见有厚而有光泽的细胞膜及叶绿素,饲以混合性食物时,可见植物细胞、淀粉颗粒及脂肪滴等;粪便中的脂肪滴多呈圆形,颜色淡黄,被苏丹Ⅲ染成红色。粪便中出现过多的脂肪滴为消化障碍、脂肪吸收不全的特征,见于慢性胰腺炎、胰腺机能不全和各种原因腹泻。未被消化的淀粉颗粒滴加稀碘溶液后变为蓝色,消化不完全的淀粉颗粒滴加稀碘溶液后,则显紫色或淡红色。

(4)细胞 各种细胞数量的多少,以高倍镜10个视野内的平均数报告。

①红细胞:粪中出现大量红细胞,可能为后部肠道出血。有少量散在、形态正常的红细胞,同时有多量白细胞者,说明肠道有炎症性疾病。高倍镜下红细胞近似圆形,略带浅黄色,有的边缘发生皱缩。见于犬、猫或其他小动物的胃肠炎。大家畜粪量大,不易检出。

②白细胞:低倍镜下为灰白色,比红细胞稍大,多为中性粒细胞,高倍镜下可见白细胞为圆形、有核、结构清晰的细胞,常分散存在。主要见于犬、猫及小动物的肠炎。

③上皮细胞:有扁平上皮细胞和柱状上皮细胞,前者来自肛门附近,后者来自肠黏膜。当有多量柱状上皮细胞,同时有白细胞、脓球及黏液,为肠道的炎性疾病。

④脓球:死亡的白细胞,胞核多已崩解,球的结构不清晰,常聚集在一起甚至成堆存在。粪中发现多量白细胞及脓球,表明肠道有炎症或溃疡。

⑤脂肪球:脂肪球呈正圆形,无色,折光性较强,易于辨认。见于哺乳幼畜消化不良性腹泻。

(三)化学检验

1. 粪便酸碱度测定

粪便的酸碱度取决于粪便中脂肪酸、乳酸或氨的含量。饲料中的碳水化合物过度发酵则产生酸性物质,饲料中的蛋白质腐败分解则产生碱性物质。

(1)pH试纸法 一般是用泛pH试纸(或精密pH试纸)测定粪便的pH。取pH试纸一条,用蒸馏水浸湿(若粪便稀软则不必浸湿),贴于粪便表面数秒钟,取下纸条与pH标准色板进行比较,即可测得粪便的pH。

(2)溴麝香草酚蓝法 取粪便表面和内部不同部分混匀的粪便一小块,放在洁净载玻片上,玻片下面衬一张白纸,往粪块上加0.04%溴麝香草酚蓝液1~2滴,1 min后呈绿色为中性反应;呈黄色为酸性反应;呈蓝色为碱性反应。粪便酸碱度与饲料成分及肠内容物的发酵或腐败过程有关。草食动物的正常粪便,呈弱碱性反应,但马的粪球内部常为弱酸性。当肠管内糖类发酵过程旺盛时,粪便的酸度增加;当蛋白质腐败分解过程旺盛时,粪便的碱度增加,见于胃肠炎等。

2. 粪便潜血检验

粪便中不能用肉眼直接观察出来的血液叫作隐血。整个消化系统不论哪一部分出血,都可使粪便含有隐血。

(1)原理 血红蛋白有过氧化氢酶的作用(但并非为酶,因为被煮沸后仍有触媒作用),它可分解过氧化氢而产生新生态氧,使联苯胺氧化为联苯胺蓝而呈蓝色反应。

(2)试剂 联苯胺冰醋酸溶液:临用时取联苯胺少许(约一刀尖)于洁净的小试管中,加冰醋酸约2 mL,振荡、溶解。过氧化氢溶液。

(3)方法　用干净的小木棍或竹签在粪便的不同部分选取绿豆大小的粪块，在干净载玻片上涂成约 2 cm(如粪便太干燥，可加少量蒸馏水，调和涂布)。然后将玻片在酒精灯上缓慢通过数次，破坏粪中的酶类。待玻片冷却后，滴加联苯胺冰醋酸约 1 mL 及新鲜过氧化氢溶液 1 mL，用火柴棒搅动混合。将玻片放在白纸上观察。

(4)判断　正常的无潜血的粪便不呈现颜色反应。5 min 内呈现绿色或蓝色的，为阳性；5 min 后仍无反应的为阴性。呈现蓝色反应的为阳性，蓝色出现越早，表明粪便里的潜血越多。

(5)注意事项　青草、马铃薯、甘薯等含有过氧化氢酶，因此，草食动物的粪便应加热，以破坏酶的活性。肉食动物进行粪便潜血试验时，必须在 3～4 d 内禁喂肉食，也可将被检粪便用蒸馏水调成粪混悬液，再煮沸破坏酶的活力，按尿潜血检查方法进行。所用的玻片、试管应经洗液浸泡，以防器材上所黏附的血液而产生阳性使判断失误。

(6)临床意义　病畜的消化系统任何部位出血，潜血检验都可呈阳性反应。其见于出血性胃肠炎、马肠系膜动脉栓塞、牛创伤性网胃炎、真胃溃疡、羊的血矛线虫、犬钩虫病以及其他能引起胃肠道出血的疾病。

(四)细菌学检验

采取新鲜无污染的粪便，进行细菌涂片，用革兰染色法染色，在油镜下观察，以阴、阳性菌数量的比例报告。

(五)寄生虫学检验

寄生于畜禽消化道的大部分蠕虫的虫卵、幼虫及某些成虫和虫体的节片，以及与消化道相通联的其他脏器，如肝、胰等处寄生虫的虫卵，均可随粪便排出；甚至呼吸道的寄生虫虫卵，也可因痰液被咽下，随同粪便排出。因此，粪便检查是诊断各类蠕虫病的重要方法之一。

1. 眼观检查

在镜检之前，先检查粪便的颜色、稠度、气味、黏液量、有无血液及其颜色，饲料消化程度，特别要仔细检查有无虫体、幼虫(如绦虫体节、蝇蛆等)。

2. 虫卵检查和虫卵计数

(1)直接涂片法　用甘油水(甘油与常水等量)或清洁常水数滴，滴在载玻片上。从供检粪便各处表面采取小量粪块与载玻片上的水滴混匀，然后用小镊子或火柴棒将粪便内的粗渣尽量除去，并涂成略小于盖片大小的粪膜，其厚度以能透视书报上的字迹为宜，加盖片镜检。镜检时视野内光线应稍暗一些，先用低倍物镜搜寻虫卵，对在低倍物镜下不能肯定的可疑虫卵，换用中倍物镜观察鉴别。此法简便易行，但虫卵数量较少时检出率不高，故要求对每份粪便做数片标本，逐一镜检。

(2)集卵法

①水洗沉淀法：适用于相对密度较大的吸虫卵和棘头虫卵的检查。从供检粪便的不同部位采取粪块(取粪量随检查目的而定，由数克至数十克或更多)，放入杯内或其他容器内，加入少量水，捣成泥状，再加多量水充分搅拌，通过 60 目铜筛或双层纱布过滤到另一容器内，然后加满常水，静置 10～20 min，再倒去上清液。如此反复数次(至少 3 次)，直到上清液透明无色为止。倒去上清液后，用吸管吸取沉渣，滴在载玻片上，加盖片用低倍物镜镜检。

②饱和盐水浮集法：适用于相对密度较小的线虫卵、某些绦虫卵及球虫卵囊的检查。取供检粪便 5～10 g，加入少量饱和盐水(38%食盐水)，用玻璃棒搅拌成泥状，再添加饱和盐水至

100～200 mL，彻底搅拌，通过 60 目铜筛或双层纱布滤去粪渣，将粪液分装于试管或小瓶内（试管或瓶口必须干燥无缺口），使液面稍凸出于管口，5～10 min 后用载玻片轻轻接触液面，然后将载玻片快速翻转使粪液朝上，加盖片镜检。也可用盖片的一角接触液面，形成悬滴然后置于载玻片上镜检。

③锦纶兜集卵法：适用于相对密度较大的吸虫卵和棘头虫卵的检查。取粪便 5～10 g，加水搅拌，先通过 40～60 目铜筛，将滤液再通过 260 目锦纶兜过滤，并加水于兜内充分冲洗，直至滤出液透明无色为止。然后取兜内粪渣加适量清水制成压滴粪膜标本镜检。

三、粪便检验的临床意义

粪便检查是临床常规检验项目之一，方法简单，操作方便，对肠道传染病、肠道寄生虫病、胃肠道及附属腺体的消化吸收功能、消化道肿瘤的筛选检查及黄疸的诊断与鉴别诊断均有一定应用价值。

肠道感染性疾病粪便检查是急、慢性腹泻患者必做的实验室检查项目，如肠炎、细菌性痢疾、霍乱、副霍乱、伪膜性肠炎、肠伤寒等，除一般性状观察外，粪便涂片及培养有确立诊断及鉴别诊断价值。肠道寄生虫病，如蛔虫病、钩虫病、鞭虫病、蛲虫病、姜片虫病、绦虫病、血吸虫病等，粪便涂片找到相应虫卵即可确诊。消化吸收功能过筛试验为慢性腹泻患病动物常规的粪便镜检，若有较多淀粉颗粒、脂肪小滴或肌肉纤维等，常提示为慢性胰腺炎等。胰腺外分泌功能不全，可进一步应用放射性核素技术，做脂肪消化吸收试验、蛋白质消化吸收试验或糖类消化吸收试验。粪便隐血持续阳性常提示为胃肠道的恶性肿瘤；间歇阳性提示为其他原因的消化道出血。可进一步做内镜检查或胃肠 X 线照片。粪便涂片找到癌细胞，可确诊为结肠、直肠癌。大便为白陶土色，粪胆原定性检查阴性，定量检查低于参考值低限，提示为阻塞性黄疸；反之，粪便深黄色，粪胆原定性检查呈阳性，定量超出参考值上限，提示为溶血性黄疸。

思考题

1. 尿液物理性质检验项目异常时，各有什么诊断意义？
2. 尿液化学性质检验有几项，各有什么诊断意义？
3. 简述尿沉渣检验的临床意义。
4. 简述动物粪便检验的临床意义。
5. 动物胃肠炎和消化不良时，粪便各有哪些变化？

第十三章　奶牛乳汁检验与乳腺炎诊断

重点提示：奶牛乳腺炎是乳房受到物理、化学、微生物等致病因子刺激所发生的一种红、热、肿、痛的炎性变化。乳腺炎是奶牛养殖场中发病率最高的疾病之一，给养殖者带来了巨大的经济损失，并造成了乳品质量的下降。

《中国居民平衡膳食宝塔（2022）》指出，每日应摄取奶及奶制品 300～500 g。随着生活水平的不断改善，人们对乳品的需求也越来越大，党的二十大报告中指出："推进健康中国建设。人民健康是民族昌盛和国家强盛的重要标志，把保障人民健康放在优先发展的战略位置……"为了守护"舌尖上"的乳品安全，提高人民生活品质，从源头上预防和治疗乳腺炎成为目前牧场关注的重点。

根据临床症状，奶牛乳腺炎可以分为隐性乳腺炎和临床型乳腺炎。隐性乳腺炎既没有乳房局部和系统性的肉眼可见临床表现，也没有乳汁外观上的任何变化。但是，隐性乳腺炎的乳汁在理化性质和细菌学上均已发生变化：通过乳汁检查可发现体细胞数（体细胞数）明显增加，乳汁 pH 升高，氯化钠含量和电导率升高，并可见乳汁细菌培养阳性。与隐性乳腺炎不同，临床型乳腺炎的乳汁和乳房均出现肉眼可见变化，可见患病乳区肿胀、发热、疼痛、坚硬，伴有乳汁异常，如水样乳、血样乳，乳汁出现凝块或絮状物等。

乳汁检查是发现临床型乳腺炎最好的途径。如果发现有肿胀或有硬块的情况，可以结合奶量的变化，判断乳腺炎的发生。对乳汁检查结果进行评价，在临床上可能会发现不同的状况，如果发现只有乳房牛奶性状的变化（如颜色、凝块、变黏稠），就是轻度乳腺炎；乳房同时有红肿的表现的话，就是中度乳腺炎，如果发现牛本身发生了变化，就是重度乳腺炎。

第一节　体细胞计数

一、定性检测

1. 加利福尼亚乳腺炎诊断

定性检测法以加利福尼亚乳腺炎诊断（CMT）法为主。CMT 试剂的主要成分是一种表面活性剂，能够破解体细胞，释放出黏稠的 DNA 物质，加上显色剂，使乳汁反应物既变稠又变色，来定性预估体细胞的大致范围（体细胞数可检测底限为 40 万～50 万/mL）。CMT 法只能预估某一体细胞范围，检测下线通常为 40 万～50 万个/mL，需要更多地借助操作人员的经验进行判断，为了使结果具有稳定性和可比性，同一规模化奶牛场最好由 1～2 个人专门负责。但是，由于其操作简便、牛旁直观和价格低廉等，目前仍是进行大群牛乳区奶样隐乳筛查的最实用方法,很多对于隐乳防控策略的制定,离不开 CMT 操作。

2. 乳汁 pH 测定

患奶牛乳腺炎后,乳汁的 pH 上升,可用 pH 试纸进行检测。该法操作简便,成本低,比体细胞检测更为直接有效,但易受到外界环境和自身因素影响。

3. 乳汁电导率测定

患奶牛乳腺炎后,乳汁中电解质增多,会导致电导率升高。将检测设备安置于自动挤奶系统中,对产奶量、电导率、平均挤奶持续时间、体细胞数和控制的季节等数据进行收集,可对乳腺炎的发生进行综合判断。但奶牛的品种、年龄、乳汁的脂浓度、气候和采样时间对电解质的含量会产生一定干扰。

二、定量检测

进行定量检测需要精确度高的大型仪器,其结果常常作为体细胞数定量检测领域的金标准。这类设备的基本原理是用染剂将体细胞核进行染色,然后用内置电子扫描仪进行细胞扫描计数,其敏感性和特异性均较高。

目前,应运而生的一种便携式体细胞计数仪,也可以对乳汁体细胞数进行定量检测。便携式体细胞计数仪因为其检测范围广(数万至数百万个/mL),能够定量,操作简便快速,价格相对低廉等特点,越来越多的规模化奶牛场将会考虑使用。主要用于高体细胞数风险牛群的精确监控、治疗效果评估及大罐奶体细胞数监测等。

第二节 病原菌诊断

一、无菌采样

采集奶样前对乳头进行消毒,并准备好标签和无菌采样瓶。提前在瓶上填写采集牛号和时间,保证手的清洁,戴手套。对采样奶牛乳头进行预清洁,挤奶前药浴保持 30 s 接触时间,药浴后擦干乳头,要注意一头牛使用一个毛巾,避免交叉污染。擦干乳头后用酒精棉球对乳头反复地擦拭。如果一次采多个乳头样本,要从距离最远的乳头进行消毒,从最近的乳头进行采样。采样时,要保持采样管和乳头呈 45°角,避免造成污染。如果样品短时间内不能送到实验室的话,需要在−20 ℃冰箱中冷冻保存。

二、病原菌诊断

1. 检测类型

目前,多数实验室以细菌常规化、培养、检测为主,并配合少量的 PCR 进行诊断,未来诊断的趋势将会着重于质谱分析。然而,最经典方法是传统的微生物培养,PCR 也有一些应用,主要应用于不常见的病原(如支原体),并进行快速检测。不仅要区分出细菌的种类,还要在这个基础上区分出不同的细菌亚型的特异性,这样可以使诊断变得更有意义。现在用常规的方法还不能检测菌株的使用,但是未来通过分子技术的发展,一定可以建立出不同亚型菌株之间的差异。

2. 安全措施

许多细菌都是人畜共患的,如果处理不好会引起自身的细菌感染。在细菌培养之前需要进行消毒，戴上手套并穿好防护服，处于无菌的状态。在进行细菌操作的过程中，要保持一个封闭的状态，避免他人进入、杜绝饮食饮水、注意化学试剂等易燃物品。在操作时，把平板分为几个区域可以节省成本，但是要区分划线的部位，以期获得单个菌落。结束后，净化工作台很重要，妥善处置废物污染，如废弃的平板，不用的化学试剂，手套和口罩要收集并进行统一处理。

3. 鉴定流程

细菌鉴定需要一套非常完整和成熟的过程，包括一系列不同方式的检测，经过检测以后才能进行鉴定（图 13-1）。当然如果频繁发现两种以上的细菌存在，很可能是因为样品或培养皿被污染了。通常对于阴性杆菌的鉴定相对复杂，每个实验室的标准和培养方式都不相同，通常最简单的是通过生化鉴定方法来进行检测。不管是革兰阴性菌还是阳性菌，鉴定后可以选择做耐药性试验，在平板上铺药敏片，看抑菌圈，选择敏感的药物。但体外药敏试验只是一个参考工具，需结合临床使用效果。对于一般的培养者来说，如果把基本流程弄错，是不能完成鉴定的，如果经验比较丰富的话，会在短时间内用很有效的方法去完成鉴定。

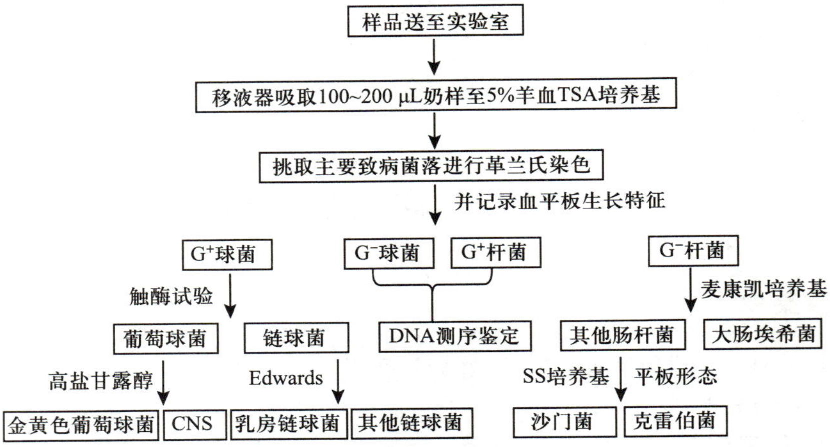

图 13-1 奶牛乳房常见病原菌鉴定流程

4. PCR 诊断

随着分子生物学技术的快速发展，用分子工具对乳腺炎源性病原菌进行诊断的方法已经建立。与传统的微生物法相比较，PCR 具有以下几种优点。①检测时间短。用传统微生物培养法需要做平板培养、纯化、革兰氏染色和生化鉴定，整个流程至少需要 2 d 才能得到阳性结果。而 PCR 可以在 3～5 h 得到结果。②检测灵敏度高。目前经过优化后的 PCR 其灵敏度平均可以达到 10^3 CFU/mL，而微生物培养法接种 10 μL 时其最低检测下限也仅为 10^3 CFU/mL，对于大部分病原菌都不能达到这个检测下限。③检测费用低。经计算，用 PCR 每个样品累计费用在 2 元以内，而微生物检测法每个样品即使最常见的病原菌检测也需 10 元左右的费用，检测某些不易培养的病原菌（如链球菌等），则其费用在 15 元以上。④检测病原菌的范围广。很多病原菌（如牛支原体等）不能在普通培养基中生长，微生物检测时会呈现假阴性结果，但用 PCR 只需设计出其特异性引物，便可进行检测。⑤应用抗生素后的样品检测。目前，我们收集到的大多数乳腺炎乳样均为抗生素治疗后的乳样，大量的抗生素杀死病原菌使得微生物培养出现阴性结果，而 PCR 检测对象为病原基因组 DNA，其不受抗生素使用的影响。以上所述均体现出 PCR 具有相当的优势和开发潜力。

思考题

1. 试述 CMT 法检测乳汁操作方法。
2. 简述无菌采样的操作方法。
3. PCR 诊断乳腺炎源性致病菌的优点有哪些？

第十四章　放射学检查

重点提示：学习和掌握X线产生的基本条件和特性。学会X线检查的一般方法和注意事项，以及X线片解读和放射安全的程序。了解各种主要病变的X线表现。

兽医放射学是医学成像技术诊断和治疗动物疾病的一门科学，在临床诊断学中属于特殊检查方法，也是诊断学中不可缺少的部分。X线检查是利用X线的特殊性能，研究动物组织器官在生理状态下的形态和功能及其在疾病过程中的改变，来判断病变的性质。随着X线检查技术的不断发展和检查设备的日趋完善，使X线检查能更准确和更早期地对疾病作出诊断，而且对疾病的预防、疗效观察及预后判断都有重要的价值。但X线检查也有局限性，X线所显示的影像没有特异性，对某些疾病的诊断，必须密切结合临床及其他检查结果进行综合分析。

第一节　放射学基础

一、X线的产生

X线是1895年11月8日由德国物理学家伦琴在研究阴极射线的特性时，偶然发现的一种看不见的新射线，是电磁波波谱的高能端（可见光或无线电波是同一波谱的一部分），具有高能量，能使荧光物质产生荧光，可穿透物体并有感光作用，当时伦琴无法解释这种射线的本质，故命名为X线（X-rays），也称伦琴射线。

X线的产生是基于电流的形成以及电流中的电子与钨靶（阳极）的相互作用。即X线是由高速运行的成束电子群，突然被某种障碍物阻挡而产生。图14-1所示的管电流（mA）加于

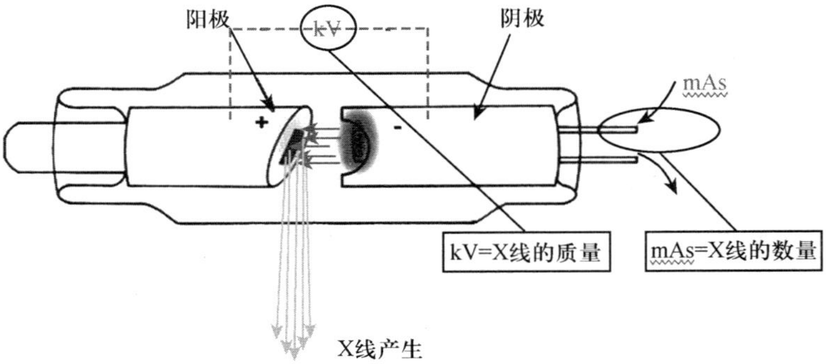

图14-1　X线产生示意

阴极灯丝上并使电子被释放。当在钨靶（阳极）上施加阴极和目标（焦点）之间的电位差（kV）时，围绕阴极的一个特殊聚焦杯收集并引导电子远离阴极。当电子撞击阳极时，就会产生X线。只有1%～5%的电子能量被转化为X线；其余的转化为热。X线机的结构就是根据此要求来设计。

二、放射学成像原理

放射学影像是通过放置在X线光束路径上的投照物体对X线的吸收差异而形成。X线在特定组织之间的吸收与其厚度变化有关，从而影响到达影像接收器上的X线数量形成影像。

放射学影像是由不同浑浊度的阴影组成的图像。物体密度是指机体组织或其他物体每给定体积的质量（图14-2）。骨头比肌肉密度大，肌肉比脂肪密度大。物体的密度越大，它对辐射通过的抑制作用就越大。放射学不透明度是对组织或结构阻挡X线能力的一种度量。X线容易到达影像接收器，经过处理后呈黑色。如果X线只能照射到影像接收上的一部分，未受影响的部分再处理后呈白色。在这两个极端之间，产生了各种明、暗和灰色的组合。因此，射线不透明度取决于物体密度，物体密度越大，到达影响接收器上的射线越少。正是这些不同的组织密度并置使得形态和结构得以区分。

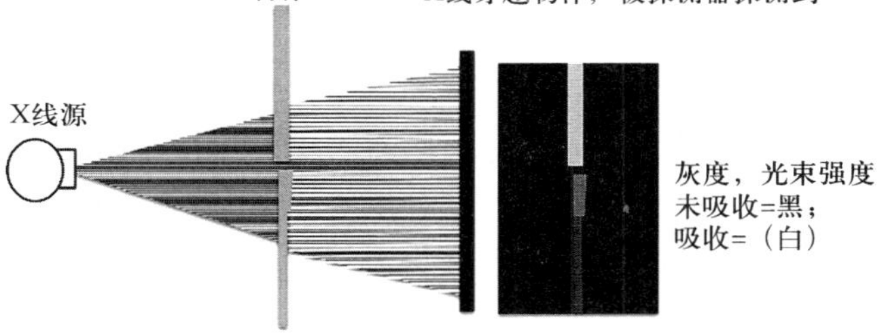

图14-2　放射学成像原理

（一）不透明度与密度

不透明度增加表示X光片上的阴影比正常要白，反映X光片上的物体密度增加。不透明度降低表示X光片上的阴影比正常要黑。物体密度降低允许更多的射线到达影像接收器，造成更大程度的发黑。在某种程度，所有射线通过，几乎不吸收入射线的结构称为射线透明。X线很容易穿透，在X光片上它们呈现黑色。能够阻止大多数入射线的通道的结构称为射线不透明。透光度增加代表物体密度降低；不透明度增加代表物体密度增加。放射性透射缺陷是指不透明程度降低的异常区域，从而导致结构密度降低。

临床可辨识不透明度常见的有以下5种（图14-3）：①金属；②骨骼或矿物质；③液体或软组织；④脂肪；⑤气体（空气）。金属非常致密，抑制所有入射射线通过。在X光片上，被这种物质覆盖的胶片呈白色（不透光）。骨头的密度不像金属物质那么大。与其他身体组织相比，它几乎不允许射线通过。被骨骼覆盖的胶片几乎呈白色。液体比气体更能抑制入射辐射的通过，但不如骨骼。流体不透明位于白色的骨骼不透明度和黑色的气体不透明度之间。X光片上液体不透明度呈灰色。由于软组织大部分由流体组成，软组织不透明度与流体不透明度呈现相似。因此,用放射学方法无法区分血液、乳糜、渗出液和渗出液。脂肪不透明介于液体和气体不透明之间。脂肪可以帮助勾勒出那些原本看不到的结构,如肾周脂肪可以使肾脏组织形成对比从而显示出肾脏的轮廓。气体(空气)允许 X 线自由穿过,被含气器官(如肺)覆盖的 X 光片呈黑色(透射线)。骨、液体、脂肪和气体在体内正常存在。

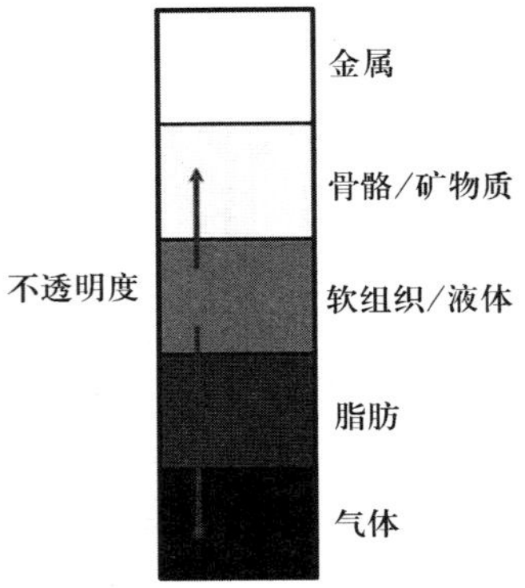

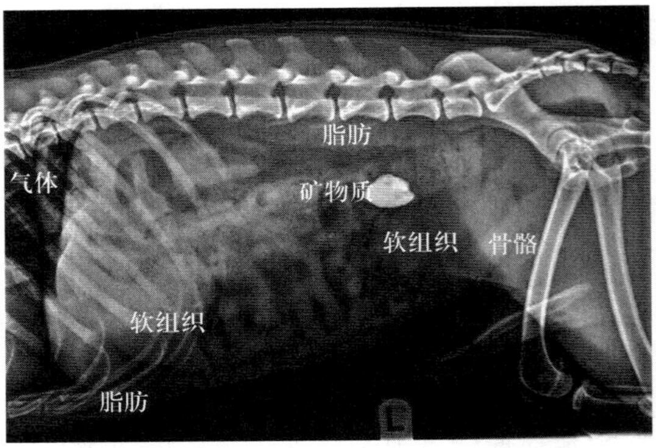

图 14-3　不透明度与物体密度的关系

影像上所指的不透明度主要反映物质本身密度,但还与厚度有关,因此影像不透明度与物质密度不能等同。同一种物质,厚度越厚,不透明度越低。

(二)对比度

1. 天然对比

动物体某些组织器官存在着体积质量和密度的不同,各部位的体积和厚度也有差异,所以吸收 X 线的程度也不一致,在 X 线片上就产生对比度较高、黑白明暗层次及不透明度不同的 X 线影像,称为天然对比。根据天然对比的不同,大致可以分为金属、骨骼/矿物质类、软组织(液体)、脂肪和气体 5 类。

2. 人工对比(造影)

动物体内有些组织和器官,它们之间的密度、体积质量接近,缺乏天然对比,利用普通平片摄影检查不易辨认,必须利用人工造影方法才能达到诊断目的。

(1)造影剂　造影剂是一种注入体内的物质,通过对比度的改变来显示 X 光片上通常看不到或看不清的结构。临床常用造影剂有两种,分别是阳性造影剂和阴性造影剂。

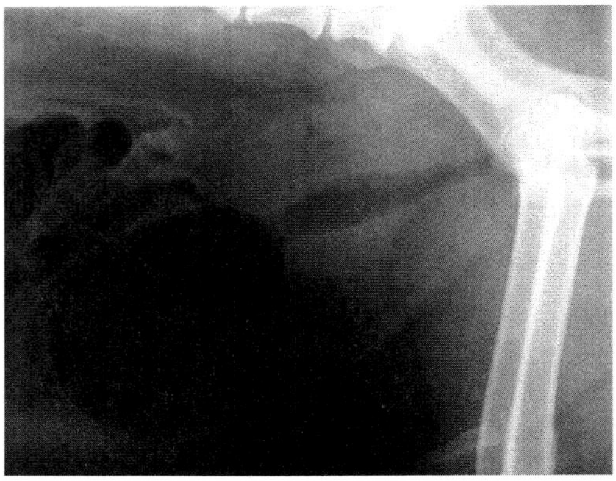

图 14-4　膀胱充气阴性造影检查

①阴性造影剂:是气体,最常用的气体是空气、二氧化碳和一氧化二氮,用于膀胱(图 14-4)和胃肠道近端或远端造影。

②阳性造影剂:可以是颗粒悬浮物或水溶性造影剂。硫酸钡是悬浮液造影剂,糊剂用于评价胃肠道,不适用于体腔或关节。水溶性阳性造影剂根据分子在溶液中是否解离分为非离子型和离子型 2 类。离子造影剂具有高渗透性,而非离子造影剂的渗透性更接近于等渗。可以静脉注射或引入体腔,以提高对比和发现病变。只有非离子

型药物可以注射到蛛网膜下腔进行脊髓造影检查(图 14-5)。填充缺损提示中空器官内的占位性团块(图 14-6)。

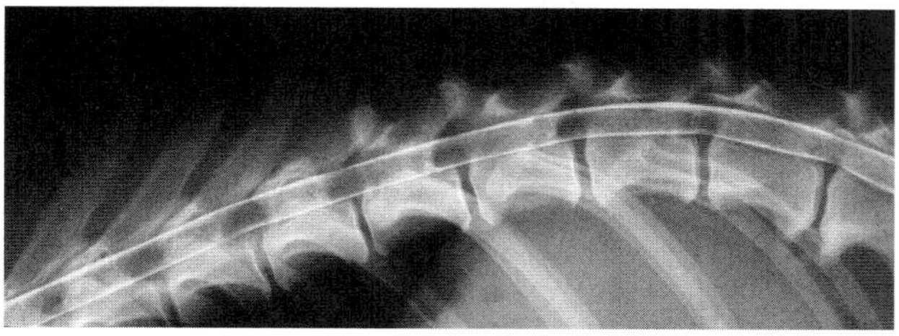

图 14-5 脊髓阳性造影

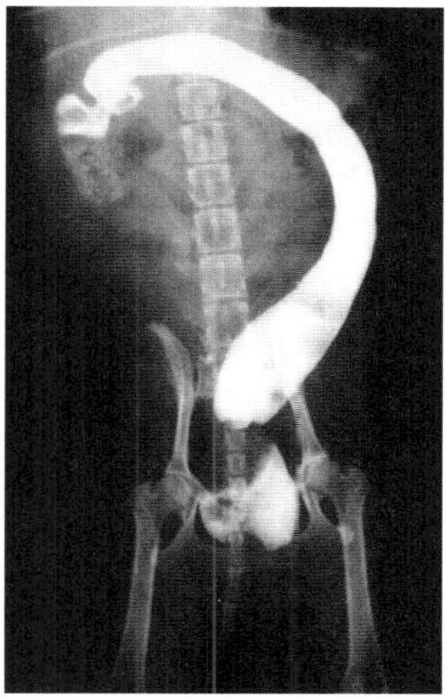

图 14-6 结肠肿瘤(阳性造影填充缺陷)

(2)造影检查法 可分为直接引入法和生活排泄法。

①直接引入法:把造影剂通过天然孔道、瘘道或体表穿刺等途径直接充盈到所检查器官的腔内或周围形成对比,如消化道造影(图 14-7)、关节腔造影(图 14-8)等。

②生理排泄法:造影剂经口或静脉注入法,进入血液循环,有选择性地在器官积累、浓缩、排泄而形成对比,如口服碘海醇进行输尿管造影。

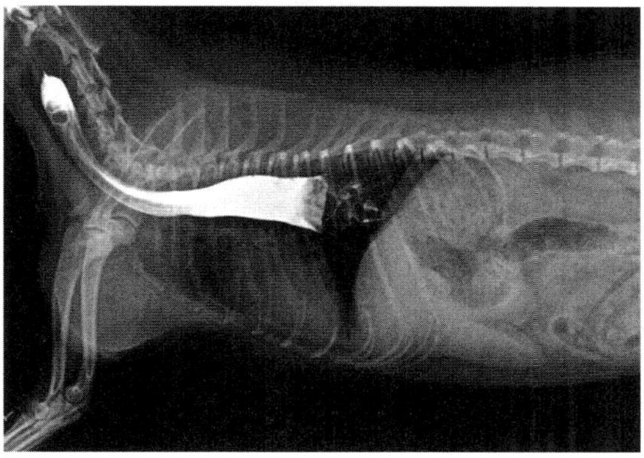

图 14-7 消化道钡餐造影

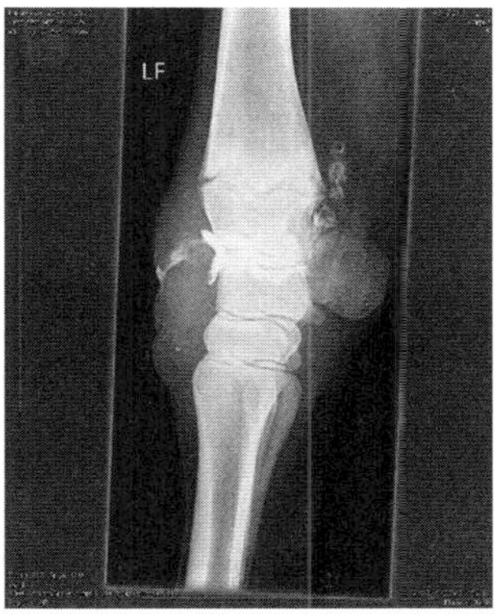

图 14-8 关节腔造影(阳性)

三、散射

X 线与物质相互作用产生散射(scatter)(康普顿效应)。散射的不利因素有 2 个:一是它会导致散射的 X 线向任何方向发射构成放射安全风险;二是散射并不能代表动物内部结构的衰减,但会到达探测器,导致影像变黑并降低对比度。散射相互作用的概率不依赖于原子序数，在光电效应中，原子序数极大地影响 X 射线吸收和图像对比度。散射可以发生在任何组织中，散射光子以不可预测的方式到达影像接收器，导致整个背景变雾或灰色。

散射对于成像、影像质量及放射安全均不利，因此临床采用一些技术来减少散射的危害，包括使用滤线栅、准直投照和减少组织厚度及调整曝光参数。

四、伪影

伪影是指在 X 光片上出现的任何不完全是由 X 线通过动物形成的。即任何在 X 光片上看到的人为影像均被认为是伪影，通常很容易被发现。有些伪影是可以避免(如被成像物体上的静脉留置针或心电图导联尽量远离准直范围)，但有些伪影不可避免(如气管插管或芯片)，必须被识别。不恰当的投照技术造成的伪影，包括曝光参数的选择不恰当或不正确，对中、准直线或滤线栅的使用不恰当、处理不当。

数字成像由于软件和硬件问题产生的伪影或由于投照前动物准备不足、摆位、准直线和投照中心不良造成的伪影，在传统和数字 X 线摄影中具有相同的征象。

曝光不足的 X 光片整体亮度过低。

过度曝光的 X 光片则会显得太暗(图 14-9)。

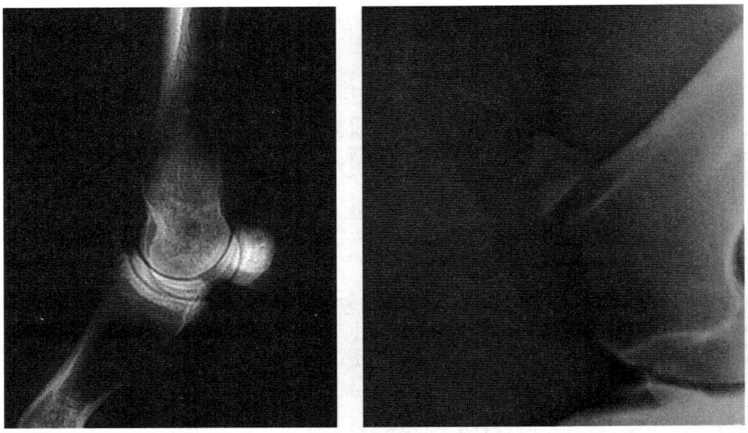

图 14-9　曝光过度

一般情况下，运动模糊是图像锐度不高的最常见原因，这是由于被检查动物的保定不牢固或由于机头没有适当固定而产生运动所致。运动模糊可通过在呼吸暂停期间拍摄 X 光片来避免(图 14-10)。

另外，准备不足也会造成伪影(图 14-11)。

五、X 线诊断设备

1. X 线诊断设备的基本组成

X 线机的基本结构主要包括 X 线管、发生器(变压器)和影像接收器等组成部分(图 14-12)。

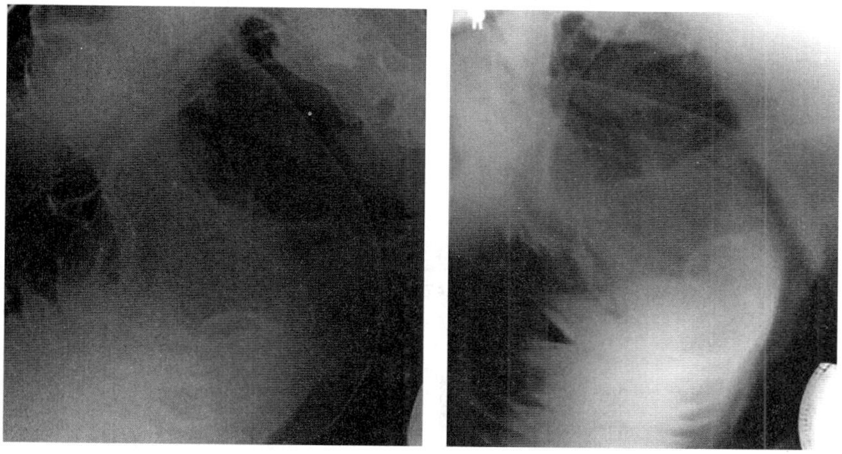

图 14-10　运动模糊伪影（右图由于运动产生伪影，使影像更模糊）

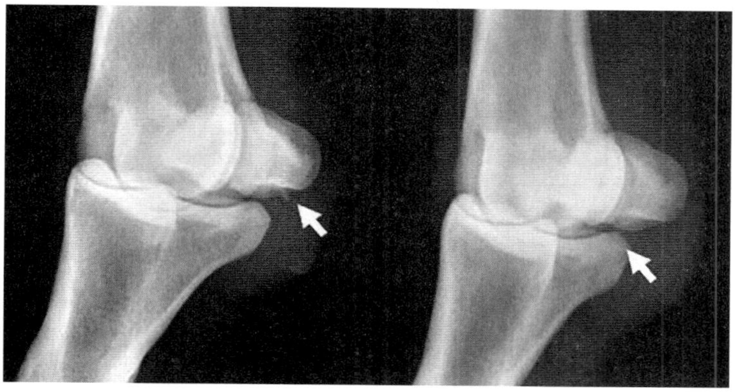

图 14-11　未将球节部的泥清理掉而产生的伪影（左图是未清理，右图是清理后）

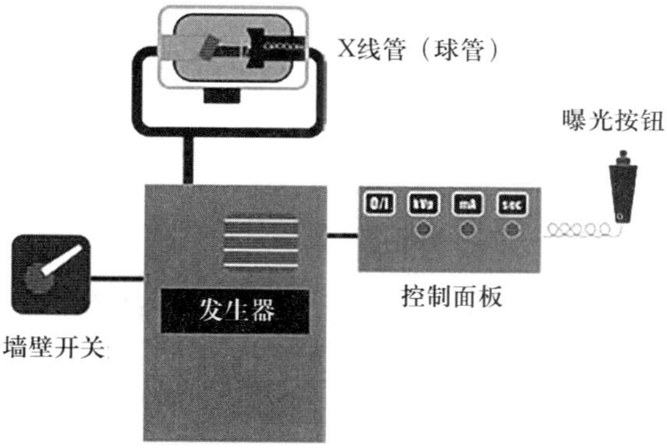

图 14-12　X 线机主要部件示意图

2. 投照摆位辅助装置

①小动物摆位辅助装置：使用辅助装置（工具）帮助动物正确摆位至关重要。放射学检查实践中可能需要的定位辅助设备，包括各种尺寸的透光楔形块、透光槽和沙袋、木块。一些斜

头骨斜侧位视图需要绳索系带，也可用于关节应力位投照。

为了避免动物在投照过程中旋转，透光楔形物必不可少。例如胸片侧位投照时，腹侧比背侧胸骨薄，在胸骨下放置楔形物以防止旋转。当动物侧卧时，脊柱容易“下垂”。楔形物有助于填充颈椎和腰椎，以便在进行脊柱 X 线摄影时获得真实的侧位视图（图 14-13 左图）。

透光槽对腹背位（VD）投照摆位非常有帮助，但槽的边缘会产生射线伪影，所以应该小心，避免重叠在任何感兴趣的区域。沙袋不透光，不应包括在感兴趣的区域内。主要投照过程中被用来保定动物，其重量允许将身体各部分轻轻拉离投照区域（如拍摄腹部和胸部侧位 X 光片时将四肢拉离胸腔或腹部拉离）。由于沙袋可增加散射和降低图像对比度，沙袋应放在束光范围之外（图 14-13 右图）。

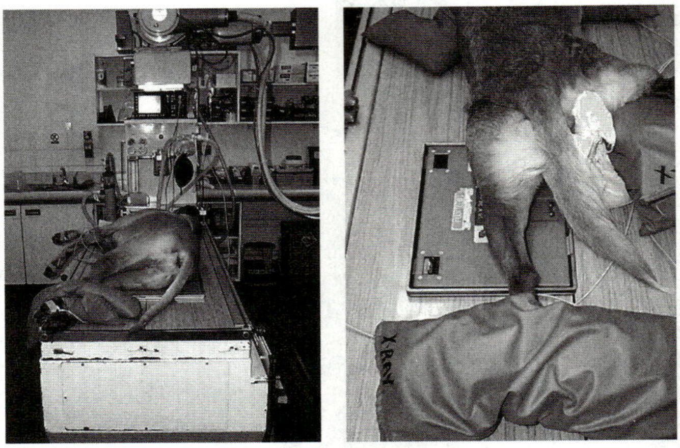

图 14-13　小动物摆位辅助装置

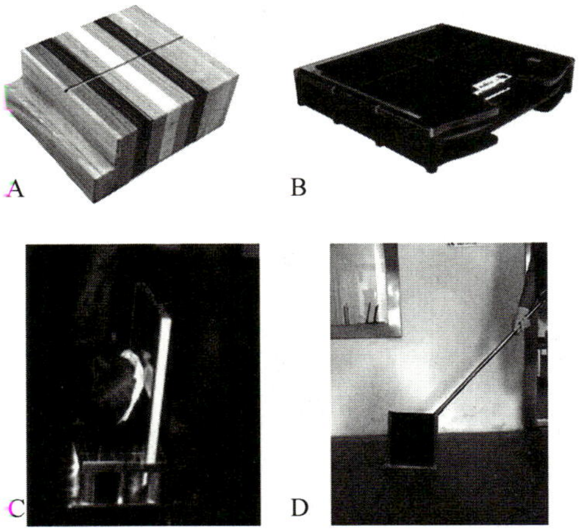

A. 木块；B. 凹槽木块；C. 希克曼块；D. 平板探测器（影响接收器）支架。

图 14-14　马摆位辅助装置

②马摆位辅助装置

木块：有助于蹄部远端第 3 指（趾）骨（P3）摆位。为了能够正确地对准蹄的投照中心，马蹄必须相对于 X 线束抬起，可以通过把马放在木块上来实现（图 14-14A）。理想情况下，两只脚应都站在一块，马更舒服且更容易接受。进行蹄部结构（特别是蹄平衡）的评估时，也应采取同样措施使得蹄能够同等负重（图 14-15）。

凹槽木块：可用于负重条件下 P3 和舟骨切线的投照（图 14-14B、图 14-16）。

希克曼块：一种给定角度放置马蹄的木块，用于舟骨投照（图 14-14C）。

平板探测器（影响接收器）支架：一种用于支撑和安装 X 光平板探测器的设备，旨在确保 X 光平板探测器能够正确地定位和固定在需要检测的物体或区域上，以获得准确的 X 射线图像（图 14-14D）。

3. 诊断用 X 线机的类型

诊断用 X 线机依其发生器、机动性能和管电流的容量分为便携式、移动式和固定式3种。便携式和固定式较为常用。

(1)便携式X线机　由于其功率较小(即产生较少的X线),并使用低的电流(图14-17)设计轻巧。因此,必须增加曝光时间,从而影响图像质量。坚固的支架可用于确保适当的定位。管电流一般为15～20 mA,管电压一般为60～90 kV。特点是结构简单,体积小、质量轻、可随时装卸,便于携带和运输。但因其输出量小,仅供野外猪、羊等中小动物及马四肢远端、头部的放射学检查。

图14-15　木块承受同等负重

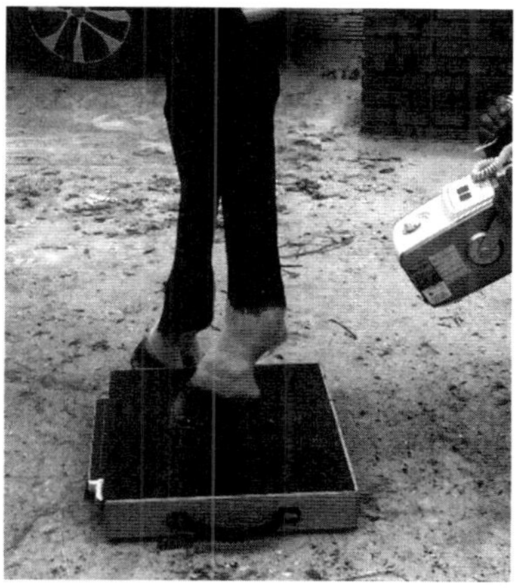

图14-16　舟骨切线位投照

(2)固定式X线机　通常是三相发生器,单独的控制单元和旋转阳极,悬吊安装在高架龙门栏杆上(图14-18)。因此,安装成本要高得多,并且必须有专门的放射学检查室。它们最适合对头部,躯干(脊柱)和近端肢体进行放射照相。

图14-17　便携式X线机

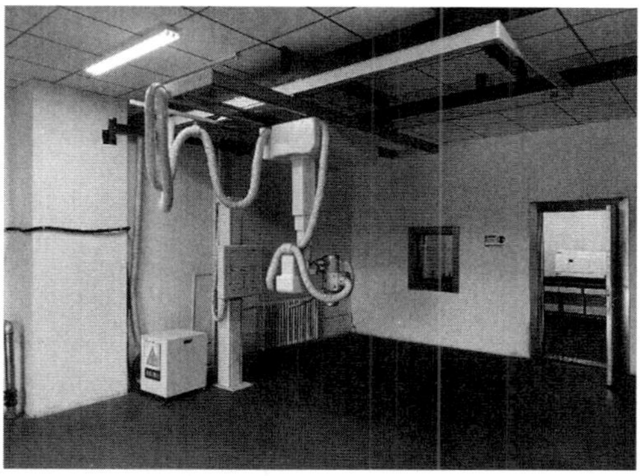

图14-18　大型固定悬吊X线机
(摄于内蒙古农业大学教学马医院)

六、放射安全(X线防护)

X线的电离作用和生物学作用,对人体可产生一定程度的损害,而且是累积性的。故必须增强防护的意识和采取有效的防护措施,避免工作人员受到不必要的损害。

1. 放射辐射危害

①当人体接受了一定数量的 X 线，或长时间微量累积到一定数量之后，就会出现损害反应。人体不同的组织器官对 X 线的敏感性存在差异，造血系统、生殖器官和眼球等对 X 线敏感，而皮肤、肌肉、骨骼、结缔组织等较迟钝。

②造血系统的损害尤为常见，可表现为白细胞与淋巴细胞减少、凝血酶降低、贫血等，严重者可发生出血性症候群。生殖器官损害可引起不孕或机能上的变化。眼球出现干涩感、视力疲乏和衰退，严重者可致白内障而失明。

③皮肤损害，可见有毛发脱落、红斑、皮肤干硬、弹性降低、角质增生、色素沉着或皮肤皲裂，甚至出现溃疡或癌变。

④全身出现反应，如倦怠、睡眠不佳、头痛、健忘等。

2. 放射安全防护措施

X 线的防护，包括从 X 线管放射出来的放射线(原发射线或一次射线)和照射到其他物质后的继发射线(散射线或二次射线)。防护的主要办法是采用屏蔽，缩短照射时间及增加与 X 线源的距离等。在屏蔽方面，铅则是制造防护设备的最好材料，一定厚度的铅板可以防护一定千伏电压的 X 线。如用其他材料，也用铅当量计算其防护性能。具体防护措施可综合考虑为以下几点。

①在对动物进行放射学检查时，应将在场工作人员的数量保持在绝对最低水平，检查区域只有必需人员(动物主人、动物保定人员、操作兽医、持板人员)，16 岁以下的未成年人和孕妇禁止进入。

②要适当保定，使它保持安静(避免重复曝光)，可能需要镇静。

③在对马进行放射学检查时，应尽可能持板手柄支架。为避免减少重复曝光或防止马恐慌，某些摆位可能会需要使用持板装置；若必须用手持影响接受器(平板或 IP 板)，那么应该使用大的平板，X 线束要有很好的准直度且持板人员戴着手套的手要尽可能远离主 X 线束。

④主线束应具有良好的准直度并有光束光栏以使其具有最大的准直度。任何参与投照人员的任何部分应被防护服覆盖，也不应放置于主线束范围内。保护服只保护散射辐射，而不保护主光束。切记站在患病动物对面的人员应远离主光束。

⑤所有参与放射学检查的必须在场人员都应穿防护服，如果靠近主光束应戴防护手套和甲状腺防护围脖(图 14-19)。防护服切记不能折叠放置。

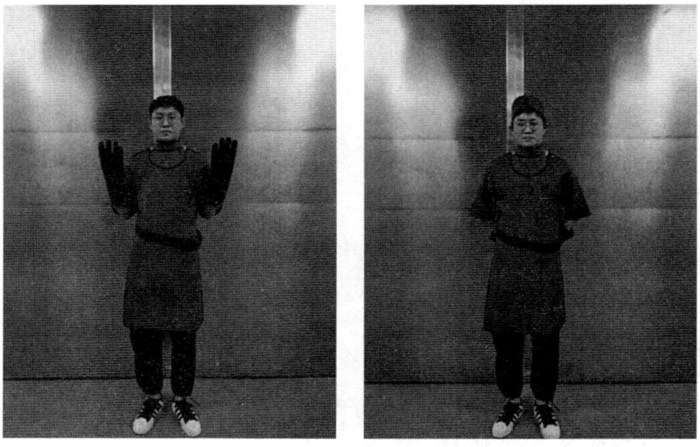

图 14-19 检查及辅助人员穿戴防护装置

⑥所有与 X 光机一起工作或在 X 光机周围工作的人员都应使用胶片标记或剂量计系统进行监视(图 14-20)。

⑦放射学影像中不允许出现检查人的解剖结构(图 14-21)。

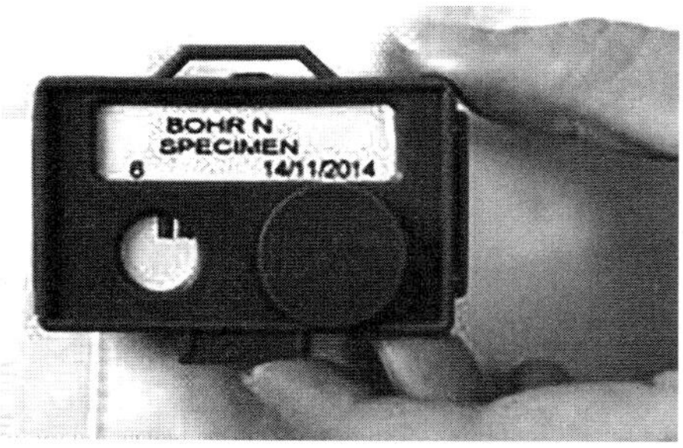

图 14-20 辐射剂量计

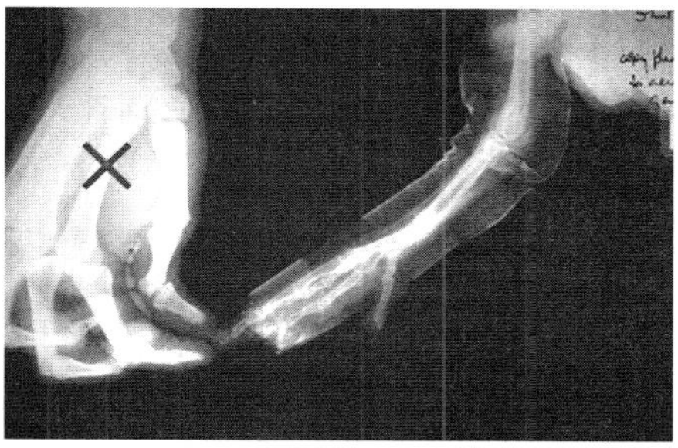

图 14-21 人的解剖结构不应出现在放射学影像中

第二节 放射学检查

X 线透过动物体后照射到胶片上,使胶片感光成像,经过暗室显影和定影后获得影像照片,通过观察照片影像进行诊断的方法就是 X 线摄影检查法。曝光因素影响放射学影像的不透明度和对比度。到达影响接收器(胶片或数字平板探测器)的 X 线数量影响不透明度,主要是由毫安(mA)决定,高 mA 导致在 X 射线束中产生更多的光子。通过延长产生光束的时间(即时间加倍),光子总数成比例增加,到达光纤的光子数加倍。这通常称为毫安秒(mAs),即 mA 乘以时间。

一、投照的曝光条件

1. 千伏

千伏决定 X 线的能量和穿透力。千伏值越高,X 线的能量越大,穿透力越强,对不透明度也有影响,但更重要的是影响对比度。低千伏时脂肪和肌肉等软组织吸收 X 线的量有限,骨骼吸收远多于高千伏 X 线,因此,通过软组织的 X 线数量与低千伏的骨骼相比有较大的差异,从而获得了高对比度。千伏值增加使得相对较多的 X 线穿透骨骼,从而影响不透明度和对比度。低千伏产生的图像对比度高,但曝光度低;因此,曝光条件的选择对诊断图像至关重要。

一般原则是投照厚的部位要用较高的千伏,薄的部位则用较低的千伏。摄影工作中通常是先对某一具体厚度的部位,求得最佳的千伏为基准,以后当遇到被检部位厚度有变化时,千伏值也应随之变化。千伏变化的标准是:一般厚度每增减 1 cm,电压相应增减 2 kV。较厚密的部位(当需用 80 kV 以上者),厚度每增减 1 cm,则要增减 3 kV。特别厚的部位(需在 95 kV 以上),厚径每增减 1 cm,需增减 4 kV。

要获得相同的不透明度,但对比度低的 X 线片,需将 mAs 减半,并将千伏值增加 15%(约 10 kV)。相反,为了增加对比度,mAs 加倍,千伏值降低 15%,以达到相同的不透明度。正常情况下,为了获得良好的骨骼细节,千伏电压应该低于 70 kV。X 线的衰减在很大程度上取决于组织的原子序数。千伏值增加会导致更多的正向散射。

2. 毫安

为管电流的单位，表示 X 线射出的量，毫安(mA)大即单位时间内 X 线射出的量大。

3. 时间

为曝光时间，以秒(s)为单位，是管电流通过 X 线管的时间。

投照时，应按机器的实际性能选择达到所要求的毫安秒，过黑或过白都不适宜。在机器性能容许情况时，原则上以选择尽可能短的曝光时间为佳，以免动物在曝光时移动产生运动伪影而损害照片的清晰度。在相对安静的部位，如四肢骨骼，曝光时间可较长些，但对活动的器官(如心、肺、胃、肠等)，时间则越短越好。

4. 焦点胶片距

影响 X 线数量的一个主要因素是焦点到影响接受器的距离，称为焦点胶片距(FFD)。由于 X 线束向外扩散，覆盖一个二维平面，到达胶片的 X 线数量下与距离平方成反比(距离平方反比定律)。这意味着改变相对较小的距离可以对图像的不透明度产生明显的影响，尽管它对对比度的影响很小。焦点胶片距减少使到达影响接收器的 X 线量增加(需要降低曝光条件)。距离的增加会产生相反的效果。通常在放射线检查中使用 75～100 cm(小动物)和 45～70 cm(马)的焦点胶片距离。焦点距胶片越远清晰度越佳，但 X 线强度越低(图 14-22)。

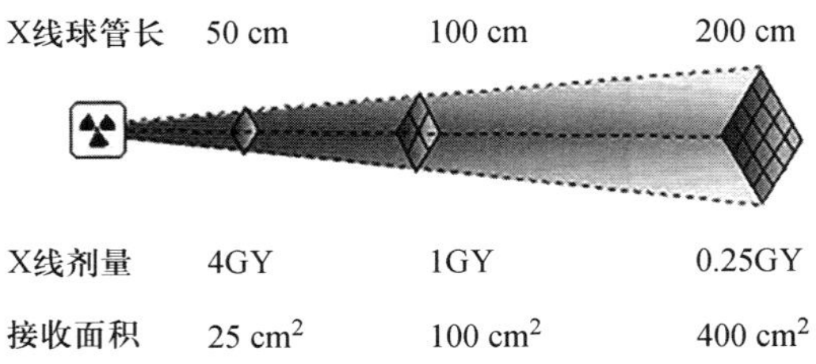

图 14-22　距离平方反比定律

二、常用 X 线投照位置的名词术语

要了解轮廓、位置及不透明度的改变，检查者应必须熟悉正常结构的放射学征象(放射学解剖)。若不熟悉正常放射学征象，就无法识别异常的放射学征象。因此，机体每个部分至少进行 2 个正交平面的投照，就可获得结构的三维构想。投照位置的专业术语用于描述标准及特殊摆位投照方向与位置，指投照中心主光束的射线从入射点到出射点穿透目标部位的方向，被检查区域应尽可能与影像接收器紧密相贴，否则被投照部位的影像会放大。

1. 解剖学方位

犬、马的解剖学方位如图 14-23 所示。

(1)背侧　指前臂腕关节(桡腕关节)和胫骨跗关节(胫骨跗关节)的头、颈、躯干、尾和头(前)的上部。背侧也指朝向背部或椎骨。

(2)腹侧　指头、颈、躯干和尾巴的下部。腹侧也指朝向动物的下部

(3)头侧　指从任何给定的点朝向头部的颈部、躯干和尾巴的部分，也指前臂腕关节和跗关节以上面向头部的肢体。

(4)吻侧　指头部从任何给定位置朝向鼻孔的部分。

(5)尾部　头部，颈部和躯干的部分定位到尾巴从任何给定的点，也指面向尾部的前臂腕关节和跗关节以上的四肢。

(6)掌侧　前肢前臂腕骨间关节远端，用掌侧来代替尾侧。

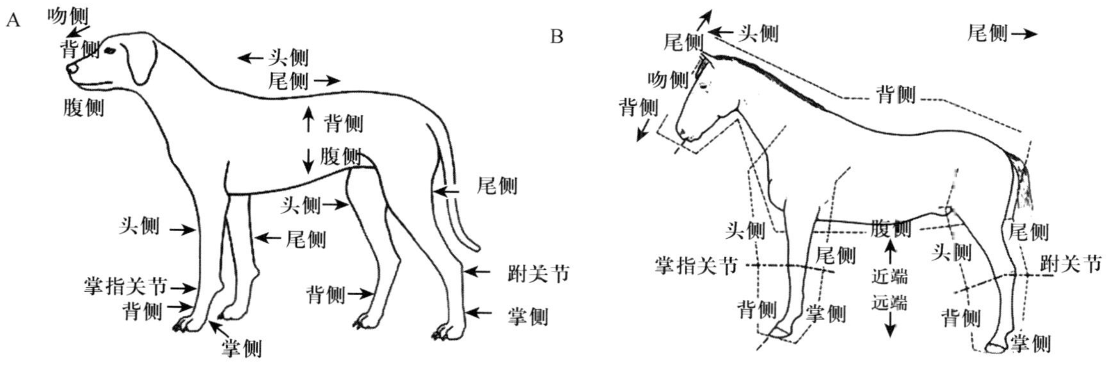

A. 犬;B. 马。

图 14-23　解剖学方位

(7)跗侧　指后肢跗关节远端。

(8)近端　指接近结构的原点。

(9)远端　指距离一个结构的起源点(更远)的距离。

2. 投照方向

投照方向即 X 线束的方向,指从进入机体的点到离开机体的点的方向。

(1)正侧位　X 线束从一侧径直垂直向对侧投照,影像接收器(平板)被检部对侧。躯干部分为左、右侧位,左侧位是 X 线束从左侧向右侧投照,影像接收器置于被检部右侧;右侧位则反之。四肢则分为外内侧位、内外侧位,外内侧位是 X 线束从外侧向内侧投照,X 线暗盒置于被检部内侧;内外侧位则反之。

(2)斜侧位　X 线束从一侧不垂直成角度向对侧投照,影像接收器(平板)被检部对侧,常用于马的四肢远端的拍摄(图 14-24)。

(3)腹背位(VD)　指 X 线从腹侧进入机体,背侧出到达影像接收器,背腹位(DV)相反。对于四肢远端称为背掌(跗)位或掌(跗)位(图 14-25)。

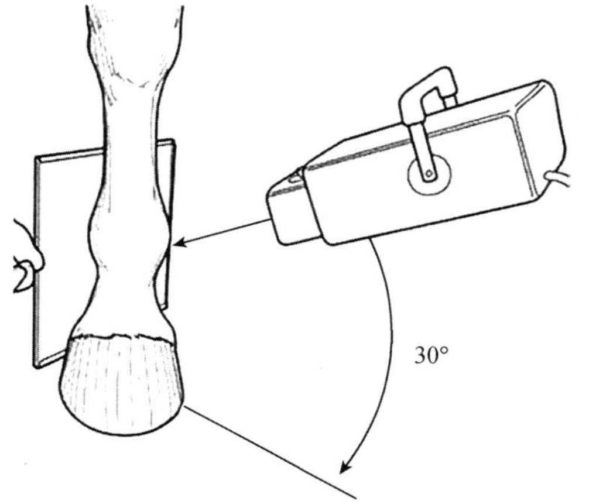

图 14-24　斜侧位

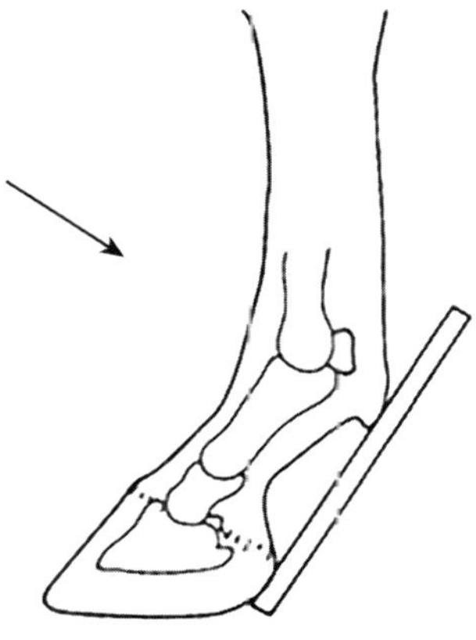

图 14-25　背掌位

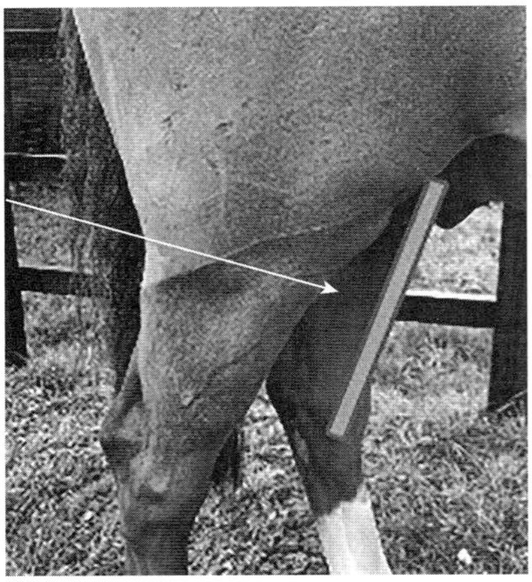

图 14-26　膝关节尾头位

(4)站立位　动物自然驻立姿势。

(5)水平投照　X 线束平行于地面。

(6)垂直投照　X 线束垂直于地面。

(7)前后位/头尾位　X 线束从前方向后方投照，影像接收器置于被检部后方。

(8)后前位/尾头位　X 线束从后方向前方投照，置于影像接收器检部前方(图 14-26)。

(9)屈曲位　在被投照部位屈曲的状态投照，常用屈曲外内侧位(图 14-27)和屈曲背掌位(图 14-28)。

(10)切线位(sky line)　如图 14-29 所示。

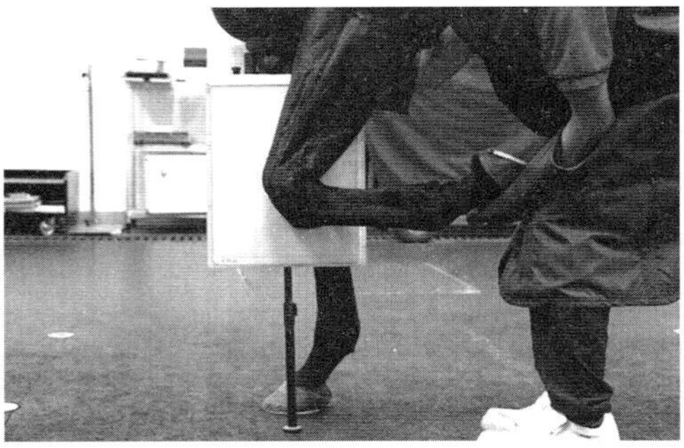

图 14-27　屈曲外内侧位(腕关节)

图 14-28　屈曲背掌位(腕关节)

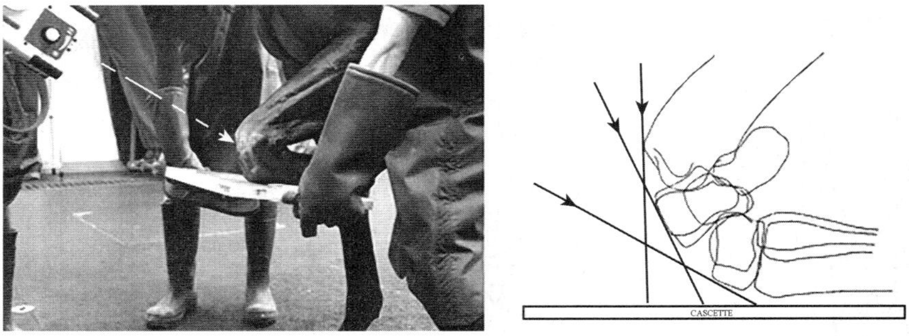

图 14-29　切线位

第三节　放射学读片

放射学解读是对 X 光片上的放射学征象进行逻辑性的评估，应将影像学发现与临床表现联系在一起，以提高对疾病的诊断水平。

一、放射学观片

X光片应以标准化的方式查看，读片人员能够集中于整个X光片观片。X光片应以一致的方式放置在观察器或屏幕上。通常情况下，侧位视图的方向是动物的头部朝向左侧，腹背位(VD)和背腹位(DV)视图的方向是动物的左侧朝向观察者的右侧，而头/颈部在上方。四肢X线片肢体近端在顶部，头侧或背侧在左侧。图像每次都应该以完全相同的方式排列。例如，胸部三视图，当面对观察框时，左侧位视图应显示在左侧，中间显示DV/VD视图，右侧位显示在右侧。四肢经常显示对侧需要对侧关节的X线片并排放置，以便进行对比观察。当查看数字X光片时，放大系数必须相同，以避免忽略四肢之间的任何变化或不同天的检查结果之间的变化。任何投照所需的视图数量各不相同，因此需要获得足够数量的视图，以确保无遗漏任何损害。使用"特殊"摆位视图，如斜侧位和天际线视图，对怀疑病变精确的解读有益。充分的放射学解读依赖于对图像中所有信息全面和系统的评价。

数字图像应该在光线较弱的房间里的高清平面屏幕上观看。在许多成像系统中，可以选择最相关的区域，调整相关区域的对比度和亮度，以帮助评估大范围的组织密度。大多数系统还允许放大整个图像或放大感兴趣的特定区域。

二、影响质量评估

在开始进行放射学解读之前，必须对影像进行技术质量和完整性评估，需要初步检查，以确保X光片来自被检查患畜，还应确认检查日期。对于胶片或数字影像，解读之前首先要评估影像质量，应注意以下几点。

①每个投照区域至少应有2个正交视图。X光片是三维物体的二维表示，总会有覆盖结构的重叠。因此，在所有情况下都需要获得正交视图。如果无法获得完整投照，应记录原因(如呼吸困难而不能侧卧，因此只拍摄了胸部DV图)。

②视图应有位置标记，以避免在解读损伤时定位的错误。摆位位置正确可得出正确的解读。

③识别影响解读的伪影。

三、放射学解读基本方法

评估影像质量可满足诊断要求之后，就可以开始解读。放射学解释应结合病史、临床检查和实验室检查结果以系统和彻底的方式进行。一般来说，详细的放射评估包括识别、描述、解读和分析3个步骤。

1. 影像识别

使用"器官入路"依次观察身体每个系统或"区域或同心圆入路"系统地评估或"阅读"X光片，必须应对整个影像进行观察，不能忽视任何区域或结构。这种定向搜索方法可能需要根据所评估的区域加以调整，例如，胸部可以从心血管系统开始，然后是呼吸系统(肺和气道)，最后是骨骼，或使用同心圆方法，可以首先评估主光束以外区域、暴露不足区域和暴露过度区域，然后是骨骼结构，最后是所有胸内结构(心血管和呼吸系统)。

2. 影像描述

放射学描述的目的是识别和描述X光片上所见的放射学征象，然后对这些变化进行评估，然后形成与当前问题相关的解读。放射检查结果可能是由于过去发生的变化或与当前的问题有关。最初的描述应包括所有的异常。在解读阶段，病史、临床表现和其他检查结果应与放射学表现一起综合考虑，以完成诊断或鉴别诊断，并建议进行适当的进一步检查。

放射学征象用于描述在X光片上的所见变化，包括大小、形状、轮廓或边缘、数量、位置和不透明度。用放射学术语描述真正的放射学损伤，通常可以确定是活动性过程还是非活动性过程。一般来说，像平滑、规则和边缘良好这样的术语会导致正常、良性或长期病变的结论。例如，粗糙、不规则、尖锐、界限模糊或破坏性等术语，可得出活动性疾病的结论。若是病理性过程，应考虑导致此种变化的原因，然后考虑导致这种类型的病理进程的疾病。

3. 影像解读和分析

确定放射学征象后，应为每个异常建立可能的鉴别诊断列表。影像学鉴别诊断应结合信号、病史、临床表现和其他调查结果进行评估，以确定其临床意义。在解读X光片，特别是斜侧位片时，骨骼标本非常有用。同样一本解剖学书籍和不同的年龄正常的放射学解剖会对解读有所帮助。如果在评估一个区域时遇到问题，获得对侧肢体相似的X线照片进行比较非常有益，从而提供一个完美的年龄、性别和品种匹配的X线照片。记住，在新生动物中，有些结构没有骨化，因此不能被观察到。更令人困惑的是部分骨化结构的外观(例如，未完全骨化的软骨下组织具有不规则的混浊，这可能与感染的放射学外观相似)。X光片只是拼图游戏的一部分，可有多种用途。

第四节　骨骼与关节常见疾病的X线诊断

骨骼主要由钙和磷组成，相对致密，常与周围的软组织有显著的差异，同时骨骼本身不同的部位也有不同的密度差异，放射学上不透明度与周围组织形成了良好的天然对比。动物的许多部位，尤其是常见的四肢病X线检查有重要意义。作为活组织，它还经常反映一般代谢的变化。

一、骨骼与关节的X线检查方法

一般平片摄影检查是骨的主要检查方法，能显示细微结构并能早期发现轻微变化。检查的具体要求如下。

①要正确评估骨头的状态，至少需要2个正交平面视图。

②四肢骨骼标准视图包括背掌(跖)位和内外侧位、斜侧位，屈曲侧位，负重位、应力加压位和切线位。

③应力加压摆位是主要用于关节远端应用侧向或内侧杠杆的检查。在关节不稳定性的评估中很有用。

④在进行马的蹄部放射学检查之前应去除蹄铁，若目的是评估蹄铁是否合适及蹄铁不影响结构评估则不必实施此步骤。此外，蹄部需要清洁和修整，以减少因蹄角质和污垢造成的伪影影响。在蹄叉中填充不透明度的物质(如培乐多)将有助于消除蹄叉内气体造成的伪影。马站成正方形，掌骨各个方向与地面垂直，确保所有的四肢都均衡负重。在蹄背侧做一金属标记可有助于对蹄叶炎的评估(图14-30)。

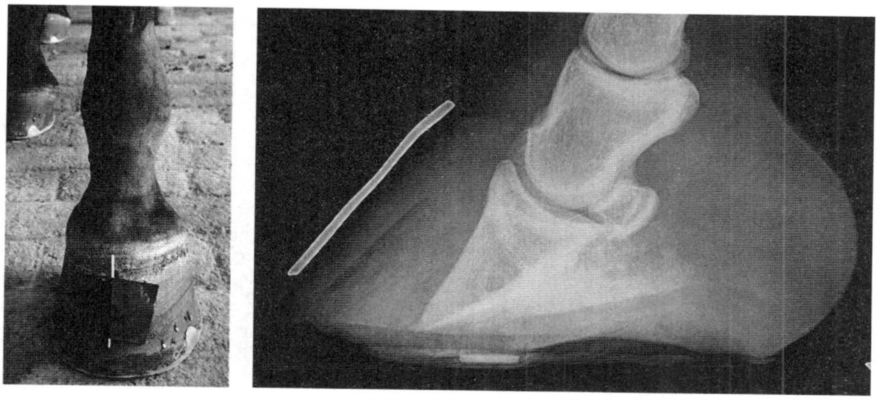

图 14-30　蹄叶炎评估，蹄背侧做金属标记

二、骨骼与关节的正常 X 线解剖

1. 骨骼的正常 X 线解剖

动物骨骼按形状不同分长骨（四肢管状骨、肋骨）、短骨（腕骨和跗骨）、扁骨（颅骨、肩胛骨、骨盆）及不规则骨/异形骨（椎骨、颌骨等）4 类（图 14-31）。骨与关节的微小变化，即可引起运动机能障碍。熟悉骨的正常发育及各关节正常 X 线解剖，对正确诊断具有重要意义。

长骨由骨干（管状部分）和两端骨骺组成（图 14-32）。骨干由致密的骨组成。髓腔包含骨髓，髓腔被致密骨包围。骨骺是骨干两端的生长中心。在骨骺和骨干之间是骨骺生长板和干骺端，骨骺和骨干之间的一块海绵骨。在 X 线片上，骨骺有时被称为骨骺板或生长板。骨骼成熟时，骨骺与干骺端融合，骨骺线消失（图 14-33）。

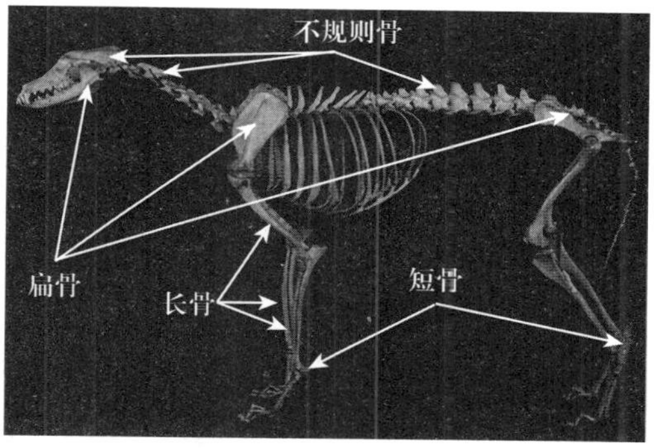

图 14-31　骨骼形状分类

未成熟骨又称编织骨，不具有小叶结构。它只出现在生命早期或新骨快速形成的地方，如愈合的骨折。成熟的骨具有小叶结构。放射学上可以识别两种类型的骨：①致密骨是致密且不透明度高，见于骨皮质；②松质或海绵状骨不透明度较低，见于骨髓质和骨骺。松质骨显示不同程度的骨小梁形成。因为致密骨不透明度高，所以它无结构，包围着不透明度低的髓腔。

骨膜是除关节表面外覆盖骨的结缔组织层，其表面被关节软骨覆盖。骨膜外层是用于肌肉和韧带附着的纤维层，而内部则是能够生成成骨细胞的形成层。当骨变宽时，成骨细胞形成新的骨（膜内骨化）；它也在修复过程中发挥作用。骨内膜是髓腔内的一层膜。它由成骨细胞和破骨细胞组成。骨膜和骨内膜都是骨修复所必需的细胞。

血管通过滋养孔进入长骨，呈放射状，在皮质的尾侧清晰可见。向颅侧和远端倾斜。其可见于骨干中间至近端 1/3 处。其附近可能有一些不规则内膜，常常被误认为骨折线。通常每根骨头上都有一个（图 14-34）。

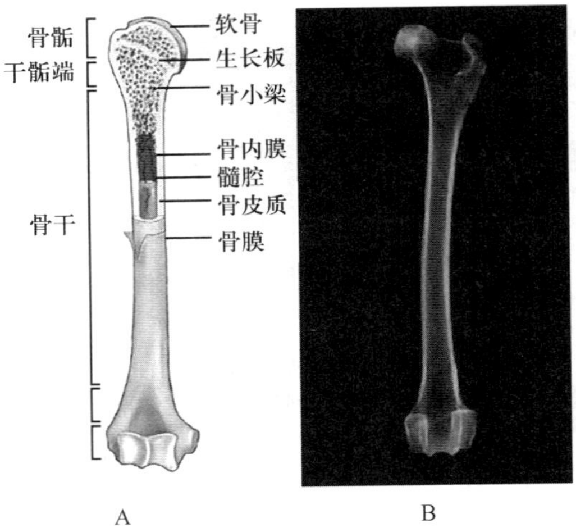

A. 眼观；B. 放射学观察。

图 14-32　骨骼构成

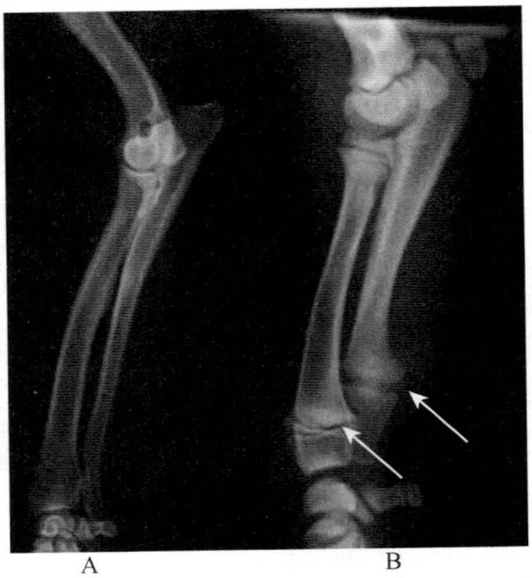

A. 成熟骨；B. 不成熟骨，箭头所指生长板未愈合。

图 14-33　骨骼发育

2. 关节的正常 X 线解剖

滑膜(关节)关节由 2 个相对的骨表面组成，每个表面被关节软骨覆盖，并被关节囊包围(图 14-35)。关节囊内层或滑膜分泌滑膜液，其薄薄一层将对侧的关节软骨隔开。一些滑膜关节含有关节内韧带、半月板、脂肪垫或滑膜突出物。其他类型的关节包括纤维关节和软骨关节。

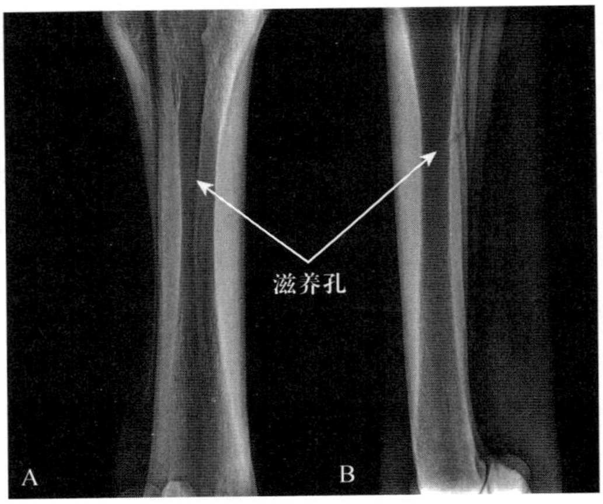

A. 背掌位；B. 外内侧位。

图 14-34　马第三掌骨滋养孔放射学征象

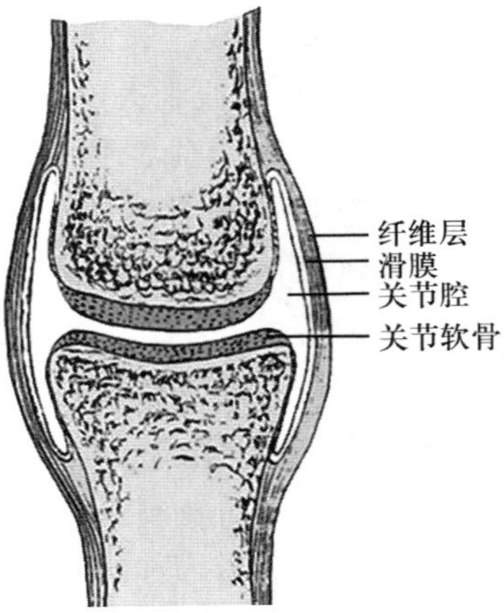

图 14-35　关节解剖

关节软骨、滑膜液和关节囊在 X 线片上不可见。软骨下骨(即关节软骨下方的骨)可见，并与成熟动物的干骺端皮质平滑融合。膝关节髌下脂肪垫在侧位图上可见位于髌韧带尾部的三角形不透明度。髌骨韧带是一条附着在胫骨粗隆上的软组织，形成了脂肪垫的头侧边界。脂肪垫可提供高对比度，使关节积液或关节囊增厚可被识别。猫的股骨远端和胫骨近端之间常可见一个小的三角形矿化阴影。幼小动物的关节比成年动物的关节宽得多。这是由于未成熟的软骨骨骺和小立方骨不能完全形成所致。在非常年幼的动物中，不完全骨化的骨骺通常具有不均匀的矿化和斑点状、不规则的边缘，在大型品种中尤为明显。筋膜平面被确定为线性不透明度降低，因为脂肪插入肌肉块之间。这些平面有其特有的轮廓——各种关节。如果出现中度或严重的关节肿胀，肩关节尾侧附近筋膜平面的脂肪可能会移位。膝关节尾侧的筋膜平面从髌室到胫骨平台尾侧的方向从近端到远端。它们因关节肿胀而向尾部移位。

三、骨骼与关节病变的基本放射学征象

(一)骨炎/骨髓炎

骨炎(osteomyelitis)是指骨的炎症，骨髓炎是指骨皮质和髓腔的炎症。骨炎通常由于邻近软组织的创伤或血管阻塞所致，其特征是新骨形成(图 14-36)，有时伴有骨吸收，应区分无菌性和感染性。骨髓炎最常与细菌感染有关，通常由于局灶性创伤(或手术植入物)相关的局部病变(图 14-37)所致。

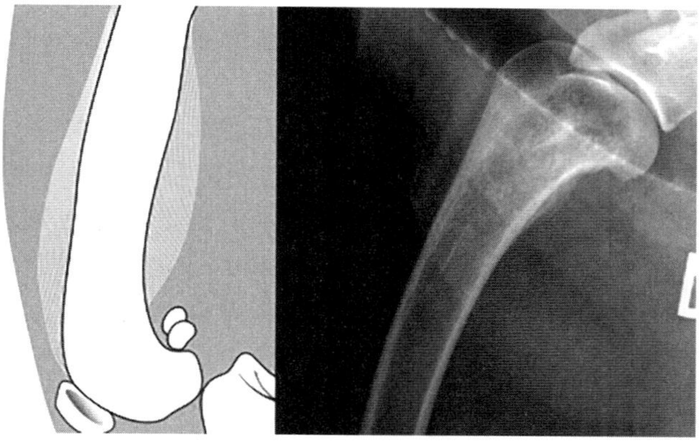

图 14-36　骨髓炎放射学征象

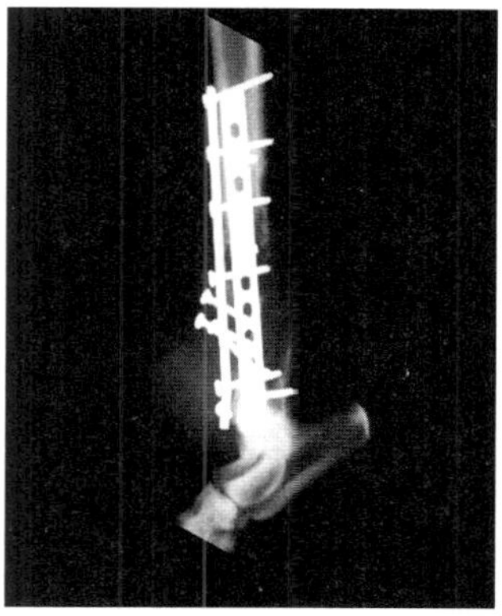

图 14-37　感染性骨髓炎(植入物所致)

马感染性骨炎(由感染引起的骨的炎症)和感染性骨髓炎(涉及骨髓腔的骨的炎症)在临床上常见。成年马感染性骨炎更为常见，通常出现在单一部位，与创伤有关(如金属切割伤或穿刺伤)。马驹骨髓炎更为常见，可同时发生于多个部位，通常延伸至邻近关节。反之，感染性关节炎通常会延伸至邻近的骨头，造成骨髓炎。小马驹的骨髓炎往往是极具破坏性的，通常很少有骨对感染的应答反应。放射学征象如下(图 14-38)。

①软组织肿胀，伴有骨质破坏和新骨形成。

②骨感染和破坏区域骨的不透明度增强。

③骨感染可导致周围有包囊(不透明度增强的肉芽组织)包裹的死骨片(sequestrum)形成。

④远端指骨、舟骨和颅骨对感染的应答反应略有不同。在这些骨骼中，感染往往导致骨骼破坏，无新骨形成。

(二)骨折

骨折(fracture)是指骨的连续性和完整性遭到破坏，在放射学上看是一条或多条不透明度

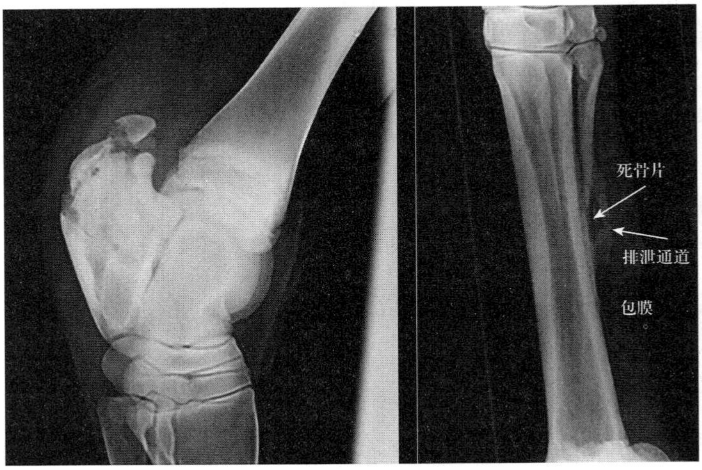

图 14-38　马驹感染性骨髓炎

降低的骨折线。X 线检查可以确定骨折的类型、严重程度和移位程度，并评估对邻近关节和周围软组织的损伤。随后的 X 线片可用于评估手术整复后复位的程度和监测愈合情况。为了确定骨折的存在，甚至需要更多的投照角度观察才能确定骨折的确切诊断。

骨折最常见是由创伤所致，病理性骨折可继发于潜在的骨病（如肿瘤、骨质减少），胸腹外伤并发外伤性骨折的发生率较高，尤其是四肢近端骨折。应力性骨折最常发生在竞技动物中，由于骨负荷异常而发生在特定部位。不完全性、非移位性骨折的骨折线在急性期可能很难看到。损伤后 3-7 d 发生骨吸收，增加了骨折部位的可见度，因此在某些病例中可能需要重复 X 线片来观察骨折。在无明显外伤史的老年动物中，骨折部位应仔细评估新骨形成和溶解以排除骨折的病理性原因。当与骨损伤无关的放射透光线叠加在骨上时（如营养孔、马赫线、筋膜面等）应注意鉴别。软组织内的重叠不透明度降低总是发生在骨折的不寻常位置，通常延伸到骨边缘以外，与其他骨改变无关。

1. 骨折类型

干骺端和骨骺之间连续性的中断通常被称为骨骺断裂或骨骺分离，有时也称骨骺骨折。骨折可能是创伤的结果，也可能是由于疾病使骨头变弱（病理性骨折）而发生。为了便于描述放射学征象，可将骨折分为以下几种类型。

①完全与不完全骨折：完全性骨折是指骨折线穿透整个骨头或整个宽度（两侧骨皮质）（图 14-39A）。不完全骨折在骨折端之间保持某种程度的连续性，如骨裂或青枝骨折。青枝骨折是指在弯曲的骨头的凸面皮质发生的骨折，而对侧的皮质完好无损。环面骨折是通过弯曲的骨凹侧的皮质发生的。在裂缝骨折中，有一条很细的断裂线，骨折断端无任何明显的分离；不影响骨的深度和宽度（图 14-39B）。

②开放性骨折与闭合性骨折：开放性骨折与伤口有关，与外界相连。在 X 线片上，开放性骨折的特征是骨折部位的软组织中通常含气（图 14-40A）；闭合性骨折与外部不相通（图 14-40B）。

③单一或复杂（粉碎性）骨折：单一性骨折只有一条骨折线（图 14-41A、图 14-41B）；复杂粉碎性或多发性骨折有两条或更多骨折线（图 14-41C、图 14-41D）。

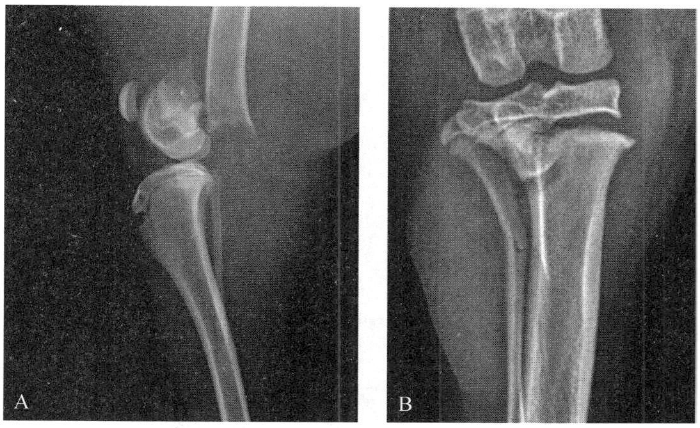

图 14-39　完全骨折和不完全骨折

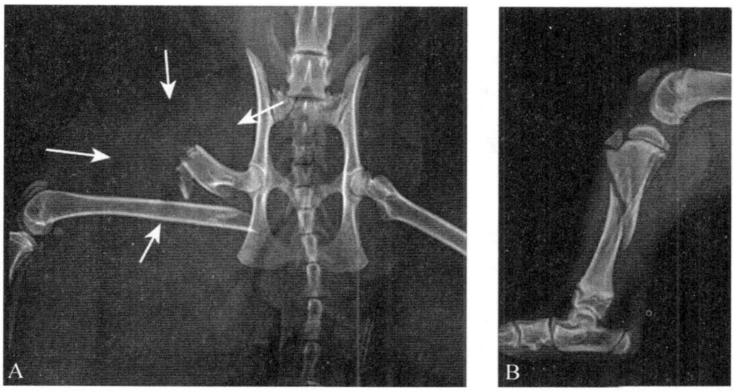

图 14-40　开放性骨折和闭合性骨折

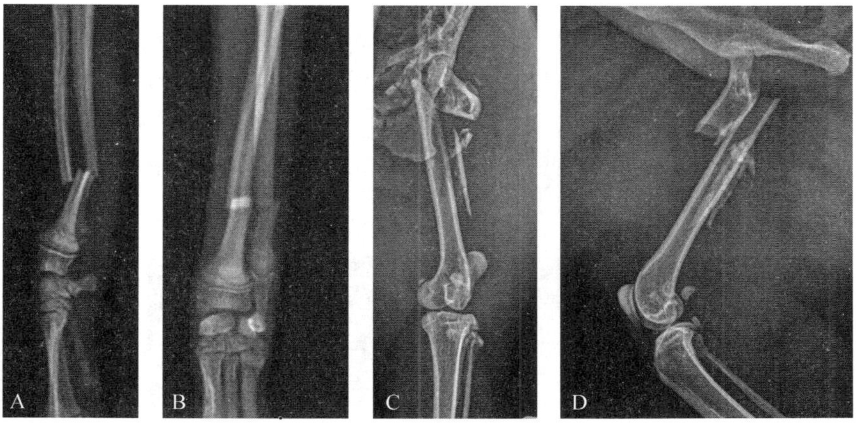

图 14-41　单一骨折和复杂(粉碎性)骨折

④横骨折、斜骨折和螺旋骨折：横骨折：骨折线与骨长轴几乎成直角(图 14-42A)；斜骨折：骨折线与骨长轴成锐角(图 14-42)。螺旋骨折：骨折线沿骨长轴弯曲(图 14-42C)。

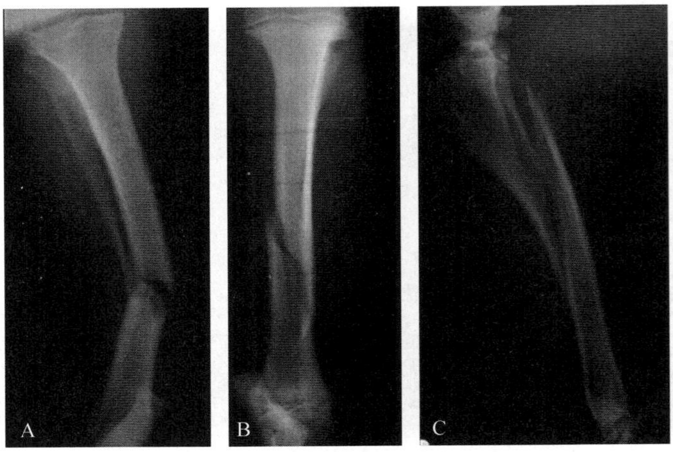

图 14-42　横骨折、螺旋骨折和斜骨折

⑤撕脱性、碎片和厚片骨折：a. 撕脱性骨折，骨头碎片在肌腱或韧带的连接处被拉离骨头(图 14-43)；b. 碎片骨折(chip)，是指一小块骨头分离而不破坏其整体连续性，切屑骨折发生在关节缘或关节内，涉及一个关节面(图 14-44A、图 14-45)；c. 厚片骨折(slab)，是指涉及两个关节面的骨折，多发于马的腕关节和跗关节(图 14-44B、图 14-46)。

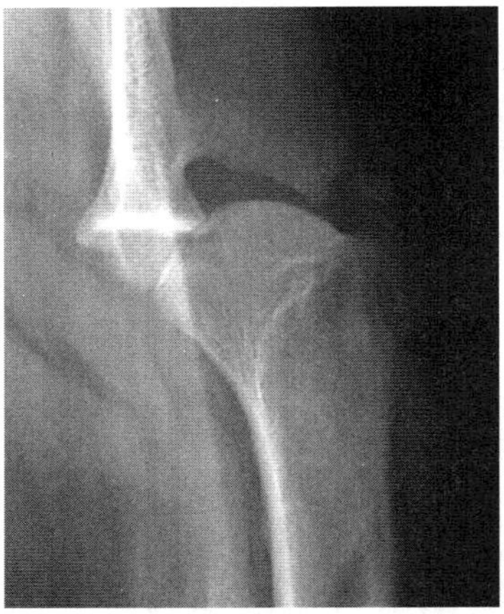

图 14-43　肩关节撕脱性骨折

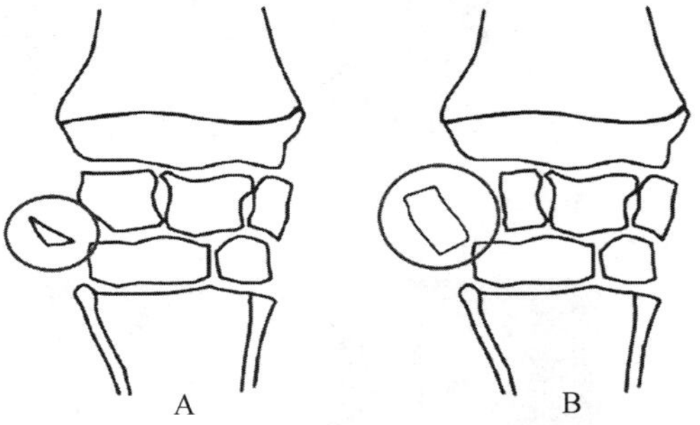

A. 碎片骨折；B. 厚片骨折。

图 14-44　马腕关节碎片骨折与厚片骨折

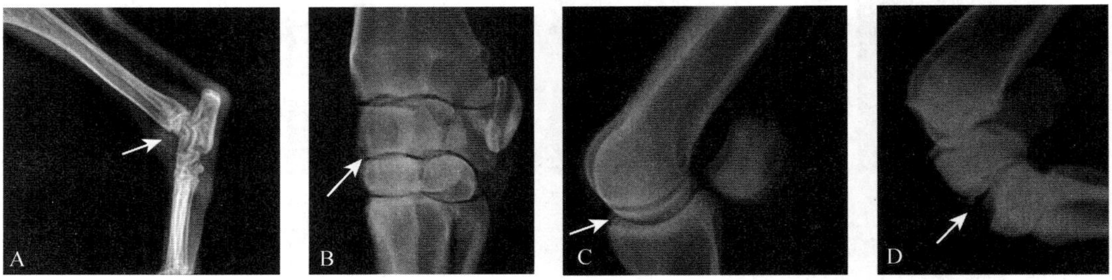

A. 犬跗关节；B. 马腕关节；C. 马球节；D. 马腕关节(屈曲侧位)。

图 14-45　碎片骨折

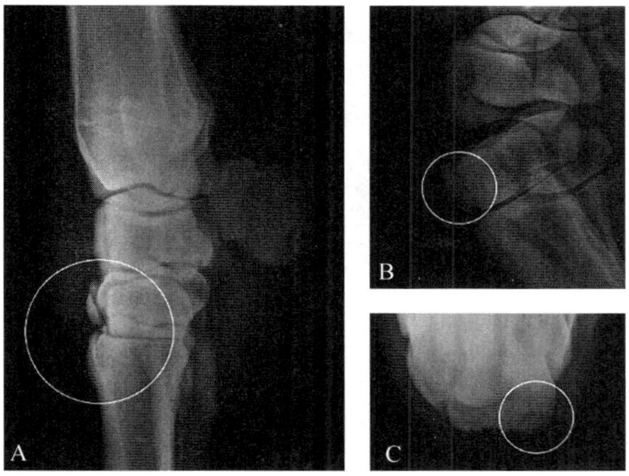

A. 外内侧位；B. 屈曲外内侧位；C. 切线位。

图 14-46　马腕关节厚片骨折

⑥压缩性骨折：受挤压骨折是骨折碎片相互嵌入的结果。其最常见于椎体骨折。在上覆骨折中，一个碎块部分地与另一个碎块并排(图 14-47)。

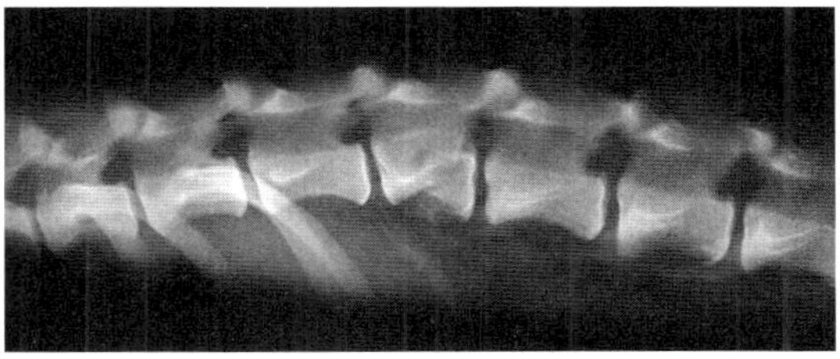

图 14-47　脊柱压缩性骨折

⑦病理性或应力性骨折：病理性骨折发生在疾病过程中使骨头变弱的部位。不完全病理性骨折被称为折叠性骨折，因为骨头似乎向自身折叠(图 14-48)。应力性骨折是由于在一段时间内，当修复过程无法与重复的损伤同步时，骨骼受到持续的小创伤而造成的。易发生于速度赛马的第三掌骨髁(图 14-49)。

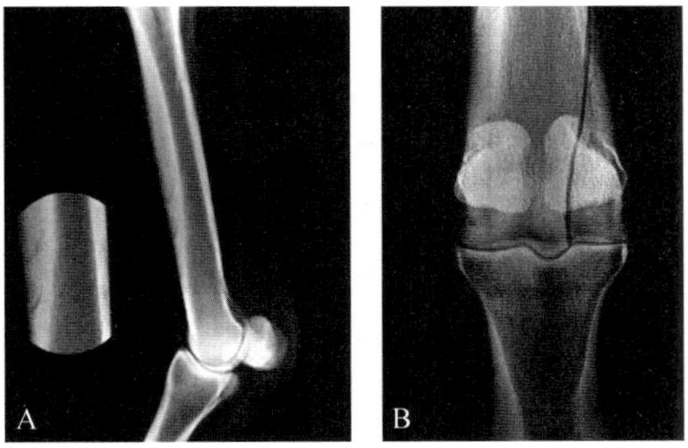

A. 外伤性骨折；B. 病理性骨折。

图 14-48　病理性骨折

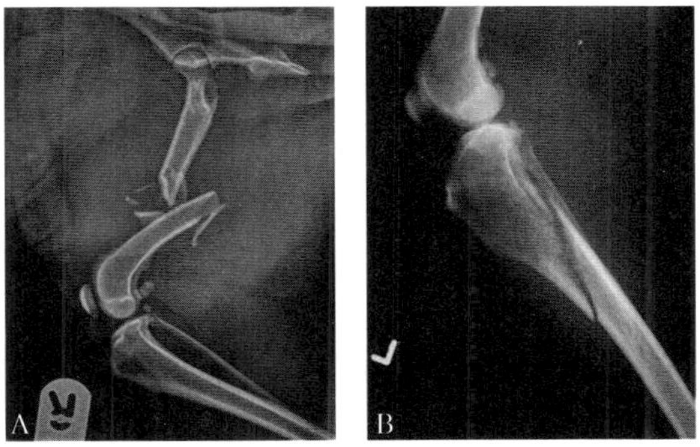

A. 第三掌骨骨干不完全骨折；B. 第三掌骨髁骨折。

图 14-49　应力性骨折

⑧骨骺生长板骨折：当骨骺从正常位置移位时，就会发生骨骺骨折，或者更准确地说，骨骺分离或滑移。运动发生在生长板部位。骨骺可能是分离的部位，也可能不伴有骨折。根据 Salter-Harris 理论对骨折平面的形态和与干骺板生长细胞的关系进行分类，常用于描述与骨骺分离相关的生长板骨折。对骨折的分类如下(表 14-1、图 14-50)。

表 14-1 Salter-Harris 骨折分类

类型	放射学征象
Ⅰ	骨折线穿过肥大细胞区，未累及邻近的骨骺或干骺端。
Ⅱ	骨折线通过骺板，穿过部分骨宽并穿过干骺板，留下一部分干骺板与骺板相连。
Ⅲ	骨折线通过骨骺穿过部分宽度的骨，并经骨骺进入关节。
Ⅳ	骨折线横贯骨骺、骨骺和部分干骺端，垂直于骨骺平面。
Ⅴ	位移最小的压缩性生长板骨折。

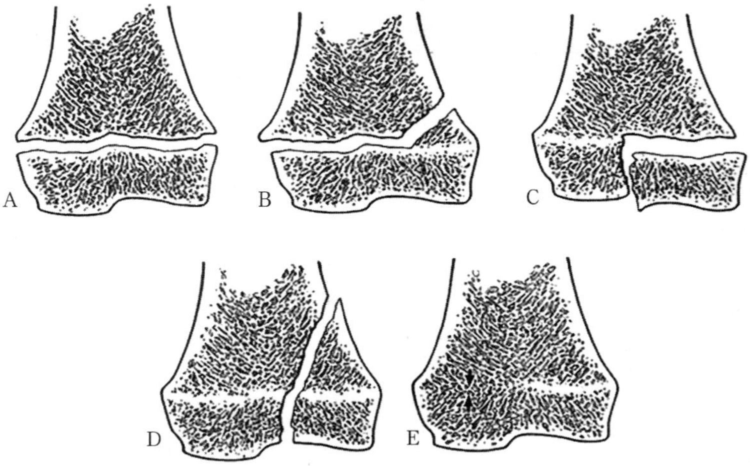

图 14-50 生长板骨折分类

2. 骨折修复

骨折愈合应进行放射学监测，以确定愈合的进展。重新检查的时间间隔取决于骨折的严重程度、修复的类型和临床重新评估。在沿骨折线的初始矿物吸收和纤维性愈伤组织的形成之后，将会出现钙化的骨膜和骨内愈伤组织。愈伤组织的数量和质量取决于骨折部位的稳定程度和有无并发感染。骨内骨痂在影像学上较难观察，但最终导致骨折线消失。骨折的稳定性可能在骨折线消失之前就已形成。有些骨骼（如近端籽骨和远端以及副腕骨）通过纤维性愈合而愈合，形成一条持续的透明度降低的线。愈合的速度取决于许多因素，包括马的年龄，其营养和代谢状态，骨折稳定性，骨折位置、骨膜、骨骼的血液供应，感染。除非骨折部位稳定，否则感染可呈进行性，影响骨愈合。

骨折发生后，骨折断端会出现出血、血栓形成和死亡。血肿形成与血管舒张的血管增生、组织液 pH 的变化和破骨细胞活动导致骨折端骨吸收有关。刺激骨膜和骨内膜以启动修复过程。骨折线两侧开始形成骨膜和骨内膜的未分化间充质组织。这种组织在骨折端之间形成一个桥，骨膜桥是外骨痂，内骨桥是内骨痂。在骨折部位周围，软骨成形，该区域的愈合通过软骨内成骨（继发性骨愈合）进行。在骨膜下发生膜内骨化。愈伤组织形成的程度取决于损伤时骨膜的损伤程度。软骨骨化形成第一个骨痂，外形大而不规则。随后发生重塑，骨痂并入一般的骨结构。如果骨折端已通过手术方法精确地固定（如加压钢板），则可通过膜内骨化（原发性骨愈合)进行修复,即通过骨膜和骨内膜延伸而不是血肿组织。

必须强调的是,并不是所有的骨折都以完全相同的方式愈合,骨折愈合涉及复杂的过程,任何给出的骨折愈合的时间仅是一个粗略估算。幼小动物的骨头比老龄动物愈合得快。疾病进程,局部或代谢以及并发的软组织损伤可延缓骨愈合。固定的方法影响愈合的速度。有效固定骨折比骨折端可运动的骨折愈合更快。髓内钉扎可能会阻碍骨内血供,从而减慢骨愈合。

骨修复过程可通过放射学征象推断,粗略地评估骨折愈合时间的影像学表现变化如下:

①近期骨折:骨折线清晰并伴有软组织肿胀。

②7~10 d 骨折:骨折断端骨吸收,骨折线不再锐利。可见早期不明显的骨膜反应。软组织肿胀消退。幼龄动物的骨膜反应比成年动物早出现。

③2~3 周骨折:骨膜反应明显,骨痂矿化。

④4~8 周骨折:骨折线被骨痂填充,骨折部位与新骨的桥接。

⑤8~12 周骨折:骨痂正在重塑、组织并融入一般的骨结构中。可见的骨痂数量正在减少。重组和重塑的过程可能需要几个月。修复的时间尺度变化很大,取决于多种因素,包括骨折的类型、最初出现的移位和扭曲程度、固定的效率以及动物的状况和年龄。

骨折内固定且骨折部位有足够的稳定性,则以一期愈合为主,骨膜愈伤最少。骨折部位不稳定导致骨膜愈伤组织发生二期愈合,也可导致骨折纤维愈合或畸形愈合,同时仔细观察 X 光片上的植入物和周围骨的放射学征象。植入物周围局部出现不透明度降低的区域,表明植入物因松动或感染而需要被移除。若在骨折处稳定的情况下取出植入物,放射性通道将持续 8~12 周。

无论是保守治疗还是手术治疗,一旦发生矿物质重吸收,骨折线应逐渐变窄,并逐渐消失。愈合可能在 6~12 周内完成,但也有些骨折需要相当长的时间。在某些部位(如第三掌骨髁间骨折),不透明度降低的骨折线的长期存在通常与复发性跛行有关。骨折线持续超过 6 个月,可以认为是延迟愈合。在骨折线附近可能有骨质硬化,骨端可能变得稍微呈喇叭形。除了由纤维愈合的部位,延迟愈合常见,但骨不愈合(12 个月后骨完全愈合失败)少见。舟状骨骨折通常通过纤维性愈合,骨折线附近常出现透亮区,表明骨折至少持续 6~8 周。

在评估骨折线是否已经被骨痂桥接时,重叠的骨痂舌可能会被误认为是真正的愈合,需要斜视图来准确评估修复程度。骨折修复与以下体征相关:骨痂桥接骨折线。骨折线消失后骨痂重建,皮质和髓腔的恢复。恢复正常的小梁模式。

(三)脱位

脱位是指关节的关节面完全或部分失去接触,呈间歇性。为了正确地评价位移的程度和方向,至少需要 2 个正交的标准视图。应仔细检查与脱位相关的小骨折碎片,因为它们可能干扰复位。有时小的撕脱骨折与副韧带损伤有关。囊内肿胀会移位到相邻的筋膜平面。正常情况下,关节脱位会缩小关节的正常活动范围。

脱位的放射学征象包括:关节面发生移位(图 14-51~图 14-55),彼此之间不能正确连接;邻近筋膜平面断裂,可伴有撕脱性骨折。膝关节发生脱位(十字韧带断裂)时,正常的关节内脂肪垫会发生破坏。

在幼小动物中,关节表面的解剖异常提示先天性脱位。关节表面的解剖异常也可能与慢性脱位有关。半脱位比脱位更难评估。必要时采用负重受力视图可能会显示常规 X 光片上看不到的半脱位。

通常由于外伤所致，先天性髌骨脱位较少发生。近端指间关节半脱位可能在没有明显原因的情况下发生。放射学检查非常适合鉴别脱位，但为了评估是否有可能对预后产生不利影响的并发性骨折，需要进行多次的放射学检查。如果脱位不完全(即半脱位)(图 14-56)，放射学评估就比较困难。应负重时进行 X 线片检查，并与正常解剖进行仔细比较。当临床上怀疑脱位或半脱位时，应力加压拍摄可能有助于确定副韧带等关节周围软组织的完整性。应力加

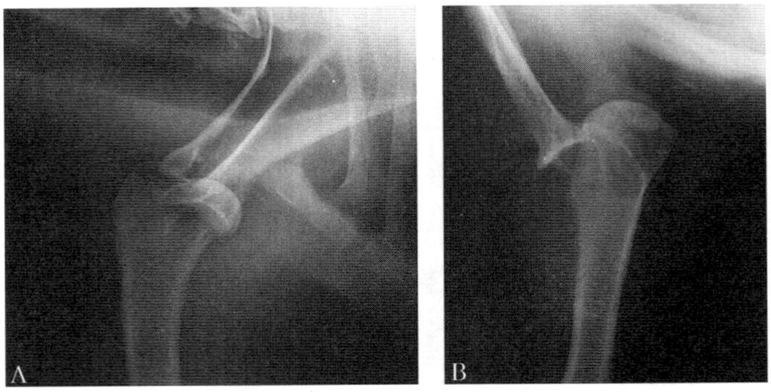

A. 侧位；B. 腹背位。

图 14-51　犬肩关节脱位

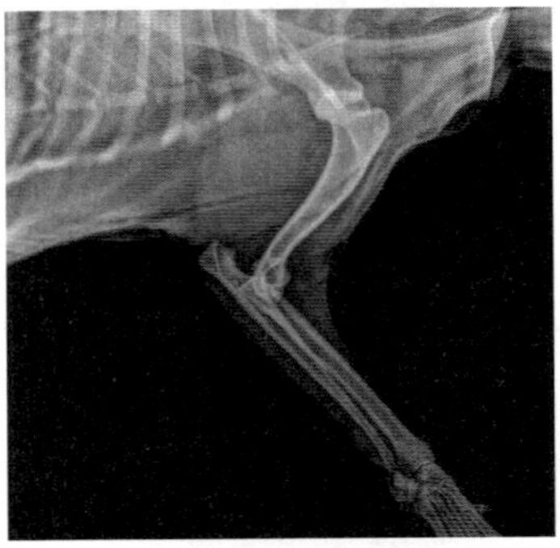
图 14-52　犬肘关节脱位(侧位)

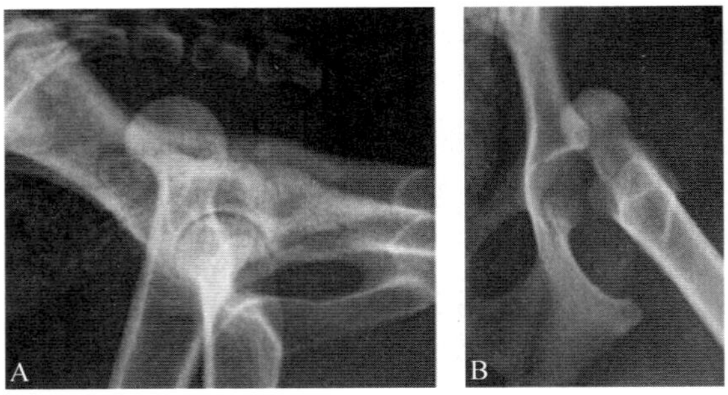

A. 侧位；B. 腹背位。

图 14-53　犬髋关节脱位

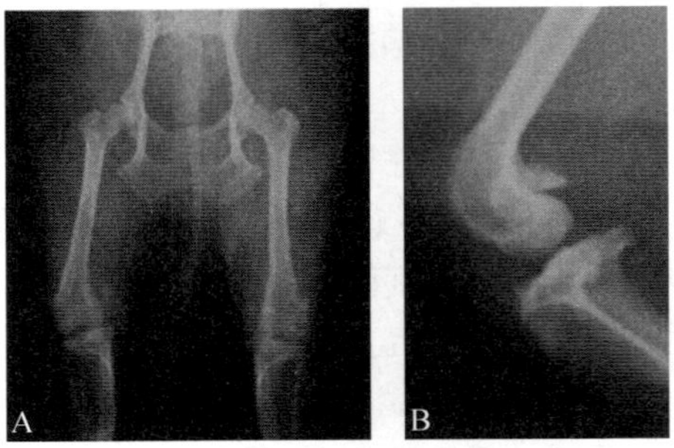

A. 腹背位；B. 侧位。

图 14-54　犬髌骨脱位

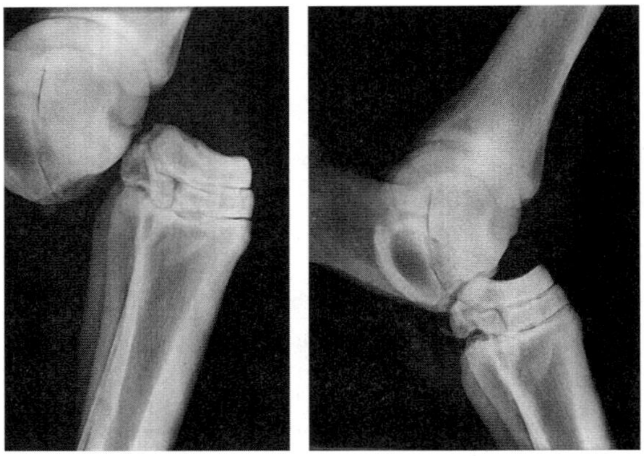
图 14-55　马跗关节脱位

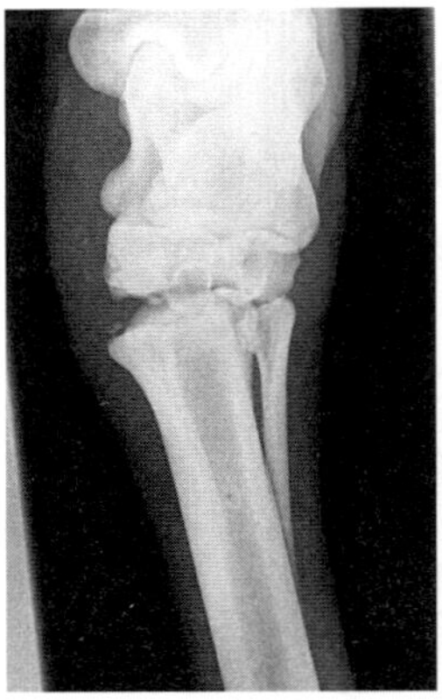
图 14-56　关节半脱位

压X线片是在肢体不负重的情况下获得，以确定骨之间是否会发生不正常的移动。

(四)感染性关节炎

感染性关节炎常发于马驹，常累及多个关节。成年马发生的感染性关节炎与创伤有关，也可由医源性原因引起。关节感染的放射学特征包括以下几方面。

①关节周围软组织肿胀。

②关节囊扩张，关节间隙正常、变小或扩大。

③软骨下骨轮廓不规则。

④软骨下骨不透明度降低，有/无骨硬化。

⑤继发性关节疾病导致关节周围骨赘形成。

⑥软骨下骨部分塌陷。

骨异常的存在表明疾病已处于晚期，预后需谨慎。放射学检查未见异常并不排除感染。软骨的发育速度、程度和骨破坏程度取决于致病微生物。

新生马驹应注意与未完全骨化(图14-57)(出生时的正常特征)鉴别，可能有不规则的轮廓和颗粒状混浊，与感染时的放射学特征类似。关节感染可能继发于邻近骨骺的感染，也可能从一个关节扩散到邻近骨骺。

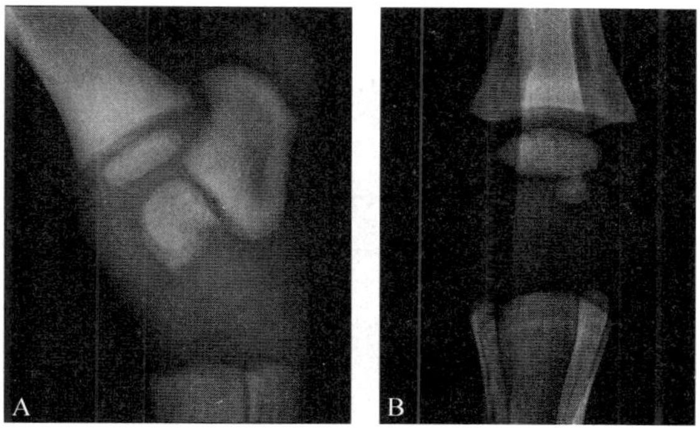

A. 侧位；B. 背掌位。

图14-57　跗关节骨化不全

(五)骨关节病/退化性关节病

骨关节病/退行性关节病(DJD)是各种动物最常见的关节疾病。退行性骨关节疾病，也称骨关节病、骨关节炎和继发性关节疾病，但在某些情况下也有区别。

关节炎即关节的炎症，放射学上特征为关节囊扩张，无新的骨受累及。滑膜内膜有炎症，滑液的数量和质量发生变化。骨关节炎或骨关节病表明骨已经受累且可能(炎症)或(不)存在炎症性软组织成分。“继发性关节疾病”是在已知主要病因的情况下使用，如骨软骨症或关节内骨折。退行性关节疾病是指任何影响关节及其支持结构数量的原因的疾病。

任何直接损伤软骨、导致关节不稳定或使关节受到异常方向力的情况都可能导致DJD。当出现多发性关节炎和感染性关节炎(败血症)时，应考虑免疫介导的关节疾病。

与DJD相关的放射学异常包括：①关节周围新骨形成；②软骨下骨质硬化和骨小梁丧失；③软骨下骨中界限不清的小的透明区；④小而清晰的骨囊肿样病变；⑤关节间隙变窄和关节囊扩张；⑥关节周围软组织肿胀(图14-58～图14-60)。

上述任何一个关节或多个关节可能均与DJD有关，应将关节周围骨赘形成与附着点炎骨赘形成相区分。小的关节周围骨赘并不一定是临床意义上的DJD。还必须记住，无放射学异常并不能排除软骨变性的存在。随着DJD的进展，放射学异常变得更加明显。

在犬、猫中单纯的关节炎症或感染与退行性骨关节疾病相比很少见。炎症总是存在于退行性关节疾病中的，但是关节炎通常是用于描述感染性/脓毒性关节炎和单纯的免疫介导性(多发性)关节炎。

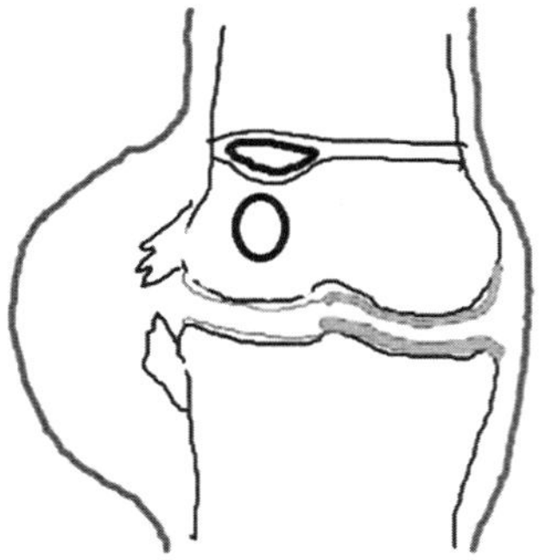

图 14-58 骨关节炎放射学征象

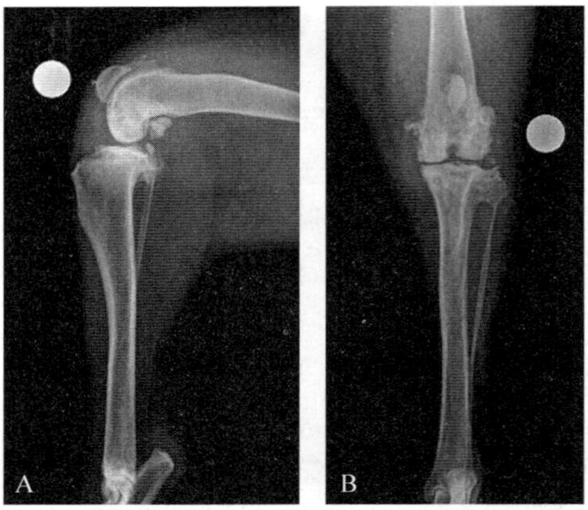

A. 侧位；B. 腹背位。

图 14-59 犬膝关节骨关节炎

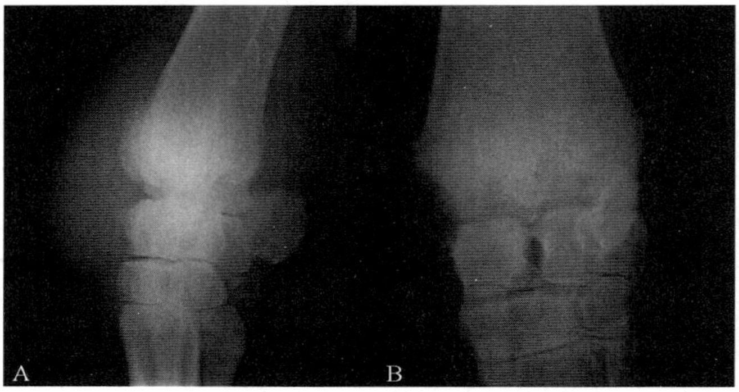

A. 外内侧位；B. 背掌位。

图 14-60 马腕关节骨关节炎

关节炎在X光片上看起来是侵袭性的关节疾病，与退行性骨关节疾病相反，它常表现为严重的软组织水肿，软骨下骨质破坏和不规则的关节周围骨质增生。也可见关节间隙变小，提示有软骨侵蚀。但是这些表现有时很难与晚期的慢性、终末期退行性骨关节疾病相区分。

在犬、猫中，多发性关节炎可以是侵蚀性或非侵蚀性的，依X光片表现而不同。对非侵蚀性多发性关节炎只有软组织水肿，无骨质改变。对侵蚀性多发性关节炎，上面谈到的X光片表现可有不同程度的改变。

(六)发育性关节病

1. 髋关节发育不良

髋关节发育不良在中型犬和大型犬中很常见，也是导致退行性骨关节疾病的最常见的病因。鉴于关节发育异常有遗传因素存在，X线检查可在病征出现前对髋关节作出诊断。X线检查常用于髋关节发育不良筛查。髋关节发育不良是一种发育性疾病，影响较大(超过12 kg)，可导致髋关节松弛，进而关节不稳定、继发性退行性骨关节疾病和半脱位或脱位。

放射学检查方法临床上常采用以下3种方法进行放射学评估。

(1)伸展腹背位(图14-61、图14-62) 应采用深度镇静或全身麻醉以便于正确摆位使用滤线栅。动物腹背朝下，后肢向后拉，尽可能彼此和桌面平行。伸展的后肢向内旋转，使髌骨覆盖在股骨滑车上。股骨内旋使股骨颈清晰可见。盆骨应与桌面平行不能旋转。尾巴不能向上倾斜。腰骶区有畸形，如腰椎移行或外伤引起畸形，可能很难或不可能准确定位。沙袋或V形托盘的使用有助于保持所需要的投照位置。两腿应尽可能保持彼此平行。这个位置将导致每个股骨的内侧皮质覆盖在相应的坐骨结节上。对于大腿肌肉发达的犬来说，保持四肢彼此平行通常不可能。X线束的中心位置应该是髋股关节。

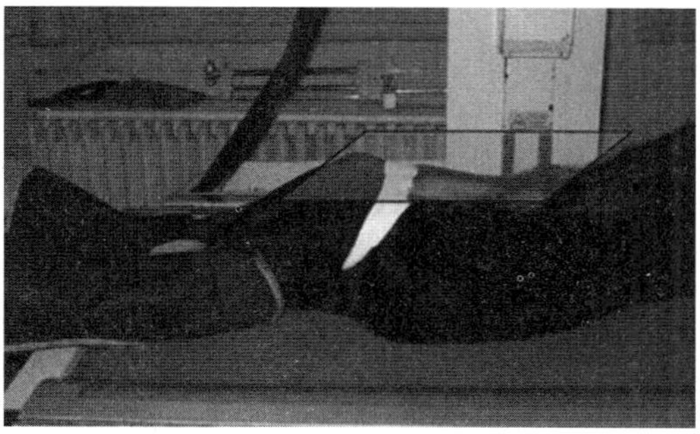

图 14-61 髋关节评估(伸展腹背位)

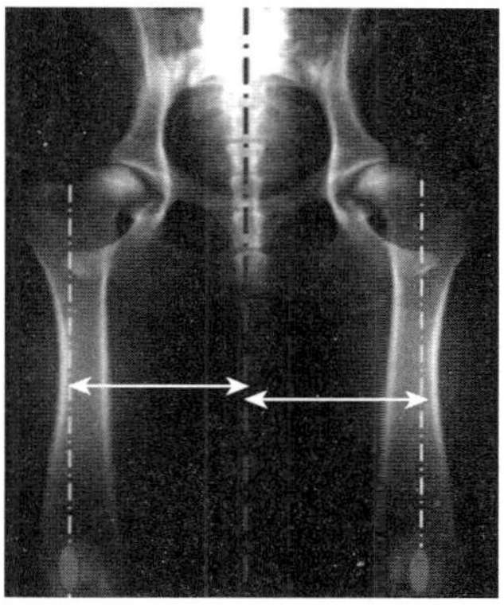

图 14-62 髋关节伸展腹背位放射学征象

(2)蛙位：尽管它并不是常规评估髋关节发育不良的最佳摆位，但对髋关节疼痛病例有用(如退行性骨关节疾病或股骨颈骨折)。动物臀部和颈部完全弯曲，可以显示出髋臼关节的一致性程度，并表明是否存在髋臼改变。髋臼背缘可以通过放置动物在胸骨平卧与两股骨在身体的两侧进行评估。光束指向髂骨轴的长轴。当考虑采用骨盆三节段截骨术时，此体位可显示髋臼背缘，并有助于评估髋关节。

(3)Penn-HIP 法 腹背视图，在股骨之间的放置撑开装置用于辅助诊断。髋关节撑开迫使股骨头脱离髋臼，从而可以估计关节松弛的程度。通过计算分离指数来评估髋关节发育不良，该方法可用于4个月以上的动物。

高质量的腹背位平片具备以下特征：髂骨翼对称状。闭孔大小相等，轮廓对称。若闭孔大小不同，表明暴露时骨盆旋转。闭孔小提示向平板方向旋转。由于旋转，在小孔一侧的髋关节看起来会比实际浅。相反，对侧的髋关节看起来会比实际更深。通过股骨头可见髋臼背侧缘。髌骨应覆盖股骨滑车(图 14-63)。

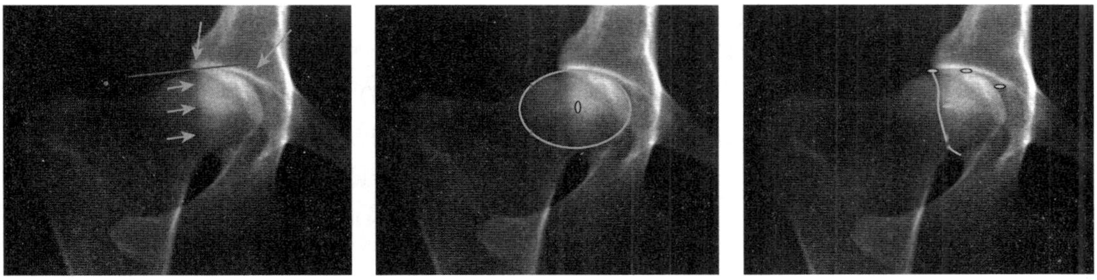

图 14-63 股骨头覆盖面积

髋关节发育不良的放射学征象如下：髋臼变浅。股骨头与髋臼不匹配。髋臼头侧缘可能太小，关节间隙可能会变宽。股骨头轮廓沿髋臼头尾缘偏离髋臼轮廓。评估时应小心观察。可能出现股骨头半脱位或脱位。当髋臼覆盖面积<50%时，就会出现半脱位，可以用 Norberg 角方法精确评估半脱位。此方法包括测量股骨头中心连线与同侧的髋臼缘之间的角度，正常情况下，不应<105°，若<105°提示髋关节半脱位(图 14-64)。

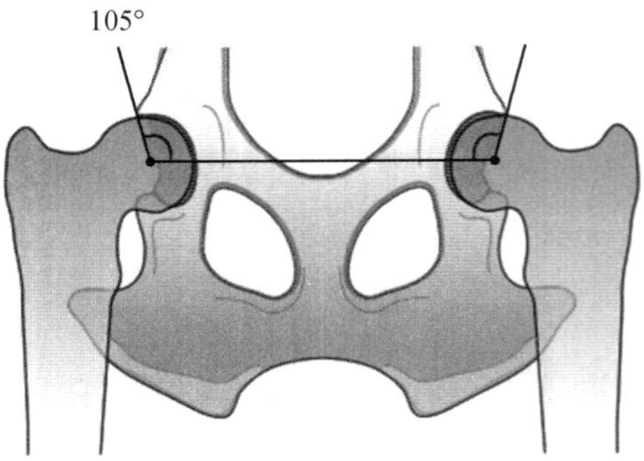

图 14-64　Norberg 角方法评估

骨关节病是髋关节发育不良的常见后遗症，许多所见的改变与关节继发性退行性改变有关。由于股骨头和髋臼之间的一致性差，会发生继发性退行性改变。包括：a. 股骨头磨损不规则，导致股骨头变形，失去圆形。髋臼变平或变浅，轮廓不规则。b. 股骨颈关节囊附着线处出现一条阴影增加的线。这表明关节囊受到应力。c. 髋臼周围和股骨头、股骨颈形成新骨。有效头侧髋臼边缘形成的角度被磨损，在该点形成一个平坦的区域。这种效应称为双唇结合。髋关节内翻或外翻可发生，即股骨颈与股骨干夹角的改变。一个早期迹象的髋关节退行性关节病已被描述。这是一条不透射线的线，大约从股骨头和股骨颈的交界处开始，并向远端延伸，而不是环绕股骨颈。不透明线代表股骨颈尾侧新骨形成。它有时被称为摩根线。

2. 肘关节发育不良

肘部发育不良是大型犬的一种常见发育性关节病，与复杂的遗传成分有关。与肘关节发育不良相关的主要病变有 3 种，包括冠突内侧断裂、肱骨髁内侧面骨软骨病和不联合肘突。它们通常会导致骨关节炎的形成。所有的病变经常发生在双侧，因此如果怀疑肘发育不良时，应对双肘进行影像学检查。

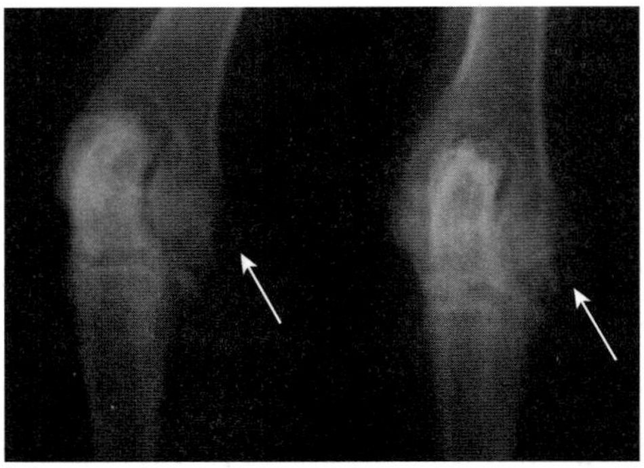

图 14-65　肘关节发育不良 FCP

(1)内侧冠状突碎片(FCP)　表现为从骨密度轻微变化到冠状突完全碎片等一系列变化(图 14-65)。轻微病变在 X 光片上不易被发现，由于相邻骨的重叠，碎片有时也很难识别。X 线片对原发病灶的敏感性低，特异性差。需要识别的特征包括中外侧和颅尾侧 X 线片上的内侧冠突大小和边缘的改变，以及内侧冠突分离的骨碎片。

(2)分离性骨软骨病(OCD)(图 15-66)　主要发生在肱骨内侧髁，头尾侧视图上最明显，表现为关节表面的软骨下骨缺损。与其他关节的 OCD 不同，在肘关节中很难发现与 OCD 相关的骨碎片，应与冠状突碎片导致肱骨关节面松解的弥散性吻合病变相鉴别。软骨下骨可能有一个硬化区与骨缺损相邻。

(3)不联合肘突(UAP)　原发性不典型增生病变，常见于德国牧羊犬，赛特犬和巴塞特猎犬。病因不详。正常情况下，4～5 个月大的时候，肘部应该与鹰嘴在 4～5 月龄时发生融合，因此小于 6 个月大的犬不应诊断该病。屈曲内外侧视图最易诊断。鹰嘴和冠状突之间有一条不透明度降低的线(图 14-67)。

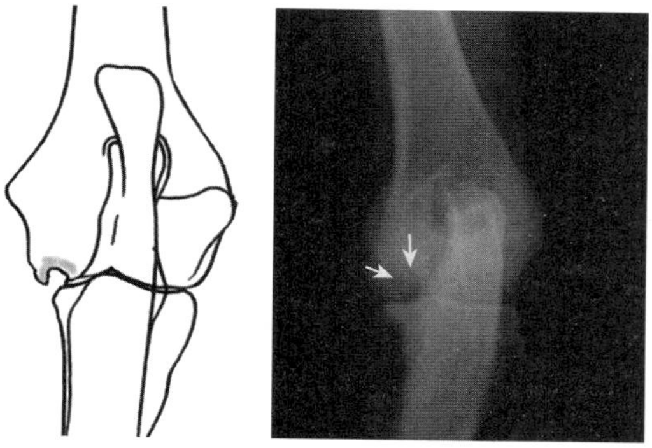

图 14-66　肘关节发育不良 OCD

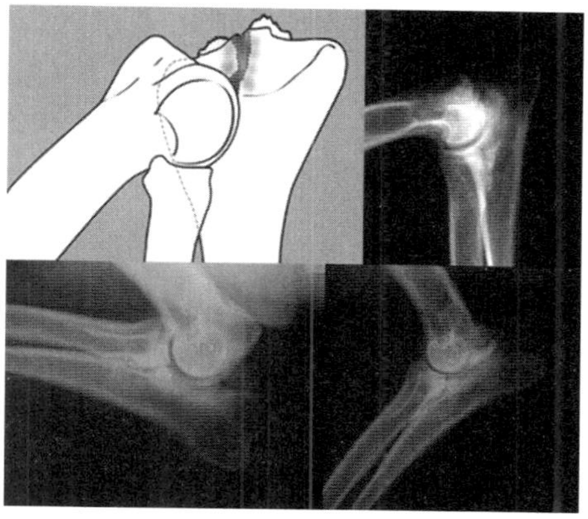

图 14-67　肘关节发育不良 UAP

退行性骨关节疾病(骨关节病)在原发病灶发生后很快就开始形成,有时成为肘关节发育不良唯一可见的表现。肘关节骨关节病的早期表现包括关节周围骨质增生,发生于尺骨肘突和桡骨头前面,以及肱骨外侧上髁的消失。

3. 股骨头无菌性坏死(累卡-佩氏病)

常发生于小型犬幼犬(小于 1 岁)。原发损伤是股骨头血管的损伤,导致股骨近骨骺端死骨片的形成。病灶可能是单侧的或双侧的。在疾病早期无 X 光片征象,到股骨头溶解吸收时才可见,直到血管再造。因此,X 光片征象可能会晚于临床症状出现。骨吸收的特征是股骨头中出现可穿透性增强的病灶点。之后,股骨头变形并可见受损关节中形成退行性骨关节疾病(图 14-68)。

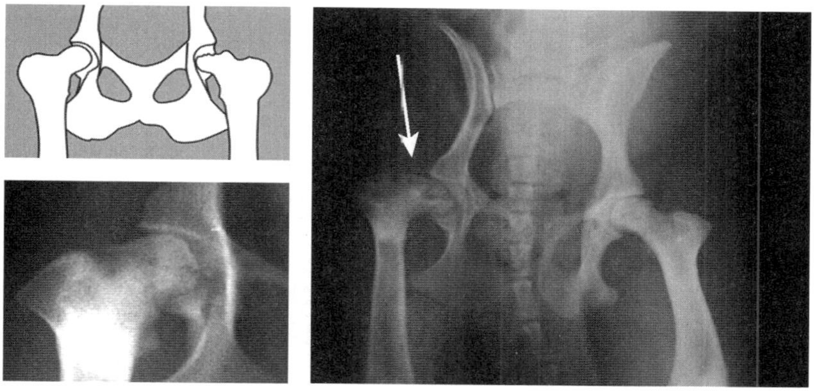

图 14-68　股骨头无菌性坏死

4. 分离性骨软骨病(OCD)

骨软骨症是软骨内成骨障碍,其特征是软骨内骨化缺陷,常发生于特定关节的软骨下骨质。发生于犬,但不发生于猫。也发生于马、猪和人。

软骨内骨化缺陷可导致软骨到骨的转化不完善。这些滞留的软骨导致关节软骨增厚和相应的软骨下骨缺乏。在这个阶段,病变可能很安静且在手术打开并仔细检查关节软骨时都很难发现。滑膜液不能进入软骨深层,并导致局部坏死、裂隙和骨软骨碎片的游离。在这个阶段，骨软骨病转变成分离性骨软骨炎，并有炎症的参与（图 14-69）。关节不一致、超重和快速生长可能是导致骨软骨病的因素，尤其在犬的肘关节，但也可发生于肩关节和膝关节。在 X 光片上，关节的骨软骨病的特征是软骨下骨质有锐利的，小的缺损。缺损可能是不完整的，且可能伴随有骨软骨碎片游离存在于滑膜关节腔中。

退行性骨关节疾病是骨软骨病的常见并发症，在有些关节（肘关节）可能比原发病更明显。但越来越多的证据表明，也可能存在原发性软骨下骨病变，可能是全身性的，尽管仅在某些关节的放射学上有明显表现。

马的膝关节、跗趾关节、掌指关节和肩关节是常发关节（图 14-70）。犬骨软骨病在前肢比后肢常见，最常发病的关节包括肩关节（在肱骨头后方）、肘关节（肱骨髁的中部，断裂的中部冠状突和不连接的肘突）、膝关节（股骨外侧髁和内侧髁）和跗关节（距骨的内侧或外侧滑车边缘），关节有个体与关节之间的骨软骨性病变的影像学表现各不相同，但通常包括（图 14-71）：①离散的骨软骨碎片；②关节面轮廓的改变，如变平或凹陷；③软骨下骨中形状不规则的透明区域；④透明区域周围骨硬化；⑤关节的继发重塑。病变并不总是具有临床意义，必须根据临床体征来解读。有些病变会逐渐改变且硬化。临床症状一般在幼龄动物身上可见，但有时直到晚年才会出现症状。

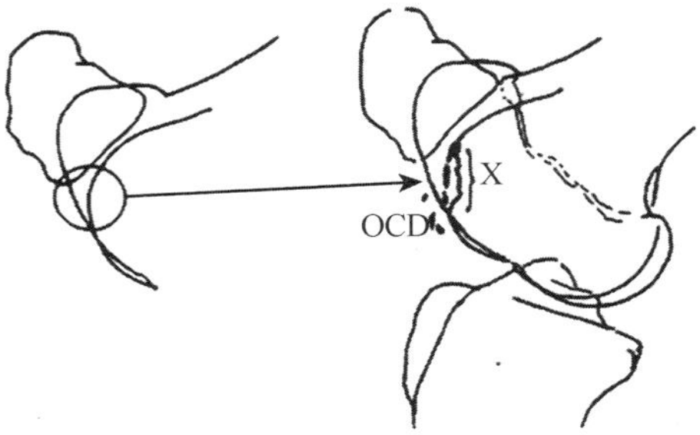

图 14-69　OCD 示意图

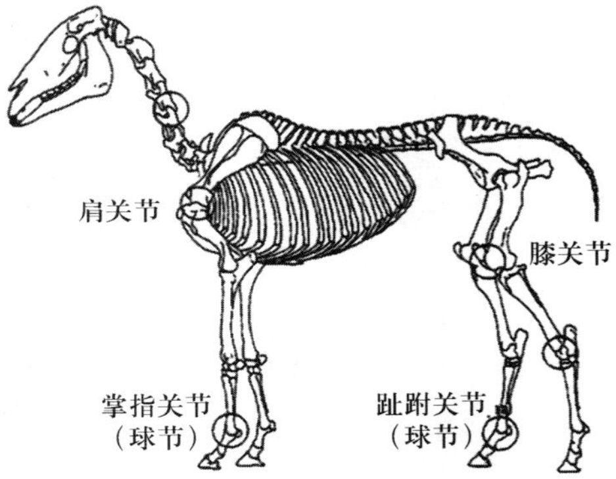

图 14-70　马 OCD 部位

5. 全骨炎

全骨炎（panosteitis）或内生骨疣是发生于年轻的生长期犬（6～18 月龄）长骨的常见疾病。年轻的成年犬（2～3 岁）发生全骨炎的概率稍低。德国牧羊犬容易发生该病，拉布拉多犬、杜宾犬等大型犬也可发生该病。公犬比母犬高发，呈现跛行。全骨炎是一种良性病变，无骨溶解。全骨炎的典型放射学特征是分界良好的髓内不透明区域，该不透明区域临近长骨的血管沟。最常发生于肱骨远端－近端尺骨－股骨－近端桡骨和近端胫骨。骨内膜增生类似于髓腔内不规则的骨不透明度增加，无临床表现，此种情况很少见，最常见于老龄动物，通常与疼痛无关。在疾病后期，骨膜内反应和骨膜反应会渐进性地消失，骨骼会恢复为正常。全骨炎在组织病理学上无任何侵袭骨骼的炎性反应。

放射学征象如下（图 14-72）。①局灶性、斑片状的髓质不透明度增加，呈典型的圆形“拇指指纹”外观。②病变细微不易被发现。偶尔可见弥漫性的髓质不透明度增加。③易感部位为骨干中段，常集中于滋养孔区域。④多骨性，在不同的时间影响多个长骨。骨内膜和骨膜骨

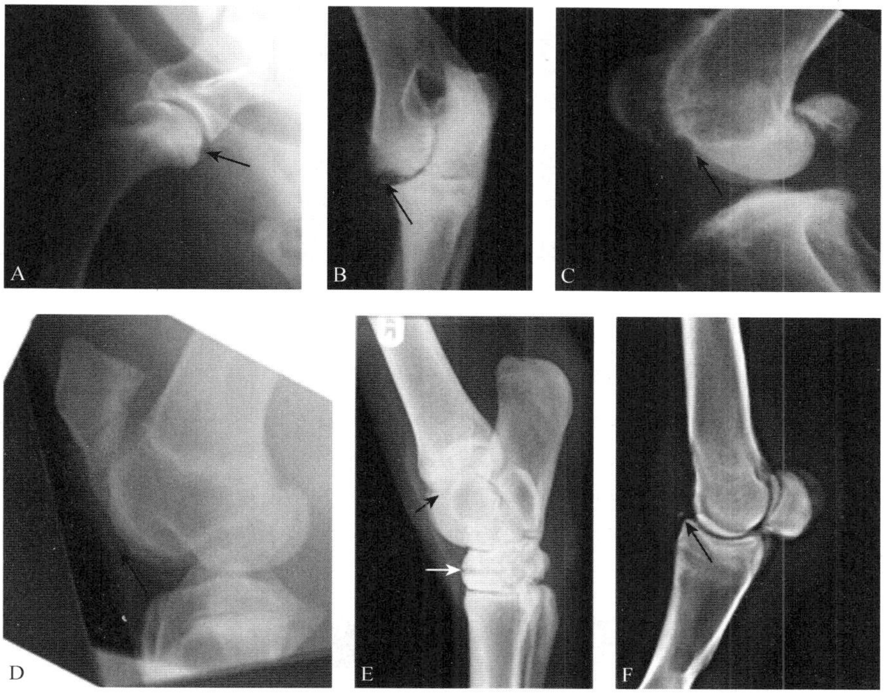

A. 肩关节(犬);B. 肘关节(犬);C. 膝关节(犬);D. 膝关节(马);E. 跗关节;F. 掌指关节(马)。

图 14-71　OCD 放射学征象

边缘光滑。⑤病变消失后,髓腔可能出现相对透明,小梁减少。

6. 蹄叶炎

蹄叶炎(laminitis)的放射学征象改变是远端第三指骨与蹄壁的分离以及/或由于蹄小叶的炎症和分离而导致的背侧蹄壁增厚,呈现远端第三指骨旋转,向远端移动,远离蹄壁,蹄壁厚度增加而无旋转导致背侧蹄壁与远节指骨背侧不再平行(图 14-73)。随着病情发展,在远端第三指骨和蹄底或蹄壁之间可能出现一条细弱的线性不透明度降低(透光线),提示聚集于真皮和表皮层之间的血清,由于液体和角质密度的细微差异而可见血清,只能在高质量的 X 光

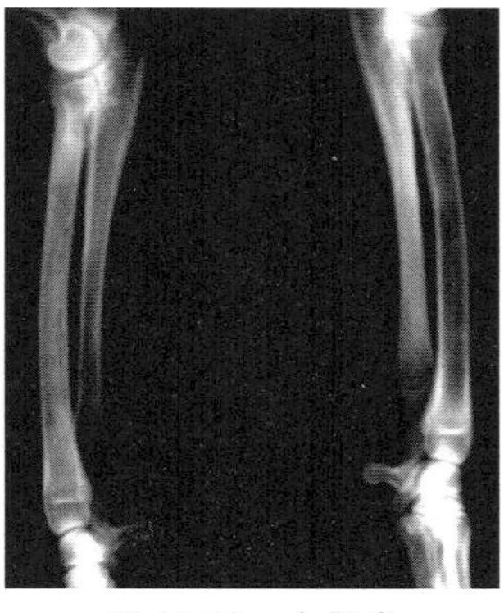

图 14-72　全骨炎

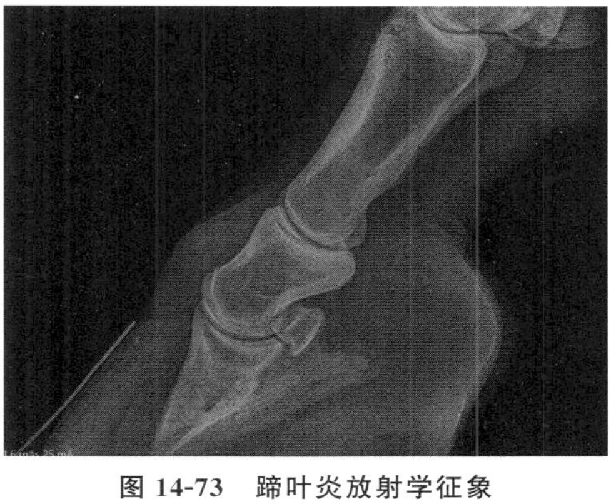

图 14-73　蹄叶炎放射学征象

片上看到。随后(为蹄叶炎发生后的12～18 d),此区域不透明度降低增加的含气外观,提示坏死的蹄小叶组织。随着蹄壁的生长,透光线相对于冠状带向远端移动。然而,这条透光线宽度的增加表明了渐进性旋转或层状坏死。随着线延伸至足底,可能会出现蹄底感染,也是一个常见的感染可能发生血肿的部位。

旋转的程度对评估预后很重要,但存在争议。主观的测量和最近的修剪蹄壁会使旋转的程度出现较少变化。如果蹄尖过长,蹄壁变形会使旋转的程度显得更大。在背侧蹄壁上放置金属标记物进行标记,以便确定其相对于远端指骨的位置,特别是标记冠状带的位置。由于蹄叶炎可能会影响所有的四蹄,可能需要对所有的蹄进行X线评估。如果怀疑是渐进性旋转,应定期获得的X线片对疾病进程进行监测。旋转越明显,预后越差。远端第三指骨蹄尖部放射学改变包括蹄尖部蹄底边缘的不透明度降低,随后在骨背侧表面形成新骨。对全面恢复运动功能作出判断需更谨慎。有时在第三指骨远端背侧大部分骨皮质有新骨形成。远端第三趾骨发生蹄叶炎旋转后蹄底边缘大面积裂开。随着慢性程度的增加,侧斜位视图上显示远端第三指骨背侧因脱矿而发生慢性变形(图14-74)。蹄小叶组织感染是一种并发症,可导致气影,表现为远端第三指骨与蹄壁之间或远节指骨与蹄底之间的透明度增加,骨感染也可能发生在慢性病例中。

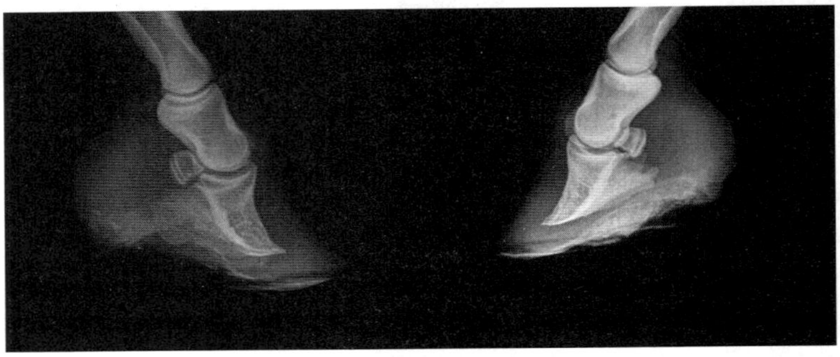

图 14-74　慢性蹄叶炎-P3变形

严重蹄叶炎表现为远端第三指骨下沉,即整个远端第三指骨在蹄匣内下沉。由于蹄背壁和远端指骨可能保持平行,因此在单次影像学检查中很难被观察到下沉。应与对侧肢体或以往的X线片对比,评估冠状动带与远端指骨伸肌突的垂直距离,可能更加客观。冠状带处有软组织肿胀,背侧较不透明,冠状带正上方出现明显的凹陷。在蹄后壁放置一颗小螺钉做标记将有助于比较连续几天的重复X线片。远端第三指骨进一步下降可以通过测量远端指骨上的设定值(通常是伸肌突近端边界)的改变来评估,但在进行测量时,必须注意准确地再现定位和放大系数。

附:蹄叶炎放射学评估

主观评估:蹄壁与P3之间含气,提示蹄壁与P3分离,冠状带有压痕;由于去矿化作用,P3背侧边缘不呈直线;P3下沉(下陷)穿透蹄。

客观评估:见图14-75。

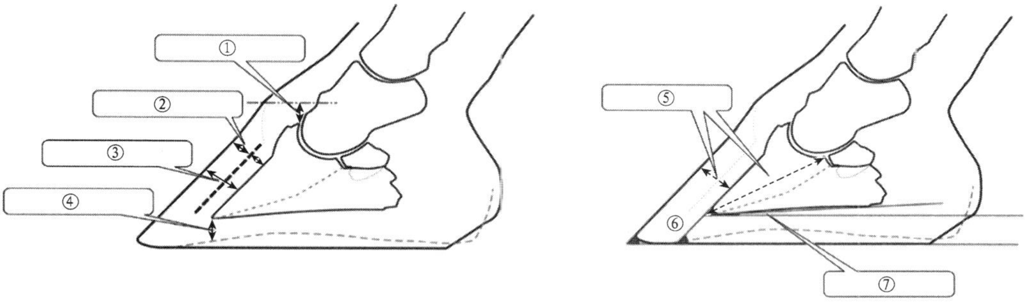

①“蹄叶炎距离”：评估预后的重要指标，指冠状带与伸肌 P3 附着点的距离（投照时需要金属标记）≥14 mm 提示蹄叶炎，成功治疗的可能＜50%。
②③P3 尖与蹄底表面的距离，提示 P3 下沉的程度，≥15 mm（矮马）和 24 mm（马）提示蹄叶炎
④P3 尖与蹄底表面的距离，提示 P3 下沉的程度，≥15 mm 提示蹄叶炎；
⑤蹄壁与 P3 之间的厚度与掌侧皮质距离的比值≥25%提示蹄叶炎；
⑥正常 P3 背侧应与蹄壁不平行提示蹄叶炎；
⑦“蹄叶炎角度”：P3 背侧与蹄壁之间角度增加提示蹄叶炎，旋转＞11.5°，预后不良。

图 14-75 蹄叶炎放射学客观评估

第五节 胸部放射学检查

胸部包括胸腔、肺和心脏。肺部是含气组织，与周围密度高的组织和器官有良好的天然对比度，而且肺部多数病变能产生局部密度增高或降低的改变，最有利于 X 线检查。胸腔放射学检查既可用于诊断胸腔内疾病，也可作为确定突发性疾病程度的筛查手段，使得其成为许多动物临床诊断的基本技术。应用最佳的放射学技术和合理的解读方法的结合将最大限度地从胸片中获得临床信息。

一、胸部的 X 线检查方法

（一）小动物摄影检查

1. 检查前准备

胸片放射学投照时建议将动物镇静，动物镇静后的呼吸频率通常较低，有助于减少运动模糊。全身麻醉也是常用的方法，可以消除动物身体对最佳姿势的任何阻力。然而，全麻可导致肺不张增加，肺容量减少和影像学上肺不透明增加。动物紧张或呼吸急促，应先稳定动物或呼吸状况改善后进行放射学检查。

2. 检查技术

拍胸部 X 光片要设定很短的曝光时间及使用高管电压（kVp）技术，即胸片放射学检查允许高千伏低毫安秒设置。

使用高电压（90～120 kVp）能够得到质量理想的肺野 X 光图像，因为这会使对比度相对较低，并减少骨性组织（肋骨、胸骨及椎骨）在肺上的重影。使用较短的曝光时间可以避免由于呼吸运动及相关运动而导致模糊的运动伪影的产生。如果拍摄部位的厚度不超过 10 cm 不必使用滤线栅。若超过 10 cm，则使用滤线栅以最大限度地减少 X 线散射。

常规摆位可以采取背腹位(DV)、腹背位(VD)、左/右侧位(LL/RL)。

(1)背腹位　伏卧,头低下,颈上放置一沙袋,使头与颈一起靠在桌面上。把肘关节与肩胛骨一起向前外牵引,可使前肺野能清楚地显示(图 14-76)。

(2)腹背位:患畜仰卧,后躯垫以"V"形槽,防止身体发生转动。两前肢前伸,并使肘关节向内转,胸骨与胸壁二侧保持等距离。投照中心线垂直地通过胸中部的中线于胶片上,曝光的强度应足以透过心脏与纵隔。前方应包括肩关节,后方为第 11 或第 12 肋骨。在充分吸气时进行投照,位置正确的照片,胸骨与胸棘突应叠合,两侧胸廓应对称。腹背位的投照可较好地显示后肺野(图 14-77)。

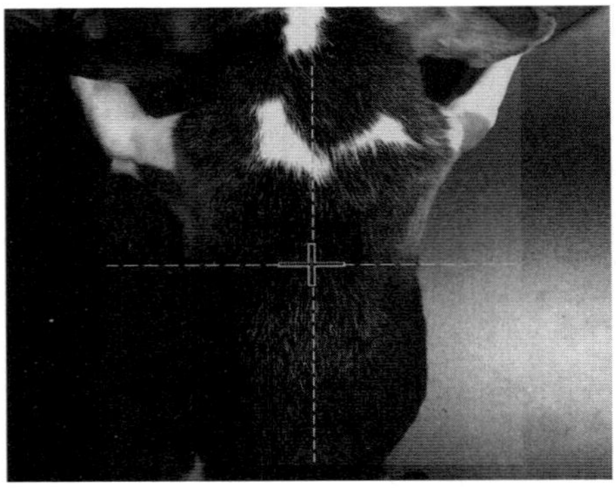

图 14-76　胸部背腹位投照中心

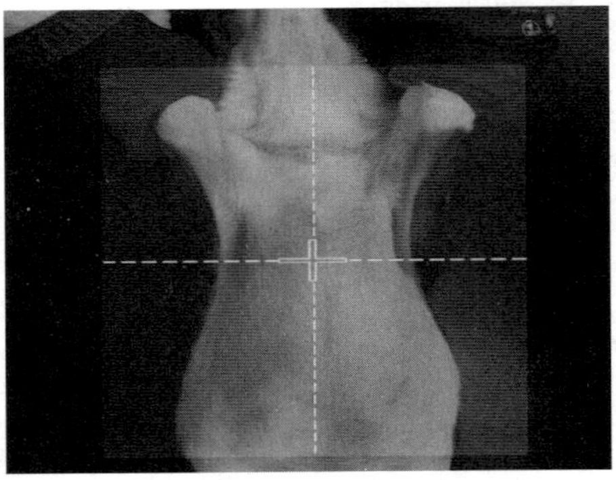

图 14-77　胸部腹背位投照中心

(3)左/右侧位(图 14-78):患畜侧卧,两前肢前伸以减少臂三头肌与前肺野重叠。颈部适度地伸展以防胸部气管的偏斜。胸下置楔形海绵垫,使胸骨、胸椎棘突与台面之间为等距离,前肢与后肢上各加一沙袋,以保持位置不变动。中心线通过肩胛骨后缘,相当于第 4 肋间中央,而垂直于胶片。照片的两端应包括胸骨柄(剑状软骨)和第 12 肋骨后缘。在充分吸气时进行曝光。在正确的胸部侧位片上,中心线处的肋骨缘应叠合,和左肋与右肋软骨接合处在相同的水平上。

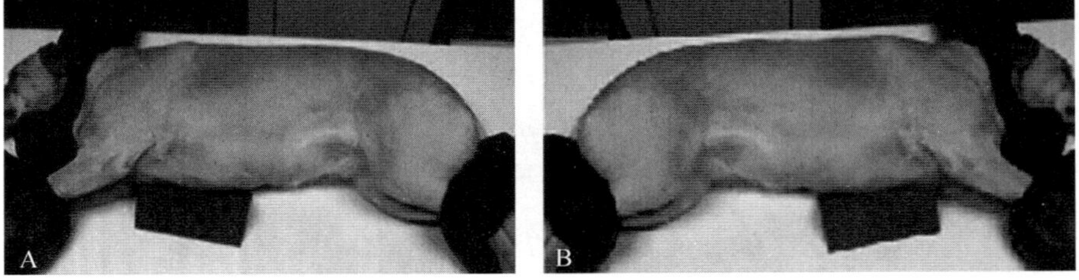

A. 左侧位;B. 右侧位。

图 14-78　胸部放射学侧位投照

肺内病变在临床上难以评估。在作出诊断时,必须考虑临床表现和其他诊断程序的结果。高质量的 X 线片对于正确评价肺野是必不可少。过度曝光会掩盖肺的特征,而暴露不足会过分强调肺的特征从而导致误诊。吸气 X 线片对识别异常非常重要。肥胖动物的肺细节通常不明显。

(二)大动物摄影检查

成年马的胸部 X 光摄影需要高曝光，通常在马医院/转诊中心采用大型固定 X 线机投照。

1. 适应证

进行胸部放射学检查的主要适应证包括表现为下呼吸道或心脏疾病的临床体征，如咳嗽、双侧流涕、呼吸急促和呼吸困难，呼吸音异常，运动不耐受，不明原因的发热。

2. 投照前准备

建议在镇静状态下检查。标准成年马的胸部通过两条垂直线，即一条垂直线从鹰嘴向尾侧延伸，一条水平直线从肩部向尾侧延伸将胸腔分成 4 个部分(图 14-79)，分别是头背侧、头腹侧、尾背侧和尾腹侧。

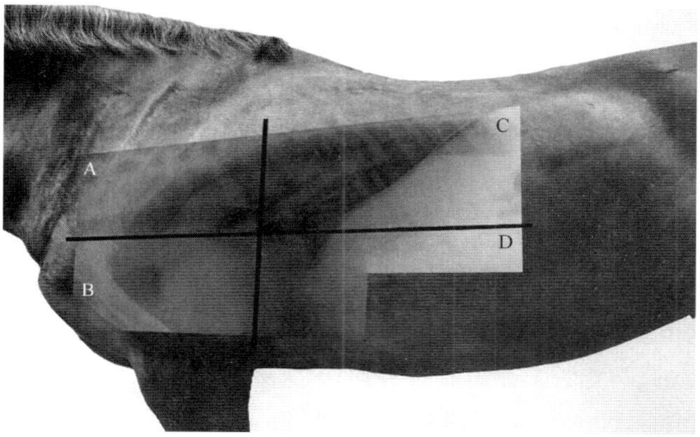

A. 头背侧；B. 头腹侧；C. 尾背侧；D. 尾腹侧。

图 14-79　胸腔四象限

3. 投照摆位

常采用站立外侧位，马呈方形站立，四肢负重均等。避免身体转动或倾斜。除头腹侧投照外，平板横向放置于胸腔一侧，除头腹侧投照外，X 线机在放置平板侧的对侧，水平 X 线束垂直于躯干长轴。

4. 投照中心

取决于象限位置。

头背侧：背第 3 肋的肩胛骨和鹰嘴或背第 3～4 肋间隙；头腹侧：肩关节尾侧 10 cm 或 2～3 肋间中 1/3；尾背侧：第 11 肋间隙的背侧 1/3；尾腹侧：第 6～7 肋间隙的中间 1/3。

二、正常胸部的 X 线解剖

胸腔由胸廓和膈组成，主要包括大血管(如主动脉和后腔静脉)、气管、部分食道、心脏和肺，正常放射学解剖如图 14-80 所示。

(一)胸廓

X 线检查应显示胸部的所有结构，包括骨骼以及胸腔外软组织。如果发现有异常情况，再改用拍摄骨骼的技术(低 kVp)来拍摄特殊的 X 光片。胸部 X 光片所能显示的骨性结构，通常包括椎骨、肋骨、胸骨及前肢的近心端。

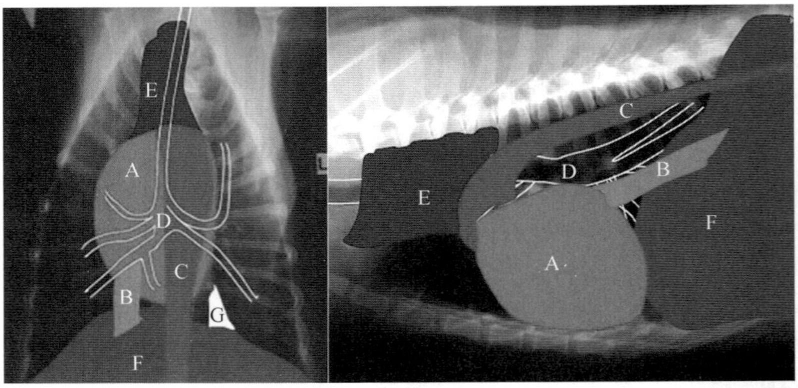

A. 心脏；B. 后腔静脉；C. 主动脉；D. 支气管干；E. 前纵隔；F. 横膈；G. 后纵隔腹侧。

图 14-80　胸腔正常放射学解剖（左图背腹位，右图侧位）

（二）横膈

横膈将胸腔与腹腔隔开。但只有胸腔面由于肺内空气的对比能显示出来，而腹腔面无法显示，横膈的形态取决于动物的体型（物种、品种）、胸腔的体积（呼吸的阶段、腹腔的体积、体重）及 X 光片的拍摄情况（动物的体位、X 线束的方向）。

侧位 X 光片上横膈背侧部分的形状取决于侧卧的位置，大致原则是在 X 光片上最靠近颅侧的膈脚就是最接近于操作台面的膈脚。这是由于腹腔器官会对处于支撑位置的膈脚产生推挤力和 X 线束所具有的发散性。右侧横膈脚比较容易辨认，因为它与后腔静脉相连。左侧横膈脚正好位于胃部气体阴影的颅侧。另外，在右侧位 X 光片上，这两个横膈脚通常看上去彼此平行（图 14-81A），但在左侧位 X 光片上却是相交（图 14-81B）。

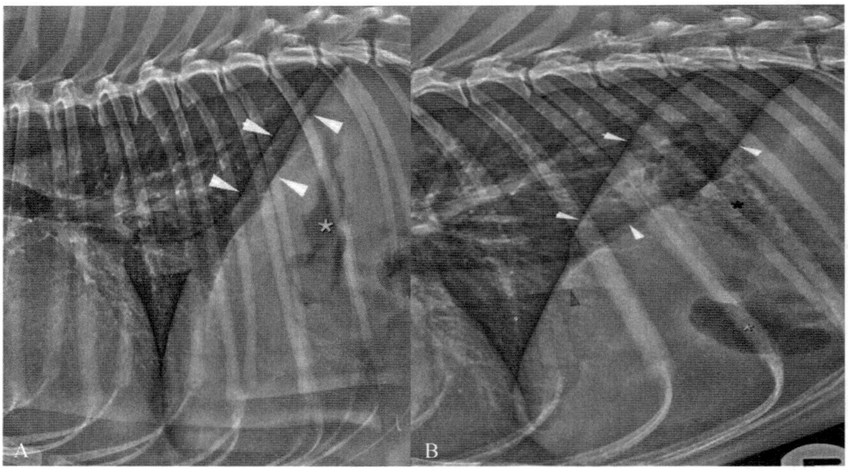

A. 右侧位；B. 左侧位。

图 14-81　膈脚正常放射学征象

背腹位 X 光片，横膈呈圆形且分辨不出两个横膈脚。在腹背位 X 光片上，两个横膈脚通常分界良好，使得膈肌轮廓看上去呈现“米老鼠”样（图 14-82）。

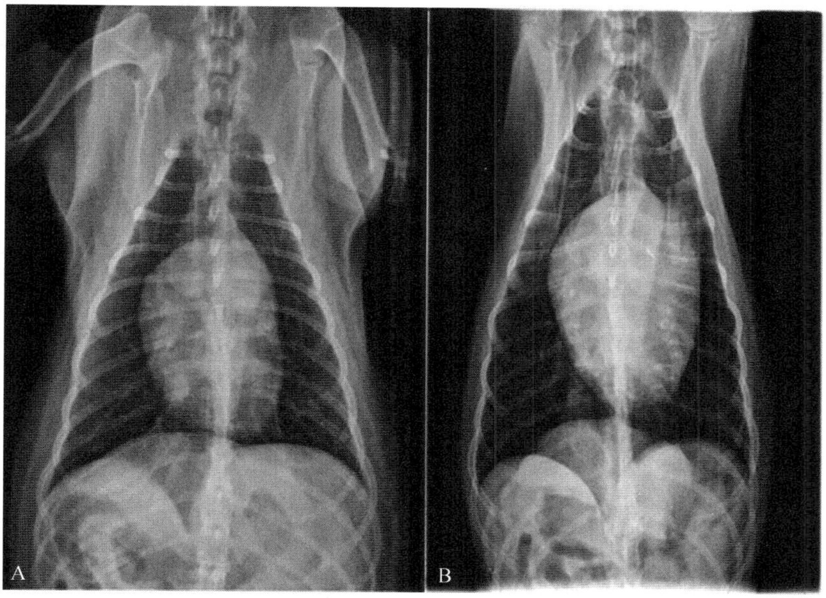

A. 背腹位；B. 腹背位。

图 14-82 膈脚正常放射学征象

(三)心脏

由心脏和大血管、气管与支气管分支(凸起)和淋巴结组成。在两种正向投影的 X 光片中，心脏都是位于胸腔的中央，呈圆形、均质、软组织不透明度的影像。心包、心肌和心腔内的血液都表现出相同的不透明度，常规 X 光片上无法鉴别。这样的不透明度通常被称为“心脏轮廓”。

由于心脏与含气的肺形成良好的天然对比，所以在 X 线平片上很容易评估，呼气状态下更为明显。在收缩期和舒张期，心脏轮廓的大小和形状均有变化。后腔静脉的直径随呼吸时期的变化而变化，完全吸气时比呼气时要小。钟表盘常被用来描述心脏边缘的外内侧和背腹(腹背)位视图的位置。侧位图上 12 点的位置位于心基部的中心；背腹位视图上位于主动脉弓上方。单个腔室的边缘在 X 线平片上无法辨认。

侧位视图观察不同品种和类型的犬心脏轮廓差别很大。深胸而窄的犬心脏轮廓直立，长轴几乎与脊柱成直角。心脏呈卵圆形。浅胸或中型犬，心脏的长轴更偏向头部。对胸宽、桶状胸或深胸犬，心脏的外观更圆且颅缘与胸骨接触更多(图 14-83)。幼犬的心脏轮廓更大更圆。颅骨或右心脏边缘形成一个平缓的曲线，位于第 3 肋间隙。背侧由升主动脉和右耳附件形成，有时由肺动脉形成；中 1/3 和前 1/3 由心室流出道和右心室壁组成。有时在纵隔头侧腹缘与右心缘交界处形成浅凹状。心脏头侧缘与胸骨接触的距离可变，这取决于呼吸和心动周期以及动物结构。心脏的右侧缘比左侧缘弯曲，在第 8 根肋骨高度。大部分由左心室壁形成。后腔静脉的背侧缘位于左心房和左心室的交界处，与房室沟的位置相对应。左房末梢边界有许多血管阴影叠加而不明显。右侧位和左侧位心脏轮廓略有差异。右侧位右心边界略圆，类似右心室扩大。吸气左侧位，由于膨胀的肺在心脏和胸骨之间的嵌入，心尖可能与胸骨分离。膈肌和心脏尾侧缘之间的距离随吸气、呼气和动物结构而变化。浅胸的犬，膈可能覆盖心脏尾侧缘。心尖位于室间隔水平。心基部或背侧缘不清晰，由左右心房和肺动脉静脉组成(图 14-84)。

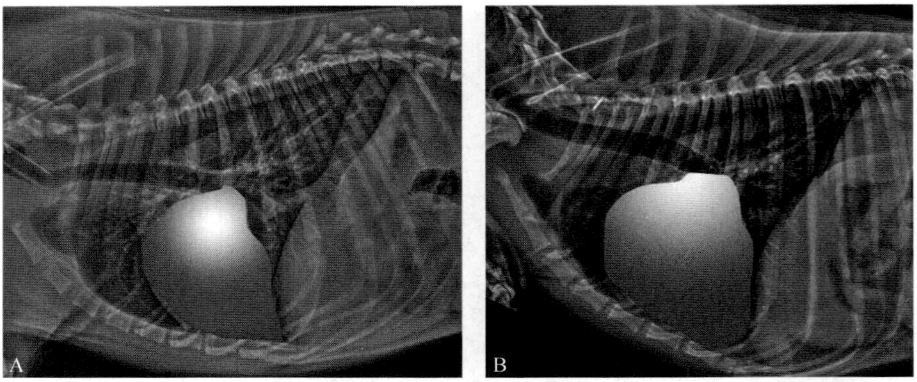

A. 浅胸犬；B. 深胸犬。

图 14-83　胸宽不同，心脏大小也不同

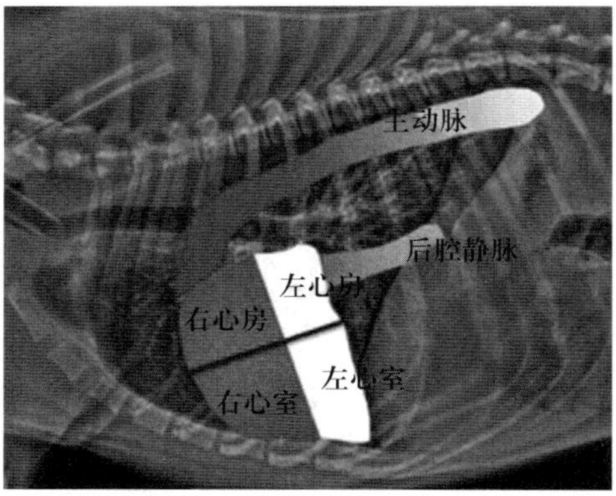

头侧 2/3 是右心，尾侧 1/3 是左心，背侧 1/2 是主动脉，腹侧 1/2 是心室。

图 14-84　心脏腔室的放射学解剖

心脏的大小可以进行主观评估，即使将其表面积同胸腔大小进行比较。然而，这样的主观评估需要具有相当的经验，已经发展出了一些测量心脏大小的客观方法。心脏增大（特别是在早期阶段），通常根据检查侧位和背腹位评估，临床上常采用以下几种方法。

1. 心脏大小的侧位评估

①心脏的心尖柱面长度约为从心尖通过气管分叉到胸椎下缘所画线长度的 2/3。气管分叉位于心基部的一个突出的圆形透光圈。在气管分支的头部和背部，左肺动脉穿过气管。右肺动脉有时在气管分叉的腹侧可见圆形不透明软组织。升主动脉穿过气管至其分叉处。

心脏的横径是 2.5 个肋间隙（胸窄的犬）至 3.5 个肋间隙（胸宽的犬）（图 14-85）。

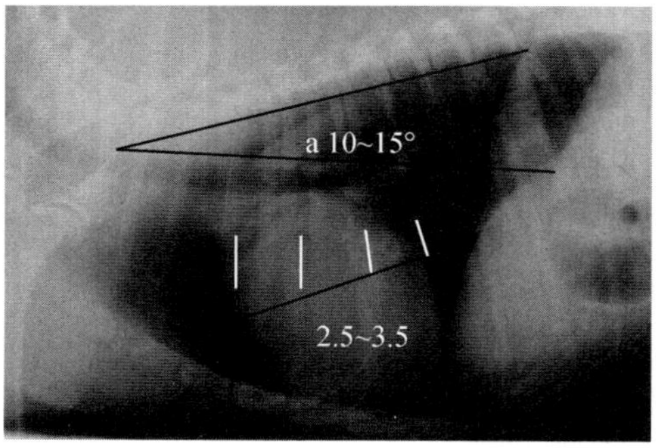

图 14-85　心脏大小的侧位评估

②椎体评分（VHS）系统，将心尖柱面长度和横径最大宽度的总和与 T4 的椎体长度进行比较（图 14-86）。犬正常范围为 9.7±0.5 个椎体。猫正常范围为 7.5±0.3 个椎体。气管与头胸内的椎骨形成一个锐角（10°～15°）。与胸宽、浅胸犬相比，深胸犬的角度更宽。

2. 心脏大小的背腹位评估

背腹位视图观察，深胸犬心脏呈椭圆形。胸廓较不完整的犬，可见圆形的心脏，心尖在中线左侧。在宽而浅胸的犬心脏轮廓呈圆形，斜置，顶端在中线左侧。心脏阴影明显缩短，心脏直立、深胸动物尤为如此。心脏轮廓可能占胸部宽度的 1/2（深胸）～2/3（浅胸）。心脏轮廓大致从第 3 根肋骨延伸到第 8 根肋骨，心脏两侧可见

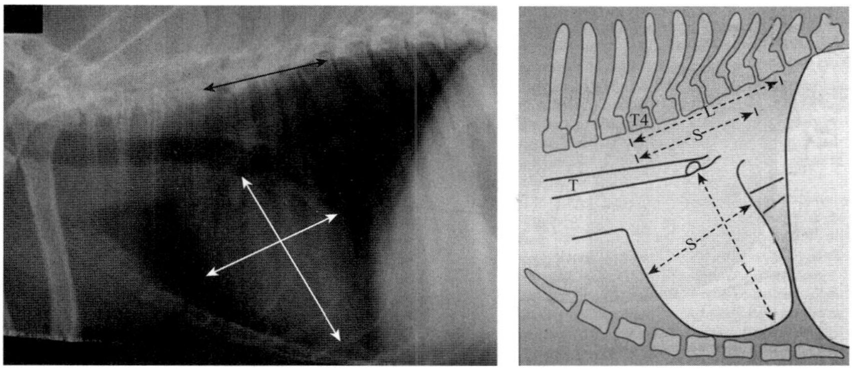

图 14-86 VHS 椎体评估系统

约等量的肺野。

右心边缘呈曲线，由 9:00～11:00 位置的右心房壁和 5:00～9:00 位置的右心室壁组成向尾部延伸，刚好超过左边中线。与右半膈肌一起，心缘形成右心膈脚，后腔静脉沿尾头侧方向穿过。头侧，心脏左缘由主动脉 12:00～1:00 和肺动脉段 1:00～2:00 组成。肺动脉在心室收缩时更明显。肺动脉段尾侧左心室覆盖左心耳。心室壁的其余部分和心尖由左心室壁形成（图 14-87）。

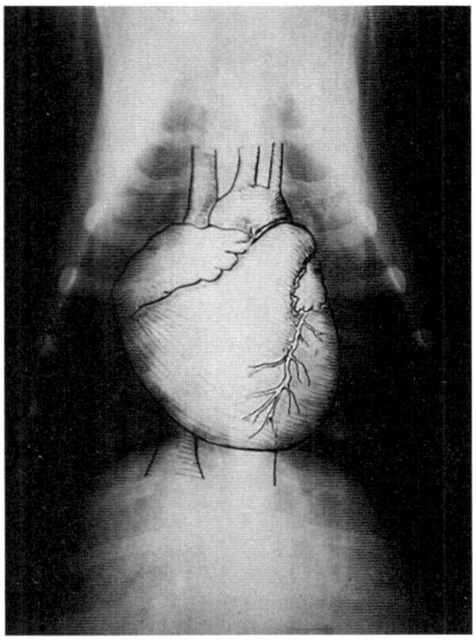

图 14-87 腹背位心脏腔室定位（钟表盘法）

猫心脏在侧位为椭圆形，心脏长轴更多地指向头部，因此心脏轮廓与胸骨成 45°角。横径是在与心脏长轴成直角的位置测量，然后在水平面上与肋间隙进行比较。正常心脏位于两个肋间隙。老年猫心脏向颅侧倾斜，而在老年心脏病病例中几乎沿颅侧到尾侧的长轴朝向。由于心脏位置的改变，主动脉弓向颅侧延伸。

（四）肺

肺内有大量的空气，其与纵隔相比表现得相对透明。只有肺部血管和间质组织是不透过 X 光的，它们构成一种细微的网状模式。当肺正常膨胀时，肺血管边缘很清楚，同时网状模式为马鞍状。

气管内含有气体，且呈半透明的管状或圆状结构。

支气管内含有气体，且呈半透明的管状或圆状结构。一般支气管壁会因为太薄而不可见。我们通常能看到支气管是因为在它每一边都有肺部血管围绕（动脉和静脉）（图 14-88）。老年犬的支气管壁常发生钙化，因此在 X 光片上可以看到围绕支气管的非常纤的线性不透明阴影。当 X 光束刚好平行于支气管的长轴时，它表现为被细的不透明边环绕的透明圆形阴影，称为“戒指样阴影”或“环形阴影”。

犬和猫的肺被分为不同的肺叶。正常犬和猫的胸部 X 光片上是无法作出明确的肺野界限。右肺包括 4 个叶，分别为右前叶、右中叶、右尾叶及副肺叶，左肺只包括 2 个叶，分别是左前叶和左尾叶。左前叶又可进一步细分为颅侧部分和尾侧部分（图 14-89、图 14-90）。支气管

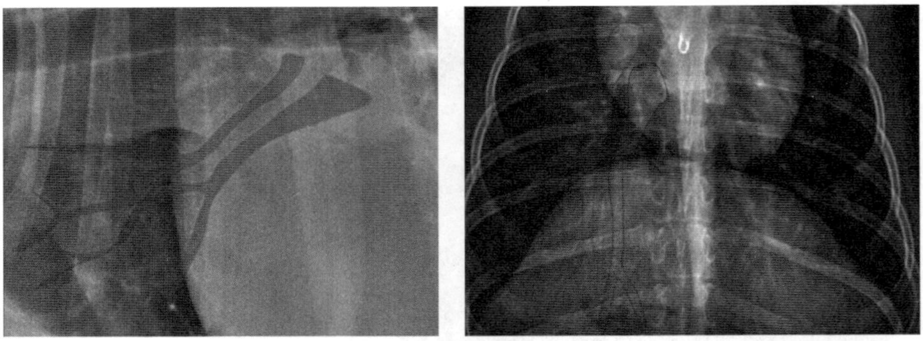

图 14-88 肺血管的正常放射学征象

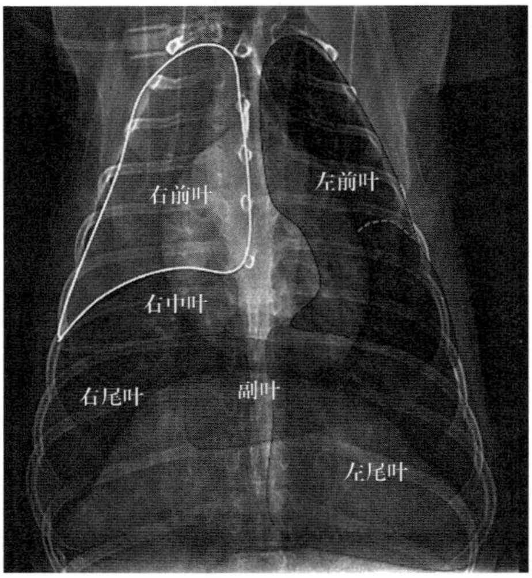

图 14-89 肺脏放射学征象(腹背位)

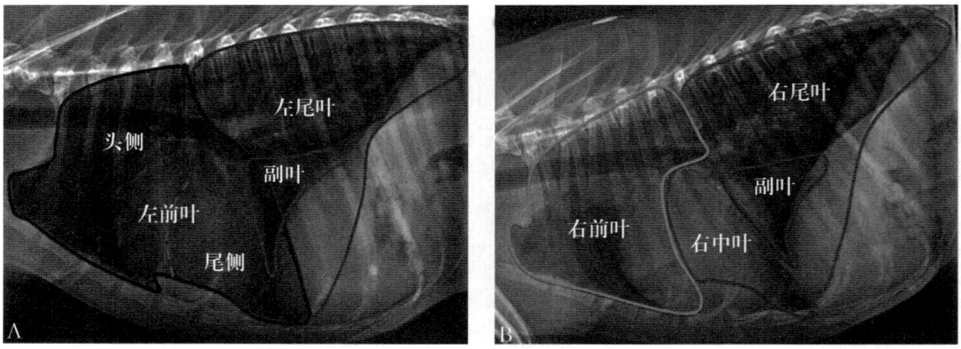

图 14-90 肺脏放射学征象(侧位)

主干在两种正向投影中都可以看到。在右侧位 X 光片上,支气管主干的右前部分在 X 光片上表现为一个和食管重叠的圆形透明阴影。分叉之前的左侧支气管主干也可以很容易地看到头侧和尾侧。

三、胸部常见疾病放射学诊断

1. 肺型

肺型(lung pattern)方法诊断异常胸片的优点是能将注意力引导到引起影像学改变的潜在过程,可以更容易地为所看到的变化找到合理的病因。除观察肺型类型外,肺型在肺内的分布也对放射学诊断很有帮助,某些情况往往局限于典型的肺叶或肺叶内的某个部位,少数临床病例仅显示一种肺型。这是因为不同的结构彼此接近和在检查时可以看到疾病过程的不同阶段。

常见的异常肺型有肺泡型、间质型、支气管型等。

(1)肺泡型(图 14-91B)　当肺泡充满液体、细胞碎片、肿瘤浸润或塌陷时就会出现肺泡型。肺泡导管和终末细支气管也受其影响。液体或碎片取代了肺泡中的空气,从而失去了它们对整体的天然对比度。放射学征象如下。

①界限不清的绒毛样阴影逐渐向邻近的正常肺组织转移。不透明度增强呈“棉花糖”或“棉花”样外观。不透明度增加的区域常相互合并。

②含有空气的支气管变为不透明度降低的管状或分支结构,与肺组织形成对比,称为空气支气管征象。头叶动脉和静脉之间的间隙不应被误认为空气支气管征。未见积液的支气管。若有广泛的支气管充盈,受影响的肺区域呈实变或均匀的外观。

③不透明增加的区域影响肺叶或肺叶的一部分,结果导致通常不可见的大叶边缘变得可见。

④弥散在浸润的肺泡中通常是一组含有空气的肺泡,使此区域的肺野呈现斑驳的外观。有时可见边界不清的结节性混浊。当终末细支气管供气的肺泡群中空气被液体或碎片取代时,就会出现这种混浊,称为腺泡结节。

⑤肺泡型常发生快速变化。在临床症状出现后不久出现,并在成功治疗后迅速消失。

⑥受影响的血管完全模糊。当受影响的肺部分与心脏或隔膜接触时,软组织结构的边界模糊或与肺混合,但此类征象不一定在任何一个病例中均能看到。

⑦发生肺泡肺型的情况,包括肺水肿、肺内出血、肺炎、肉芽肿病变、支气管阻塞、梗死、过敏、肺不张和慢性肺泡疾病。肿瘤很少引起肺泡型。

肺不张是指肺或部分肺不完全扩张或萎陷。它可能由气道阻塞、压迫(如气胸)、胸腔积液、吸入麻醉、长时间仰卧或肺叶扭转引起。许多浸润性疾病(如肺炎)均可能表现肺不张,可以是一叶或几叶、部分或完全。肺容积减少导致纵隔向患侧偏移。肺不张也因空气流失而混浊度增加,并伴有叶间裂隙移位。这一特征通常在腹背侧或背腹侧图上观察最佳。大叶性肺不张时,相邻的肺叶扩张以填补缺陷。严重者可见支气管充气征。肺不张与肺泡型肺炎很难区分。在犬和猫中,肺不张最常影响的肺叶是右中叶。对于猫来说,这尤其与支气管哮喘有关。更不寻常的情况,如急性呼吸窘迫综合征(ARDS)和新生幼仔肺不膨胀也可能表现为肺不张。

(2)间质型(图 14-91F～图 14-91H)　包括肺泡壁和肺泡管、小叶间隔、毛细血管、淋巴管、细支气管和肺血管。放射学征象如下。

①由于肺间质组织混浊增加,可见肺野阴影普遍消失。

②肺血管轮廓不清晰,但仍然很容易被识别。

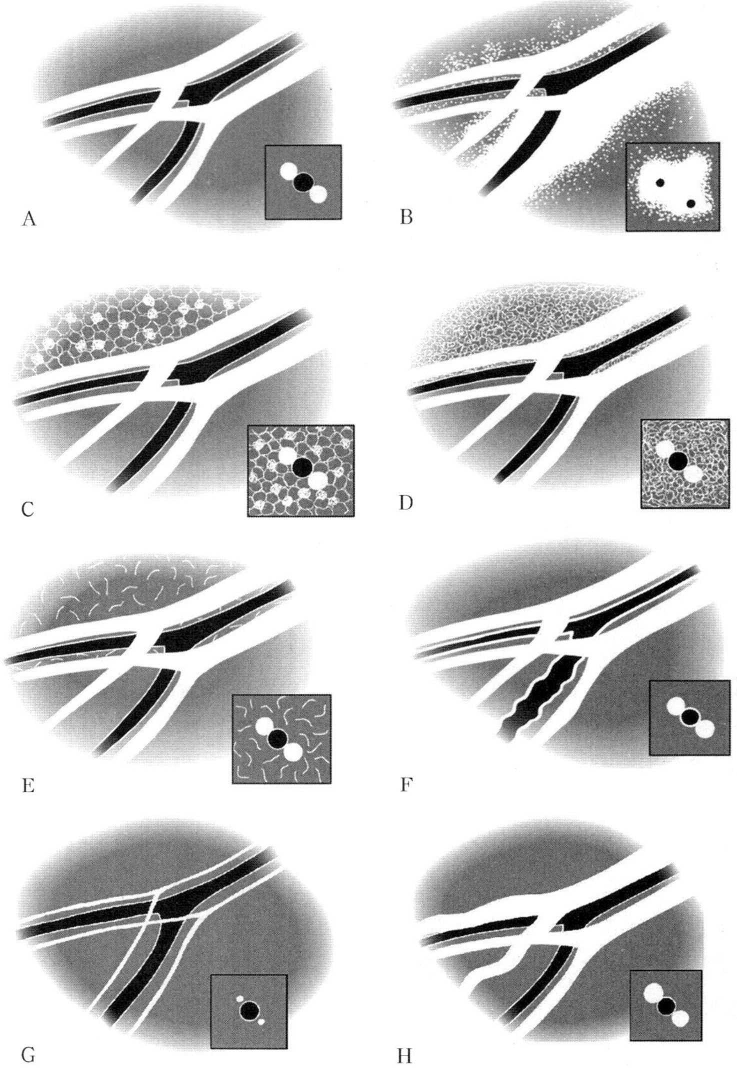

A. 正常肺型；B. 肺泡型；C. 支气管型；D、E. 血管型；F～H. 间质型。

图 14-91　肺型模式图

③结构性通常伴有结节性混浊，表现如下：a. 大小不一的结节；b. 空洞性病变；c. 单个或多个病变可分布于整个肺野。小的多发性结节通常称为粟粒状，结节比邻近的血管大，结节的大小和分布可能不同，但通常在周围较多。

④非结构化间质型表现为肺血管缺乏和模糊，表现如下：a. 肺内可见非血管性线性标记；b. 细支气管和支气管壁可能因间质成分增加而增厚；c. 有时呈现网状或"蜂窝状"的外观，特别是在老年犬肺部提示间质的慢性变化。

间质型表现为结构性或结节型异常，包括肿瘤、肉芽肿、寄生虫感染、真菌病、脓肿、囊肿和嗜酸性粒细胞增多性疾病。表现为非结构性肺型异常包括早期肺水肿、出血、肺炎、寄生虫感染、肺栓塞、肺塌陷、支气管异物、肺纤维化、早期芽生菌病和肿瘤细胞浸润（如淋巴瘤）。

（3）支气管型（图 14-91C）　支气管的可视化取决于它们相对于充满空气的肺组织的不透明度。除靠近肺门的较大支气管外，支气管树在正常情况下不可见。较小的支气管可以被识别。肺动脉的分支沿着支气管树排列。年龄老化和炎症变化导致支气管壁增厚。放射学征象如下。

①在炎症条件下，支气管-支气管周围呈现不规则浸润。可清楚地观察到受影响的支气管周围有一个软组织袖带，呈现“甜甜圈”外观的环状结构。伴随的动脉常与支气管相连，其外观类似“图章”样外观。袖口厚说明病情严重；袖口薄提示慢性炎症。纵断面上，增厚的支气管壁呈聚集的线状阴影包围管腔。

②支气管周围组织的浸润导致血管轮廓的锐度下降。

③支气管内的液体导致正常的气体不透明度丧失。X 线表现为肺内末端的结节性阴影或增厚的线性阴影消失。

④支气管软骨钙化呈线状。可见支气管树的轮廓及向肺外延伸的成对的收敛的分支线，呈“铁路或电车轨道”样外观。老年犬偶尔可见支气管钙化。若感染通过细支气管壁扩散到周围肺泡，细支气管就由于周围的浸润而可见。表现为支气管肺型的疾病包括慢性支气管炎和支气管扩张。尽管无可见的 X 线征象，仍可提示急性支气管炎存在。

（4）血管型（图 14-91D、图 14-91E）　由于血管本身的改变而引起的血管外观的改变。异常改变可通过多种方式影响肺血管。

①低血管型：可累及全部/部分单叶、多叶或整个肺。肺受累部分不透明度降低，即比正常肺颜色深。肺血管比正常情况小且数量更少。正常情况下肺动脉到颅肺叶的动脉不应明显窄于第 4 肋骨近端的 1/3。受累节段的正常血管可能完全缺失。节段性或大叶性低血管模式的可能原因包括肺血栓栓塞和大叶性肺气肿。广泛性低血管型中动脉和静脉的大小和数量都减少，肺呈黑色。肺外周区血管结构的识别可能非常困难，此外观必须与曝光过度相区别，过度暴露会使肺野相对较暗。过度曝光用明亮的光线评估肺，外周区显示正常的血管标记，肺门和肺中部的血管大小正常。肺血管减少可能导致代偿性恶性扩张，此时血管比平时更清晰，周围分支更清晰。广泛性低血管型通常是由于严重脱水、失血性休克、阿狄森病、贫血或肺动脉狭窄等原因导致循环血量减少。

②高血管型：任何引起右心排血量增加都可能导致血液运行过度（如左向右心分流），炎症的早期也可以看到高血管化。肺静脉增大表明左心功能不全或右向左分流。动脉、静脉或二者都可能受到影响。肺静脉充血是先天性或后天性左心疾病的结果，也是左心室充血性心力衰竭的早期表现。肺静脉看起来比相应的动脉要大。静脉可能超过第 4 肋骨（头叶静脉）或第 9 肋骨（尾叶静脉）的宽度。肺动脉扩张最常见的原因是心丝虫的侵袭而引起肺动脉内膜层增殖，导致血管阻力增加和肺动脉高压。肺动脉不规则地增大，呈曲折状。异常血管末端凸出物可呈结节状甚至肿块状。

（5）混合型　在许多情况下，由于肺内不同结构之间的密切关系，所看到的是肺型混合。如间质浸润可能先于肺泡浸润。因此，在 X 线检查时，一些区域可能主要表现为间质改变，而其他区域可能主要表现为肺泡改变。某一结构的病变过程可影响周围组织。充血性心力衰竭，与血管模式相关，若肺泡水肿发生，也可能产生肺泡型。

2. 胸腔积液

胸腔积液（pleural effusion）是由胸膜炎引起的炎性渗出液，还有因心脏或肾脏病变所引起的非炎性渗出液。大多数小动物的胸腔积液为双侧，X线片有助于诊断胸腔积液，但不能区分可能存在的液体类型。其他影像学改变，提示积液的最可能原因（如右心肥大或外伤）。DV视图对于检测较小的积液通常最敏感。放射学征象如下（图14-92）。

①肺叶边缘从胸壁向外收缩，形成均匀软组织不透明度液面。

②DV或VD视图可见肺叶间裂隙（软组织线在周围较宽，向中线逐渐变细），肺叶边缘钝且界限明显。不张的肺侧位面呈扇贝形，DV视图肋膈脚内呈圆形。

③由于邻近充满空气的肺提供的天然对比消失，与液体接触的心脏轮廓和膈的边界模糊，但心脏的大小仍可评估，通常可以从隆突的高度推断出来，心包内的脂肪可以显现出心脏轮廓。

3. 气胸

胸膜破损导致空气进入胸腔称为气胸（pneumothorax），多种原因可导致其发生，包括肺实质（或支气管）的外伤性破裂、含气病变（脓肿或空泡性肿瘤）的破裂和经皮胸腔引流后医源性导致胸壁穿孔。放射学征象如下。

①放射学评估气胸时，DV视图优于VD视图，VD视图也可用于评估小型气胸。

②胸廓周围出现不透明度降低区。如果是双侧气胸，DV视图上通常可以看到双侧不透明度降低区。

③将肺从胸壁上回缩。由于肺萎陷而造成的肺混浊增加，各肺叶分界清晰。侧视图显示心脏抬高（图14-93），在心脏和胸骨之间有一个不透明度降低区。

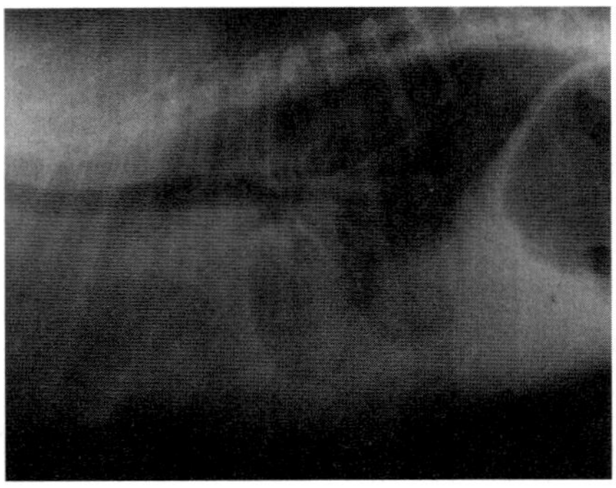

图14-92　胸腔积液的放射学征象

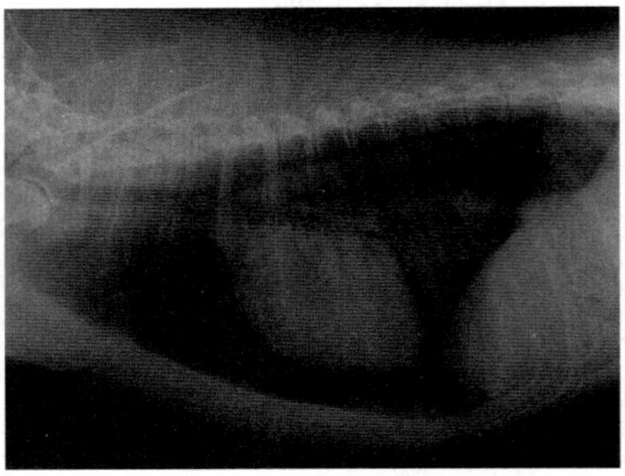

图14-93　气胸的放射学征象

4. 心肌病

（1）扩张性心肌病（dilated cardiomyopathy，DCM）　指以心室扩张为特征，并伴有收缩功能减退、充血性心力衰竭和心律失常的心肌病。本病主要发生在大中型老年犬。X线摄影用于评估充血性心力衰竭（主要是左心衰，偶尔有双心室衰竭）的征象，并将扩张性心肌病与其他引起类似征象的情况区分开来，以及评估治疗反应。放射学征象如下（图14-94）。

①侧位表现左侧心脏增大（气管抬高），心脏尾部边缘变直，左心房“起幕”。背腹位DV视图，由于左房扩大而增宽而使气管分叉。

②左心室严重增大或双心室增大，心脏轮廓可能呈球状，类似于心包积液，但心包积液时不表现左房增大和左侧充血性心力衰竭（肺水肿）的征象。

③肺水肿表明左侧充血性衰竭。双心室衰竭时可能出现右心衰的征象（后腔静脉扩大，腹

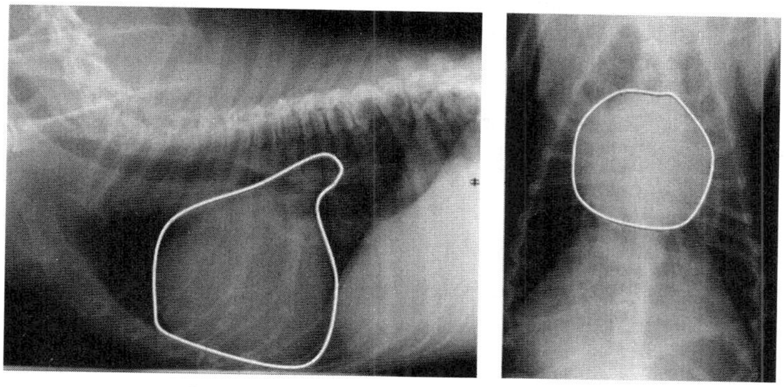

图 15-94　扩张性心肌病放射学征象

水，肝肿大，偶有胸腔积液）。

(2)肥厚型心肌病（hypertrophic cardiomyopathy，HCM）　最常见的猫心肌疾病，以向心性左心室肥厚为特征的获得性常染色体显性遗传性心脏病。左心室肥厚导致舒张功能障碍和随后的心房扩大。放射学征象如下（图 14-95）。

①左房增大，DV 视图心脏轮廓头侧面增宽。横断面心脏高度、宽度增加，呈“心”形。

②肺静脉扩张，心源性肺水肿在猫身上比在犬身上更多见，最常见的表现是弥漫性肺泡间质性浸润。浸润分布不均匀，某些病例可出现支气管征。

③胸腔积液、心包积液（通常是小体积）。

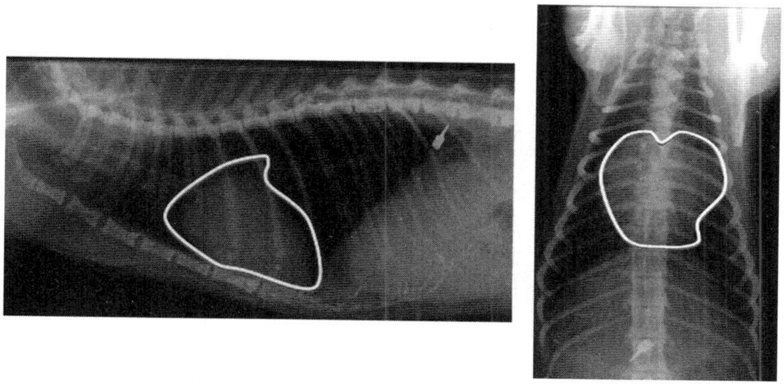

图 14-95　肥厚型心肌病放射学征象

5. 食道异物（食道梗塞）

食道异物可以是透射线或不透射线的。其常见于胸腔食道内，位于心基部和膈之间（图 14-96），也见于胸腔入口，在其他部位不常见。形状不规则的骨头（如椎骨）是常见异物。食道异物在犬身上比在猫身上更为常见。临床症状随梗阻的程度和出现时间的长短而异。不完全梗阻，除进食时不适外无其他明显异常。急性完全性梗阻时，动物表现不安，间歇性反流。早期食欲无明显改变，但进食后明显不适，摄入的食物很快反流。随后，由于食欲减退，

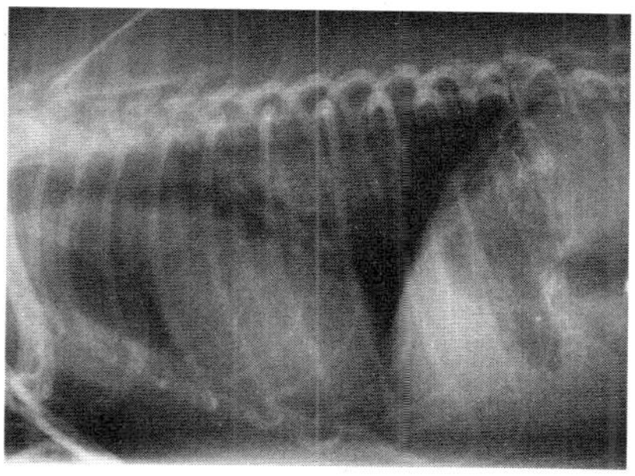

图 14-96　食道梗塞放射学征象（心基部）

反流停止。大多数病例由于吸入性肺炎或穿孔导致纵隔炎和胸膜炎，最终导致死亡。偶有食道憩室在梗阻部位发生，食物可以进入胃部，可能持续存在间歇性临床体征。放射学征象如下。

①不透射线的异物在 X 光平片上易被识别。

②食道内积气提示完全阻塞。

③从阻塞颅侧可见数量不等的液体。

④对于不透明度低的异物可通过钡餐造影可确认，若怀疑穿孔，可采用非离子型水溶性造影剂造影确诊。在异物或纵隔团块附近出现软组织混浊提示穿孔导致纵隔炎。纵隔气肿或气胸提示已发生穿孔。

第六节　腹部放射学检查

腹腔以腹膜壁层为内衬，腹膜壁层与覆盖内脏的腹膜脏层相连。腹膜上覆盖着一层薄薄的液体。肠系膜和网膜是腹膜的组成部分。腹膜后间隙是指腹膜背侧和腰椎下肌肉腹侧的区域。肾脏位于腹膜后间隙。腹部器官的投照检查的可视化取决于以下因素，应单独或综合考虑：①器官间不透明度的差异。②腹膜后脂肪的数量，存在于腹部的肠系膜和网膜。瘦弱或非常幼小的动物，腹部脂肪很少，对比度差。③腹部脏器内容物密度不同而呈现不同的不透明度，可以帮助鉴别出器官的轮廓，如胃里的气体或结肠的粪便。

所有腹腔内器官都有软组织或液体混淆。器官间的对比度不佳。腹部和肾周脂肪可提供对比度。除了发育异常外，由生理或病理过程引起的腹部器官改变，表现为腹内结构的不透明度、大小、形状或位置的改变。功能障碍很少能在平片上表现出来。为了显示腹部的细节，特殊的造影和超声波检查常常是必要的。

一、检查方法

腹部放射学检查标准摆位包括左右侧位、腹背位，背腹位不常用，因为当动物处于胸骨平卧位时，脏器受压而经常不规则地移位。当怀疑腹腔积液时，可采用站立侧位检查，尤其是怀疑腹腔积液时。但除非同时出现气腹（腹膜腔内气体），否则看不到液体线。在某些情况下，需要更详细地检查食管、胃、结肠或膀胱时，可采用斜侧位投照。

侧位投照时，胸骨应由透光泡沫垫支撑，以保持与脊柱在同一水平面上。后肢应该被拉到足够远的尾部，以防止大腿肌肉覆盖腹尾侧。X 线束投照范围包括膈肌和骨盆入口。在腹背位投照时，腹股沟皮肤皱褶可能会产生明显的阴影，后腿弯曲的“蛙腿”姿势可能比后腿向后伸直摆位更合理。对于不配合的动物，可能需要进行人工保定。

腹部各器官间的对比度较小，因此获得高质量的 X 线片至关重要，充分投照前准备和良好的放射技术同时也是重要的保证。使用低千伏电压投照可增加对比度。

腹部放射学检查应进行至少两个正交视图（左侧位视图和腹背侧位视图）投照（图 14-97）。在疑似胃肠道梗阻的病例中，除了腹背侧位视图外，通常采用左右双侧位视图，评估气体和液体在肠和胃内重新分布（图 14-98）。

1. 侧位（图 14-98）

由于胃肠道内气体和液体的运动以及重力对可移动脏器的影响，导致左右侧位腹部脏器

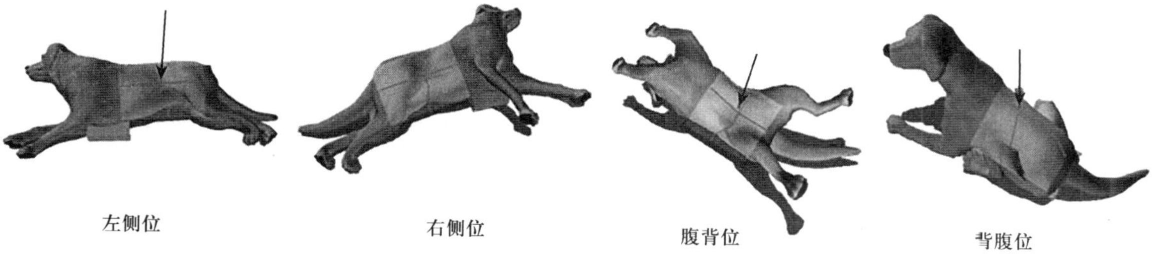

图 14-97 腹部放射学常规摆位

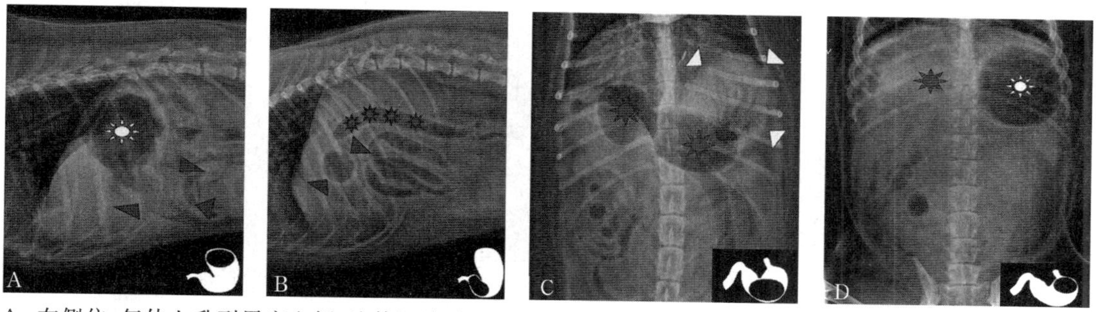

A. 右侧位：气体上升到胃底左侧，液体沉淀填充部分幽门右侧；胃体/胃窦内的液体可在前腹部形成圆形的软组织不透明结构；B. 左侧位：胃底和胃体很难显示，幽门充满气体，十二指肠充满气体；C. 腹背位：液体因重力而沉淀于胃底（背侧）和胃体，气体上升到最高（胃体或幽门近中线的位置）；D. 背腹位：气体上升到胃底最高处，液体填满幽门和胃体。

图 14-98 不同摆位胃内气体分布

的放射学表现略有不同。无论左侧位还是右侧位，投照时后肢向后拉，用扎带/沙袋固定。胸骨下和股骨之间放置可透射线的楔形泡沫块，以防止绕长轴旋转。

2. 腹背位（图 14-98）

VD 视图优于 DV 视图，因为腹部内容物倾向于随着患病动物而“展开”。腹部结构的重叠更少，软组织深度减少，分散更少。使用透射线槽或楔形泡沫块和沙袋支撑动物。腰椎和胸椎保持笔直，使胸骨在椎体上重叠，避免轴向旋转。后肢最好保持蛙腿姿势，以便减少后腹部皮肤褶皱重叠。大型犬放置泡沫垫支持盆骨防止轴向旋转。X 线以脐为中心，束光器范围包括膈头侧（第 2～3 肋至剑胸骨），股骨大转子尾部和外侧皮肤边缘。

高质量的影像应该具备以下特征。

①腹部 X 线片应该显示头腹侧和尾腹侧及腹壁的结构。

②要有良好的对比度，以便能清楚地区分不同的腹部结构。

③镰状脂肪和腹膜后脂肪应被识别。

④椎骨轮廓清晰，骨密度清晰可识别。

二、腹部放射学解剖

（一）腹腔

在腹部 X 线片上，通常可见膈、腹壁、胃、小肠、大肠、肝脏和膀胱，腹背侧和左右侧卧位可见脾脏，但在猫侧卧位脾脏不可见（图 14-99）。幼龄动物浆膜腔细节不明显（图 14-100）。

在腹部X线片上，胆囊、胰腺、肾上腺、卵巢、子宫、肠系膜、淋巴结、输尿管和肝脏和血管不可见。

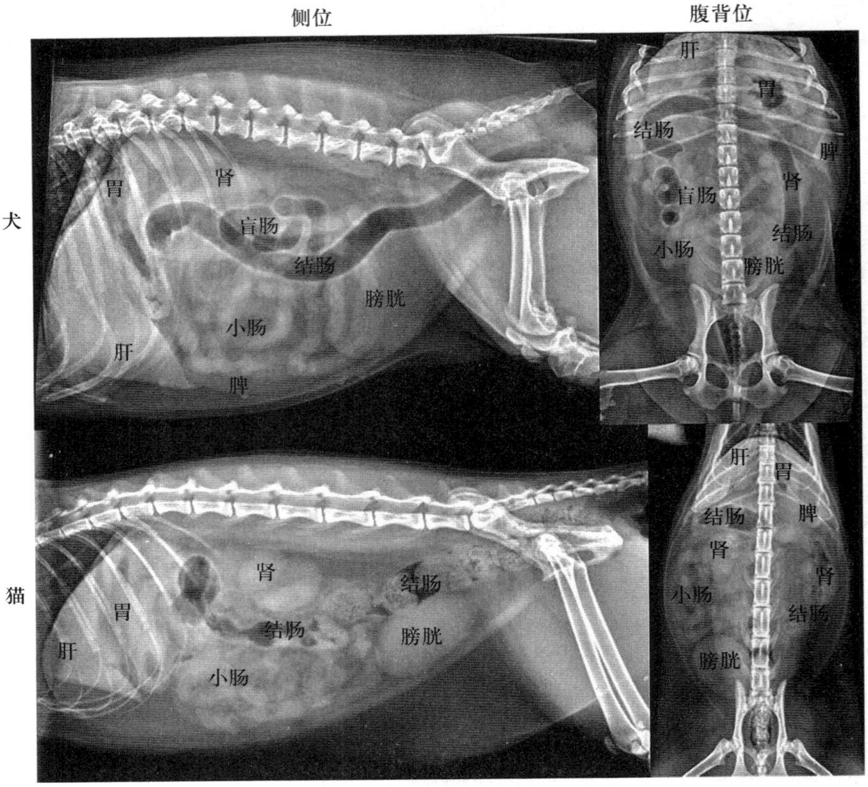

图 14-99　腹部放射学解剖

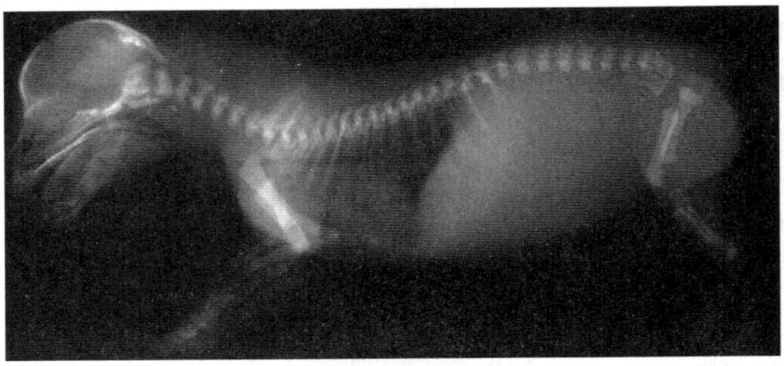

图 14-100　幼龄动物腹部浆膜腔细节不可见

(二)肝脏

肝位于腹腔的胸腔内，由6个叶组成，即左内侧叶、左外侧叶、右内侧叶、右外侧叶、方形叶和尾叶。头侧轮廓凸出且大部分与膈相贴。尾侧与右肾肾窝、十二指肠头侧弯曲与胃相接触，此部位的腹部深度最大，其右侧缘由右侧内侧叶和右侧外侧叶以及尾叶的尾状突起组成，左侧缘由头侧的左内叶和尾侧的左外叶组成。方叶位于头侧中央。肝在左右两侧毗邻腹壁。胆囊位于右头腹侧。

由于呼气时肝脏位于腹部最深处，应使用高千伏电压以确保其充分地穿透。肝脏大小通常可在腹部 X 线平片中进行评估(图 14-101)。胃的位置通常有助于评估肝脏的大小和位置，必要时可能需要进行钡餐阳性造影检查。

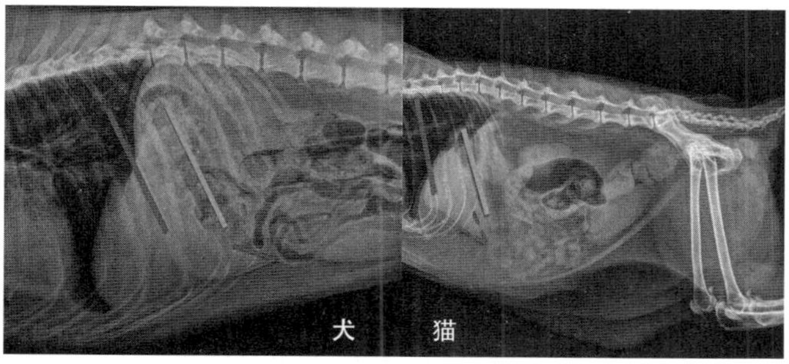

图 15-101　肝脏的正常放射学解剖图

(三)脾脏

脾位于左腹侧，大致平行于胃大弯。脾头侧通过胃脾韧带与胃相连，位于胃底、左肾头侧和左侧腹壁附近。脾体和脾尾可以自由活动，脾通常见于右侧卧位腹部平片(14-102)。

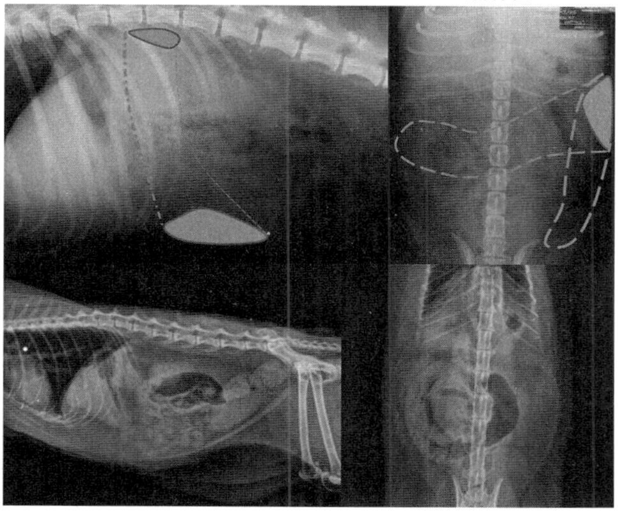

图 15-102　脾脏的正常放射学解剖图

(四)消化道

1. 食道

食管大约始于第一颈椎中段，结束于胃入口(贲门)。颈段食道向左侧倾斜，在进入胸腔入口处于气管的左侧。胸段食道内，食道最初位于气管左侧，然后穿过气管到达隆凸处背侧。在隆突尾侧，食道位于气管和支气管淋巴结的背侧。最后食道沿着尾部，几乎在中线通过横膈膜的食道裂孔背侧进入胃。

正常食道在 X 线平片不可见。准确评估仍需要造影检查。首先要做侧位和腹背位的影像学检查。由于食道少部分覆盖于脊柱的腹背位置，建议做腹侧右左背侧斜位投照(图

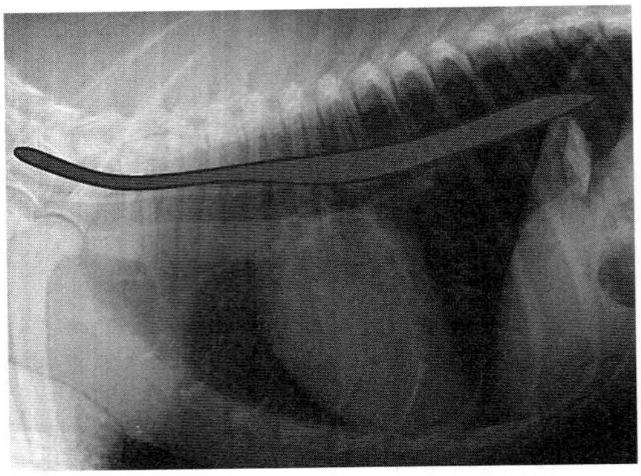

图 14-103　食道正常放射学解剖图

14-103)。以 3～5 mL/kg 经口给予钡餐。吞下后进行放射学检查。若食管严重扩张需要口服大量钡餐。进行侧位和腹背位片和腹侧 15°斜侧位。钡餐可能有助于评估吞咽障碍。若出现持续的反流或呕吐,应检查食道,动物吞咽困难,造影检查应谨慎进行。

口服钡餐后,一些钡滞留在食管黏膜皱襞之间的纵向隐窝中,呈一系列宽度几乎相等的规则平行线。胸腔入口处的黏膜形态通常不规则。猫的食道后 1/3 处除了有纵向褶皱外,还有横向条纹。钡餐检查可见"人"字形外观。

造影检查胸廓入口常出现袋状或食管局部肿胀,特别是在 X 线片上动物颈部屈曲时,代表食管的正常冗余,不应被误认为憩室。在幼龄短头犬中,可能会出现局部扩张。有时少量钡餐会在喉的食道内停留一段时间均属正常。

因为在腹背位置有相当多的其他结构的重叠,特别是脊柱。斜侧位投影有时有用,可见纵隔内的气体环绕食管。食管功能的评估需要透视检查。在透视下,可以看到造影剂快速地沿着食道进入胃。在进入胸腔和心脏基部时,运动速度可能会有所减慢。钡餐有时可以更好地评估食道运动或大小。

2. 胃

胃位于横膈头腹侧和肝尾侧,食道和十二指肠之间,可将其划分为以下 4 个区域。①贲门:与食道混合的部分。②胃底:位于贲门背侧和左侧的大盲袋。③胃体:胃的主要部分,从胃底延伸至幽门。④幽门:近 1/3 胃体远端。其近端为幽门腔,为一薄壁球形囊状结构,远端与幽门相连,被厚厚的双括约肌所包围。

犬的胃呈"U"形,大弯是从贲门延伸至幽门的凸缘。小弯即凹面,从左侧的贲门延伸至右侧的幽门,呈锯齿状。贲门、眼底和体部大部分位于中线左侧。幽门窦和幽门管位于右侧。胃体和胃底与肝左外侧叶和左半膈相接触。肝的右侧位于幽门和右半膈之间。胰腺位于胃和十二指肠之间。胃的黏膜表面呈皱褶状,通常称为胃皱褶(皱襞)。胃排空时,胃几乎完全在胸腔内,其腹侧缘约为到腹壁距离的 1/3。当充盈时,胃到达腹部底部,并向尾部延伸与横结肠相连。对幼犬来说,胃充盈可能会到达脐或更远。猫的胃呈"J"形,位于中线偏左侧,幽门窦位于中线上(图 14-104)。

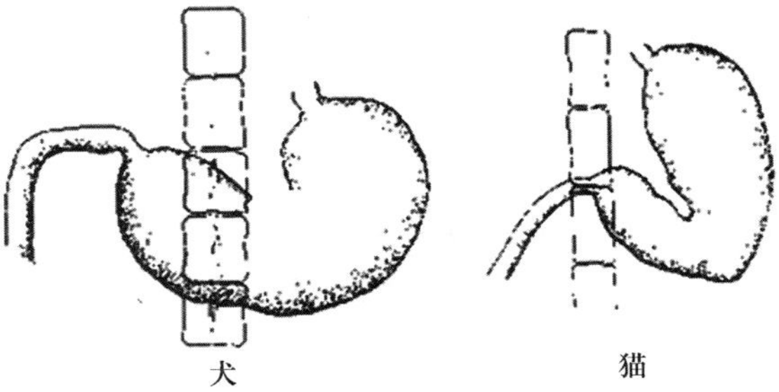

图 14-104　犬、猫胃的放射学解剖模式图

胃里通常有液体和气体(空气),称为胃泡。中空器官中的气体趋向于上升到最高点。液体和气体的位置随动物姿势的变化而变化。因此,若对动物作右侧卧位 X 光片,可在胃底和胃体看到气体。相反,在左侧卧位时,气体大部分出现在幽门腔内。在左右侧位(右侧卧位),幽门窦和胃底远端相连形成致密的圆形阴影。在此部位,液体在幽门腔内积聚,可能被误认为异物或肿瘤。可疑肿块通常在左右侧卧位(左侧卧位)消失。从侧位看,一条穿过眼底、胃体和幽门的线可能垂直于脊柱和平行于肋骨,也可能位于这两端之间。胃的位置随呼吸而变化。在犬的腹背视图上,一条穿过胃底和幽门的线将垂直于脊柱。在肥胖猫、肌间脂肪沉积和黏膜下层,表现为胃壁出现不透明度增强的带状结构。

造影检查,造影剂在胃内的位置将取决于动物的姿势,与气体所占位置相反。造影剂会被吸引到胃最低点。右侧卧位时,可以在幽门腔内看到造影剂;左侧卧位时,在胃体和胃底可见造影剂。在腹背侧位,造影剂会聚集在胃底和贲门周围;背腹位置在胃体和幽门窦可见。右背侧左腹斜(右背腹斜)视图显示幽门最佳。胃的充分造影需要显示所有区域。在正常胃中,胃底和胃体的皱襞清晰可见,而幽门窦的皱襞很少。它们的大小和数量各不相同,轮廓规则,彼此平行且平滑。它们可能呈直线或弯曲,这取决于胃的膨胀程度。折叠之间的空间应该和折叠本身一样宽。应该没有填充缺陷。猫的皱襞更小,数量更少。

在正常动物中,钡在给药后几分钟内就会出现在十二指肠。“排空时间”在放射学中是指胃开始排空的时间,与胃完全排空所花的时间形成对比。禁食动物完全排空的平均时间可能约为 3.5 h,但个体差异可能很大。钡潴留超过 12 h 应视为异常。如果在开始检查时胃不空,完全排空所需的时间会因胃内容物的数量和性质而不同。在敏感动物中钡进入十二指肠可能延迟 30 min 或更久。在这种情况下,把动物放回笼子让它安静下来,然后在大约 30 min 后继续检查。由于紧张或压力引起的排空延迟常见,不能与幽门功能障碍相混淆。

3. 小肠

小肠从幽门延伸至回结肠交界处。它位于腹部的腹侧,位于胃和肝尾部。它大约是活体动物身体长度的 3.5 倍。

小肠的大部分由空肠和回肠构成,由一长的肠系膜支撑,可以在腹部中央自由活动。空肠和回肠之间无明显界限,止于回结肠交界处,位于十二指肠袢内或十二指肠升序部分的腹侧。空肠和回肠在腹部中部形成许多肠袢。

在腹背位平片上,因其里面有气体和食物的混合物可以被识别(图 14-105),猫小肠所含气体比犬少。口服钡餐后立即进行侧位和腹背侧 X 光片检查,此后每 20 min 做一次(至第 1 h),然后每小时做一次,直到诊断出来或钡大部分到达结肠为止。如果造影剂通道太快或太慢,则应调整曝光时间。过多的造影剂或制剂过于集中可能会掩盖肠道的细节。如果以 7 mL/kg 的剂量率使用非离子有机碘制剂,则应在给药后、5 min 后、此后每 15 min 至第 1 h 拍一次,然后每小时拍一次,直到结肠可见。

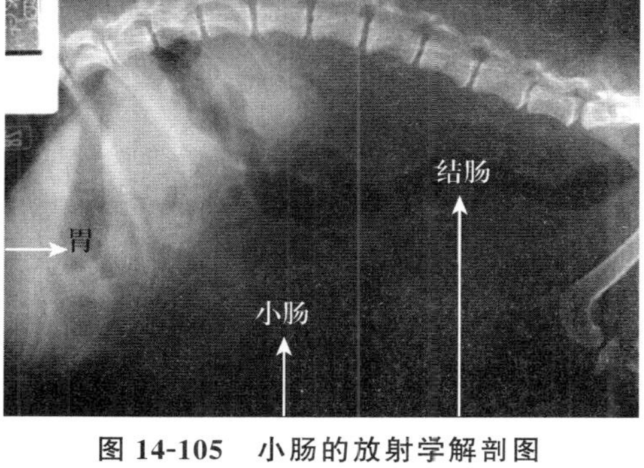

图 14-105　小肠的放射学解剖图

在 X 线平片上,小肠的浆膜表面可以看到有足够腹内脂肪。肠的直径可变,犬肠的最大直径与第 5 腰椎的中间体的高度之比不应超过 1∶1.6(图 14-106)。猫小肠直径应小于第 4

腰椎体高的两倍或小于 12 mm。小肠均匀分布于腹中部。十二指肠位置相当固定，通常在 X 线平片上看不到。空肠和回肠的运动范围很广。它们很容易被其他器官或腹部团块所取代。小肠腔内可见气体和液体。

4. 大肠

大肠由盲肠、结肠、直肠组成。犬盲肠是结肠近端憩室，与它通过盲肠结肠袢连接，位于中线右侧，大约在第 3 腰椎水平处，并不直接与回肠相连。盲肠自身扭曲成螺旋状，位于十二指肠环内。猫盲肠呈直的囊状结构(图 14-107)。

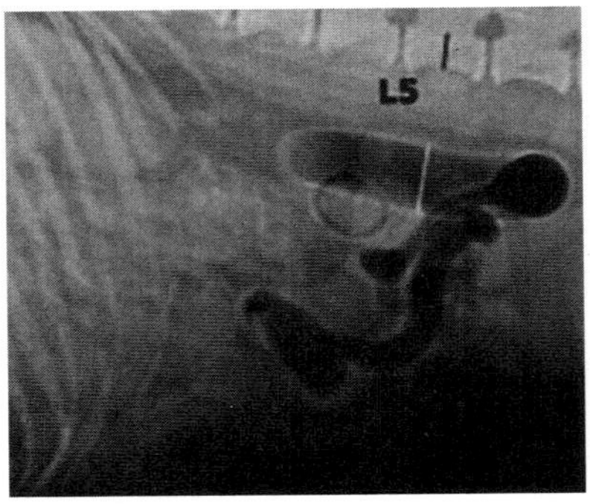

图 14-106 小肠直径

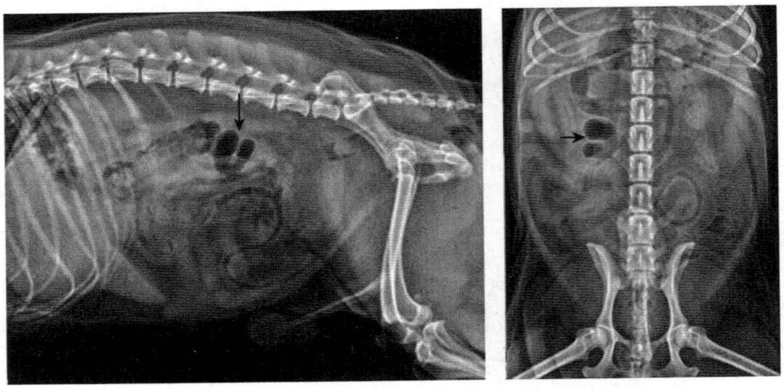

图 14-107 盲肠的放射学解剖图

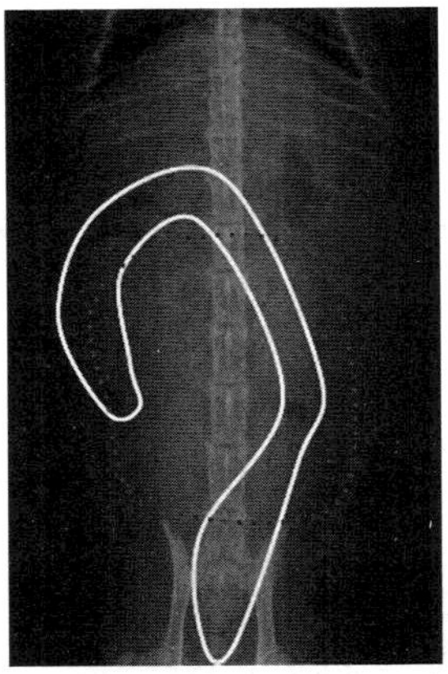

图 14-108 大肠的放射学解剖图

结肠分为升结肠、横结肠和降结肠，形状呈“?”样。右结肠连接着升结肠和横结肠，而横结肠形成了结肠左曲。升结肠位于右肾腹正中右侧，与胰脏背面的右臂和右侧的十二指肠有关。在左侧和腹部与小肠接触，头侧接触到胃(图 14-108)。

三、腹部疾病的放射学诊断

(一)胃扩张-扭转综合征

胃扩张可能是由于流出道阻塞或胃壁弛缓所致。急性胃扩张可伴有或不伴有胃扭转。慢性扩张也会发生(如幽门的部分梗阻延长)。胃扩张使肠向尾侧移位。食道异常或呼吸困难引起的吞咽空气可导致轻度胃扩张，有时可出现食管扩张。单纯扩张时，右侧幽门仍处于正常位置。这是区分胃扩张和胃扭转的重要标志。

放射学对胃扩张-扭转综合征(gastric dilatation and volvulus, GDV)的诊断具有敏感性和特异性。明显胃扩张可能是由于食气症(如呼吸系统疾病、气喘和沉郁)，在大多数情况下，胃的单纯扩张无临床意义。扭转的诊断是基于幽门的异常位置。右侧位片是诊断胃扩张-扭转综合征的首选视图，因为扭转 180°时，可以看到充满气体的幽门位于腹底背侧。放射学征象如下(图 14-109)。

①右侧位视图：胃扭转幽门向左背侧移位，胃中充满气体，与正常情况相反。幽门积气提示幽门位于左侧。胃底液体、食糜充盈向右侧和腹侧移位。

②幽门与胃体的“分隔”，由于胃自身扭转折叠穿过旋转后的充满气体的胃腔内而形成的软组织不透明度带。

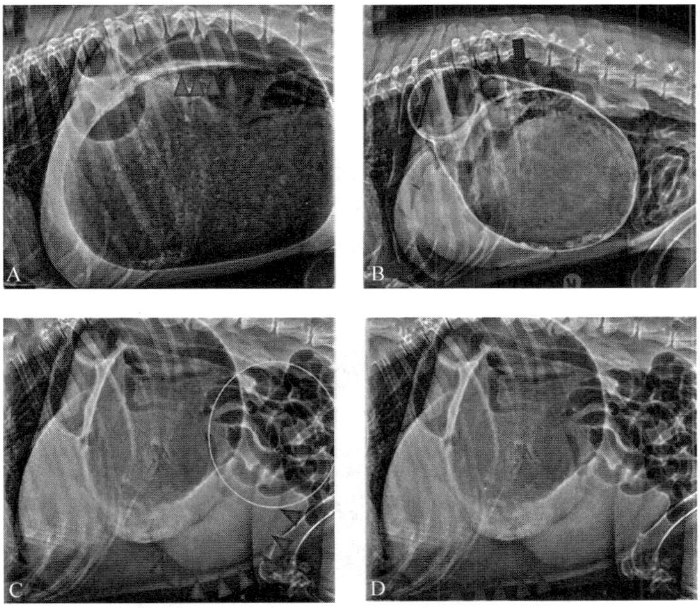

图 14-109　胃扩张-扭转综合征放射学征象

③由于缺血、过度伸展和坏死，胃壁内积气预后不良。

④自发性气腹提示胃壁可能坏死。

⑤可见弥漫性小肠麻痹性肠梗阻（继发于疼痛）。

⑥腹腔对比度丢失，镰状韧带细节被腹腔积液掩盖。

⑦脾脏由于脾胃韧带相连跟随胃底运动继发脾位置改变导致脾充血和血液循环受损。

（二）肠梗阻

肠梗阻以小肠肠袢增大为特征，小肠中的空气主要是由于吞气症所造成且个体差异较大。肠梗阻通常分为机械性肠梗阻和麻痹性肠梗阻，后者也称功能性肠梗阻。机械性肠梗阻是肠管由于异物、肠套叠、肿瘤或是狭窄而导致出现物理性阻塞。麻痹性肠梗阻是小肠肠腔并无物理性阻塞（图 14-110），而是肠道收缩功能虚弱或缺乏所致。由于缺乏有效的收缩，因而造成肠道运动中断。麻痹性肠梗阻的常见病因是腹膜炎，肠扭转或手术后。放射线检查时，评估扩张肠袢的大小和数量，肠道收缩情况和肠道内容物均非常重要。

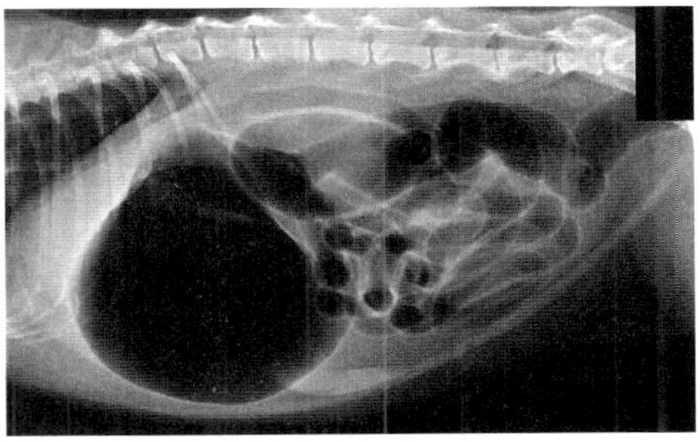

图 14-110　麻痹性肠梗阻

完全机械性肠梗阻病例，肠袢中度到重度扩张，具体程度取决于疼痛和应激引起的吞气症情况。肠环通常充盈有气体，但是有时也会有液体在其中。肠道的收缩也常可见，其表现为肠环的局部狭窄。梗阻部位越是远端，出现变化的肠环越多。可能可以看出造成梗阻的病因（不透明的异物），这更容易得到诊断。然而在某些时候在观察 X 光片的基础上很难作出诊断的抉择，这就需要进行额外的检查。如果只是稍有怀疑，那么在 6～12 h 内重复拍摄 X 光片可能能够提供额外的信息。如果是高度怀疑，那么就需要进行上消化道造影检查。如果腹部触诊异常，那么进行超声波检查可能有所帮助。麻痹性肠梗阻的病例中，大多数的肠环都是中度扩张的。腹膜炎，腹水或气腹的X光征象均都提示麻痹性肠梗阻。

(三)小肠异物

无论有无阻塞，在消化道中均能够看到任何种类的异物。不透明度(金属或骨质的不透明度)高的异物能够比较容易被识别，而不透明度低的异物不易被检出，除非肠道内气体衬托出其轮廓(图14-111)。造影检查适用于确认肠道梗阻的存在及确定异物的位置和性质。异物具有典型的肠腔内表现，在异物前会出现造影剂增宽，而后又接着出现充盈缺损。

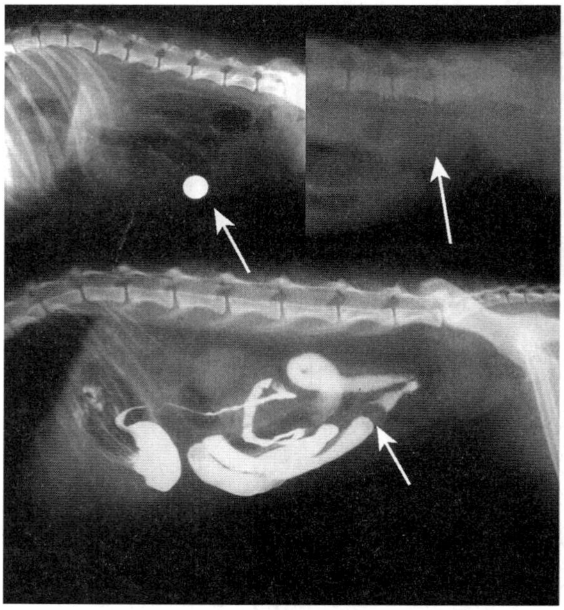

图14-111　小肠异物

线性异物偶见于犬，更多见于猫。X光片上肠环可能是一起折叠在右侧腹部，可见小的三角形气体阴影。造影检查可见受到影响的肠环呈现卷曲样的特征性表现(图14-112)。

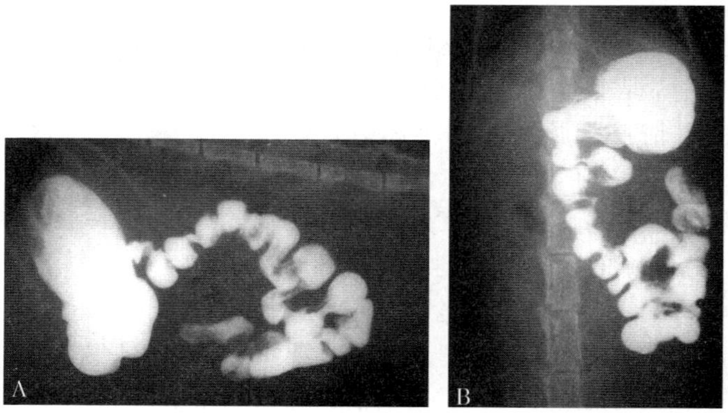

A. 侧位；B. 腹背位。

图14-112　小肠线性异物

（四）肝肿大

肝肿大的放射学征象为：胃向尾侧，背侧和左侧移位。在侧位片上，胃的主轴线变得更为水平。肝脏腹侧尖端的突出接近肋弓。肝脏的腹侧末端变圆。严重肝肿大的常见病因，包括淋巴瘤、利什曼原虫、右心衰、脂肪浸润（脂肪沉积、肾上腺皮质功能亢进、糖尿病）和肝脏团块（图 14-113）。

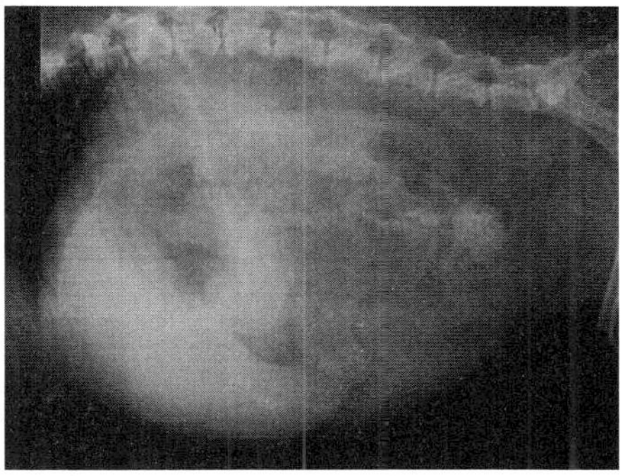

图 14-113　肝肿大

（五）腹水

腹水是指渗出液或漏出液潴留于腹腔内。以犬、猫多发，其主要病因是心脏、肝肾功能不全，也见于严重的营养不良、重度寄生虫病、低蛋白血症、腹腔肿瘤、猫传染性腹膜炎和醛固酮增多症等。病畜全身明显消瘦，腹胀，腹围对称性明显增大，呼吸急促，体温多为正常。放射学征象为：腹部膨胀，呈云絮状阴影，清晰度降低，正常腹内组织器官结构被遮蔽而不能清晰显示，仅可显示肠内气体阴影（图 14-114、图 14-115）。

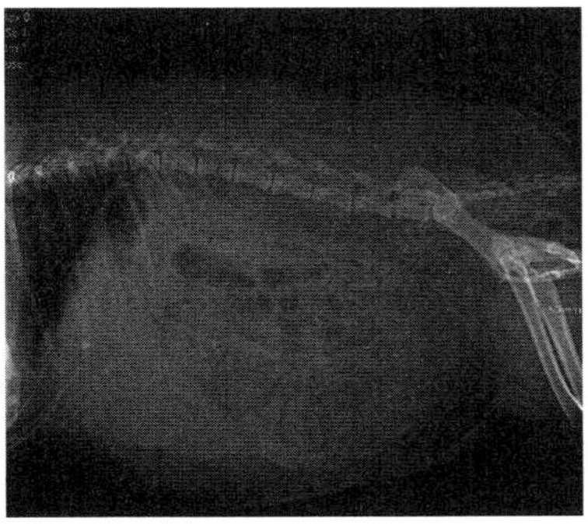

图 14-114　犬腹水

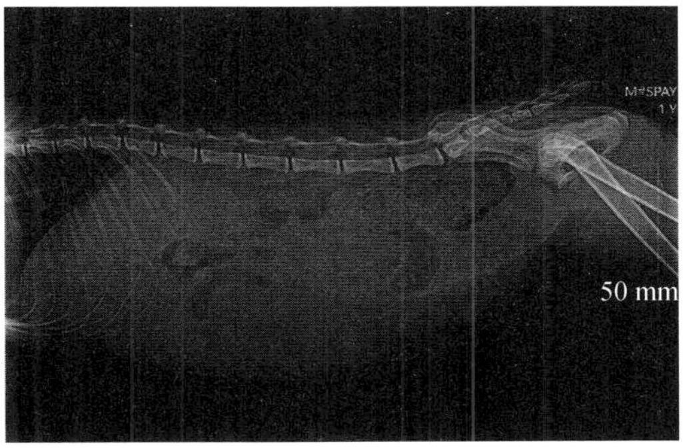

图 14-115　猫腹水

第七节　泌尿生殖系统疾病的 X 线诊断

一、检查方法

大家畜泌尿生殖系统的 X 线检查存在困难，目前只限于检查犬、猫等小型动物。检查方法有平片和造影检查。常用腹背位（图 14-116A）和侧位（图 14-116B）拍摄，公犬侧位常采用两种摆位，分别是后置向头侧弯曲和后肢向尾侧拉直，用来评估尿道的盆腔外和前列腺部分。X 线平片正常尿道骨盆部不可见。为了确认或排除坐骨结节水平处是否有结石，建议做骨盆斜侧位片检查（图 14-116C）。

平片检查可以诊断泌尿道结石、肾实质钙化、妊娠，死胎及某些肿瘤与子宫蓄脓等。造影检查有静脉肾盂造影和膀胱造影。静脉肾盂造影，能使肾盏、肾盂、输尿管显现，最后也可能使膀胱显影。造影检查能够了解肾的功能，诊断肾盂积水、肾盂肾炎、不透明度低的结石、泌尿生殖道肿瘤、输尿管狭窄阻塞和膀胱病变。膀胱造影可以诊断膀胱肿瘤、不透明度低的结石、前列

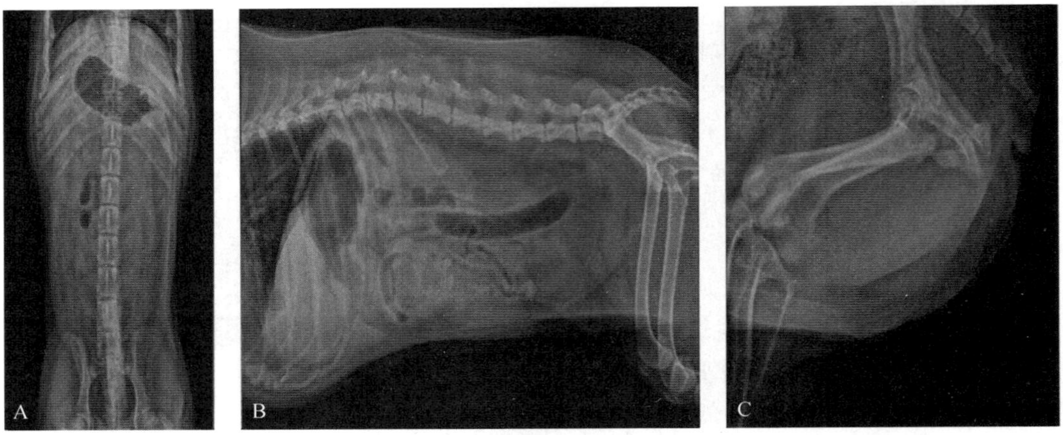

A. 腹背位；B. 侧位；C. 骨盆斜侧位。

图 14-116　泌尿系统放射学摆位

腺肥大、腹腔占位性病变和膀胱破裂。如怀疑为膀胱破裂时，应当使用膀胱空气逆行阴性造影。

子宫放射学检查常用于评估难产（胎儿异常表现或相对过大）、确定胎儿数量及判断胎儿是否在剖宫产术后仍然留在子宫。

二、泌尿生殖系统的正常放射学征象

1. 肾

犬腹部X线检查中，约50%可清楚地看到肾脏。左肾通常完全可见，右肾只能看到尾部轮廓，应做左右侧卧位片及腹背位片。猫的腹部X线平片上肾可见。正常的放射学征象如下：双肾位于腹膜后间隙，软组织不透明度高，“蚕豆”样外观。X线平片肾脏清晰度，取决于肾周脂肪的含量和消化道内食物物质的缺失（图 14-117）。

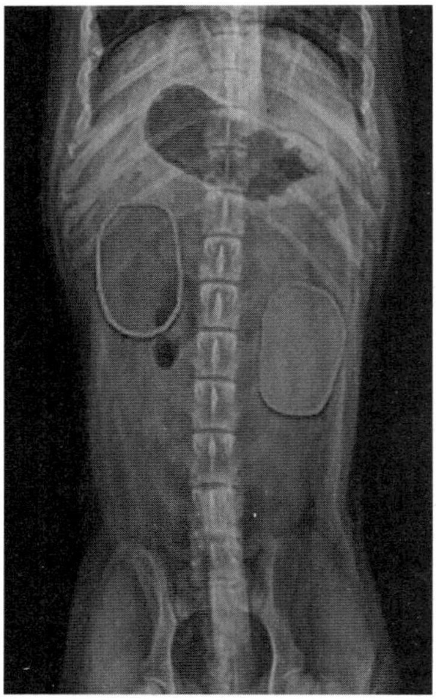

图 14-117　犬肾的正常放射学解剖（腹背位）

侧位观察：右肾位于第13胸椎（T13）至第3腰椎（T3）下方。由于它覆盖在肝脏，其颅极可能被遮挡。左肾位于第2～5腰椎处。猫的肾脏位置更靠后，其位置比犬的位置变化更大。腹背侧观察，正常犬肾长度为第2腰椎体的2.5～3.5倍，正常猫的肾长度为第2腰椎体的2.4～3.0倍或30～45 mm。然而正常的大小并不意味着肾功能正常。如果犬肾长度小于第2腰椎长度的2.5倍或超过3.5倍，就应怀疑存在异常。正常肾脏形态轮廓光滑而有规则。X线平片上轮廓正常并不排除疾病的可能性（图 14-118～图 14-120）。

2. 输尿管

在标准X光片上是看不到输尿管的，其只能通过排泄性尿路造影术来进行评估。它们表现为在肾脏和膀胱之间的细的不透明线性结构。可能会出现输尿管收缩而使得在单张的X光片上只能看到输尿管的一部分。正常犬的输尿管-膀胱结合部位表现为字母“J”的形状（图 14-121、图 14-122）。

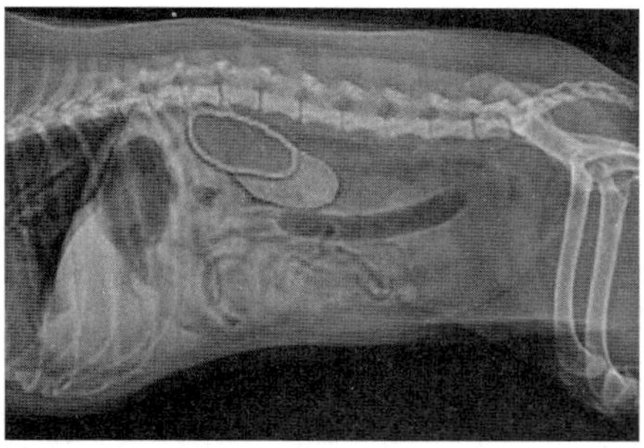

图 14-118　犬肾的正常放射学解剖(侧位)

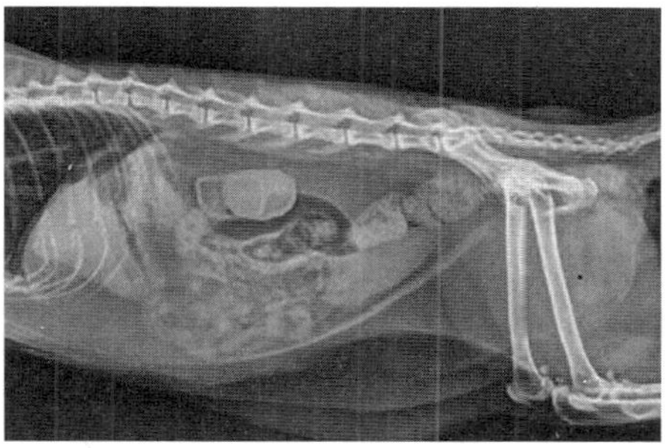

图 14-119　猫肾的正常放射学解剖(侧位)

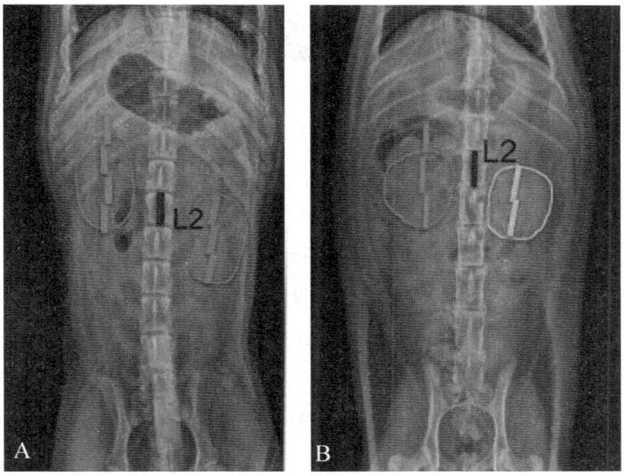

图 14-120　肾大小的放射学评估(腹背位)

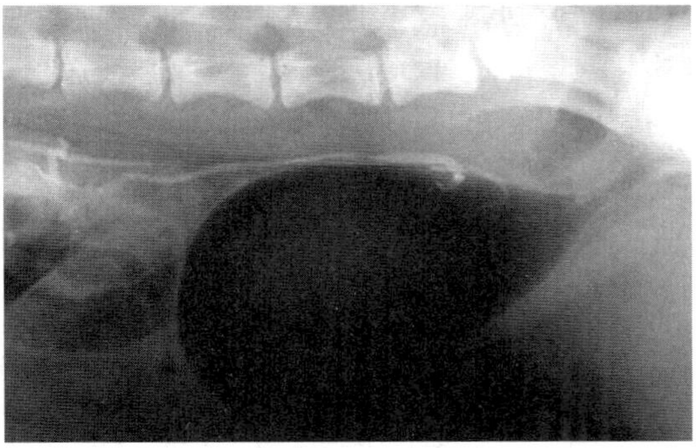

图 14-121　输尿管正常放射学征象(侧位)

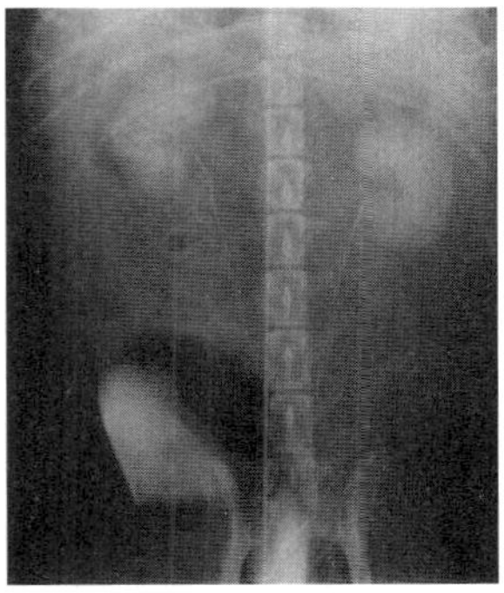

图 14-122　输尿管正常放射学征象(腹背位)

3. 膀胱

膀胱含积尿或无腹腔积液时,X线平片可见。大网膜和膀胱韧带中的脂肪形成高的对比度,膀胱充盈可到达脐。膀胱排空不可见,呈梨形软组织不透明,位于后腹部,膀胱朝向骨盆。侧位视图观察最佳。当膀胱积尿充盈时,它位于腹腔内。头侧将小肠遮盖,向背侧将降结肠遮盖(图 14-123)。猫的膀胱由于有较长尿道存在于腹腔内,膀胱造影后膀胱应均匀扩张,无充盈缺损及腹腔内渗漏。膀胱壁薄且轮廓整齐。阴性造影显示充气不足可能引起膀胱壁增厚。特别是在幼小的动物中,逆行膀胱造影术后的输尿管中偶见造影剂。如果前列腺正常,前列腺导管通常不会发生混浊。

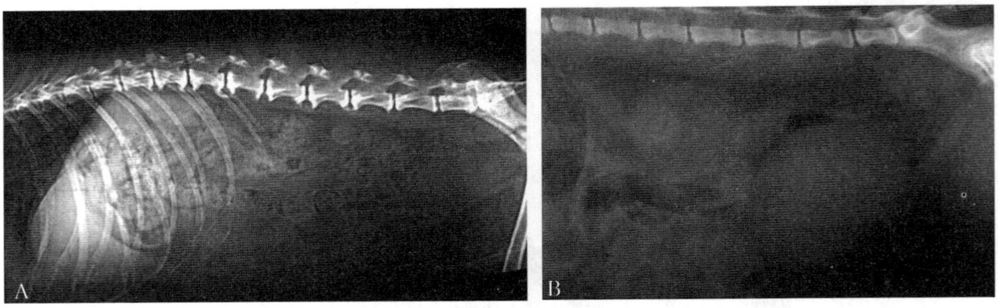

A. 膀胱不充盈;B. 膀胱充盈。

图 14-123　膀胱的正常放射学征象

详细结构分析需要使用造影检查。膀胱造影最常见的适应证是血尿和排尿困难或频尿。常采用阳性造影、阴性充气造影和双重造影,每种造影检查方法技术均可显现膀胱轮廓。

(1)阳性造影(图 14-124A)　膀胱排空后,通过导尿管注射 10%～20%的阳性造影剂碘海醇,直到膀胱适度膨胀。通常需要 6～12 mL/kg 稀释造影剂。静脉注射造影剂也可以显示膀胱排空的轮廓。

(2)双重造影　首先将少量 20%碘海醇注入排空的膀胱。犬阳性造影剂剂量为 1～5 mL,猫为 0.5～1 mL,侧位和腹背位投照。双重膀胱造影提供了关于黏膜表面和膀胱壁厚度的最多信息(图 14-124B)。

(3)阴性充气造影(图 14-124C)　动物左侧卧将空气、CO_2 或 N_2O 按 6～12 mL/kg 剂量,通过导尿管、三通旋塞和一个大注射器注射到排空的膀胱。膀胱应适度扩张,腹部触诊监测膀胱充盈程度。应注意避免过度膨胀。注射器柱塞上的反冲压力或导管周围空气逸出表明已经注入了足够的空气。可弯曲的公导尿管对公导尿管和母导尿管都适用。

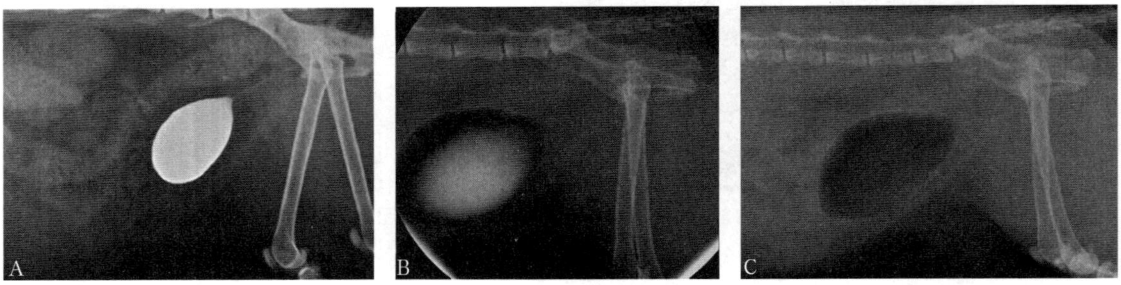

A. 阳性造影;B. 双重造影;C. 阴性充气造影。

图 14-124　膀胱造影

4. 尿道

X线平片不可见正常尿道骨盆部。为了确认或排除坐骨结节水平处是否有结石，建议骨盆斜侧位片。尿道造影检查可见尿道轮廓平滑。前列腺尿道比骨盆外部稍宽。造影剂通常不会进入前列腺管。雌性动物尿道黏膜有纵纹。造影剂中引入的气泡不应误认为是结石（图14-125）。

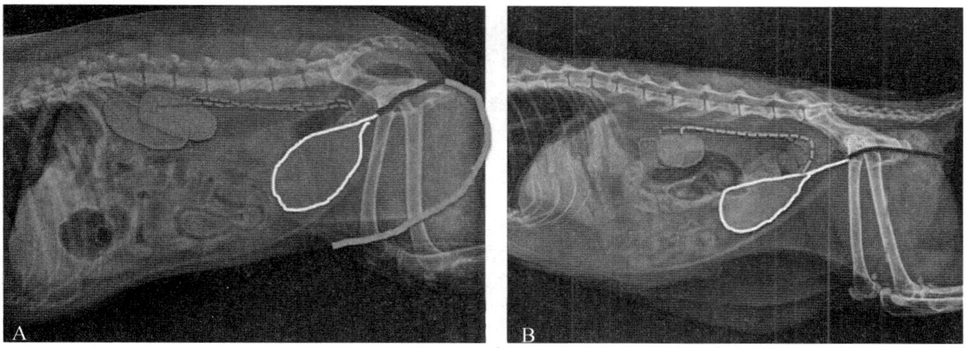

A. 雄性；B. 雌性。

图 14-125　尿道的放射学征象

5. 前列腺

腹部侧卧位平片有时可见前列腺。逆行尿道造影有时对评估前列腺和尿道有意义。前列腺反流偶见于膀胱或尿道逆行阳性或阴性造影检查。膀胱充盈时，侧位视图观察前列腺位于耻骨前缘。膀胱空虚时，前列腺位于盆腔内或部分盆腔内，其可见性取决于周围脂肪的数量。腹背视图上可见位于中线耻骨边缘或后面（图14-126）。

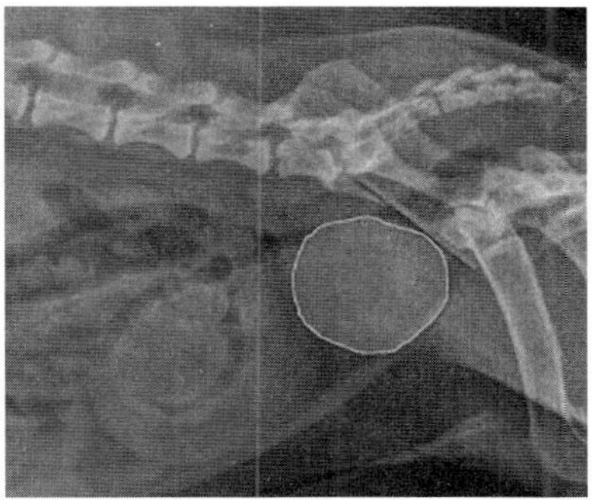

图 14-126　前列腺正常放射学征象

6. 子宫

在未妊娠的雌性动物中，除非子宫或卵巢增大，否则其生殖道在X线平片上是不可见的。妊娠期间，子宫逐渐增大，大约在妊娠第5周后的X光片上可以看到，偶尔会更早。此时只能诊断为子宫肿大，胎儿很少被识别出来。大约在妊娠的第45天，胎儿骨骼开始骨化。猫骨化会提前几天发生，可能需过几天才能看到所有的骨骼并估计出胎儿的数量。胎儿骨骼骨化是妊娠诊断的最佳放射学证据。胎儿个数通过计算头骨来完成，因为当有几个胎儿时，重叠的骨骼会使个体识别变得困难。掌骨和跖骨在子宫中是最后骨化。如果能看到这些骨骼，说明妊娠期很短。在妊娠后半段，子宫贴于腹底。产后子宫可在后腹部见软组织混浊。在未怀孕时，子宫内任何液体均是异常（图14-127）。

三、常见泌尿系统疾病的X线诊断

（一）尿石症

尿结石泛指发生于泌尿道的结石，发生于肾者称为肾结石，发生于膀胱者为膀胱结石。小的肾结石下行至输尿管，称为输尿管结石，小的肾结石或膀胱结石下行至公畜的尿道为尿道结

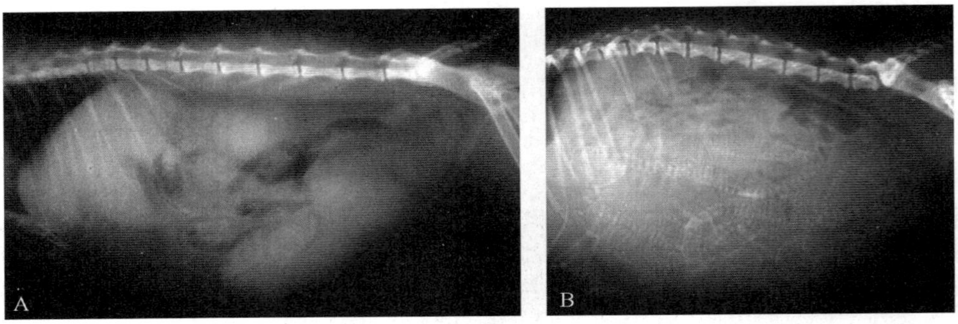

A. <45 d;B. >45 d。

图 14-127　妊娠子宫

石。结石的成分有不透明度高的矿物盐(如草酸钙、碳酸钙、磷酸盐等),也有低密度的有机物(如尿酸盐、胱氨酸等)。结石的构成往往以一种化学成分为主。结石可能单发,也可能在尿路的多处同时存在,引起邻近组织发炎及尿路受阻。临床上有尿频、尿血、尿痛或尿闭等症状。X线检查可发现结石及结石存在的部位、形状、大小和数目,甚至可判断结石的性质,放射学征象如下。

1. 肾结石(图 14-128)

肾结石是肾脏内矿化的混浊物,存在于一侧或双侧肾的肾盂或肾盏内,形状、大小、数目不定,偶见单个大结石。不透明度高的结石由磷酸铵镁和草酸钙组成。尿酸盐和半胱氨酸结石通常是不透明度低。肾脏造影检查可以证实不透明度低的结石,显示为充盈缺损的阴影,同时常显示肾盂扩张、变形的并发征象。小肠内容物可能掩盖小结石,临床上应注意鉴别。肾实质钙化不应判断为肾结石。肾实质钙化可能与创伤、慢性感染、肿瘤、甲状旁腺功能亢进或库欣综合征有关。钙化程度各不相同。钙化沉积物可见为肾实质内增加的不透明区域。肾结石在猫中比较常见,尤其是患有慢性肾病的老年猫。偶尔可引起完全性输尿管梗阻。

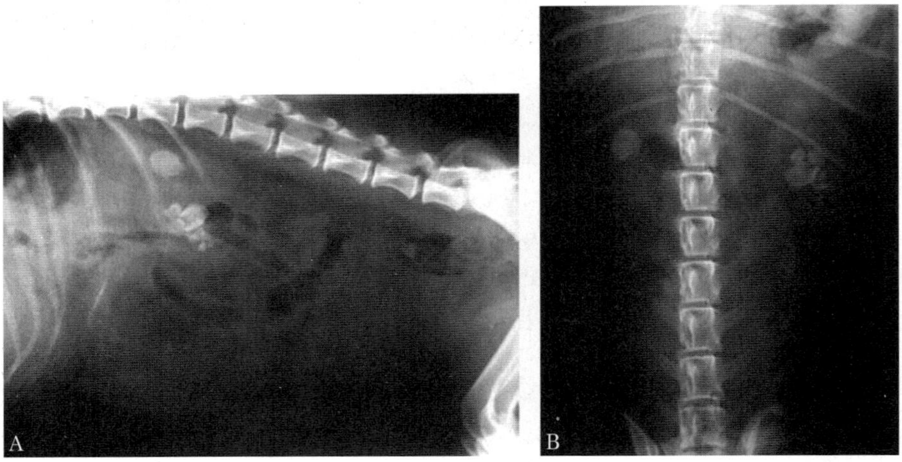

A. 侧位;B. 腹背位。

图 14-128　肾结石放射学征象

2. 输尿管结石

输尿管结石来自肾盂然后进入输尿管。虽然由于它们体积小并且会被消化系统结构影像所遮挡(图 14-129),可能难以识别,但仍在 X 光片上可见。排泄性尿路造影检查表现为输尿管腔充盈缺损。输尿管结石的并发症,包括伴有巨输尿管和肾积水症状的输尿管阻塞。未经治疗的长期输尿管结石可能导致肾脏萎缩。

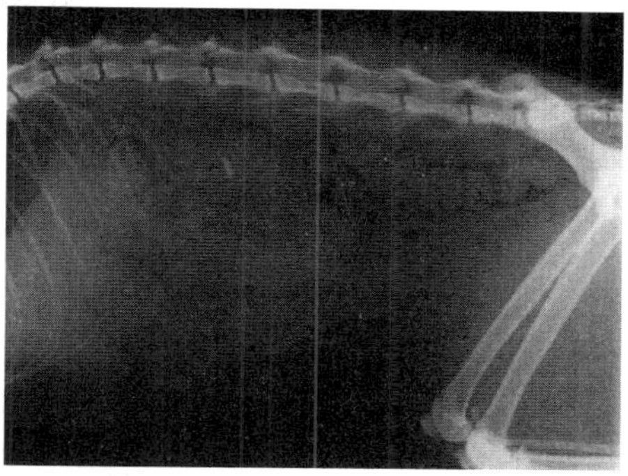

图 14-129　输尿管结石与消化道内容物鉴别

3. 膀胱结石

临床体征与膀胱炎相似。有时可通过腹壁触诊到较大或多发结石。在犬磷酸盐结石最常见,但也有尿酸盐、半胱氨酸、草酸钙和混合结石,其他类型(如黄嘌呤和碳酸钙)不常见。磷酸铵镁(图 14-130)、草酸钙(图 14-131)和碳酸钙不透明度高。半胱氨酸和尿酸盐结石不透明度低,阳性造影对其确认非常必要。此外,尿酸盐结石可能与肝功能障碍有关。若已明确尿酸性结石可能是导致下尿路疾病的原因,成年犬(1～5 岁)门静脉短路不应忽视。肠内覆盖的混浊物可能被误认为是结石。因此膀胱壁常因并发膀胱炎而增厚。为了发现小结石的存在,经常需要进行仔细的检查,因为,小结石很容易被遗漏或被肠道内容物所掩盖。

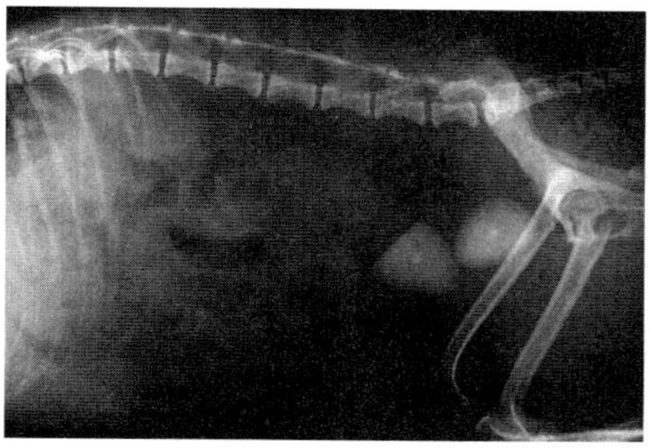

图 14-130　膀胱结石(磷酸铵镁)

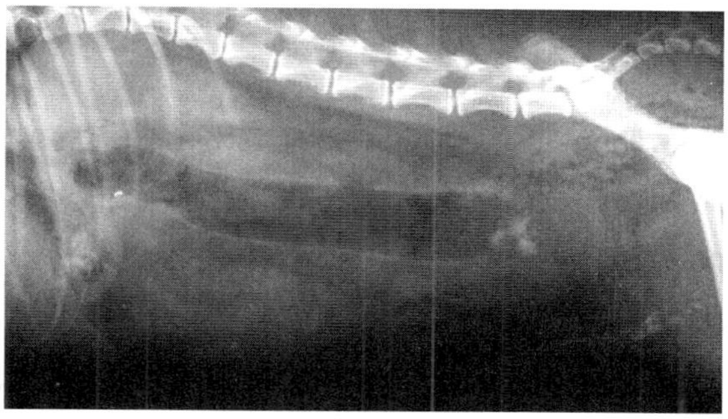

图 14-131　膀胱结石(草酸钙)

由于结石更容易通过相对较宽的尿道,母犬的结石通常比公犬的大,膀胱壁营养不良钙化因其外围位置和线状轮廓有助于将其与结石鉴别。猫膀胱结石不常见。大多数是磷酸铵镁结石,不透明度低。

膀胱双重造影术用来检查在 X 光平片上无法显现出来的不透明度低的结石,表现为充盈缺损。典型的结石有规则的几何外形,如圆形、卵圆形、多边形或星形。其他造成膀胱内出现充盈缺损的情况还包括血凝块及气泡,它们可以通过其形状和位置与结石进行鉴别。气泡可通过其位于造影剂的周边的特点而鉴别出来。血凝块一般形态不规则且边缘不清晰,而且其形状在 2 张连续拍摄的 X 光片上可能不同。最后,膀胱内充盈缺损还要与壁内团块相鉴别,后者与膀胱壁相连,且从不同拍摄方位拍摄出的外观不同。具体鉴别方法见表 14-2、图 14-132。

表 14-2 膀胱双重造影充盈缺损的鉴别诊断

项目	结石	气泡	血凝块	肿瘤
移动性	可移动	可移动	可移动	与膀胱壁相接
形状	几何形状	几何形状	无定形	圆形或椭圆形
位置	造影剂中间	造影剂边缘	无特定位置	无特定位置

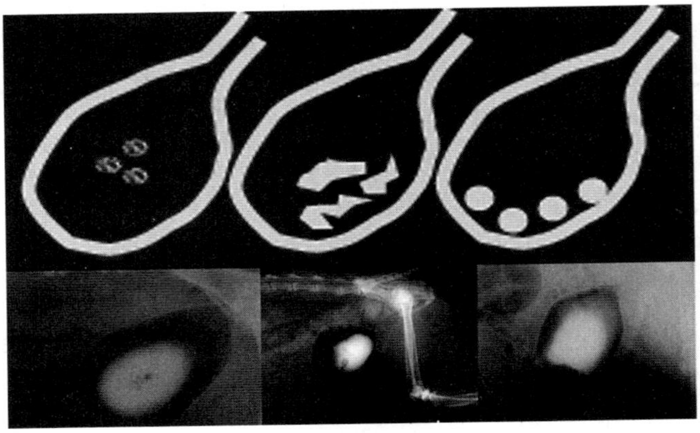

图 14-132 膀胱双重造影充盈缺损的鉴别诊断

4. 膀胱破裂

膀胱破裂可由外伤、尿道梗阻或罕见的难产引起，常见于车祸。有排尿并不排除膀胱破裂的可能性。此种破裂常沿腹壁发生并常与腹膜撕裂有关，进而使尿液进入腹腔。对于骨盆损伤病例，若平片上看不到膀胱或腹部浆膜细节较差，则应进行位于坐骨结节的逆行膀胱阳性造影检查。如果导尿困难或疼痛，可以进行排泄尿路造影，但可能会因尿道撕裂而漏尿。放射学征象如下。

①膀胱缺失或缩小(图 14-133)。

②腹膜腔内的液体导致腹浆膜腔细节丢失。液体的量取决于破裂的时间长短和腹膜炎的程度。

③膀胱造影阳性，显示造影剂渗漏进入腹膜腔或后腹部间隙(图 14-134)。

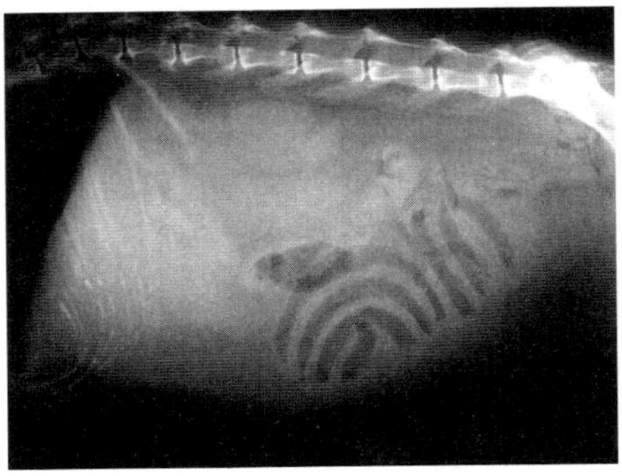

图 14-133 膀胱破裂-膀胱消失

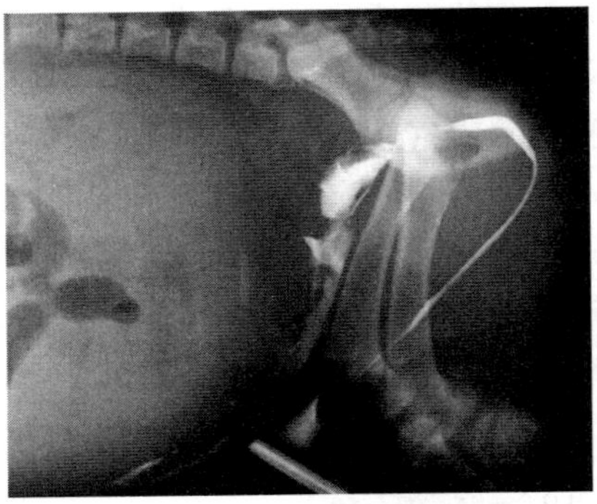

图 14-134 膀胱破裂-造影剂泄漏于腹腔

④静脉尿路造影将提示是否伴有肾和输尿管的损害。在许多病例中会伴有骨盆骨折。

5. 难产

动物发生难产或死胎时，X 线可显示一定的放射学征象，如难产时 X 线可显示胎位、胎势和胎向，明确难产原因，判断是否死胎。胎儿死亡 2～3 周后，胎儿或子宫内出现透明气影，颅骨重叠或塌陷，脊柱过度弯曲或成角，胎儿骨质溶解。如出现木乃伊胎儿，则 X 线显示胎儿骨骼集拢、骨骼浓密细小和胎儿体积缩小。

6. 子宫蓄脓

子宫积脓是指子宫内积液。X 线表现为子宫增大，后腹部和腹中部可见一个大的盘绕性、梭形团块使得小肠向头侧和背侧移位（图 14-135）。开放性子宫蓄脓，子宫通常只有在其直径超过小肠直径时才可见。团块呈现均一的液体不透明度。除非胎儿已经开始骨化，否则无法在影像学上区分妊娠和子宫积脓所致。由于子宫角位于腹壁内侧和肠道外侧，子宫角增大在腹背侧视图更易识别，小肠常因子宫角增大而向腹部中央移位。6 岁以上的母犬有时会发生子宫内膜囊性增生，这可能是子宫蓄脓的前兆。

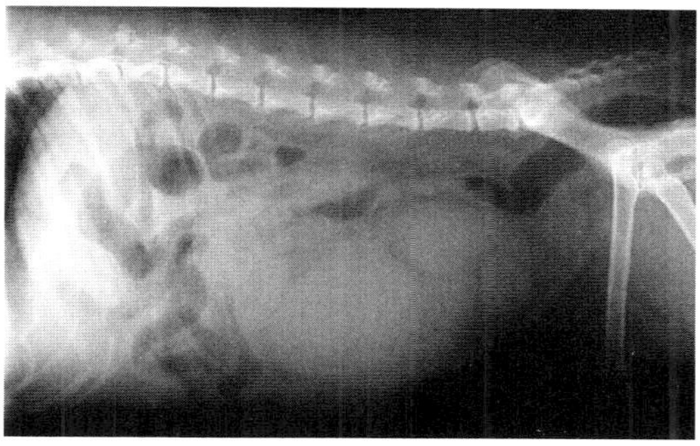

图 14-135　子宫蓄脓

第八节　计算机断层扫描

计算机断层扫描（computer tomography，CT）利用 X 线束与灵敏度极高的探测器，选定机体某一部位做横断面扫描，可用于多种疾病的诊断，具有扫描时间快、图像清晰等特点。与传统的 X 线摄影产生与机体长轴平行的轮廓图像不同，CT 产生的横断面（截面）影像。

CT 是在不受上下结构干扰的情况下，对身体横断面的展示。CT 使用高输出 X 线球管产生的 X 射线。球管安装在一个门架上，对面是一系列探测器。电子管和探测器围绕被检查对象一致旋转。扇形的 X 射线束以预定的水平通过人体。到达探测器 X 线模式被记录下来——投影。然后将整个龙门装配稍加旋转，重复这个过程，生成一个新的投影。获得了一系列这样的投影，完全覆盖了被检查动物。计算机利用复杂的数学公式从一系列投影中生成图像。

CT 的优势在于能够区分不同类型的软组织，如脑白质和灰质、肝脏和胆囊。CT 之所以能达到这种程度的对比度，是因为它能够测量组织阻止 X 射线穿透的能力的细微差异。CT 图像是计算机数字成像，灰度可以调整，以突出特定的特征，如骨骼或软组织（窗口）。

在 CT 成像中，组织和结构是用衰减来描述的，衰减是对组织阻止 X 射线能力的一种度量。在 X 线中，衰减相当于放射不透明。一个组织的外观是根据一些参考组织或其预期的正常外观来定义。因此，等衰减意味着具有相同的衰减，并将显示为相同的灰色阴影。如果组织衰减或停止 X 射线少于参考组织或少于预期，它被描述为衰减，并被描绘为较暗的灰色阴影。"超衰减"一词用来描述具有比预期更多衰减的组织。这些术语是相对的，而不是绝对的，并且参考组织或结构通常是陈述的。消除叠加结构。碘造影剂，如那些用于脊髓造影剂或排泄性尿路造影剂，可用于静脉注射。血液循环异常的病灶在注射后可显示明显的增强。在查看

CT 图像时，亮度和对比度被调整以突出特定的结构。CT 可以分辨出比显示器上显示或人眼所能识别的更大的对比度。因此，对图像的灰度进行调整，为具有不同衰减程度的组织分配有用的灰度，称为窗口。肺窗可以显示肺内的细节，但几乎所有其他结构都是白色的，细节很少。骨骼窗口将显示骨骼结构的细节，如皮质和小梁，而软组织显示为灰色，细节很少，肺显示为黑色。软组织窗口显示良好的对比和软组织结构的细节，如肝脏。肝静脉可与胆囊和其他软组织区分，而骨呈白色，肺呈深色。CT 几乎可以用于成像身体的任何部位。其中比较常见的应用是鼻腔，鼻窦和耳朵的疾病。也可用于评估脊柱、脑、关节、肺、纵隔、胸膜腔、腹部肿块。

思考题

1. 试分析犬食道梗塞的放射学征象。
2. 试述胃结石的诊断方法。

第十五章　超声波诊断

重点提示：学习超声波产生的原理和特性，学会常用超声波仪器的使用方法，并能在动物临床上对患病动物或妊娠动物进行超声波诊断和治疗。

第一节　超声波诊断的概述

一、超声的物理特性

声与超声均属于波的范畴。声波(sound wave)是由物体的机械振动产生的，振动的次数(频率)超过 20 000 次/s(每秒振动 1 次称为 1 Hz)称为超声(超出人听觉上限范围)，超声的声波被称为超声波(ultrasound wave)。超声波通常是以纵波形式在弹性介质内传播，使介质内粒子产生压缩与稀疏的交替变化而传播能量，所以这也是机械能的一种表现形式。超声虽然与声在本质上一致，但超声具有频率高、波长短、方向性良好等与声波不同的特点。兽医超声诊断的超声波是连续波(如 D 型)或脉冲波(如 A 型、B 型和 M 型)，其频率多在 2.0～14 MHz。超声波在机体内不同组织传播的特性不同，这是人们利用超声影像诊断的基础。超声波具有下列物理特性：

1. 超声波的定向传播性

超声具有方向性，即从声源发出的超声能向一定方向传播。当探头的声源晶片振动发出超声时，声波能在气体、液体和固体中(除真空外)直线传播，声波能随频率的提高而集中，当频率达到兆赫程度时，便形成了声束，类似于手电筒的光束，以一定的方向传播。诊断上则利用这一特性做器官的定向探查，以发现体内脏器或组织的位置和形态上的变化。

超声在不同介质中传播时波速各不相同，这与介质的密度、弹性、温度和其所受的压强等因素有关。固体中波速最快，液体中次之，气体中最慢。动物体温较恒定，变化范围不大，故动物体软组织中超声波波速相当恒定，接近 1 540 m/s，但在骨骼固体结构中超声波波速则明显增快。离声源最近一段距离，声束平行而不扩散，称近场区。该区方向性虽好，但在近场近端由于声源发射干涉，超声能量分布不均匀且较复杂，可以出现盲区。近场的范围与声源半径和频率成正比，频率高，声源半径大，则近场范围大；反之，频率低或声源半径小，则近场范围小。在近场之外，声束以半扩散角向四周扩散，称远场区。半扩散角与波长成正比，与频率或声源直径成反比。因此，超声传播距离越远，扩散角越大，超声束扩散也越明显。

2. 超声的反射、折射及绕射

超声在传播过程中，如遇到两种不同声阻抗物体所构成的声学界面时，一部分超声波会返回到前一种介质中，成为反射；另一部分超声波在进入第二种介质时发生传播方向的改变，即折射。超声波反射的强弱主要取决于形成声学界面的两种介质的声阻抗差值，声阻抗差值越大，反射强度越大，反之则越小。两种介质的声阻抗差值只需达到 0.1%，即两种物质的密度差值只要达到 0.1%，超声就可在其界面上形成反射，反射回来的超声称为回声。反射强度通常以反射系数表示：

反射系数＝反射的超声能量/入射的超声能量

超声诊断的基本依据就是被探测部位回声状况。空气的声阻抗值为 0.000 428，软组织的声阻抗值为 1.5 Pa/m^2s，二者声阻抗值相差约 4 000 倍，故其界面反射能力特别强。临床上在进行超声探测时，探头与动物体表之间一定不要留有空隙，以防声能在动物体表大量反射而没有足够的声能达到被探测的部位。这就是超声探测时必须使用耦合剂的原因。

超声波遇到小于其波长 1/2 的物体时，会绕过障碍物的边缘继续向前传播，称绕射或衍射。实际上，当障碍物与超声的波长相等时，超声即可发生绕射，只是不明显。根据超声绕射规律，在临床检查时，应根据被检查目标的大小选择适当频率的探头，使超声的波长比探查目标小得多，以便超声波在探查目标时不发生绕射，可比较小的病灶也检查出来，提高分辨力和显现力。

3. 超声的散射和衰减

超声在传播过程中除了透射、反射、折射和绕射外，还会发生散射。散射是超声遇到物体或界面时沿不规则方向的反射(非 90°)或折射(非声阻抗差异造成的)。超声在介质内传播时，会随着传播距离的增加而减弱，这种现象称为超声衰减。引起超声衰减的原因是：第一，超声束在不同声阻抗界面上发生的反射、折射及散射等，使主声束方向上的声能减弱。第二，超声在传播介质中，由于介质的黏滞性(内摩擦力)、导热系数和温度等的影响，使部分声能被吸收，从而使声能降低。

声能的衰减与超声频率和传播距离有关。超声频率越高或传播距离越远，声能的衰减，特别是声能的吸收衰减越大；反之，声能衰减越小。动物体内血液对声能的吸收最小，其次是肌肉组织、纤维组织、软骨和骨骼。

超声诊断技术应用范围很广，几乎可用于陆地和海洋的各种哺乳动物、鱼类和禽类。超声已成为动物正常生理监测和疾病诊断的重要手段；几乎动物体绝大部分器官和部位均可应用 B 超检查。动物生殖系统的检查，约占全部 B 超检查的 43.3%，其次是用于腹部脏器的检查。

4. 超声分辨力

超声分辨力是指超声诊断仪能够分辨相邻 2 个小目标间距离的能力。在超声束轴线上，能分辨 2 个界面间最小纵深距离的能力称为纵向分辨力；在与超声束轴线垂直的面上，能分辨 2 个界面间的最小距离的能力称为横向分辨力。分辨力越高，图像越清晰，反映组织切面的信息越真实，超声诊断的准确性越高。

5. 超声的显现力

超声的显现力是指超声检测出物体的大小的能力。能被检出物体的直径大小常作为超声显现力的大小。能被检出的最小物体直径越大，显现力越小；能被检出的物体直径越小，显现力越大。从理论上讲，超声的最大显现力是波长的 1/2，如 5.0 MHz 的超声波长为 3.0 mm，其显现力为 1.5 mm。实际上，病灶要比超声波波长大数倍时才能发生明显的反射，故超声频率越高，波长越短，其显现力也越强，但穿透力会较低。

6. 超声多普勒效应

当入射超声遇到活动的界面时，反射回声的频率就发生改变，这种现象称为超声多普勒效应。当界面活动朝向探头时，回声频率增高；离开探头时，回声频率降低。反射频率与入射频率的差值称为频移。利用超声这一物理特性，可对活动器官（如心脏、胎心、血管内血流情况及组织活动等）作出超声诊断。近年来，应用的彩色多普勒血流成像系统，能清晰、逼真地显示血流方向、流速、血流状态等。

二、动物体组织的声学特性

（一）不同组织结构的声波反射规律

动物体组织结构复杂，界面众多。各个界面均能依次得到各自回声。超声在动物体内传播时，具有反射、折射、绕射、干涉、吸收等物理特性。由于动物体的各种器官组织（液性、实质性、含气性）对超声的吸收、声阻抗、反射界面的状态以及血流速度和脉管搏动振幅的不同，因而超声在其中传播时，就会产生不同的反射规律。为了超声诊断上的方便，人为地调整了仪器灵敏度，使液体无回声反射发生。但实质脏器与气体也各有不同的反射类型。因此，各种脏器都有自己一定的正常和异常声像图与回声图，研究分析这些图形变化规律是超声诊断的主要方法。

1. 实质性、液性与含气性组织的超声反射差异

（1）在实质性组织中　如肝脏、脾脏、肾脏等，由于其内部存在多个声学界面，故在示波屏上出现多个高低不等的反射波或实质性暗区。

（2）液性组织中　如血液、胆汁、尿液、胸、腹腔和子宫积液、羊水等，由于它们为均质介质，声阻抗率差别很小，故超声经过时不呈现反射，在示波屏上显示出“平段”或液性暗区。

（3）在含气性组织中　如肺脏、胃、肠等。由于空气和机体组织的声阻抗相差近 4 000 倍，超声几乎不能穿过，故在示波屏上出现强烈的饱和回声波或依次衰减变化光团。

2. 脏器运动的变化规律

心脏、动脉、横膈、胎心等运动器官。一方面由于它们与超声发射源的距离不断地变化，其反射信号则出现有规律的位移，因而可在 A，B，M 型仪器的示波屏上显示；另一方面又由于其反射信号在频率上出现频移，又可用多普勒诊断仪监听或显示。

3. 脏器功能的变化规律

利用动物体内各种脏器生理功能的变化规律及对比探测的方法，判定其功能状态。如采食前、后测定胆囊的大小，以估测胆囊的收缩功能；排尿前、后测定膀胱内的尿量，以判定有无尿液的潴留等。

4. 吸收衰减规律

动物体内各种生理和病理性实质性组织，对超声的吸收系数不同。肿大的病变会增加声路的长度，充血、纤维化的病变会增加反射界面，从而使超声能量分散和吸收。由此出现了病变组织与正常组织间对超声吸收程度的差异。利用这一规律可判断病变组织的性质和范围。组织对超声的吸收和衰减程度，一般是癌变组织＞脂肪组织＞正常组织。因此，在正常灵敏度时，病变组织可出现波的衰减，癌变组织可表现为“衰减平段”，在 B 型超声仪示波屏上表现为衰减暗区。

超声诊断就是依据上述反射规律的改变原理，用来检查各种脏器和组织中有无占位性病变、器质性的或某些功能性变化的病理过程。

(二)不同组织结构反射波型的特征

动物组织器官表面有被膜包绕，被膜同其下方组织的声阻抗差大，可形成良好界面反射，声像图上出现完整而清晰的周边回声，从而显出器官的轮廓。根据周边回声能判断器官的形状与大小。

1. 回声强度

回声强度是指声像图中光点的亮度或辉度。超声经过不同正常器官或病变的内部，其回声强度不同，这是由回声振幅的高低决定的。回声振幅越高，辉度越高，反之则低。回声强度可用灰阶衡量。与正常组织相比较，把回声强度分为以下 4 种。①弱回声或低回声。指光点辉度低，有衰竭的现象。②中等回声或等回声。指光点辉度等于正常组织的回声强度(辉度)。③较强回声或回声增强。指光点辉度高于正常组织器官的回声强度(辉度)。④强回声或高回声。明亮的回声光点，伴有声影或二次、多次回声。

2. 回声次数

回声次数是指回声量。

①无回声：是超声经过的区域没有反射，成为无回声的暗区(黑影)，可能由下述情况造成：

液性暗区：均质的液体，声阻抗无差别或差很小，不构成反射界面，形成液性暗区，如血液、胆汁、尿和羊水等。因此，血管、胆囊、膀胱和羊膜腔等即呈液性暗区。病理情况下，如胸腔积液、心包积液、腹水、脓液、肾盂积水以及含液体的囊性肿物及包虫囊肿等也呈液性暗区，成为良好透声区。在暗区下方常见回声增强，出现亮的光带(白影)。

衰减暗区：肿瘤，如巨块型癌，由于肿瘤对超声的吸收，造成明显衰减，而没有回声，出现衰减暗区。

实质暗区：均质的实质，声阻抗差别小，可出现无回声暗区。肾实质、脾等正常组织和肾癌及透明性变等病变组织可表现为实质暗区。

②低回声：实质器官如肝，内部回声为分布均匀的点状回声，在发生急性炎症，出现渗出时，其声阻抗比正常组织小，透声增高，而出现低回声区(灰影)。

③强回声：可以是较强回声、强回声和极强回声。

较强回声：实质器官内组织致密或血管增多的肿瘤，声阻抗差别大，反射界面增多，使局部回声增强，呈密集的光点或光团(灰白影)，如癌、肌瘤及血管瘤等。

强回声：介质内部结构致密，与邻近的软组织或液体有明显的声阻抗差，引起强反射。例如骨质、结石、钙化等，可出现带状或块状强回声区(白影)，由于透声差，下方声能衰减，而出现无回声暗区，即声影。

极强回声：含气器官如肺、充气的胃肠，因与邻近软组织之间的声阻抗差别极大，声能几乎全部被反射回来，不能透射，而出现极强的光带。

三、超声仪和探头的类型

可用于疾病诊断的超声类型很多，目前最常用的是按显示回声的方式进行分类，主要有 A、B、M、D 和 C 型 5 种。

1. A 型超声

A 型(amplitudemode)超声即幅度调制型，简称 A 型(A-mode)，是将超声的回声(echo)信号以波的形式显示出来。以波幅的高低、反应回声信号的强弱、可探知界面距离，测量脏器径线及鉴别病变的物理特性，可用于对组织结构的定位。

当超声穿过介质时，则出现没有回声的平段波型。平段波型又可分为液性平段和实性平段。液体为均匀的介质，对超声不发生反射，仪器加大增益也不产生反射，这种平段称液性平段；如果液体为胎水，又称胎水平段或羊水平段。实质脏器和肌肉也是均匀的介质，对超声也不产生反射，但仪器加大增益后，其中的组织结构会产生小的反射波幅，这种平段称实性平段。A 型超声对诊断妊娠、心腔、胸、腹腔积液和占位性病变等很特异。

2. B 型超声

B 型(brightnessmode)超声属灰度调制型，简称 B 型(B-mode)或 B 超。它是将回声信号以光点明暗即灰阶(grayscale)形式显示出来。灰阶越多，分辨力越好。光点的亮、暗反映回声信号的强和弱，没有回声信号则形成暗区。回声信号由点、线到面构成被探查部位的二维断层图像或切面显像，因此，B 超诊断又称超声断层显像诊断法(ultrasonotomography)或切面显像法，这种图像称声像图(sonogram)。因 B 超采用多声束连续扫描，故可显示脏器的二维图像。当扫描速度超过 24 幅/s 时，则能显示脏器的活动状态，称为实时(real time)显像。根据探头和扫描方式的不同，又可分为线形扫描、扇形扫描及相控线形扫描等。高灰阶的实时 B 超扫描仪，可清晰显示脏器的外形与毗邻关系，以及软组织的内部回声、内部结构、血管与其他管道的分布情况等。B 超与传统的 X 线、X 线 CT 成像、核磁共振(NMR)成像、放射性核素成像(PET)，共同构成当前医学上的 5 种影像诊断方法。又因 B 超具有安全、无损伤，操作简便，作出结论迅速、符合率高等优点而得到广泛应用。

(1)B 超成像的基本原理　基于超声波的物理特性，当超声探头发出的超声波在动物体组织中传播时，遇到不同声阻抗的各种界面，即发生一系列的反射，反射回来的声能通过探头的晶体片转变为电能，主机再将电信号经过处理，以不同大小的光点，不同亮暗的灰度显示在荧光屏上，并构成脏器断面的大体形态及内部结构解剖图像和病变区域的大小、形态、部位等二维切面图像。当成像速度达到 25～30 幅/s 或以上时，则可显示脏器的活动情况，检测和观察心脏、大血管、胎动、胎心的动态变化。

(2)B 超照片的识读方法　B 超照片左或右上方为时间(年、月、日、时、分、秒)、测值、扫描条件等数字信息；左或右下方为体值及探头位置标记图；中间为脏器图像或病灶图像。阅读照片时，先看体位标志和探头位置，弄清照片中的图像在何种体位，探头在什么位置所得到的，然后对照 B 超报告单中描述的脏器或病灶的回声特点、内部结构、毗邻关系等，参考超声诊断即可弄懂照片所提供的诊断信息。在识读的过程中应注意以下几方面的问题。

①要重视声像图的描述，全面了解报告内容，结合 B 超照片综合分析诊断的可靠性。切忌只看诊断意见，忽视其他部分。

②要重视诊断的肯定部分，也不要忽视诊断的推理部分。应结合临床，做必要的其他检查。切忌片面性地以 B 超检查代替其他检查。

③超声诊断的准确性受操作者的经验影响。

3. M 型超声

M 型(motionmode)超声也属灰度调制型，是光点扫描法，它以光点的亮度反映回声的强弱。当探头固定一点探查时，从反射光点的移动可观察反射体深度及反射体的活动状况，而显示出位置、时间曲线图。M 型主要用来探测心脏，所描记的图形称超声心动图（ultrasonic cardiogram，UCG）或 M 型超声心动图（M-mode echo cardio-gram），这是一维显示。当探头的 B 型扫查与光点扫描同步显示时，即可形成二维的切面超声心动图（two dimensional echocardiograms，TDE），又称切面超声心动图。本法与 B 型扫描心脏实时成像结合应用，诊断效果更佳。

4. D 型超声

D 型（doppler mode）超声又简称 D 型（D-mode），此型超声是应用多普勒效应原理设计而成的。当探头和反射界面之间有相对运动时，反射信号的频率发生变化，即多普勒频移。用检波器将此频移检出，加以处理，即可获得多普勒信号音。D 型超声法主要用于检测体内运动脏器的活动，如心脏和脉管活动、胎心和脐带搏动、胎动及胃肠蠕动等。所以，很适用于诊断妊娠和监测胎儿。目前，医学上也已广泛用于其他脏器病变的诊断与鉴别诊断，有较好的应用前景。

多普勒彩色血液显像，是在多普勒二维显像的基础上，以实时彩色编码显示血液的方法，即在显示屏上以不同的彩色显示不同的血液方向和速度，从而增强对血液的直观感。

5. C 型超声

C 型（constant depth mode）超声，即等深显示技术，使用多晶体探头进行 B 型扫描，其讯号经门电路处理后，显示与扫描方向垂直的前后位多层平面断层像。目前主要用于乳腺疾病的诊断。

6. 彩色多普勒血流显像仪

彩色多普勒血流显像仪（colour Doppler flow imaging，CDFI）是在二维和 M 型超声心动图的基础上，用彩色实时显示二维彩色多普勒血流图像。利用血流中红细胞与超声间的多普勒效应，描绘血流方向和相对速度并以不同彩色及色谱表示，颜色一般采用国际规定的彩色。以红、蓝、绿 3 色为基本颜色，其他颜色都由此 3 色混合而成。按规定血流方向用红与蓝色表示，迎向探头的血流用红色表示，背离探头方向的血流用蓝色，湍动血流用绿色，正向湍流的颜色接近黄色（红与绿相混），反向湍流的颜色接近蓝色（蓝与绿相混），还规定血流速度与红、蓝色的亮度成正比，正向血流速度越高，红色亮度越亮，同样反向速度越高，蓝色的亮度越亮。用 3 种颜色显示血流方向、速度和湍流，为临床提供实时血流分析的资料。

7. 探头

用来发射和接收超声，并能将电能转换成声能的部件装置称为探头（transducer），常用的探头有如下几种。

(1)线阵式探头　是由多晶体（可多达 400 片以上）组成，线阵探头的晶片成直线排布，扫查时与体表接触面积大，扫描图像为矩形，常用频率是 3.5 ～7.5 MHz，也有用 2.25 MHz 或 10 MHz 的探头，直肠探头和穿刺探头及体腔内探头属此种类型。线阵式探头与机体接触面大，断面图近区视野宽，远区图像清晰，在临床上应用广泛。

(2)凸阵探头　晶片是按一定的弧线排布的，图像为梯形断面，其振动面的法线是呈扇形辐射状的。工作频率以 3.5 ～7.5 MHz 为多。此种探头与动物体接触面较小，便于经肋间扫查，因此可用来做心脏扫查。扫查断面远区图像比线阵式宽，使检查盲区缩小，也是临床上应用较多的一种探头。

(3)扇形探头　有单晶片来回摆动式，形成机械扇形扫查，以及多晶片在转轮上轮番发射来完成扫查。这类探头都有一定噪声，尤其单晶片摆动式探头，价格便宜，图像质量差，检测的实时图像中常有光栅，一般用于低档次仪器中。多晶片转子式扫描仪，是由马达驱动换能器交替工作，一般有效扫查面为 90°。其转速低且均匀，因此噪声小，无振动及光栅，图像质量也较好，但其寿命短。

(4)环阵探头　由一系列直径不同的同心圆环形晶片组成，采用动态聚焦方式，而取得较好的声束，全程的横向分辨力较高。

(5)相控阵探头　以多元探头通过适当调整，控制各单元激励信号，采用延迟组合触发，改变相位差异，使声束偏转，做扇形扫查方式，所获图像质量较好，分辨力较线阵探头高。

(6)穿刺探头　一般是利用线阵式探头，在探头中央有一槽口，附加 1 个特制的穿刺引导装置，以引导穿刺针方向，槽口处无晶片，利用槽口在画面上形成 1 条无声暗带做指示引导穿刺。

(7)术中探头　属线阵式探头，其特点是探头较小，便于术中使用，与动物体接触面约为 6.5 cm×1.5 cm，工作频率为 5 ～7.5 MHz，其外形有“T”形和“I”形两种。探头与导线连接处是封闭的，便于探头在液体中浸泡消毒，使用上与线阵式一致。

(8)腔内探头　为缩短探头与深部器官的距离，一些特制探头可置于腔内，对腔内疾病及其邻近脏器的病变进行超声扫查。目前，较常用的有阴道、直肠和食管等体腔探头，多数探头是线阵式的，也有用机械径向扫查的，这类探头的特点是体积小，频率高，可做环形旋转扫查。

(9)宽频探头　可以发射和接收多种不同频率的超声波的探头，其中心频率的频带可覆盖很宽的频率范围，如 2.5 ～7.5 MHz、7.5 ～10 MHz、10 ～13 MHz 等。

四、兽医超声检查的特点

1. 动物种类繁多

由于各种动物的形态、解剖生理等方面存在的差异，在检查时其体位、姿势均各有不同，尤其是要准确了解有关脏器在体表上的投影位置及其深度变化，由此才能识别不同动物、不同探测部位的正常超声影像。

2. 动物的被毛

由于各种动物体表均有被毛覆盖，毛丛中存在大量空气，致使超声难以透过。为此，在实际超声检查中，除探头在体表被毛生长稀少部位(软腹壁处)外，其他部位均须在检查前仔细剪毛或剃毛。

3. 动物需要保定

保定是对动物实施超声诊断时不可缺少的辅助条件。由于动物种类、个体情况、探测部位和方式的不同，保定的繁简程度也不一样。

4. 兽医超声诊断仪

兽医临床上应用的诊断仪不仅限于室内应用，而且应能在动物畜舍或现场应用。因此，要求超声诊断仪器功率要大，检测深度长，分辨率高，体积小，重量轻，便于携带及自带电源。

五、注意事项

在超声探查中，有许多影响超声的透过和反射的因素都能使显示屏的影像失真、反射波数减少或波幅降低，难以作出准确的分析和判断，因此应该注意以下事项。

(1)使用耦合剂　为使探头紧密地接触皮肤，消除探头与皮肤之间的空气夹层，此时应使用耦合剂。临床上多选择与机体组织声阻抗率相接近，而且必须是对人畜无害、价格便宜的耦合剂。有时由于耦合剂量少或流失，探头与皮肤间出现空气层，致使超声透过困难或反射回声显著减少。

(2)皮下脂肪组织的衰减　各种动物或同种动物不同个体，皮下脂肪的厚度不等，因此对超声的吸收衰减不同。试验证明，频率为 2.5 MHz 时，每厘米脂肪吸收系数为 1.3～2 db/cm。因此，在检查时应注意，动物的品种、类型、肥胖程度等均对超声反射有不同影响。

(3)界面与探查角度　脉冲反射式超声，在相同的介质中，反射的强弱与探头面和被测界面是否垂直有密切关系。试验证明，当探头以 5°角入射时，返回探头的声能只为垂直时的 10%；12°角时，只有 1%。实际上，体内脏器有时并非每处都与皮肤平行，因此在具体探查时要不断摆动探头，以便与被测脏器界面垂直。

(4)频率的选择　超声频率越高，波束的方向性好，分辨力强，但穿透力反而变弱，即组织吸收系数高；反之，频率低，方向性差，但穿透力较强。因此，当选择频率时，既要考虑穿透力，又要注意分辨率。一般在声波衰减不大的情况下，既要满足探测深度，又要尽可能选用较高的频率。

(5)探测灵敏度　探测灵敏度的确定与反射回波的多少及高低有密切关系。灵敏度过高致使所有反射波和一些杂波都被放大，于是波型密集，波幅饱和，无法分辨组织结构，易于误诊；灵敏度过低时，有些界面反射回波信号均被抑制，于是波稀少，波幅小，波型简单，同样不能完全反映组织结构的变化而造成遗漏。

六、　超声诊断的安全性

超声波是一种机械波动形式，但同时它又是一种机械振动的能量形式，当超声超过一定作用剂量时，它可以对动物体组织造成损伤，甚至破坏。因此，从超声诊断用于临床时起，就开始了对其安全性的研究。

超声诊断安全性的研究经历了较长历史，但由于研究课题本身的困难性，迄今尚不能就超声用于妊娠诊断的安全性问题，在严格的科学基础上取得国际范围的一致性意见。自 20 世纪 80 年代起，超声诊断安全性的研究受到特别的重视，并变得比以前任何时候都突出。原因是超声图像诊断技术的应用越来越多，并且现行 B 型超声诊断仪的声强输出峰值每平方米可高达几百瓦，乃至上千瓦，而有关理论与模拟实验均已证明，这种高的脉冲峰值声强足可在含有空化核的生物流体中产生空化现象——空腔的产生、振荡、增大、收缩，甚至内爆。近年来又陆续有文章报道，在哺乳动物活体组织中发现了这样的空化核。很难说在动物体大多数器官和生物流体中损伤几个细胞会对动物体健康产生多大影响，然而动物体的生殖细胞，或是处在发育灵敏期的胚胎和胎儿可能就是例外。

早在第一次世界大战末，法国科学家 Langevin 在研究水下超声探测时，就观察到了强超声辐射对鱼类等水生动物可产生致死效应。接着 Harvey 等发现，超声辐照可使动物体内的温度升高。

第二节　超声图像分析

一、分析图像应注意的问题

在获得图像后，如果能够正确分析超声图像将非常有利于正确诊断疾病，但是因为被诊断的动物不同、探测的部位差异以及探测人员的熟练程度不同等因素，都会影响超声图像的质量，因此在分析图像时应该注意以下几方面的问题。

①不能仅凭一两幅声像图就轻易作出诊断，而应根据多方位的系列断面进行分析。

②注意识别各种伪差，防止将图像中的伪差误认为异常声像，而作出错误的判断。例如，膀胱充盈尿液时，其前壁附近显示多层模糊不清结构，不应误为病变。衰减值较高的组织后方的图像常显示不清，可掩盖病变，同样含液区后方回声增强，也可掩盖病灶。

③凡对有对称性脏器或组织进行扫查，如果发现异常，应在其相对称部位作相同条件的扫查，并互相对照比较，最好用双幅画面，同时显示两对称部位的声像，进行必要的测量和对比。

④画面的显示应符合规范要求，如对脏器大小的测量、分析，以及前后不同时间的比较，都要求作规范的断面，才能作出结论。

⑤对显示不清晰的图像或检查前准备条件不符合要求，最好重新作好准备后，再次检查，以获取清晰的声像，再作分析判断。

⑥熟悉各类组织的反射规律和衰减特性，有助于图像分析。

⑦图像分析后，应结合病史及临床有关资料，综合分析判断。但不应依赖其他检查结果，而根据其他结论进行超声诊断。

二、B型超声图像中的假象

在B型超声成像的原理中采用了如下3点假设：①产生脉冲回波的声学界面总是处在声束的中心轴线上；②换能器发射的声脉冲及其接收到的回波脉冲之间的延时量与换能器到产生回波界面的距离成正比；③回波界面的物理性质决定了回波界面的显示亮度。

如果在成像过程中，以上3点假设能够满足，则超声图像即可正确地反映动物体内该断面上回波界面性质及其分布情况；反之，如在成像中对上述3点假设的任何明显偏离都会在图像显示中导致假象（即伪像）的发生。假象，即指显示图像上任何一回波（即亮点）位置相对于动物体内真实回波位置的失真，或者由于受到其他物理因素影响，回波亮度并不对应于动物体内真实回波界面的性质。例如，在超声成像中，发射自各个震源的超声波之间发生相互干涉，其干涉结果造成声场空间分布的增强或削弱，则会显示出颗粒状亮点，类似于肝脏或胎盘内部结构的显示图像，这就是一种假象。

产生假象的原因主要来自两个方面：一是由仪器本身性能引起的，如探头的分辨力不够、扫查臂的几何位置有误差、仪器的增益控制不当等。这一类假象可以通过提高仪器的性能，使之得到改善。二是由于超声波在人体内的传播所固有的特性与规律所决定的。例如，由于超声波在传播过程中发生的折射、反射、散射、绕射、衰减等现象，可能导致图像中界面的位移、阴影、增强、混响、振铃、斑点等。这一类假象几乎无法消除，人们只能了解它、识别它，努力避免一些初学者易犯的那种“看图识字”式的机械观点和由此可能造成的诊断失误。下面列举几种常见的假象。

1. 与声波反射有关的假象

(1)多次反射引起的假象　如一束脉冲超声波发射出之后,在近处遇到镜面反射界面,那么声波可能在探头与界面之间多次往返传播,则相应在图像上会显示出等距相间的多个界面,这种现象称为混响假象。混响假象也可发生在某一薄层气体界面上(常出现在肠胃的显像中),这时声波会发生多次反射,并伴随明显衰减,这种现象也称振铃状假象。

(2)边缘失落假象　如动物体内有一球面反射界面,那么当其边缘走向与声束之间夹角很小时,则该处即无回波产生,在图像上则相应呈现边缘失落假象。

2. 与声波折射有关的假象

(1)图像畸变　当声束在人体内通过声速不等的多层组织时,在每层界面上都会发生折射。而在显示图像中却把各折线上的回波都显示在轴向直线上,从此会引起图像畸变失真。

(2)折射声影　如声束在动物体内传播时遇到声速较大(与周围媒质相比)的球形病灶时,声束即在该界面上发生折射,甚至会发生反射,其结果有可能造成病灶下方无声波传播,图像上则呈声影。它并非是由于病灶的高衰减所引起的,故称为假声影。胆囊两侧下方常呈此假象,不可误诊为胆结石。

3. 声波绕射造成的假象

声波在结石或钙化区会发生强反射及高衰减,从而使其后方呈现声影。但是当结石尺寸小于 2 mm 时,声波即可绕射到其后方,则声影随之消失。如忽略这一现象,就可能对病灶区的性质判断不当。

4. 与声衰减有关的假象

在 B 型超声诊断仪中都设有时间增益补偿(TGc)功能,以补偿超声在动物体内的正常传播衰减。但是,倘若声波在动物体内传播时遇到高衰减区(如胆结石、纤维组织等)时,其衰减过快,补偿不足,则达到高衰减区后边的声波很弱,会出现声影;反之,如遇到低衰减区(如均匀液体)时,又呈补偿过剩,致使后边回声增强。

5. 与声速有关的假象

在超声诊断仪的设计中,均取动物体组织声速为 4～240 m/s 来标定时速。但实际上,动物体的不同软组织的声速有明显差别,这就会给纵向测距带来直接的误差。同样,由于不同组织声速的差异,界面上会发生折射,这又会导致横向测距的误差。这些误差有时可达 2～3 mm。因此,在 B 型超声声像图指导下穿刺时,应予十分注意,特别是对深部细管道穿刺时,更要注意。

6. 声束宽及旁瓣引起的假象

①当超声束平行扫查过一个点状反射体时,在图像上可能会显示一条亮线,其长度等于声束宽。此现象称为束宽假象。

②有些换能器发射的声波,除主声束之外,其两侧还会存在小的旁瓣声束,旁瓣声束也对动物体扫查,结果会在图像上造成多重影像,此现象称为旁瓣假象。

假象是针对它偏离了人体解剖结构的真实位置和状态而言的,它是实际成像过程中偏离了有关成像的 3 点人为假设的必然结果。反之,倘若我们从声波在动物体内传播的客观规律出发,那么假象正是声波与动物体组织相互作用的客观真实结果。因此,欲弄清假象本身的内涵,必须要了解声波在动物体内的传播与相互作用规律,只有这样,才能透过表象,去伪存真,使超声图像诊断达到更高的水平。

这再次深刻表明，对于一位临床超声工作者，仅仅做到简单地“看图识字”还是不够的，还需尽可能多地掌握有关物理、声学及成像知识，面对一幅幅图像显示，不仅能知其然，还能知其所以然，才能使自己高屋建瓴，显示出高超的诊断水平。

三、超声的反射规律

不同的组织结构具有不同的声学特性，声波射入不同的组织，产生不同反射情况，这种反射具有一定的规律性，对这些规律的认识，有助于图像分析，超声的反射规律有以下5种。

(1)无反射型　声波穿透胆汁、尿液、羊水、血液、囊肿等时，因无反射界面，故无回声出现。

(2)少反射型　实质性脏器中，有少数反射界面，因此可见少数点状回声。如肝、脾、肾等脏器的反射属此类型。

(3)多反射型　在较低灵敏度时，即可见反射。如乳腺组织、纤维增生、炎性渗出物及部分新生物等，常呈多反射型。

(4)全反射型　肺及胃肠道内气体较多时，声波在探头与界面之间发生重复多次反射，影响后方组织的显示，称为全反射。

(5)动态反射　见于心脏、动脉、胎心等处于动态状态的脏器。脏器与声源的间距随之发生相应的改变，声像团也可见动态的变化。

第三节　头部疾病的超声检查

兽医临床上对于头部疾病的超声影像诊断可以应用A型和B型超声诊断仪探查反刍动物(牛、羊)大脑中线波的位置变化，用于诊断颅脑内有无占位性病变，如脑包虫、脑肿瘤、脑脓肿、脑血肿及脑室积水等。

一、牛、羊脑包虫病的超声探查

(一)探查方法

1. 应用仪器

脉冲反射式A型超声诊断仪，对于小动物，因为其颅骨较薄，也可用扇扫式或凸阵、线阵实时多功能超声显像仪检查，探头以2.0～2.5 MHz的扇扫式较为理想。

(1)探测方式　双探头单发单收、双迹显示的超声波诊断仪便于观察中线波的定位和移位；同一探头单收单发，单迹显示超声波诊断仪，有利于分析脑内异常反射波型及中线波移位的计算。

(2)显示比例　为了便于观察和计算，A型超声诊断仪可使用下列比例：牛为1∶2，羊为1∶1。

(3)频率选择　一般使用2～2.5 MC，如果颅骨较厚时，可使用1.25 MC。

(4)灵敏度调试　目前兽医临床尚无统一的正常灵敏度标准，但可参考以下标准，即出现明显的颅脑进波与中线波，同时中线波与出波之间呈现一平段，此时记录下仪器的“抑制”与“增益”所在的位置，“输出”放在最大，此时即为正常灵敏度。探查过程中，适当调节“增益”加大灵敏度，以利于判定波形的性质。

2. 动物保定

被探查羊可行站立或侧卧保定，使其头部不要摆动，以免影响探查。探查局部剃毛或用7%～8%硫化钠溶液脱毛，脱毛后要洗掉残留的药液并涂以耦合剂。

(二)探查部位

为使超声束能透过骨板，应尽量于颅骨较薄处(顶骨颞侧部)探查。颞侧部是颅腔最薄的骨板，1 岁绵羊厚度只有 0.1 cm，4～5 岁的羊也只有 0.3 cm。此外，也可依据临床判定脑包虫的可疑部位进行定点探查。

(三)牛、羊颅脑的正常回声图

探头置于探测部位，使超声束指向对侧的下方并与颅骨骨板相垂直，同时观察示波屏上的反射波型，即颅脑的进波、中线波和出波。

1. 进波

进波也称近侧颅壁回波，是始波之后的一束综合性饱和波，是来源于皮肤、皮下组织、肌肉、颅骨等的综合反射波。特点是加大灵敏度时，宽度增加；降低灵敏度时，显示清晰。

2. 中线波

中线波是始波与出波的中点出现的一束反射较强、基底稍宽的高波，该波比较稳定。一般认为中线波主要来源第三脑室、大脑镰、大脑纵裂、透明隔等的反射波。有时在中线波的两侧各有一小单波出现，可能为侧脑室的反射波。在脑的回波中对侧颅骨外的皮下组织和皮肤，常常不能显示，而采用对侧颅骨骨板的强反射作为出波的读数，来计算中线波的位置。因此，中线波的位置并不是处于进波与出波二者的正中间。进波至中线波的距离大于中线波至出波的距离。

3. 出波

出波也称底波或远侧颅壁回波，是在扫描线的右侧出现比较稳定的单高波或饱和波，主要来源于对侧颅骨板和颅外软组织的反射波。正常颅脑回声如图 15-1 所示。

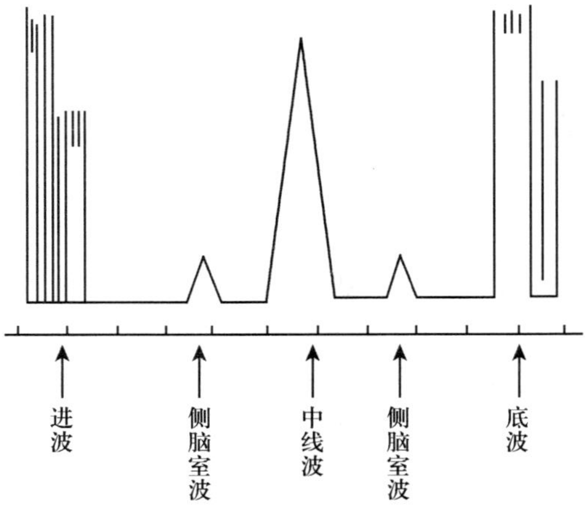

图 15-1 正常绵羊颅脑回声图

(四)颅脑中线波移位的测量和计算方法

中线波有无移位的变化，是判断颅脑内有无占位性病变(包括脑包虫)的重要依据。计算中线波时，必须以左、右两侧在出波读数相等的情况下，才能进行左右中线波移位的比较。

第一，是测量左右两侧探查时头颅进波的前沿至中线波前沿的距离，这种方法中线波并不位于进波与出波二者的正中间，由于进波到中线波间的距离包括了探查侧的皮下组织等结构，因此必定大于中线波至出波间的距离，但进行左右两侧对比可了解中线波是否移位(图 15-2)。

第二，是测量左右两侧中线波前沿起点至侧颅骨内板回波前沿起点(即出波)之间的距离，用以判定中线波是否移位。此种方法较为准确。正常动物脑中线波左右两侧探查时并非绝对相等，多数误差在几毫米以内。依据探查和显示方式不同，可有两种计算方法。

1. 单探头单迹显示法

使用单探头超声诊断仪时，要分别于左、右两侧对称相同部位进行探查，并计算示波屏上中线波的读数。

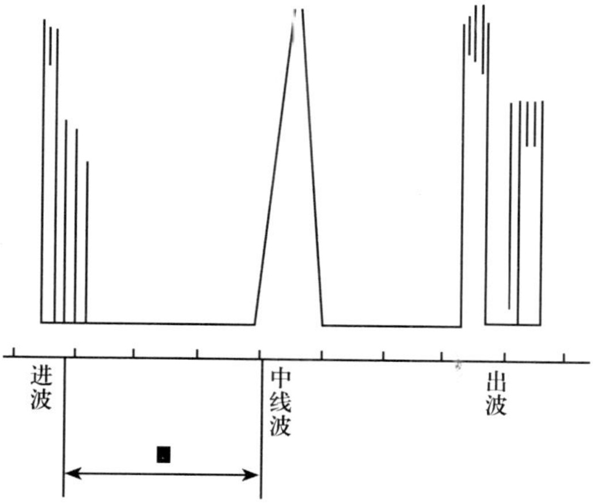

图 15-2 脑中线波和进波、出波间的距离图

设 A_1 为左侧中线波的数值，A_2 为右侧中线波的数值。假如 $A_1=A_2$，则中线波无移位；假如 $A_1>A_2$，为中线波左移，表明右侧大脑半球有占位性病变；假如 $A_1<A_2$，为中线波右移，表明左侧大脑半球有占位性病变。计算时必须以出波相同，以反射波的前沿为准。其计算公式为：

$$中线波移位的绝对值=\frac{(A_1-A_2)}{2}$$

2. 双探头双迹显示法

使用双探头超声诊断仪时，要同时将两个探头分别置于两侧对称探测部位进行探查。观察示波屏中央基线上出现两个中线波，一个正向，另一个倒置(图 15-3)。如果出波读数相同，两个中线波出现在中间相同位置的基线上，波的底数对齐，则表示中线波没有移位；反之，出波读数不同，两个中线波偏离，则表示中线波有移位。计算时同理是以反射波前沿为准，出波相同。计算公式为：

$$中线波移位数值=\frac{上下两中线波前沿起点间距离}{2}$$

(五)牛、羊脑包虫病的超声图

脑包虫病是由多头绦虫的幼虫——脑多头蚴寄生于脑内或脊髓中所引起的一种脑脊髓疾病，又称脑多头蚴病。成虫寄生于犬的小肠内，幼虫则寄生于牛、羊和骆驼的脑内。多头蚴呈囊泡状，其体积多为鸡蛋大，内包囊液。

脑包虫的 B 超声图像显示脑实质部有圆形且较大的无回声区，其余周围组织界限清晰，囊壁呈光滑纤细的环状增强回声。囊肿增大时，可见脑实质受压变薄，脑中线结构向对侧移位。如果能够恰到好处地选择适当功率的探头，B超扫查是诊断牛、羊脑包虫病非常实用的方法。脑包虫病虽可依据临床症状和变态反应作出诊断，但对于脑包虫寄生的位置、大小和数目不易作出确切的诊断，而超声探查法则可得到较满意的结果。

由于包虫的大小、寄生的位置和深浅不同，A型超声示波屏上出现的回声图常有以下3种情况。

①包虫寄生在脑中线结构一侧的大脑半球内，由于虫体压迫使中线结构向对侧移位，则示波屏上显示有中线波移位和包虫体的液性平段，见图15-3(a)。

②包虫体积较大或寄生距中线结构较近，由于虫体紧靠中线结构，移位的中线波和包虫体壁二者合并成为一束单高波，见图15-3(b)。

③如包虫寄生于大脑左、右两半球中间，将中线结构推向上方和下方，则示波屏上显示出1个液性平段，见图15-3(c)，与上述第二种变化相混淆，不易区别。

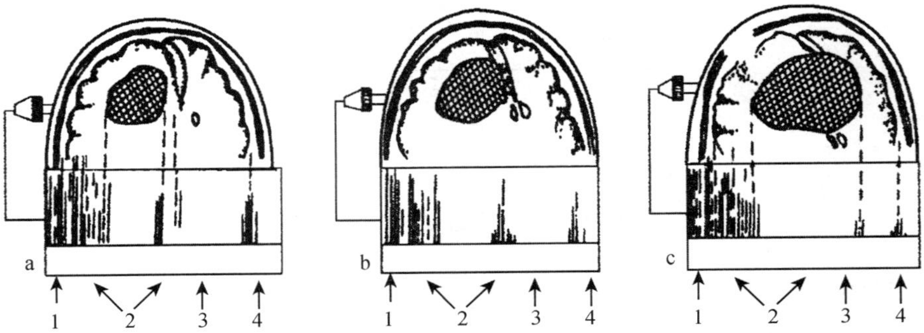

1. 进波；2. 包虫液平段；3. 移位中线波；a. 包虫与中线波；b、c、4. 出波。

图15-3 颅脑内不同部位脑包虫回声示意图

(六)注意事项

①牛、羊脑包虫的探查方法、波型分析和判断等基本相同。但牛应在3岁以下检查，探头置于额骨上部及角突间分别做定点探查，效果较好。

②中线波移位的程度与包虫体积大小有密切关系，一般二者呈正比，即移位的程度与包囊大小一致，但同时也受病灶所在的位置影响。

③示波屏上显示包囊的液性平段(A型超声)和无回声区(B型超声)，临床上可依据平段所在的部位作为手术摘除的部位和深度，也可在B超扫查的引导下实施手术。

④包虫寄生于小脑或延脑(或小脑幕后占位性病变)时，则无法引起中线波的移位，故A型超声探查法难以作出明确的诊断，而用B型超声探查则不存在该类问题。

⑤头颅外伤性病变(头皮血肿或肿胀)也可出现中线波移位，因此，用A型超声探查时应与颅内占位性病变引起的中线波移位相鉴别。

二、奶牛脑脓肿病的超声检查

奶牛脑脓肿的发病率较低。脑脓肿从感染开始常形成局限性化脓性脑炎，其感染性栓子会导致病变部小血管阻塞，而使脑组织软化、充血、坏死。接着中心部液化，形成脓腔。脓腔壁界限不清，边缘不规则，其周围脑组织水肿。以后逐渐出现较坚实的壁，形成一个完整的包膜，其厚薄不一,多由纤维肉芽组织构成。脓肿可为单腔,也可为多腔。较大脓肿可引起中线结构移位。如脓肿破入脑室或蛛网膜下腔,则产生致命性的化脓性脑膜炎。

该病多发生在额、顶、颞叶脑实质区。在发病初期,病牛临床表现有发热、食欲差、颈强直等脑膜感染的症状,然后多表现为精神明显沉郁。病牛消瘦,常双目失明,眼球突出,偶尔出现无目的前冲或做圆周运动。无饮、食欲,强迫饮食表现为食而不嚼,饮而不咽等神经症状。

(一)探查方法

仪器条件:用 A 型超声诊断仪检查时,探头频率选用 1.25 MHz;显示比例为 1∶1;显示方式为单探头单迹显示;依据具体情况调节灵敏度。应用 B 型超声诊断仪检查时,应选择 2.0 MHz 或 2.5 MHz 的探头。

探查部位:于顶骨颞侧部或两角突间做定点探查。局部剪毛或剃毛并涂以耦合剂。

(二)回声图的测量分析

1. A 型超声探查回声图的测量及分析

(1)左侧探查的回声图　见图 15-4(a),进波在扫描线 3.5 cm 处,中线波与脑内占位性病变出波相融合在 7 cm 处,出波在 9 cm 处,中线波值为 5.5 cm。

(2)右侧探查的回声图　见图 15-4(b),进波在扫描线 3.0 cm 处,中线波与脑内占位性病变相融合在 7.5 cm 处。

当开大增益后,两侧探查扫描线的液平段上均有微小波出现,表明该液平段为非绝对均质病变。

(3)中线波移位计算

$$A_1=5.5\ \text{cm}, A_2=2.5\ \text{cm}$$

$$\text{中线波移位绝对值}=(A_1-A_2)/2=(5.5-2.5)/2=1.5(\text{cm})$$

依据上述的计算和分析,脑中线结构明显左移($A_1>A_2$)。证明在颅脑的右侧存在一个液性囊肿,横向直径为 3.5 cm 左右,距体表深度为 4 cm 左右。由于平段中当开大增益时出现少数微小波,故认为是一个脓性肿物。

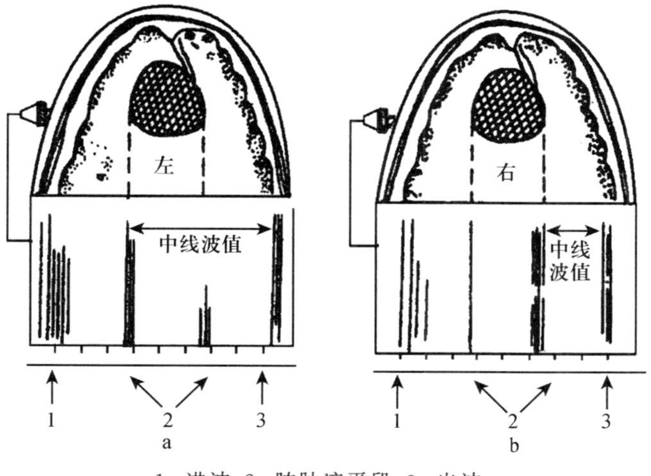

1. 进波;2. 脓肿液平段;3. 出波。

图 15-4　颅脑左侧(a)和右侧(b)探查回声示意图

2. B超声像图表现

在脓肿前期，病变部位为团块状、边缘不规则、内部结构紊乱的不均质强回声，以后团块中心坏死、液化后形成脓腔，声像图为无回声区，囊内可见星点状回声，如摇动患畜头部，可显示星点状回声浮动。最初脓腔壁界限不清，边缘不规则。随后则在无回声区周围出现环状增强回声，厚薄不一、界限清晰、包膜完整。如为多腔脓肿，可见无回声区内条状分隔。脓肿较大时，脑中线结构可向对侧移位，脑实质变薄，同侧脑室受压，对侧脑室变形扩张。

(三)鉴别诊断

用A型超声诊断脑脓肿时，要注意和脑室积水、脑血肿、脑包虫囊肿的区别，因为上述疾病都可在A型超声诊断仪的示波屏上显示出液性平段；此外，用B型超声诊断仪诊断时，应注意与脑包虫囊肿和脑肿瘤进行区别。首先，要从临床特征方面进行区别。其次，要从声像特点上进行区别。从发生的部位看，脑脓肿和脑包虫囊肿多发生于额、顶、颞叶脑实质区；而脑肿瘤多发生于颅内；从形态看，早期脓肿呈团块状，形成后呈囊样；脑包虫囊肿呈圆形囊样；脑肿瘤呈圆形或扁圆形，颅咽管瘤多呈圆形或分叶状；在内部回声方面，脓肿早期呈团块状增强回声，中心液化后无回声，脑包虫囊肿呈无回声区，其内可见浮游的点状回声；而脑肿瘤多为实体性增强或稍强回声。脑脓肿与周围的组织界限清楚，囊壁厚薄不均，脑中线多有位移；脑包虫界限光滑，壁呈线状，不够清楚，多无包膜，脑中线位移；脑肿瘤时其界限不清楚，多无包膜，脑中线位移。

第四节　心脏疾病的超声检查

超声检查法可用以诊断各种心血管疾病。例如，A型示波法可用于房室、大血管内径及心脏各界面活动幅度的测定；B型切面显像法可显示心脏切面的动态图像，以直接观察判断心脏的大小及有无心脏间隔缺损等情况；D型多普勒法可了解瓣膜的运动时间及血液的流动速度等情况；特别是M型超声心动图法可用于心脏瓣膜狭窄及闭锁不全等多种心血管疾病的诊断。

尽管由于超声的物理特性及心脏解剖生理位置的影响(声束不能穿透胸骨、肋骨及含气的肺组织等)，致使心脏疾病的超声探查受到了一定的限制，但是目前超声影像检查技术已成为各种动物(尤其是小动物)心脏疾病诊断不可缺少的重要辅助手段。目前，我国兽医临床主要应用B型切面显像法及M型超声心动图法研究和诊断心脏及其瓣膜的各种疾病。

一、各种动物心脏的特点

牛的心脏，裸区比马小，左裸区向后伸延到第4肋间隙，右侧由于被肺遮盖与胸壁不直接接触。心基部大致位于肩关节线上。羊的心脏，位置基本与牛相同。其主要区别是肺的间隔关系距离壁稍远。马的心脏，左侧与第3～6肋骨及其间隙接触；右侧接触较少，主要在第3～4肋间隙及第4肋骨下端；左侧裸区最高点在第4肋骨至第4肋间隙，约距第4肋骨胸骨端一掌宽(10～12 cm)。犬的心脏，4/7位于胸腔左侧。心基向上达胸廓1/2高处。心尖向后、向下达第6～7肋软骨乃至第8肋软骨，距胸骨约1 cm。心壁在第3～7肋骨处与胸壁相近。心脏的右侧在第5肋骨部与胸壁相贴，其左侧在第4～6肋骨部与胸壁相贴。

二、B型、M型超声探查法

心脏超声检查包括影像超声检查与多普勒超声检查。常用的超声影像检查有M型超声心动图和二维超声心动图；多普勒超声检查有脉冲多普勒超声心动图和彩色多普勒血流显像。检查时应以两维超声心动图为基础，辅以其他超声检查方法，达到诊断目的。

1. 仪器条件

各类B型实时超声断层扫描仪（B超），附断层影像及心动图拍摄记录装置、电子刻度测量尺及图片存储功能，可用以B型、M型单独显示，也可B型、M型同时显示。探头为电子聚焦型，频率有3.0 MHz、3.5 MHz、5.0 MHz及7.5 MHz等多种。在操作时尽量做到以下要求。

①电压必须恒定在正常水平。电源：100～120 V或220 V三线（带接地线），频率50 Hz。工作环境温度：10～40 ℃，相对湿度：30%～85%。

②仪器各部件、导线连接与仪器组装时要相符合，不得有松脱或错接插件情况。

③仪器地线的连接应牢固准确。

④仪器所需的恒温、空气湿度及防尘等设施应符合要求。

⑤操作者必须了解与熟悉仪器的各项性能指标，按仪器要求的操作程序开机使用。

⑥仪器具有多种超声检查功能，包括两维超声、M型超声和多普勒超声。兼有彩色多普勒血流成像功能更为理想。

⑦超声检查时，应同步记录心电图，以明确所示声像图的心动时相。

⑧通过超声探头，仪器能将多种超声检查功能结合在一起。例如，在两维超声心脏显像的基础上，将单维超声束通过两维心脏图像的某些部位，以获得此单维超声的M型超声心动图。

⑨两维超声检查心脏某部位结构有无回声失落时，超声束的方向应尽量垂直于被检部位，以避免假性回声失落。

⑩多普勒超声检查时，多普勒超声声束方向应尽量平行于血流方向。取样容积放置部位应尽量避开心壁和瓣膜，以免把瓣膜和室壁的机械运动误认为血流信号而造成误诊。

2. 探查及记录方法

大动物采取立位栏内保定，小动物（如犬、猫、羊等）应根据被检器官的位置不同采取各种体位（立位、仰卧位及坐位）保定。

在检查部位剪毛（或剃毛）、清洗消毒、涂声学耦合剂，使探头与皮肤间无空气间隙，以保证取得良好声像图。拍摄、记录断层像时，应注意避免人为造成探头活动及动物的骚扰，待图像冻结时，用电子刻度测量尺测量被测组织结构的大小，并在此时拍照，以确保测量的准确性和影像的清晰度。

3. 健康动物心脏瓣膜扫描的部位和方向

几种主要动物心脏瓣膜扫描部位和方向见表15-1所列。

表15-1　几种主要动物心脏瓣膜扫描部位和方向

瓣膜及心壁		动物及其体位		
		牛、山羊（立位）	马（立位）	犬（横卧位、立位）
二尖瓣	部位	右侧第3～4肋间肘头稍偏上方	右侧第4～5肋间肘头上方	右侧第3～5肋间胸骨右边缘稍偏头上方
	方向	从对侧肘头向尾部方向		

续表15-1

瓣膜及心壁		动物及其体位		
		牛、山羊(立位)	马(立位)	犬(横卧位、立位)
主动脉瓣	部位	右侧第3～4肋间肘头稍偏上方	右侧第4～5肋间肘头上方	右侧第3～5肋间胸骨右边缘稍偏头上方
	方向	从对侧肘头向尾部方向		
三尖瓣	部位	右侧第3～4肋间肘头稍偏上方	右侧第4～5肋间肘头上方	右侧第3～5肋间胸骨右边缘稍偏头上方
	方向	向对侧垂直方向		
肺动脉瓣	部位	左侧第3～4肋间肘头稍偏上方	左侧第4～5肋间肘头稍偏上方	左侧第3～4肋间胸骨侧缘稍偏上方
	方向	从对侧肘头向尾部方向		
心室壁	部位	左、右侧第3～4肋间肘头部	左、右侧第4～5肋间肘头稍偏上方	左、右侧第3～5肋间胸骨侧缘稍偏上方
	方向	向对侧垂直方向		

4. *健康动物心脏的超声断层图(UCT)*

(1)二尖瓣(MV)　位于右侧第3～4肋间(主要是左侧第3肋间)的心区、肘头上方或肘头部,探头面向对侧肘头投射扫描的心脏断层(UCT)。用频率为5.0 MHz的探头,扫描马驹右侧心区,在获得的二尖瓣的超声断层图中可看到右心房、右心室、心室中隔、左心房和左心室之间与各心壁同步运动的二尖瓣。隔着心室中隔还可看到三尖瓣膜口部及左室流出道。

(2)主动脉瓣(AV)　探头置于与二尖瓣扫描部位相同位置并稍转动向头方,可得到在右心房和左心房中间同左室流出道相连的主动脉瓣的超声断层图。同时,可观察到三尖瓣的图像。

(3)三尖瓣(TV)　于二尖瓣的扫描部位(右侧第3～4肋间),稍向上方移动探头,以垂直方向入射声束,可于胸壁内侧显示出收缩期明显、扩张期不明显的三尖瓣的超声断层图。

(4)肺动脉瓣(PV)　探查肺动脉瓣时,要使前肢向前方踏出,以充分露出心区,于左侧第3～4肋间(主要是左侧第3肋间)肘头部,探头对向对侧肘头方向,可得到肺动脉根部、主动脉、右室流出道和心室中隔等的超声断层图,可观察到在肺动脉根部开闭的肺动脉瓣图像。

(5)右心室壁(RVW)　于右侧第3～4肋间肘头部,按探察二尖瓣的方向偏向腹侧扫描,可获得不包括腱索的各心室壁超声断层图和超声心动图。

5. *健康动物的超声心动图(UCG)*

扫描部位和方向同健康动物心脏的超声断层图。

三、正常声像图

(一)两维超声心动图

两维超声心动图是以3个呈直角相交的心脏断面观察心脏的,它可以实时观察心脏不同断面的解剖轮廓、面上结构形态、空间方位、房室大小、连续关系与活动情况等，故对心血管疾病的诊断有重要意义。

两维超声心动图 3 个互相垂直的成像断面分别为长轴断面、短轴断面和四腔断面。长轴断面与前胸体表垂直，并与心脏长轴平行，短袖断面与前胸体表垂直，横截心脏而与心脏长轴垂直，四腔断面与心脏长轴及短轴垂直，而与前胸体表平行(图 15-5)。

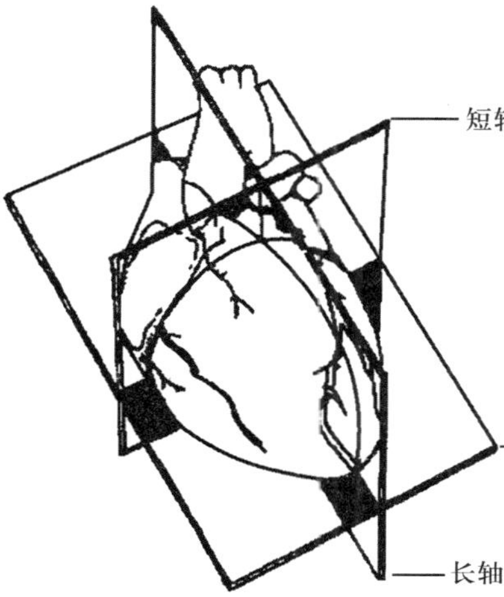

图 15-5　长轴、短轴和四腔断面模式图

1. 左心长轴断面

探头置于胸壁左侧第 3～4 肋间的心区、肘头上方或肘头部，转动探头，使扫查平面向头侧与地面呈 50°角(站立保定)。图 15-6 可显示右心室、左心室、左心房、室间隔、主动脉、主动脉瓣与二尖瓣等。检查时应注意使扫查平面与心脏的长轴平行并尽可能探及心尖部，否则可能使图像上心脏长轴实际值变短。

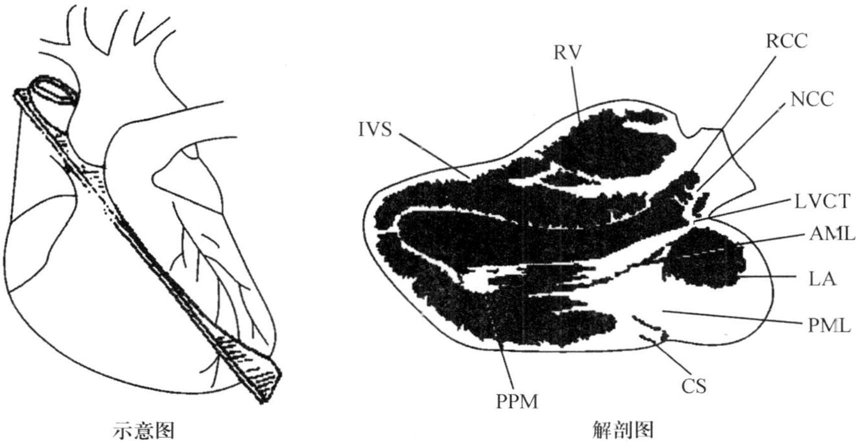

IVS. 心室中隔；RV. 右心室；LVOT. 左室流出道；AML. 二尖瓣前韧带；LA. 左心房；PML. 二尖瓣后韧带；CS. 冠状静脉窦；PPM. 纵隔胸膜后部；NCC. 无冠瓣；RCC. 右冠瓣。

图 15-6　心脏长轴断面模式图

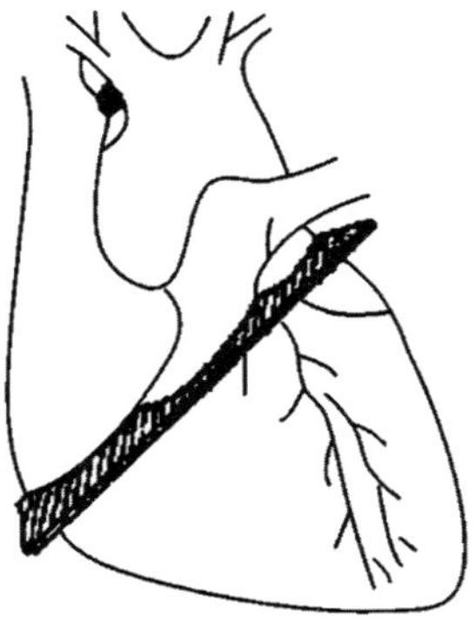

图 15-7　心底短轴断面示意

2. 心底短轴断面

探头置于胸壁左侧第 2～3 肋间心区、肩关节水平线下方，转动探头，使扫查平面向尾侧与地面成 45°角。图 15-7 显示主动脉根部及其瓣叶、左心房、右心房、三尖瓣、右心室、右心室流出道、肺动脉瓣、肺动脉主干、左冠状动脉开口与右冠状动脉开口。如断面稍向上倾斜，则见肺动脉主干及其左右分支等。

3. 二尖瓣口短轴断面

探头置于胸骨右侧第 3～4(主要是第 3)肋间的心区、肘头上方或肘头部，探头面向对侧肘头投射扫描的心脏断层。图 15-8 可见左右室腔、室间隔与二尖瓣口等，如将探头稍向下倾斜，即可获得腱索水平图像。正常情况下，左心腔内压力高于右心腔，故左室腔呈圆形，右心腔呈月牙形。二尖瓣前后叶于舒张期呈鱼口样，收缩期关闭成单线样。

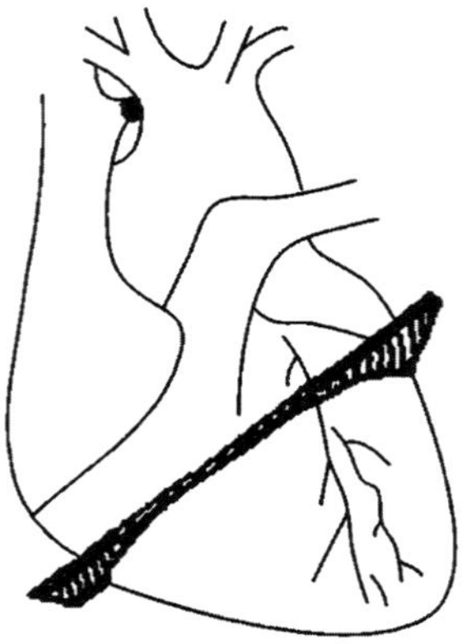

示意图

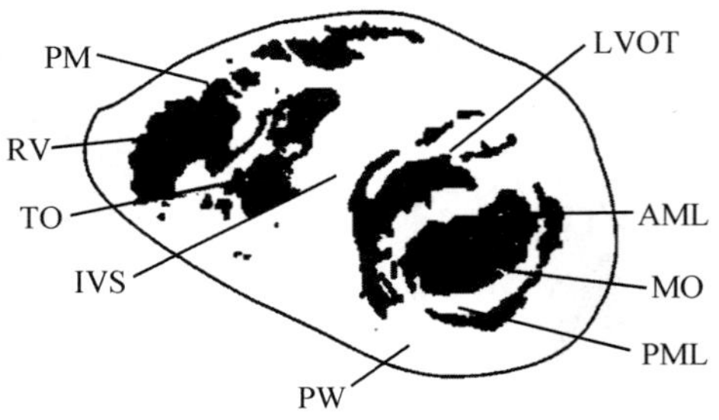

解剖图

PM. 乳头肌；RV. 右心室；TO. 三尖瓣口；IVS. 心室中隔；PW. 后壁；PML. 二尖瓣后韧带；MO. 二尖瓣口；AML. 二尖瓣前韧带；LVOT. 左室流出道。

图 15-8　二尖瓣口(水平)短轴断面模式图

4. 心脏四腔心断面

探头置于胸壁左侧心脏搏动明显处，使扫查平面向尾侧与地面呈 40°角。在图像上室间隔起自扇图的尖部向远端伸延，与房间隔相连续。图 15-9 显示左、右心室与左、右心房，以及它们之间的室间隔与房间隔。十字交叉位于中心处，向两侧伸出二尖瓣前叶及三尖瓣隔叶。房室之间清楚地显示二尖瓣叶与三尖瓣叶的活动。

5. 心脏五腔心断面

在获得心脏四腔断面后，探头稍向上倾斜，扫查平面经过主动脉根部，使四腔之间又出现一环形的主动脉腔，即心脏五腔心断面。主动脉腔及其瓣叶位于四腔心的十字交叉部位。

6. 心脏二腔心断面

探头位置同心脏四腔断面，将探头逆时针方向旋转 90°，取左心长轴的纵截面，声束与室间隔平行，不经过室间隔，着重显示左室与左房，因而称心脏二腔心断面心脏左室长轴断面(图 15-10)。此断面显像与左心长轴断面相似，只是在此断面上，左心心尖位于扇图的尖端，主动脉位于右后。

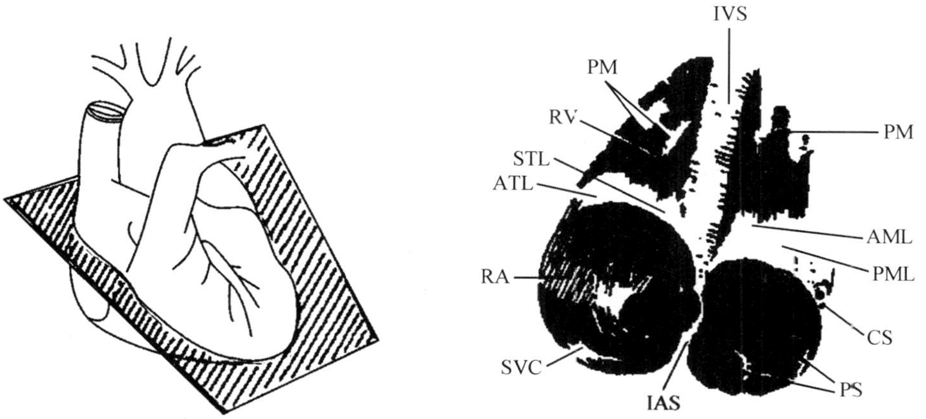

示意图　　　　　　　　　　　　解剖图

SVC. 上腔静脉；IAS. 心房中隔；PV. 肺动脉瓣；CS. 冠状窦；PML. 二尖瓣后韧带；AML. 二尖瓣前韧带；PM. 乳头肌；RA. 右心房；IVS. 心室中隔；RV. 右心室；STL. 三尖瓣上韧带；ATL. 三尖瓣前韧带；RA. 右心房。

图 15-9　心脏四腔心断面模式图

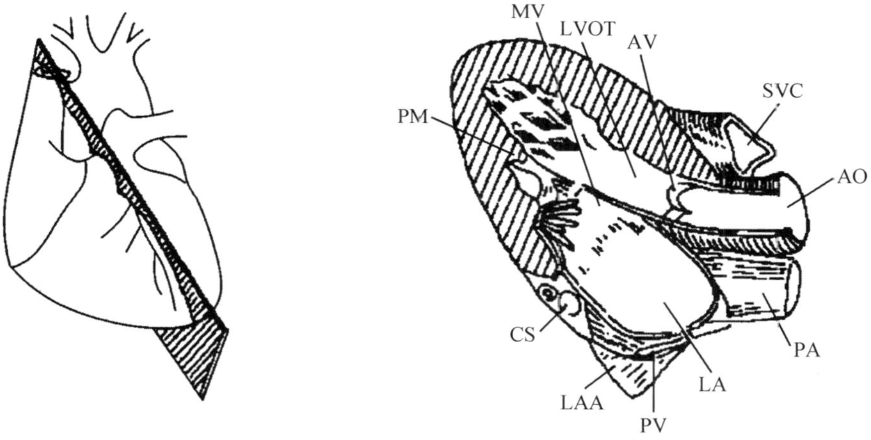

示意图　　　　　　　　　　　　解剖图

PM. 乳头肌；CS. 冠状窦；LAA. 左腋动脉；PV. 肺动脉瓣；LA. 左心房；PA. 肺动脉；AO. 主动脉；SVC. 上腔静脉；AV. 主动脉瓣；LVOT. 左室流出道；MV. 二尖瓣。

图 15-10　心脏左室长轴断面模式图

(二)M 型超声心动图

M 型超声心动图是两维超声心动图中某一超声束的单维图形。常见的 M 型超声心动图的波群是以两维超声的左心长轴断面为基础，按单维超声束经过左心的不同部位，将 M 型超声心动图分为如下几组波群(图 15-11)。

探头置于胸壁左侧第 3～4 肋间，先将声束方向指向内上，然后向后下进行扇形扫查，即可出现一连续图像。依声束方向不同，可出现心尖波群(1 区)、心室波群(2a 区)、二尖瓣(前后叶)波群(2b 区)、二尖瓣(前叶)波群(3 区)和心底波群(4 区)。

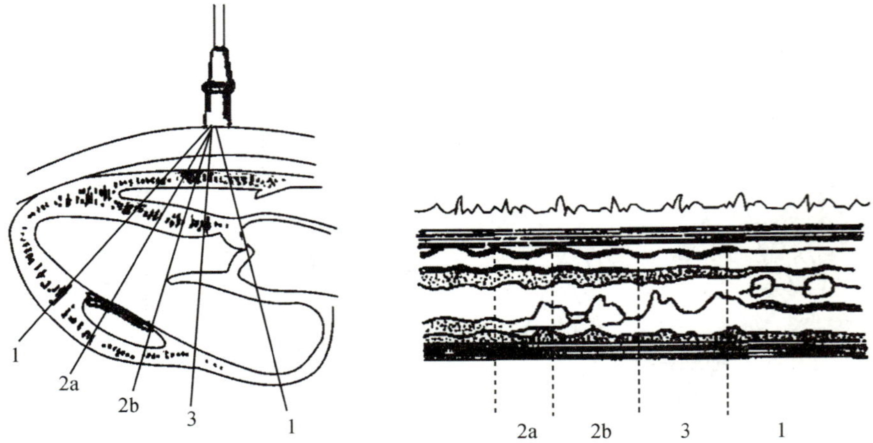

图 15-11　心前区心脏纵轴扫查

1. 心底波群(4 区)

探头位于胸壁左侧第 3～4 肋间,以超声束经过主动脉瓣关闭线为准,可见的解剖结构从前至后分别为胸壁、右室前壁、右室流出道、主动脉前壁、主动脉腔及其瓣膜、主动脉后壁、左心房、左心房后壁。主动脉前壁与后壁在超声上表现为回声最强的 2 条平行线,收缩期向前移动,舒张期迅速向后移动。向后移动时,有一向前移动的小波,称为重搏波,与主动脉壁弹性有关,主动脉前壁与后壁之间的内腔为主动脉根部,在此能见到主动脉瓣的运动曲线。收缩期,主动脉瓣开放,曲线呈盒状,靠主动脉前壁的为右冠瓣,靠后壁的为无冠瓣,偶尔在中间出现的为左冠瓣。舒张期,主动脉瓣关闭,呈单线状,或为双线,但双线间距很小。主动脉前壁前方为右心室流出道,后壁后方为左心房。此部位的左房后壁因近肺静脉入口处,房壁无收缩功能,因此,此部位的左房后壁运动较弱。

2. 二尖瓣前叶波群(瓣环部位 3 区)

探头置于左侧胸壁、第 3、第 4 肋间稍上,以超声束经过二尖瓣的瓣环为准。从前至后,可见有室前壁、右心室腔、室间隔、左心室流出道、二尖瓣前叶、左心房和左心房后壁。该区探及的二尖瓣前叶的运动曲线幅度最大,为测量二尖瓣前叶运动的合适部位。室间隔位于膜部,其运动形式类似主动脉壁运动,表现为收缩期向前运动。此部位的左心房后壁运动强,常见左房壁在收缩期向外(后)扩张,形成 C 凹。C 凹出现在 QRS 波后,为心室收缩、心房舒张时静脉回流引起心房壁向后扩张所致。

二尖瓣前叶的运动曲线,舒张期二尖瓣开放,呈 M 型,曲线离开左房朝向室间隔移动;收缩期二尖瓣关闭,曲线离开室间隔回到房室环处,随收缩期心脏支架向前移动而运动。舒张期心室充盈分为 3 个期,即快速充盈期、缓慢充盈期和心房收缩主动充盈期。在舒张开始的快速充盈期,二尖瓣叶迅速开放,前叶快速向室间隔运动,形成 DE 段,其顶峰为 E 峰,E 峰与室间隔之间的距离为 EPSS(E point septal seperation),其数值大小反映左心收缩功能。正常时,E 峰离室间隔距离很近。当左心收缩功能不良时,由于左室舒张末期残余血量的增加,EPSS 就增大。E 峰后,随着左室充盈,心室内压力逐渐上升,左室充盈逐渐减慢,进入左室的血液将二尖瓣漂浮,使二尖瓣叶呈半关闭状态,形成 F 点,EF 斜率反映左心室快速充盈期的充盈速度与二尖瓣的柔软程度。F 点表示快速充盈期结束。之后,左心室进入缓慢充盈期,当心率减慢时，此缓慢充盈期延长，形成 FG 段，G 表示缓慢充盈期结束。缓慢充盈期后，为心房收缩的主动充盈期，二尖瓣于舒张晚期再次开放，形成 A 峰，心房收缩发生在心电图的 P 波后，房颤时，A 峰消失；三度房室传导阻滞时，A 峰与二尖瓣的其他成分分离。A 峰后，紧接着心室收缩开始（发生在心电图的 QRS 波后），心室压力开始上升，形成 B 点。B 点一般不清楚，只有在一度房室传导阻滞或左室舒末压力增高时，B 点才清楚。随着心室的收缩，左心室压力的增高，当左心室内压力超过左心房内压力时，二尖瓣前后叶关闭，关闭的起点为 C 点，终点为 D 点，C 点到 D 点为 CD 段。整个收缩期，随着心脏支架向前运动，CD 段形成向前倾斜的移动。若心室收缩功能不良，CD 呈水平状。心脏收缩，射血完成，进入舒张期，随心室舒张，心室内压力降低。当心室内压力小于左房压力时，心室又进入充盈期。

EF 斜率（舒张早期关闭速度）：E 点到 F 点之间的斜率，单位为每秒毫米（mm/s）。测量方法：舒张早期关闭时，二尖瓣在 1 s 内的运动幅度。

EF 斜率增加多见于左心容量负荷过重，如二尖瓣关闭不全，动脉导管未闭，室间隔缺损，高动力性心脏（贫血、妊娠）。

EF 斜率降低常见于二尖瓣狭窄，肺动脉高压，左房黏液瘤，左室顺应性降低，左心功能减退。

EPSS（二尖瓣前叶 E 峰离窝室间隔距离）：正常值根据动物的大小不同，一般中等大小的动物其距离在 4 mm 之内；如 EPSS 值过大，且左心室内径增大，说明左心功能低下，左心室舒张末期残余血量增加。其常见于左心功能不全、扩张型心肌病。

3. 二尖瓣前后叶波群（二尖瓣前后叶部位，2b 区）

探头置于左侧胸骨第 3～4 肋间，以超声束通过二尖瓣前后叶为准。从前至后，可见右室前壁、右心室、室间隔、左心室、二尖瓣前叶与后叶以及左室后壁。该区室间隔位于室间隔膜部与肌部交界区，收缩期室间隔运动平坦，又称为轴点运动。室间隔的运动以轴点为分界线：主动运动位于肌部室间隔，在轴点以下；被动运动位于膜部室间隔，在轴点以上。室间隔的主动运动表现为收缩期运动向后（SPSM）。被动运动表现为收缩期向前（SASM）；主动运动与被动运动的交接点为轴点运动部位，表现为收缩期运动平坦或运动不定型（SVSM）。

该部位的二尖瓣运动曲线表现为：前后叶呈径向运动。前叶运动幅度大，呈 M 形，后叶运动幅度低，呈 W 形。后叶向下的 2 个尖峰分别称 E′，A′峰。A′峰代表左房收缩，二尖瓣再开放；C 点代表前后叶合拢，说明二尖瓣关闭。D 点为瓣口开放处，后叶向后，E′峰处达最大限度，靠近左室后壁。前叶 E′峰与后叶 E′峰间的距离大致可以反映二尖瓣口开放时的大小。后叶在舒张早期也有关闭现象，与二尖瓣前叶向后飘浮形成急速下降的 EF 段的机理相似。

该部位左室后壁在收缩期变厚，舒张期变薄。超声上表现为左室后壁心内膜运动曲线收缩期向前，舒张期向后，舒张期向后运动斜率大于收缩期向前运动斜率。

4. 心室波群（腱索部位，2a 区）

一般在第 4 肋间探及，以超声束经过二尖瓣腱索为准。从前至后，可见右室前壁、右心室、室间隔、左心室腔、腱索、左室后壁。该区为右室前壁、右室内径、室间隔、左室内径和左室后壁的测量部位。室间隔与左室后壁呈逆向运动，表现为收缩期室间隔与左室后壁均向左室心腔移动，舒张期背向左室心腔移动。

5. 心尖波群（1 区）

此处已无腱索波形，或出现乳头肌回波。从前至后，可见右室前壁、右心室腔、室间隔、左室腔、左室后壁；或只见左室前壁、左室腔和左室后壁。此处左室心腔小，而室壁厚，活动幅度大。

6. 三尖瓣波群（5 区）

探头置于左侧胸壁 3～4 肋间心区，向内倾斜探查。正常动物扫查较困难，但右心扩大，顺时针方向转位时则易于观察。三尖瓣前叶运动波形、产生机理与二尖瓣相似，波形各点命名也同二尖瓣。

7. 肺动脉瓣波群（6 区）

用 M 型超声探头较难扫查到肺动脉瓣。下列方法有利于肺动脉瓣的扫查：先扫查到主动脉瓣后，再将探头向前移动一肋间，使探头向背侧转动。先扫得二尖瓣后，探头指向内上。若肺动脉搏动明显，可将探头直接放在搏动点。或在两维超声显示心底短轴断面的基础上，将单维超声束通过肺动脉瓣，便可得到肺动脉瓣的波群。

肺动脉瓣波群在心室收缩期开放，舒张期关闭，形成的曲线为 abcdef。a 波出现在心电图的 p 波后，为心房收缩，右室腔压力上升，使肺动脉瓣后叶向肺动脉壁侧（向后）移动时产生的波形。当肺动脉高压时，a 凹变浅；肺动脉瓣狭窄、肺动脉压力降低时，a 凹加深。b 点位于心电图 R 波之后，为心室收缩、三尖瓣关闭、肺动脉搏的开放点。之后，肺动脉瓣进入右心室射血期。bc 斜率为收缩期肺动脉瓣迅速向后移动的开放速度，c 点为肺动脉瓣开放的最大限度。cd 段为向肺动脉射血时，肺动脉充盈引起的瓣膜逐渐向前移动，d 点为收缩末期肺动脉瓣后叶的位置；de 段为心室舒张、肺动脉瓣关闭时，后叶迅速向前移动，e 点为肺动脉瓣的关闭点；ef 段为心室舒张期肺动脉瓣关闭时，肺动脉瓣后叶的向后移动。

（三）多普勒超声心动图

多普勒超声分为脉冲多普勒、连续多普勒和彩色多普勒。多普勒超声用于心脏检查，主要依赖于接受器对于心脏与血管内的血流运动发生的多普勒效应。多普勒效应是一种物理现象。当声源（血流）迎向换能器（探头）运动时，接受器收到的频率增高，频移（f_d）为正；当声源（血流）背离换能器（探头）运动时，接受器收到的频率降低，频移为负。因此在对心脏做多普勒超声检查时，可以得到以下 3 个方面的血流信息。①血流的方向：是朝向换能器还是远离换能器，以确定分流还是返流。②时相：根据心电图确定被检部位血流的时相关系。③血流的性质：从频谱图像中决定血流是层流还是湍流。

多普勒超声心动图检查是在两维超声心脏显像的基础上进行的，同时配以心电图同步显示。根据多普勒方程：

$$f_d=(2f_o\times V\cos\theta)/C$$

式中，f_o 为探头振动频率；V 为血流速度；C 为超声波在组织中的速度（4～240 m/s）；$\cos\theta$ 为声束与血流夹角的余弦。

为了得到最大多普勒频移，无论选择何种两维心脏显像断面，要求多普勒超声声束与血流方向之间的夹角至少＜20°，做脉冲多普勒扫查时，尽可能避开心壁、瓣膜，以免误认为血流信号。

多普勒超声正常声像图包括二尖瓣口、三尖瓣口、主动脉瓣口和肺动脉瓣口的血流频谱图像。

1. 二尖瓣口血流频谱图像

一般取心脏四腔、心脏二腔断面，将取样容积置于二尖瓣尖下，使声束方向平行于室间隔，调整探头方向直至获得最大流速。如果声束方向偏内侧可记录到收缩期负向的左心室流出道血流频谱，应予注意。

频谱图像特点：舒张期的双峰图形，血流频移方向皆为正向。第一峰较大，发生于舒张早期，称为 E 峰，E 峰的加速肢频谱较窄，减速肢频谱较宽。第二峰较小，发生于心房收缩期，称为 A 峰。A 峰的加速肢频谱较窄，减速肢频谱较宽。正常情况下，E 峰＞A 峰，E 峰和 A 峰均为层流心动过速时使 E 峰降低，A 峰升高，E 峰和 A 峰趋于融合；心动过缓时，E 峰升高，A 峰降低，显著的心动过缓使 E 峰和 A 峰之间可出现无血流信号的间隔。当取样容积移向二尖瓣环时，A 峰逐渐增高。

2. 三尖瓣口血流频谱图像

取心脏四腔断面和心底大动脉短轴断面，将脉冲多普勒的取样容积置于三尖瓣下，使声束首先平行于室间隔，然后根据频谱形态，仔细调整探头方向，以得到最大流速。

频谱图像特点：类似二尖瓣口频谱，呈舒张期频移向上的双峰图形，E 峰＞A 峰，双峰均为层流。流速大小除与心率有关外，受呼吸的影响较大，吸气时流速增大，呼气时流速降低。

3. 主动脉瓣口血流频谱图像

取心脏五腔断面、心脏二腔断面、主动脉长轴断面，将取样容积置于主动脉瓣下（左室流出道）或主动脉瓣上（升主动脉），首先使声束方向平行于室间隔，然后根据频谱形态调整探头角度，寻找并记录最大流速。

频谱图像特点：主动脉瓣口的频谱为窄带单峰波形，占据收缩期。频移方向取决于探头的放置部位，做肋骨上窝扫查时，频移方向为正，做心尖部位扫查时，频移为负。血流的性质为层流。频谱的加速较快，减速较慢，形成加速肢和减速肢呈不对称的三角波形，加速肢频谱较窄，顶峰和减速肢的频谱较宽。与肺动脉口血流频谱相比，主动脉瓣口血流频谱具有以下特点：①血流加速肢陡峭；②血流加速时间短（从射血开始到流速峰值的时间）；③最大流速高；④呼吸对流速影响较小。

4. 肺动脉口血流频谱图像

一般取心底短轴断面，显示右心室流出道、肺动脉瓣及主肺动脉；将取样容积置于主肺动脉内的肺动脉瓣上，首先使声束方向平行主肺动脉壁，然后借助频谱形态调整探头方向，以得到最大流速。

频谱图像特点：肺动脉瓣的血流频谱为窄带单峰波形，占据收缩期。频移方向为负。血流性质为层流。频谱的加速肢的上升和减速肢的下降均较缓慢，形成近于对称的圆而钝的曲线，加速肢的频谱较窄，到达峰值后频谱增宽并延续至减速肢。在心房收缩期，有时可记录到右房收缩产生的流速，这是因为正常主肺动脉舒张压较低，右心房收缩时右心室内的压力高于肺动脉压力，导致了肺动脉瓣舒张晚期开放。

四、病理声像图的分类

心脏病的病理声像图由两个方面组成：一是心脏原发病变的声像图，如心脏瓣膜病变、心肌病变、心包病变和心血管先天畸形缺陷，此为病理声像图的直接征象；二是由心脏原发病变引起的血流动力学变化产生的声像图，此为病理声像图的间接征象，心脏病病理声像图的诊断，应将这两个方面的声像特点结合起来考虑。原则上，按形态（结构）与功能统一的原理，心脏病的原发病变的诊断，与由它产生的血流动力学的变化相一致。例如，先天性心脏病房间隔缺损的诊断，应与由它产生的右心容量负荷过重相一致。这样，就可提高超声的正确诊断率。

为了便于心脏超声鉴别诊断，心血管疾病的病理声像图基本表现为以下几个方面。①心腔扩张：包括心室扩张，心房增大，心底动脉增宽。②心肌肥厚：包括左室心肌肥厚，右室心肌肥厚。③大血管畸形：包括主动脉骑跨，大血管错位。④心包病变：包括心包积液，心包增厚和心包囊肿。

上述病理声像图的变化，各有其原因。例如，临床上常见的心脏增大，一般由心室扩张和心肌肥厚产生。分析心脏增大的原因，一般有以下 4 个因素。①容量负荷过重。②压力负荷过重。③心脏处于低动力状态（心力衰竭）。④非负荷性心肌肥厚。其中，容量负荷过重与心脏低动力状态，引起心室扩大；压力负荷过重与非负荷性心肌肥厚引起心肌肥厚。如果心室既有心肌肥厚，又有心室扩张，则为以上因素的综合结果。这 4 个因素无不与心脏本身病变和血流动力学变化密切联系着，在做心血管疾病病理声像图的超声鉴别诊断时，均应做这方面的综合分析。下面介绍引起心脏增大的 4 个基本因素以及它们各自的声像图表现。

（一）容量负荷过重的声像图

表现为心腔扩张，为流经心腔的血容量增加所致。心室容量负荷过重为心脏前负荷（舒张期负荷）增加所致，声像图表现为：

①舒张末期心室内径增大，左心室容量负荷过重表现为舒张末期左心室内径增大，室间隔弧度凸向右心室；右心室容量负荷过重表现为舒张末期右心室内径增大，室间隔弧度凸向左心室。

②室壁运动增强，左心室容量负荷过重时，表现为左心室后壁与室间隔呈逆向运动；右心室容量负荷过重时，表现为左心室后壁与室间隔呈同向运动。

③室壁不增厚或增厚不明显。

④射血分值正常或相对正常。

（二）压力负荷过重的声像图

表现为心肌肥厚，为心脏后负荷增加所致，心室压力负荷过重为心室收缩期射血受阻所致，声像图表现为：

①室壁厚度增加，乳头肌增粗。

②心室腔不扩大或扩大不明显。

③心室顺应性降低。M 型超声心动图房室瓣运动曲线表现为 EF 斜率降低，A 峰增高；多普勒超声房室瓣口血流频谱，表现为 A 峰大于 E 峰。

④严重者引起房室瓣口返流，产生心房增大。

（三）心脏低动力状态的声像图

心脏低动力状态又称心脏低流量状态，为心肌收缩力减弱、心功能不全造成。流经心腔与瓣口的血流量降低，而心脏舒张末期残余血量增加。声像图表现为：

①心室内径与心房内径增大。

②室壁运动减弱。

③房室瓣口与动脉瓣口呈低流量性小开口。

④射血分值降低。

（四）非负荷性心肌肥厚声像图

无压力负荷过重的因素，但心肌肥厚。其见于肥厚性心肌病和浸润性心肌病（如心肌淀粉样变，瘤细胞浸润等），声像图表现如下。

①室壁非对称性肥厚或对称性肥厚。

②室壁运动减弱，收缩期增厚率减小。

在进行心脏超声鉴别诊断时，上述 4 种基本因素的声像图是心脏超声鉴别诊断时的分析线索。若密切结合患畜病史、体征以及其他无创伤性检查资料如心电图等，灵活应用心脏超声检查的各种技术，得出既符合病理解剖，又符合血流动力学变化的超声诊断，提高超声对各种心血管病变的确诊率及手术治愈率。

五、注意事项

1. 关于各瓣膜的扫描方面

二尖瓣中隔尖曲线的超声心动图特点与人相似，且 A～F 点容易辨认，也可见到 A 波消失的情况。主动脉瓣的超声心动图的回声状态与 MV 相同。三尖瓣的超声心动图的动态与 SML 的 A・E 波相似，呈 M 型样，于收缩期较易记录，牛比马易于扫描。各种动物肺动脉瓣的超声断层图及超声心动图描出率约占 50%。心室壁的扫描比各种瓣膜容易。

2. 关于各种动物方面

对牛右侧扫描时应注意避开由于胸骨阻碍产生多重反射现象，致使超声不能透过。由于马心脏较大，心窗宽阔，因此容易描出心脏的瓣膜。为了较好地获得犬和猫的超声断层扫描图及超声心动图，扫描仪的探头直径要小些。一些研究者认为采用扇形扫描较为合适。可依据动物体格大小采取各种体位进行检查，可以采取左、右侧横卧位，探头置于第 3～5 肋间，胸骨左、右缘稍背侧记录超声心动图较为理想。当然，采取立位或犬坐位也可达到上述目的。当没有发现心窗时，应在触摸心搏动最强的部位进行扫描。具体的操作可以参考熊惠军教授翻译的《小动物 B 超诊断彩色图谱》。

第五节　肝脏疾病的超声检查

肝脏是动物体腹腔内最大的实质器官，它具有极其复杂的生理代谢功能。对于肝脏疾病的诊断，除可做肝功能检验、肝脏活体组织学检查以及临床的各种方法外，由于肝组织均质性很强，因此，可用超声探测法探测肝脏的大小、厚度及内部的某些病变。因为应用超声诊断，具有操作简便、无痛苦、无损伤，在短时间内可反复探测等优点。

一、B 型超声探查法

1. 仪器条件及探查方法同心脏。

2. 肝脏的扫描部位及回声图特点见表 15-2 所列。

表 15-2　几种主要动物肝脏扫描的部位及回声图特点

项目	牛	马	山羊	犬
体位	立位	立位	立位	立位、横卧位 仰卧位、犬坐位
扫描部位	右侧第 8～12 肋间，肩端线位下	右侧第 10～14 肋间，肩端线下	右侧第 8～10 肋间，肩端线位下	左、右侧第 9～12 肋间，肋骨弓下方

续表15-2

项目	牛	马	山羊	犬
回声图特点	实质为低强度微细回声			
	门静脉、肝静脉	门脉	肝静脉	后腔静脉
备注	胰脏、胰脏	肺及消化管运动的间隙横膈膜	胰脏	横膈膜

引自　东北农业大学主编，兽医临床诊断学，第3版。

二、健康动物肝脏的超声断层图像(ultrasonotomogram，USG)

1. 牛的肝脏

要使探头与皮肤成直角，沿肋间平行并稍向前部扫描，可得到肝脏、胆囊的超声断层图，特别是在第10～11肋骨间的部位扫描，更易出现较理想的影像，并与牛的年龄和体格大小无关。在肝脏的断层像上，其背侧方向是肺脏，内侧是胰脏、瓣胃或瘤胃以及周围的肠管等。肝实质呈无数微细低强度的回声图，边缘为锐角，表现为楔状像。在回声图中可清楚地看到肝实质(liver，Li)、门静脉(portal vein，PV)、肝静脉(hepatic vein，HV)等肝脏内的管状结构。

2. 羊的肝脏

在肝脏实质的超声图上除可以见到门脉、肝静脉以外，还可以见到肺脏、胰脏和第3胃等周围器官，其他与牛的超声影像相同。

3. 马的肝脏

检查成年马时，从呼吸运动和肠管蠕动的间隙，可微弱地观察到肝脏的边缘，肝实质呈低水平微细回声图，在肝的外侧可清晰地看到横膈膜像。检查马驹时，可采用左侧横卧位，其超声图像和牛相似，可观察到肝实质、门脉及肝静脉等内部回声。

4. 犬的肝脏

用B超检查犬的肝脏时，可采取立位、横卧、仰卧及犬坐位等体位保定。

三、病理声像图的分类

肝脏解剖结构复杂，疾病种类甚多，其病理性声像繁多，因此鉴别诊断十分重要。肝脏疾病的病理声像总体上可以从以下4个方面进行分析鉴别。

1. 肝脏大小变化

肝脏发生肿瘤或感染性疾病等，可以导致肝脏肿大，有些肝脏疾病可引起肝脏缩小，如肝硬化、肝萎缩等；正常肝其大小应在正常范围内，但是肝脏大小正常并不表示肝脏无疾病，如肝脏内小占位灶并不造成肝脏肿大。

2. 肝脏轮廓边缘的变化

肝脏表面轮廓边缘的改变，不同的疾病可以造成不同的变化，对诊断可提供帮助。如肝肿瘤会引起表面隆起，肝硬化可造成肝表面呈锯齿状等改变，因此观察分析肝表面状况，可以为超声诊断提供依据。

3. 肝脏实质回声异常

多数肝脏疾病均会导致肝实质在形态学上的变化，且被超声检出，根据其损害的范围可分

2 种情况：即肝脏弥漫性病变和肝脏局限性病变。

4. 肝内管道结构变化

肝内肿瘤对血管推挤造成血管或胆道的移位、变细或扩张，以及瘤栓形成，引起管腔闭塞。肝内弥漫性病变也可以使肝内管道破坏，引起结构的变化，而这些变化都能被超声所显示。分析这些变化的规律和特点，同样可以帮助超声诊断。

四、肝脏大小变化的鉴别诊断

(一)肝脏大小正常

肝脏大小正常可见于下列 3 种情况。

1. 正常肝脏

肝脏径值在不同种动物，甚至是同种动物的不同年龄阶段会有所不同，但绝大多数是在一个正常值范围内变化，这种变化无多大临床意义。

2. 处于肝脏深部的小占位灶

这类占位灶既不引起肝脏表面膨隆，也不产生肝脏体积增大，一般临床上难以发现，超声具有较高的诊断率。其中，以肝脏良性病变更为多见，如肝血管瘤、小囊肿、肝内结石等。恶性病变主要见于肝癌以及小的转移性病灶。

3. 肝脏弥漫性疾病而肝大小无改变

不论何种弥漫性肝脏疾病，在其早期或某一阶段，临床上已有症状或实验室结果已有异常，但肝脏大小可能仍在正常范围内。

用超声检查来鉴别上述 3 种情况是容易的。正常肝脏，其声像表现包括肝包膜光整、肝大小及边缘角正常，肝内管道分布走向及管道内径均正常、肝实质回声均匀。肝内有占位灶一般在 1.0 cm 以上的，均可被检出，高分辨仪器及经验丰富的，对 1.0 cm 以下的占位灶也能检出。通过对占位的声像特征观察与分析，不仅可以与其他两种情况进行鉴别，并可对占位灶的性质作出推断，为临床提供有价值的诊断意见。

弥漫性肝病，虽然在肝脏大小改变方面尚不明显，但肝脏实质常有较广泛的声像变化，不同的疾病，有不同的声像特征，如脂肪肝、病毒性肝炎等，通过超声检查肝脏弥漫性疾病可以与上述 2 类情况作鉴别诊断。

(二)肝脏体积缩小

肝脏体积缩小多为异常表现，通常见于肝硬化和肝萎缩。

1. 肝硬化

肝硬化是一种常见的慢性进行性肝脏疾病。由于不同因素的长期作用，可造成各种不同类型的肝硬化，在病理上肝细胞不断发生弥漫性变化、坏死，正常肝小叶结构破坏重建，纤维组织增生和肝细胞的结节状再生及假小叶形成，最后导致肝脏变形、变硬，形成肝硬化。肝脏体积可明显缩小，硬度增加，质量减轻，表面有弥漫性小结节，肝内血管分布也随之发生变化和重建。

临床上常出现食欲不振，腹胀，乏力，肝脾轻度肿大；若患畜处在代偿期，上述症状可缓解，肝功能大多在正常范围或轻度异常。当肝硬化进入失代偿期，除上述症状显著加重外，常伴厌食、消瘦、皮肤干燥及凝血功能障碍等症状，并可出现门脉高压表现，如腹壁静脉曲张、颈静脉曲张、腹水、脾脏肿大、肝功能明显异常，甚至出现黄疸症状。

肝硬化时肝脏的声像图表现为：肝脏体积不同程度变小，左右叶间的肝裂增宽；肝表面不光整，高低不平，呈锯齿样或细齿状改变。肝脏包膜线增粗，回声增强。门静脉受挤压或牵拉而发生移位、扭曲、变细等改变，管壁增厚、回声增强。肝静脉变细或显示不清。胆道也可变细和显示不清。肝实质回声普遍性异常，回声杂乱，分布不均。脾脏肿大，脾静脉内径增宽。肝硬化处于肝功能失代偿期可出现腹水。

2. 肝萎缩

常由于重症肝炎或急性肝坏死引起的肝脏肿大坏死引起的。残留的肝细胞再生现象不明显，因此肝脏体积缩小，尤以左叶为甚，切面呈黄色或红褐色，故又称急性红色肝萎缩或急性黄色肝萎缩。临床上可见发病急，病情发展迅猛、剧烈，不及时抢救多在 10 d 内死亡。其死因主要为肝功能衰竭、消化道大出血或急性肾功能衰竭。

肝硬化时肝脏的声像图表现为：肝脏体积缩小，各径值减小。肝表面不光整，凹凸不平。肝内血管 2 级、3 级分支常显示不清。肝实质回声不均，回声普遍减弱，但显示有增粗、增强的点状和线状回声。

（三）肝脏肿大

引起肝脏肿大的原因很多，常见有肝炎、肝脏寄生虫、中毒性肝炎、淤血（胆）性肝肿大、肝脏囊肿和肿瘤等。超声检查可以较精确地判别肝脏是否肿大，但对上述诸多种疾病的诊断，更多地需要依靠其肝脏内部的声像特征，而肝脏肿大仅是一个次要的方面。

1. 肝炎

（1）病理和临床特征　本病是由细菌或病毒引起的传染病，以肝实质损害为主的弥漫性炎症，即肝细胞变性、坏死同时伴有不同程度的炎性细胞浸润，间质反应性增生和肝细胞再生，所以肝炎病变是由变性、渗出、增生 3 种改变交织而成，但其中以变性改变为主。

在临床上急性肝炎后有黄疸或无黄疸，常有明显的消化道症状，如食欲减退、臌胀、肝脏肿大，并有压痛感。肝功能异常以谷丙转氨酶增高较为明显。多数急性肝炎在半年内可逐渐恢复，点状坏死的肝细胞可以完全再生修复。部分病例恢复较慢，并且可以转为慢性肝炎，少数可发展成重症肝炎。

（2）声像图表现　急性肝炎早期常表现肝脏体积轻度增大。肝脏体积大于正常，肝脏回声普遍增强、致密且增粗，但分布均匀，有人称为"亮肝"。

慢性肝炎：回声分布不均匀，点状回声减少，短小杆状回声增多，甚至出现小网状结构，发展成肝硬化图像。

重症肝炎：肝脏回声普遍减弱，可见分布不均匀的斑点状回声，表面不光整及肝体积缩小等声像。

此外，在肝炎的发展过程中，常伴有继发性胆囊壁增厚、粗糙或形成双层囊壁的症状。胆汁减少、黏稠，形成如胆囊实变图像。

（3）鉴别诊断　肝内弥漫性病变种类很多，在声像上易与本病混淆的有中毒性肝炎。常因药物或化学制剂引起的肝脏损害、肝脏有脂肪变性及肝小叶中心坏死等。其声像上可见肝脏轻度增大，肝实质回声不均匀，短杆状线样回声增多，声像与肝炎极相似；单凭超声图像鉴别二者较为困难，常需结合临床特征帮助鉴别。

肝脏弥漫性结核时，在肝内形成粟粒样病变，同时常侵犯肝脏浆膜，引起结核性肝浆膜炎，呈广泛性增厚，引起"糖皮肝"。在声像上表现肝包膜增厚、粗糙，甚至可见钙化的强回声带伴声影，肝实质回声表现点状回声增粗，分布不均，有时可见钙化斑，伴声影，有助于与肝炎的鉴别。

肝脏脂肪变性常表现为弥漫性肝实质回声增强，也有"亮肝"之称。但是在奶牛多发生在围产期，而且在声像上与肝炎间有明显的不同，患脂肪肝时肝脏体积增大，边角钝圆，肝脏近区回声致密，点状回声分界不清，呈一片云雾状增强回声，远区呈梯度衰减，肝内血管变细。

2. 脂肪肝

（1）病理和临床特征　肝脏均匀性肿大，外形多无改变，边缘圆钝而增厚，表面光滑，加压时可出现凹陷，质地较正常肝硬。活体肝脏采样后，切片用"油红 O"染色，镜检肝实质内有大量脂肪颗粒，治疗后可恢复正常。据统计围产期奶牛肝脏脂肪变性的发病率达到 45%，特别是产后奶牛发病率更高。临床上表现为食欲不振、迅速消瘦和稀便等症状。

（2）声像图表现　脂肪肝声像根据肝脏的脂肪浸润程度可分为均匀性脂肪肝和非均匀性脂肪肝两种类型，而根据其轻重程度可分为轻度、中度和重度脂肪肝。随着脂肪浸润程度的增加，肝脏的声像图也随之明显改变。

均匀性脂肪肝的声像图表现为，肝脏均匀性肿大，各径值增大，包膜光整，边角圆钝。肝脏回声晶莹明亮，有"亮肝"之称，近区（即断面前 1/3～2/3 区域）回声致密、增强，点状回声分界不清，呈一片云雾状。远区（后 1/3～2/3 区域）回声呈梯度衰减。肝脏回声明显比肾、脾强，肝内血管显示不清，静脉变细、狭窄。局限性脂肪肝表现为，肝脏局限性脂肪浸润，受浸润的组织呈致密强回声区，未受浸润的组织回声正常，其间界限往往较清楚。

（3）鉴别诊断　均匀性脂肪肝有其特征性声像，一般诊断较容易。而非均匀性脂肪肝常易误诊为肝脏占位性病变，有时易与强回声型血管病及肝癌混淆，应注意鉴别。

五、肝脏占位性病变的鉴别诊断

（一）肝血肿

1. 病理和临床特征

肝血肿常因腹部外伤（如踢、摔跌等），肝脏由于受外力作用破裂出血。肝血肿可位于肝被膜下或肝实质内。因外力造成肝血肿的患畜，除有明确的外伤病史外，临床上常有腹痛，严重者有出血性休克等症状。

2. 声像图表现

出血多、血肿大的患畜可造成肝脏肿大。血肿形状常呈不规则。包膜下血肿且出血多的患畜，血肿常为扁条状，少量时在肝脏局部表面形成小隆起，肝实质内血肿呈长条状、片状或不定型，也有呈圆球状。

（二）肝脓肿

1. 病理和临床特征

常见的肝脓肿多数是由细菌引起的。细菌性肝脓肿多来自血源性感染，脓肿常呈多发性，病灶分布于肝的某叶或累及全肝。例如，感染来自胆道，则有胆管扩张、管壁增厚、脓肿多发性且与胆管相通，由于炎症反复发作可使纤维组织增生，可形成巨大脓肿或脓肿穿破。细菌性肝脓肿，在其急性期临床表现常被原发疾病的症状所掩盖，其主要表现为高热，消化障碍，肝肿大和肝区叩痛，病情严重者可有黄疸。

2. 声像图表现

肝脏一旦形成脓肿，则表现为肝脏肿大，肝表面可见局部有光滑的圆丘形隆起。脓肿形成前，肝内病变呈弱回声或等回声区，内部回声分布不均，边界模糊；形成坏死时，局部回声增强，或形成强回声光团，边缘毛刺状与肝癌难以区别。

肝脓肿形成前，通常在发病 2 周左右，肝内出现圆形或椭圆形无回声区，例如，脓液黏稠、液化不全时，内部呈不规则、杂乱、强弱回声相间；蜂窝状脓腔、脓液中有组织碎片，无回声区中有散在的斑片状或条索状强回声；坏死液化完全，腔内为稠厚脓液，可呈均匀弱回声暗区，犹如实质性肿块。

改变体位或振动脓肿，内部回声有飘动现象。脓肿后壁及后方回声增强。用探头对病灶加压，局部有疼痛感，并可使脓肿前后径变小，横径增大，松压后脓腔内回声有翻动。

3. 鉴别诊断

患肝囊肿时，囊肿的周围有纤细包膜，内容物透声好，后壁及后方回声增强，周围肝实质声像正常，患畜多无临床症状。而患肝脓肿时，患畜有全身感染症状（肝区疼痛，肝大），白细胞数增高，脓液涂片可见细菌；脓肿周边厚且粗糙，可见少许点状或片状回声，后壁不光整，后方回声略有增强，病灶与肝组织境界欠清，周围肝组织正常。

患肝血肿时，多数病例有外伤史，血肿形态虽然可呈圆形，但是边缘不规则，新鲜血肿无回声，陈旧性可见点状或条块状回声且有颤动，后壁光整，局部加压时有压痛，压放试验阴性，穿刺液为陈旧性血液。

六、注意事项

①在肝内管状结构中，门脉（PV）为“有缘”管状像，肝静脉（HV）为“无缘”管状像。且 PV 在肝内分支呈星芒状。

②由于肝脏的背侧为肺脏，特别是从马体表探查肝脏的横断面大部被肺覆盖，致使其探查受到很大限制。横卧保定的幼驹可看到肝脏的实质；牛、羊则以右叶为中心扫描可看到肝实质、门脉的主干及其分支。

③犬的肝脏探查，由于可采用多种体位，从而使其影像多种多样，肋间扫描受肋骨声影干扰较大，图像解析困难。研究者认为采用肋骨弓下或腹壁探查，当排除肠管气体回声时，可收到较好的效果。

第六节　胆囊疾病的超声检查

超声影像诊断技术，对胆囊的部位、形状、大小等的判定有较高的准确性。有关胆囊疾病探查的研究正逐步向临床应用方向发展。

一、胆囊正常的超声影像

纵断面呈梨形或椭圆形，横断底部呈圆形，向颈部移行，逐渐变小，胆囊壁明亮清晰，光滑的后壁回声增强，胆囊腔内为无回声暗区，但胆囊底部因肠内气体干扰，常出现杂乱强回声，颈部因褶皱和螺旋形瓣引起折射和散射，常有杂乱的点状回声，其后方有声影，要注意识别。胆囊因呼吸及断面不同，可有位置、形态与大小的变化，有时因折屈可显示膈样回声，形成 2 个无回声暗区，转动探头 2 个暗区又合为 1 个暗区，不可误为双胆囊。

几种动物胆囊的扫描部位和回声特点见表 15-3 所列。

表 15-3 几种动物胆囊的扫描部位和回声特点

项 目	牛	羊	犬
体位	立位	立位	立位或横、仰卧
扫描部位	右侧第 10～11 肋骨弓部	右侧第 9～10 肋骨弓下缘	右侧第 9～12 肋间
回声特点	不规则回声	不规则回声	不规则回声

二、胆囊病理的超声诊断

1. 急性胆囊炎

(1)病理和临床特征　急性胆囊炎为细菌感染、结石、寄生虫阻塞胆道,或胰液返流引起的急性炎症性疾病。发病后,依据发病时间与病理变化程度可分为单纯性、化脓性、坏疽性 3 种类型。病初,由于胆囊管阻塞,引起胆汁滞留,胆囊体积增大,继而胆囊壁普遍增厚;胆囊黏膜发生糜烂,形成小溃疡或小脓肿,胆囊腔积浓、胆汁混浊,严重者可发生胆囊穿孔,引起弥漫性腹膜炎。

(2)声像图表现　发病初期胆囊体积稍增大,胆囊壁模糊并增厚。如为结石引起,则在胆囊腔内,尤其在颈部可见结石图像。到化脓坏疽期,胆囊壁明显增厚,出现双层,壁内见连续或中断的条纹状透声带,这是浆膜层炎性水肿所致,常为急性胆囊炎的特征。

胆囊积液肿大,由于胆囊颈或胆总管被结石梗阻,胆汁排泄不畅,引起胆囊张力性肿大。胆囊内并未见到结石图像,大都嵌于胆囊颈管部。

胆囊黏膜脱落后,胆囊腔内有散在点状回声,发展到化脓坏疽时,由于囊内积脓,引起胆汁混浊,超声图像表现为囊腔内有密集点状回声。

如有黏稠胆汁和脓团块时,可见团块状回声,团块可随体位改变而缓慢移动。探头置于胆囊表面,稍用力加压,患畜即有触痛反应。

胆囊穿孔后,胆囊形态不规则,胆囊周围可见境界不清的液性暗区,内有粗细不等的点状或带状回声,如形成胆囊周围脓肿,可见到圆形或椭圆形透声暗区或边缘不整的肿块。

2. 胆囊结石

(1)病理和临床特征　胆囊结石开始形成时,无明显症状或仅有轻微不适。当结石发生梗阻而出现并发症时,可出现急性胆囊炎的症状。长期反复发作,胆囊壁增厚,胆囊腔缩小,致使胆囊萎缩,腔内充满结石。

(2)声像图表现　胆囊内见圆形、椭圆形或半月形强回声团。强回声团可随体位改变发生重力性移位,其后方为直线形声影。有的病例胆囊萎缩,囊壁增厚,囊内无胆汁透声暗区,充满结石。胆囊前壁呈半月状强回声带,后壁不显示,其后方有较宽声影。偶尔可见多量不规则强回声团块沉积在胆囊后壁,形成强回声带。胆囊后壁显示不清,其后方有宽面积声影。

(3)鉴别诊断　胆囊结石有其典型图像特征。超声诊断符合率达 95%,但由于结石大小和所含成分、结石的位置、胆囊的内容物和操作者的技术程度等因素,影响诊断准确率,造成一些假阴性和假阳性。出现假阴性情况有如下几种。①漂浮性结石:大多为胆固醇结石,由于胆固醇相对密度轻,结石呈半月形位于胆囊底上部。在急性发作时,加上肠腔气体干扰,容易漏诊。②胆泥掩盖下的结石:急性胆囊炎、化脓性胆囊炎、胆总管梗阻等因素,引起胆囊腔内充满点状回声或沉积状弱回声带，较小结石在其掩盖下容易漏诊，扫查时应改变体位，使沉积物缓慢移动，如内见移动较快的强回声团并有声影，可诊断为结石。③无声影的结石：无声影结石可分为两种类型，一种为直径小于 2 mm 的结石；另一种为疏松结石，这种结石可透过超声束，不产生声影，似弱回声团块，即软结石。鉴别时，对第一种要适当降低增益，调整聚焦，再改变体位。如出现移动，可诊断为结石；对第二种应详细观察，在弱回声团块内可见到点状强回声，改变体位可见团块缓慢移动，但无形变，此可与胆囊内凝血块和脓团鉴别。④结石嵌固于胆囊颈部：胆囊颈褶皱与结石紧紧相连，加上无胆汁透声暗区对比，声像图仅表现颈部下方有声影，无典型结石强回声图像。扫查时可利用不同体位，同时侧动探头，从多个方位扫查，以充分暴露结石。此外，还可将影像放大 1.5 或 2 倍进行观察，此法有助于识别此类结石。⑤附壁结石：为较小结石，嵌入胆囊黏膜褶皱内，一般不活动，声像图表现为结石嵌入处的胆囊壁稍隆起，其回声比胆囊壁稍强，后方可见类似彗星尾的现象。侧动探头或呼吸时，结石处有强回声带向胆囊腔内折射是其特征。

出现假阳性有如下情况。①黏稠的胆汁团块：胆总管突然阻塞，肝细胞仍继续分泌胆汁，不断输送到胆囊内，而胆囊内原来浓缩的胆汁不能与新分泌的胆汁溶解混合，以黏稠团块出现。声像图表现为均匀回声团块，不活动，无声影或淡声影。②胆囊颈部褶皱：超声束投射到颈部褶皱上，由于散射和折射关系，其后方可出现声影。鉴别时将图像放大或用 5 MHz 探头用多个断面检查，观察有无结石强回声团，如果没有，则可排除结石。③胆囊周围淋巴结：胆囊周围淋巴结肿大，声像图表现为团块状回声，有时有淡声影，如果在超声扫查时与胆囊发生重叠，可误诊为结石。鉴别时应改变体位，沿胆道进行多个断面观察。如在胆道外，即为淋巴结，淋巴结除有钙化外，一般无声影。

三、注意事项

在临床上，羊和犬的胆囊比较容易探查；牛于肋骨弓附近扫描时，应避开肋骨以清除骨骼声影的干扰；由于动物采食或胆汁排泄等生理功能的影响，即使是同一动物体的胆囊，在不同时间探查其大小也有较大的变化。探头要动静结合，扫查动态病变时，将探头固定不动，实时显像下观察活动状况，对不活动病变要缓慢侧动或转动探头，对病变及其周围组织进行观察。对小病灶及胆囊颈部难以分辨时，可选用图像倍率放大或局部放大的方法进行观察分析。对胆囊内或胆管内的点状或团块状回声，不能确定是否为小结石、息肉或脓团块时，应配合改变体位扫查，依据改变体位后回声的活动状况，进行鉴别。

第七节　脾脏疾病的超声检查

脾脏为腹腔内占有重要位置的实质器官之一，其均质程度较高，适用于超声探查法检查，故国内外广泛开展了超声探测的临床应用和研究。目前，兽医临床主要应用于脾脏体表投影面积及体积大小的测定。

一、B 型超声探查法

①仪器条件及探查方法同心脏。

②脾脏的扫描部位及回声图特点见表 15-4 所列。

表 15-4 几种主要动物脾脏的扫描部位及回声图特点

项目	牛	山羊	马	犬
体位	立位	立位	立位	立、横、仰及犬坐位
扫描部位	左侧第 11～12 肋间上缘	左侧第 8～12 肋间上缘	左侧第 8～17 肋间，肩端及肷部下缘	左侧最后肋间及肷部
回声特点	各种动物的脾脏都具有均质低强度回声			
备注		主动脉	左肾声学窗	可动性

二、健康动物脾脏的超声断层图

超声扫查时，脾脏纵断面形似“逗号”，横断面似半月形。脾脏轮廓清晰，边缘光整。膈面呈弧形，常被含气肺下缘遮盖，而不能完全显示。脏面稍凹陷，可见脾门血管断面。脾门是脾脏的重要超声解剖标志，常为定位的参考点。在声像图上，脾实质呈均匀中等点状回声，脾被膜为强带状回声。在常规增益条件下，脾实质回声水平与肝实质相近。

围绕于肾周围的脂肪层，在声像图上呈现明亮的强回声，可使肾脏轮廓更清晰。极度瘦弱的动物缺乏脂肪层，以致肾脏轮廓线不清，不容易识别。

肾实质部分包括皮质和髓质，表现为实质性回声，多呈细小点状，分布均匀。皮质回声较髓质回声略强。髓质内锥体显示为底向外、尖端向内的三角形弱回声暗区，呈放射状排列在集合系统周围。

肾脏集合系统为肾脏中部的强回声区，呈现浓密明亮的点状回声。由肾盂、肾盏和肾窦脂肪回声组成，边缘很不规则，内部回声密集，分布也不均匀。

1. 牛

牛左侧为胸椎及肋骨，内侧被瘤胃包围，呈均质的低强度回声。

2. 山羊

在山羊脾脏的背侧内方可见到大动脉。

3. 马

正常马脾脏内部呈均质的特征性低强度回声，并可显示脾门部的血管像。

4. 犬

犬脾脏的内部回声和上述的几种动物相同。

三、脾脏疾病的超声诊断

脾脏是由红髓和白髓合一的器官，具有过滤和清除衰老或异常的红细胞、其他碎屑和细菌的重要作用，是网状内皮系统的重要组成部分。脾脏的大小随着年龄、生理状态等因素而变化，其变化之大为体内各器官之首。在各种疾病时，由于髓索扩大、血窦扩张和淋巴滤泡激活，均可使脾脏肿大，而且脾脏的体积常随这些疾病的转归而变化。

(一)脾脓肿

1. 病理和临床特征

脾脏具有很强的吞噬作用，故脾脓肿少见。其感染方式多为败血症和外伤诱发或邻近器官感染直接传播。伤寒、肺炎球菌败血症、感染性心内膜炎、脾外伤后血肿等因素均有引起脾脏感染的可能,其病原菌毒素可抑制脾窦内皮细胞的吞噬功能,从而引起脾内局部感染,逐渐形成脓肿。本病临床上缺乏特异性症状和体征。患畜发热,左上腹肌紧张、压痛,这是诊断脾脓肿最有价值的局部症状和体征。脾脓肿破裂并发弥漫性腹膜炎。

2. 声像图表现

脾肿大时脾内病灶可单发或多发。脾脓肿可引起左胸腔积液,甚至脓胸。已液化的较大脾脓肿可清晰显示为单个或多个圆形、卵圆形或不规则形的无回声区,边缘不规则且较厚,其内有散在的小点状回声。无回声区内偶尔可见气体回声,为产气菌感染或血细胞、组织坏死后液化所产生。后方回声增强。

3. 鉴别诊断

脾脓肿声像图常需与囊肿、血肿和梗死等病鉴别。囊肿的壁薄,轮廓清晰并且完全透声。血肿常有明确的外伤史,血肿和梗死有从无回声向弱回声和高回声逐渐发展的过程,脾梗死时脾不肿大。

(二)脾血肿

1. 病理和临床特征

脾脏包膜下血肿和脾内血肿是脾脏破裂的表现之一。在闭合性腹部外伤中,脾脏受伤的机会较其他器官多。脾脏受损伤机制与脾本身及其周围的解剖结构有关。脾脏是富含血液、易脆的实质器官,紧紧包裹于完整的纤维组织被膜内。当腹部受撞击时,由于腹内压骤增而使内脏移位,脾周韧带因阻碍脾移动而发生脾撕裂。脾损伤的严重程度因失血量和速度、休克程度和持续时间的差异以及伴发损伤的器官和程度不同而很不一致。一般脾脏血肿的临床症状不明显。一旦破裂,即可突然出现腹痛,出现低血容量征象。

2. 声像图表现

多数脾破裂患畜的脾肿大,脾实质内回声异常。轻度血肿时,仅有脾实质内回声强弱不均,范围较局限。重度时可有单发的或多数小片无回声区,可以呈不规则形态或圆形,边缘常不整齐,代表脾实质内血肿或多发性小血肿。脾实质新鲜出血可表现为脾内不均质性回声增强。

脾周围血肿时出现无回声区或弱回声区,它仅限于脾脏周围,腹腔其余部分无积液现象。新鲜少量脾周积血区回声较多,适当对探头施加压力可见积血区的大小发生改变。

四、注意事项

牛、羊脾脏扫描局限于背侧端的部分区域;马和犬脾脏的影像部位较大,各种动物脾脏的位置、大小均有较大差异。有时,在同一脾脏内可发现上下 2 级的回声比中部低,再加上血管的勾画,酷似脾脏肿瘤,应注意鉴别。此时,脾脏的轮廓、大小一般无变化。

第八节　肾脏疾病的超声检查

肾脏为腹腔内重要的实质器官之一,各种动物的肾脏均有一定的大小、一定的厚度和较平滑的界面,且距体壁较近,故有利于超声探查。

一、健康动物肾脏的解剖要点

肾脏位于腹腔主动脉和后腔静脉的两侧，左右各 1 个，其表面覆有一层纤维膜(肾包膜)，外面被脂肪组织(肾脂肪囊)包围。牛肾为多乳头状，肾表面有沟，分叶明显。右肾位于第 12 肋间隙至第 2～3 腰椎横突的下方，为稍扁平的椭圆形。左肾位置不固定，一般位于第 2～5 腰椎横突下方，可随胃肠充满的程度而变化，厚而狭窄，呈三棱形，前端小，后端大。羊肾呈豆形，位于腰下，属于表面平滑单乳头肾。猪肾呈长而扁的蚕豆形，左、右肾的外形大致相似，位置几乎对称，位于前 4 个腰椎横突下方。马肾为平滑单乳头肾，右肾位于最后 2～3 肋骨椎骨端及第 1 腰椎横突的下方，呈圆角等边三角形(心形)；左肾如豆状，较右肾稍后，一般位于最后肋骨和前 2 或 3 个腰椎横突的下方。

二、B 型超声探查法

①仪器条件及探查方法同心脏。

②肾脏的扫描部位及回声图特点见表 15-5 所列。

表 15-5　肾脏的扫描部位及回声图特点

项　目	牛	山羊	马	犬
体位	立位	立位	立位	立、横、仰及犬坐位
扫描部位	右肾：右第 12 肋间上部及肷部上前方 左肾：右侧肷部上后方或中央部	右肾：右第 12 肋间上部及肷部上前方 左肾：右侧肷部上后方或中央部	右侧：第 16～17 肋间上部 左侧：第 16～17 肋间上部及左侧最后肋骨后缘	左、右第 12 肋间上部及最后肋骨后缘
回声特点	皮质低强度回声	髓质不规则回声	肾盂高强度回声	—
备注	后腔静脉、肾静脉	后腔静脉		脾脏

三、健康动物肾脏的超声断层图

1. 牛

横断扫描时，探头微向头方变动，可在右肾头部连同肝脏描出；纵断扫描时，其头部 13 肋骨遮蔽，尾部又被消化管隐埋，故使右肾整体图像显示比较困难。将探头置于右侧肷部上后方或右侧肷部中央可扫描出左肾，多数是在右肾后方和左肾前方同时被扫描到。在营养状况稍消瘦的牛，压迫右侧肷部，可较容易地扫描到左肾。

2. 山羊

左肾整体形态可完全显示，其形态呈芸豆状或椭圆形，边缘清楚，皮质呈低强度回声像，髓质部多呈不规则像，肾盂的高强度回声像也清晰可见。

3. 马

两侧肾脏均因肋骨及肠管的影响而使其长轴方向不能进行探查。

4. 犬

如用一种体位不能描出时，可变换体位。在扫描左肾时，有时脾脏的尾侧也被扫描出。

四、肾大小异常的鉴别诊断

(一)肾炎和肾病综合征

1. 病因和临床症状

肾炎通常为溶血性链球菌引起的变态反应所致。急性肾炎患畜的肾脏可稍大或正常。而慢性肾炎后期,肾脏多因纤维化而稍缩小。肾病综合征是以水肿、蛋白尿、低蛋白血症为特征的疾病。

2. 声像图表现

①患急性肾炎时,肾皮质回声增强,外形轮廓可无改变,肾体积稍有增大,慢性肾炎时,肾脏大小正常或缩小,轮廓稍模糊,肾实质变薄,回声增强,部分患畜可能伴肾积水。

②患肾病综合征时,两肾体积大多缩小,肾实质变薄,回声增强,肾集合系统相对增大,与晚期慢性肾炎不易从声像图上区别开。

(二)肾功能衰竭

1. 病因和临床特征

(1)急性肾功能衰竭　是指各种原因引起的肾小球滤过率下降、水盐代谢紊乱、氮质代谢产物潴留,短期内出现少尿或无尿的急性疾病。依其病因可分为 4 类:①肾前性,如失血、脱水、药物过敏、心排血量不足造成的低血压等;②肾性,如肾脏缺血或肾脏中毒物质引起急性肾小管坏死以及肾功能恢复缓慢的病变;③肾后性,多因尿路梗阻引起;④慢性肾功能衰竭急性发作,如原先患有慢性肾功能衰竭,病情稳定中途发生肾小球滤过率快速下降。

(2)慢性肾功能衰竭　是指各种原因造成的肾脏慢性损害,肾实质严重受损,导致肾脏基本功能接近消失而出现氮质血症和一系列临床症状的疾病。

2. 声像图表现

①急性肾功能衰竭时,肾前性原因引起的两肾可能呈现正常声像图,或可在体腔内出现积液。肾性病因的,可见两肾增大,皮质增厚,回声增强;或肾锥体增大,回声减弱,肾周围可能有低回声带或肝肾隐窝内出现少量腹水。肾后性病因的可见两侧肾盂积水或一侧肾盂积水,另一侧肾脏严重异常,积水的肾脏周围可能出现因组织水肿引起的低回声带。

②慢性肾功能衰竭时,声像图改变常依据病情程度不同而有差别。终末期患者可见两肾萎缩,肾皮质与髓质界限不清,皮质回声常常增强。全肾结构紊乱不清,甚至肾脏正常结构也难以辨认。肾功能恢复期,两肾声像图又可能无明显异常。

(三)肾盂积水

1. 病因和临床特征

肾盂积水是因尿路梗阻后发生的肾盂肾盏内尿液滞留导致肾脏不同程度增大、肾实质萎缩的疾病。其梗阻原因很多,可能是肾盂输尿管连接部缺陷、尿路排泄道受阻或尿路外病变压迫等。一般情况下,上尿路梗阻时常引起一侧肾盂积水,偶尔为两侧性,而下尿路梗阻时常引起两侧性肾盂积水。应该指出,本病经常是各种病变引起尿路梗阻的必然结果,是某些疾病的一个征象或并发病变。临床上,除巨大肾盂积水外,可能并无其他症状,但由于病因不同,造成肾积水的结石、肿瘤或感染等疾病可产生相应的肾绞痛、血尿或发热等不适。

2. 声像图表现

轻度肾盂积水时,肾集合系统分离,中央无回声暗区宽度增大,肾脏外表、轮廓、大小及肾皮质厚度无明显改变。中度肾盂积水时，肾集合系统中央无回声区明显扩大，肾盂肾盏液性暗区可呈烟斗状或花瓣状，各个液性暗区形成之囊腔互相通连，肾体积有不同程度增大，皮质变薄，并可能合并同侧输尿管扩张、积水等征象。重度肾盂积水时，肾脏外形增大明显，可失去正常形态，肾皮质因受压而菲薄，肾区呈现为一个巨大的液性暗区，可见有房隔回声，严重时可占据半个腹腔，以致与腹腔巨大液性肿块和大量腹水相混淆。

（四）肾结石

1. 病因和临床特征

肾结石形成的真正原因有多种学说，如局部因素（尿液瘀滞、感染、异物）、新陈代谢紊乱（钙代谢、尿液代谢紊乱、维生素缺乏）及其他（气候、水质、药物）等，至今尚无定论。肾结石的病理变化可引起梗阻、感染、局部长期刺激造成的损伤以及上述因素诱发的肿瘤。在临床上，肾结石患畜常有血尿，时有小结石排出，合并感染时常伴尿路刺激症状。肾区有明显叩击痛，尿常规检查可发现红细胞。

2. 声像图表现

肾结石声像图的基本特征为肾区出现强回声团及其后方伴有的声影，肾实质内小结石可显示强回声及声影，而肾盂内小结石仅可见较周围肾盂回声稍强的点状强回声，结石直径<3 mm者，一般不显示声影或仅有淡声影；中等大小的结石可形成团块状强回声，声影清晰；大结石或多个结石堆聚在一起时。可见强回声带及其后方的大片声影。肾结石伴有肾盂积水时，扩张的肾集合系统与肾结石之间出现带状无回声区，使结石更易显示。

五、注意事项

1. 扫描部位

①牛、羊扫描部位：由于牛左侧为瘤胃，当其中充满内容物时，肾脏被胃壁挤向右侧肷部，因此不易扫描；而压迫小牛及羊对侧（右侧）肷部可描出肾脏。②马扫描部位：于左侧最后肋间通过脾脏声学窗可顺利探查。③犬扫描部位：由于肠管内气体回声的干扰，经腹壁扫描时不易探查到。

2. 肷部皮肤松软

探查时应施加适当的压力使探头与皮肤密切接触，效果较好。

3. 不同动物

关于肾脏的内部回声有较大差别。直线电子扫描仪较易区分皮质和髓质的变化。

4. 肾脏的超声观察

原则上要力求全面、完整，避免以某一个断面作定论。为避免遗漏较小的病变，探测时应采取“滑动”方式，不宜采用“跳跃”式，探测间距不要超过 1 cm，每个断面要从多个角度反复观察。

第九节　膀胱疾病的超声检查

一、正常动物膀胱的解剖要点

膀胱为一平滑肌性囊状的储尿器官。膀胱的大小、形状和位置随尿液的多少而异。在尿液充盈时近似椭圆形或圆球状，排空后则呈扁圆形或梨形。不同充盈程度的膀胱形态也不同。

膀胱可分为前壁、后壁、左右侧壁、三角区、膀胱颈部和顶部。三角区位于膀胱后下部，其尖端为两侧输尿管开口处和尿道内口。膀胱壁自内向外由黏膜层、黏膜下层、肌层和浆膜层组成。

当尿液排空后，马的膀胱呈梨形，约拳头大，位于骨盆腔入口的后方。当膀胱内积存一定量尿液时，呈卵圆形，并向前沿腹底壁延伸，充满尿液时则伸入腹腔。公马膀胱位于直肠、尿生殖褶的下方；母马则与子宫体和阴道紧接。牛的膀胱比马的长而细，向前伸到腹腔底壁的部分也比较长。

二、B型超声探查法

1. 仪器条件

与探测肾脏相同，经直肠和尿道探测应使用专用探头。

2. 扫查途径

(1)经耻骨上途径　膀胱充盈后取仰卧位，在耻骨联合上方进行纵断、横断及斜向扫查。要求不遗漏每一角落。在扫查过程中可轻微侧动探头。为观察膀胱后壁，可将仪器远程补偿适当调低；在观察前壁时，应调节近程抑制，以便对膀胱前壁的病变和假象进行区别。

(2)经直肠途径　大动物可经直肠途径探查膀胱。清空直肠后，将直肠探头涂耦合剂，外套橡皮套或直检手套，探头的外表再涂耦合剂，将探头带入(插入)直肠后即开始由浅而深的进行扫查，可得到一系列膀胱横断图像；同时可将探头做顺时针或逆时针缓慢旋转扫查，可得到以直肠为圆心的一系列纵断图像。

三、正常膀胱的超声断层影像

超声探测正常膀胱时，膀胱内尿液呈无回声暗区，膀胱壁为明亮的回声带。膀胱横断图为圆形、椭圆形或四方形；纵断图略呈三角形。正常膀胱在排尿时，顶部塌陷渐近三角区，而膀胱三角区位置相对固定不变，因此充盈程度不等的膀胱，纵断图常呈现不同程度的顶部塌陷图像，而横断面基本如前。在用实时超声诊断仪观察膀胱时，三角区可看到输尿管口喷尿现象。尿流自两侧后方呈断续的点状斜向喷射至对侧前方，常为间歇性出现。排尿后，正常膀胱内应基本无尿液。

四、膀胱疾病的超声鉴别诊断

(一)膀胱结石

1. 病理和临床特征

膀胱结石的真正病因尚不明。膀胱结石的成分多为草酸钙、磷酸盐和尿酸的混合结石。结石引起的主要病理变化是对黏膜的刺激和损伤，继之发生炎症感染、黏膜充血和出血。如结石长期阻塞内尿道口，可刺激膀胱内小梁或憩室。膀胱结石，一般较少引起肾积水。在临床上，膀胱结石的主要症状是疼痛、尿流突然中断和血尿。有的患畜有尿频、尿急症状。

2. 声像图表现

超声对膀胱结石的探测，可清晰显示其大小、形状和数目，结石后方大多伴有声影，结石可随着患畜体位的改变而有移动，一般容易诊断。膀胱手术后，偶可发生缝线结石，缝线结石较小，呈“吊灯状”排列于切口下方，呈强回声，不伴声影。

(二)膀胱肿瘤

1. 病理和临床特征

膀胱肿瘤的病因不明。在病理上,膀胱肿瘤可分为上皮性肿瘤和非上皮性肿瘤两大类。前者多数为移行细胞乳头状瘤,少数为鳞状上皮癌和腺癌;后者则以肉瘤为主,如横纹肌肉瘤、平滑肌肉瘤、纤维肉瘤等。在临床上,多数膀胱肿瘤患畜表现为间歇性血尿或全程血尿;当肿瘤过大使膀胱容量缩小时常引起尿频、尿急和尿痛,甚至出现排尿困难和尿潴留。如肿瘤出现坏死、溃疡或合并感染时也可出现膀胱刺激症状。

2. 声像图表现

膀胱肿瘤声像图主要为膀胱壁上有向腔内突起的赘生物,大小不一,形态多样或不规则,中等强度回声。乳头状瘤呈菜花样或海藻状。有蒂肿瘤可随体位变动而有小距离移动或漂浮感。部分瘤体向膀胱腔突出,另一部分向肌层浸润,使膀胱壁回声零乱不清或缺损。

3. 鉴别诊断

(1)膀胱内血块与膀胱肿瘤鉴别　见表 15-6 所列。

表 15-6　膀胱内血块和膀胱肿瘤鉴别

项　目	膀胱内血块	膀胱肿瘤
外形	外形不定,不规则形居多,大小也不尽相同	呈菜花样或海藻样,浸润型肿瘤基底较宽
透声	一般较好,无钙化灶	部分肿瘤出现钙化灶时,透声差,有强回声,后方有衰减
瘤蒂	无蒂	部分肿瘤有细蒂
变动体位	可沿重力方向移动,且活动幅度大	移动不明显,有蒂肿瘤有小范围移动或漂浮感
膀胱壁	膀胱壁完整,血块与膀胱壁不相连	肿瘤与膀胱壁相连,可见黏膜中断,膀胱壁内浸润

(2)膀胱结石　典型的膀胱结石是在膀胱腔内探及强回声团,其后方伴声影,且强回声团可随体位改变而移动。不难与膀胱肿瘤区别。但膀胱肿瘤合并结石者并不少见,应注意区别。膀胱镜检查可作为进一步区别的手段。

(3)输尿管囊肿　患输尿管囊肿的患畜很少见到血尿,临床上以梗阻和感染为主要症状,声像图上可见,囊肿大多位于膀胱三角区,表面光滑,为无回声暗区,时大时小,与膀胱肿瘤不难区别。

第十节　动物妊娠早期的超声检查

在兽医临床上,超声影像检查法对于动物的早期妊娠诊断具有快速、准确、安全、便捷和经济的特点,是任何其他仪器和方法不可取代的,因此,深受欢迎并得到了广泛的应用。掌握 B 超诊断动物早期妊娠检查的方法和技术,在兽医临床上和生产实践中都具有重要的意义。

在应用各种类型仪器对绵羊进行妊娠诊断中,A 超在妊娠 50～120 d 后用于妊娠诊断的准确率较高;Doppler 超声虽然诊断妊娠的时间较早,但是需要仔细的动物保定和培训技术人员;B 超诊断妊娠的时间较早,对动物只需轻度保定,并且判断准确率不依赖于操作者是否有经验，检查用时少，同时还可鉴别胎儿的死活、预测胎儿的数目和鉴别胎儿性别。所以近年来在国内外得到了广泛应用和普及。下面仅叙述B超在动物早期妊娠诊断方面的应用。

一、猪妊娠早期的超声探查

1. 猪胚胎早期发育的生理解剖特点

猪为多胎动物，妊娠期为114 d，胎儿平均分布于左右子宫角内，但胎儿间的距离并不完全相等。胎儿在子宫角内的位置不同，其发育的速度不一样，有些胎儿体积较大，另一些可能较小。因胎儿的体积较小，其胎位和胎向不定。随着胎龄的增长、胎儿发育和胎水增多，使子宫体下沉、前移。妊娠30 d左右时，子宫体在倒数第1或第2对乳头部位，妊娠80 d以上时可移至第6对乳头前后。

2. B超诊断的条件和方法

(1)仪器条件　选用新型便携式B型超声断层适时扫描仪。根据妊娠时间的长短和母猪肥胖程度不同而选择不同频率的探头。较常用的是3.0 MHz或5.0 MHz的扇形探头。

(2)动物保定　习惯上不需要对母猪进行特殊保定，为方便起见，使猪自然站立为最好，也可以使猪安静侧卧保定。

(3)探测部位　在下腹部左右侧乳房上方，从最后一对乳头后上方开始扫查，随着妊娠时间的进展逐渐向前移动探头，妊娠后期，探头的探查部位可达胸骨后端。也可沿两侧乳头中间的腹白线探查。如果经直肠探测，需要用直肠探头，并将探头手柄改装加长，其尺寸可依猪体大小及阴道长度而定。一般加长50～60 cm即可。

(4)探查方法　在探头上涂擦耦合剂，使探头紧贴腹壁，妊娠初期探头向耻骨前缘方向上下前后移动，并不断变换探测方向，以便寻找胎囊。由于妊娠早期胚胎很小，一般先探查到胎囊。

3. 猪妊娠的B超影像图

应用B超可以最早在猪妊娠的第18天作出诊断，检查时不需要特殊保定，而且每只猪只需要不到1 min的时间，可谓是既快速、便捷，又安全、准确。

二、牛妊娠早期的超声探查

1. 牛早期胚胎发育的生理解剖特点

牛多怀单胎，双胎仅占0.5%～2%，妊娠期为285 d，母牛怀孕后，随着妊娠日期的增加，胎儿增大，胎水也增加，因此，除子宫的位置下垂、容积扩张外，子宫壁的血管分支增加，并逐渐变粗变直，子宫中动脉和子宫后动脉的变化特别明显，妊娠5个月的直径为不妊娠时的4倍，妊娠3个月时子宫中动脉出现特殊的搏动，即“孕脉”，在孕角侧孕脉出现得早，而且搏动显著。

2. B超诊断的条件和方法

(1)仪器条件　B型超声断层适时扫描仪。可选择5.0 MHz或7.5 MHz的直肠线阵探头。

(2)动物保定　被检牛于六柱栏或四柱栏内保定。

(3)探查部位和方法　清除空直肠蓄粪，将探头涂耦合剂后，握于直检手套内，带入直肠，使探头的超声发射面(部)对准子宫，左右或前后扫查子宫角即可。

3. 牛妊娠的B超影像图

据报道，奶牛配种后9 d就可以做出妊娠诊断，此时只能看到子宫腔内很小的长形黑色“裂缝”状胎囊，妊娠32 d时，可以从B超影像图上看到胎儿；妊娠38 d时胎盘突开始发育；妊娠42 d时，胎儿长2.4 cm。据报道，在妊娠的50～90 d，是诊断胎儿性别的最佳时期，当超声扫查到胎儿的外生殖器处时，发现有回声（阴茎和阴囊）的是公犊，没有回声的是母犊。

三、羊妊娠早期的超声探查

1. 羊早期胚胎发育的生理解剖特点

羊是多胎动物。妊娠期根据羊的品种不同而略有差异，绵羊的妊娠期为146～151 d（平均150 d）；山羊为146～161 d（平均为152 d）。妊娠30日龄时，胚胎出现腮裂，体壁合拢，全部器官均已形成，胎囊长度为35～40 cm，羊水量的容积超过胚胎，但当怀孕的末期，由于胎儿的增大，羊水的数量相对减少。

2. B超诊断的条件和方法

（1）仪器条件　仪器的条件和探头的选择同猪的检查。

（2）动物保定　使母羊自然站立，由助手在侧方加以挟持保定。某些经产羊乳房过大或腹侧壁被毛过长，不易露出探测部位时，可使被探测后肢稍抬高即可。也可以将羊侧卧保定。妊娠后期应尽量避免仰卧保定，因为沉重的胎囊会压迫血管，而影响母羊的血液循环。

（3）探测部位　选择乳房前、两侧乳头外侧无毛区域探查。如果经直肠探测，需改用直肠线阵探头，并将探头手柄改装加长，其尺寸可根据羊体大小及阴道长度而定。在施直肠检查前，先灌肠以清空直肠蓄粪，否则不但影响扫查效果，而且容易造成直肠穿孔。

（4）探测方法　探头及探测部位均匀涂以适量耦合剂。使探头向对侧的背部扫查，探测不到胎儿时，可变换探测的方向和角度。

3. 羊妊娠的B超影像图

用B超最早在羊妊娠的第16天即可作出诊断，妊娠18 d时可见胎儿，妊娠30 d时，可见到胎儿心跳位点和羊膜，到妊娠的第34天时，可明显区分胎儿的头部和躯干，妊娠44 d时，可见到胎盘突。

四、马妊娠早期的超声探查

1. 马早期胚胎发育的生理解剖特点

马多产单胎，但是经常排2个卵，开始妊娠时常为双胎，因为马胎儿的附植部位多为子宫角分叉部，因此，随妊娠日期的增加，胎儿的增长，常常会出现双胎中的一个较小的胎囊被挤压而死亡。

2. B超诊断的条件和方法

（1）仪器条件　B型超声断层适时扫描仪，可选择5.0 MHz或7.0 MHz的直肠线阵探头。

（2）动物保定　被检马需要于六柱栏或四柱栏内保定。

（3）探查部位和方法　清空直肠蓄粪，将探头涂耦合剂后，握于直检手套内，带入直肠，使探头的超声发射面（部）对准子宫，左右或前后扫查子宫角即可。

3. 马妊娠的B超影像图

应用B型超声波可在马排卵后的第13天作出诊断，此时可看到子宫腔内直径在9 mm左右的圆形黑色胎囊，子宫壁增厚，回声增强。妊娠 16 d 时，胎囊的体积增至 2.6 cm，子宫壁增厚，可在图像上明显分出子宫内膜层和子宫肌层。并且，在妊娠 30 d 内，经常可见双胎。至怀孕 21 d 时，胎囊的体积迅速增大，直径可达到 3.6 cm。到妊娠的第 21 天时，可以看到孕体。

五、犬妊娠早期的超声探查

1. 犬早期胚胎发育的解剖生理特点

犬妊娠的前半期被认为是妊娠早期（怀孕后的 16～30 d），胚胎发育是超声检查中最有趣的。在胚胎发育早期，超声图像上的各种结构都可以用于诊断妊娠。随着胚胎的发育，卵圆形的犬胎囊逐渐变长，带状胎盘逐渐形成。胎盘有 3 层，呈圆柱形。卵黄囊呈管状，体积很大，盖过胎囊。卵黄囊一直存在到分娩。而胎儿的内脏器官发育成形是在妊娠的后半期。

2. B 超诊断的条件和方法

（1）仪器条件　正确诊断犬妊娠不仅取决于检查者的经验和操作技术水平，而且还取决于 B 超的质量和探头的选择，妊娠早期要求探头能够给出尽量详细的图像。妊娠后期，低频率的探头（3.5 MHz）可以更好地反映胎儿心动和胎儿外形，而高频率的探头（7.5 MHz 或 10 MHz）在探查大型犬怀孕后期胎儿的心动和胎儿外形方面就比较困难。

（2）动物保定　根据犬的体积和性格可以采取自然站立、侧卧或犬坐式保定，但在怀孕后期，不应采取仰卧保定。不要采用任何麻醉。长毛犬可以不用剪毛，使用酒精可以很容易将长毛分开；而对短毛或厚毛犬，为提高图像质量应在检查前剪毛，剪毛的位置可在乳腺中间或在下腹壁较大的范围内。

（3）探测部位　在乳腺中间，沿腹白线前后缓慢移动探头并不时倾斜和转动探头，可以探测到子宫和胎囊或胎儿。

3. 犬妊娠的 B 超影像图

据报道，应用 B 超最早可以在犬妊娠的第 14～16 天作出诊断。在妊娠的早期，胎囊为位于膀胱背侧充满液体的、黑色的（不反声）圆形结构。此时，要与横断的肠管和血管加以区别，方法是，将探头旋转 90°，肠管和血管的管腔变长，而胎囊则保持圆形。妊娠的第 19 天在胎囊内可见到胚胎结构，在排卵后 22 d 可见到胚胎心动，交配后的 28 d 或排卵后的 34 d 可见到胎动。从交配后的第 23 天以后，胎儿发育速度加快，并且很容易分辨。此时，可区分头、躯干和前肢，可确定胎儿身体的长轴并可测量胎儿的头尾长。在交配后的 25～35 d，可以确诊胎儿的数量，但是只有当怀孕的胎儿数量较少时（1～4 个）才能准确地确定胎儿数量，超过 4 个胎儿时较难分辨，此时应该告诉畜主，实际胎儿数可能和检查结果不符，如果畜主一定要知道胎儿的数量，可以在 1 周以后重新检查，或者如果妊娠期超过 42 d 以后，可以用 X 线检查。

六、猫妊娠早期的超声探查

1. 猫早期胚胎发育的解剖生理特点

猫是多胎动物，妊娠期平均为 60 d，不同品种的猫略有差异。妊娠 17 日龄时，经常可以经外部触摸诊断妊娠，此时，在附植部位可感觉到直径为 1～1.5 cm，圆形、坚固的胎囊。随着妊娠期的进展、胎儿增长和子宫变长，胎囊变软。妊娠 50 d 时，可以触摸到胎儿头部，但是如果触摸动作粗鲁或不当，可引起胎儿损伤，应尽量避免。妊娠第 25 天时，胎儿完全形成；妊娠 42 d 时，可用 X 线看到胎儿骨骼。妊娠黄体的正常功能在妊娠的 21 d 时达到高峰，此后其功能降低；到妊娠的 40～46 d 时，胎盘产生的孕酮代替了妊娠黄体的功能。

2. B 超诊断的条件和方法

(1)仪器条件　超声仪器条件和探头的选择方法同犬的妊娠探查。

(2)动物保定　可使猫自然站立，由动物主人用双手固定其头部；也可以将猫侧卧或仰卧保定，但是妊娠后期应避免仰卧保定。侧卧保定时，应将上侧的后腿抬高。

(3)探测部位　因为猫的腹部体积较小，因此超声探查比较容易，可以在侧腹部或在两侧乳房中间探查，当然，最好在后两对乳头外侧的少毛区域探查。

(4)探测方法　探头及探测部位均匀涂以适量耦合剂。使探头在乳腺中间沿腹白线前后移动。在妊娠初期向耻骨前缘扫查，随妊娠时间延长，探头的探查位置逐渐前移。当向一个方向探测不到胎儿时，可变换探测的方向和角度。

3. 猫妊娠的 B 超影像图

应用 B 超最早可以在猫妊娠的第 14 天时作出诊断，此时，在膀胱下方可见到直径为 0.5 cm 的胎囊和增厚的子宫内膜；在妊娠 18 d 时，可见到胎囊内胎儿结构的点状回声和片状回声，心脏清晰可见(图版 15-21)。妊娠第 19 天时，可见到多胎囊和胎囊内部特征性回声以及胎囊下部的声影增强。据报道，最早可在配后的第 17 天监测到胎儿的心动，在 27 d 时监测到胎动。在猫妊娠 23 d 时，可见到胎儿肢芽、脐带、头部、躯干、心搏区和胎盘。此时胎儿的详细结构只能通过用高频率的探头(10 MHz)才能辨认。到妊娠 54 d 时，可扫查到胎儿肾脏、胃肠等。

思考题

1. 超声波有什么主要特性？什么叫声阻抗？
2. 试述常用超声波的使用方法和原理。
3. 超声波在动物临床上有什么用途？给动物做超声前需要做哪些准备工作？

第十六章　心电图检查

重点提示：学习心电产生的原理和正常心电图各波形特点，学会常用心电图仪器的使用方法，并能对常见的心电图异常作出判断，并进行临床鉴别诊断。

第一节　心电图基本知识

心电图检测是临床常用的诊断手段，每个动物临床医生都应熟悉掌握。现将阅读及测量方法简介如下，以供参考。

一、检查伪差

将各导联的心电图大致浏览一遍，注意有无伪差，常见的伪差有以下几种。

1. 交流电干扰

在心电图上出现规则而纤细的锯齿状波形（图 16-1）。

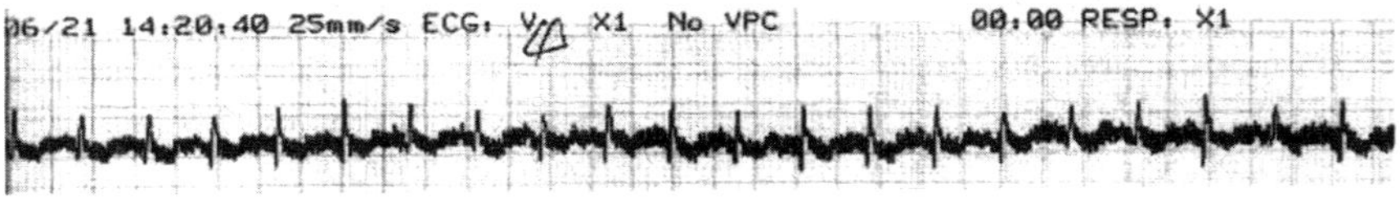

图 16-1　交流电干扰图

2. 肌颤干扰

心电图上出现杂乱不整的小波，有时很像心房颤动的 f 波（图 16-2）。

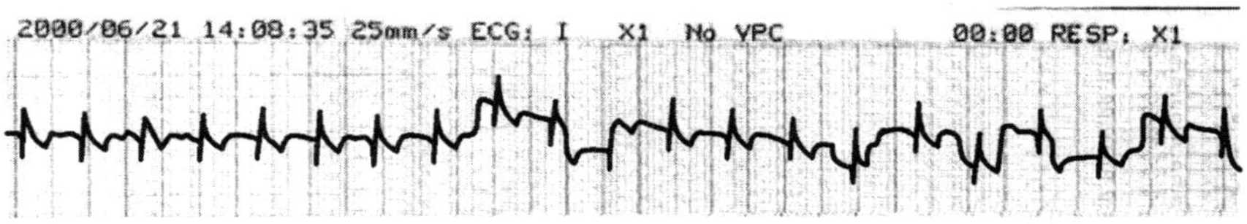

图 16-2　肌颤干扰图

3. 基线不稳

表现为心电图基线不是完全在 1 个水平线上，而是上下摆动或突然升降影响心电图各波，尤其是 S～T 段的判断（图 16-3）。

4. 导联有无连接错误

通常导联线的电极标志：LA 为左臂，RA 为右臂，LL 为左后肢，RL 为右后肢。

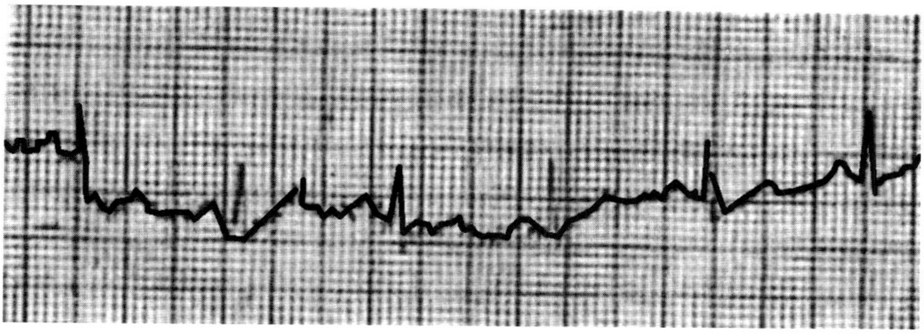

图 16-3　基线不稳图

5. 定标电压是否准确

描记心电图时首先核定标准电压，通常标准是 1 mV＝10 mm（图 16-4）。在不同标准下，相当于 1 mV 的振幅高度。1 mV＝0.5 cm（5 mm）（左），1 mV＝1（中），1 mV＝2 cm（20 mm）（右）。

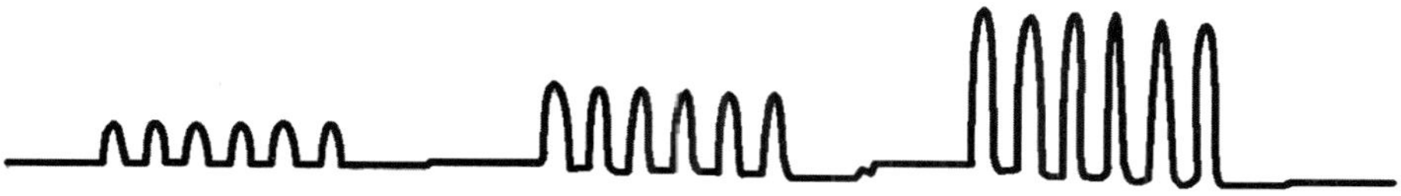

图 16-4　核定标准电压

心电图记录纸两条水平细线间距为 1 mm，为了便于分析和比较，将正常标准定为 10 mm 表示 1 mV，也就是 1 mV＝10 mm。如果振幅过大，记录笔的摆动会超出纸的宽度，此时，需将标准设置为 5 mm＝1 mV。

6. 猫咕噜声的干扰

我们都知道猫常常发出咕噜声，这是猫在吸气和呼气的时候横膈膜肌肉的收缩而产生的，因此也会对心电图产生干扰（图 16-5）。

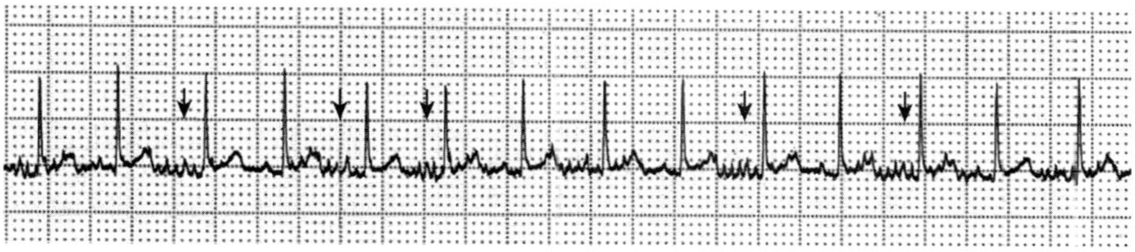

图 16-5　猫咕噜声的干扰图（箭头处）

二、十二导联

标准导联 3 个（Ⅰ、Ⅱ、Ⅲ），加压单极肢体导联 3 个（aVR、aVF、aVL），胸前导联（$V_1 \sim V_6$）。

1. 标准导联

Ⅰ：左前肢接正极，右前肢接负极。

Ⅱ：左后肢接正极，右前肢接负极。

Ⅲ：左后肢接正极，左前肢接负极。

2. 加压单极肢体导联

aVR:右前肢连接正极,左前肢与左后肢共同连接负极。

aVF:左后肢连接正极,左前肢与右前肢共同连接负极。

aVL:左前肢连接正极,右前肢与左后肢共同连接负极。

3. $V_1 \sim V_6$ 导联

胸导联中心电端连接心电图机的负极,探查电极连接心电图机的正极,探查电极放在胸前的不同位置,即 $V_1 \sim V_6$ 导联。

V_1:胸骨右侧第 3 肋间,肩关节水平线下。

V_2:胸骨右侧第 4 肋间,肩关节水平线下。

V_3:胸骨右侧第 5 肋间,肩关节水平线下。

V_4:胸骨左侧第 3 肋间,肩关节水平线下。

V_5:胸骨左侧第 4 肋间,肩关节水平线下。

V_6:胸骨左侧第 5 肋间,肩关节水平线下。

三、准确的心电图标记

心电图记录完毕后,应立即标明受检者的姓名、性别、年龄、受检日期和导联等项目。

四、心电图检查适应证

突然发作的呼吸困难、心动过速、心动过缓、各种心律失常、休克、晕厥、心肌梗死、严重胸痛、药物的影响(如洋地黄、奎尼丁等对心脏的作用)、术后低血压、术前常规检查、昏迷、听诊发现心脏杂音,心脏扩大、病毒性心肌炎、心包炎、心肌炎、渗出性纤维素性心包炎、高血压、过量服用激素和利尿剂、观察心电图演变过程等。目前,心电图已经成为心内科门诊犬、猫的常规检查项目,也用于中老年犬、猫的健康检查项目。

五、描记心电图的技术要求

①电极板和电极插孔要经常清洁,若有锈蚀,用细砂纸打磨或用导电糊擦拭,现在使用一次性的电极贴在皮肤上,粘贴前将犬、猫四肢桡骨、腓骨远端和胸部肩关节水平下第 4～6 肋间处剪毛,充分暴露皮肤,使用酒精脱脂。

②前肢电极应置于腕上伸侧,后肢电极应置于胫骨前侧,这些部位肌肉较少,可减少肌电干扰。

③避免电极导联线与电源线缠绕打结,胸侧导联线应沿着上肢摆放,减少呼吸干扰。

④记录前,让犬、猫安静,不能移动。

⑤必要时用记号笔标明胸前导联电极位置,以保证良好的重复性。

⑥心电图机须接地良好,防止交流电干扰及漏电。

⑦打开电源,选择Ⅰ导联、预热,待记录笔平稳后再开始记录。

⑧描记后应注明姓名、日期、导联及有关情况(如深吸气、体位、是否服药等)。

六、心电图各波段的命名及测量

(一)心电图波群(P-QRS-T)

心电图波群如图 16-6 所示。P 波为心房的除极,心房激动起源于窦房结,在心电图上相当于从 P 波稍前处到 P 波结束。P-R 段为心房复极期，通常位于等电位线上，同时也代表激动经房室结(房室束)至心室浦肯野纤维。P-R 间期为心房除极与复极的总时间。Q 波为心室的第 1 个除极波。QRS 时限为心室肌除极的整个时间。ST 段与 T 波代表心室复极；其中，ST 段为心室复极早期，而 Q-T 间期代表心室除极与复极的总时间。心室机械收缩始于 T 波终末端。

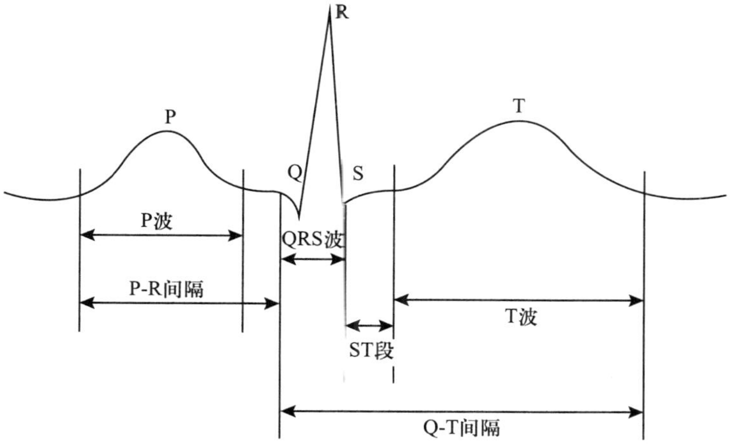

图 16-6 心电图波群

(二)正常 P 波

正常 P 波的分析如图 16-7 所示。P 波在心电图分析中有非常重要的价值，为心房的除极。P 波频率以及有无 P 波可以确定心律的种类，并有助于心律失常的判别。P 波的大小、形态以及与 QRS 波群的关系具有重要诊断意义。所以，分析一份心电图"先找 P 波"是 1 条宜遵循的规则。因Ⅱ导联 P 波振幅最大，故常在Ⅱ导联进行 P 波测量和分析。有关 P 波的参数，如振幅、宽度、形态和方向等见图 16-8。正常 P 波在Ⅰ、Ⅱ、aVF、V_3～V_6 导联总是直立的，在 aVR 导联一定是倒置的，aVL 导联经常直立，但也可倒置，V_1～V_2 导联 P 波可直立、可倒置，Ⅲ导联 P 波可直立、双向、低平或倒置(图 16-9)。

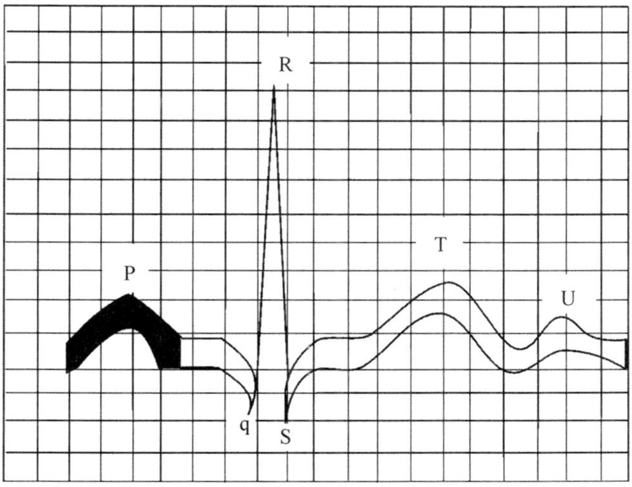

图 16-7 正常 P 波

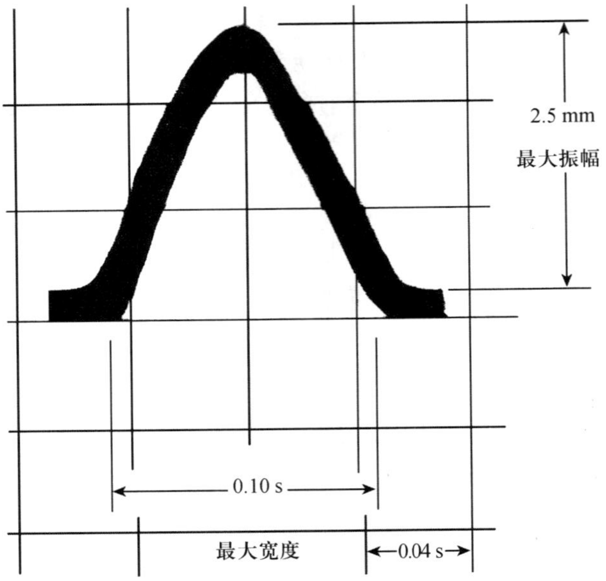

图 16-8　正常 P 波的时限和振幅

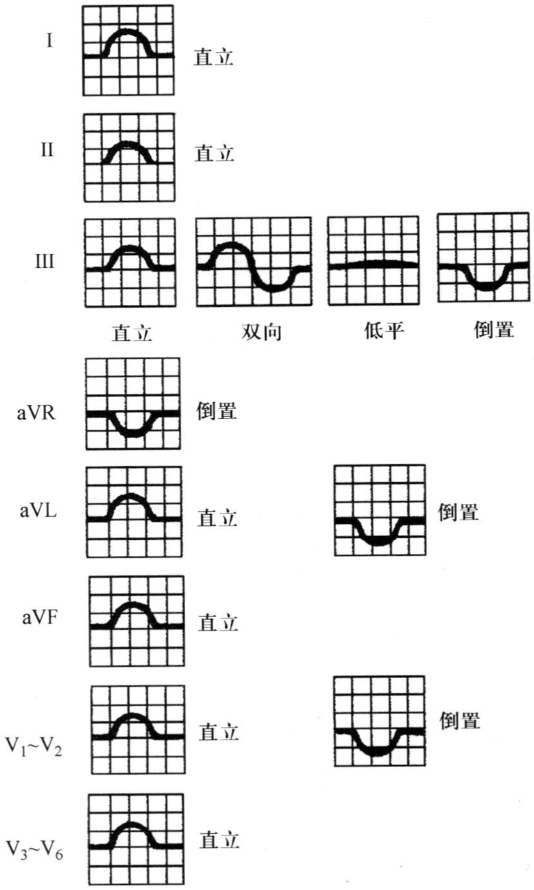

图 16-9　常规 12 导联 P 波方向

(三)异常P波

1. 肺型P波

肺型P波常见于肺心病患者，故名肺型P波，其特征为高尖P，升支与降支对称，有时被描述为“帐篷型”或“哥特式建筑型”，最大振幅≥0.25 mV，但时限不宽，一般表示右房肥大，在Ⅰ、Ⅱ、aVF导联最清楚(图16-10)。

2. 二尖瓣型P波

二尖瓣型P波多见于二尖瓣疾病，其特征为P波挫折或呈双峰形，时间>0.10 s，Ⅰ和Ⅱ导联较清楚。P波增宽是因为左心房肥大，激动传导时间延长。近期研究证实，窦房结至房室结旁路传导也可引起P波增宽或伴有切迹，切迹或双峰产生是由于双房传导的差异性。临床上急性左心衰竭和慢性缩窄性心包炎也可出现二尖瓣型P波(图16-10)。

3. 房室交界性P波

房室交界性P波也称结性P波，通常倒置，顶端尖锐，宽度<0.10 s，它代表冲动逆传到心房引起的激动，Ⅱ、Ⅲ、aVF导联倒置，aVR导联直立。若交界性P波在QRS波群前则P-R间期缩短，多数情况下P波融于QRS波群内或位于ST段上(图16-10)。

4. 先天性P波

先天性P波多见于先天性心脏病，波形高大，略增宽，Ⅰ和Ⅱ导联振幅可达0.2～0.3 mV，有时Ⅲ导联也可见到。一般P波增高表示右房扩大，P波增宽表示左房扩大，可分为左房型、右房型和双房型。右房型：法乐氏三联症、先天性肺动脉狭窄和大血管错位等；左房型：房间隔缺损和三尖瓣闭锁等。此外，先天性P波还可见于右房肥大、心房血氧饱和度降低和右室负荷增加，与心脏位置也有一定关系(图16-10)。

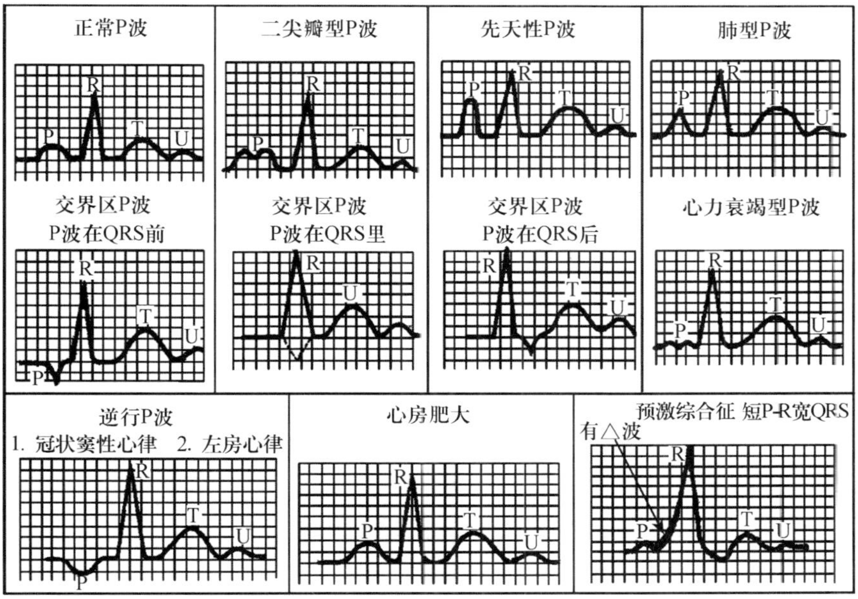

图16-10　常见P波形态

(四)P-R间期

P-R间期的测量：从P波起始处至QRS波群起始处，如有Q波也可称为P-Q间期。P-R

间期正常范围为 0.12～0.20 s，亦受心率的影响。P-R 间期延长表示房室交界区传导减慢，为一度房室传导阻滞。

(五)Q 波

Q 波为 P 波后第 1 个向下的波，如图 16-11 所示。

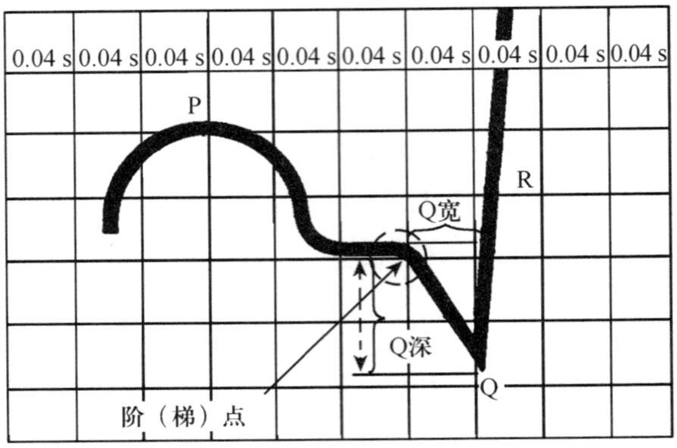

图 16-11　Q 波的测量

心室首先除极的部位是室间隔，除极方向自左前肢向右下，因此在 V_1 导联形成 1 个小 r 波，V_6 导联出现一个生理性 Q 波(q 波)，时限＜0.04 s，垂位心室生理性 Q 波还可见于Ⅰ、Ⅱ、aVF、V_4～V_6 导联。Q 波时限正常犬≤0.04 s，其振幅范围为Ⅰ导联 q 波＜15％R 波，Ⅱ导联 q 波＜20％R 波，Ⅲ导联 q 波＜25％R 波。若不是正常的 Q 波的导联出现了 Q 波，或宽度大于 0.04 s，或深度大于同导联 R 波的 1/4，视为病理性 Q 波。图 16-12(a)的 Q 波深度及宽度均正常；图 16-12(b)的 Q 波深度正常，但时限延长；图 16-12(c)的 Q 波宽度正常，但振幅超过 1/4R 波；图 16-12(d)的 Q 波宽度及深度均异常。

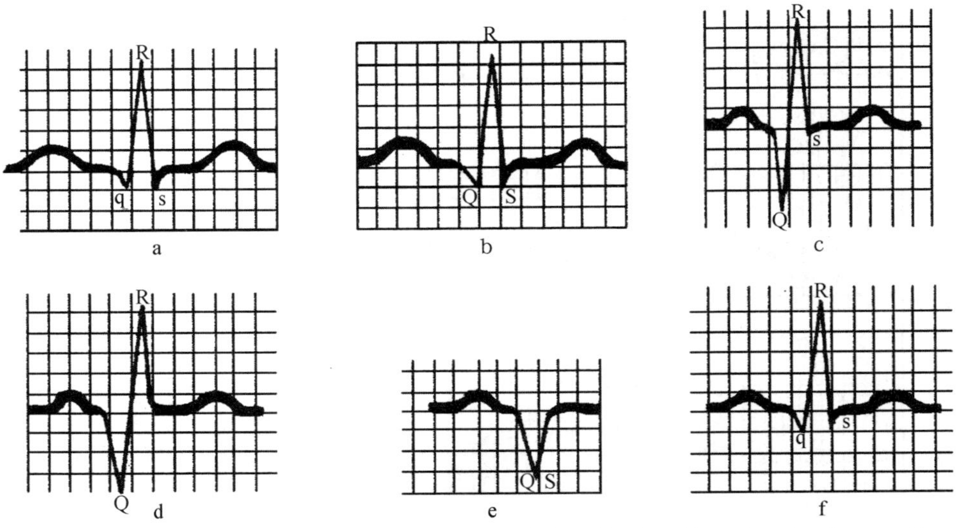

a. Q 波的宽度和深度均正常，呈 qRs 型；b. Q 波深度正常，宽度异常，呈 QRs 型；c. Q 波宽度正常，深度＞1/4R，呈 QRs 型；d. Q 波宽和深均异常，呈 QR 型；e. QS 型，时限 0.06～0.08 s；f. 遗留 Q 波时限 0.03 s，呈 qRs 型。

图 16-12　Q 波的几种形态

(六)QS 波

Q 波之后无向上的 R 波称为 QS 波，其时限多在 0.06～0.08 s(图 16-12)。V_1 和 aVR 导联出现 QS 波也属正常，因为 aVR 导联主波向下。患重度左心室肥厚及肺心病的犬 V_1～V_2 导联可呈 QS 型。穿壁性心肌梗死可在面对坏死区导联产生 QS 波，其形成是由于梗死区电活动缺失，通过梗死留下的“电窗口”而由体表电极检出。关于 Q 波遗留问题，正常犬在不应出现 Q 波的导联上，若有小 Q 波，可能是既往病理性 Q 所遗留下的痕迹，但其宽度一般不超过 0.03 s，见图 16-12(f)。左束支传导阻滞时，若在Ⅰ、aVL、V_5～V_6 导联出现这种 Q 波，往往提示心肌梗死存在。急性心肌梗死后多数异常 Q 波常永久存在，也有一部分逐渐消退至完全消失。

(七)R 波

R 波是 P 波后第 1 个向上的波，其前可以有或无 Q 波，R 波由升支、尖峰和降支组成，即 Q 波与等电位线交点为起点到与 S 波的连接处结束。若无 Q 波则以 P-R 段为等电位线，R 波 2 支可有粗钝或切迹，形成 2 个或 3 个尖峰，以 r′(R′)、r″(R″)等表示。正常犬 R 波的振幅在标准导联时为 0.5～1.5 mV，在 aVL 和 aVF 导联的 R 波不小于 0.5 mV，aVR 导联中经常无 R 波，若有也应小于 0.4 mV。胸前导联的 R 波从 V_1～V_6 导联逐渐升高，V_1～V_3 导联的 R 波常为 rS 型，有时 V_1～V_2 的 R 波很小，有时 V_1 导联没有 R 波，V_5 或 V_6 导联 R 波≥2.5 mV，即为高电压。R 波高度与心肌数量成比例，所以高 R 波代表心室肥大。反之，心肌梗死后，有关导联 R 波降低或变成 QS 波。胸前导联 R 波增高的原因：右室肥大，见于 V_1 和 V_2 导联；左室肥大，见于 V_5 和 V_6 导联；完全性右束支传导阻滞见于 V_1～V_3 导联；完全性左束支传导阻滞见于 V_4～V_6 导联；后壁心肌梗死见于 V_1～V_2 导联；先天性右位心，见于 V_1 导联。R 波高电压原因：除心室肥厚外，超强运动、甲亢、左或右束支传导阻滞和先天性心脏病等(图 16-13)。

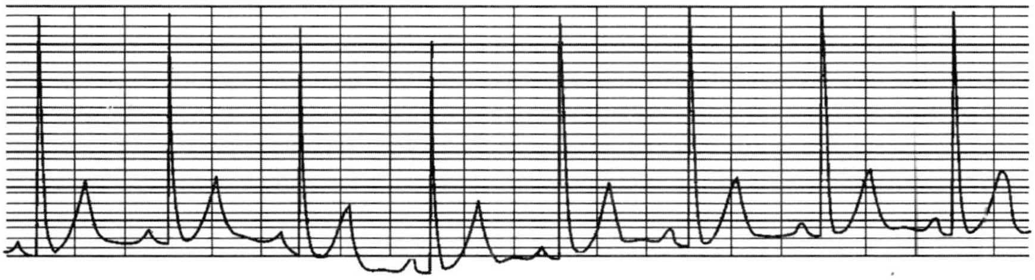

图 16-13　V_5 导联 R 波高电压(R＝3.3 mV)

R 波降低的原因包括生理性：垂位或横位心；心脏病：心肌梗死、心包炎、心包积液、心肌纤维化和束支远端阻滞等；代谢性疾病：甲状腺功能减退和肥胖；心外疾病：肺水肿、支气管炎、肺气肿、支气管扩张、肺炎、肺不张、气胸、胸腔积液及硬皮病等。

(八)S 波

继 R 波之后第 1 个负向波，始于 R 波降支与等电位线的交点，止于其降支与 ST 段连接处。S 波代表心室除极的终末向量。S 波可见于Ⅰ和Ⅱ导联，但振幅较小，分别以 $S_Ⅰ$ 和 $S_Ⅱ$ 表示。如果 $S_Ⅰ$ 和 $S_Ⅱ$ 较深，有可能是右室肥厚、右束支传导阻滞和电轴右偏的证据。若Ⅰ和Ⅱ导联出现深的 S 波，则有可能存在左室肥厚、左前分支传导阻滞和电轴左偏等症状。在胸前导联从 V_1～V_6，S 波由深变浅，且 V_4～V_6 常无 S 波，因为 S 波代表右室面，所以右室面导联 S 波可较深，而左室游离面的导联，则可能无 S 波(图 16-13)。右胸导联 S 波深度与心肌数量有关，任一导联，特别是 V_1～V_3 导联 S 波≥2.7 mV 常提示为左室肥厚。下壁心肌梗死后，常在

Ⅱ,Ⅲ和 aVF 导联上形成 QS 波,正常情况下所有标准导联也可无 S 波。需指出双室肥厚时,标准导联也可均无 S 波。VR 导联为 QS 或 rS 型仍属正常。

(九)QRS 波群

代表心室除极的全部电活动过程,从 Q(R)波开始到 S(R)波结束,QRS 波群时限代表心室除极的整个时间(图 16-14)。

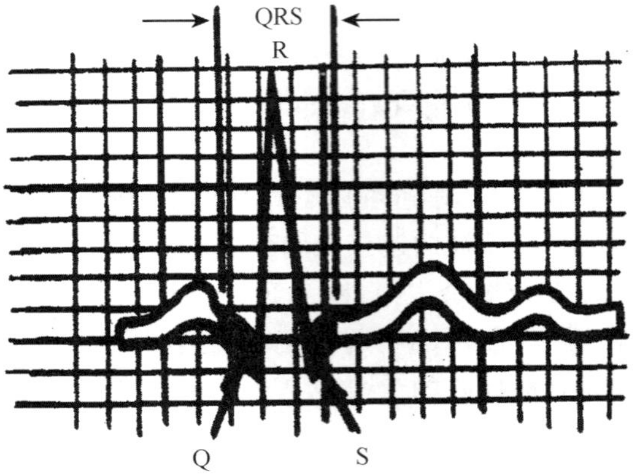

图 16-14 QRS 波群测量从 Q 波开始处至 S 波结束处

测量应选择 QRS 波振幅最大而且时限最宽的导联,QRS 波群宽度上限为 0.10 s,若≥0.12 s 为完全性束支传导阻滞,有诊断价值(图 16-15)。

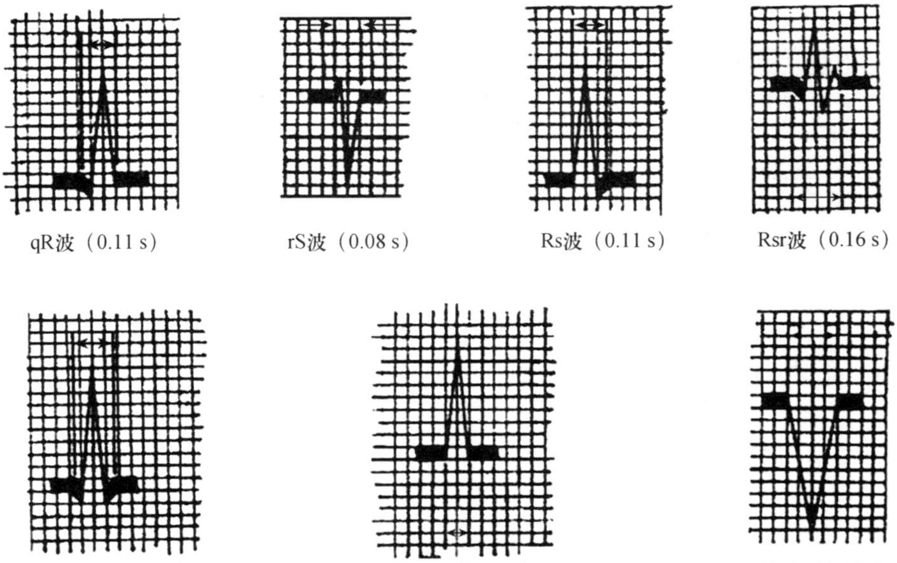

图 16-15 不同形态的 QRS 波群的测量(箭头所指为正确测量位置)

1. QRS 波增宽原因

(1)室性异位搏动　室性早搏、室性逸搏、室性心动过速。

(2)异常心室传导　房性早搏伴差传、交界性早搏伴差传。

(3)室内传导延迟和阻滞　心室肥厚、电解质或药物所致(如高血钾、奎尼丁、普鲁卡因酰胺和利多卡因等)完全性束支传导阻滞。

(4)WPW 综合征。

(5)心室起搏心电图。

(6)临终心电图。

2. QRS 波的形态

QRS 波可以是单独的 Q 波即 QS 波,或是 Q 波和 R 波、R 波和 S 波,或只有 R 波。大小写字母对应表示振幅的高低。

3. QRS 波振幅测量

R 波从基线上缘至 R 波顶端,S 波则从基线下缘至 S 波的最下端(图 16-16)。

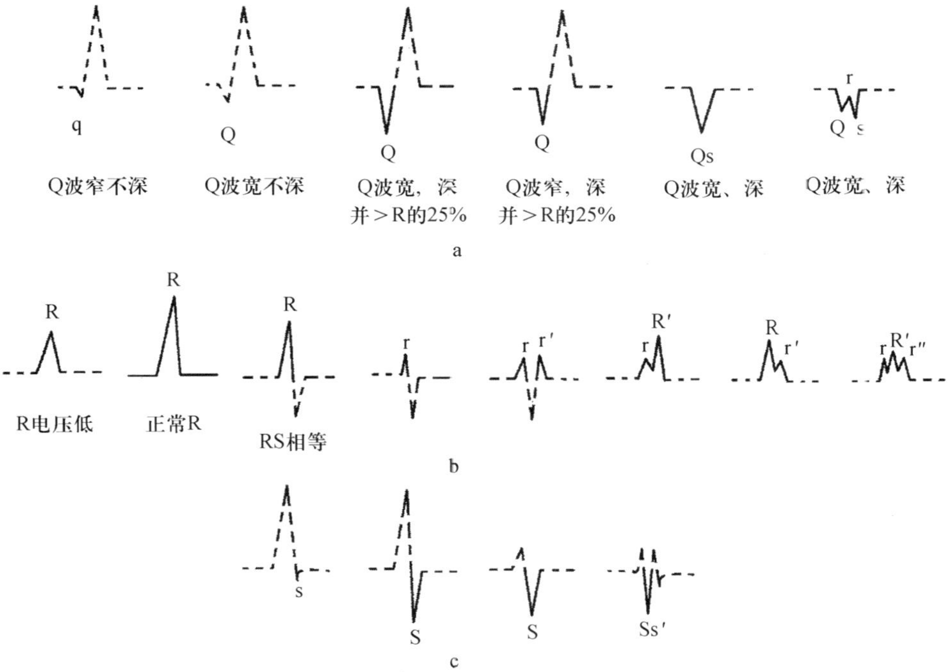

a. QRS 波中 Q 波的各种形态;b. QRS 波中 R 波的各种形态;c. QRS 波中 S 波的各种形态。

图 16-16　QRS 波

(十)ST 段

ST 段是从 QRS 波群结束到 T 波开始的一段时间。若无 S 波,从 R 波的终末量起。在生理学上它代表心室复极的早期,正常应位于等电位线上,即重于 T-P 段上,T-P 段代表心肌无电活动即静止期。正常犬任一导联 ST 段下降不应超过 0.05 mV,ST 段抬高一般不超过 0.1 mV,$V_1 \sim V_2$ 导联可高达 0.3 mV,但形态不呈弓背向上形(图 16-17)。

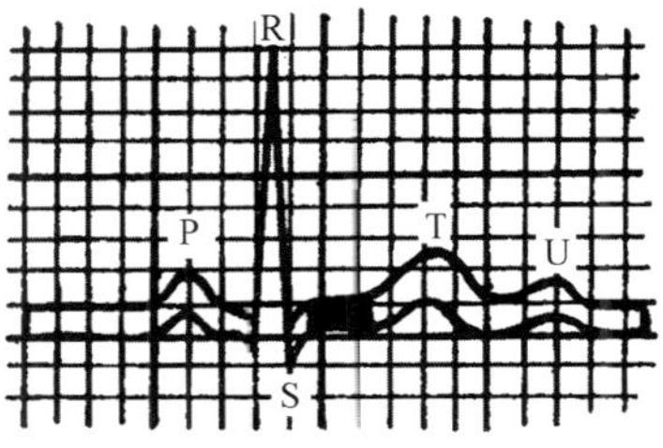

图 16-17　ST 段

1. ST 段异常抬高原因

心肌梗死、变异型心绞痛、心包炎、正常 ST 段变异和早期复极综合征。

2. ST 段下降的原因

心内膜下心肌梗死、心肌缺血、心包炎、左室肥厚、心脏外伤、脑炎、药物(洋地黄、奎尼丁)和电解质紊乱(高血钾)。缺血性 ST 段下降有 3 种形态:水平型、弓背向下型和下斜型。ST 段平直延长至 0.08 或 0.12 s,可能为心肌缺血;如为上斜型即与 QRS 波夹角<80°,为 J 点下降,不属异常;若为 81°~89°,则近似水平型,可能为缺血(图 16-18)。图 ST 段斜形压低:ST 段压低 1 mm(0.1 mV),与等电位线成一定角度(左),整个 ST 段和 T 波都在 P-R 段以下,ST 段低达 2 mm(0.2 mV)(中),近似缺血型 ST 段压低(右)。

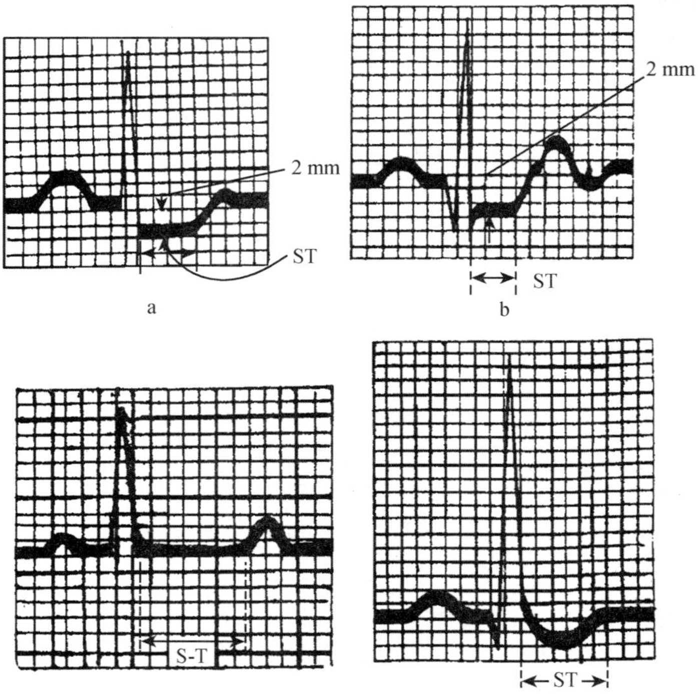

a、b. ST 段水平型压低,压低程度与缺血范围有关,表示预后不良;
c. ST 段平直延长,T 波矮小升支变陡 d. ST 段弓背向下型压低,见于洋地黄作用。

图 16-18 ST 段

(十一)T 波

T 波为 ST 段后出现的一个占时较长的圆钝波,代表心室复极的晚期。T 波的异常,表现在 3 个方面,即振幅、形态和方向(图 16-19)。

T 波特征如下:

①标准导联,正常情况Ⅰ和Ⅱ导联应是直立的,Ⅲ导联可直立、倒置或低平。

②加压肢体导联,aVR 导联总是倒置,aVL 导联常是直立的,也可倒置、低平。若 R≥0.5 mV,T 波倒置为异常,发生于侧壁心肌梗死、缺血或心肌劳损。aVF 导联除横位心时几乎总是直立的,倒置常可见于下壁心肌梗死、缺血、肺栓塞或心肌劳损,但常需结合临床。

③胸前导联,V_1 导联倒置的犬 80%为正常犬,V_2 导联倒置的犬 20%为正常犬。V_3 导联

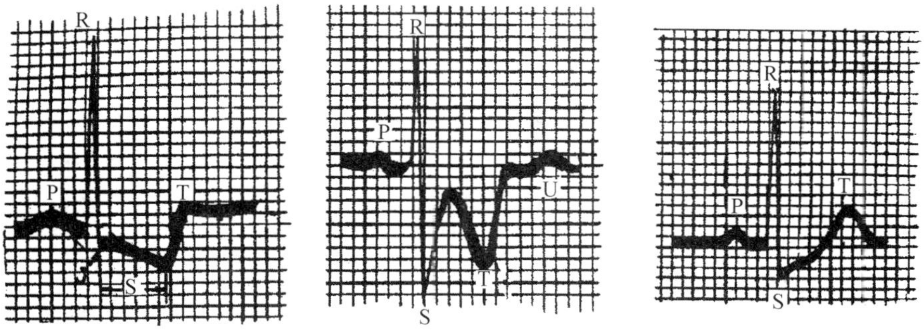

图 16-19　异常 T 波形态

可倒置、可直立，视 V_2 情况，若 V_2 直立，V_3 必须直立。V_4～V_6 导联应直立，振幅≤1.3 mV。任何一胸前导联 T 波直立，且>1.3 mV 或不应出现的倒置均属异常，任何一胸前导联或标准导联 R 波为主时，T 波直立，且<0.1 mV，为异常 T 波。T 波异常，多见于心肌梗死、心室肥厚、肺心病、完全性束支传导阻滞、心包炎、心肌炎、心肌病、电解质紊乱、代谢性疾病和药物毒性作用(洋地黄、奎尼丁)等(图 16-20)。

巨大 T 波：也称高耸 T 波，常出现在胸前导联，尤其 V_3～V_6 导联。心肌缺血所引起的 T 波高耸，往往基底部增宽，同时伴有同导联 QRS 波电压减低。高耸 T 波常为急性心肌梗

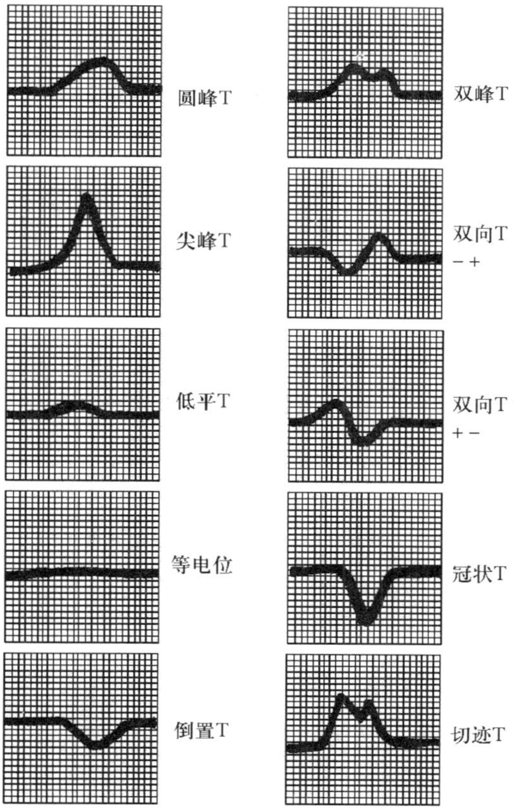

图 16-20　T 波各种形态

死早期表现，发生于梗死后数分钟到数小时，另外变异型心绞痛发作时也可见到此种表现。图 16-21 为临床上几种常见的 T 波形态。

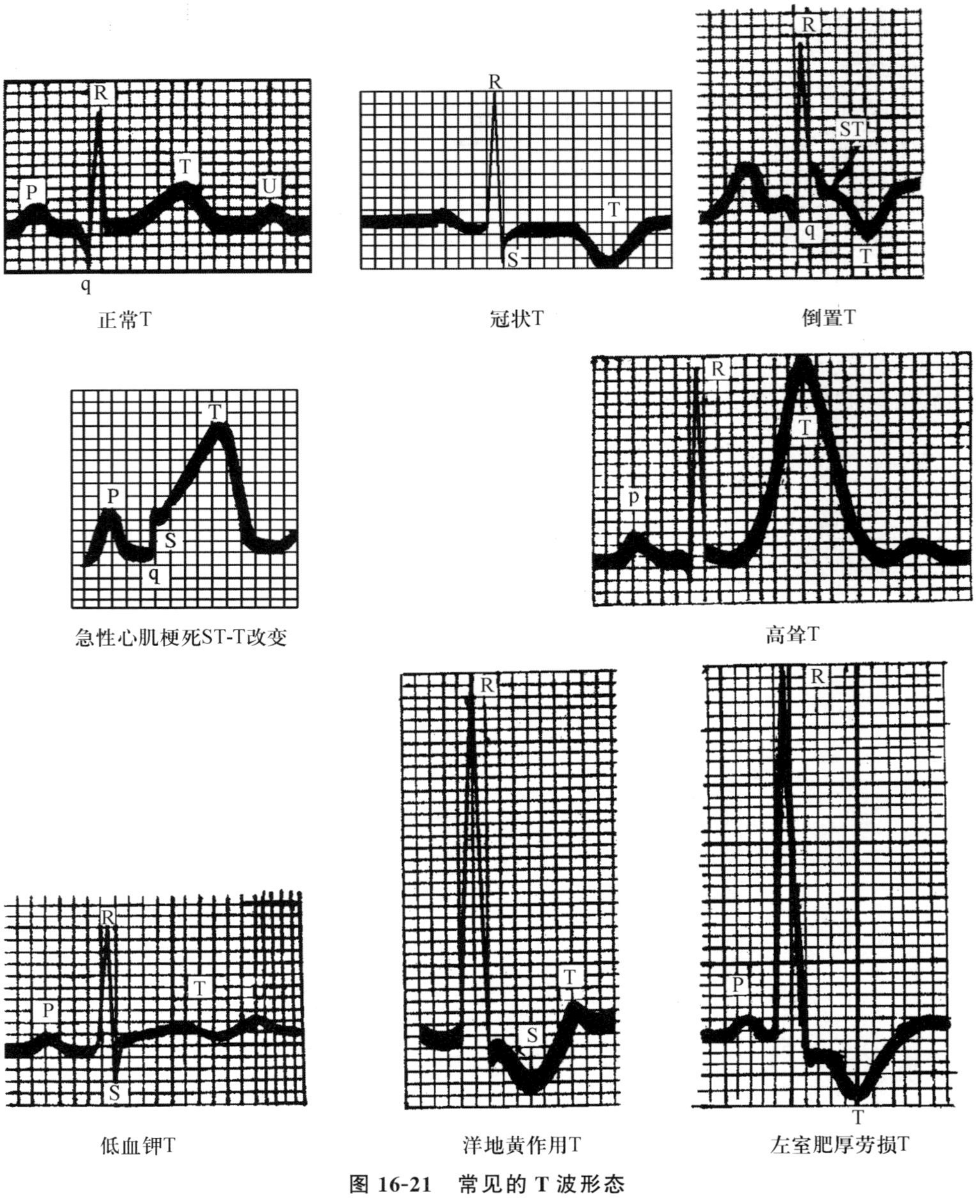

图 16-21　常见的 T 波形态

(十二)Q-T 间期

代表心室除极与复极的总时间，其时限与心室射血时间基本一致。即从 QRS 波开始至 T 波终止。心率在 70 次/min 时，Q-T 间期≤0.40 s。Q-T 间期与心率、年龄和性别有关，是心电图的一个重要参数，其长短有诊断意义(图 16-22)。

下列情况可致 Q-T 间期延长：左室负荷过重，各种原因引起的低血钙、低血钾、心肌梗死，奎尼丁和胺碘酮等药物作用，长期剧烈运动，糖尿病性昏迷，尿毒症，心包炎和肺栓塞。下列情况可致 Q-T 间期缩短：洋地黄、高血钙、高血钾、肾上腺素、缺氧、运动、迷走神经张力增高和高温环境。

七、心率的测量

通过心电图可准确计算心率。心电图记录纸上竖线距离代表电压，横线距离代表时间。1 mV＝10 mm 定标电压时，每 2 条横线间（1 小格）为 1 mm（0.1 mV）。2 条竖线间，纸速 25 mm/s 时为 0.04 s，0.20 s 为 1 中格（图 16-23）。

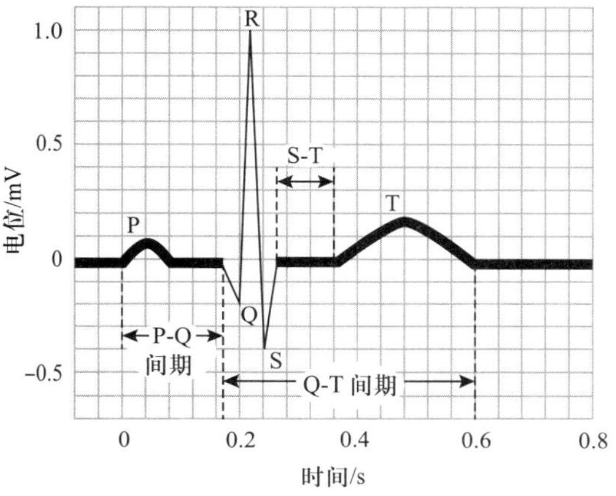

图 16-22　正常 Q-T 间期

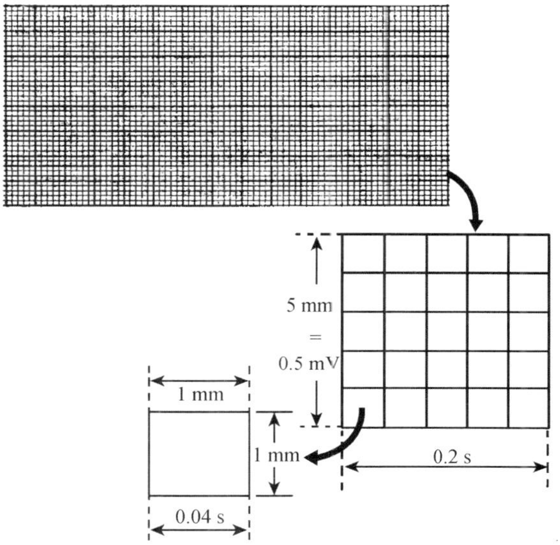

图 16-23　心率测量图

心率等于 60 s 除以 P-P 或 R-R 间隔时间（s），例如：R-R 间距为 0.80 s，则心率＝60 s/0.80 s＝75 次/min。当心律不齐时，可测量 15 cm 内 R 波（或 P 波）数，再乘以 10，例如：15 cm 内有 6 个 R 波，即 6×10＝60 次/min。这种方法对 P 波或 R 波很不规则，如心房纤颤时计算心室率尤为方便。此外，也可根据 R-R 间期占几个中方格来计算，如 1 个中方格（0.20 s）是 300 次/min，2 个中方格是 150 次/min，3 个中方格是 100 次/min，4 个中方格是 75 次/min，5 个中方格是 60 次/min，6 个中方格是 50 次/min（图 16-24、表 16-1）。

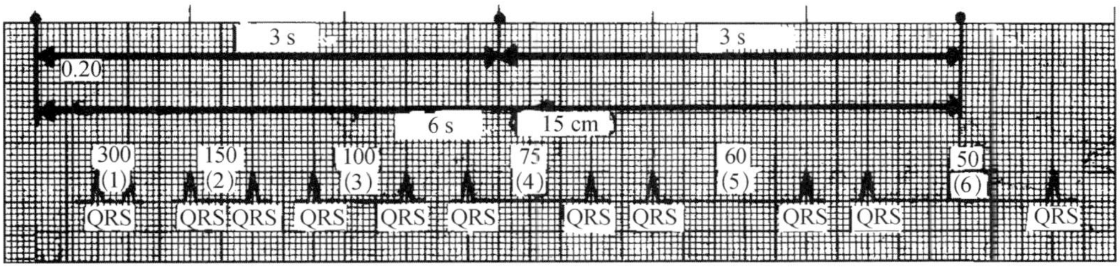

一个中格为 0.2 s。

图 16-24　快速记心率法

表 16-1　猫和狗的正常心率　　次/min

品种	心率
小型犬	100～160
中型犬	60～100
超大型犬	60～80
猫	160～220

注：起搏点位于房室束分支以下，室率常在 40 次/min 以下。

八、心电轴

(一)心电轴基本概念

心电轴也称平均心电轴，是指整个心室除极过程中，QRS 波在额面上的偏移。下面 5 种基本波形用于大致确定某一导联所对应的心脏部位(图 16-25)。

一般来说，已知上述波形的 1 种，即可确定电极所对应的心脏解剖部位。即 qRs 波和 qR 波总是表示左室面，rS 和 Rs 代表右室，而 RS 则表示是面向室间隔的导联。

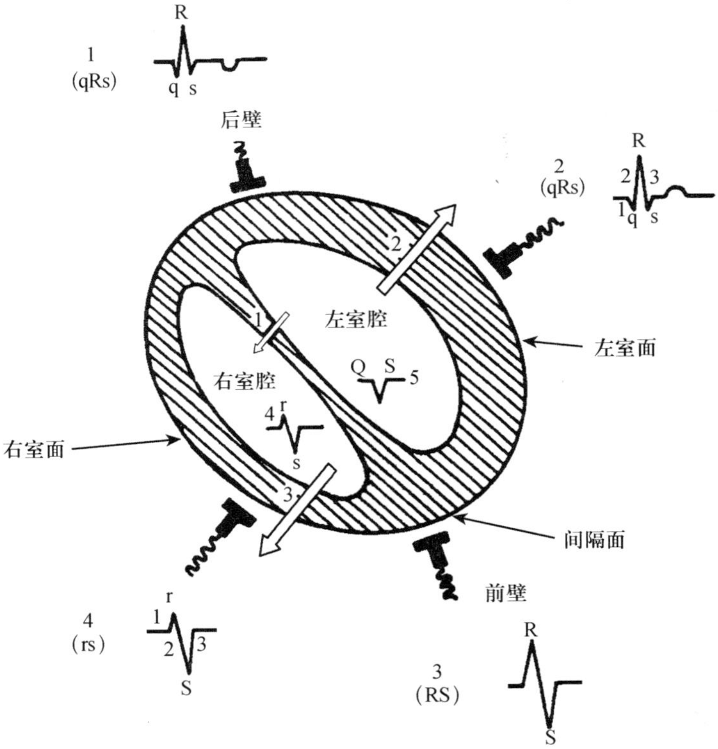

1. qRs 伴负向 T 波，表示面向心脏后壁；2. qRs 伴直立 T 波，为对应左室心外膜；3. RS 波为过渡波形，R 波与 S 波振幅相近；4. rS 波为对应右室壁及右室腔的图形；5. QS 波为左室腔的波形。

图 16-25　心室腔和心室面的心电图波形

(二)心电轴偏移的测定

1. 目测法

根据导联Ⅰ与Ⅲ的QRS主波方向作出判断。Ⅰ与Ⅲ导联QRS主波均向上(方向一致),电轴不偏;Ⅰ导联主波向上,Ⅲ导联主波向下(背道而驰),电轴左偏;Ⅰ导联主波向下,Ⅲ导联主波向上(针锋相对),电轴右偏。以上方法简便,一目了然。通过目测法也可大概估计电轴度数,如果Ⅲ导联向下波大于Ⅰ导联向上波,电轴左偏在−30°以上;如果Ⅰ导联向下波大于Ⅲ导联向上波,电轴右偏在+120°以上,有诊断意义(图16-26)。

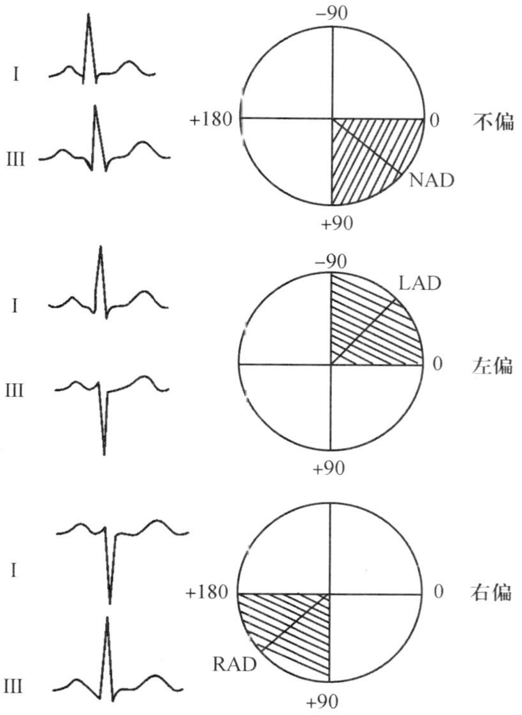

图16-26　心电轴目测法

2. 振幅法

为了比较精确地测定电轴度数,我们可以用Ⅰ导联和Ⅲ导联的振幅来计算,简称振幅法。首先涉及六轴系统,加压单极肢体导联的各轴线与标准导联的导联轴,同时平行向中心移动,就组成六轴系统。所有原始关系均未改变,相邻两个加压单极导联及相邻两个标准导联间的角度均为60°,因为加压单极导联正好将相邻两个标准导联的夹角平分,所以六轴系统导联轴间角度为30°。进一步将额面六轴系统用圆形表示,Ⅰ导联的右臂端为0°,顺时针为正,逆时针为负。需要指出,该设计未改变电极的方向,正、负仅表示一种数学关系,在确定心电轴的方向和极性时将很有用处(图16-27)。

振幅法是分别先算出Ⅰ导联和Ⅲ导联QRS波振幅的代数和,然后在Ⅰ和Ⅲ导联轴上分别做一垂线,两条垂线交点与中心点连线即代表QRS电轴的方向。根据OA与Ⅰ导联正侧的夹角也能算出电轴的角度(图16-28)。最后,算出Ⅰ导联和Ⅲ导联QRS波振幅的代数和,直接用查表法也可求得。

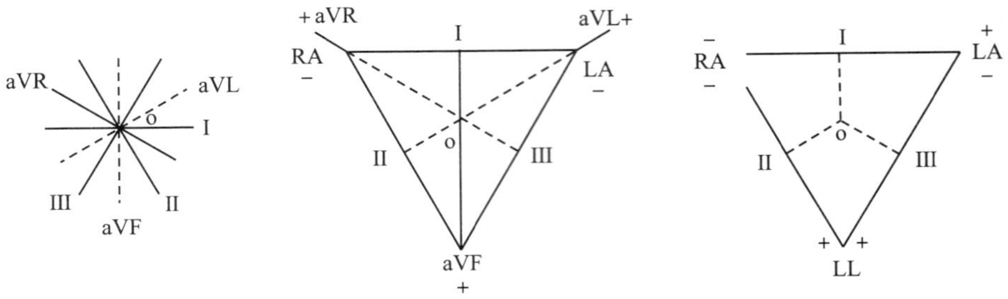

图 16-27　六轴系统

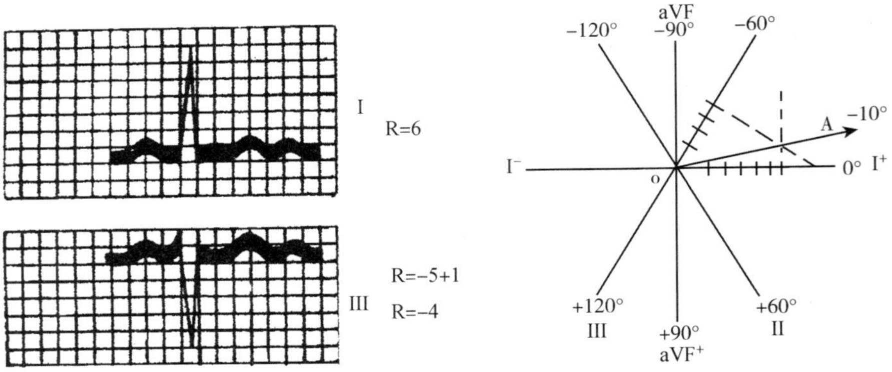

图 16-28　心电轴的计算

3. 心电轴偏移的临床意义

正常心电轴多为 0°～90°,其正常范围为－30°～＋110°。＋30°～90°,电轴不偏;－90°～＋30°,电轴左偏(－30°～－90°为显著左偏);＋90°～＋270°,电轴右偏。＋110°～＋270°,为显著右偏。心电轴显著左偏或右偏均属心电异常(图 16-29)。电轴左偏常见于左室肥厚和左前分支阻滞,电轴右偏常见于右室肥厚和左后分支阻滞。电轴偏移也可受生理因素影响:正常横位心脏,如肥胖和腹水等,电轴常左偏。正常垂位心脏,如瘦长体形等,电轴常右偏。

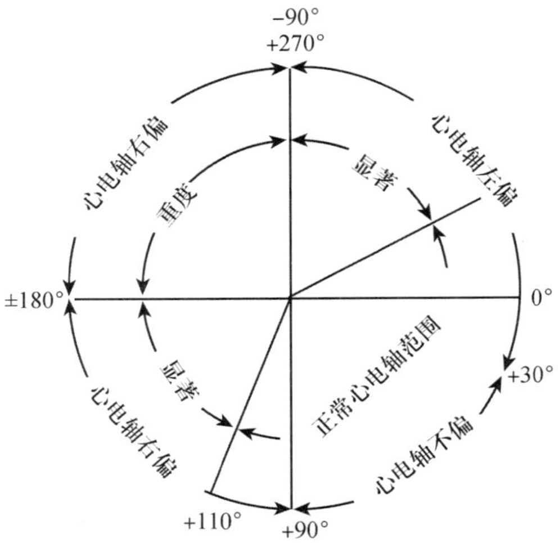

图 16-29　心电轴偏移的分类

第二节　常见的心电图异常

一、窦性心律不齐

窦性心律不齐是指心搏时间间隔不尽相同的窦性节律。它与窦房结上副交感神经活动的增加有关。往往吸气时，交感神经活动增强，心率加快，呼气时，副交感神经活动增强，心率减慢。因此，它通常被称为呼吸性窦性心律失常。这是犬中正常的心电异常，常见于短头犬和运动型犬种。但是在猫中，如果出现窦性心律不齐，则不正常，可能与呼吸困难有关。

窦性心律不齐的心电图特征：心率正常，P有相对应的QRS波，QRS有相对应的P波，且P波和QRS-T波正常，但是两个RR之间间隔的时间不同，并伴随着呼吸而改变节律(图16-30)。

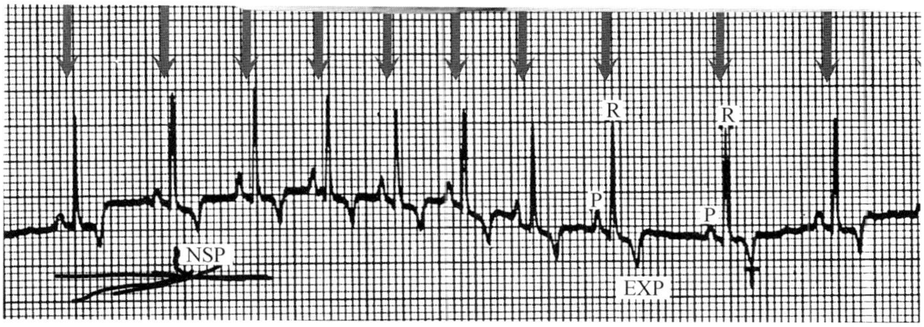

图16-30　窦性心律不齐

二、窦性心动过速

窦性心动过速是由窦房结所控制的心律，但频率过高，这与交感神经活动过度增强相关，常见的鉴别诊断有：疼痛、焦虑紧张、过度兴奋、血容量过低、药物影响(咖啡因、可卡因等)、发烧、血氧不足等。

窦性心动过速的心电图特征：犬心率>160次/min，猫心率>220次/min，P有相对应的QRS波，QRS有相对应的P波，且P波和QRS-T波正常(图16-31)。

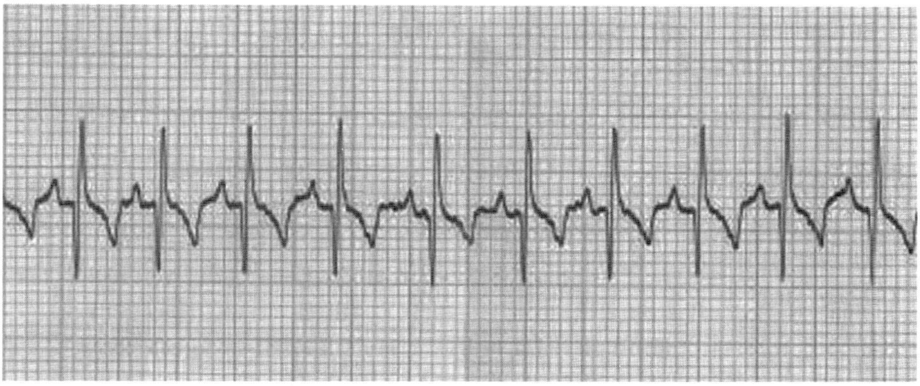

图16-31　窦性心动过速(心跳210次/min，25 mm/s)

三、房室传导阻滞

心脏电激动传导过程中，发生在心房和心室之间的电激动传导异常，可导致心律失常，使心脏不能正常收缩和泵血，称为房室传导阻滞。房室传导阻滞是分 3 种类型，一度和二度房室传导阻滞是不完全的，而三度房室传导阻滞又称为完全性房室传导阻滞。造成房室传导阻滞的常见原因有可能是迷走神经活动的增强、减缓房室结传导药物的使用（如地高辛、β-肾上腺素能拮抗剂、钙通道拮抗剂、阿片类药物）、增加迷走神经张力的疾病（例如，呼吸系统、胃肠道和颅内中枢神经系统疾病、原发性心肌病、特发性房室结纤维化、浸润性心肌病、心肌梗死等）。房室传导阻滞的心电图特征。

（1）一度房室传导阻滞　由于房室传导得以维持，P 波 QRS 波正常，P 波有对应的 QRS 波，QRS 有对应的 P 波。但是传导过程需用时间较长，引起 PR 间期延长。一般犬 PR 间期＞0.13 s，猫 PR 间期＞0.09 s，则可以诊断为一度房室传导阻滞（图 16-32）。

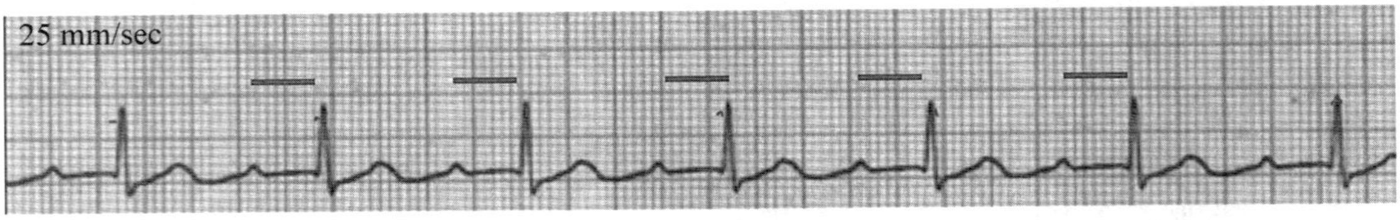

图 16-32　一度房室传导阻滞

（2）二度房室传导阻滞　使房室传导得到一定程度的维持，但时时中断，发生 QRS 脱漏。二度房室传导阻滞，出现 P 波与 QRS 数目的不一致，即每个 P 波并不都存在相对应的 QRS 波。此时使用传导比来表示，即 P 波数：被传导的 QRS 数（如 2：1、3：1 阻滞等）。

二度房室传导阻滞分两种类型：Mobitz Ⅰ型（文氏周期），房室传导在每个心搏逐渐延长（PR 间隔逐渐增长），直至不能传导下去的状态。数个心搏为一组，阻滞现象呈周期性反复（图 16-33）。恢复后的第一次心搏，由于房室传导功能恢复而回到最初的传导时间，表现出该现象的一个周期，称为文氏周期。Mobitz Ⅱ型，房室传导正常，但突然出现中断。比Ⅰ型少见。多伴有器质性心脏病，易转变为三度房室传导阻滞（图 16-34）。

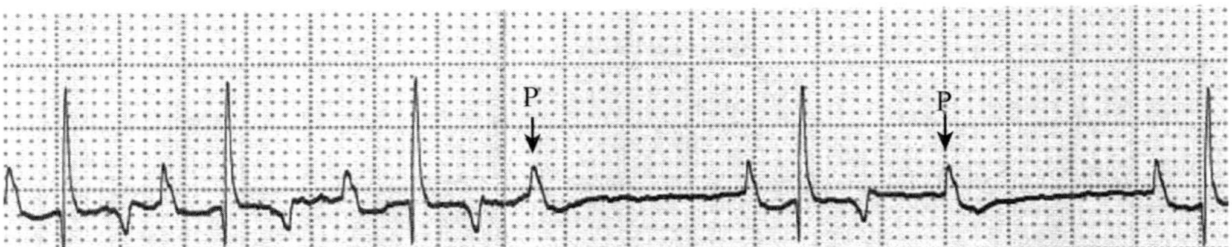

图 16-33　Mobitz Ⅰ型二度房室传导阻滞

（3）三度房室传导阻滞　房室传导完全中断的状态。心室与心房兴奋完全无关系，由房室交界区以下的下位起搏点的自律性而兴奋。

三度房室传导阻滞的心电图特征：心率通常＜40 次/min，P 波和 QRS 波完全相互独立，没有联系，因此每个 PR 间隔都有所不同（图 16-35）。

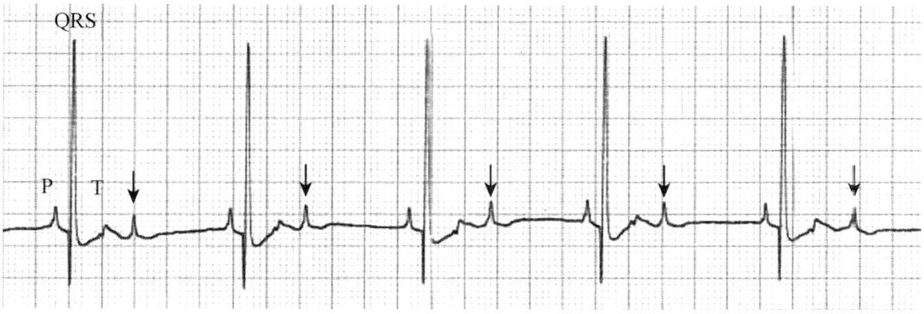

图 16-34　Mobitz Ⅱ型二度房室传导阻滞

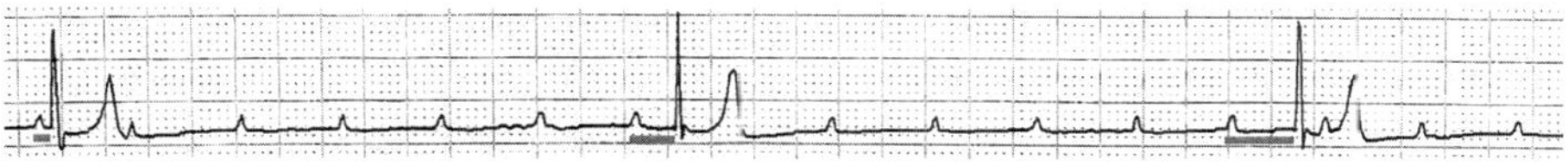

图 16-35　三度房室传导阻滞

四、室上性早搏

室上性早搏是指来自窦房结以外的心房提前激动，可起源于心房，也可起源于房室结（称为交界性早搏），但多起源于心房。然后，心室正常去极化，产生了具有正常持续时间且形状正常的 QRS 波群。产生室上性早搏的原因常分为四大类。

（1）心脏病尤其是会导致心房扩张的心脏疾病　慢性黏液瘤性/退行性心脏瓣膜病、扩张型、肥厚型或限制型心肌病、先天性心脏病、心房肿瘤，如血管肉瘤。

（2）非心脏疾病　交感神经活动增加、甲亢、败血症、电解质和酸碱异常（即低钾血症）、低氧血症、贫血。

（3）药物　地高辛中毒（可同时造成房室传导阻滞）、拟交感神经药物、麻醉剂。

（4）心室预激类疾病　沃夫巴金森怀特症候群。

室上性早搏的心电图特征：观察到具有正常形态的 QRS-T 复合波，QRS 持续时间＜0.07 s，但出现过早，同时 P 波有可能无法识别到（图 16-36）。

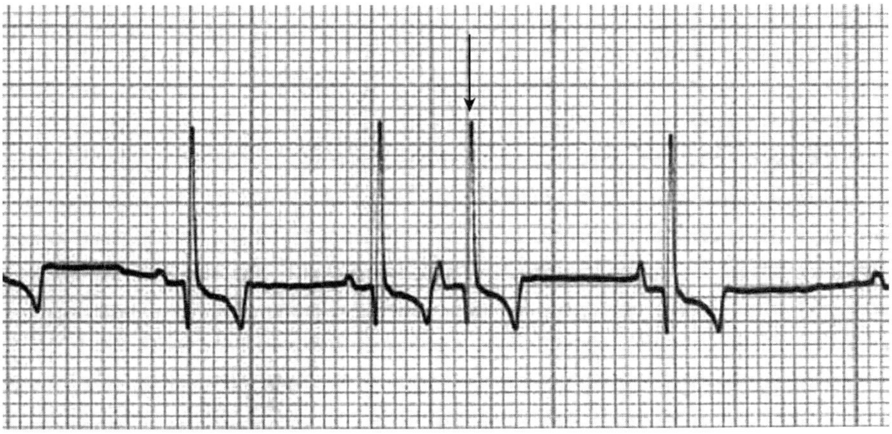

图 16-36　室上性早搏

五、室性早搏复合体和室性心动过速

在窦房结冲动尚未抵达心室之前，由心室中的任何一个部位或室间隔的异位节律点提前发出电冲动引起心室的除极，称为室性早搏。室性早搏则在心电图上呈现为室性早搏复合体，这在犬和猫中非常常见。常见的室性早搏复合体的鉴别诊断有：扩张型心肌病、电解质的异常（低钾血症、低镁血症）、疼痛、中毒（洋地黄、夹竹桃、毛地黄、铃兰、杜鹃花和红豆杉等）、系统性的疾病（特别是脾脏和肾上腺疾病）。单个的室性早搏复合体并不会造成严重的临床后果，但是连续的 3 个或 3 个以上的室性早搏复合体需要及时进行治疗，因为会导致室颤，从而会造成猝死。

室性早搏复合体和室性心动过速的心电图特征。

（1）室性早搏复合体　QRS 波群形态异常：形状异常（即与正常 QRS 不同）；宽-QRS 持续时间通常延长约 50%（图 16-37）。

（2）室性心动过速　出现连续 3 个或 3 个以上的室性早搏复合体（图 16-38）。

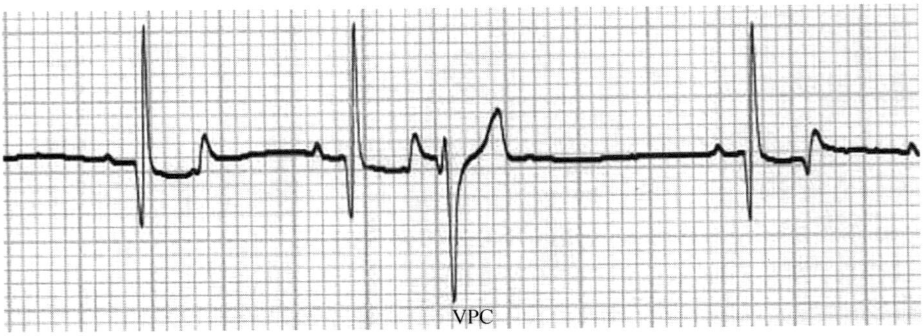

图 16-37　室性早搏复合体

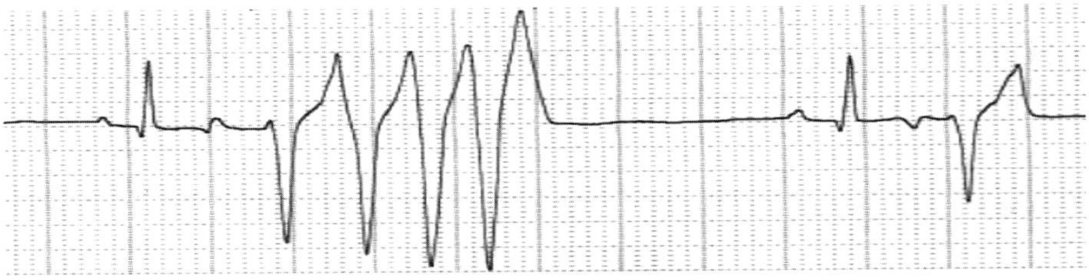

图 16-38　室性心动过速

六、房颤

房颤可能是小动物中最常见和最重要的心律失常之一。由于房颤起源于心室上方，它也可以是分类为室上性心律失常。房颤发生时，多个电波随机发生于心房的任一部位。每分钟数百个去极化波随机到达房室结，从而这导致随机和混乱的心室去极化。动物的房颤最常发生于心房扩张，更常见于大型犬，一旦动物开始出现房颤，则可能是永久性的。然而，房颤也偶尔发生于没有潜在的心脏病和异常心房扩张的大型犬或巨型犬中。房颤的心电图特征：心率非常快，心电图节奏不一，没有 P 波（图 16-39）。

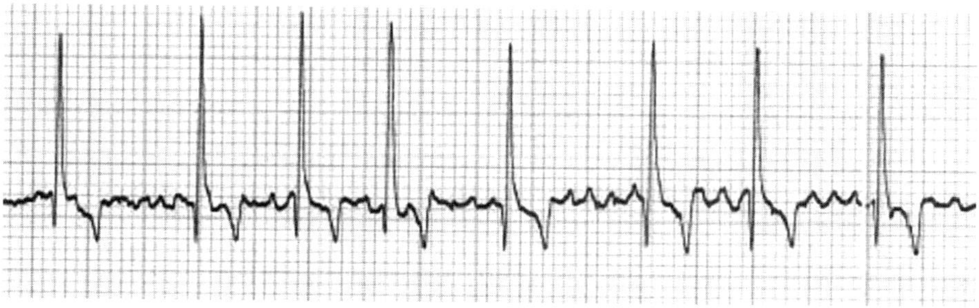

图 16-39 房颤

七、临床上快速解读心电图的步骤

在实际临床过程中，给予临床医生思考的时间较少，需要临床医生对心电图作出快速且准确的判断，以下则提供一个快速解读心电图的步骤以供参考。

①该心电图心率是否正常？正常、心动过缓或心动过速。

②该心电图节奏怎么样？规则或不规则(想象成音乐节拍)。

③是否每个 P 波有对应的 QRS 波，每个 QRS 波有对应的 P 波？如果相互对应，则为窦性节律。

④P 波、QRS 波、T 波是否形态正常？宽 P 波＝左心房扩张；高 P 波＝右心房扩张；高 R 波＝左心室扩张；宽 QRS 波＝左心房扩张。

⑤心电轴是否有偏移？这里讲述 1～2 个导联快速判定心电轴是否偏移的方法：如果导联Ⅱ中 QRS 波是正向的，那么心电轴是没有偏移的。如果导联Ⅱ中 QRS 波是负向的，那么根据导联Ⅰ来判断，如果导联Ⅰ中 QRS 波是正向的，那么心电轴左移；如果导联Ⅰ中 QRS 波是负向的，那么心电轴右移。

思考题

1. 试述心电产生的原理和正常心电图各波形特点。
2. 怎样进行动物的心电图描述？
3. 动物常见的心电图异常有哪些？对应的鉴别诊断方法是什么？
4. 简述快速解读心电图的步骤。

第十七章 内镜检查

重点提示：了解内镜用途，学会使用内镜，并能对消化道疾病进行检查诊断。

第一节 基本原理

一个多世纪以来，临床医生探索通过观察内脏的病变来准确诊断疾病的各种方法。内镜(endoscope)的发展过程，体现了这种思路逐步演进的过程，也反映了科学技术的进步对医学发展的推动作用。以胃镜为例，自1869年德国医生Kussmaul制成硬式胃镜以来，胃镜检查经历了由硬式至半曲，由纤维镜至电子镜的发展历程。1957年，美国医生Hirschowitz首先使用纤维胃镜之后，日本学者相继进行了大量的研究和实践，将数以万计的特制光学纤维按一定次序和数量排列，分别接上目镜和物镜，保证了优质的导光；先进的冷光源，保证了内镜的亮度；柔软、纤细可屈的镜身使操作灵巧，观察方便，患者痛苦也可大大减少；可控制的头端，扩大了内镜的视野，消灭了检查的盲区；不断改进的送水、送气和吸引装置，保证了插镜的效率和视野的清晰度；通过摄影、录像还可以记录各种病变，供会诊、教学使用。活检钳、细胞刷的使用，可配合进行病理检查，显著提高诊断准确率；各种治疗附件的使用还可以进行止血、圈套结扎等内镜治疗，使近40年来纤维内镜(fiberendoscope)不仅在消化道疾病的诊断上发挥了极其重大的作用，而且开辟治疗的新领域，形成新兴的治疗内镜(therapeuticendoscopy)领域。随着电子技术的推广与普及，近20年来电子内镜(electronicendoscope)得以广泛使用，它完全改变了原有纤维内镜由光学纤维导光与窥视的性质，其先端采用精细的微型电子耦合元件(charge-coupleddevice，CCD)组成图像传感器，相当于微型真空摄像管，进入胃肠腔后，可清晰摄录腔内图像，通过电缆传递至图像处理中心，最后显示在电视荧光屏上，无须窥察，可供多人同时观看，图像清晰细致，形象逼真。电子内镜无光导纤维断裂之弊，图像内不会出现黑点或亮度损失；其先端CCD的像素(pictureelements)较纤维镜的光导纤维束多2～3倍，使图像变得更加清晰、逼真，分辨率也更高；电子内镜不吸收光，因此较纤维镜的颜色亦更为真实。加上固定画面、摄影、录像的配合，有利于记录及会诊。与计算机及图像处理系统的有机结合，更有利于资料的储存、图像的采集、分析与交流。成为现代消化疾病诊断、治疗中不可缺少的工具。目前，它正在逐渐取代光学纤维内镜成为新世纪腔内疾病诊断和治疗的先进手段。由此，将大大推动消化道疾病诊断治疗的进展。根据同样原理制成的内镜不仅可对小肠、大肠、胆管、胰管等部位进行检查、治疗，尚可扩展到对呼吸系统、泌尿系统、生殖系统、胸腹腔病变进行诊断、治疗，因而形成一个崭新的诊治领域，称为内镜学(endoscopicology)，达到内镜技术发展的新境界。动物医学上应用的内镜有大动物用和小动物用两种，主要用于上呼吸道、咽和喉、食道、胃和小肠、结肠、阴道和子宫检查，能帮助诊断其内部的感染炎症。肿瘤、出血点、溃疡、狭窄、堵塞和寄生虫寄生，还能向其内部喷洒药物，吸出积液，取出异物和切取活组织等。

第二节 上消化道内镜检查

上消化道内镜检查包括食管、胃、十二指肠的检查，是应用最早、进展最快的内镜检查，通常又称胃镜检查。

一、应用

(一)适应证与禁忌证

适应证比较广泛，一般来说，一切食管、胃、十二指肠疾病诊断不清者，均可进行此项检查。主要适应证如下。

①吞咽梗阻、胃部异物和疼痛、食欲减少等上消化道症状，原因不明者。

②上消化道出血需查明原因。急性上消化道出血，早期检查不仅可获病因诊断，尚可同时进行治疗。

③X线钡餐检查不能确诊或不能解释的上消化道病变，特别是黏膜病变和疑有肿瘤者。

④需要随访观察的病变，如消化性溃疡、萎缩性胃炎、反流性食管炎等。

⑤上消化道疾病药物或手术治疗前后的对比观察。

⑥需做内镜治疗的患病动物，如摘取异物、上消化道出血的止血及食管静脉曲张的硬化剂注射与结扎，食管狭窄的扩张治疗，上消化道息肉摘除等。

(二)禁忌证

随着器械的改良，禁忌证较过去已有所减少。属检查禁忌证的情况如下。

①严重心肺疾病，如严重心律失常、心力衰竭、心肌梗死活动期、严重呼吸功能不全及哮喘发作期等，轻症心肺功能不全不属禁忌。必要时在监护条件下进行，以保证安全。

②休克、昏迷等危重状态。

③神志不清，神经异常检查是难以进行的。

④食管、胃、十二指肠穿孔急性期。

⑤严重咽喉部疾病、腐蚀性食管炎和胃炎、巨大食管憩室、主动脉瘤及严重颈胸。

⑥急性传染性肝炎或胃肠道传染病一般暂缓检查。

二、动物的术前准备

动物在检查前 12～18 h 内不应进食，并且应禁水 4 h 或更长时间。如果已经进行了钡剂造影检查，在进行内窥镜检查前上消化道应该是相对排空的。不应通过内窥镜的工作通道吸入钡剂残留物，因为其会黏附在内窥镜的工作通道的内壁上，从而造成内窥镜的损坏。在消化道黏膜上的少量的钡残留物一般不需要抽吸，并不会妨碍内窥镜检查的完成。

三、内窥镜检查的麻醉流程

对于动物的内窥镜操作，一般选择全身麻醉的方式(大动物除外)，因为这样既可以确保动物的舒适度，又可以防止价格昂贵的内窥镜设施遭到破坏。内窥镜检查的麻醉流程一般都采取给予术前镇静药物，气管插管后，气麻维持。对于上消化道内镜的检查，必须气管插管以保护呼吸道，从而不至于造成患病动物的吸入性肺炎。

术前镇静的药物一般没有禁忌，但需要注意的是上消化道内镜检查需要尽量避免使用阿片类药物（布托啡诺除外），因为阿片类药物会导致幽门括约肌的收缩，从而造成十二指肠镜检查难度和时间的增加。一般可以选择地西泮和异丙酚做诱导麻醉剂，接着以七氟醚或者异氟醚进行气道麻醉维持。

四、方法

术前应检查胃镜及配件：注意光源、送水、送气阀及吸引装置，操纵部旋钮控制的角度等，对胃镜性能及质量做到心中有数。检查电子胃镜的线路、电源开关，注意监视器屏幕影像。此外，内镜室应备有监护设备、氧气及急救药品。使患病动物呈左侧卧位，颈部松弛，头垫一枕。

1. 食管镜检

医师左手持内窥镜操纵部，右手持先端约 20 cm 处，直视下将胃镜经咬口插入口腔，缓缓沿舌背、咽后壁插入食管。因为动物已进行气管插管，则不需要担心内窥镜管误入食管。颈部食道通常是塌陷的，因此当内窥镜通过食管上括约肌时，一个短暂的“红斑”通常会遮住内窥镜镜头。因此，在进一步推进内窥镜之前，应给食道充气直到可以清楚地看到食管腔。在食道内，在推进内窥镜管部时应当不遇到任何阻力或者只遇到极小的阻力。食道基本上是一条直管，除了在胸廓入口处有轻微弯曲（颈部和胸部食管在此处相遇）。操作者应缓慢地将内窥镜沿食道向下推进，仅对内窥镜管道尖端的偏转进行微调，以保持管腔和消化道黏膜表面最大限度地可见。同时应间歇性地吹入空气以保持管腔开放。在进入胸段食管管腔时通常一般很少需要充气。

禁食动物的正常食道是空的或含有极少量的透明液体或泡沫。如果食道含有食物、大量液体或胆汁，则应怀疑胃食管反流、运动功能障碍或食管梗阻。猫食道由近端 2/3 的横纹肌和远端 1/3 的平滑肌组成，而犬食道几乎完全由横纹肌组成。猫和犬的正常食道黏膜光滑、有光泽，颜色呈淡粉色或灰色，其发红的程度明显低于胃黏膜。

2. 胃部镜检

内窥镜尖端在到达食管远端时需要进行偏转，然后才能成功进入到胃中。当内窥镜前进到远端食管时，内窥镜尖端应位于胃食管口的中心。当通过胃食管交界处时，内窥镜尖端通常向左偏转大约 30°，同时轻微向上偏转。在一些小体型的动物中，基本不需要将内窥镜向上偏转。当所有操作正确时，内窥镜从食管远端进入到胃应该是没有阻力的。当尖端进入胃部时，会看到胃的褶皱，通常在胃体的大弯处。胃壁通常会部分或完全塌陷，尤其是在中型到大型犬中较为明显。在这种情况下，胃的视野会非常有限，需要停止推进内窥镜而进行充气。通常，充气应至少达到看到皱褶开始分离的程度。在充气过程中必须小心，以免导致胃过度扩张，因为这可能会严重影响动物的心肺功能。当胃过度扩张时，胃皱襞几乎完全变平，并可能出现黏膜变白的情况，同时麻醉下的动物通常呼吸频率显著增加，此时应尽快抽出适量的空气。在获得较广阔的视野后，应通过操作内窥镜操纵部，逐段仔细观察胃部，注意勿遗漏胃角上部、胃体垂直部等。

在大多数正确禁食的患者中，胃是完全空的，偶尔在胃底部或胃大弯的近端存在少量液体。然而，如果存在大量液体，尤其是绿色或黄色胆汁，则是不正常的。这一发现表明可能存在反流的肠液进入了胃，这可能发生在接受过灌肠的动物中、或存在十二指肠反流、肠梗阻、原发性胃动力障碍等疾病。胆汁对胃黏膜有刺激作用。因此，如果大量胆汁滞留胃内，胃黏膜可能会变红。应注意黏膜红斑，但不应假定患者患有胃炎。这胃炎的诊断需要活检后组织学检查来判定。除了观察胃黏膜的状态，还因对息肉、溃疡和肿块有所注意。对于这些异常，应及时进行采样活检，通过组织学检查以获得准确诊断。

3. 十二指肠镜检

当内窥镜通过胃窦向幽门推进时，应进行微小的尖端调整，使幽门孔位置保持在视野的中心。耐心等待幽门口张开，逐渐推进将尖端引导通过幽门孔。一旦通过幽门孔，只能看到模糊的图像，因为幽门壁通常压在内窥镜尖端周围。随着内窥镜的进一步推进，沿顺时针方向转动两个控制旋钮提供向下和向右的尖端偏转变化，这样有助于进入十二指肠段近端，这是一个紧邻幽门的小区域。当发现黏膜颜色由鲜红色变为浅红色时，则证明内窥镜已成功进入十二指肠部位。这一步对于初学者来说，是挑战难度比较高的，需要耐心和不断地练习。接下来，则是进行各种方向的微调以获得清晰的视野，随着内窥镜的推进，通常需要不同程度的充气以保持小肠腔的清晰视野。然而，同时也必须非常谨慎，就像在胃镜检查期间一样，需要时刻观察胃扩张的程度（可让麻醉助手通过触诊胃的大小来判断），尤其是在猫和小型犬中。充入肠道的空气可能会回流到胃中并导致胃部明显扩张，进而可能导致呼吸障碍。与胃镜一样，如果有黏膜异常、息肉和肿块的出现，应根据需要，及时采样活检。

五、诊断

上消化道疾病的内镜诊断：自纤维内镜使用以来，上消化道疾病诊断率明显提高，对浅表性黏膜病变、早期肿瘤和上消化道出血病因的诊断等内镜检查特别有帮助。根据各医院检查资料，胃镜诊断的上消化道疾病中各种炎症占70%～80%；消化性溃疡占10%～20%；肿瘤占3%～5%。此外，尚有息肉、食管与胃底静脉曲张、血管畸形、食管贲门撕裂伤、憩室、异物、寄生虫等。

1. 炎症

急性炎症时，很少进行胃镜检查，故胃镜发现以慢性炎症居多。

(1)浅表性炎症　黏膜充血、发红，表现为红疹、红斑，甚至呈条纹状或簇状分布；黏膜水肿使反光增强，小区轮廓明显；表面糜烂可见于平坦或隆起如丘疹的黏膜，呈大小不同的黏膜缺损，中央附以白色分泌物或出血点；黏膜下出血可以呈点状或片状分布，新鲜者呈暗红，陈旧者呈棕色。此外，严重充血水肿可使黏膜呈龟裂状或小结节状。发炎的黏膜表面常有较多透明或黄白色分泌物附着，难以冲掉，冲洗后可见黏膜发炎、易脆，轻度损伤即致出血。对胃内炎症，近年来比较注重其与幽门螺杆菌、胆汁返流和服用非甾体类抗炎药的关系。

(2)萎缩性胃炎　表现为黏膜苍白或花斑状（以白为主）改变；黏膜变薄，皱襞变浅甚至消失；黏膜下血管透见。此外，也可因萎缩伴随的局灶性增生和肠腺化生而表现为小结节状或粗糙颗粒状，表面缺乏光泽，分泌物少，黏液湖内液体极少。黏膜活检有助于确诊。

(3)肥厚性炎症　黏膜肥厚、水肿，表现为皱襞粗大（似脑回状），充气不能展平，颜色深红（似牛肉色），胃内分泌液体增多，常伴糜烂，也有呈结节状或铺路石样外观者。

2. 溃疡

可位于食管至十二指肠等部位，以十二指肠球部及胃窦部慢性溃疡为多，镜下见相对规则的圆形或椭圆形凹陷，多数直径为 0.5～1.5 cm，底部附以白苔或污浊苔，周围尚光滑，但多集中黏膜有充血及水肿，分别代表溃疡活动及瘢痕化过程。浅表性溃疡或糜烂病变多限于黏膜及黏膜下，病因繁多，病程偏短，与慢性溃疡形态与转归都有所不同。虽然部分有可能转变为消化性溃疡，但多数于 2～3 周内愈合，应注意区别。

恶性溃疡实际上为癌的一种类型(溃疡型癌)，主要发生于胃窦，一般比良性溃疡大而不规则，周边不整，底部不平，触之质硬，易脆出血，与良性溃疡鉴别有一定困难，需做活检，根据病理检查确诊。

3. 肿瘤

上消化道肿瘤如胃癌、食管癌相当多见，是胃镜检查的主要指征和研究重点，发达国家借助于以胃镜检查为主的肿瘤筛查方案，使早期胃癌检出率达到 50%，从而使患者得到早期治疗。因此，要求内镜检查的医生对镜下的炎症、息肉、溃疡、隆起等病变应高度警惕，并且有识别能力，方可提高早期癌肿检出率。

早期胃癌仅在黏膜或黏膜下层出现病变，无淋巴结转移，所以只做局部治疗就能治愈，因此，及时正确的诊断意义重大。肿瘤可表现为微小的隆起或凹陷，直径一般在 1 cm 以下，需仔细观察，配合活检作出诊断。进展期胃癌，可根据形态分为隆起型、溃疡型、浸润型，识别并无困难。浸润型，胃壁僵硬、增厚、扩张受限，缺乏蠕动，形成“皮革胃”，极易被忽视。食管癌类型大体与胃癌近似，但多来源于鳞状上皮，少数腺癌多与慢性食管炎、食管黏膜胃上皮化生有关。

第三节　下消化道内镜检查

下消化道内镜检查包括结肠镜检查、小肠镜检查，由于后者应用较少，设备及技术要求甚高，在此仅讨论结肠镜检查。结肠镜检查可分为乙状结肠镜及全结肠镜检查，前者检查自肛门至乙状结肠 60 cm 范围的病变，而全结肠镜则可到达回盲部甚至末段回肠，从而了解部分小肠及全结肠病变以协助下消化道疾病的诊断。

一、应用

(一)适应证

①有腹泻、便血、下腹痛、贫血、腹部包块等症状、体征。

②钡灌肠或乙状结肠镜检查有异常者，如狭窄、溃疡、息肉、癌肿、憩室等；或钡灌肠时有不能解释的病变。

③肠道炎性疾病的诊断与随访观察。

④结肠癌肿的术前诊断、术后随访、癌前病变的监视、息肉摘除术后随访观察。

⑤需做止血及结肠息肉摘除等治疗的动物。

(二)禁忌证

①肛门、直肠严重狭窄。

②急性重度结肠炎，如重症痢疾、溃疡性结肠炎及憩室炎等。

③急性弥漫性腹膜炎及腹腔脏器穿孔。

④妊娠动物。

⑤严重心肺功能衰竭、神经异常及昏迷患者。

二、动物的术前准备

彻底清空整个结肠对于结肠镜的检查至关重要，同时应包括回结肠区域。如果清空不充分可能会导致遗漏病变，并且检查会更难进行。适当的禁食是必不可少的，禁食的时间长短取决于采用的清肠方法以及患者的整体状况。理想的禁食期是 36～48 h。如果使用口服灌肠液，禁食期可缩短至 24～36 h。如果患者年老或体弱，禁食时间会缩短至患者只能合理耐受的程度，可在麻醉 4 h 前给水。

常用术前结肠清空程序包括使用灌肠剂、电解质灌洗液，或二者结合。口服电解质灌洗液是彻底清空结肠的最佳办法，但是，需要更多的人力（大多数患者需要放置胃管）。以下是结肠清空步骤。①如果可能的话，让病人禁食 36～48 h。②在手术前 1 d 进行 2 次灌肠，手术前 3～4 h 再灌肠。润滑良好的灌肠管应至少放置到最后一根肋骨的水平处。每次灌肠给药 6～9 mL/kg。如果出现呕吐或腹痛迹象，应停止灌肠，待患畜恢复正常后再继续。③也可以服用泻药或者促动力药（如西沙必利等），可以帮助促进排便。西沙必利在促进胃、小肠和结肠的蠕动。④如果在结肠镜检查程序开始时发现直肠和结肠中仍有较多粪便残留，应在患者处于麻醉状态时进行另一次灌肠。

电解质灌洗液可以造成渗透性腹泻。因为动物无法像人一样可以主动口服大量电解质灌洗液，往往需要通过胃管给药。猫的另一种选择是使用鼻食管灌洗液。口服灌洗液的另一个缺点是它们比灌肠剂贵。①手术前 1 d 服用 5～7 mL/kg 的电解质灌洗液 2 次，至少相隔 2 h。②在手术当天给予另外一次剂量。③考虑在术前 1 d 给予西沙必利 2～3 剂以帮助促进胃肠道转运和结肠排空。④对于大型犬，由于可能需要大量溶液，临床医生和工作人员必须仔细观察以防止胃扩张或扭转的发生。

三、方法

患者处于左侧卧位，从而升结肠和回结肠交界处向上，远离桌面。充足的空气的充入对于彻底检查直肠和结肠黏膜是必不可少的。为了增强结肠腔的充气和扩张，助手应在手术过程中用手指对肛门口施加压力，以便尽可能地减少充入气体的逃逸。将润滑过后的内窥镜尖端推进直肠，充入空气，直到结肠腔足够扩张，视野较为清晰后，可继续推进。通过微调方向使内窥镜的尖端应始终处于结肠腔的中心。在完整的结肠镜检查期间有 2 个主要的“转弯”：脾曲是降结肠和横结肠的连接处，肝曲则连接着横结肠和升结肠。连接区域表现为新月形褶皱。通过使用扭矩（用右手放在离患者不远处扭转内窥镜的插入管）和通过转动控制旋钮改变尖端方向来穿过这些区域。当内窥镜尖端“滑过”脾和肝曲区壁时，内窥镜视图则变得模糊，接着可通过微调偏转方向以获得清晰的视图。

到达回盲部的标志为月牙形的阑尾孔、“Y”字形（画盘样）的盲尖皱襞及鱼口样的回盲瓣，部分患者尚可见到鞭虫。在体表可见到右下腹集中的光团。在回盲瓣口尽可能调整结肠镜先端角度，伺机插入或挤进回盲瓣，观察回肠末段 15～30 cm 范围的肠腔与黏膜。

退镜时，操纵上下左右旋扭，可灵活旋转先端，环视肠壁，适量注气、抽气，逐段仔细观察，注意肠腔大小、肠壁及袋囊情况。对转弯部位或未见到结肠全周的肠段，应调整角度及进镜深度，甚至适当更换体位，重复观察。对有价值部位可摄像、取活检及进行细胞学等检查助诊。

结肠疾病的内镜诊断：结肠疾病的基本病变，如炎症、溃疡及肿瘤与上消化道疾病有相似之处。掌握了上消化道内镜检查之后，对结肠疾病辨别并不难；结肠黏膜的炎症由多种不同的原因引起，形态改变必须结合病原学、病因学及临床表现才能作出诊断。其对慢性炎性肠病诊断意义重大；结肠溃疡多表现为糜烂或浅表溃疡，其形态、大小及分布对诊断疾病颇有帮助，阿弗他(aphthous)溃疡虽可由感染、变态反应引起，但对活动期克罗恩病(crohn disease，CD)诊断有重要意义，然而所有这些病变的诊断均需结合临床资料及活检病理学检查；结肠肿瘤中良性、恶性肿瘤患病的，良性者以结肠腺瘤为多见，其大小、形态、有蒂无蒂对判断类型及预后均很重要。恶性肿瘤主要是结肠癌，近年来有增多之势，病理类型与胃癌相似，以息肉型(或肿块型)最多，其次为溃疡型和浸润型。早期结肠癌多源于腺瘤恶变，最近专家们注意到凹陷型病变的早期癌变逐渐增多，应予警惕。结肠癌好发于直肠与乙状结肠交界处，为结肠镜检查和随访的主要指征和鉴别诊断的主要内容。

思考题

1. 简述内镜的使用方法和用途。
2. 简述不同内镜的麻醉药物的选择。
3. 简述内镜上下消化道使用的适应证、禁忌证、术前动物准备和方法。

第十八章　建立诊断

重点提示：学习症状和预后概念和分类，学会动物疾病诊断步骤，掌握正确诊断方法，避免动物疾病的误诊。

一切检查手段和检查项目都是为了建立诊断。建立诊断实际上就是诊断的形成过程，是把调查所得的材料（即问诊、临床检查、实验室检验及各种辅助检查取得的资料）经过综合分析、推理判断，得出符合逻辑的结论，为疾病的临床防治提供可靠依据。“没有正确的诊断，就没有正确的治疗”已成为临床兽医工作者的至理名言。

在临床实践中，需要通过细致的询问、敏锐的观察、全面的检查和严谨的推断才能建立正确的诊断。建立诊断有诸多层次，如症状诊断、病理形态学诊断、功能诊断、病因诊断和发病学诊断等，无论哪一种诊断都叫诊断，然而只有将病因确定到最细，发病过程还原到最全，预后判断到最准，才是真正正确的诊断。

第一节　症状及预后的概念和分类

一、疾病的症状与综合症候群

症状（symptom）是指动物在患病过程中，由于组织、器官发生形态改变或机能异常而呈现出的异常表现。症状主要通过主诉和临床检查获得，是建立诊断的重要基础。

综合症候群（syndrome）是指在许多疾病过程中，系列症状有规律地同时或按一定次序出现，通常将这些症状称为综合症候群或综合征，如患肾脏疾病时的血压升高、左心室肥大、第二心音增强、蛋白尿和尿毒症等，称为肾病综合症候群或肾病综合征。综合症候群中的单一症状不具有诊断意义，但系列症状联合在一起却对疾病诊断具有重要的指示作用。综合症候群大多包括某一疾病的主要的、固定的和典型的症状，对疾病诊断、鉴别诊断和预后判定有重要的意义。

从临床观点出发，对症状可做如下的分类和评价。

1. 全身症状（constitutional symptom）与局部症状（local symptom）

全身症状一般是指机体对病原因素刺激所呈现的全身性反应，如发热原所致的全身发热，局部外伤所致的疼痛性休克和消化不良所致的消瘦等。全身症状的有无及其轻重，对于判定病性、病情、病程和预后有重要的意义。局部症状是指某一组织或器官患病时，局限于病灶区的局部性反应，如肺炎时胸部叩诊的浊音区，脑局部病变所引起的眼球震颤，发炎部位的红、肿、热、痛等。根据局部症状，常可推断患病的部位，即疾病发生的组织或器官。局部症状可以是全身病理过程的局部表现，全身症状可以是局部病理过程的蔓延与扩散，二者并不孤立存在，可互为因果、相互转化。例如，便秘本来是局部肠管阻塞，但经常会引起心跳加快，呼吸加快，尿量减少，行为失常，以及水、盐代谢紊乱和血液成分改变等；发热是全身症状，也可以导致头痛等局部症状。

2. 主要症状(cardinal symptom)与次要症状(minor symptom)

主要症状是指对疾病诊断有重要意义的症状。例如，动物患心内膜炎时，可出现心搏动增强、脉搏增速、呼吸困难、静脉淤血、皮下浮肿和心内杂音等症状，其中只有心内杂音可作为心内膜炎的诊断依据，故称其为主要症状，其他症状则属于次要症状。症状分清主次，对于判断患病部位、病变性质及预后等至关重要。抓不住主要症状，或将主要症状和次要症状混淆，所建立的诊断很可能南辕北辙，与疾病本质截然相反。

3. 固定症状(inherent symptom)与偶然症状(accident symptom)

固定症状是指在整个疾病过程中必然出现的症状，偶然症状是指在特殊条件下才能出现的症状。例如，患贫血病的动物，出现可视黏膜苍白、食欲减退、倦怠无力、呼吸和脉搏加快，容易疲劳等是必然出现的，故属于固定症状；而只有当血红蛋白及红细胞数减少、血液稀薄、携氧能力明显降低，动物为了满足组织的氧需要而加快血液循环，因此通过心脏瓣膜口的血流量增大，雷诺系数增大，产生贫血性杂音，这种杂音在贫血性疾病就属于偶然症状。熟记某一疾病的固定症状，对于发现和认识疾病非常重要。

4. 典型症状(classical symptom)与示病症状(characteristic symptom)

典型症状是指能反映疾病临床特征的症状，如胸膜炎的腹式呼吸、胸膜摩擦音、胸部叩诊呈水平浊音等。示病症状是指只限于某一种疾病所表现的症状，据此可直接建立疾病诊断，如三尖瓣闭锁不全时的静脉阳性搏动和破伤风时的木马症等。典型症状虽然能够反映疾病的特征，但不具有诊断的唯一性，而示病症状具有诊断的唯一性。在兽医临床实践中，典型症状多而示病症状少，因此学会通过典型症状诊断疾病是诊疗能力的重要体现。

症状的分类是人为划分的结果，不是疾病异常表现的自然界限，在临床实践中只有具体问题具体分析，分清症状的主次，深刻理解症状所提示的临床意义，才会减少误诊，从而成为一名合格的兽医。

二、疾病的预后判断

建立诊断不单是锁定病因，阐明病理，更重要的是判断疾病的预后。只有准确判断预后，才可能作出合理、合法、合规的防治措施。预后(prognosis)是指对疾病的持续时间、可能的转归和动物的生产性能及使用价值等作出判断。预后不仅是判断病畜的生死，同时也要推断患病动物的生产能力，以及是否需要废役或淘汰等问题。诊断越完善，越个体化，则预后判定越准确。

判定疾病的预后，要实事求是，严肃认真，对病情既不能夸大，也不能缩小。预后良好时不要盲目乐观，预后不良时也不应轻易放弃诊断和治疗，要如实向畜主说明情况，取得畜主的合作和支持。

判定疾病的预后，还应充分考虑患病动物的个体差异(如年龄、营养、体质等)、周围环境(如饲养管理、使役、气候条件和环境污染等情况)及疾病的发展变化，决不能单纯以疾病本身来判断。

临床上，一般把疾病的预后分为预后良好、预后不良、预后慎重和预后可疑 4 种。

(1)预后良好(favourable prognosis) 是指患病动物病情轻，个体情况良好，不仅能恢复健康，而且不会留下后遗症，不影响其生产性能和经济价值。

(2)预后不良(unfavourable prognosis) 是指由于病情危重或尚无有效的治疗方法，患病动物可能死亡或留下严重后遗症，如胃肠破裂、慢性肺泡气肿和奶牛化脓性乳腺炎等。

(3)预后慎重(cautious prognosis) 是指预后的好坏依病情的轻重、诊断和治疗是否得当及个体条件和环境因素的变化而有明显的不同，如急性重症瘤胃臌气、日射病或热射病、有机磷中毒、马疝痛等，影响疾病治愈的不可控因素很多，治疗及时、方法得当，可能于短时间内很快治愈；治疗不及时、方法不得当或条件不具备，往往导致动物死亡。

(4)预后可疑(suspicious prognosis) 是指由于资料不全或病情正在发展变化，一时不能作出肯定的预后。例如，牛的额窦炎，可以因完全治愈而预后良好，也可能波及脑膜而预后不良。

第二节 建立诊断的步骤

在兽医临床上，建立诊断通常分为 3 个步骤：临床资料的搜集、资料的综合分析和验证或修正诊断。

一、临床资料的搜集(clinical data collection)

1. 病史

病史是动物疾病诊断重要的依据，但是必须要详尽而完整，否则非但起不到参考作用，反而存在误导的可能。要得到详尽而完整的病史，应全面、认真地调查疾病史、生活史和周围环境因素等。病史采集不仅要全面系统、真实可靠，还要能够反映疾病的进程和动态，对具体病例更应抓住特征。临床兽医知识和阅历越丰富，越能掌握病史的要点和精髓。

2. 临床检查

在问诊的基础上有目的地对病畜进行全面而深入的临床检查，对动物疾病诊断至关重要。兽医工作者应抓住各种机会对病畜进行检查，并在检查时补充核实病史，边查边问，边想边查，边验证边深入，努力做到融会贯通，以保证获得资料的完整性、真实性和准确性。

3. 实验室检验及特殊检查

在一般临床检查的基础上建立初步判断，然后根据初步判断选择安排各项实验室检验和特殊检查，对建立正确诊断有重要的辅助作用。各种现代诊断技术(如 X 线、B 超和 CT 等)已直接应用于兽医临床，并在一定程度上提高了现代临床兽医诊断动物疾病的水平。但是，切不可过分依赖现代诊疗设备，应立足病史和临床检查结果，综合实验室检查和特殊检查结果进行综合分析，作出最客观的诊断。

二、资料的综合分析(data processing)

将问诊、临床检查、实验室和特殊检查中所获得的资料进行归纳、总结、分析和比较，去粗取精，去伪存真，由此及彼，由表及里，找到患病动物的主要问题，比较其与哪些疾病的症状、体征、病情相近或相同，然后结合临床兽医掌握的理论知识和临床经验进一步综合分析，将可能性较大的问题罗列出来，形成假设，也就是初步诊断(primary diagnosis)或印象诊断。初步诊断带有某种程度的臆断成分，这是由于在认识疾病属性的过程中，临床兽医只发现了某些自己认为特异的部分，这部分征象受到病情发展和临床兽医知识水平的限制，因此，初步诊断或印象诊断只能作为进一步诊断的前提或试验性治疗的方向，其诊断结果有赖于进一步验证或修正。

三、验证或修正诊断(diagnosis correcting)

初步诊断是否正确，要在临床实践中作进一步验证。客观、细致地观察病情变化，随时提出问题，反复思考，必要时查阅文献资料或与同行展开讨论，才能不断地解决疑难问题。对于新的发现、新的检查结果，需要临床兽医不断反思，予以解释。对于经过多种检查，一时不能确诊的疑难病例，进行试验性治疗也是一种公认可行的准则。但它必须是针对性强，疗效可靠，观察评价指标明确的疗法。高明的临床兽医，不是靠撒大网的方式来诊断疾病，而是根据问诊、临床检查的结果提出初步诊断后安排必要的检查项目，以确定、补充、修正诊断或排除诊断。这种认识事物和临床决策的基本程序不能跨越，不能遗漏，也不容颠倒。安排检查项目时还应考虑以下问题。①哪种项目最合适？参考值范围如何？②检查项目的敏感性、特异性、准确性如何？③各种疾病中检查(检验)结果的频率分布？④确定诊断的概率是多少？⑤检查对患病动物的利弊及安全性如何？应逐一考虑这些问题，以确定这一检查决策的合理性及临床价值。总之，通过搜集系统而可靠的临床资料并对其进行综合分析，一般可以正确认识疾病。

第三节　临床思维方法

一、概述

临床思维方法是指在对疾病现象进行调查研究、综合分析、判断推理等过程中的一系列思维活动，由此认识疾病、判断鉴别，作出决策的一种逻辑方法。临床思维的提升需要在兽医临床实践中不断探索、不断总结，才可能实现。临床思维由临床实践和科学思维两部分组成，二者相互联系、相互促进、缺一不可。临床思维运用的程度和效果可直接反映临床兽医认识和处理疾病的能力和水平。

1. 临床实践

动物疾病诊疗是一项实践性很强的工作，要想提高临床诊疗水平，必须首先做到勤于实践。通过问诊、临床检查、实验室检查和特殊检查等，发现问题、分析问题、解决问题，建立正确诊断，是兽医工作者的中心工作。实践出真知，这一真理在兽医临床实践中能够得到很好的诠释。

2. 科学思维

在临床实践的基础上运用科学思维，对实践材料进行整理加工、综合分析，是建立诊断的唯一正确途径。即使暂时诊断不清，但也可对各种临床问题的属性、范围作出相对正确的判断。科学思维是在长期的临床实践中形成的，有时看似简单，实际上每一次思考判断都需要经历一个复杂的过程。临床兽医通过实践拥有的资料越翔实，知识越渊博，经验越丰富，这一思维过程就越简化，越切中要害，越接近实际，因此也就越能揭示疾病本质，做出正确的诊断。

临床思维方法在过去教科书中很少提及，因此需要教师在课堂上充分结合临床病例，进行临床思维的激发与培养。兽医临床诊断学三大内容，方法学和症状学是讲授的重点，而建立诊断的方法论则常被忽略。实际上，建立诊断的方法论就是临床思维的具体应用，只有通过大量的实际病例分析，才能得以掌握。为了使学生从一开始就意识到其重要性，在实践活动中注意其基本训练，本书列出专门章节讨论，旨在使初学者从临床学习之初就认识到它的重要性，能够在每次实践活动中注重临床思维方法的基本训练并遵循基本原则，这样，无疑将事半功倍，受益匪浅。

二、方法概要

临床思维方法就是兽医学上的逻辑思维方法，涉及对各种资料——疾病现象的分析，使其能透过现象看到疾病本质；在纷繁复杂的事物中(疾病表现、治疗矛盾、药物副作用等)分清主次，抓住主要矛盾和关键问题，予以合理解决；还涉及一般规律与特殊规律的分析理解和如何由一般到特殊，最终解决患病动物个体诊断和治疗问题；在诊断思维(也包括治疗思维)中，还必须强调全面地看问题，避免片面性、主观性。此外，病症的表现典型与不典型，是与书本描述的疾病表现相比而言。随着时间推移、外界环境改变，这种典型表现是可以改变的，即典型表现是相对的，而五花八门的不典型表现却是常见的，或者是绝对的。对于诊断明确的病例，还应注意其严重程度和预后，这种全面的判断对治疗具有指导意义。

总之，广博的兽医学知识、灵活而敏捷的思维、符合逻辑的分析是正确诊断疾病的必要条件。从搜集资料、调查研究到分析归纳、整理加工，直至作出正确的诊断，是临床兽医智慧和学识的结晶，是一种高深的技术与艺术的结合，也是一种具体而生动的开卷考试。

对每一个具体病例，临床医生的诊断思维活动过程既是活跃的，又有一定的程序，可将其上升到理性的认识，予以剖析，具体概括为以下 10 个步骤。

①从解剖学的观点出发，提出其结构有何异常?

②从生理学的观点出发，提出其功能有何改变?

③从病理生理学的观点出发，提出病理变化和发病机制的可能性。

④考虑几个可能的致病原因。

⑤考虑病情的轻重，勿放过严重情况。

⑥提出 1～2 个特殊的假设。

⑦检验该假设的真伪，权衡支持与不支持的症状体征。

⑧寻找特殊的症状体征组合，进行鉴别诊断。

⑨缩小诊断范围。

⑩提出进一步检查及处理措施。

这一临床思维的过程看似烦琐机械，实则简洁有序。对初学者来说，有如学习舞蹈时先学分解动作，再融会贯通。经过多次反复，自然可以由简驭繁、运用自如。

三、临床诊断思维的基本原则

科学的临床思维方法是开启诊断和治疗大门的钥匙。在疾病诊断过程中，必须牢记以下几项临床思维的基本原则。

(1)实事求是的原则　在疾病过程中，偏离一般规律的个体化表现经常存在，临床兽医在临床诊断时必须尽力掌握第一手资料，尊重事实、认真观察、深入分析、全面考虑、实事求是地对待客观临床资料，而不能只根据自己的知识范围和诊疗经验任意取舍，从而避免主观性和片面性。

（2）“一元论”原则　也称单一病理学原则，即尽量用一个疾病去解释多种临床表现的原则。在临床实际中，同时存在多种关联性不大的疾病的概率是很小的。临床兽医面对复杂的临床表现时，应尽量用一个病去概括或解释疾病的多种表现。如患病动物出现长期发热，皮肤、关节、心、肝、肾等都有病态表现时，就不应被诊断为风湿、结核、肝炎、肾脏疾病等。当经证实确有几种疾病同时存在时，也应分清主次和轻重缓急，不必勉强以“一元论”解释。

（3）用发病率和疾病谱观点选择诊断的原则　疾病的发病率可受多种因素影响，疾病谱随不同年代、不同地区而变化。当几种诊断可能性同时存在的情况下，要首先考虑常见病、多发病的诊断，其次考虑罕见病的诊断，这种选择原则符合概率分布的基本原理，可以减少误诊概率。

（4）先考虑器质性诊断后功能性诊断原则　首先考虑器质性疾病的诊断，然后考虑功能性疾病，以免因延误器质性疾病的治疗而给养殖户带来不可弥补的损失。当然，还应注意器质性疾病可能与功能性疾病并存，此时应重点考虑器质性疾病的诊断。

（5）首先考虑可治疾病的原则　以便及早地予以恰当的处理。当然，对不可治的或预后不良的疾病也不能忽略。这样可最大限度地减少诊断过程中的周折，减轻病畜痛苦。

（6）简化思维程序的原则　疾病现象被临床兽医感知以后，在头脑中形成各种联系或“网络”。这时，临床兽医参照疾病的多种表现逐一对照、排除，抓住关键特征，把多种多样的诊断倾向归纳到一个最小范围中去选择最大可能的诊断。这种简化程序的诊断思维方式，有利于抓住主要矛盾，这是有学识、有经验的临床兽医通用的诊断思维原则。而且，知识、阅历越丰富，使用得就越熟练、越快捷。这也是临床兽医在临床实践中追求的目标。在急诊重症病例时，只有按此原则迅速建立诊断的假设，才能及时决定进一步诊断和治疗的方向。此时，这一原则就显得特别重要。

在发病因素分析中，疾病的表现虽各有独特的规律，但同样的疾病在不同的病畜身上表现会有很大差异。如病畜的年龄、性别、体质、生活环境、营养状况等都会对发病产生影响，只考虑疾病本身而忽略了病畜的因素是难以作出全面、准确的诊断，制订出合理的诊断计划和治疗方案的。

在临床思维活动中，临床经验无疑具有重要价值。但是，单凭经验是不够的。高明的兽医不单靠直接经验的积累，也十分注重间接经验的扩展，如此才能举一反三，提高逻辑思维能力和诊断水平。间接经验包括他人的、书本的知识，对这些客观资料的应用涉及科学的评价和分析。对各种诊断方法进行系统性评价和可靠性分析，筛选出符合诊断标准的资料，将有助于更客观、更科学的临床决策，提高诊断水平。

四、临床思维的误区——常见误诊、漏诊的原因

临床诊断的确立要经过多次反复的实践才能达到，再实践的结果可能会发现原先的诊断有误差，需要纠正；有漏诊，需要补充。临床上常见误诊、漏诊的原因包括以下四个方面。

（1）病史资料不完整，不确切　病史不真实或简单的介绍因未能反映疾病的进程和动态，以及动物个体特征，因而难以作为诊断的依据。缺乏第一手病史资料，或分析取舍不当，均可

导致误诊、漏诊。

(2)观察不细致或检验结果误差 临床观察和检查中遗漏关键征象,不加分析地依赖检验结果或对检验结果解释错误,都可能得出错误的结论,也是误诊的重要原因。

(3)先入为主,主观臆断 临床经验对于建立诊断具有重要意义,但是过于依赖临床经验有时往往容易先入为主,妨碍客观而全面地搜集和分析资料。某些个案的经验或错误的印象占据了思维的主导地位,可导致判断偏离疾病的本质。

(4)知识不足,缺乏临床经验 对一些病因复杂、临床罕见的疾病知识匮乏,经验不足,又未能及时有效地学习各种知识,是导致误诊的另一种常见原因。兽医学是一种不确定的科学,其主要原因是任何一种疾病的临床表现都各不相同。因此,兽医要从不断实践中积累知识,从多次误诊中总结经验。

按照上述诊断原则、方法认真实践,并警惕陷入临床思维的误区,我们就可以从前人的经验教训中获得间接经验,也可以从自己每一次实践中积累丰富的临床经验,从而减少误诊、漏诊。

思考题

1. 不同类别症状对建立诊断有何意义?
2. 学习建立诊断的步骤有什么意义?
3. 在临床诊疗工作中,如何避免误诊?

第十九章　临床诊断的种类和内容

重点提示：本章的动物临床诊断种类和内容较重要，熟悉内容便于临床应用。

达到确诊的方法各有不同，有的仅根据临床资料，有的则根据 X 线、细菌学、病毒学、病理学等特殊检查或实验室检验结果。临床上有以下几种临床诊断方法。

一、直接诊断

直接诊断也称症状诊断，一般病情简单、直观，仅根据病史或体征而无须实验室检验和特殊检查即可作出诊断，如诊断荨麻疹、外伤性血肿和破伤风等。

二、排除诊断

排除诊断就是临床症状、体征不具有特异性，有多种疾病的可能性，经深入检查，稍加分析，发现不符之处予以摒除，留下 1～2 个可能的诊断进一步证实。

三、鉴别诊断

主要症状体征有多种可能性，一时难以区分，无法确定诊断，需要不断搜集多种资料予以鉴别。若新的资料不支持原有的诊断，应将原有的可能性剔除，或提出新的诊断。如此步步为营，在不断搜集和使用新旧材料，不断比较和衡量中分清主要与次要、相容与相反，把最可能的诊断从多种相似病群中辨别出来。由于疾病表现多种多样，即使有的症状不完全符合，只要抓住了重点，根据主要资料提出诊断，仍可确定最可能的诊断，必要时可用试验性治疗予以证实。

综合的临床诊断是临床兽医制订临床治疗方案的重要依据，必须是概括、全面和重点突出。诊断有层次和深度的，病因确定到最细的诊断才是最好的诊断。

(1)病因诊断　根据临床的典型表现，明确提出致病原因和本质，如破伤风、血友病等。病因诊断对疾病的发展、转归、治疗和预防有重要的指导意义，因此是最重要、最理想的临床诊断。

(2)病理解剖诊断　对病变部位、性质、细微结构变化的判断，如肝硬化、肾小球肾炎等。其中，有的诊断需要组织学检查，有的诊断也可由临床表现联系病理学知识而提出。

(3)病理生理诊断　是疾病引起的机体功能变化，如心功能不全、肝肾功能障碍等，它不仅是机体和脏器功能判断所必需的，而且也可由此做出预后判断。

(4)疾病的分型与分期　不少疾病有不同的分型与分期，其治疗及预后各不相同，诊断中应予以明确。传染性肝炎可分甲、乙、丙等多种类型；肝硬化有肝功代偿期与失代偿期之分。对疾病进行分型、分期可以充分发挥其对治疗抉择的指导作用。

(5)并发症的诊断　是指原发疾病的发展，导致机体、脏器的进一步损害，虽然与主要疾病性质不同，但在发病机制上有密切关系，如慢性肺部疾病并发肺性脑病、肺间质气肿并发背部皮下气肿等。

(6)伴发疾病诊断　是指同时存在的，与主要诊断疾病不相关的疾病，其对机体和主要疾病可能发生影响等。

(7)实验室检验诊断　包括血液、血气分析、血清、尿液、粪便、微生物、寄生虫等多项检验。

(8)特殊检查诊断　包括 X 线、超声波、CT、心电图和内镜等。

(9)手术诊断　在情况不明时，有时需通过手术来诊断。

(10)治疗诊断　按预想或假设的疾病进行试验性治疗，如果治疗效果好或痊愈，即可得到诊断，称为治疗诊断。

有些疾病一时难以明确诊断，临床上常以其突出症状或体征为主题的"待诊"方式来处理，如发热待诊、腹泻待诊、黄疸待诊、血尿待诊等，对此，应尽可能根据收集的资料进行综合分析，提出一些诊断的可能性，按可能性大小排列，反映诊断的倾向性。如黄疸待诊：①药物性或肝内胆汁淤积性黄疸；②肝炎待排除。

为了合理安排进一步检查和治疗，应尽可能在规定时间内明确诊断。如集没有提出诊断的倾向性，仅仅一个症状的待诊等于未做诊断。对于列出的临床综合诊断应按重要性排列，传统上安排在病历记录末页的右下角。诊断之后要有临床兽医签名，以示负责。

思考题

1. 为什么要学习熟记临床诊断的种类和内容？
2. 请列举鉴别诊断中的相关诊断方法。

第二十章　各器官、系统疾病的主要综合征及其诊断要点

重点提示：学习各器官、系统疾病的主要综合征及其诊断要点。

第一节　循环器官、系统疾病综合征

心脏是血液流动的动力器官，血管是血液流通的管道，由心脏和血管所构成的循环系统在动物的生命活动中具有重要的作用。健康动物的心脏，一般都有一定的储备力，所以在使役、妊娠和泌乳等对血需要量增多或患疾病时，也能维持比较正常的血液循环状态。但是，当心脏的代偿功能不全，或由于某些严重的病理过程使心脏储备力消耗过多时，便会发生心脏衰竭，在某种情况下还会发生血管衰竭或虚脱。由此看来，循环器官、系统检查，不仅对本系统疾病的诊断有意义，而且对其他系统的全身性疾病的诊断、治疗和预后判断，甚至对于了解全身机能状态，都有十分重要的意义。

一、心功能不全的综合症状及其诊断要点

心包、心内膜，尤其是心肌的疾病，都可能导致心脏的机能不全，并且在诊断与治疗方面，通常具有共同的基础。心脏功能不全就是由于心肌收缩力量减弱而使心脏排空困难，心排血量减少而动脉血压下降，静脉血回心受阻而瘀滞，并引起全身的代谢及机能发生紊乱的病理过程。临床上常称为心力衰竭。根据起病的缓急和病程的长短可分为急性心力衰竭和慢性心力衰竭。

心功能不全的综合症状主要有：心搏动次数增多或减少，脉搏减弱或脉律不齐，心音亢进或减弱，或只听到第一心音，而第二心音听不到，有的发生心音分裂、心内杂音或心音混浊，浅表静脉怒张，黏膜发绀，呼吸急促、浅表，或伴发肺水肿，有泡沫性鼻液。精神沉郁、嗜睡、甚至昏迷，严重时可发生痉挛或抽搐。慢性心功能不全，常见动物运动不耐受和生产性能下降，食欲减退，全身乏力，动则发喘，容易出汗，浅表静脉淤血，或于四肢下端出现浮肿，可见有肝、肾、肺、胃肠淤血所引起的机能障碍，体腔积液。

心力衰竭常由下列原因而引起。

(1)急性过劳　如役畜的长途使役、剧烈奔跑与持续驱赶，特别在炎热的天气与闷热的环境中更易致病。

(2)某些急性传染病　如马急性传染性贫血、焦虫症、猪瘟和口蹄疫等，常并发急性、广泛性的心肌损害。

（3）因不适宜的静脉注射或补液　如输液过快、液量过大、应用钙剂等刺激性过强的制剂等，可引起突然发病。

（4）急性中毒病或内源性毒物中毒　如急性胃肠炎、肠臌气、腹膜炎等时，也可引起心力衰竭。

（5）慢性心脏衰弱或心肌损害　如仔猪患慢性白肌病时，经过度使役、剧烈运动或对心脏给予过重负担的诱因下，可引起急性心力衰竭的发作。

（6）慢性心肌功能不全　如慢性马传染性贫血、衰竭症或营养不良、幼畜白肌病、肺气肿、慢性心脏病等可引起发病。

二、外周循环衰竭综合症状及其诊断要点

本病多突然发生，临床表现为虚脱或休克状态，或称为周围（或外周）循环衰竭。主要的综合症候群表现为：通常可见体温降低，可视黏膜苍白或发绀，四肢末梢冷厥，呼吸、脉搏增数，肌肉无力，精神沉郁，甚至发生阵发性痉挛。循环血量不足，静脉穿刺血流不畅，毛细血管再充盈时间延长，尿量减少或无尿。由脱水引起的血管衰竭，可见皮肤干燥，弹力减退，眼窝凹陷，血液黏稠，红细胞压积容量增高。休克引起的血管衰竭，除心源性休克有急性心力衰竭的症状外，其他（如感染性休克、创伤性休克、过敏性休克等）常呈现渴欲增加，皮肤出冷汗，血压降低，脉搏细弱，或全身抽搐和昏迷。

可在突然发生上述综合症候群的启示下，结合常见致病原因与条件作出诊断。常见的致病原因是：严重的创伤，伴有剧痛的手术，大量失血或失水，或继发于感染和胃、肠破裂，以及某些过敏反应（如药物过敏）等。

鉴于急性心力衰竭与急性周围循环衰竭（血管机能不全），在临床症状表现上有很多相似之处，但治疗方法和措施却大不相同，所以临床诊断中必须注意加以鉴别。心排血量减少、动脉血压下降并引起全身各组织、器官（特别是脑中枢）的供血不足及由此而出现的一系列症状是二者的共同点。但是，造成心排血量减少的根本原因则不同。血管机能不全是由于失血、失水而致循环血量减少或当微血管扩张时致使血管容积与循环血量不相适应，因此，静脉回心血量不足是其基本特点，所以并无静脉系统的瘀滞现象，相反，临床有时可见浅在大静脉管的萎陷；而急性心力衰竭因心肌收缩力减弱而使心脏排空困难，静脉血回心受阻，从而伴有静脉系统瘀滞、浅表大静脉管的充盈。一般主要根据浅表静脉的充盈程度，皮肤、黏膜的颜色变化，并参考其他症状（如体温、末梢部位的皮温、急性脑贫血的神经症状等），综合可查明的致病原因等条件而鉴别。确切地判断，可根据动脉压、静脉压和中心静脉压的测定数值而分析出来。特别是中心静脉压的数值，在鉴别心功能不全与血管功能不全上，常可提供可靠根据。当然，还应注意，某些复杂病例，可能是血容量不足与心功能不全合并存在的情况，应根据具体情况具体分析。

三、心包疾病的综合症状及其诊断要点

心脏的物理检查法中，触诊、叩诊时心区敏感、有疼痛反应（呻吟、躲闪、反抗等）是提示心包炎诊断的早期症状；听诊时有心包摩擦音或心包拍水音是诊断的主要根据；而心区叩诊，浊音区扩大，听诊心音微弱，脉搏与心率加快，黏膜发绀与浅表静脉的充盈和皮下浮肿等症状，可作为重要的参考条件。

猪及马属动物的心包炎，常由肺、胸膜的炎症蔓延而来，可继发于胸膜炎、胸膜肺炎和大叶性肺炎等，又多为马的传染性胸膜肺炎、猪肺疫等传染病的并发症。因此，临床诊断工作中，应特别注意心包的病变表现及其病程发展情况，并随时判断。

反刍动物特别是牛的心包炎，多由尖锐的金属异物（如钉、铁丝、针等）穿透网胃、膈肌以至心包膜而引起，称为创伤性心包炎。除表现有典型的心包摩擦音、心包拍水音、颈静脉怒张及垂皮、胸下浮肿外，常呈现反常姿势与行为，如肘肌外展、肘肩部肌群震颤；驻立时前肢站于高处，后肢立于低处；起立时先前肢站起，行走小心，转弯谨慎，不愿走下坡路或当走下坡路时痛苦、呻吟。X 线检查，可见由第 10 肋骨向前下到第 6 肋骨的弧形膈肌阴影或看见金属异物的影像；超声波检查，可发现液平段；心电图检查，R 波明显降低，特别在病的初期更为明显。以上这些姿势与行动的异常，多为提示创伤性心包炎诊断的线索；而典型的心包摩擦音或心包拍水音及静脉充盈与皮下浮肿等主要症状，则是建立诊断的基本根据。鉴于创伤性心包炎多继发或并发于创伤性网胃炎，所以，在呈现明显的心包炎症候群之前，多有长期经过的、较为顽固的前胃功能紊乱（如前胃弛缓）的前期征兆，应从病史调查中注意了解。

四、心肌病的综合症候群及其诊断要点

由于心功能不全多是由于心肌的机能不全所引起，所以心肌疾病在心脏病中占首要地位。而心肌的组织、结构的改变和营养、代谢的紊乱，又是其机能障碍的物质基础。

从病理组织学和病理解剖学的角度，心肌的病理过程主要表现为。

(1)心肌的炎症　以肌纤维变质性变化（变性、坏死）与间质渗出、白细胞浸润、增殖性变化为特征。

(2)心肌的营养不良或变性　主要表现为心肌的原发性变性与坏死。

(3)心肌硬化与纤维化　具有间质结缔组织增生与肌纤维萎缩。

由于在实际病例中，可能表现为几种病变的错综交杂或常随病程经过不同阶段而有不同的转归，所以临床上一般可以用心肌损害或心肌病概括。心肌损害后，可引起其肌源性扩张，并进一步发展为心肌肥大。临床上可表现有心容积增大的体征（如触诊心搏动增强、叩诊心浊音区扩大等）。心肌损害后，可引起其兴奋性与传导机能的改变。临床上可表现为心律不齐与脉律紊乱；可引起其收缩力量的减弱，心排血量减少，动脉血压下降而静脉压升高，并反射地引起心率加快与脉数增多，以及心音的强度及脉搏数的相应变化，静脉瘀滞甚至皮下浮肿。

据此，在一般性的循环障碍的综合症候群的基础上，心容积增大的体征及明显的心律不齐（如期外收缩或传导阻滞），常为心肌病诊断的重要依据。从病原学的角度，心肌损害经常是某些传染病的并发症，可见于马传染性贫血、鼻疽、腺疫、传染性胸膜肺炎、血液原虫病（如焦虫症等）、口蹄疫、风湿症和某些化脓性感染等病理过程。原发性心肌变性可由全身性的代谢紊乱引起，常见于营养不良或衰竭症、各类型的贫血、马肌红蛋白尿症，特别是幼畜的白肌病（硒和/或维生素 E 缺乏症）。役畜的急、慢性过劳而致的心肌劳损，慢性心脏病或肺气肿等时心肌的负担过重，也是心肌损害的一个致病条件。

临床诊断中要注意引起心肌损害的病原条件及其原发病的临床特点，也是提示心肌病诊断的重要线索。某些特殊检查法，如血清酶（天门冬氨酸氨基转移酶、丙氨酸氨基转移酶、乳酸脱氢酶及其同工酶等）检验，特别是心电图，对诊断和鉴别心肌疾病，常能提供重要资料。

第二节 呼吸器官、系统疾病综合征及其诊断要点

呼吸器官疾病时，首先表现为呼吸机能障碍。通常可见呼吸活动的加快与加强，并有不同类型、不同程度的呼吸困难，或伴有呼吸形式和呼吸节律的改变。二氧化碳、氧交换障碍的结果是血中二氧化碳蓄积，引起呼吸中枢兴奋，从而呼吸次数增多；而呼吸困难一般以混合型为常见，但当上呼吸道高度狭窄时则为典型的吸入性困难特征，而肺气肿或膈的活动受阻时，常表现为明显的呼出性困难。二氧化碳、氧交换障碍，血中二氧化碳蓄积所引起的另一个现象，则是皮肤、黏膜发绀，呈不同程度的蓝紫色。

呼吸道内病理产物的刺激，反射地引起咳嗽中枢的兴奋，从而表现为咳嗽。在病变初期，分泌较少或当单纯性胸膜炎时，咳嗽多呈干性；喉头与上部气管的黏膜，对刺激最为敏感，所以，喉、气管病变时，咳嗽最为剧烈。鼻液增多，也是呼吸器官疾病的一个共有症状。除单纯的胸膜炎外，所有呼吸器官疾病均可排出不同性质、不同数量的鼻液。鼻液的数量主要决定于疾病的时期和范围；而鼻液的性状、颜色和混有物，则可反映出疾病的性质。

综上所述，呼吸紊乱、黏膜发绀，并伴有咳嗽和鼻液增多，组成呼吸器官、系统疾病的一般性症候群。这一综合症候群，是提示呼吸器官疾病的共同基础。根据以上情况，在临床诊断工作中应注意以下几方面。①一般临床检查中，宜着重于发绀、气喘、咳嗽、鼻液等一般性症候群的发现，并应特别注意明确呼吸困难的类型及鼻液的数量、性状、颜色。②详细检查上呼吸道(鼻、鼻旁窦、喉、气管等)；对胸部、肺脏更应配合应用触诊、叩诊和听诊方法进行全面检查，并综合病理学检查结果判断肺脏及胸腔的物理状态。③必要时可选择配合应用某些特殊检查法，如呼吸功能试验、喉镜检查法、胸腔穿刺法、超声探查、X 线诊断、鼻液中弹力纤维、胸腔穿刺液和血常规等实验室检验等。④注意调查有关流行病学情况，必要时配合进行针对某种传染病的特异性诊断(如结核菌素反应和其他细菌、血清学诊断等)，在确定或鉴别诊断上，具有重要意义。此外，对病死家畜或典型病例进行病理剖检或病理组织学诊断，有很重要的实际意义。

一、上呼吸道疾病及其诊断要点

上呼吸道疾病主要是指鼻腔、鼻旁窦、喉、气管等上呼吸道的疾病，通常表现为：喷嚏或咳嗽、流鼻液，无呼吸困难或呈吸气性呼吸困难，胸部听诊、叩诊变化不明显。如鼻液多，呼吸时有鼻狭窄音，常打喷嚏，鼻黏膜潮红肿胀，鼻腔狭窄等，可能是鼻腔疾病。如患病动物呈现单侧性脓性鼻液，鼻腔狭窄，吸气困难，鼻旁窦的外形发生明显改变，可能是鼻旁窦的疾病。如咳嗽重，头颈伸展，喉部肿胀，触诊敏感，可能是喉部疾病。

①当有喷嚏、鼻液，同时轻微吸气困难，并伴有鼻黏膜的潮红、肿胀等局部病变，可提示为鼻炎。如见猪有喷嚏，兼有脓性或混血鼻液，伴有鼻面部短缩、歪曲、变形时，应注意是否患有传染性萎缩性鼻炎，在做详细的流行病学调查的同时，可对典型病例进行剖检，依鼻甲骨的特征性剖检变化而判定。细菌、血清学检查法，有特异性诊断意义；X 线检查法可发现鼻甲骨早期病变，有重要实践价值。在羊如有喷嚏或见鼻端瘙痒(常向周围物体上摩擦)，兼有脓性鼻液，应注意是否有鼻蝇蛆。鸡的流鼻液、喷嚏与吸气困难，如有流行性，应注意鸡传染性鼻炎。

②呈单侧脓性鼻液，兼有鼻道狭窄、吸气困难的病例，应注意检查鼻旁窦，如有颌面部肿胀、变形，局部敏感，可提示鼻旁窦炎或其蓄脓症。但应注意区别幼龄动物的佝偻病和成年动

物的骨软症。此时,也可见有颌面部变形、肿胀,鼻道狭窄及吸气困难等症状;通常无明显的鼻液,同时可有全身及四肢骨骼、关节变形的特征性变化。

③频繁、剧烈的咳嗽常是喉炎的特征,同时咽喉局部多伴有肿胀及热、痛反应。牛的频咳与吸气困难,为喉炎的特征,同时应注意喉结核;个别病例,如吸气困难特别严重,还应考虑是否有喉肿瘤。仔猪出现频咳与气喘,应留意气喘病或猪肺疫。如起病急并有咽喉与颈上部的红肿特征,应考虑是否有急性猪肺疫。鸡的咳嗽、吸气困难(张口、伸颈),应注意是否为喉炎。直接检视喉腔,可见潮红、肿胀、渗出物或附有黄、白色伪膜;当有流行病发生时,还应考虑传染性疾病(如传染性喉气管炎、传染性支气管炎等)。咳嗽、气喘并伴有吞咽障碍,且鼻液中混有唾液、饲料残渣等混合物,则为咽喉炎的特征。由于咽喉黏膜之间炎症相互蔓延,实际临床中,常有咽炎与喉炎并发的病例。如发生于驹,则应注意马腺疫。马出现严重的吸气困难,并伴有明显的喘鸣声,应提示喘鸣症(返回神经麻痹)。病多突然发生,病势甚急,多呈窒息状;安静后可逐渐消失,常有反复发作的病史。应用喉镜检查,依声带的特征变化可确诊。某些吸气困难的病例,还需注意喉水肿。马的喉水肿,有时并发于血斑病,此时多伴有其他部位(胸、腹下)的皮下浮肿,且因鼻、唇周围浮肿而呈现河马头样特征性形态。猪的喉水肿,常并发水肿病,可见眼睑、颜面或咽喉局部的水肿,多发于断奶后的仔猪(2 月龄)。

二、气管、肺组织疾病的综合症状及其诊断要点

肺部疾病的综合症候群主要表现为:多咳嗽,流鼻液,胸部听诊有啰音,叩诊无浊音,全身症状较轻。

1. 大支气管疾病

多咳嗽,流鼻液,肺泡呼吸音普遍增强,可听到干啰音或大、中水泡音,X 线检查,肺部有较粗纹理的支气管阴影。

2. 细支气管疾病

呼气性呼吸困难,广泛性干啰音和小水泡音,肺泡呼吸音增强,胸部叩诊音比较高朗,继发肺泡气肿时,肺叩诊界扩大。

①以一定数量的浆液性鼻液与湿性咳嗽为基础;以肺部听诊的明显水泡音为特征;伴有中等的发热及精神沉郁、食欲减退等一般症状而组成的综合症候群,提示为支气管炎。

支气管炎与肺炎的区别,主要在于前者没有肺部的浸润、实变区,从而听诊不到局限性的肺泡音消失区,叩诊缺少局限性浊音区,并且整体状态的变化一般较后者轻。而炎性肺炎和非炎性肺炎的区别在于:炎性肺炎通常见有混合性呼吸困难,流鼻液、咳嗽,肺泡呼吸音减弱或消失,出现病理性呼吸音,肺叩诊有局限性或大片浊音区,X 线检查可见相应的阴影变化。体温升高,全身症状严重,白细胞增多,核左移或核右移。而非炎性肺炎主要表现为:呼气性或混合性呼吸困难,胸部听诊、叩诊异常,一般无热,白细胞计数一般无异常。肺气肿,呈现呼气性呼吸困难,肺泡呼吸音减弱,叩诊呈过清音,X 线检查肺野透明。肺充血或肺水肿,混合性呼吸困难,两侧鼻孔流多量白色细小泡沫样鼻液,胸部听诊有广泛的小水泡音或捻发音,叩诊呈浊鼓音。X 线检查,肺阴影一致加深。重者呈现心力衰竭的体征。

②肺部听诊有成片或局限性的肺泡音减弱甚至消失区域,而其余部位却见肺泡音的代偿性增强,叩诊出现与前者相适应的成片或局限性的浊音区或半浊音区;X 线的透视或摄影可见相应的阴影变化;则组成肺浸润、实变的特征性症候群。

以肺组织的浸润、实变的综合症状为基础，结合鼻液、咳嗽、气喘、发绀等一般性症状，再有较重的整体性变化（高热、沉郁、消化紊乱等），则提示为肺炎。散在性的局限性浸润区、实变区，是小叶性肺炎的特点；成片的实变区，反映为大叶性肺炎。同时具有大量脓性鼻液，可据此推断为化脓性肺炎或肺脓肿。同时伴有呼出气体的腐败臭味，有大量红褐色并混有组织碎块的鼻液，是肺坏疽的临床特征。为确诊目的，应做鼻液中弹力纤维的检查；从调查、了解中查明有误咽或呛药史的病因，可为致病原因提供诊断根据。

③在肺听诊的小水泡音和叩诊浊鼓音的基础上伴有严重的呼吸困难及大量的混有小泡沫状的浆性（有时稍带红褐色）鼻液，同时具有心力衰竭的临床症状，可提示肺充血或肺水肿。肺充血或肺水肿常作为急性过劳、日射病或热射病的并发症，应从调查、了解中查明致病原因与条件（如急性过劳或夏季长期日晒病史，起病急、发展快的病程经过特点等）。

明显的呼气困难伴有肺部叩诊的鼓音或空盒音与叩诊区的明显扩大，提示肺气肿病。病程多为慢性经过。马的肺气肿，常见于老龄的役畜。仔猪的肺气肿，应注意气喘病。牛的肺气肿常发展为间质气肿，在严重气喘、肺部叩诊变化的同时听诊或有爆裂音或捻发音，病程拖延后常于颈侧、背部出现皮下气肿。在查明病因时，应注意某些中毒病（如黑斑病甘薯中毒、白苏中毒等）和变态反应性疾病。

三、胸膜疾病的综合症状及其诊断要点

在呼吸困难、咳嗽、黏膜发绀等一般性症状的基础上，如有胸壁敏感、叩诊的水平浊音或听诊的胸膜摩擦音等典型症状，可作为提示胸膜炎诊断的基本根据。

胸膜炎时的呼吸困难，多为混合性；若仅患胸膜炎时，咳嗽多为干性或呈带痛性，并无鼻液；胸壁敏感以病的初期最为明显；叩诊呈水平浊音，其上界高度依胸腔积液的数量为转移；而摩擦音出现与否，则可视胸膜渗出的特点与病期而定。此外，胸肺部的叩诊与听诊结果的相互关系，在判断胸腔积液的变化上常有验证作用，即以叩诊水平浊音的上线为界，其下部肺泡音消失而其上部则以肺泡音普遍、显著增强为其特征。

胸腔积液虽也呈上述胸腔积液的特征变化，但缺少胸壁敏感与体温升高的症状并多伴有由于重度贫血或心机能障碍的病因而引起的其他症状变化（如可视黏膜的重度苍白、心血管系统的变化和全身的皮下浮肿等）。胸腔积水与胸膜炎的确切鉴别，可通过胸腔穿刺并采取穿刺液进行实验室检验来判断。

严重的呼吸困难并伴有单侧或双侧（上部）的叩诊鼓音与相应的肺泡音的减弱甚至消失，可提示为气胸。常见的病因是胸壁穿透创，应从临床诊断检查或病史调查中注意发现和了解。个别病例，如当马骡的膈疝时，脱入胸腔的肠段内充满气体并靠近胸壁，胸部叩诊也可呈相应的鼓音，应注意病程经过及其他症状而综合分析。

临床诊断工作中，对主要侵害呼吸器官的传染病应特别注意。对鼻腔有大量浆液性液和大量流泪的同时，呈高热稽留及全身变化较重病例，提示流行性感冒。流行性感冒有在畜群中迅速传播并造成大批流行的流行病学特征，应综合临床诊断所见及发病情况调查结果，必要时参考病理解剖学变化分析。

对有脓性鼻液及浅表淋巴结慢性肿胀，且呈慢性经过而营养高度不良的病例，应注意马鼻疽及牛结核的可能。应结合病史和疫情，根据特异性诊断（如鼻疽菌素或结核菌素反应）而判定。

对临床表现有胸膜炎、大叶性肺炎或胸膜肺炎等综合症候群的病例，则提示马腺疫、牛肺疫、猪肺疫、山羊传染性胸膜肺炎等传染性疾病的可能。同样，可根据临床诊断所见、流行病学特性、特异性检查结果及必要时的病理剖检诊断而确定。

仔猪慢性经过的频繁的干性咳嗽，应注意气喘病或肺丝虫病，在综合流行病学情况、特殊检查（如X线检查、虫卵检查等）结果的基础上，必要时可根据病理剖检变化而确诊。X线诊断不仅是重要手段，而且应用于猪群的普查，在揭示早期猪气喘病的工作中有重要的实践意义。

第三节　消化系统疾病的综合征及其诊断要点

消化功能障碍是消化器官疾病重要的启示性症状。通常可见食欲降低或废绝，采食方式的异常，咀嚼困难或费力，吞咽障碍，呕吐，便秘，腹泻，反刍动物的反刍与嗳气功能的紊乱等。

①食欲减退或废绝：在排除其他病因（如发热、呼吸、神经或中毒与代谢病等）所引起外，一般可作为消化器官疾病的常有症状。

②采食方式的异常：主要见于中枢或外周神经（如面神经麻痹时）的疾病。

③咀嚼困难或费力：多由于参与咀嚼的肌肉、骨骼（主要为颌骨）的病痛所引起；或见于口膜或牙齿的疾病。

④吞咽障碍：是咽部与食管病变的特征。

⑤呕吐：除提示中枢神经系统疾病或中毒病外，常为咽、食管、胃的疾病或肠道的阻塞与腹膜刺激的特征。

⑥便秘：主要反映胃肠弛缓与肠蠕动机能减退。

⑦腹泻：是各种肠炎的特征；也可见于腹膜炎或某些中毒病。

⑧反刍与嗳气功能的紊乱：见于反刍动物的前胃疾病。

因此，在掌握消化功能障碍的基础上，综合对消化器官各部位的局部检查，通常可推断病变主要侵害的器官、部位。同样，某些主要侵害消化器官的传染病（如牛瘟、结核、羊肠毒血症、羔羊痢疾、猪瘟、传染性胃肠炎、大肠埃希菌病、副伤寒、鸡新城疫、禽霍乱等）、寄生虫病（如蛔虫症、球虫症等）及某些中毒病，常表现以消化功能障碍为主的临床综合症候群，临床诊断工作中应予特别注意。

当进行消化器官疾病诊断时，应在临床检查过程中重点注意。

第一，详细询问病史及饲养条件、制度等，以便发现常见的由于饲养不当而引起的致病因素及病畜所表现的消化功能障碍的现象和经过。

第二，对整个消化道（由口腔、咽、食管到胃、肠）和肝脏等各器官、部位，进行全面的、系统的临床检查。

第三，根据需要，选择配合应用辅助或特殊的检查法，如食管探诊、直肠检查（内部触诊）、腹腔穿刺及穿刺液的检验、X线诊断、内腔镜（腹腔镜、直肠镜等）的应用，肝功能试验，粪便、胃液、前胃内容物、呕吐物的实验室检验，寄生虫学检查法及有关传染病的特异诊断法的应用等。

一、口腔、咽、食管疾病的综合症候群及其诊断要点

口腔、咽、食管疾病的共同症状是流涎、咀嚼和吞咽障碍。采食与咀嚼障碍，兼有流涎或口

腔分泌增多,同时口黏膜潮红、肿胀或有疱疹、溃烂,是组成口腔炎的基本症候群。口黏膜的溃疡病变有时位于舌下,应注意检查。

长期的、顽固性的咀嚼障碍,常见于牙齿及颌骨的疾病,尤其应注意骨软症及氟中毒。牛的大量牵缕性流涎,兼有口腔黏膜的结节、疱疹、溃疡病变,应特别注意口蹄疫。该病多呈迅速传播、大批流行的流行病学特征,偶蹄兽均可感染,并因蹄趾部病变而常伴发跛行。

病畜吞咽时表现伸颈、摇头,屡次试图吞咽而感觉疼痛或于吞咽时引起咳嗽,见有唾液、饮水或饲料残渣经鼻返流等症候群,为咽炎的特征。触诊咽喉部多有局部热感、疼痛、肿胀或其周围淋巴结肿胀。临床诊断中咽炎常并发或继发喉炎而伴有咳嗽症状。

吞咽障碍如在采食过程中突然发生,并伴有流涎或唾液、饮水、饲料残渣的经鼻返流现象,兼有摇头、惊恐,疼痛不安与气喘,可能为食管梗死。梗死部位如在颈部食管,触诊可发现梗死物;如其上部食管扩张并储积液体,则触诊有波动感。食管探诊及 X 线诊断,对梗死部位的判定及最后确诊,常能提供可靠的根据。

二、胃肠疾病的综合症候群及其诊断要点

胃肠疾病的综合症候群主要表现为:患病动物呈现食欲障碍,偏食或异嗜,口腔干燥或湿润,有舌苔、口臭,肠音减弱或增强,粪便干燥、稀软或水样,混有多量粗纤维或谷粒料,附有多量黏液、血液,臭味较大。全身症状不明显或重剧,体温正常或升高,脉搏、呼吸正常或加快。有时有轻微腹痛。消化不良,精神、体温、脉搏等全身状态无明显变化。胃肠炎,则精神、体温、脉搏等全身状态和自体中毒症状重剧,腹泻常混有脓血等异常混合物。

猪及其他杂食动物、肉食动物呕吐,常是胃部疾病的启示,同时触诊胃区可有压痛感。伴有腹痛症候群的病马,如呈现做呕样动作或有胃内容物经鼻返流,常是胃扩张的特征。食欲减少并因胃肠弛缓而便秘,通常可反映胃的机能障碍。而确切的诊断指标,要抽取胃液并做实验室分析,依其总酸度、游离盐酸、蛋白酶的含量等来判断。胃液中混有大量黏液、脱落上皮及白细胞,可提示胃卡他,慢性胃卡他常有异嗜现象;胃炎多与肠炎并发而表现为胃肠炎,以腹泻为主要临床诊断特征。猪呕血或并有血便,伴有大量失血的其他症状,提示胃小肠部溃疡,若群发,则常有长期饲喂粉料的饲养史。肠蠕动机能紊乱与便秘或腹泻相伴,是肠炎的基本特征。频繁下痢且肠音高朗、连绵,是急性肠炎的一般特征;肠音不整或低沉,兼有便秘与腹泻的交替出现,是慢性肠炎的特点。

粪便的性状、颜色及混合物,是判断肠炎类型的重要指标,临床诊断中应予特殊注意。粪便松软、混有黏液是肠卡他的特点;混有脓汁提示化脓性肠炎;粪便混有血液是出血性肠炎的特征,色暗且混合均匀系消化道前段出血的标志。鲜红色血液附于粪球表面则反映出血部位在后段肠管。粪便中混有脱落肠黏液膜,是伪膜性肠炎的症状。肠音亢进似流水声,频繁而剧烈的腹泻,粪便稀薄如水或混有脓血,病畜呈现轻度的腹痛不安,兼有发热、失水等较重的整体变化,可能为急性胃肠炎。

主要侵害胃肠道的传染病,常表现有以腹泻为主的症候群,应结合流行病学特点并依特异性诊断方法的结果而确诊。1 月龄内的哺乳仔猪,下痢呈群发性现象,主要提示大肠埃希菌病;2 月龄断奶前后的仔猪,相继发生下痢,可能为副伤寒;猪群中不论大、小猪只发生迅速传播、大批流行的以下痢为主症的疾病,如仔猪死亡率高而大猪多取良性经过,是传染性胃肠炎的特征;便秘与下痢交替且有高热和皮肤出血点,则应考虑是否感染猪瘟。仔猪的出血性下

痢，多为魏氏梭菌病（传染性出血性肠炎），而血便也可见于猪痢疾（密螺旋体肠炎）。羊的下痢，应注意羔羊痢疾及肠毒血症；牛的慢性经过的下痢并伴有消瘦甚至恶病质，要考虑副结核病。马骡以急性频繁的腹泻及失水而致循环衰竭所组成的综合症候群，应注意“X”结肠炎。雏鸡的雏白痢、混血性下痢，主要提示球虫症；鸡的较重度下痢，兼有严重的垂体变化，呈流行性并大批死亡，应注意是否感染鸡新城疫；鸡、鸭及鹅均有流行，常为禽霍乱的特征。驹、犊、羔、仔猪、雏鸡及鸭的不明原因的腹泻也可见于硒和/或维生素 E 缺乏症。

三、反刍动物前胃疾病的综合症候群及其诊断要点

反刍、嗳气紊乱，前胃特别是瘤胃蠕动机能障碍，触诊前胃内容的性状失常兼有某些整体变化，共同组成前胃疾病的综合症候群。

①腹围膨大、左肷胀痛，叩之如鼓，有采食多量易发酵饲料的病史，触诊瘤胃内容物有弹性，瘤胃蠕动失常兼有呼吸困难、腹痛不安，是急性瘤胃臌气的特征。如从调查了解中能查明有饲养不当（如突然大量饲喂青绿、多汁饲料或易于发酵、膨胀的饲料，或放牧初期的大量贪食等）的致病原因，可明确为原发性臌气；如呈慢性经过并有原发病的症状和病史，则为继发性。触诊瘤胃内容物稀软，或有黏硬感，反刍缓慢，嗳气减少，食欲减退，主要提示前胃弛缓或瘤胃积食。如果有明显的致病因素（常为饲养不当、突然饲喂大量精料等）可查，则为原发性；如病程缓慢，有原发病的症状、病史，则为继发性。前胃弛缓的症状诊断并不困难，鉴于很多疾病都可继发，故应进一步明确其原发病。

②在长期病程经过中，触诊网胃区表现疼痛不安，病牛常取前高后低姿势，上坡时步样灵活，下坡时运步困难，是顽固性的前胃功能紊乱现象，宜注意提示创伤性网胃炎及其继发症（如腹膜炎、心包炎等）。应注意观察病畜的行动、姿势变化；详细检查网胃，注意有无敏感反应；分析吞食尖锐金属异物的可能性；综合某些特殊检查（如白细胞总数及其分类计数、金属探测仪的应用、X 线检查等）结果进行判定。当继发创伤性腹膜炎或心包炎时，则表现有各自疾病的临床诊断特征。

③在食欲、反刍废止的基础上，如听诊瓣胃蠕动音消失，叩诊瓣胃浊音区扩大，特别是深部压迫或冲击触诊瓣胃区（右侧第 7～9 肋间肋弓区）呈敏感反应并有硬固内容物，则为瓣胃阻塞的基本根据。兼有较轻度腹痛，鼻镜干燥甚至龟裂，尿少而黄，粪干而少，甚至停止排粪等可作为诊断参考。了解病因（如长期饲喂坚韧的富含粗纤维的饲料或饮水不足等），以便于明确原发性或继发性。

④在有食欲、反刍紊乱等一般性前胃病的综合症候群的同时，发现真胃的临床诊断变化（如听诊蠕动音消失，叩诊浊音区扩大，触诊有敏感反应或有振荡音或干硬内容物等），应注意真胃溃疡、真胃积食或扩张、真胃变位或扭转等真胃疾病。应综合所有症状、病史资料，做必要的特殊检查区别确定。

四、动物腹痛病的综合症候群及其诊断要点

马属动物的真性腹痛症，因胃肠病变而引起，伴有以腹痛不安为主要症状的综合证候群。腹痛不安通常表现为一系列的反常姿势与特异行动：如前肢刨地，后肢踢腹；回视腹部，伸腰、摇摆；碎步急行，时起时卧；卧地不起，返转、打滚；仰卧或呈犬坐姿势等。在采食、饮水废绝的同时，伴有排便功能紊乱（屡呈排便姿势，频排少数粪球，排粪停止，个别有腹泻现象）或呕吐与

做呕吐样动作。在腹围变形的同时，伴有胃肠蠕动音的明显改变，如肠音雷鸣、高朗、连绵，肠音不整、低弱、沉衰甚至完全绝止，以及腹部的触、叩诊的相应变化。随病程发展，因疼痛刺激及失水、内中毒而引起其他器官、系统的和全身变化，如气喘、发绀，心跳加快与脉搏微弱，战栗，多汗，沉郁与发热等。

综上所述，以腹痛不安并呈各种反常姿势及肠蠕动机能紊乱为主，伴有一系列消化、呼吸、循环及整体状态变化的症状、现象，共同组成腹痛症的综合症候群。腹痛病综合症候群中，包括许多疾病，其中主要以肠便秘（结症、肠闭结、肠阻塞）、肠痉挛（冷痛、痉挛性肠卡他）、肠臌气、胃扩张为最常见；还有肠系膜动脉栓塞（血栓性腹痛症）以及肠扭转、肠套叠、肠绞窄、肠嵌闭、肠变位等机械性肠阻塞等。

对表现有腹痛病综合症候群的病例，临床诊断过程中应特别注意：其腹痛的程度、反常姿势的特点；观察其排便的情况、粪便的性状，做呕吐样动作或有无胃内容物经鼻返流的现象；在全面检查整体及各器官、系统的基础上，详细地检查腹部、胃肠，判断腹围的形状变化，尤其是胃肠蠕动音的改变；根据需要，进行胃管探诊、直肠检查、腹腔穿刺及剖腹探查等特殊检查法；从问诊及调查了解中，注意发病时间、地点，饲料组成与饲养制度的改变以及发病时外界环境、条件与气候的变化等常见致病因素。

综合以上情况，可对以下常见典型疾病提出诊断。

①肠音高朗，雷鸣，连绵不断；伴有间歇性的腹痛不安；时有排便且粪便稀软；皮温较低、鼻寒耳冷等症状，是肠痉挛的特点。如查明发病时有阴雨、风雪及气候、气压突然变化或受其他冷凉感作的致病条件，即可提出诊断建议。

②腹围膨大、肷部胀满，叩之如鼓，肠音多呈金属音，呼吸急促、困难，心跳加快、黏膜发绀，腹痛甚为剧烈，可提示肠臌气的诊断。应调查病史、了解病因，注意区别原发性或继发性。

③有明显的做呕吐样动作并见胃内容物经鼻返流，首先应考虑急性胃扩张。胃管探诊有大量气体或液状胃内容物流出，直肠检查发现脾位后移，问诊中查明曾突然饲喂大量易发酵、或易膨胀的豆类或谷物类饲料等症状，是确诊的基本依据。

④肠便秘（结症）是最常见、多发的病例，在除肠痉挛、肠臌气、胃扩张外，通常以肠音低沉甚至废绝、排粪停止作为基本的启示；直肠检查发现一定部位的硬结粪块（马属动物便秘常发部位，直肠、小结肠、骨盆曲、大结肠末端的胃状膨大部、盲肠、回肠、十二指肠等）是主要的诊断依据；饲料或饲喂制度的突然改变，饲后过重使役、饮水不及时等，是常见的致病因素。

病程经过严重而顽固的病例，应注意机械性肠阻塞，应依病程特点、症状变化、特殊检查（直肠检查、腹腔穿刺、腹腔窥镜的应用等）结果等综合分析确定。

五、腹膜及肝病的综合症候群及其诊断要点

①腹壁紧张，触诊敏感，病畜不愿卧地或卧下时小心，肠蠕动减弱或兼有腹泻，有发热及全身变化，可提示腹膜炎的诊断。牛的腹膜炎，应注意结核病。猪的腹膜炎，常为去势后的继发病，故应注意了解病史；或因肠粘连而继发肠阻塞与并发呕吐。马的腹膜炎，常继发于公马的去势或腹壁穿透创，不难诊断。个别腹痛病例，可因胃肠破裂而继发急性泛发性腹膜炎，可依病史经过，腹腔穿刺物特点，一系列的临床特征（腹痛现象突然消失而安静，出现休克或虚脱，发热、战栗、出冷汗、不愿前进等）而诊断。鸡的腹膜炎，常由于坠卵而引起。腹围扩大、下垂并向两侧匀称地扩展，是腹腔积液的特征。触诊有波动感与拍水音。典型病例诊断不难。腹腔

穿刺，根据取得的病理性积液特性，并参考病因（肝硬化、重度贫血、心脏病、膀胱破裂等）而综合确诊。

②皮肤、黏膜的黄染，是肝、胆疾病的启示性症状，通常以巩膜、瞬膜、舌系带等处最为明显。触诊肝区的压痛（敏感反应）与肝脏边缘的肿胀，叩诊肝浊音区的扩大，是肝炎诊断的重要依据。食欲减退、精神沉郁以及由于胆色素代谢紊乱而致胆血症所引起的心动徐缓与心律不齐等变化，可作为肝病诊断参考。为确诊应进行肝功能试验，血、尿中胆红素的定性、定量测定，肝脏穿刺及组织学检查，超声诊断以及放射性同位素的应用等特殊方法。肝硬化时可伴有皮下浮肿或体腔积水；肝破裂时可见可视黏膜急剧苍白、腹痛不安和失血、虚脱等一系列症状变化，腹腔穿刺等症状可帮助确诊。

第四节　泌尿、生殖系统疾病的综合征

排尿活动异常与泌尿功能障碍，尿液数量及性质的改变，泌尿器官检查的临床诊断所见，相应的整体状态变化，组成泌尿器官疾病的综合症候群。

临床诊断中应注意：仔细观察排尿活动、姿势及尿量、尿色的变化；在全面、系统的临床检查基础上，详细地检查泌尿器官；尿液的实验室检验；根据需要，进行某些特殊检查，如尿道探诊、直肠检查、肾功试验、X 线诊断、膀胱镜检查等。

一、尿道和膀胱疾病的综合症候群及其诊断要点

①屡做排尿姿势，仅有少量尿液滴流，排尿时伴有痛苦、不安症状，是尿路刺激的症候群，可见于尿道炎、膀胱炎以及尿结石等。有尿路刺激症候群，尿液混浊或混有脓、血，触诊膀胱敏感，提示膀胱炎。必要时可做尿沉渣检查，某些中、小动物可借膀胱镜进行诊断。排尿失禁或淋漓，触诊膀胱膨大、尿液潴留，压之而尿液被动地流出，应考虑膀胱麻痹。屡呈排尿姿势与动作，排尿困难或尿闭，伴轻度腹痛不安，应注意尿结石、尿道阻塞或膀胱括约肌痉挛。尿道探诊与 X 线诊断，可提供重要依据。长期不见排尿且病畜腹围逐渐增大，要注意膀胱破裂。腹腔穿刺与直肠检查可帮助诊断。

②红色尿液，在排除因药物而引起外，则为血尿或血红蛋白尿的标志。二者可根据放置或离心后有无红细胞沉淀而区别。血尿常为肾、膀胱或尿路出血的结果，而血红蛋白尿则主要因溶血性疾病引起。犊牛水中毒时可见间歇性血红蛋白尿，且有大量水中毒的病史。肌红蛋白尿时尿液也呈红褐色，可见于马肌红蛋白尿症及肌病。

二、肾脏疾病的综合症候群及其诊断要点

尿少、色深，或混有脓血，同时触诊肾区敏感，兼有皮下浮肿，动脉血压升高且主动脉口第二心音加重，提示急性肾炎；如牛应注意肾盂肾炎，猪应考虑某些地区的肾虫病。尿液的实验室检验（血尿，蛋白尿，尿沉渣中的红、白细胞，特别是尿管型等），可作为确诊依据。肾功能试验，可作诊断参考。

有肾区局部症状，多尿，尿沉渣中有少量上皮细胞与透明管型，而无血尿或潜血，应考虑肾病。病史的慢性经过有助于确诊。有肾脏功能高度障碍的病情却进一步呈现，病畜精神由沉郁转为昏迷，食欲废绝兼有呕吐或腹泻，时阵发性痉挛，提示尿毒症。

三、生殖器官疾病的综合症候群及其诊断要点

①公畜睾丸肿胀、硬结，伴有热、痛反应，全身体温升高、精神沉郁、食欲减退，运步时后肢强拘，是睾丸炎的特征。对表现睾丸炎的病畜，宜注意某些传染病，如马鼻疽、猪乙型脑炎及某些家畜的布鲁氏菌病等。

②母畜阴道分泌物增多，或混脓、血并有恶臭，如同时阴道黏膜潮红、肿胀或有溃烂，是阴道炎的特征。在阴道流出脓性分泌物的同时，子宫颈口弛缓甚至张开，直肠检查感知宫体增大并有波动感，全身反应明显（如发热、沉郁、食欲减退等），提示化脓性子宫炎或子宫蓄脓症。

③乳用家畜的乳房呈现红、肿、热、痛的局部反应，泌乳减少，乳汁易凝，呈絮状或混脓血是乳腺炎的特征。急性、重症病例，可见明显的全身反应。慢性病例，伴乳房淋巴结慢性肿胀，应注意乳腺结核。

第五节　神经系统疾病的综合征

兴奋、狂躁或沉郁、昏睡、昏迷等精神状态的异常，盲目运动或共济失调的行为表现，痉挛与麻痹等运动机能障碍，是组成神经系统疾病综合症候群的基础。

诊断神经系统疾病时，应特别注意以下四点。

第一，深入观察神经机能障碍的表现及其特点。

第二，在进行系统的临床检查的基础上，配合进行必要的辅助检查法，如感觉、反射功能的检查；脊髓穿刺及脑脊液的检验；血、尿常规及某些生物化学的分析等。

第三，必要时可酌情配合脑电图、超声波、X 线等特殊检查。

第四，当有传染病或中毒病可疑时，详细调查流行病学情况及引起中毒的可能机会与条件，并配合应用相应的特异性诊断方法。

一、脑及脑膜疾病的综合症候群及其诊断要点

兴奋、狂躁，沉郁、昏迷以及二者的交替出现，伴有盲目运动或共济失调现象，多为脑病的综合症候群。

（1）脑的循环紊乱　可表现为脑贫血、脑充血或脑出血。病畜突然发生站立不稳、走路摇摆、共济失调，进而倒地、昏迷，伴有痉挛现象，可提示急性脑贫血。如可视黏膜迅速苍白，心动疾速，第一心音亢进而第二心音微弱甚至消失，脉搏不感于手，多为急性大失血。如无创伤出血的原因和创痕可查，尚应考虑内脏（肝、脾等）破裂的可能。应注意是否有致病条件（如跌落、摔倒等突然的外力作用），必要时做腹腔穿刺，依穿刺液特性而判定。

脑充血多为症候性表现。脑出血如为弥漫性则迅速昏迷甚可急死，而局限性出血则常依出血部位转移可表现为单瘫、偏瘫等局灶性病状，并应查明致病原因或病史。病马精神沉郁、行动呆笨，前肢交叉而站立、口衔饲草而忘嚼，有时耳朵转向与声音来源相反的方向等特有的体态与行为，为马慢性脑室积水的特征性症状。本病呈慢性经过，对典型病例，诊断并不困难。

以急性脑充血而致的兴奋、昏迷与共济失调；急性肺充血而致的呼吸困难；急性心力衰竭而致的心动疾速等组成的综合症候群，兼有大量出汗、黏膜发绀、静脉充盈及高热等症状，应注

意日射病、热射病。炎热的夏季，太阳长期直晒或在闷热天气与环境中使役、运输、驱赶等是特定的致病条件。症状与条件具备，诊断容易。

(2)颅脑占位性病变　如脑肿瘤、脑脓肿、脑血肿或脑脊髓寄生虫病等，以慢性经过为主的表现为某种盲目运动的反复出现或在长期的病程经过中有反复出现的癫痫样发作的病例。

(3)脑与脑膜的炎症　多表现为兴奋、狂躁与昏迷交替出现，并伴有某种盲目运动为主要症状；同时兼有体温变化、心动紊乱或心律不齐、呼吸活动与节律改变等附属症状。通常应明确病原或其原发病。应该特别注意主要侵害中枢神经系统的传染病与寄生虫病(如狂犬病、马的传染性脑脊髓炎、乙型脑炎、伪狂犬病、李氏杆菌病、神经型猪瘟；牛、羊的多头蚴症、马的脑脊髓丝虫病、猪的脑囊虫症等)。为此，应详细调查流行病学情况，并配合进行相应的特异性检查而综合判定。

(4)脑软化是脑的变性性疾病的总称　主要表现为中枢机能紊乱和运动障碍，常有中毒(如马的霉玉米中毒)及某些营养物质(如铜、硒或维生素 E)缺乏。

二、脊髓疾病的综合症候群及其诊断要点

①脊髓疾病一般以运动机能障碍及感觉、反射机能的失常为主要临床特征。腰背敏感、脊柱僵硬、步态强拘，以致后肢轻瘫，可能为脊髓膜炎；如有腰荐部的挫伤、震荡等致病原因可查，应提示脊髓挫伤，此时，后肢轻瘫甚至可呈截瘫，同时多伴有后躯的感觉、反射机能障碍以及排尿、排粪功能的紊乱。

②应注意某些营养缺乏与代谢紊乱性疾病，也可呈现类似后肢轻瘫的现象，如马的肌红蛋白尿症、幼畜白肌病、骨软症或佝偻病等。各种疾病临床综合症候群中，除后肢运动障碍以外，尚应具有该疾病诊断根据的其他症状和条件(如白肌病时的心肌损害、肌红蛋白尿症时尿中的肌红蛋白、骨软症时的骨骼形态学变化等)，作为参考。

③马患脑脊髓丝虫病时，常以共济失调为主要症状并可兼有脑神经症状；流行病学条件(流行的季节性及地区性等)可作为参考；寄生虫学检查结果可作为确立诊断的根据。

三、外周神经疾病的综合症候群及其诊断要点

外周神经疾病，依病变的神经转移，而有不同的症候群：三叉神经、面神经的麻痹，以耳、上眼睑、鼻翼、口唇的单侧弛缓、下垂及头面部歪斜为特征。

舌咽神经麻痹，主要表现为咀嚼，吞咽机能的紊乱。

马的返回神经麻痹则作为喘鸣症而以突然发作的重度吸气困难兼有特征性的喘鸣音(狭窄音)为临床特征。喉镜检查结果，在确定诊断上非常重要。

至于四肢的外周神经麻痹，则表现为肢体运动机能障碍的特有症状——跛行。

第六节　血液及造血系统疾病的综合征

血液疾病依其病变性质而呈不同的症候群：贫血，以皮肤、黏膜苍白为特征；溶血性疾病在皮肤、黏膜苍白带黄的同时，常有血红蛋白尿；出血性素质则可见皮肤、黏膜的出血点。

血液及造血器官疾病的诊断，除上述临床症状作为提示的线索外，通常必须进行血液学的实验室诊断才能明确其原因、类型及程度等特点。所以，应在临床检查的基础上，进行必要的

实验室检验。

血液物理性质的检验：红细胞压积、出血时间及其凝固性，红细胞沉降速率的测定，红细胞脆性试验等。血液化学成分的分析：血红蛋白含量的测定，胆红素的定性、定量检验，凝血酶原的测定以及其他某些化学成分的检验等。血液细胞的形态学检验：红细胞、白细胞、血小板、网织红细胞的计数及白细胞分类测定等。

某些病例，应在进行外周血液检验的同时，对造血器官（骨髓、淋巴结、脾脏等）进行检查（如穿刺等）。在临床、检验及其他辅助检查的基础上，综合分析并提示诊断结果。

一、贫血性疾病的综合症候群及其诊断要点

皮肤、黏膜明显苍白，是贫血性疾病的最初症状，同时可伴有心搏动增强与心率加快，呼吸增多以及机体的衰弱等症状。如失血引起，则为失血性贫血；兼有起病急、发展快的特点，应提示急性失血性贫血。临床多伴有心动疾速，第一心音亢进而第二心音减弱甚至消失，脉搏微弱而不感于手等症状，重则可见因急性脑贫血而致的共济失调、昏迷、痉挛等神经症状。如呈慢性经过，则应考虑为慢性出血性贫血，同时整体逐渐衰竭、瘦弱，并应注意引起失血的原因及病变部位（如鼻、肺、肾、膀胱、胃、肠道的出血性疾病等）以便明确病因诊断。

哺乳仔猪（1月龄内）的营养性贫血，多属缺铁性；而牛、羊的营养性贫血则常由微量元素（铜、钴等）不足等引起，改善饲养条件，补给造血所需要的营养物质则可逐渐康复。因某些传染病、寄生虫病（马传染性贫血、鼻疽、牛结核、肝片吸虫症、仔猪蛔虫症等）而引起继发性或消耗性贫血，应根据该疾病的临床特点及特异性检查结果而区别诊断。再生障碍性贫血较少发生，临床表现贫血症状的同时，临床病理学上可见红细胞、白细胞生成机能下降，血液中未成熟红细胞、白细胞减少。

二、溶血性疾病的综合症候群及其诊断要点

因红细胞大量被溶解，而引起的贫血，称为溶血性贫血。红细胞大量被破坏后，同时可引起胆色素的代谢紊乱并表现为皮肤、黏膜的黄疸，所以皮肤、黏膜的内在带黄色并多伴有血红蛋白尿为其特征。新生仔畜（仔猪、骡驹等）溶血病：可依出生之后（出生后的3日龄以内）的特定发病阶段而提示诊断；停止吃母乳或寄乳于其他母畜后有可能好转、恢复而验证。牛血红蛋白尿症：在贫血的同时，以排血红蛋白尿为其特征。如发生于产后（产犊之前至产后1～5周）的特定生理阶段，则为产后血红蛋白尿症。单纯性的血红蛋白尿症，病因尚未明了，也有可能与低磷酸盐血有关，有时发生于寒冷季节而有一定的季节性。并应依据伴有的其他临床症状和血检结果，而综合诊断。犊牛因狂饮大量水而发生的水中毒，见间歇性血红蛋白尿，查明原因，诊断一般不困难。

值得注意的是某些传染病（如马传染性贫血、钩端螺旋体病等）、梨形虫病（如马的焦虫症、牛泰勒焦虫症等）和溶血性毒物的中毒病等，常因具有溶血性贫血的临床特征，故应加以鉴别。梨形虫病，除应注意其临床症状外，尚应考虑其流行病学特点（如依传递媒介的吸血昆虫而有一定的流行季节性等），结合病原学检验而确定。

传染性疾病，应综合临床、流行病学、特异性检查结果而判断。中毒性疾病，则应注意其毒物的来源和中毒机会，必要时借助于毒物分析。

三、伴有出血性素质的疾病综合症候群及其诊断要点

皮肤、黏膜的出血点，常是提示出血性素质的线索。伴有出血性素质的传染病（如马传染性贫血、梨形虫病、猪瘟等），皮肤、黏膜的出血点，仅为该疾病的一个症状，应依其相应的主要症状和流行病学条件而区别诊断。主要表现为出血性素质的疾病，可见马的血斑病。可视黏膜的点状、斑块状出血斑点与皮下组织的浮肿为其主要特征。浮肿多呈对称性，可见于头面部、胸腹下、阴囊及四肢下端。典型病例可依唇部、鼻孔、颜面部浮肿而呈现河马头样的特征性形态而提示诊断；毛细血管脆性增强、凝血时间延长、血红蛋白尿以及伴发喉水肿而呈明显的吸气困难、伴发胃肠炎而粪中混有血液、心脏功能紊乱等一系列症状，组成综合症候群。有某些传染性或感染性原发病史（如鼻疽、腺疫、传染性胸膜肺炎、流行性感冒等），可供诊断参考。出血性素质也可见于维生素 C、维生素 K 缺乏症，极罕见的病例还应考虑血友病。前者宜注意饲料及营养条件，后者应了解繁殖情况与遗传、系谱关系，可供参考。

四、造血器官疾病的综合症候群及其诊断要点

造血器官疾病中常见有白血病、牛的淋巴性白血病，临床以体表淋巴结的普遍肿大为特征，血检时白细胞数显著增多的同时伴有未成熟白细胞比例增加，并可见贫血、肝脾肿大与逐渐消瘦。必要时应参考淋巴结穿刺和病理组织学检查而诊断。鸡的白血病，除应注意临床的贫血现象及血检的白细胞增多外，主要根据剖检变化特征而确诊。

第七节　肌肉骨骼系统疾病

肌肉、骨骼与关节等支撑器官的疾病，其共同性的临床症状特点是跛行、运动机能不全和支持或支撑作用障碍。可表现为姿势异常、躺卧、起立困难以及不愿活动、运动失常、跛行、共济失调甚至轻瘫。肌肉与骨骼系统疾病的不同之处，在于后者多同时伴有骨骼与关节的形态学改变。表现为骨质疏松、肿胀，长骨或脊柱弯曲、关节粗大、骨质增生或有骨瘤、不完全骨折或折断。

肌肉、骨骼系统疾病的最简单分类法，是将这些疾病分为变性型与炎症型 2 类。从而可分为：肌病、骨营养不良、关节病、肌炎、骨髓炎和关节炎等。

一、肌病综合征及其诊断要点

肌病（myopathy）是指骨骼肌的非炎性变性。肌病的临床特征，表现为肌肉无力和运动障碍。临床病理学的特点，通常伴有血清中肌肉酶（如 CPK-肌酸磷酸激酶、AST-天门冬氨酸氨基转移酶等）类活力水平升高，出现肌红蛋白血的同时有或无肌红蛋白尿。

常见的病因有营养性因素、过劳及运动因素、化学物质及药物因素等。营养性因素，硒和/或维生素 E 缺乏，幼龄动物处于迅速生长期等。过劳及运动因素，过劳致使横纹肌溶解，肌红蛋白尿；不习惯的运动，训练不足。化学物质及药物因素，如皮质类固醇治疗后发生马的痉挛——慢步综合征等。局部缺血，如当患有爬卧母牛综合征时，长期躺卧会使血管受压，致使后肢肌肉缺血而发生肌病。其他还有神经源性——猪应激综合征，表现为心脏猝死，苍白、松软、渗出性猪肉，恶性体温过高及遗传因素（如仔猪先天性肢外展）等。

肌病的诊断，应以临床表现的肌肉无力与运动障碍为基础；临床病理学中的 CPK 及 AST 活性升高或有 GSH-PX 活力降低（当硒缺乏时）及肌红蛋白尿（当马肌红蛋白尿症时）等可辅助诊断，必要时可进行肌电描记和肌肉活组织病理学检查。

有关各个疾病的具体病因、发病条件及其他临床症状及化验特点，可作确诊依据。

（1）马麻痹性肌红蛋白尿　长时间休闲后突然使役，急性使役途中或之后发病；后肢轻瘫而前肢挣扎、企图起立的特有犬坐样姿势；红褐色尿液（肌红蛋白尿）等是诊断的主要根据。

（2）猪的硒缺乏　发病的地区性，饲料硒含量的分析及营养学评价，血硒含量测定及 GSH-PX 活力测定是确诊根据。病理解剖学诊断（桑葚心，肝变性、坏死，骨骼肌变性、坏死，渗出性素质）对群发病例的确诊有实际意义。猪的应激综合征除有应激病因（如过度拥挤，运输、驱赶等）外，还与硒/维生素 E 缺乏有关。

（3）牛、羊硒或维生素 E 缺乏　诊断条件同猪的诊断。

二、骨营养不良综合征及其诊断要点

骨营养不良（osteodystrophy）是骨的正常发育障碍或成熟骨的代谢异常。临床表现为骨质疏松、肿胀、弯曲、变形，易于折断和支撑与运动功能障碍（长期躺卧，不明原因、不同程度、转移性或交替出现的跛行）等。

该类疾病的主要原因是营养性因素，即饮食性钙、磷与维生素 D 缺乏或钙、磷比例不平衡。牛饲料中蛋白质不足和一般营养不良，羔羊铜缺乏等也可引致骨质疏松。维生素 A 的过多或过少，也可引起牛、猪的骨营养不良性变化。

化学性因素中，由于氟过多而引起氟中毒，临床可表现为氟骨病。或因周围环境受工业污染而造成，或在自然高氟区而发生地方性氟骨病。

骨质的具体病变，在反刍动物主要表现为骨软症；马则主要发生纤维性骨营养不良。所有 3 种疾病均可发生于猪。临床表现的运动功能障碍结合骨骼形态学变化是提示诊断的基础。临床病理学中，血清钙、磷和碱性磷酸酶的测定可辅助诊断。血清钙、磷含量可能长期无明显变化，应连续测定而观察其变动趋势；骨吸收增加时碱性磷酸酶水平升高，但骨营养不一定不良。

饲料中钙、磷和维生素 D 的营养学评定和饲料样品的化学分析，可提供有意义的资料。在特殊情况下，当调整饲料或应用钙、磷与维生素 D 治疗无效时，应分析其他元素，如饲料、饮水中的氟或铜、钼等。

X 线照相及骨质密度测定值，可作为早期诊断指标。骨质的化学分析及骨活组织的病理组织学检查结果，是有价值的诊断根据。佝偻病、骨软症和纤维性骨营养不良的具体病因及临床特点，可作为该疾病的确诊要素。

三、关节病综合征及其诊断要点

骨关节病和变性关节病可表现为关节面的非炎性损害。其特点是关节软骨变性和糜烂，软骨下的骨质象牙化和关节软骨周围的骨肥大，导致关节边缘形成唇形物和骨刺。主要临床特征是慢性跛行，长期的病程逐渐恶化。一般治疗无效。早期无明显症状，在不知不觉中病情加剧，有数周乃至数月跛行病史。四肢交替负重，长期躺卧，起立困难。患肢肌肉可见无用性萎缩，患病关节难于正常屈曲，步态僵硬。关节的骨突起部分显得突出，关节囊轻度扩张，触诊通常不疼痛，但被动屈曲有痛感，有时可有爆裂性摩擦音。关节滑液变化不明显，可用以区别传染性关节炎。X线检查可见关节软骨糜烂、软骨下骨硬化和关节周围有骨赘，是确诊主要根据。但在患病的早期，变化不明显，常需重复检查。

四、肌、骨髓及关节炎症症候群及诊断要点

(1)肌炎　可由于肌组织的直接或间接的创伤而引起，也可为某些特定疾病(如黑腿病、口蹄疫、蓝舌病、肉孢子虫病或旋毛虫病等)的一种局部表现。腿部肌肉的急性肌炎伴有严重跛行，病变局部肿胀、热感并有敏感反应。肌肉活组织检查虽可确诊，但实际意义不大。

(2)骨髓炎　累及四肢骨的骨髓炎可伴发跛行并见局部肿胀。除创伤性损伤引起的感染外，家畜并不多见。四肢骨以外的骨髓炎，可见于某些特殊疾病，如牛的放线菌病、猪的萎缩性鼻炎等。

(3)关节炎　关节炎是滑膜及关节表面的炎症，通常是细菌感染的结果。四肢的关节炎症，临床见有明显跛行(多为严重支跛)，并伴有局部的肿胀、热感与疼痛反应。除一般炎症外，宜注意某些特殊传染病，如新生驹的沙门菌病等。

第八节　皮肤疾病

皮肤疾病的主要临床表现，可见有脱毛、落屑，皮肤增厚并缺乏弹性，皮肤、黏膜的斑疹或形成疱疹(红斑、结节、丘疹，水疱或脓疱等)，出现溃疡、烂斑、结痂或龟裂等表皮病变；多数伴有痒感，从而啃咬或相互啃咬病变部位，或将病部向周围物体(墙壁、畜栏、木桩、树木或用具等)上摩擦。常可并有整体状态及某些内脏器官的变化。

皮肤疾病的病因十分复杂。机体的物质代谢紊乱或内源性毒物(如当胃肠道疾病或肝、肾疾病时)的内中毒，可引起湿疹、皮炎或荨麻疹等非传染性皮肤病。某些富含感光物质的植物(如荞麦、某些三叶草、灰菜等)所引起的中毒病，可表现为感光过敏性皮肤病。某些吸血昆虫(如蚊、虻、蝇、虱等)或皮肤寄生虫(特别是疥螨)的侵袭，可引起寄生虫性皮肤病。某些霉菌也可引起皮肤病(如癣病等)。某些主要侵害皮肤、黏膜的传染病，常在皮肤、黏膜上表现有主要的、呈一定特征或分阶段性(如口蹄疫、传染性水疱病、痘、坏死杆菌病、皮肤鼻疽、流行性淋巴管炎等)。

发现皮肤、黏膜上的浅表性病变并不困难，但这只是提示诊断的出发点。而对皮肤疾病的诊断应注意判断皮肤、黏膜病变的性质、特征及其病程经过的特点；详细检查整体及各器官系统的伴随症状、表现；结合问诊、流行病学调查以了解致病原因、有无传染性及其他有关发病情况，并进行综合分析。必要时，应进行寄生虫学检查(如刮取皮屑以检查疥螨等)和微生物学检查等特异性诊断手段，以求确诊。

一、普通性皮肤病的综合症候群及其诊断要点

马胸腹侧的多数扁平丘疹，伴有剧烈的痒感，是荨麻疹的特征。病史中常有饲料发霉、变质或消化紊乱等可查病因，一般诊断不困难。以皮肤被毛稀疏部位多发的小红斑、结节、粟粒大小的丘疹或继发水疱为特征的病变，如伴有较轻度痒感，再有皮肤污腻不洁、畜舍或畜床潮湿、饲养管理不适合等可查病因，提示湿疹。此病无传染性，一般常规疗法可见到疗效。

二、感光过敏性皮肤病的综合症候群及其诊断要点

感光过敏性皮肤病，常发生于白色皮毛的动物；有大量饲喂荞麦、灰菜、某些三叶草等富含感光物质的饲料或植物的病史；须经日光长时间直晒而发病，主要表现在头部、颈、背部出现红斑和结节，甚至水疱。停喂上述饲料或植物，病即停止；将病猪放于阴暗畜舍，防止日光直晒，可见病情减轻、恢复；黑色毛皮的猪或花猪的黑色皮肤部分不见有病变等发病情况特征，可作为验证诊断的根据。

三、寄生虫性皮肤病的综合症候群及其诊断要点

吸血昆虫叮咬而致的皮肤病，根据蚊、虻情况及地区、季节和皮肤病变表现，诊断并不困难。疥螨所引起的皮肤病，在表现为头面、颈侧、躯干部的局限性或成片性脱毛、落屑、皮肤变厚且硬化、或呈龟裂、出血、结痂的特征性变化同时，剧烈痒感是其重要特征；在畜群中因相互感染而大批发生的流行病学特点，是提示诊断的重要条件；刮取皮屑（在健、病交界处的皮肤部位深度刮后，取刮取物进行显微镜检查），含有病原体是确诊根据；特效药物的良好治疗效果，也可以验证诊断。

四、主要侵害皮肤黏膜的传染病的临床特征及诊断要点

主要侵害皮肤、黏膜而导致表皮病变的传染病，应对偶蹄兽的口蹄疫、猪的传染性水疱病、多种家畜的痘疹、马的鼻疽及流行性淋巴管炎加以特别注意。

口、鼻周围及蹄、趾部呈现红斑、水疱、溃烂、结痂性病变并伴有大量牵缕性流涎，因蹄部病变而致的跛行，是口蹄疫的临床特点；牛、羊、猪、骆驼等偶蹄目动物均可发生，呈迅速传播、大批流行的流行病学特征。通常临床诊断并不困难。确诊及病毒的分型，需做病毒学的特异性诊断。主要表现于蹄趾部呈现红斑、水疱、溃烂性病变，且仅流行于猪时，提示猪传染性水疱病。传播迅速、大批流行；一定地区的生猪仓库、交易市场等集散场所，可呈地区性、常在性发生。痘疹主要可见于猪、牛、羊、山羊等家畜，以皮肤、被毛稀疏部（头面部、腹下、乳房等部位）呈现定期的分期性的豆粒大小的红斑、结节、水疱、脓包、结痂等规律性病程经过病变为其特征。马在面部、颈侧、胸侧或四肢出现成串的结节、溃疡性病变，应注意皮肤鼻疽及流行性淋巴管炎。应按照各疾病的特异性检查结果而确诊。此外，发生于产稻地区，喂饲霉稻草而引起的牛、特别是水牛的蹄腿肿烂病，可在蹄、腕、系部发生肿胀、裂隙、渗出、出血、破溃以至化脓、坏死性病变，个体病例病变可蔓延至四肢上部，最终可导致蹄、趾脱落。多数有耳尖、尾梢坏死。

应以临床症状特点，参照查明的致病条件及流行病学特征而综合诊断。必要时可做病原学检查。

第九节 营养缺乏与代谢紊乱性疾病

病畜由营养缺乏而消瘦与发育迟滞，异嗜与消化功能紊乱，同时伴有生产能力的降低及运动机能障碍，常为代谢病的综合症候群的基础。

一、矿物质营养代谢障碍的综合症候群及其诊断要点

临床表现以骨骼的形态学改变(头面部膨隆、下颌肥厚、四肢弯曲、关节粗大、脊柱变形、尾椎的末梢部椎骨突出等)和四肢的运动机能障碍(转移性或多肢的跛行,运步强拘、后躯摇摆、起立困难或不能起立等)为主而组成的综合症候群,提示为矿物质营养代谢障碍的骨质病(如骨软症、佝偻病、纤维素骨炎或骨营养不良等)。异嗜多为疾病的初期征兆,从而可作为早期诊断的线索;该病多见于幼畜或母畜的妊娠后期及产前和产后,高产乳牛(或乳用山羊)的泌乳盛期;常伴有咀嚼障碍、便秘或下痢以及消化紊乱,易兴奋或发生痉挛、消瘦、贫血以及发育迟滞等一系列症状表现。

血液的生物化学分析(磷、钙含量及碱性磷酸酶活力的测定等)、骨质的 X 线诊断、额骨硬度穿刺试验等可辅助诊断。周密地调查、了解饲料组成,钙、磷比例及矿物质补充料的供应情况,饲养、运动、光照等卫生学条件,可用于明确病原因素。应该注意,由于氟中毒所引起的骨质病变,在临床表现上多与因代谢障碍而引起者相近似,所以要仔细地调查病区的环境、条件,是否有引起氟中毒的原因可查,必要时进行病料(毛、骨的含氟量)分析,以利于确诊。

二、维生素缺乏症的综合症候群及其诊断要点

维生素缺乏症的症候群,依维生素种类的不同而异。夜盲、角膜混浊、结膜炎等是幼畜维生素 A 缺乏症的特征,常伴发下痢和呼吸道感染,消瘦、发育停滞。仔猪可见有神经症状,如痉挛、兴奋、运动障碍或共济失调等。皮肤粗糙、落屑,肌肉的强直与痉挛,消化功能紊乱等症状,应考虑为复合维生素 B_1 缺乏症。鸡的 B 族维生素缺乏,主要表现为背头扭颈、痉挛、麻痹等神经症状。贫血与消瘦,是维生素 B_{12} 缺乏症的基本症候群。皮肤、黏膜的出血性素质,齿龈出血、发炎、坏死等变化,是缺乏维生素 C 的典型症状。但大多数家畜不容易发生维生素 C 缺乏症。肌肉发育不良或萎缩,四肢运动机能障碍,母畜不孕等,可提示维生素 E 缺乏症。维生素 E 与硒缺乏,常表现为以心肌、肝脏、骨骼肌的变性、坏死为主要病变的综合征,即白肌病,主要发生于幼畜。雏鸡维生素 E 缺乏主要表现为软脑症及渗出性素质。

维生素缺乏症的诊断,应在临床表现的基础上,通过对饲料、饲养情况的了解,从不全价饲料的饲养条件中,查明其致病因素。补给所缺乏的营养物质(维生素制剂或富含维生素的饲料),收到预期的良好防治实践,可以验证诊断。

维生素不足与缺乏,可表现为多种复合性的维生素缺乏病,有时可与矿物质、微量元素的代谢紊乱一起发生。某些中毒性疾病(木贼、蕨类中毒,其他中毒病等),由于可引起维生素 B_1(硫胺素)的相对不足,从而在临床上也表现有维生素 B_1 缺乏的症候群。

三、微量元素缺乏症的综合症候群及其诊断要点

依所缺乏的微量元素的种类不同而表现出不同的综合征。呈地方性发生的甲状腺肿,是碘缺乏的特征。在严重贫血的同时,有异嗜、拒食、消化紊乱与急剧的消瘦,应注意钴缺乏症,主要见于牛、羊,常呈地方性发生。羊以共济失调与后肢运动障碍为特征的疾病,如兼有贫血与消化功能紊乱,并呈地方性发生,应考虑铜缺乏症。幼畜临床表现有不明原因的顽固性腹泻,心力衰竭及心律不齐,运动功能障碍等综合征,可提示硒和/或维生素 E 缺乏症(白肌病)。1 月龄左右发育良好的仔猪,有时在急剧的运动或兴奋、躁动后会发生急性心猝死,则有可能

为急性重症硒缺乏；哺乳或离乳前后的仔猪，四肢运步强拘，后躯摇摆甚至轻瘫，在营养不良、发育迟滞的同时伴发下痢，常为慢性白肌病的特点。雏鸡硒和维生素 E 缺乏症，临床症状除白肌病外，还可呈现渗出性素质。

在了解临床综合症候群的同时，结合疾病流行的地区性特点，通过病理解剖学的特征性变化：心肌、骨骼肌、肝脏的变性、坏死性变化及渗出性素质，一般可以确诊。必要时可测定血硒含量及谷胱甘肽过氧化物酶活力测定。补给微量元素硒（或配合应用维生素 E）可收到明显的防治效果，并可进一步验证诊断。微量元素缺乏病，由于其病原条件与生物地球化学有紧密的联系，因而多呈地方性发生，疾病有一定的地区常在性。在疾病常在地区，尤其是幼畜常大批发生，但无传染性，是其流行特点。

根据上述特点，以临床症候群、临床病理学指标、病理解剖学特征变化为基础；结合疾病的地方性及幼畜群发的特点；参考有针对性的防治措施的实践效果，是取得综合诊断的基本根据。

四、蛋白质、脂肪、碳水化合物代谢紊乱性疾病的综合症候群及其诊断要点

出生后至 1 周龄内的新生仔猪，呈痉挛、昏迷的神经症状，伴有下痢、低体温及皮肤冷汗黏腻，提示仔猪低血糖症。血液生物化学分析结果，如血糖含量显著降低，可作为诊断的主要根据；补给葡萄糖制剂后病情好转与恢复，可作验证。妊娠后期的绵羊，在食欲、反刍、消化紊乱的同时，表现有肌纤维性震颤、共济失调、沉郁，甚至昏迷等一系列神经症状，应注意酮尿症。尿中酮体含量的显著增高，是建立诊断的基础。某些地区驴怀骡妊娠后期严重废食（不吃），也有类似妊娠毒血症倾向。高产乳牛在前胃功能紊乱的基础上，呈短时兴奋后转为昏迷状，伴有痉挛及低体温，应考虑酮血症。长期喂饲精料过多而多汁饲料与良质干草不足，长期舍饲与缺乏运动等是常见致病条件，可供诊断参考。

血、尿中酮体含量增多而血糖降低等生物化学指标，是确定诊断的重要根据。乳牛产后不久，突然呈现轻瘫和沉郁、昏迷，表现为曲颈伏卧的特有体态，应注意生产瘫痪（乳热症）。临床病理学特征是血清钙水平下降。血清镁水平可能升高，而血糖一般正常。注射钙溶液可迅速取得良好治疗效果，据此验证诊断。在生产、使役能力逐渐下降的同时，病畜逐渐消瘦，甚至呈恶病质，各器官的功能减退并出现低体温等一系列症状表现，组成衰竭症（包括营养不良症）的综合症候群。

如有营养物质缺乏与饲料单一，幼畜母乳缺乏或饲养管理不适宜，或使役过重等可查原因，检查结果不明显，可以引发营养、代谢障碍的原发病，则可认为是原发性的衰竭症。可补给大量营养物质，一般均可得到改善。应特别注意某些慢性传染病（如马鼻疽、传染性贫血、牛结核、猪副伤寒等）、寄生虫病、长期的消化紊乱等原因所引起的继发性营养不良，可根据其原发病的固有症状和病程经过特点加以区别。

役马长期喂饲精料过多或经一定休闲后突然过重使役，在使役途中或役后呈现后肢运动障碍或轻瘫，则提示肌红蛋白尿症。多伴有臀部肌肉僵硬和心功能障碍（如心律不齐），排出含肌红蛋白的红色尿液，是诊断的特征性根据。本病在幼驹常有因咀嚼肌、唇、舌的变性而引起采食、咀嚼、吞咽机能障碍。呈地方性流行的地方性肌红蛋白尿症，可能与硒缺乏有关。

第十节　中毒性疾病

一、中毒病的一般临床综合症候群

不同种类和不同性质的毒物，可引起不同症状及表现，然而作为中毒性疾病的一般性综合症候群，通常表现为以下几点。

①消化系统症状由于毒物经消化道而摄入，所以首先直接地作用、刺激消化道，从而引起一系列消化功能紊乱，可见有减食甚或拒食、流涎、呕吐，咀嚼或吞咽障碍，腹泻并粪中混有黏液、脓血等。

②神经系统症状毒物被吸收并随血液循环而作用于神经系统，可引起中枢神经的机能紊乱，从而表现兴奋、狂躁或昏迷、痉挛或麻痹、共济失调或盲目运动等症状。有时这些症状交错出现，有时则可相互交替或转化。

③毒物作用于心脏，常引起心率改变或心律不齐；毒物刺激肾脏，影响泌尿机能，可见有多尿、少尿甚至尿闭，或有血尿或血红蛋白尿。

④因血液循环障碍或血红蛋白变性，呈现呼吸困难，皮肤、黏膜可见明显的发绀；或因损害肝脏而引致肝脏功能紊乱；或因伴有溶血而表现为黄疸。

⑤一般体温正常或降低，这是区别于多数发热性传染病的一个重要条件。

由以上一系列症状所组成的综合症候群，是提示中毒性疾病诊断的基础。

二、中毒病的一般发生规律

中毒性疾病在畜群中多呈群发的特征。但其发病特点则是无传染性，并多与饲料相关联。

第一，在畜群中突然有大批家畜同时或相继发生相同疾病，同槽饲喂或食用相同饲料的家畜均可发生，急性中毒可在采食之后即开始发病，常有体躯健壮、善于抢食且采食量多的个体最先发生，且病势较重的特点。

第二，如停喂有毒的饲料，则病势不再发展或停息。

第三，某些中毒病常呈现一定的地区性、季节性或时间性，这显然是和引起中毒的原因、条件有关。如有毒植物中毒，则依牧地植被及有毒植物的分布地区而转移；而饲料中毒又常取决于地区的饲料来源、组成、调制方法和饲喂习惯。工业中毒则受饲养、放牧的环境中有无受三废（废气、废水或废渣等）污染的条件影响。

无传染性而与饲料相关联的群发发病规律，是中毒性疾病诊断的重要条件。

三、引起中毒的常见原因、机会和条件

调查有关饲养管理情况，从中发现引起中毒的原因、机会和可能条件，是中毒性疾病诊断的病原根据。通常应注意以下几点。

①由于误食有毒植物而引起中毒，一般来说，动物常有避食有毒植物的本能，但幼畜或引进于新地区的家畜，特别是在早春初牧阶段，或因饥饿贪食时，容易发生。除放牧条件外，在混生有毒植物的草地收割饲草时，也可夹有足以引起发病的有毒植物，应该对本地区常见的有毒植物给予特别注意。

②由于饲喂腐败发霉的饲料而引起中毒，如发霉的饲草及霉稻草、霉垛的谷实、黑斑病甘薯、霉玉米、霉败麦芽根等，应根据所提示的可能性，详细检查饲料质量有无发霉、变质。

③由于饲料的调制、储存方法不当，使其形成有毒物质，如白菜、萝卜叶、甜菜叶等青绿饲料，进行文火盖锅焖煮或夏季长期堆放，可形成亚硝酸盐而引起中毒，尤其对习惯于蒸煮熟食用来喂猪的地区和饲户，更应注意。

④由于大量或长期饲喂含毒量很少的饲料而引起中毒，如马铃薯的茎、叶或发芽马铃薯，亚麻、蓖麻叶及其子饼，冷榨的棉籽饼，荞麦，晚秋收割后的再生植物，高粱幼芭等，这些只能少量地混同其他饲料而应用，当大量饲用并超过限量时，即可引起中毒病；此外，食盐虽是家畜必需的营养物质，但如调配过量或喂给大量含盐过多的酱渣、食堂废物等，则可引起食盐中毒，常见于猪。

⑤由于将家畜放牧于刚刚喷洒过农药的牧地、田间，或从同样的牧地、田间割取植物并不经冲洗即用作饲料而引起农药中毒。

⑥由于盛过农药的用具（如麻袋、箱子、车子等），并未经彻底清扫，而继续用于盛装饲料，混进有毒物质而引起中毒；或拌过农药的残余种子未经处理而用作饲料以致发病。

⑦由于农药、鼠药、化肥放置、保管不当，家畜误食或舔食而发生中毒，特别是平时对家畜的矿物质补充料不足而引起其异嗜时，更应注意。

⑧由于防止用药的剂量过大或方法不当（如外用、内服、注射或饮水驱虫时等），而引起药物中毒。

⑨因工业废气、废水中含有毒性物质并污染环境（牧地、饲料、水源、空气等）而引起中毒（如氟中毒、汞中毒等），应对周围工厂生产情况及其废物处理，进行仔细地调查、了解；自然高氟区的地方性氟骨病及高硒区的硒中毒，则有特定的自然地理特点。

⑩家畜在放牧当中被毒蛇咬伤而引起中毒，则较为少见。此外，对恶意的投毒事件也应注意。

以上只列举了一些常见引起中毒病的原因、机会和条件。综上所述，中毒病的一般性临床综合症候群，与饲料相关联的群发性发病规律，可查明的中毒原因、机会与条件等方面的资料，是提示和进行诊断的主要线索和基本根据。某些情况下，还应综合病理剖检变化（上消化道特别是胃、小肠的潮红、肿胀、出血、溃烂等变化，肝、肾实质器官的变性、出血性变化，血液颜色改变或凝血不全，胃肠道中存有含毒饲料残渣等），或进行毒物分析（饲料、血液或胃内容物等），生物学饲喂试验等特殊方法检查的结果，进行确诊。至于毒物种类的确定，则主要应依各种毒物中毒的特有症状或明确的具体致病原因和条件，毒物分析结果等判定。

思考题

1. 学习各器官、系统疾病的主要综合征及其诊断要点有什么意义？

2. 在未开动物临床各学科前学习本章是有不少困难的，你有什么好的学习方法来学习本章内容？

参考文献

陈隆达,曾华,张雪梅,2019,鼻液检查在动物疾病诊断中的应用[J]. 畜牧兽医科学(电子版)(6):16-17.
陈越,刘应义,1996,兽医临床症状鉴别诊断[M]. 北京:中国林业出版社.
邓干臻,2019,兽医临床诊断学[M]. 2 版. 北京:科学出版社.
高得仪,2001,犬猫疾病学[M]. 2 版. 北京:中国农业大学出版社.
葛利江,刘建柱,2015,动物影像学[M]. 北京:中国农业大学出版社.
韩博,2006,牛病学[M]. 北京:中国农业大学出版社.
刘建柱,2021,动物临床诊断学[M]. 2 版. 北京:中国林业出版社.
柳巨雄,杨焕民,2011,动物生理学[M]. 北京:高等教育出版社.
刘宗平,2008,兽医临床症状鉴别诊断学[M]. 北京:中国农业出版社.
欧阳钦,2010,临床诊断学(八年制)[M]. 北京:人民卫生出版社.
王建华,2010,兽医内科学[M]. 4 版. 北京:中国农业出版社.
王俊东,刘宗平,2018, 兽医临床诊断学[M]. 2 版. 北京:中国农业出版社.
王书林,2009,兽医临床诊断学[M]. 3 版. 北京:中国农业出版社.
吾塔尔别克・斯别提汗,2013,诊断动物疾病时应用的上呼吸道杂音的检查[J]. 养殖技术顾问(10):122.
谢富强,2018, 兽医影像学[M]. 3 版. 北京:中国农业大学出版社.
赵德明,沈建忠,2009,奶牛疾病学[M]. 北京:中国农业大学出版社.
CHRISTOPHER M M,LEE S E,2010,Red Cell Morphologic Alterations in Cats With Hepatic Disease[J]. Vet Clin Pathol,23(1):7-12.
DVM D,DVM J L,2010,Myelodysplastic Syndrome with Sideroblastic Differentiation in a Dog[J]. Veterinary Clinical Pathology,28(2):59-63.
SADALLAH S,EKEN C,SCHIFFERLI J A,2015,Ectosomes as modulators of inflammation and immunity [J]. Clinical & Experimental Immunology,163(1):26-32.